国家出版基金项目
NATIONAL PUBLICATION FOUNDATION

大飞机出版工程

总主编　顾诵芬

民用飞机航空电子系统

Civil Aircraft Avionics Systems

金德琨　敬忠良
王国庆　吴光辉　等编著

上海交通大学出版社
SHANGHAI JIAO TONG UNIVERSITY PRESS

内 容 提 要

本书全面地介绍了民用飞机航空电子系统的发展历程、关键技术和发展趋势,对综合模块化航空电子系统、飞行管理系统、飞行控制系统、导航系统、通信系统、显示控制系统、飞机环境监视系统、飞机健康管理系统、新航行系统、总线/网络、软件/硬件、适航技术与管理进行了介绍和探讨。介绍了目前最先进的四种大型客机 B737NG、A320、A380、B787 的航空电子系统。

本书可作为从事航空电子研究、开发、生产及管理人员的参考用书,也可作为高等学校相关专业的教学和指导用书。

图书在版编目(CIP)数据

民用飞机航空电子系统/金德琨等编著. —上海:上海交通大学出版社,2011(2015重印)
 (大飞机出版工程)
 ISBN 978 - 7 - 313 - 08074 - 5

Ⅰ.①民… Ⅱ.①金… Ⅲ.①民用飞机—电子系统
Ⅳ.①V242

中国版本图书馆 CIP 数据核字(2011)第 281612 号

民用飞机航空电子系统
金德琨 敬忠良 王国庆 吴光辉 等编著
上海交通大学 出版社出版发行
(上海市番禺路951号 邮政编码200030)
电话:64071208 出版人:韩建民
浙江云广印业股份有限公司 印刷 全国新华书店经销
开本:787mm×1092mm 1/16 印张:37.25 字数:740千字
2011 年 12 月第 1 版 2015 年 11 月第 2 次印刷
ISBN 978 - 7 - 313 - 08074 - 5/V 定价:150.00 元

告读者:如发现本书有印装质量问题请与印刷厂质量科联系
联系电话:0573 - 86577317

大飞机出版工程

丛书编委会

总主编:

顾诵芬（中国航空工业集团公司科技委副主任、两院院士）

副总主编:

金壮龙（中国商用飞机有限责任公司副董事长、总经理）

马德秀（上海交通大学党委书记、教授）

编　委:（按姓氏笔画排序）

王礼恒（中国航天科技集团公司科技委主任、院士）

王宗光（上海交通大学原党委书记、教授）

刘　洪（上海交通大学航空航天学院教授）

许金泉（上海交通大学船舶海洋与建筑工程学院工程力学系主任、教授）

杨育中（中国航空工业集团公司原副总经理、研究员）

吴光辉（中国商用飞机有限责任公司副总经理、总设计师、研究员）

汪　海（上海交通大学航空航天学院副院长、研究员）

沈元康（国家民航总局原副局长、研究员）

陈　刚（上海交通大学副校长、教授）

陈迎春（中国商用飞机有限责任公司常务副总设计师、研究员）

林忠钦（上海交通大学副校长、教授）

金兴明（上海市经济与信息化委副主任、研究员）

金德琨（中国航空工业集团公司科技委委员、研究员）

崔德刚（中国航空工业集团公司科技委委员、研究员）

敬忠良（上海交通大学航空航天学院常务副院长、教授）

傅　山（上海交通大学航空航天学院研究员）

总　序

　　国务院在 2007 年 2 月底批准了大型飞机研制重大科技专项正式立项，得到全国上下各方面的关注。"大型飞机"工程项目作为创新型国家的标志工程重新燃起我们国家和人民共同承载着"航空报国梦"的巨大热情。对于所有从事航空事业的工作者，这是历史赋予的使命和挑战。

　　1903 年 12 月 17 日，美国莱特兄弟制作的世界第一架有动力、可操纵、重于空气的载人飞行器试飞成功，标志着人类飞行的梦想变成了现实。飞机作为 20 世纪最重大的科技成果之一，是人类科技创新能力与工业化生产形式相结合的产物，也是现代科学技术的集大成者。军事和民生对飞机的需求促进了飞机迅速而不间断的发展，应用和体现了当代科学技术的最新成果；而航空领域的持续探索和不断创新，为诸多学科的发展和相关技术的突破提供了强劲动力。航空工业已经成为知识密集、技术密集、高附加值、低消耗的产业。

　　从大型飞机工程项目开始论证到确定为《国家中长期科学和技术发展规划纲要》的十六个重大专项之一，直至立项通过，不仅使全国上下重视起我国自主航空事业，而且使我们的人民、政府理解了我国航空事业半个世纪发展的艰辛和成绩。大型飞机重大专项正式立项和启动使我们的民用航空进入新纪元。经过 50 多年的风雨历程，当今中国的航空工业已经步入了科学、理性的发展轨道。大型客机项目其产业链长、辐射面宽、对国家综合实力带动性强，在国民经济发展和科学技术进步中发挥着重要作用，我国的航空工业迎来了新的发展机遇。

　　大型飞机的研制承载着中国几代航空人的梦想，在 2016 年造出与波音 B737 和空客 A320 改进型一样先进的"国产大飞机"已经成为每个航空人心中奋斗的目标。然而,大型飞机覆盖了机械、电子、材料、冶金、仪器仪表、化工等几乎所有工业门类,集成了数学、空气动力学、材料学、人机工程学、自动控制学等多种学科,是一个复杂的科技创新系统。为了迎接新形势下理论、技术和工程等方面的严峻挑战,迫切需要引入、借鉴国外的优秀出版物和数据资料,总结、巩固我们的经验和成果,编著一套以"大飞机"为主题的丛书,借以推动服务"大型飞机"作为推动服务整个航空科学的切入点,同时对于促进我国航空事业的发展和加快航空紧缺人才的培养,具有十分重要的现实意义和深远的历史意义。

2008 年 5 月,中国商用飞机有限公司成立之初,上海交通大学出版社就开始酝酿"大飞机出版工程",这是一项非常适合"大飞机"研制工作时宜的事业。新中国第一位飞机设计宗师——徐舜寿同志在领导我们研制中国第一架喷气式歼击教练机——歼教 1 时,亲自撰写了《飞机性能捷算法》,及时编译了第一部《英汉航空工程名词字典》,翻译出版了《飞机构造学》、《飞机强度学》,从理论上保证了我们飞机研制工作。我本人作为航空事业发展 50 年的见证人,欣然接受了上海交通大学出版社的邀请担任该丛书的主编,希望为我国的"大型飞机"研制发展出一份力。出版社同时也邀请了王礼恒院士、金德琨研究员、吴光辉总设计师、陈迎春副总设计师等航空领域专家撰写专著、精选书目,承担翻译、审校等工作,以确保这套"大飞机"丛书具有高品质和重大的社会价值,为我国的大飞机研制以及学科发展提供参考和智力支持。

编著这套丛书,一是总结整理 50 多年来航空科学技术的重要成果及宝贵经验;二是优化航空专业技术教材体系,为飞机设计技术人员培养提供一套系统、全面的教科书,满足人才培养对教材的迫切需求;三是为大飞机研制提供有力的技术保障;四是将许多专家、教授、学者广博的学识见解和丰富的实践经验总结继承下来,旨在从系统性、完整性和实用性角度出发,把丰富的实践经验进一步理论化、科学化,形成具有我国特色的"大飞机"理论与实践相结合的知识体系。

"大飞机"丛书主要涵盖了总体气动、航空发动机、结构强度、航电、制造等专业方向,知识领域覆盖我国国产大飞机的关键技术。图书类别分为译著、专著、教材、工具书等几个模块;其内容既包括领域内专家们最先进的理论方法和技术成果,也包括来自飞机设计第一线的理论和实践成果。如:2009 年出版的荷兰原福克飞机公司总师撰写的 *Aerodynamic Design of Transport Aircraft*(《运输类飞机的空气动力设计》),由美国堪萨斯大学 2008 年出版的 *Aircraft Propulsion*(《飞机推进》)等国外最新科技的结晶;国内《民用飞机总体设计》等总体阐述之作和《涡量动力学》、《民用飞机气动设计》等专业细分的著作;也有《民机设计 1 000 问》、《英汉航空双向词典》等工具类图书。

　　该套图书得到国家出版基金资助,体现了国家对"大型飞机项目"以及"大飞机出版工程"这套丛书的高度重视。这套丛书承担着记载与弘扬科技成就、积累和传播科技知识的使命,凝结了国内外航空领域专业人士的智慧和成果,具有较强的系统性、完整性、实用性和技术前瞻性,既可作为实际工作指导用书,亦可作为相关专业人员的学习参考用书。期望这套丛书能够有益于航空领域里人才的培养,有益于航空工业的发展,有益于大飞机的成功研制。同时,希望能为大飞机工程吸引更多的读者来关心航空、支持航空和热爱航空,并投身于中国航空事业做出一点贡献。

2009 年 12 月 15 日

民用飞机航空电子系统

主　编　金德琨

副主编　敬忠良　王国庆　吴光辉

编　委　吴建民　周贵荣　胡士强
　　　　庹红娅　张起睿　曲卡尔

编　著（按章节排序）
　　　　金德琨　吴建民　王国庆　顾世敏
　　　　王　永　李宝来　孔　渊　徐晓飞
　　　　谷清范　庞瑞帆　邓雪云　张炎华
　　　　胡英东　战兴群　敬忠良　胡士强
　　　　牛文生　吕镇邦　张　军　李　岩
　　　　王恒亮　曲卡尔　张起睿

序　言

二十世纪后期以来,信息技术的高速发展带动了其他学科的发展。航空信息化成为航空发展的一个重要方向。航空信息化的发展包括:航空产品信息化和航空工业信息化。

航空产品信息化表现在:发展先进的机载雷达,航空电子综合系统,先进的通信、导航、监视系统,飞行管理与飞行控制系统,飞机主动控制,发动机电调等技术。航空产品信息化大大提高了飞机的性能。

航空工业信息化表现在:数字计算技术在设计、试验、制造、管理等方面的运用。航空工业信息化大大提高了航空工业的设计、制造与管理水平。

由于微电子、网络等信息技术的进一步发展,航空信息化逐步成为国家信息化、国防信息化的重要组成部分。

航空产品信息化的发展,使航空电子系统成为现代飞机先进性的重要标志之一。除机体和发动机外,航空电子设备是飞机中最昂贵的产品,现代民用飞机越来越多的重要功能有赖于先进的航空电子设备来实现。

本书主要介绍民用飞机航空电子技术,内容涵盖了航空电子各个专业领域,既包括导航、通信与监视、飞行管理与飞行控制等传统航空电子系统内容,同时也介绍了航空电子系统中网络总线、航空软硬件架构、飞机健康管理、新航行系统和航空电子适航性管理等新内容,介绍了典型大型民用飞机 B737NG、A320、A380、B787 的航空电子系统。

本书各章的作者来自国内专业航空研究所、航空电子公司、大学和适航研究机构等单位,他们长期从事航空电子技术的应用研究与开发活动,颇具学识和工程实践经验。该书从不同侧面、比较全面地介绍了不断涌现的民用飞机航空电子技术及其演进历程、发展趋势和应用前景,给出了不少颇具参考价值的航空电子设计与试验数据,同时字里行间凝聚了国内众多专家在航空电子技术应用方面的宝贵经验。因此,本书对我国从事民用和军用飞机航空电子技术研究、航空电子设备及其系统开发的工程技术人员、工程管理人员,以及相关专业大学生和研究生均有很高的参考价值。

　　大型民用飞机的研制承载着中国几代航空人的梦想。在 2016 年制造出与波音 B737 和空客 A320 改进型一样先进的"国产大飞机"已经成为每个航空人奋斗的目标。本书作为上海交通大学出版社"大飞机出版工程"系列图书中的一部,也是国内第一本涉及民用飞机航空电子的专著,系统地总结了国内外航空电子领域专业人士的智慧和成果,有较强的系统性、完整性、实用性和前瞻性,并且充分考虑了读者的需要。期望本书能作为从事民用飞机航空电子研究、开发、生产及管理人员的参考用书,同时也可作为高校航空相关专业的教学和指导用书,为国产大飞机的研制尽一份微薄之力。

国家大型飞机工程重大专项专家组组长

中国航空工业集团公司科技委主任　　张彦仲

中国工程院院士

2011 年 12 月

前　　言

　　本书是"大飞机出版工程"二期丛书之一,旨在作为从事民用飞机航空电子研究、开发、生产及管理人员的参考用书,同时也可作为高等院校航空相关专业的教学和指导用书。全书分14章及一个附录,内容包括民用飞机航空电子系统综述、综合模块化航空电子系统、飞行管理系统、飞行控制系统、显示与控制系统、总线与网络、通信、导航、飞机环境监视系统、航空电子系统软硬件架构、飞行器健康管理系统、新航行系统和航空电子适航性管理等。同时还介绍了目前最新的B737NG、A320、A380、B787等四种大型民用飞机航空电子系统。

　　本书各章的编著人员:第1章,金德琨;第2章,吴建民、王国庆;第3章,顾世敏;第4章,王永、李宝来;第5章,孔渊;第6章,徐晓飞;第7章,谷清范、王国庆;第8章,王国庆;第9章,庞瑞帆、邓雪云;第10章,张炎华、胡英东、战兴群;第11章,敬忠良、胡士强;第12章,牛文生、吕振邦;第13章,张军;第14章,李岩、王恒亮;附录,曲卡尔、张起睿。

　　本书的编写得到了上海交通大学、中航工业无线电电子研究所、中航工业西安飞行自动控制研究所、中航工业西安航空计算技术研究所、中航工业综合技术研究所、北京航空航天大学、上海飞机设计研究院、中国商用飞机有限责任公司等单位的鼎力支持。本书在编写和审阅中还得到薛瑞、赵京洲、曹刚、孟繁栋、肖栋、李元祥、肖刚等同志的大力支持和帮助,一并表示衷心感谢。

　　编著者力求系统、完整地把世界最新的民用飞机航空电子技术和工作实践体会介绍给读者,但由于水平所限,本书又是国内民用飞机航空电子专业的第一本专著,专业涵盖范围广,书中不妥之处在所难免,敬请读者批评指正。

金德琨

2011 年 12 月

目　　录

1 民用飞机航空电子系统综述

1.1 引言

1.1.1 航空电子的范畴

航空电子(AVIONICS=AVIation+ElectrONICS)[1]是指把电子技术应用于航空领域的一门学科,现在已延伸到泛指航空、导弹和宇航领域,为完成飞行任务和其他任务所用的各种电子设备和系统。

航空电子一词从 1949 年出现至今 60 多年,其技术发展趋势呈指数曲线上升,特别是近 30 年,在技术发展和需求牵引的推动下,航空电子系统得到了飞速的发展,不但促进了飞机性能的进一步提高,同时也提升了运营商的利润空间。航空电子已成为飞机的重要组成部分。

1.1.2 民用飞机航空电子发展回顾

回顾民用飞机航空电子系统的历史,无线电通信和导航等电子设备在飞机上的应用,使得飞机进入商业飞行。20 世纪 60 年代后期和 70 年代初,装有一台数字式计算机和一个专用控制显示部件的区域导航系统开始提供横向和垂直导航。70 年代中为对付石油短缺和价格的飞涨,性能数据计算机开始在飞机上运用,提供开环最优功率、巡航高度和空速指引,但尚未与自动驾驶仪交链,也不提供导航功能。80 年代出现飞机性能管理系统(PMS),与自动驾驶仪和自动油门交链。后来进一步发展成飞行管理系统(FMS),和自动飞行控制系统及发动机控制系统一起构成飞机全自动飞行,提供从起飞、巡航、降落的闭环控制和性能管理,优化了飞行剖面,节省了燃油,同时还大幅度减轻了机组人员工作负担,飞行机组也从五人减少到两人,先后取消了领航员、报务员和飞行工程师岗位。现有的机长和副驾驶的角色也从"操作员"转变到了"管理者",他们能对自动化飞行进行科学有效的飞行管理。

纵观其发展历程,各个里程碑上的巨大贡献都推动了民机的不断发展:
- 1903 年莱特兄弟发明的飞机掀开了飞机发展的第一页;
- 1910 年麦柯迪首次在"寇蒂斯"飞机上,利用无线电台收、发信号成功;
- 1912 年第一个无线电导航设备,振幅式测向仪(无线电罗盘)研制成功,1920 年为飞机导航服务；

- 1918 年开始利用无线电进行飞艇途中定位；
- 1928 年短波无线电台装在飞机上，开创了机载话音通信的历史；
- 1933 年第一个利用自动驾驶仪完成了单人环球飞行；
- 1937 年第一部米波雷达在飞机上对海面搜索潜艇并协助领航着陆；
- 1940 年代末出现仪表着陆系统（ILS）、甚高频全向信标机（VOR）、长波罗兰 C（LORAN - C）等导航设备；
- 1940 年甚高频电台问世，提供的高质量话音通信在英德之战中极大地增强了英国皇家空军指控能力；
- 1945 年自备式多普勒导航系统问世；
- 1946 年伏尔（VOR）成为美国标准的航空导航系统，1949 年被国际民航组织（ICAO）定为国际标准；
- 1947 年飞机突破音障进入超声速飞行；
- 1948 年 ICAO 将仪表着陆系统（ILS）定为标准着陆系统；
- 1950 年在 DC - 3 客机上试飞了自主式惯性导航系统；
- 1955 年塔康（TACAN）研制成功并形成装备；
- 1955 年空中交通咨询与防撞系统（TCAS）样机形成；
- 1958 年第一颗通信卫星"斯科尔"发射成功，开始了卫星通信试验；
- 1960 年阴极射线管（CRT）电子显示仪表装备在 A - 6A 飞机上；
- 1960 年代末航空电子进入数字化；
- 1960 年代出现平视显示器（HUD）；
- 1964 年"子午仪系统"导航卫星投入使用；
- 1973～1993 年全球定位系统（GPS）建成并投入使用；
- 1973 年莱特实验室提出"数字式航空电子信息系统（DAIS）"计划，开始在航空电子中引入"综合"概念，现在称之为"联合式航空电子系统"；
- 1978 年 B - 767 飞机第一个出现"玻璃座舱"；
- 1985 年电子飞行仪表系统（EFIS - 85）获得适航证；
- 1987 年莱特实验室提出"宝石柱（Pave Pillar）"计划，引入了"综合模块化"的概念；
- 1990 年莱特实验室提出"宝石台（Pave Pace）"计划，引入了"先进的综合"概念；
- 1995 年 B777 第一个采用有源液晶显示器（AMLCD）；
- 2003 年我国建成了区域性卫星导航试验系统；
- 2005 年第一个有源相控阵（AESA）雷达装备 F - 22A 飞机。
- 2011 年 12 月 2 日，我国成功地发送了第十颗北斗导航卫星，2012 年建成覆盖亚太地区的北斗区域卫星导航系统；2020 年前，将发送 30 多颗卫星覆盖全球,建成完整的卫星导航系统。

从上述进程可以看出,无线电台和导航等电子设备最早是作为附属设备用在飞机上的,时至今日航空电子系统已成为飞机的主要组成部分,被人们喻之为飞机的耳、目、大脑和神经。对提高飞机的安全、经济、舒适性都有重要作用。

1.2 民用客机对航空电子系统的要求

世界经济、贸易、政治的发展要求人们出行在时间、空间上大幅度压缩,对作为世界上主要交通运输工具的民用客机的要求也越来越高。对航空电子的要求越来越苛刻。主要体现在安全、经济、环保、舒适、适航等以下五个方面。

1.2.1 安全性

在各类交通运输工具中虽然飞机的事故率最少,但安全性对飞机来说仍然是首位的。根据维基百科公布的数据,世界范围内飞行灾难事故产生的原因主要包括驾驶员因素、机械故障、恶劣天气等,如图 1-1 所示[2]。

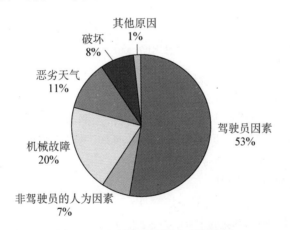

图 1-1 飞行灾难事故产生的原因

根据波音公司飞行灾难事故的统计报告,2001 年～2010 年民用喷气式飞机在飞行阶段的灾难性事故和飞机上死亡人数产生的时段分布情况,如图 1-2 所示[3]。由此可见,起飞和着陆阶段是事故频发阶段。这两个阶段当前还没有实现全自动操作,这并非技术原因,而是管理原因,因此,与机组人员是飞行事故发生的主要原因相吻合。

当前,飞行事故主要集中在如下三大类:
- 可控飞行意外触地(CFIT);
- 空中相撞;
- 机场地面意外相撞。

在这三大类事故中,可控飞行意外触地又是最常见的事故形式。未来 20 年要求飞机安全性提高 20 倍,事故率减到目前的 1/10,提高飞机安全的主要措施是提高飞机结构和系统的可靠性,减少误操作。

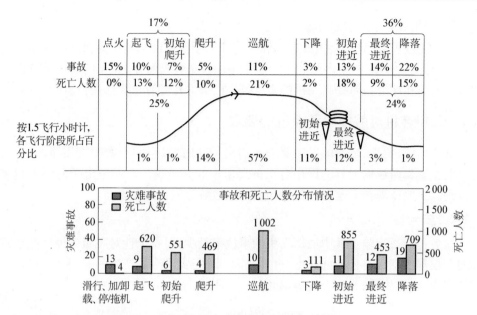

图 1-2　飞行阶段的灾难性事故和机上死亡人数

（全球民用喷气式飞机-2001 年到 2010 年）

飞机对航空电子系统安全性的要求：

1）提高飞机健康状态的监测和管理能力

"飞机健康管理系统"能适时进行健康诊断、预测和故障减缓，保证飞机能健康飞行，提高安全性，同时便于即时维护、修理，缩短飞机维修时间，提高飞机周转效率。成为航空电子的一个重要子系统。

2）满足给定的可靠性指标

例如，要求飞控系统的失效率 $<10^{-9}/\text{fh}$[①]。

3）加强对飞机周围环境的监测

为保证飞行安全必须要对空中气象及其他飞行物和低空障碍物（如山、塔、地面停机、侵入跑道的车辆或人）进行即时监视和告警，提高驾驶员对周边态势的感知能力。

（1）加强气象雷达的探测和预报能力

用气象雷达完成气象探测、湍流探测和风切变探测，回避恶劣气象，以保证飞行的安全。探测三维气象，改善由于气象延迟、返程的机动策略，最大限度地减少成本，减少因为空中颠簸所造成的受伤。

（2）采用空中交通防撞及告警系统进行空中监视

空中交通咨询及防撞系统（Traffic Alert and Collision Avoidance System, TCAS，欧洲称为 Airborn Collision Avoidance System, ACAS）是独立于空中交通管制之外的空中飞机间隔保证办法。TCAS 与 A/C 或 S 模式应答机配合给出飞机

―――――――――
①　fh――flight hour，飞行小时

的速度和可能的航道变化,确定一旦出现碰撞可能,TCAS 向机组发出咨询(警告)。由于 TCAS Ⅰ 和 TCAS Ⅱ 只能提供垂直回避,以保持现有航向,因此有一定局限性;为此发展了水平/垂直回避的 TCAS Ⅲ,但因改变航向的引导将涉及飞行程序和临近其他飞机,在现实飞行环境中尚难采用;TCAS Ⅳ 是一种交互式的系统,主要依靠高精度的位置和方位广播来工作。

由于广播式自相关监视(ADS-B)的通用访问收发机(UAT)的发展,UAT 将可提供交通信息服务(TIS)和飞行情报服务(FIS),不久将取代 TCAS。

(3)采用增强型近地告警系统对地面进行监视

近地告警系统(Ground Proximity Warning System,GPWS)已普遍安装在大型飞机上。它主要用于起飞、复飞和进近着陆阶段,且无线电高度低于 800 m 时起作用。它根据飞机飞行形态和地形条件,当接近地面出现不安全情况时,给出目视和音响告警。为了对正前方陡峭地形实施告警,从 90 年代后期发展了增强型近地告警系统(Enhanced Ground Proximity Warning System,EGPWS)。增强型近地告警系统产品能实现智能滑跑和智能起落,其主要优点是减少跑道入侵的风险,提高对跑道的态势感知能力,支持驾驶员"平视"操作与听觉劝告,支持"安静"的驾驶舱与视觉劝告。

4)保证网络安全

现在民用飞机正在进入"网络化时代('e'时代)",航空公司正在研究使用民用宽带通信链路实现飞机数据交换。由于使用共享的通信服务,使得在载机功能之间的区分变得模糊,飞机开始看上去更像航空公司网络上的一个节点。通过对网络互联的飞机通信系统的高速连接,航空公司可以在乘客服务项目、航班调度预测、维护和操作效率、运营范围及其他方面有基本的改进。然而,通过宽带互联网协议(IP)为基础的通信链路所连接的飞机信息系统安全很有可能遭到外部网络的攻击。

空地无线电通信如果未经防护,则很难抵御来自飞机外部的威胁攻击。并且利用乘客系统和客舱系统之间通信接口中的脆弱性以及客舱系统和驾驶舱系统之间的脆弱性进行内部攻击,也可能存在潜在的危险。因此,为了降低外部和内部攻击的风险,保护飞机信息系统,以及保护这些系统所处理过的信息的可信度、完整性和可用性,飞机信息安全必须得到保障。特别是一些关键系统、如飞行控制系统、导航系统、发动机控制系统如何防止"黑客"侵入,成为一个新课题。

5)加强导弹防御

2001 年的"911"事件让人们记忆犹新。2002 年 11 月一架以色列装有 280 人的客机从机场起飞后不久就遭到两枚导弹的袭击,所幸导弹精度不够未能击中仅弹片擦坏蒙皮。2011 年 9 月 4 日以色列国会研究要在国内航班飞机上加装反导弹系统,多数已生产完毕。

1.2.2 经济性

民用客机是按市场规律运行的交通工具,盈利是其主要目的。经济性是飞机赖以生存的根本。民用客机的经济性受成本、燃料、维护、运营等多种因素影响。

飞机对航空电子系统经济性的要求：

1）降低在飞机总成本中的比重

目前航空电子系统的成本约占飞机总成本的15％～20％，随着要求的提高，设备的增加和系统的复杂程度增加，成本有上升趋势，"经济上可承受性（Affordability）"是一个面对的难题。

2）采用开放式、综合化模块化（硬件 & 软件）的结构

提高可靠性，增加通用性、扩展性、缩短开发周期，采用商用货架产品（COTS），减少器件采购成本和更新费用。

3）采用先进技术减少采购、维护、运营成本

可以采用如下先进技术减少采购、维护、运营成本：

- 采用先进的飞行管理系统（FMS），进行性能优化，实现四维导航，既可节省燃油3％～5％，同时还减轻飞行员的负担；
- 采用先进的驾驶舱由五人改成二人，同时驾驶员的劳动强度可以大幅度降低；
- 综合飞机环境监视系统（AESS）增加了对飞机周边态势的感知，综合了四种设备降低了成本，也提高了可靠性；
- 按基于性能的导航（PBN）要求提高导航精度，在恶劣环境下能着陆，可以减少绕飞和复飞；
- 采用先进的气象雷达，精确地评估气象态势，减少恶劣气候下飞机的绕飞；
- 提高导航性能和飞行计划的控制精度，进场着陆时快速下降，缩短下降过程，不但可以节省燃油而且可减少排放和噪声。

A380被冠以"优雅的绿色巨人"，采用了最为先进的航电技术，其每座百公里油耗仅为2.9 L，每座每英里运营成本比其他同类机型低20％，而其航程却高出15％。

1.2.3　环保性

环保是目前最受关注的话题，环保对民用客机的要求集中在排放、噪声和电磁辐射方面。

1）减少排放

航空业排放的二氧化碳占全球二氧化碳排放总量2％，作为有社会责任的行业，最终应做到无碳、无污染。ICAO考虑定下每年减少排放1.2亿吨含碳废气目标，分配排放额度，超限的将被罚款，剩余的可出售。波音公司宣布，该公司超过75％的技术研发将有益于环保；每一代新飞机在二氧化碳排放和燃油效率方面至少实现15％的改进；致力于在2020年之前使全球机队的燃油效率提高25％，二氧化碳排放减少25％。减少排放新技术体现在如下几个方面：

（1）零排放飞机

2011年6月第49届巴黎航展上欧洲宇航防务集团（EADA）推出了"零排放高超音速飞机（ZEHST）"蓝图。利用海藻中提炼的生物燃料推动涡轮喷气引擎起飞，达到适当高度后飞行员将启动一对火箭发动机提高飞行速度，用氢氧作燃料，排放物为水

蒸气,时速近5000 km,但不会产生"协和"号飞机那样震耳欲聋的噪声。有望2050年左右投入商业运行,届时从巴黎到伦敦只要2个半小时(目前为11小时20分钟)。

（2）太阳能驱动飞机

2010年7月瑞士成功实现了24小时不间断飞行的太阳能驱动飞机("太阳驱动"号),并在2011年6月第49届巴黎航展上亮相,成为该届航展的一大亮点。

（3）绿色电子滑行系统

霍尼韦尔和宙峰集团推出在飞机滑行过程中采用辅助动力装置供电,不使用主发动机供电,可以节省4%的总燃油并能减少排放,称之为绿色滑行系统。配备该系统的飞机可以更方便地滑出停机坪起飞,减少登机口和跑道的拥挤,改善飞机准点率,计划2016年装机运行。

2）减少噪声

机场附近的噪声成为扰民的一大公害。"协和"号飞机因噪声太大多次受到公众的谴责,起飞和降落噪声分别高达119 dB和116 dB(一般为90 dB)。以致世界许多机场不让其降落。"协和"最终之所以夭折除运营成本高昂外,噪声大也是其原因之一。

3）减少电磁辐射

在电子技术高速发展的今天,电磁辐射的污染(对人和设备)日益被人重视。减少大型飞机的电磁辐射也正在研究之中。

1.2.4　舒适性

民用客机特别是大型客机对舒适性的要求越来越高,舒适度的提高反过来给航空公司带来很大的利润空间。目前主要采取如下几个措施:

1）具有阵风载荷抑制能力

具有阵风载荷抑制能力的自动飞行控制系统,极大地提高了飞机的平稳性。

2）全电环控系统采用增压座舱

增加座舱压力,把座舱气压高度由2400 m降到1800 m,提高了旅客的舒适度。

3）先进的客舱管理系统

最大限度地满足旅客视、听和工作需求,可方便实时地与全球通信(话音 & 数据)。

4）电动舒适的座椅

极大地满足旅客休息。特别是大型客机,如A380可以根据航空公司要求布置座舱。

1.2.5　适航性

航空电子系统在预定的使用条件、使用环境、使用时限之内的安全特性称之为适航性。符合适航性即可保证"适于飞行(fit to fly)。"适航标准是飞机放飞的最低要求,如:FAR 25(CCAR 25)是运输类飞机适航标准;TSO(CTSO)技术标准是为保障飞行安全对机载设备规定的最低性能要求。

某一系统或设备满足适航当局所规定的标准,并获得适航批准(包括装机批准),称其为满足适航要求,能装机飞行。

适航管理是由专门机构根据国家有关规定,对民用航空器的设计、生产、使用和维修实施以确保飞行安全为目的的技术鉴定和监督。其主要职责是：

- 制定法规和文件；
- 对航空产品（包括机体、发动机、螺旋桨、材料、零部件、机载设备等）进行合格审定，颁发各种合格证书；
- 对持证人及其批准的航空产品进行监督和管理；
- 对已交付航线使用的航空器实施持续的适航管理等。

航空电子适航管理的四种方式：

- 颁发技术标准规定项目批准书（CTSOA）；
- 颁发零部件制造人批准书（PMA）；
- 随飞机型号合格审定或补充型号合格审定一起批准；
- 由适航部门掌握的其他批准方式。

1.3　大型客机航空电子的特点和展望

1.3.1　大型客机航空电子系统的组成[①]

大型客机航空电子系统组成如图 1-3 所示。

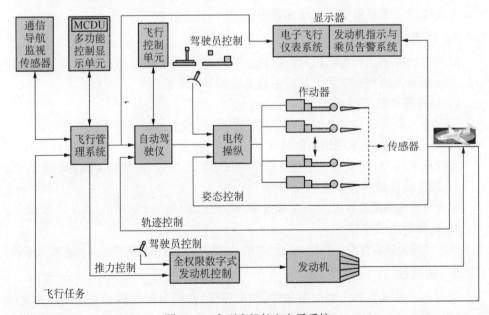

图 1-3　大型客机航空电子系统

---

① 美国航空运输机协会（ATA）与制造商共同制定了一个规范 ATA 100（后又演变成 ATA iSPEC 2200）用以统一各种民用航空器产品在制造、使用、维修方面的资料、文件、电函、报告等国际间通用的编号，通常又称之为民用航空器通用代码。分"航空器"和"动力装置"两大类，航空器又分"总体"、"系统"、"结构"三类，每一类有很多章号，ATA 5～20 为总体类，ATA 21～49 为系统类，系统之下又可分成子系统。例如 ATA 23 代表通信系统，其下 ATA 2310 代表高频通信系统，ATA 2320 代表甚高频通信系统，ATA 2330 代表旅客广播和娱乐系统……制造商通常喜欢用 ATA 的编号代表系统或设备。这仅仅是代码，并不表示对系统和设备的定义和组成。

大型客机航空电子系统(如图1-3所示)通常包括:

① 以电传(FBW)或光传操纵系统为核心的飞行控制系统;

② 以全权限数字式电子控制系统(FADEC)为核心的发动机控制系统;

③ 以飞行管理计算机(FMC)为核心,综合诸多传感器输入,输出控制飞控和发动机的飞行管理系统(FMS)。

从安全性等多种因素考虑,目前这三个系统仍然独立,但相互之间有所交链,大型客机随着自动化程度的提高,三者的关系变得更加紧密,飞行管理系统已成为其他两个系统的前端。过去我们所说的民用客机航空电子系统,差不多都是指如图1-4所示的以飞行管理计算机为核心的飞行管理系统(FMS)。根据 ARINC 702,飞行管理系统具有导航、制订飞行计划、航迹预测、通信管理、性能优化和飞行制导功能,最终提供飞行控制和发动机控制的输入。

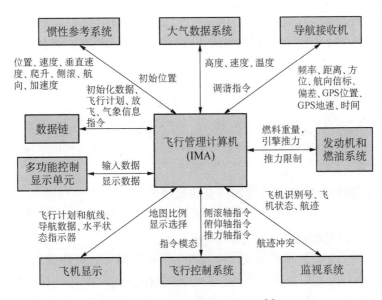

图1-4 飞行管理系统的交链[4]

飞行管理系统通常包括:

- 核心分系统,指基于"可更换模块(LRM)"为基础的飞行管理计算机,也就是通常所指的综合模块化航空电子系统(IMA),对飞行、显示、通信、导航、监视等功能进行管理;

- 无线电分系统,指以"外场可更换单元(LRU)"为基础的无线电通信、导航、监视(CNS),包括甚高频(VHF)、高频(HF)、卫星通信(SATCOM)、飞机通信寻址与报告系统(ACARS)、甚高频数据链(VDL)、无线电罗盘(ADF)、伏尔(VOR)、测距仪(DME)、全球导航卫星系统(GNSS)、仪表着陆系统(ILS)、微波着陆系统(MLS)、无线电高度表(RA)、广播式自相关监视 ADS-B 等;

- 传感器分系统,指以"外场可更换单元(LRU)"为基础的大气数据/惯性参考单元(ADIRU)、大气数据系统(ADS)、空中交通咨询与防撞系统(TCAS)、增强型近地告警系统(EGPWS)、气象雷达(WXR)等;
- 显示控制分系统,包括座舱显示系统,如电子飞行仪表系统(EFIS)、发动机指示和乘员告警系统(EICAS)、平视显示器(HUD);多功能控制显示单元(MCDU)。

随着微电子和综合技术的发展,当今民用客机航空电子系统通常指"综合模块化航空电子系统(IMA)"。它包含有更宽的范畴,除了前述传统的航空电子系统以外,还包含有共用系统(又称飞机系统、功能系统、机电系统)在内的全飞机系统综合。

综合模块化航空电子系统(IMA)是:

① 以可进行各种处理的外场可更换模块(LRM)及应用软件模块为基础;

② 以进行高速通信的总线/网络(A629、ASCB、A664〈AFDX〉等)为纽带;

③ 利用各种传感器信息和相应的执行机构,完成各种功能综合为目的的航空电子系统。

最大特点是资源共享,即能够共享的一组可变、可重用、可互操作的硬件和软件资源。

不但最先进的大型客机 A380、B787、A320、B737NG 采用综合模块化航空电子系统(IMA)结构,如图 1-5 所示。先进的支线飞机、公务飞机也采用综合模块化的构型。

1.3.2　大型客机航空电子系统的特点和展望

民用客机,特别是大型民用客机航空电子系统具有以下特点:

1) 综合模块化航空电子系统(IMA)的构型[5]

IMA 是整个飞机的核心系统。由具有不同处理能力的硬件模块、不同应用功能的软件模块和使其相互联系及运行的总线/网络组成。IMA 的模块化、开放式、可量测性是基础。关键是那些共用处理模块在一个完全开放式体系结构下工作,通过硬件和软件之间的标准界面在一个共用数据网络上运行,可以完成整个飞机不同功能的需要。

开放式系统结构(OSA)是以公开的标准为基础建立的宜于检测和扩展的系统结构。特征在于使用明确定义的标准接口,这些接口包括硬件接口、软件接口、机械安装接口、电气接口、总线/网络接口等。硬件和软件分离,以外场可更换模块(LRM)为基础,广泛采用商用货架产品(COTS),支持系统容错,支持可互操作性、可移植性和可变规模能力。

综合模块化航空电子系统架构,实现了系统模块的硬件、软件的标准化与通用化,实现资源共享,系统重构,减少体积、重量、功耗,将进一步降低系统的开发成本和维护成本。

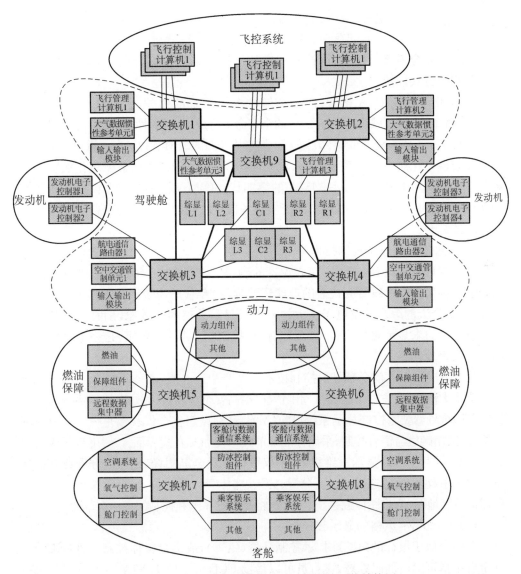

图 1 - 5 A380 综合模块化航空电子系统网络结构图

IMA 属于第三代航空电子系统拓扑结构,是当代军、民用飞机先进水平的标志之一。F22、F35、A380、B787 均采用这种拓扑结构,不但综合了传统的航空电子系统(如通信、导航、监视、飞行管理、火控、飞控等)而且还综合了飞机的其他功能系统(如电源、液压、环控、燃油等)。

A380 采用 IMA 概念,一共有 30 个外场可更换模块(LRM),通过网络(AFDX)连接,实现 4 个功能区的控制[9]:

驾驶舱(Cockpit):传统的航空电子系统等;

客舱(Cabin):环控、客舱信息分发系统、洗盥等;

能源(Energy):电源、液压、引气等;

共用设备(Utinity):起落架、燃油、前轮控制等。

考虑到安全因素,目前飞行控制和发动机控制系统未综合在 IMA/AFDX 中,通过常规的方式连接。

A380 由于采用 IMA 构架,使整个航空电子系统的体积减小 50%,重量减少 30%,功耗降低 16%,减少 15%～20%的全寿命运行成本,可靠性提高 20 倍。B787 减少了一百多个 LRU,减少重量 907 kg 磅,为实现 20%的燃油节省做出了重要贡献。

综合模块化航空电子系统(IMA)发展的下一步是分布式综合模块化航空电子系统(DIMA),可以说 DIMA 是 IMA 的第四代。DIMA 将多个综合模块分布于整个飞机上,通过高容错的实时通信系统实现各模块之间的综合,可实现比 IMA 更广泛的系统综合。

2) 先进的座舱显示控制技术

民用客机驾驶舱有 20 年一变之说。的确,从 20 世纪 50 年代的机电仪表式座舱,到 70 年代阴极射线管为代表的玻璃驾驶舱,90 年代的有源液晶矩阵为代表的玻璃座舱,到今天的综合航空电子＋大屏幕平板显示的玻璃驾驶舱,确有令人耳目一新的感觉。力求显示更加完整、直观和有效;控制更加简便、智能,是一个永恒的课题。突出表现在:

(1) 高清晰大屏幕全景显示控制技术

为了大范围、全方位了解飞机周围情况,提高安全性和营运效率,需要大屏幕显示器。美国全景驾驶舱控制显示系统(PCCADS)计划设想整个仪表板是一个高分辨率大屏幕,采用触敏与语音控制,采用标准菜单式结构和交互式界面。大屏幕不仅可以显示平面视图,也可以显示三维视图;不仅可以显示全屏图像,也可以分屏或镶嵌插图。它运用数据融合、透视、重构、分屏、插入、立体声等先进技术,显示整个飞行过程所需的数字地图、全景图像或系统状态,这将是座舱显示和控制的又一次革命。

(2) Windows 风格的显示和控制

采用类似于鼠标的跟踪球指示控制装置(CCD),或键盘鼠标控制组件(KCCU)其上有手指可触击的跟踪球,飞行员可以借助 CCD 或 KCCU 转换显示及菜单选择和屏幕上的下拉/弹出菜单,方便地选择所需的信息显示,如飞机周围的状态感知信息、飞机系统的信息显示等。A380 驾驶舱正副驾驶各配备一个 KCCU,飞行员可以随时切换模式和所需显示信息。

(3) 智能化的设计

新的显示器增加了地形、进近航图、3 维导航等显示内容,它们既增加了同一时间呈现给驾驶员的信息量,也使信息更直观易读。智能化的检查单设计,只要飞行员完成了一个项目的检查操作(如放下副翼准备起飞),就自动地进行检查核对,然后显示下一个检查项目,同时,还摘要显示与当前检查项目相关的飞机系统状态数据。例如,检查燃油系统时,与检查单相连的显示器就显示燃油系统图,标明所有油泵、阀门的位置及状态和每个油箱的油量。这种特性同时也反映出无纸化驾驶舱的发展趋势。

（4）图形化的飞行计划编制

当飞行员选择相关飞行阶段——如爬升或下降，就弹出相应的菜单，包括所有备降机场、跑道、助航系统、无线电通信等数据，并自动进行跑道长度、垂直速度等数据的计算；飞行数据库，大大减少了人工输入数据量；当飞机进入下一个飞行阶段，就显示前方机场的进场参数、着陆重量或其他关键数据；如果空管员要求飞机变更前方机场，就会在数秒内完成飞行计划的重新编制。导航显示直观形象，中央导航显示器一般用于地图显示，同时也能覆盖有包括进近、气象雷达、防撞系统的数据，或按需求将其删去；在多山地区进场或起飞时，可以调垂直剖面图；地图显示方式也可以变换。当飞行员选取机场、航线段或航路点时，导航显示器就弹出相应的菜单，允许驾驶员快速选择中心地图、直飞航线。

（5）创新的显示方式

"空中隧道"的概念已得到进一步的发展。现代的计算机图形学能将现实世界很好地呈现在显示器上变为一种可能。飞机符号被置于一个三维或者四维的"空中隧道"中，此飞机符号表示未来数秒后飞机的预期位置，使飞行员能够直观地了解飞行前方的相对位置。不仅为驾驶员提供飞机相对于理想航路的状态感知，而且以三维或四维透视的方式给出适宜的过程显示，达到降低飞行员工作负荷，提高安全性的目的。在低速飞机（如直升机、短距起降固定翼支线飞机、倾转旋翼飞机）与商用高速喷气机共用机场的情况下，低速飞机常常在拥挤的机场上空进行大角度离场或进场，这对飞行安全构成了极大的威胁。应用"透视飞行引导（PFG）"显示，将减少潜在的空中冲突。对机场而言，PFG可以提高机场的容量和全天候起降能力。PFG应用于军用飞机还可提高其贴地飞行时的地形回避能力。

（6）通用性的设计

泰雷斯公司一直是空客系列飞机驾驶舱仪表系统的供应商，为A380设计控制和显示系统（CDS）。但CDS的许多设计理念已经应用到一种称为"Topdeck NG"的新型驾驶舱中，该驾驶舱还可用于支线飞机、直升机和军用运输机。Topdeck NG的前身是Topdeck驾驶舱，它是十几年前为军用运输机和特种任务机设计的、符合未来"自由飞行"概念的一种综合化玻璃驾驶舱。B787的座舱也是B777的基础上进化来的。通用化不但对设计、生产有利，对驾驶员的培训、转换也非常有利。

3）基于性能导航（PBN）

传统的陆基导航模式由于对地面导航台的过度依赖而越来越成为民用航空发展的瓶颈。严重制约着飞行、管制的安全和起降效率。随着世界经济的发展，空中交通流量与日俱增，迫切需新的导航模式。

区域导航（RNAV）是一种导航方法：在基准台导航设备覆盖范围内，或在自主导航设备能力限度内，或两者配合作用下，允许航空器按任何期望的路径飞行。

用无线电定位或其他定位方法可以定出飞机的绝对位置(地理坐标)和/或飞机相对于计划航线的位置,从实践和设备上不需要飞向或飞越导航台,因而可以由不设导航台的航路点之间的线段连接而成,使得航线编排更加灵活,其航路可以根据航路点自由设置,不局限于固定的导航台。这样既可以避免导航台上空的拥挤,同时也可以开辟多条航线,飞行距离也可以相对减少。从目前所使用的导航系统来看,可以用于区域导航的导航系统有:甚高频全向信标机/测距仪(VOR/DME)、测距仪(DME)、惯性导航系统/惯性基准系统(INS/IRS)和全球导航卫星系统(GNSS)。我国民航当前也在推行 RNAV 运行方式。

所需导航性能(RNP)是指在 ATC 指定的空域(航路),要求飞机的导航系统使用精度在指定的航迹上允许最大的偏差。是在 RNAV 的基础上增加了机载导航性能监视和告警能力。按 PBN 规范,RNP 运行的飞机不但具备 RNAV 性能,而且,当机载原因或环境原因(如 GPS 失效)导致性能降低时,飞机能检测到,显示出,并能向机组告警,增强机组境况感知能力。

基于性能的导航(Performance Based Navigation,PBN)是国际民航组织(ICAO)在整合各国区域导航(RNAV)和所需导航性能(RNP)运行实践和技术标准的基础上,于 1990 年提出的一种新颖概念。PBN 是指在相应的导航基础设施条件下,将机载设备与卫星导航及其他先进技术结合起来,PBN 规定了飞机在指定空域内或者沿空中交通服务(ATS)的航路以及仪表程序飞行时 RNAV 和 RNP 系统的性能要求,即在某一特定空域环境中运行所需的精确性、完整性、连续性和功能性。PBN 代表了从基于传感器导航向基于性能导航的转变,其内涵包括:导航规范、导航设施和导航应用。导航规范对导航性能提出了统一标准,成为各国民航当局适航和运行批准的参照物。

基于性能导航(PBN)是依靠卫星和飞机自身的导航系统自动引导飞机飞行、起降的新技术。与传统导航技术相比,驾驶员不必依赖地面导航设施即能沿着精确定位的航迹飞行,使飞机在能见度极差的条件下安全、准确地着陆。

目前全球正在使用和即将使用的卫星导航系统有:美国的 GPS 系统、俄罗斯的 Glonass 系统、欧洲的 Galileo 系统以及中国的北斗导航卫星系统,但目前只有美国的 GPS 系统能够为全球民航界提供正常导航服务。2011 年 12 月 2 日,我国成功发射了第 10 颗北斗导航卫星。计划 2012 年"北斗"系统将覆盖亚太地区,2020 年左右覆盖全球,届时我国将建成覆盖全球的北斗卫星导航系统。

考虑由于干扰等各种因素,GPS 运行中断导致的安全性问题,国际民航组织建议保留目前部分陆基导航设施,为航路导航、非精密进近和精密进近提供冗余和备份能力。

考虑卫星导航在终端区进近着陆时,其连续性和可靠性可能达不到运行指标,需要采用卫星增强技术。卫星增强技术是通过在终端区架设 3—4 个地面基准站来增强,通过差分技术来改善当地的导航服务性能,它能支持覆盖区内所有的航段,包括精密进近和着陆。目前世界上常用的增强技术有：美国的局域增强技术(LAAS)和欧洲的陆基增强技术(GBAS)，二者都能为大部分的跑道提供精密进近的引导。

基于性能的导航技术实施后，飞机的航路选择可以更加灵活，可通过减少迂回航路，建立更直接的航路，减少飞行距离，降低耗油量和污染，优化空域，有效地提高空域的运行效率。

PBN 的应用和推广将是飞行运行方式的重大变革，对民航的飞行运行、机载设备、机场建设、导航设施布局和空域使用产生重大影响，对有效促进行业安全、提高飞行品质和减少地面设施投入具有积极作用。PBN 也是我国建设新一代航空运输系统的核心技术之一，我国正在快速建设的"北斗二代"卫星导航系统将对 PBN 技术的全面推广产生巨大的推动力。

到 2011 年，我国已完成了 23 个民航机场的 PBN 飞行程序设计和验证飞行，相继投入运行。

4) 飞机环境监视系统(AESS)

为确保飞行安全，通过多次飞行事故的惨痛教训，国际民航组织(ICAO)和各航空公司都制订了相应的规定，执行商业营运的飞机都必须加强对周边气象的探测和告警，特别是对湍流和风切变；强制使用空中交通咨询和防撞系统进行周边空域监视，并通过应答机向靠近的飞机报警；加装增强型近地告警系统，防止在起飞和着陆时与入侵跑道的异物(人、车、飞机等)及周边近空(800 m)的异物(山丘、楼宇、树木、电网等)相撞。

为减少重量、功耗，减小体积，降低成本，航空电子设备厂商将气象雷达(WXR)、空中交通咨询和防撞系统(TCAS)、S 模式应答机(S-mode Transpoder)、增强型近地告警系统(EGPWS)四个设备综合成一个设备。霍尼韦尔称其为"飞机环境监视系统(AESS)"；柯林斯称其为"综合监视系统(ISS)"。前者已成为 A380 的标准配置，后者是 B-787 的标准配置。AESS 成功地综合了气象、空/空、空/地监视，不但体积、功耗、重量上有所降低，性能上也有所提高，对飞行安全也是一大贡献。

5) 增强/合成视景系统(ESVS)

有限能见度是长期困扰飞行安全和航班延误的难题。全世界 30% 的飞行空难事故都属于"可控飞行撞地(CFIT)"，正常起降的飞机，特别是缺乏经验的驾驶员在仪表气象条件下，继续飞入天气恶化和能见度很低的环境中，缺少熟悉的外部提示，很容易撞到未能看到的周边地形和入侵跑道上的障碍物。机场航班延误的最大因素是有限的跑道能力及能见度低于目视飞行规则时引起航班间隔的增加。

根据美国国家航空航天局(NASA)的数据，低能见度是造成各种空难最主要的原因。每一年都有不熟练的飞行员飞入云层然后失去方向感，要么盘旋坠落、要么失速或坠毁。就算有经验的飞行员也会在低能见度的情况下出现失误，从而造成事故。在云层中飞行时，飞行员仅能看到机首和翼尖。在雨、雪或冰雹的情况下能见度只有四分之一英里，这个距离相当于进近中的飞机 5 到 7 秒(或更少)飞行的距离。

解决这一问题的最早方案是使用成像传感器增强驾驶员对外界的视觉。采用先进的传感器(红外、微波)穿透黑暗、雾霾、雨、雪,将生成的影像投影到平视显示器(HUD)上,等于给驾驶员增强了视觉。由于成本、复杂性及性能稳定等原因而一直未能在民用飞机上得到应用。

随着计算机和信号处理技术的发展,出现了合成视景系统,利用计算机把地图和卫星定位系统融合,在显示器上生成合成视景,提高了飞行员在低能见度和陌生地形下对环境的感知能力。为飞行员的操作提供了更先进的环境感知能力和安全性。随着地图分辨率和卫星定位精度的提高,合成视景将能提供低成本、全天候的显示画面。还可以包括飞机环境监视系统(WXR、TCAS、Mode S - Transponder、EGPWS 等)提供的探测告警信息一并投影到 HUD 上。

Chelton 飞行系统公司研制的电子飞行信息系统——合成视景显示系统(EFIS-SV)是其中一种。它由主飞行引导显示器和导航显示器组成。主飞行显示器不仅显示飞行航线,还实时显示三维地形及障碍物;导航显示器显示活动地图。飞行航线显示采用了一种更直观的、称为"空中高速路"(HITS)的显示技术。在多功能显示器上显示一系列三维的飞行引导范围:在 GPS 计划航线上每隔 900 m 会显示一个 180 m×140 m 的范围。只要飞行员驾机不越出这个范围,就能使飞机在预定的航向和高度上飞行。HITS 显示方法对下降高度、曲线仪表进场的飞行特别有帮助。对在超出了空中交通管制导航设备或引导雷达作用范围的飞行,HITS 将大大提高其防撞地面能力。

增强/合成视景系统(ES/VS)是增强视景系统与合成视景系统的综合,2010 年底由美国霍尼韦尔(Honeywell)公司和湾流宇航公司(Gulfstream)共同开发。

罗克韦尔·柯林斯公司推出了一个嵌入到平视显示器上的合成视景系统,且具有很高分辨率。在 2011 年 6 月第 49 届巴黎航展上展出,该系统最近收到罗克韦尔·柯林斯公司的试验飞机上的第一次补充型号认证和它的第一个客户机[6]。

6) IT 技术的应用

随着电子技术的进步,IT 技术在航空电子系统中的应用越来越普遍,成为一种技术发展趋势。这不仅体现在机内通信的因特网化,也包括空地网络的因特网化,而不再坚持航空专用网络的技术路线。优点是开发成本低、可用性好,使用方便,商用技术成熟度高,核心器件有保障,便于开发等,其主要问题在于数据的实时性和网络的安全性。

当前,波音、空客、柯林斯、霍尼韦尔等公司,均基于因特网建立了产品的支援体系,包括软件版本的升级换代、系统的运行数据更新(例如导航和飞行性能数据的更新)、整个机队的运行状态的中央监护能力、用户的电子化管理(包括设备、器件和使用维护管理)等。

例如 2010 年 9 月 3 日,美国 UPS 一架 B747 飞机因为货舱起火而在迪拜坠毁,

2010 年 11 月 4 日,澳大利亚航空公司一架 A380 飞机发动机出现故障,造成紧急降落在新加坡等事件中,波音和空客总部都实时地监控和接收到飞机的实际运行状态数据,包括系统故障数据,但是未能将相关信息反馈给飞行机组人员。可以预计,将 IT 信息向驾驶舱系统的综合,是下一步技术发展的趋势。

E 化系统(e-Enabling)是波音公司为 B787 飞机研制的一套空/地数据传输系统。机上的数据(飞行参数记录系统、电子记录本等)通过无线高速宽带和卫星通信系统实时传送到地面。由于具有很强数据收集和储存能力而且实时,不但有利于维护,而且航空公司还可即时了解飞机飞行中的情况,遇到紧急情况,便于决策处理。

7) 现代化的客舱管理系统

机载飞行信息系统(AFIS)覆盖了商务和休闲的需求,IT 技术的应用,空中宽带网的建立缩短了机上和地面及世界各地之间的距离,提供了可以和在家中以及地面办公室一样所能得到的全范围通信和娱乐媒介;机上视频点播(AVOD)不但可以点播机上存储的所有节目,下一步实现因特网服务还可点播地面节目。进一步拓展在机上可以使用自己的便携式电子设备工作。

传统的音频和视频播放设备,尤其是基于座椅的旅客娱乐系统,由于当前的主体形式是物理连接组网方式,不但重而且安装量大,维护成本高等弊端。无线联网不但废除了这些弊端,而且也方便客舱重新布局。

随着商务和生活水平的提升,旅客在空中旅行的舒适度要求也越来越高,现代化客舱座椅及设备十分讲究舒适和方便能够多方位调节,空间也越来越宽畅。在这种形势下,如何做好客舱总体方案,在增加重量、能耗的同时,又具有自身的一定盈利能力,就成为新一代客舱的核心竞争力之一。现代化客舱集中体现了航空公司的差异化服务水平,成为高端航空公司的竞争武器,具有很高的含金量和利润空间,现代化客舱系统也是国际上高端飞机改装公司的主要业务之一。当前,现代化客舱系统用得比较成功的有阿联酋、新加坡、日本、德国和法国的航空公司。主要供应商是日本松下和法国泰勒斯。

8) 飞行器健康管理系统(VHM)

飞机健康状况对旅客的生命安全和航空公司的运营效率至关重要。在上世纪 70 年代出现了对飞机系统状态进行监视,对异常属性进行预防,随后出现了诊断故障源和故障原因的技术,并最终带来了故障预测方法的诞生。20 世纪 90 年代初期,NASA 研究机构内部盛行"飞行器健康监控(VHM)"一词,它是指适当地选择和使用传感器及软件来监测太空交通工具的"健康"。不久,监控一词就被替换成"管理",而"系统"一词代替了"飞行器"。因此,"系统健康管理"在 20 世纪 90 年代中期成为涉及该主题的最常用的词语。美国国防部在同期产生了一套涉及类似主题的过程,称作"综合诊断"。综合诊断是通过考虑和综合测试、自动和人工测试、维修辅助手段、技术信息、人员和培训等构成诊断能力的所有要素,使装备诊断能力达到最佳的结构化设计和管理过程。其目的是以最少的费用、最有效的检测,隔离武器装备内已知的或预期发生的所有故障,以满足装备任务要求。20世纪90年代末,美军重大项目"联合攻击机"(JSF,F-35的前身)的启动,为预测与健康管理(PHM)技术的诞生带来了契机。

从以上可以看出美国国防部(DoD)和NASA在PHM/ISHM(预测与健康管理/综合系统健康管理)上也有一个认识发展过程:1950年代为可靠性分析、系统试验与评价;1960年代开展建模、故障分析;1970年代发展为系统监控、以可靠性为中心的维修、机内测试(BIT);1980年代扩展BIT、发动机健康管理;1990年代演变为诊断、飞行器健康监控;2000年代扩展为预测、综合飞行器健康监控、综合飞行器健康管理。

VHM的目的是诊断并管理飞机的健康状态。其全过程包含四个阶段:第一阶段,判断——通过诊断评估飞机健康状态(有无故障/预测);第二阶段,缓解——发现有或预测有故障,应设法缓解故障(隔离、重构、降级)以保证飞机在安全情况下继续飞行或返航;第三阶段,维修——返场后修复(更换零、部件或系统);第四阶段,验证——确保维修正确,并经有关当局(如FAA)验收至再次上天飞行。

VHM不仅着眼于安全,还应考虑到可操作性、可靠性、维修性,从飞机立项开始,把它纳入到飞机设计全过程。VHM有一套完整的设计开发准则。1985年美国航空无线电公司(ARNIC)发布了关于飞机健康管理的首个标准ARNIC 604《机内测试设备设计和使用指南》,1988年修订为ARNIC 604-1。1993年ARNIC发布第二个标准ARNIC 624-1《机上维护系统指南》,迄今为止几乎所有的民用飞机健康管理系统都采用这两个标准[4]。

目前有代表性的健康管理系统有波音公司应用到民用飞机上的"飞机健康管理(AHM)"系统。直升机上的"健康与使用监控系统(HUMS)"。其中,美国国防部新一代HUMS-JAHUMS具有全面的PHM能力和开放、灵活的系统结构。迄今,已有180多架美陆军的直升机安装了HUMS系统,包括AH-64阿帕奇、UH-60黑鹰和CH-47支奴干。据报道,安装了HUMS系统的美国陆军直升机任务完备率提高了10%。装备HUMS的飞机获得了陆军颁发的适航证和维修许可证。洛克希德·马丁在F-35上有一套非常完整的健康管理系统。霍尼韦尔在商务飞机、支线客机和直升机上开发了通用的健康管理系统,特别是在通用Primus Epic航空电子系统中,综合了飞机诊断与维护系统(ADMS),提供了200多个子系统接口,具有很好的通用性[7]。"机组信息/维护系统(CIS/MS)"是波音公司为B787飞机设计的,采用无线通信和万维网技术实现了机上诊断和地面的无缝连接,代表了今后方向。

9) 无纸化运行技术

驾驶舱无纸化的主要产品是电子飞行包(Electronics Flight Bag,EFG)。相当于目前市场上的电子书,它把与飞行相关的纸质资料变成电子载体,减少了驾驶舱的纸质化物品。同时,它具有一致性好,便于携带和查找的优点,降低了航空公司更新文件的成本,提高了作业效率。

电子飞行包(EFG)主要包括[8]:

① 电子化的文件、手册、图表和资料,如飞行操作手册、航行资料、飞行计划;

② 电子航图:包括终端区图、进近图、地面滑行数据及航路导航数据库;

③ 电子检查单:包括起飞着陆用检查单、应急检查单;

④ 电子化的飞行性能计算;

⑤ 电子化的飞行日志;

⑥ 电子视频监视:包括对机外情况(各种操作面的位置、结冰情况、起落架位置)和客舱监视(驾驶舱门附近的情况、各段客舱内旅客情况)。

以上功能能否全部实现,决定于不同的供应商和不同的版本。

客舱和货舱无纸化的主要内容在于电子舱单、重量平衡表和旅客服务项目上,如电子标签(Radio Frequency Idendification, RFID),又称射频识别技术,减少了纸质文件的传递,提高了工作效率。

通过电子标签(RFID)建立的系统功能包含旅客登录、登机、跟踪行李等过程。旅客只需使用 RFID 卡,感应一下读取器,系统自动登录该旅客的信息并传送信息至旅客手机,通知已完成登机、报告手续。如果有交运行李,再用 RFID 卡扫描一下行李并秤重完后,自行列印辨识名牌,可贴在行李上,还可利用卡片付行李过重费或更改预约。电子辨识名牌的信息包括旅客姓名、到达目的地及行李运送地点。工作人员可方便地追踪行李由哪家托运公司负责,确实掌握行李托运目的地,加速作业流程。

10) 语音识别

几乎不同语言的国家都在研究语音识别技术。第一个语音识别系统出现在 1952 年,IBM 公司 1964 年在美国纽约世界博览会上展出了商用产品[10]。商业上已有应用,军用飞机上也在试验,例如 F-16、JAS-39、Typhoon、F-35,甚至驾驶舱内噪声很大的直升机也在试验。现在主要是减少单字错误率、提高命令成功率和识别性能的鲁棒性及抗噪声的鲁棒性。

在民用飞机上语音识别技术作为辅助控制手段的"语音控制座舱(Voice-activated cockpit)"应用较为流行。语音控制座舱可以直接访问大量系统功能,即使是在飞行员仍保持手动控制飞机的状态下,它仍可以完成飞行操作。

美国 Voice Flight Systems 公司的语音识别产品 VFS101 代表了航空语音识别的突破性进展。有史以来第一次,民航飞行员可以通过语音控制飞机系统。Voice Flight 获得专利的语音识别技术在任何飞行环境下都能进行精确的语音识别及瞬间反应而且这一切并不需要对系统进行先期的语音训练以适应不同飞行员的声音。VFS101 是第一款,也是目前唯一的一款获得 FAA 认可的机舱内语音识别控制系统。

1.4　民用客机航空电子系统的主要标准和规范

民机航空电子相关的标准、规范、文件很多,主要由政府当局、协会、公司、学术

团体发布的一系列文件,被当局认可后形成法规文件、规范、标准和约俗成章的文本。基本都是出自美国,后被世界认可,如:

- 汽车工程师协会(SAE):APR 4754,APR 4761;
- 联邦航空局(FAA):AC 25.1309 - A;
- 联合适航当局(JAA):AMJ 25.1309;
- 航空运输协会(ATA):ATA 100;
- 航空无线电技术委员会(RTCA):DO 178B;
- 航空无线电公司(ARINC):ARINC 429。

这里介绍最有名(也是经常引用)的四个机构及其发布的标准、文件,即 RTCA、ARINC、SAE、CTSO。

1.4.1　航空无线电技术委员会(RTCA)

美国航空电子领域的一个非营利性社团组织。目前有 200 多个会员单位,其中国际会员单位 40 多个,包括中国航空无线电电子研究所。开始它由美国联邦航空局(FAA)1935 年组建,名称为"航空无线电技术委员会(Radio Technical Commission for Aeronautics"当时作为 FAA 的一个机构,20 世纪 90 年代初因政企分离成为一个独立的行业协会,仍沿用了原名缩写的四个首写字母为名,但它已不具有任何实际意义。其日常办公经费仍由 FAA 资助。其作用是以行业协会的形式召集会员单位就航空电子系统、设备和运行等方面问题提出满足适航规则的最低性能标准,以支持 FAA 的适航法规的落地(可执行性)。值得指出的是,RTCA 在考虑这些标准时并不单纯从技术角度,还包括政策法规、行业分工、财政、成本、风险、军、民(私人)、商等诸多方面的协调,故所制订的技术规范对其企业而言,具有很强的实践性和可操作性。

RTCA 制定的文件有两类:一是设备系统的最低运行标准,如 MOPS(最低运行性能标准);二是设备、系统满足适航标准必要的指导文件,如 DO 178B《机载系统和设备软件认证考虑》,DO 254《机载电子硬件设计保证指南》,DO 297《综合模块化航空电子系统开发指南和认证考虑》。RTCA 目前出版的有效标准文件有 205 种,定期出版物为双月刊《RTCA 通报》。

1.4.2　航空无线电公司(ARINC)

该公司成立于 1929 年 12 月,由四家航空公司共同投资组建,被当时的联邦无线电管理委员会 FRC(后更名为联邦通信管理委员会)授权负责"独立于政府之外唯一协调管理和认证航空公司的无线电通信工作"。后来股东扩充到 15 个国家 50 余家航空公司、飞机制造商和航空电子设备制造商。主要业务有:

- 通信与信息技术,如地面安全跟踪与报告系统(GSTARS)、全球链服务系统(GLOBALine)、自相关监测系统、甚高频 ARINC 通信报告系统全球链等;
- 信息网络与管理系统,目前有三套网络系统,为政府和公路、铁路系统向用户

提供实时信息服务;

- 工程服务,提供各专项工程的论证、分析、评估、实施、管理等服务;
- 航空行业服务,成立了一些专业委员会,如航空电子工程委员会(AEEC)、航空电子维修委员会(AMC)、飞行模拟器工程和维修委员会(SFEMC)、频率管理及航空频率委员会(AFC)。

民用航空涉及的 ARINC 标准是由 AEEC 编制的。为满足民用航空电子设备在世界范围的通用性,ARINC 率先提出了 3F 概念,即 Function(功能)、Form(外形)、Fit(安装)标准化,以实现世界范围内航空电子设备可以无缝互换,这就是最早的开放式结构概念。ARNIC 标准相当于产品规范,也包括一些技术标准。最著名的 ARNIC 404《运输机设备和安装架》确定了民用飞机航空电子设备机箱、机壳、机架、冷却和连接器的标准,1940 年 ARNIC 为航空电子外场可更换单元(LRU)所确定的 ATR (Air Transport Racking)机箱系列成为美国民用飞机航空电子的标准机箱,后来也被空军、海军采用。ARNIC 650《综合模块化航空电子系统封装和接口》,ARNIC 651《综合模块化航空电子系统设计指南》是 IMA 设计的重要规范。

ARINC 到目前为止一共发布了五个系列 245 个标准。ARNIC 500 系列支持模拟电路设备;ARINC 400 系列为支持 500 系列的基础标准;ARINC 700 系列支持数字电路设备;ARINC 600 系列为支持 700 系列的基础标准;ARINC 900 系列支持模块化电路设备,目前尚未公布;ARINC 800 系列为支持 900 系列的基础标准,由于 900 尚未推出,当前主要为机上网络应用产品,例如客舱娱乐、电子飞行包、保安监视、光纤应用连接器等。

由于主承包商的格局渐成为发展主流,加上小型客机用户差异化显著,ARINC 标准作为协调方的定位有失去存在价值的趋势,重要性明显下降。目前重点已转移到基于 IT 的系统集成和服务,包括客舱娱乐系统、空港管理系统等一体化的大系统方向。

1.4.3 美国汽车工程师协会(SAE)

该学会成立于 1905 年,是国际上最大的汽车工程学术组织。研究对象是轿车、载重车及工程车、飞机、发动机、材料及制造等。SAE 所制订的标准具有权威性,广泛地为汽车行业及其他行业所采用,并有相当部分被采用为美国国家标准。我们推荐的是与航空电子有关的两个标准:

- ARP 4754 《高度集成或复杂飞机系统认证指南》(*Certification Considerations for Highly-Integrated or Complex Aircraft Systems*);
- ARP 4761 《民用机载系统和设备安全评估过程的指导原则和方法》(*Guidelines and Methods for Conducting the Safety Assessment Process on Civil Airborne Systems and Equipment*)。

上述推荐的两个 SAE 标准和下述 RTCA 的三个文件及 ARNIC 的两个规范:

DO 178B 《机载系统和设备软件认证考虑》(*Software Considerations in*

Airborne System and Equipment Certification）；

　　DO 254　《机载电子硬件设计保证指南》（*Design Assurance Guidance for Airborne Electronic Hardware*）；

　　DO 297　《综合模块化航空电子系统开发指南和认证考虑》（*Integrated Modular Avionics（IMA）Development Guidance and Certification Considerations*）；

　　ARNIC 650　《综合模块化航空电子系统封装和接口》（*Intergrated Modular Avionics Packaging and Interfaces*）；

　　ARNIC 651　《综合模块化航空电子系统设计指南》（*Design Guidance for Integrated Modular Avionics*）；

是航空电子系统的软、硬件开发和全寿命周期安全评估的最重要文件。也可以说这七个文件是航空子系统设计最基本的标准规范，不但民用飞机，军用飞机也是参照这些要求执行。

1.4.4　中国民航技术标准规定（CTSO）

　　CTSO 是中国民航当局参照美国 TSO 发布的。它是适航当局为保障飞机安全，对重要或通用材料、零部件、机载设备规定的最低性能标准和管理规则。

　　TSO 由美国 FAA 于 20 世纪 50 年代就开始发布的标准，目前已有 100 多项，涉及仪表、导航、通信、供电、液压、燃油滑油系统、救生、座椅等 20 多个方面。所有航空电子设备要想装机飞行，须要取得适航当局颁发的"技术标准规定批准书-CTSOA"。

参考文献

［1］　Webster's Ninth New Collegiate Dictionary［M］. Merriam Webster Inc. , Publishers Springfield Massachusetts，U. S. A.

［2］　http：//en. wikipedia. org/wiki/File：cause-of-aviation-accidents. pdf.

［3］　http：//www. boeing. com/news/techissues/pdf/statsum. pdf.

［4］　Spitzer C R. 数字航空电子技术（上、下册）［M］. 谢文涛，等，译. 北京：航空工业出版社，2010.

［5］　Ian Moir，Allan Seabridge. 民用航空电子系统［M］. 范秋丽，等，译. 北京：航空工业出版社，2009.

［6］　http：//www. tradeshownews. com/events/Paris-Air-Show－2011/rockwellcollins/

［7］　Prognostic Health Management，Honeywell Capabilities and Needs［R］. Jeff Radke，December 6，2000.

［8］　航空电子快讯，2008. 1.（总第 15 期）中国上海无线电技术研究所.

［9］　The history, objectives and callenges of the deployment of IMA on A380［R］. Presented by Jean Benmard ITIER stp Manager IMAP：A380 Integrated Modular Avionics.

［10］　Speech recognition［EB/OL］. From Wikipedia, the free encyclopedia, http：//en. wikipedia. org/wiki/Speech_recognition.

2 综合化模块化航空电子系统

2.1 引言

世界民用航空工业发展已有几十年的历史,并获得了高速发展。随着人们对民用飞机的飞行品质、安全性、舒适性和经济性要求的不断提高,民用飞机制造商将大量的新技术和新系统用于飞机,以满足民用飞机发展的需求,其中航空电子技术占有重要地位和份额。民用飞机通过采用先进的航空电子技术,增强飞行员对飞行环境的感知能力,进而增强飞机在复杂气象条件下的飞行能力,满足现代民用飞机飞行更安全、更舒适、更高效和更经济的需求。

当前的民用飞机航空电子系统结构主要有两种形式:一是外场可更换单元(LRU)为基本系统单元的联合式系统结构。外场可更换单元具有实现某种功能的能力,是完成这种特定功能的软硬件综合独立体。它拥有标准的形式、功能、外观尺寸和安装接口。从 20 世纪 60 年代的模拟式航空电子系统到 90 年代的先进数字航空电子系统均采用这种系统结构。

第二种系统结构是 20 世纪 90 年代发展起来的模块化航空电子系统,即以外场更换模块(LRM)为基本系统单元的集成式航空电子系统,实现系统高度的物理综合和功能综合。

美国 B777 飞机是第一个采用综合模块化航空电子系统(Integrated Modular Avionics, IMA)的民用飞机,并以此形成 ARINC651 标准,即综合模块化航空电子系统设计指南。B777 飞机在设计、研制、制造和试验等方面都有革命性的创新,它采用了模块化综合航空电子技术、有源阵列液晶显示器(Active Matrix Liquid Crystal Display, AMLCD)、集导航、飞行控制、推力控制于一体的飞行管理系统、飞机信息综合管理系统等诸多新技术。为了适应中小型飞机对低成本的要求,美国霍尼韦尔(Honeywell)公司在 B777IMA 系统基础上,开发了 EPIC 航空电子系统,其核心是模块化核心处理系统即飞机信息管理系统(Aircraft Information Management System, AIMS)的剪裁型,用于多尼尔(Donier 328)等支线飞机。

A380 和 B787 飞机是当今世界上最先进的大型客机。它们均采用了模块化综合航空电子技术、先进的机电系统和飞行控制系统等诸多新技术。这些飞机所采用的先进航空电子技术既体现了当今世界大型民用飞机航空电子技术的先进水平,也展现了未来世界大型民用飞机航空电子技术的发展趋势。

本章节将围绕综合模块化航空电子系统,主要介绍其主要特性、开发考虑、认证任务和验证过程,以及系统安全性评估分析方法和综合系统的测试。

2.2　综合模块化航空电子系统

2.2.1　综合模块化航空电子系统综述

从 20 世纪 90 年代初提出综合模块化航空电子系统(IMA)的概念,经历了三个阶段:

第一阶段,主要是物理综合阶段。该阶段主要采用了模块化综合航空电子系统设计技术,由机架集成商提供功能软件,将传统的外场可更换单元(Line Replaceable Unite,LRU)通过模块化设计使其成为外场可更换模块(Line Replaced Module,LRM),实现了系统模块的物理综合,即在同一机柜内实现模块间的综合。专用的底板总线,封闭的机架和机箱结构。典型代表是 B777 的飞机信息综合管理系统。

第二阶段,主要是物理综合和部分功能综合阶段。该阶段主要采用模块化综合航空电子系统结构,由机架集成商和专业模块供应商提供功能软件,并进行部分功能综合,采用串行底板总线和部分开放式机架/机箱结构。典型的产品代表有霍尼韦尔的 Primus Epic 系统,柯林斯公司的 Proline 等。

第三阶段,主要是物理综合和功能综合阶段。该阶段系统综合范围更大,综合层次更深。采用开放式体系架构以及统一的机载数据网络交换技术,I/O 统一布局和综合信息管理,系统资源高度共享。典型产品代表有 GE 公司的 Genesis 平台,泰勒斯公司的 IMA 系统。

2.2.2　综合模块化航空电子系统定义

围绕 IMA[12] 系统的开发、综合以及认证的任务,RTCA 组织先后制定了指导性文件,综合模块化航空电子系统开发及认证考虑(RTCA DO‐297),机载电子硬件设计保障指南(RTCA DO‐254)等。以下为 RTCA DO‐297 中对综合模块化航空电子系统及相关特性的描述。

IMA 系统——由 IMA 平台和一组规定的驻留应用组成,能够共享一组可变化的、可重用的、可互操作的硬件和软件资源。这些资源综合在一起创建一个平台,而该平台针对所定义的安全性和性能要求,能够提供设计和验证的服务,以便管理那些执行飞机功能的应用。

IMA 平台(Platform)——一个模块或一组模块,包括核心软件,这种核心软件能足以支持至少一个应用的方式来管理资源。通过设计和管理的方法,IMA 硬件资源与核心软件能为至少一个驻留平台的应用软件提供计算、通信和接口能力。平台本身并不提供任何的飞机功能,只是建立了一个计算环境,能够支持服务并提供与平台相关的能力,如健康监控和故障管理。IMA平台可以独立于驻留应用认可。

应用(Application)——软件和/或定义有一组接口的专用硬件,当与某个平台综合后能执行一种功能。

核心软件(Core Software)——管理资源的操作系统和支持软件,以提供一种能够执行应用的环境。核心软件是平台必需的组件,通常有一个或多个模块组件组成。

组件(Component)——一个自身包含硬件部件、软件、数据库,或其组合且受配置管理的控制。组件本身不能提供飞机的功能。

模块(Module)——在IMA环境中可以接纳的一个组件或一组组件。一个模块也可以包括其他模块。一个模块可以是软件、硬件或软件和硬件的组合,这些软硬件能为驻留在IMA上的应用提供资源。模块可以分布于整个飞机或集中放在一起。

资源(Resource)——指由IMA平台或应用使用的任何对象(如:处理器、存储器、软件、数据等)或组件。资源可以由多个应用共享也可以有特定的应用专用,它可以是物理的(一个硬件设备),也可以是逻辑的(一段信息)。

分区(Partitioning)——一种结构化的技术,它为功能或应用提供必要的隔离和独立性,以保证只发生预期的耦合。这种在IMA平台中提供保护的机制是针对需要有完整性等级而设立的。

2.2.2.1 IMA平台关键特性

1) 平台资源可由多个应用共享

综合就意味着要共享资源,通过利用分区和平台提供的其他保护能力等,IMA平台能够驻留多个应用。

2) IMA平台能提供共享资源的健壮分区隔离

当需要时,IMA平台能够提供共享资源的健壮分区隔离的特性,能确保驻留的应用获得共享的平台资源,且这些资源是受到保护的。在应用共享资源时能避免产生任何异常行为。IMA平台资源管理确保只有已规定的、有预期用途、交互和接口等的资源可由平台和应用共享。

3) IMA平台只允许驻留的应用通过规定的接口同其他的应用进行相互联系

IMA平台是一个通用的计算平台,能够驻留一个或多个飞机功能或应用。因此,平台的行为可以由独立的专用应用来验证(例如,可以用满足其模块需求规范来证明)。IMA平台可以认为是IMA系统中一个单独认可的组件。

对于隔离平台和驻留的应用之间的变化来说,这一特性是必须的。其目的是使IMA平台的修改对驻留的应用带来的影响最小,以及应用的更改对平台的影响也最小。

该平台提供已文档化的(且已验证的)应用程序接口(API),以便允许各应用能够访问平台的服务和资源。

4) 共享的IMA平台资源是可配置的

为了支持驻留的应用对资源的需求,IMA平台的资源需要可配置。

2.2.2.2　IMA驻留应用的关键特性

1) 一个应用的设计可以独立于其他应用,并在IMA平台上能独立于其他应用获得增量认可

驻留在平台上的应用可以在平台上单独验证,而不需要与全套的预期应用一起进行。对每个驻留的应用的增量认可能够用来支持信任积累,以达到IMA在系统飞机上安装的批准。

2) 各种应用可以综合到一个平台,而不会受到其他驻留应用的非预期影响

随着不同应用的开发和单独验证的完成,它们作为一套完整的驻留平台上的应用,应该在平台上进行综合。应用之间的交互关系也应得到验证。

3) 应用可以是重用的

应用的模块化和移植性能够且方便地应用于不同的项目和产品。

4) 应用是可独立修改的

每个应用是可修改的,且对其他应用该平台资源与模块的影响要非常小或没有影响。任何影响都应得到识别并要与受影响的组件进行协调。

2.2.2.3　共享资源

IMA系统可以驻留几个在一起共享资源的应用。如:可以通过获取时间的方法来共享资源。这种情况适用于处理资源和硬件。每一种共享的资源都有可能造成单点失效,这种失效能够影响所有应用使用该资源。因此,要采用由系统安全性评估过程所确定的适当缓解技术。

IMA平台能够对共享资源提供资源管理的能力,还能提供健康监控和故障管理的能力,以支持共享资源的保护。IMA系统可以有多个共享的供电电源。

2.2.2.4　健壮分区隔离

健壮分区隔离是一种保证各独立飞机功能和应用达到隔离目的的措施,这种功能和应用驻留在IMA的共享资源上,在出现设计错误和硬件故障时,问题能够对应到唯一的分区或者与应用相关的硬件上。健壮分区隔离的目的就是提供与联合式等级相同的功能隔离和保护(不是指物理隔离),这就意味着健壮分区隔离应支持驻留在主处理器上共存的核心软件与应用相互协同,使用共享的资源,且要确保避免产生伪授权或非预期的交互。

平台的健壮分区隔离保护机制独立于任何驻留的应用,即,应用不能改变由平台提供的分区保护措施。

2.2.2.5　应用程序接口

应用程序接口(API)定义了平台和驻留应用之间的标准接口,且对应用之间的通信和使用I/O的能力提供实现手段。ARINC 653的第1和第2部分对应用程序接口和相关服务提供了航空电子系统标准。ARINC 653的第3部分提供了证明符合ARINC 653的标准测试规范。

2.2.2.6　健康监控和故障管理

由于多个应用和共享资源综合在一起,健康监控和故障管理(HM/FM)功能应

给予特别关注。IMA 系统管理平台的故障、硬件的失效、分区的冲突，以及驻留应用的错误和异常行为。

2.2.3　IMA 开发考虑

2.2.3.1　IMA 开发过程的目标

① 分配到特定 IMA 系统的飞机功能要与系统设计一致；

② 分配到特定 IMA 系统的飞机安全性和信息安全性需求要得到确定，并要通过 IMA 系统设计来满足，包括制定系统开发保证、指定硬件的设计保证以及软件的等级。这些等级的确定要通过飞机级安全性评估来进行的，确定这些等级可以支持由驻留应用实现的功能系统，并支持系统的可用性和完整性需求，以及针对工具评估和鉴定的各种需求；

③ 通过 IMA 平台的设计，任何驻留应用的行为都要避免对其他任何应用功能的行为带来不利的影响。IMA 平台具有健壮分区隔离、资源管理以及能适用于飞机功能与驻留应用的其他保护措施；

④ 提供给平台的健康监控、失效报告过程以及故障管理功能，要满足驻留应用和 IMA 系统所规定的需求；

⑤ 建立并维护给 IMA 平台、应用、综合者和认证申请者使用的配置管理；

⑥ 实现和验证分配给 IMA 系统的需求；

⑦ 实现和验证 IMA 系统的人员因素需求。

2.2.3.2　IMA 系统的开发过程

IMA 系统的整个开发过程应按照结构化的过程进行，IMA 系统的开发过程应考虑 IMA 的一些主要特征包括灵活性、重用性和互操作性等。基本特征如下：

① IMA 平台——定义可重用的、可共享的模块与资源。

② 驻留应用——定义接口和系统的约定，以使某个给定的驻留应用驻留在给定的平台上。

③ IMA 系统——把一组特定的驻留应用综合到某个给定的 IMA 平台上。

1）IMA 平台的开发过程

IMA 的一个主要目标就是开发出一个 IMA 平台，该平台能够与不同驻留应用一起重复地用到不同的飞机上。一种可重用的 IMA 平台开发过程描述如下：

（1）策划和定义 IMA 平台

① 定义架构，包括各种 IMA 模块、资源与组件的类型和一般功能，以及它们如何交互（分布式还是集中式的结构）；

② 将驻留应用、软件和硬件综合到 IMA 平台的方法；

③ IMA 平台的验收方法；

④ IMA 系统的认证方法，包括支持驻留应用和开发符合性数据的各相关方的角色与责任；

⑤ 能够提供各驻留应用的一组平台服务；

⑥ 飞机功能级所期望的可用性与完整性的等级、平台对其支持的能力,以及支持的方法;

⑦ 健康管理和故障管理的方法;

⑧ 对平台和 IMA 系统进行配置管理的方法。

(2) 定义 IMA 平台需求

① 安全性能力

a. 确定顶层平台的失效事件,这类事件能够影响驻留应用;

b. 定义与各种失效事件相关的可接受的失效(对平台硬件模块的可靠性要求);

c. 使用上述数据进行开发,这些数据能够满足飞机和潜在驻留应用的可用性与完整性要求;

d. 定义安全性的要求,包括健壮分区隔离、健康监控、故障管理、资源管理、其他安全特性与其他保护措施。

② 性能能力

③ 配置管理方法

④ 环境条件

在该条件下平台模块能按预期情况运行。

⑤ 故障管理与故障报告的方法和要求

考虑的内容包括:容错、模块的故障隔离以及单点失效的探测与隔离。

⑥ 对各部分概念定义的详细需求

⑦ IMA 平台的结构

该结构应按照所需要的安全性能力进行定义和验证。

(3) 开发并实现 IMA 平台的设计

软件和硬件的开发过程应分别按照 DO‑178B/ED‑12 和 DO‑254/ED‑80 进行,同时要符合各类补充规章文件要求,在相应的安全级别上满足所需的安全性要求。另外,应进行共因分析(CCA),并针对该平台所确定的各种顶层事件进行定量的失效分析。

(4) 验证并确认 IMA 平台

① 针对特定的环境条件进行环境鉴定试验;

② 进行分区分析和验证试验,验证其他的保护能力与安全性特性;

③ 完成共因分析;

④ 完成能够证明满足可靠性需求与能力的数值分析;

⑤ 解决模块一起共享的环境和资源问题,与非 IMA 模块共享统一环境的问题也要解决;

⑥ 采用模块验收的方法来获得 IMA 平台验收。针对描述的模块验收的数据进行开发,并提交使用。IMA 平台的所有需求应该得到确认和验证。应该对需求、实现和验证等活动的追溯性进行开发和维护。

2) 驻留应用的开发过程

① 确定需要使用的 IMA 平台资源;

② 量化所需的 IMA 平台资源;

③ 把驻留应用的安全性评估映射到 IMA 平台的安全性评估和能力上;

④ 定义驻留应用的 HM/FM 需求,并确定与 IMA 平台 HM/FM 功能的交互关系;

⑤ 确定 IMA 平台以外的专用资源;

⑥ 规定专用资源的环境鉴定等级;

⑦ 将应用综合到平台上,并进行软件/平台的综合测试;

⑧ 对照 IMA 平台的性能,评估人员因素的需求。

3) IMA 系统的开发过程

(1) 确定飞机的功能

包括功能、性能、安全性、可用性和完整性的需求。

(2) 确定资源分配

在考虑飞机级的 FHA、资源需求(接口规范)、IMA 平台的安全性能力以及主要最少设备清单(MMEL)等情况下,把 IMA 平台的资源分配到飞机的功能上。

(3) 开发 IMA 系统的结构

① 根据飞机的需求、驻留应用以及 IMA 系统的认证方法,开发 IMA 的认证计划;

② 确定所需 IMA 平台模块和资源的数量、质量和类型,以便能满足各种应用需求,包括功能、性能、安全性、可用性、完整性和余度的需求;

③ 确定由 IMA 平台模块的能力决定的各种飞机功能需求;

④ 对于每个要使用 IMA 平台安全性需求的驻留应用,都要进行初步系统安全性评估(PSSA);

⑤ 根据平台、驻留应用和共享资源失效的组合情况,来评估对飞机的影响;

⑥ 对 IMA 平台资源的分配确定出所需进行的更改,以解决单独的或组合的初步系统安全性评估(PSSA)活动中所发现的任何问题。

(4) 实现 IMA 系统

① 开发应用软件,并进行部分验证;

② 将所有应用综合到平台上,并对 IMA 系统进行确认与验证活动;

③ 利用 IMA 平台的顶层事件作为驻留应用失效分析的基本事件,进行初步 IMA 系统的失效分析;

④ 评估影响驻留应用的 IMA 平台组件失效的组合情况,并在必要时调整资源分配和/或应用的实现;

⑤ 进行飞机的地面和飞行试验,以确认 SSA 中的假设、需求和环境定义。

(5) 综合、确认、验证(未装在飞机上的)IMA 系统并获得认可

① 对 IMA 系统中的特定应用配置,应证明能够满足需求(包括性能、余度管理

以及 IMA 平台的接口需求）；

② 对每一种驻留应用进行分析，以表明其符合自己的 FHA；

③ 应将驻留应用的分析与 IMA 系统硬件的定量分析结合起来，通过这种定量分析就能表明事件的各种组合能够满足飞机安全性和可靠性的需求。

（6）综合、确认、验证装在飞机上的 IMA 系统

通过验证获得 IMA 系统的装机认可。

2.2.4　IMA 认证任务

2.2.4.1　认证过程概述

IMA 系统认证过程的一个重要方面就是通过获得 IMA 平台、模块和/或驻留应用的增量认可与认证信任，通过认证信任积累达到 IMA 系统在飞机上的安装批准，并直到发布产品认证书。

典型的开发过程分解成 6 项任务，这些任务规定了 IMA 系统认证过程的增量验收活动，包括以下任务：

—— 任务 1：模块验收；

—— 任务 2：应用软件/硬件的验收；

—— 任务 3：系统的验收；

—— 任务 4：IMA 系统在飞机上的综合，包括确认与验证；

—— 任务 5：模块或应用的更改；

—— 任务 6：模块或应用的重用。

2.2.4.2　任务 1：模块验收

1）模块验收的目的

在整个认证过程中，模块验证的目的就是要证实模块的特性、性能与接口，以获得模块的增量验收。

2）模块验证的目标

① 策划验收的任务，以满足所使用的认证需求。确保其他利益相关方能够统一这个验收计划；

② 编制模块的规范，并证实符合模块的需求规范（MRS）；

③ 证实资源内的属性的符合性，如：时间和空间的分区隔离、故障管理、健康监控、其他安全属性、确定性、延迟、资源管理、资源配置以及应用参数等，使用范围的属性应该在资源使用的边界内提前定义；

④ 使用在模块需求规范中确定的需求，如：性能、接口、服务、安全性、故障管理和健壮，来验证资源属性的符合性；

⑤ 针对相关模块验收的数据，开发出核心软件（如：操作系统、API 与核心服务）和/或硬件，并证明其过程符合适用的指南和规章；

⑥ 开发模块验收的数据，并能为认证机构验收提供模块验收的数据；

⑦ 为模块的用户提供必要的信息（如：用户指南、模块的数据手册以及接口规

范等资料），以便能正确地使用模块、综合模块，并与模块交联对接；

⑧ 若模块是一个平台，则综合平台中的所有模块；

⑨ 当需要时，对开发和验证模块时使用的工具进行评价和鉴定；

⑩ 为了模块验收，实施质量保证、配置管理、综合、确认、验证以及认证联络；

⑪ 为用户提供必要的信息，以便用户能正确地管理模块的配置。应为用户提供一种方法，以便能够确定模块配置、电子的部件编号/版本、核心软件的标识以及模块发生变更的时间；

⑫ 当需要时，定义、规定、评估和鉴定模块的支持工具，这些工具要提供给模块的用户并由模块的用户使用；如果用到了共享工具，就要开发出一套方法来共享工具数据；

⑬ 如果要想重用模块开发的结果，在模块开发过程中就要解决重用问题。

2.2.4.3 任务 2：应用验收

1) 应用验收的目的

在整个 IMA 系统的验收过程中，应用验收的主要目的就是证明应用符合适用的规章和由 IMA 系统设计所分配的需求，并能在模块的限制内运行，且提供所规定的特性与性能。另一个目的就是为了有利于在 IMA 系统中进行应用综合以及可能在其他子项目中重用，来提供验收数据和符合性证据。

2) 应用验收的目标

① 证明应用能执行其预期的功能，并满足适用的规章，同时，能正确地使用适当的平台资源，并能与其他模块和/或应用进行对接；

② 确定应用所需的平台资源；

③ 对应用所使用的相应模块规范、接口规范以及模块和/或平台用户指南的平台资源进行验证；

④ 当使用时，确保达到其他验收和批准的活动；

⑤ 开发必要的应用生命周期数据，这些数据可以通过某种方式组织起来，以支持这类应用将来能够被重用；

⑥ 当把应用综合到其他的目标 IMA 平台时，要确认和验证应用的操作；

⑦ 在开发、综合与验证过程中，保持配置控制并确保所配置的工具与模块得到正确的使用；

⑧ 如果打算重用已开发的应用，就应该在应用的开发过程中来实施。

2.2.4.4 任务 3：IMA 系统的验收

1) IMA 系统的验收目的

IMA 系统验收的主要目的就是证明综合化的模块、驻留应用和平台能够持续地执行其预期的功能，而不会对其他的模块和应用产生不利影响，这些证明活动可以在飞机上进行，也可以不在飞机上进行。对于不在飞机上进行的活动来说，主要目的就是进行能够支持整个飞机认证的那些确认与验证（Validation &

Verification，V&V)活动。对不在飞机上的特殊确认与验证所要得到的认证信任等级应事先与认证机构进行协调。

2) IMA 系统认证的目标

① 为了达到飞机级的认证信任，策划 IMA 平台和系统的活动，这些活动预期结果将在综合、确认和验证中获得；

② 对各应用资源的需求进行合并，以便使用所定义的工具和过程来综合并生成 IMA 系统的配置；

③ 验证各种应用、模块和平台资源之间正确的交互，包括健壮性测试、正确的资源分配与管理、正确的冗余管理、单个应用的性能不会受到不利影响，以及对安全性、健康监控、故障管理、分区与保护等需求的满足程度；

④ 证明符合相关的规章、指南和需求；

⑤ 证明 IMA 系统配置的正确性，且按照批准的过程进行；

⑥ 执行 IMA 系统综合、确认与验证的活动；

⑦ 开发 IMA 系统验收与符合性的数据；

⑧ 评估模块与应用问题的报告，以确定它们对 IMA 系统的影响，并采取适当的行动。

2.2.4.5　任务 4：IMA 系统的飞机级综合

1) IMA 系统飞机级综合的目的

IMA 系统飞机级综合(包括确认与验证)的目的就是证明飞机和驻留应用的各项功能都是预期需要用的，支持飞机的安全性目标并能符合适用的规章。在安装活动期间，与飞机功能相关的各驻留应用之间的交互，应该在飞机的地面试验和飞行试验中得到验证与确认。IMA 系统与飞机其他系统之间的交互、接口和连接也应得到验证与确认。

2) IMA 系统飞机级综合目标

① 策划 IMA 系统在飞机上进行安装、综合、确认和验证的活动；

② 利用实验室测试、适当的分析、地面和飞行试验，证明符合预期的功能与需求；

③ 验证 IMA 系统的资源管理，故障容错和管理、健康监控、降级模式和失效恢复能力；

④ 证明符合飞机和/或发动机适合认证基本的规章；

⑤ 评估特殊异常反应，例如有多个应用的功能或整个共享资源出错或功能丧失；

⑥ 进行确认与验证活动，以解决模块失效模式(模块内部的分析)对多个驻留应用的影响，模块上的共模故障对多个驻留应用的影响以及影响飞机多个系统失效的模式；

⑦ 解决与多项飞机功能失效和异常行为有关的人员因素问题，特别是在异常

操作条件和降级模式下的人员因素问题；

⑧ 必要时,开展高强度辐射和间接闪电影响试验,这些试验会与多项飞机功能的失效和异常行为有关；

⑨ 在所有的 IMA 平台之间,验证正确的交互与接口,包括它们的资源与驻留应用,并确保对每个单独的应用、模块或其他飞行系统的性能不会产生任何不利影响；

⑩ 在 IMA 系统的安全评估中,验证每个 IMA 模块的失效影响以及作用于一个以上驻留应用的共享资源的失效影响；

⑪ 为了认证机构的验收,开发飞机级 IMA 系统的符合性数据；

⑫ 进行飞机级的安全性评估,该评估涉及 IMA 系统的所有失效影响,包括进行综合及与飞机系统和功能的相互依赖；

⑬ 把 IMA 系统安装到飞机上。

2.2.4.6 任务5:对 IMA 系统的模块、资源和应用的更改

1) 对 IMA 系统的模块、资源和应用更改的目的

对 IMA 系统的模块、资源和应用更改的目的就是在不影响 IMA 系统功能的前提下,更改(IMA 系统的)组件,此类更改要求需得到认证机构的重新验收或批准。

2) 对 IMA 系统的模块、资源和应用更改的目标

IMA 系统开发和验收过程的一个主要目标,就是尽量减小由 IMA 系统组件的更改所带来的对 IMA 系统和飞机认证的影响。在 IMA 系统中更改的主要目标就是以某种方式对更改进行限制,以便了解更改的影响,并且更改能得到全面的验证和确认。具体更改过程的目标如下:

① 开发一个更改管理过程,该过程应确定各种级别上的开发者、供应商、综合者与认证申请者如何协调更改；

② 采用已批准过的更改管理过程进行更改；

③ 进行更改影响分析,并编制更改影响分析文档；

④ 把已更改的组件重新综合到 IMA 系统中,进行所有必要的验证、确认与综合活动(包括回归分析与测试),以获得对所修改模块或应用的验收,并确保这一更改没有任何不利影响,但不对未更改的模块和应用进行确认、验证及综合活动；

⑤ 维护相关更改的全部生命周期数据的配置控制。

2.2.4.7 任务6:模块或应用的重用

1) 模块或应用重用的目的

模块或应用重用的目的就是要重复使用已验收过的数据,而不需要重新评估数据本身,但还要评估它的适应性以及在新的安装中的综合情况。

2) 模块或应用重用的目标

重用的主要目标就是要能够采用以前已经得到认证和验收过的模块或应用的生命周期数据,只需要由认证机构进行少量监管。一旦模块或应用得到验收,重用

过程的目标是：

① 确保模块或应用的生命周期数据不会改变以前验收的数据；

② 确保纳入模块或应用验证数据手册中的限制、假设等在后续的安装中得到体现；

③ 通过对使用的领域范围进行分析，来判别模块或应用的重用适应性，以确保重用的模块或应用与原来预期和验收的方式相同；

④ 评估所有未关闭的模块或应用问题的报告，以确保这些问题不会对安全性、功能、性能或操作产生不利影响；

⑤ 将模块或应用综合到后续的安装中，并验证它在 IMA 系统中功能正常；

⑥ 向认证机构和用户提交必要的计划和数据。

2.2.5　IMA 验证过程

2.2.5.1　IMA 需求确认

IMA 需求确认过程应确保 IMA 系统的需求是正确的和完整的。确认过程的目标是：

① 确保所有级别上的 IMA 系统的需求都是正确的和完整的，包括模块、驻留应用、平台和 IMA 系统的需求。在这种分层结构中的各级需求，应该在确认下一层次需求前得到确认；

② 评估 IMA 系统的架构和驻留应用的功能分配；

③ 依据处理器能力和使用情况、存储器分配、I/O 设备与总线以及其他共享资源，确保分区隔离的保护是健壮的。确保冗余、资源管理、健康监控和故障管理的需求对整个 IMA 系统都是正确的和完整的；

④ 确保每个驻留在 IMA 系统上的应用符合安全性、完整性和可靠性的需求；

⑤ 评估模块和应用之间的数据耦合与控制耦合；

⑥ 确保考虑了正常操作与降级操作的情况、确认了这些操作对飞机安全性的潜在影响。

根据上述确认的目标，给出如下典型确认活动：

1) 任务 1 阶段，模块和/或平台的确认

① IMA 平台的需求对 IMA 核心软件和模块的分配；

② 健壮分区隔离需求；

③ 确定性需求。

2) 任务 2 阶段，应用的确认

① 将应用分配到飞机功能上；

② 对专用硬件和软件的需求功能进行分配。

3) 任务 3 阶段，IMA 系统级的确认

① 将 IMA 系统的需求分配到 IMA 平台和平台上的各驻留应用；

② 将应用分配到 IMA 处理器上；

③ IMA 资源分配给应用；

④ I/O 需求分配到 IMA 资源。

4) 任务 4 阶段，飞机级的确认

确认从飞机级需求分配给 IMA 系统的需求。

2.2.5.2　IMA 系统设计验证

IMA 系统设计验证过程应该确保对 IMA 系统特定需求的实现已经得到满足。验证的目标就是：

① 确保在所有级别上的需求都正确、完整地得到实现，以及能保证实现的措施是正确的；

② 验证过程要确保在所有级别上的需求都是完整的、可追踪的、准确的、可验证的和无歧义的。

验证最初可以在一个仿真的、有代表的目标机和环境上进行；然而，要是没有在目标平台上进行验证，验证活动就不能算是完整的。在应用和平台同时都处于开发的情况下，在获得目标平台之前，普遍认为应用起初可以按照 DO-178B/ED-12 所描述的验证过程在某个"驻留"计算机环境上进行。在这种情况下，如果开发者能证实这些验证程序和结果对于目标机和环境是有效的话，可以作为整个验证过程的部分认可信任加以承认。

根据上述验证的目标要求，给出如下各阶段典型的验证活动。

1) 任务 1 阶段，模块和/或平台的验证

① 模块的实现符合其物理要求、安装要求、功能要求、性能要求、接口要求以及与安全性有关的要求；

② 模块与核心软件综合形成一个平台时，要符合平台的需求；

③ 合适的平台的物理特性；

④ 平台特性，包括服务（API）如：健壮分区隔离、网络服务、数据通信、资源管理、健康监控、故障管理等；

⑤ 平台为驻留应用提供保护共享资源的能力；

⑥ 平台的配置以及维护和验证配置的方法。

2) 任务 2 阶段，驻留应用验证

① 在目标模块和平台中，应用满足其所有的需求；

② 应用的配置；

③ 应用正确地使用其所分配到的共享资源。

3) 任务 3 阶段，IMA 系统级的验证

① 在目标平台和系统上，应用都满足它们的需求；

② 模块、平台和驻留应用的配置以及维护这些配置的方法；

③ 模块、平台和驻留应用的共享资源分配；

④ 各应用之间、模块资源和应用之间，模块之间以及平台之间的接口与交互

关系;

　　⑤ 当平台综合后形成 IMA 系统时,平台实现满足 IMA 系统的需求;

　　⑥ IMA 系统的功能与性能;

　　⑦ 正常和异常(降级)模式下的 IMA 系统行为;

　　⑧ 要综合应用、模块和它们的平台以及共享资源的分配,包括功能的交互、内部的通信过程、时间的相互影响等;

　　⑨ IMA 系统的最终配置以及维护该配置的方法。

　　4) 任务 4 阶段,飞机级 IMA 系统的验证

　　① 在飞机上所安装的 IMA 系统满足其需求;

　　② IMA 系统的物理特性;

　　③ IMA 系统与飞机其他系统的交互接口;

　　④ 正常和异常(降级)模式下的 IMA 系统行为;

　　⑤ 可由地面和飞行试验验证飞机的功能、性能和安全性需求。

2.3　安全性评估过程

2.3.1　安全性评估综述

　　安全性评估过程包括支持飞机研制活动的各项安全要求的产生和验证。该过程提供对执行这些功能的系统设计评价方法,以确认已提出了系统的相关危害。

　　综合系统的安全性评估过程必须将系统综合而产生的额外复杂性和关联性考虑在内。在涉及综合系统的情况下,安全性评估过程对于建立系统的安全性目标和确定设计满足这些目标是非常重要的。

　　图 2-1 以图示形式给出安全性评估过程(功能危险性评估,初步系统安全性评估和系统安全性评估)以及各种安全性评估方法的关联。研制过程是迭代的过程。随着设计满足安全性要求得以验证,安全性评估过程便结束。图的顶部示出一条典型研制周期时间线,表明安全性评估过程随研制过程而展开。

2.3.2　功能危害性评估

　　功能危害性评估(FHA)的定义为对功能进行系统而全面的检查,以鉴别这些功能的失效状态并按其严重性进行分类。FHA 通常在两个级别上执行,分别称为飞机级 FHA 和系统级 FHA。

　　飞机级 FHA 是在飞机研制开始时对所规定的飞机基本功能进行的高层次定性评估。飞机级 FHA 应识别与飞机级功能相关的失效状态并进行分类。然而,如果单独的系统使用相似的构架或相同复杂的部件并引发涉及多重功能的飞机级失效状态,那么,该 FHA 必须被修改以识别这些新的失效状态并进行分类。这些失效状态的分类必须满足飞机的安全性要求。进行飞机级 FHA 的目的是明确标识每个失效状态以及对其严重性分类。

　　系统级 FHA 是定性评估,这种评估实质上是迭代的过程,且随着系统设计的逐

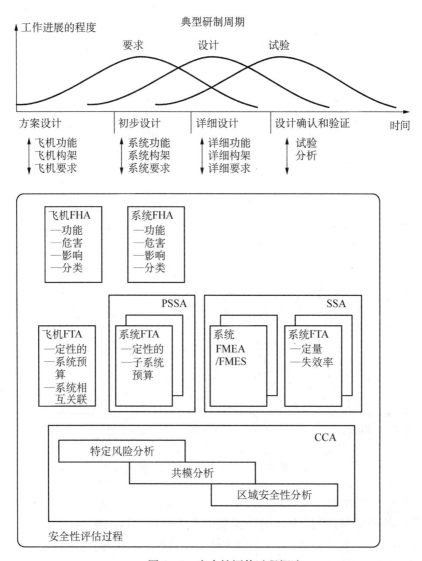

图 2-1   安全性评估过程概述

渐进展而变得更加明确和固定。系统级 FHA 考虑影响飞机功能的失效或系统失效组合。对任何特定硬件或软件的评估不是系统级 FHA 的目的。然而，如果分开的各系统使用相似的构架或相同复杂的部件并引发涉及综合多重功能的系统级失效状态，那么，该 FHA 必须被修改以识别这些新失效状态并进行分类。飞机功能的研制保证等级取决于该功能的失效或研制差错对飞机、机组或乘员影响的严重程度。每个组件的研制保证等级取决于系统构架和该组件相对系统所执行功能所产生的最终失效影响。图 2-2 是安全性目标验证方法。

在设计过程中将飞机功能分配到系统后，综合了多重飞机功能的每个系统必须使用系统级 FHA 过程重新检查。

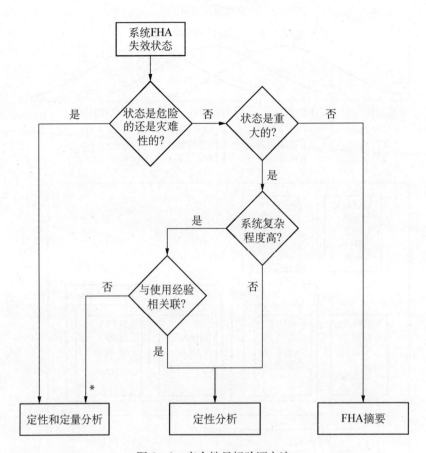

图 2-2　安全性目标验证方法

　　飞机级和/或系统级 FHA 的输出是安全性要求产生和分配的起始点。可使用 FTA(DD 或 MA)从进行 FHA 时所识别的那些要求中衍生出较低层次的要求(对于飞机 FHA 为飞机故障树,对于系统 FHA 为 PSSA 故障树)。应锁定这些衍生要求并作为飞机和系统技术规范中的要求。

2.3.3　初步系统安全性评估

　　由 FHA 确定的失效状态分类,对 IMA 系统组件所提出的设计与架构进行初步系统安全性评估(Preliminary System Safety Assessment,PSSA)。PSSA 是在整个研制过程中间的一种迭代分析法。它开始于设计阶段的初期,是将飞机功能及其要求分配到系统级,然后将系统级要求分配到组件,最后将组件要求分配到硬件和软件的一种过程。将这些要求和研制保证等级锁定在组件规范中。

　　PSSA 应该确定 IMA 系统所需要的(余度)数量、隔离、软件级别、硬件设计保证等级以及各组件的可靠性。在出现单点失效或失效组合时,所有由单个硬件单元完成的功能都应视为失效。

对于符合 FHA 需求的所有平台所提供的软件和驻留的软件都应确定软件等级;对于符合 FHA 需求的所有平台所提供的硬件和专用硬件设备都应确定硬件设计保证等级。

2.3.4 系统安全性评估

对于要安装到飞机上的 IMA 系统,应进行系统完整的评估,以证明在 PSSA 中所确定的相关安全性需求已得到满足。这种评估可以包括实验室基准测试、(机上)地面试验和飞行试验,以确保在 PSSA 中所作的假设是正确的并得到确认。典型的系统安全性评估(SSA)包括:

① 系统描述(包括功能和接口);

② 失效状态列表;

③ 每个失效状态分类;

④ 每个失效状态的定性分析;

⑤ 每个失效状态的定量分析;

⑥ 共因分析的结果;

⑦ 确认对能够影响多个系统的任何级联失效或单点失效都已解决;

⑧ 在适当时,证实失效状态的实验室测试、仿真测试和飞机试验的程序与结果;

⑨ 对防止较低重要度功能的任何失效模式对较高重要度功能造成不利影响的验证;

⑩ 对所有软件已分别按照 PSSA 所确定的软件设计保证等级完成开发的确认;

⑪ 对关键硬件已按照 PSSA 所确定的硬件设计保证等级完成开发的确认。

2.4 安全性评估分析方法

2.4.1 故障树分析

故障树分析(FTA)是一种自上而下的分析技术。故障树分析通过依次展开更详细的设计层次向下进行。

当识别 FHA 中的故障状态后,可将 FTA 用作 PSSA 的一部分,以便确定在可能导致每个失效状态的较低层面上存在的单一失效或失效的组合。

FTA 可识别可能单独或共同引发不希望的顶事件出现的失效事件的应用,完整的 FTA 便于技术和管理方面的评估和审查。FMEA 仅列出单一失效的清单,其中包括某些可以不予以关注的失效。

故障树分析使用布尔代数逻辑门,以表示失效影响与失效模式之间的关系。最普通的两种逻辑门是"与"门和"或"门。"与"门表示要求的所有输入同时存在,产生代表更高层事件的输出的情况。而"或"门则表示一个或多个输入,产生代表更高层事件输出的情况。

FTA 可用于：

① 以数量表示顶事件发生的概率；

② 评价所提议的系统构架的属性，以便在 PSSA 过程中确立硬件可靠性预计以及硬件和软件的研制保证等级；

③ 评估设计修改的影响；

④ 识别对设计修改的需求/识别需要专门关注的独特情况；

⑤ 作为 SSA 的一部分，表明对定性/定量安全性目标的符合性；

⑥ 提供直观的手段，以定性地说明软件对于顶层事件失效状态分类的重要性；

⑦ 确定为满足安全性评估要求所必需的机组和维修工作以及时间间隔。

2.4.2　失效模式与效果分析

失效模式与效应分析（Failure Mode and Effect Analysis，FMEA）是一种系统性的自下而上的分析方法，该方法用来识别系统、组件或功能的失效模式并确定对接着的更高层次的影响。使用功能 FMEA 方法，也可对软件进行定性分析。通常，FMEA 用来阐明单一失效所引起的失效影响。

FMEA 的范围应与用户对其要求相协调。分析可以是零部件 FMEA 或功能FMEA。FMEA 通常包含如下信息：

① 部件、信号/功能的识别；

② 失效模式和相关硬件的失效率（数值的或绝对的）；

③ 失效影响（直接的/对接着的更高层次上的影响）；

④ 探测能力和探测手段。

FMEA 也可包含下列信息：

① 补偿动作（即自动的或手动的）；

② 失效发生的飞行阶段；

③ 失效影响的严重性。

IMA 失效模式分析分为以下几类：

（1）IMA 组件的失效模式分析

对 IMA 组件的分析能确定组件的失效对其他 IMA 模块、平台、IMA 系统与飞机或发动机的影响。对于随机失效，通常是通过评估一些元器件失效、确定失效对组件操作的影响来完成分析。对于有原因的事件，失效和影响的分析重点只需针对那些对于原因事件比较脆弱的组件。

（2）IMA 平台的失效模式分析

一般将模块和组件结合在一起进行分析，分析的重点是平台如何随组件所给定的行为而变化。

（3）IMA 系统的失效模式分析

将以前的分析作为输入来进行 IMA 系统的失效模式分析，该分析的结果作为飞机级失效模式分析的输入。

(4) 飞机级的失效模式分析

对低级分析中的任何错误和假设都应在此环节被更正。另外,应在飞机级处理 IMA 系统与飞机其他系统间的交互关系。

2.4.3 共因分析

为满足安全性要求,需要系统或组件之间保持独立性。因此,有必要确保这种独立性的存在或确认与独立性相关的风险是可以接受的。共因分析(Common Cause Analysis,CCA)提供工具验证这种独立性或识别具体相关性的方法。对于 IMA 系统,由于某一单个原因事件就能直接或间接地同时引起多种不利影响,所以在多个飞机级功能和驻留应用之间有资源共享的地方,需要在飞机级进行共因分析。

将 CCA 细分为三种分析类型:

① 区域安全性分析;

② 特定风险分析;

③ 共模分析。

2.4.3.1 区域安全性分析

必须针对飞机的每个区域进行区域安全性分析(ZSA)。该分析的目的是确保设备的安装满足与下列事项有关的安全性要求:

① 基本安装(应根据相应的设计和安装要求,对安装进行检查);

② 系统之间的干扰(应考虑设备失效的影响与其对处于其物理影响范围之内的其他系统和结构的影响之间的关系);

③ 维修差错(应考虑安装维修差错及其对系统或飞机的影响)。

当识别出一种可能损害安全性的影响时,应在区域安全性分析中对其进行关注。这将或者导致重新设计或者在经相应的安全性评估后被表明是可以接受的。

2.4.3.2 特定风险分析

特定风险定义为对于相关系统和组件外部的那些可能违背失效独立性要求的事件或效应需要进行特定风险分析(PRA)。

典型的风险包括,但不限如下方面:

① 火灾;

② 高能装置;

③ 泄漏的流体;

④ 冰雹、冰、雪;

⑤ 鸟撞;

⑥ 轮胎爆裂;

⑦ 机轮轮缘释放;

⑧ 闪电;

⑨ 高强度辐射场;

⑩ 气流抽打转轴。

相对考虑中的设计识别相应的风险,而每一风险都应成为专门研究的主题,以检查和用文件证明每一风险的同时影响或串联影响。

其目的是确保消除任何与安全性有关的影响或确保所示出的风险是可以接受的。

2.4.3.3　共模分析

执行共模分析(CMA),以验证 FTA 中的"与"事件在实际执行中是独立的。应分析设计、制造、维修差错和系统部件失效的影响损害其独立性。对功能的独立性和其各自的监控器必须给予考虑。具有相同硬件/软件的组件,对在多重组件中引起不正常工作的同属故障是敏感的。

共模故障能够分成必须进行分析的若干类别。下面是某些共模故障的例子:

① 硬件差错;

② 软件错误;

③ 硬件失效;

④ 生产/修理缺陷;

⑤ 与环境有关的应力(例如,异常的飞行状态或异常的系统构型);

⑥ 安装差错;

⑦ 要求错误;

⑧ 环境因素(例如,温度,振动,湿度等);

⑨ 串联故障;

⑩ 共同外部原因故障。

2.5　综合系统的测试

2.5.1　概述

IMA 系统最主要的特点是 IMA 平台的标准化和通用性,这使得不同的应用软件可以独立于 IMA 平台进行开发。但这种特点给综合模块化航空电子系统的综合过程和相应的测试活动带来了挑战。

虽然可以采用多种不同的策略来进行系统的综合和相关测试,但主要的策略分为如下两种:

1) 非增量的综合策略

直接将所有组件和系统综合到一起。

2) 增量的综合策略

每一步只综合一小部分系统组件。在增量综合中,又可以采用如下几种方法:

① 自下而上的方法:从最小的组件开始综合,比如在设备级开始综合。

② 自上而下的方法:从顶层开始综合,比如在飞机级进行综合。

③ 可用组件优先方法:首先综合可以获得的组件,然后逐步综合其他可以获得的组件。

④ 面向功能的方法：每次综合一个飞机功能，然后逐渐综合其他系统功能。

⑤ 面向商业过程的方法：选择将与该商用进程或用例相关的系统和组件进行综合。

⑥ 由外向内的方法：顶部和底部同时进行综合。

⑦ 由内向外的方法：从中间开始向上下两个方向同时进行综合。

⑧ 困难优先的方法：首先综合具有最高安全等级的组件，然后逐步综合较低安全等级的组件。

当采用增量的综合策略时，测试中需要对尚未进行综合的组件进行仿真，这是一个很繁杂的过程；当采用非增量的综合策略时则不需要这一过程。但是，非增量的综合存在很多弊端：在进行非增量的综合时，所有的组件都必须是已获得的，也就是说只要有某一组件的开发尚未完成系统就无法进行综合。另外，由于非增量综合的特点，很难对故障进行分析、定位和隔离。因此，尽管增量综合的测试过程很繁杂，但是在 IMA 的综合和测试过程中主要还是要采用增量综合的方法，同时这也是 RTCA DO-297 标准中推荐的方法。

IMA 系统综合的过程总是伴随着相关的测试活动，它的综合和测试过程可以通过图 2-3 所示的"V"型图来表述。

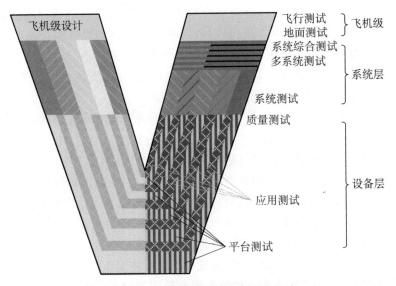

图 2-3　IMA 系统的综合和测试活动

"V"型图的左边描述系统的开发过程，右边描述系统综合和测试过程。在设备层进行平台测试、核心软件测试、平台综合测试和应用测试。在系统层进行系统测试多系统测试和多系统综合测试。当对所有系统进行综合测试之后还要进行地面测试和飞行测试，这两个测试主要在飞机上进行，不在本章讨论范围之内。本章节将讨论综合系统的测试方法，它包括平台测试、核心软件测试、平台综合测试、应用测试和系统综合测试。

2.5.2 综合系统的测试方法

如前所述，综合系统的测试包括平台测试、核心软件测试、平台综合测试、应用测试和系统综合测试，这是一种自下而上的测试方法，即从单个平台和单个应用软件的设备层测试开始，逐步向上进行综合和测试。不仅如此，在对综合系统的测试中，还要综合考虑 IMA 平台的固有特性：

① IMA 模块是可配置的；

② IMA 平台具有资源共享和分区管理机制；

③ IMA 平台具有标准的 API；

④ IMA 模块具有标准的硬件接口；

⑤ IMA 模块和应用软件是由不同的供应商开发的。

IMA 模块的可配置性主要对 IMA 平台的测试产生影响，因为在 IMA 平台测试过程中需要对平台的各种可能的配置都进行测试，以应对平台将来可能出现的多种使用方式和多种测试目的。在系统综合的各个阶段要有针对性地使用不同的配置（因为在各个阶段所需要的配置只是最终配置的一部分）。IMA 平台上载有的应用软件通常是由不同的开发商提供的，因此多种应用之间的综合测试也是不可或缺的。另外需要说明的是，整个综合系统的测试必须将各种综合活动和测试活动进行精细划分，在明确各个模块供应商、航空电子软件开发商和系统综合商在系统综合和测试的每一步骤责任的前提下，通过统筹各个供应商的活动，简化 IMA 模块与应用的认证和重新认证的工作。再者，综合系统的测试方法应该支持故障的定位，可以根据故障的实际情况进行相关的调试。

在综合系统的测试过程中，可以将待测系统看成是配置和应用的组合。根据测试的阶段和目标，IMA 模块可以使用任意的最终测置配置（包括单个或多个组合配置）；运行在各个分区中的应用可以是真实应用也可以是测试应用。事实上，只有一部分配置和应用的组合是可能的或者说是可执行的，因为配置必须要满足应用的需求，如足够的存储器空间，适当的调度，正确的端口名称等等。因此，在使用任意的测试配置和真实应用时几乎所有的组合都不太可能完全相互满足，除非测试配置与真实配置类似。下面列出几种可能的组合：

组合 1：IMA 模块使用测试配置，测试应用运行在配置过的分区中；

组合 2：IMA 模块使用真实的最终配置和特定的测试应用；

组合 3：部分配置的 IMA 模块和各自相应的真实应用；

组合 4：IMA 模块中使用真实的最终配置，应用包括有真实应用、仿真应用及测试应用；

组合 5：完全综合的 IMA 模块使用真实的最终配置和真实应用。

在平台综合测试中，主要使用组合 1、组合 2，在应用测试中使用组合 3，在系统综合测试中使用组合 4 和组合 5。

以下将讨论各个阶段的测试方法,这些测试方法基于如下两个假设:

① 系统架构只由 IMA 模块及其外围设备组成;

② 已经对外围设备进行了测试。

2.5.2.1 IMA 平台测试

IMA 平台供应商平台验证包括平台硬件的测试、核心软件即操作系统的测试和操作系统与硬件平台相综合的测试。本节讨论的平台测试即平台硬件的测试。

平台硬件的测试包括功能测试和环境测试,后者包括机械的、电力的、电子的和其他的测试。进行平台硬件的测试,就是要检验平台硬件的功能性和安全性是否满足相关需求,它不仅要在正常运行状态下进行测试,还要在非正常运行环境下进行测试。这些测试要考虑温度的动态改变,飞行过程中的冷却失效,气压的下降,减压,过压,潮湿,点击和撞击安全性,震动,声震动,爆炸,防水性,泥沙,磁效应,结冰,火灾和电力消耗等所造成的影响。这些环境测试的思想和方法可以参考相关标准(如 DO - 160,ABD200)。

2.5.2.2 核心软件测试

核心软件测试即对 IMA 平台操作系统的测试,它主要注重于平台多种运行状态下的功能性测试和鲁棒性测试。因此,在操作系统的测试过程中需要对平台环境进行仿真,例如,对操作系统的接口驱动部分进行测试时需要检测数据的发送和接受是否符合相关标准,这就必须对外部和与之通信的组件进行仿真。

平台操作系统的测试可以在两个层级上进行:软件综合测试级和硬/软件综合测试级。软件综合测试级使用目标硬件的仿真环境而不是使用真实的硬件平台,这使得测试可以在目标硬件不可获得的情况下进行,便于操作系统的开发者对操作系统进行的单独测试;在硬/软件综合测试级使用真实的硬件平台进行测试,属于平台综合测试范畴。

2.5.2.3 平台综合测试

影响平台综合测试方法的因素主要有两个方面:一方面是 IMA 模块的可配置性;另一方面是共享的 IMA 平台可以载有不同供应商提供的应用软件。实际上,IMA 平台、应用软件和外围设备的开发与最终的系统综合都由不同的公司负责完成。IMA 平台开发者的主要责任是提供一个经过测试的质量可靠的安装了操作系统的硬件平台,而不负责后续的系统综合活动。平台开发者的活动是在系统综合商的监视下完成的。平台交付后,系统综合商要在平台开发者的硬件/软件综合测试的基础上完成进一步的测试,然后根据模块的用途对模块的配置进行确定,逐步综合各种应用并组装成系统。因此,平台综合测试工作是由平台供应商和系统综合商共同完成的,需要双方的协调配合。

为保证模块的通用性,IMA 模块的可配置性十分重要。平台综合测试需要对各种不同的配置进行测试,最理想的做法是对所有可能的配置都进行测试,但是这并不现实,因为这将花费大量的时间和经费。因此,在同类型测试配置中只选择一些典型的配置进行测试即可。

如上文所述,在平台综合测试中,采用的配置和应用的组合为:组合 1(IMA 模块使用测试配置,测试应用运行在配置过的分区中)和组合 2(IMA 模块使用真实的最终配置和特定的测试应用)。

组合 1: 使用测试配置和测试应用的平台综合测试

为了验证 IMA 平台满足未来使用的多种需求,测试过程中要使用平台的多种测试配置与测试应用。平台综合测试的测试环路中有硬件参与,要对 IMA 模块的所有接口进行检测和模拟;对于内部接口,测试配置方面要考虑模块的可配置性,测试应用要使用操作系统的 API;对于外部接口,要有一个测试系统与硬件接口相连接,使用测试应用控制和监视所有接口。这样就可以对 IMA 模块操作系统和硬件接口系统(包括接口驱动)及硬件本身进行测试。

本阶段测试要达到的目标:

① 操作系统测试:操作系统所提供的服务满足操作系统标准(ARINC 653)要求。

② 分区测试:共享资源(计算资源、存储器资源、接口资源)的分区具有鲁棒性,应用之间不会造成不利影响。

③ 分区间通信测试:当使用不同的接口类型时,在指定的设置和配置下,I/O 通信能够正常工作,各自的操作系统服务也正常工作。

④ 分区内通信测试:分区内部缓存、黑板、时间、信号量的通信可以正常工作。

⑤ 数据加载测试:可以使用数据加载工具加载不同的配置和应用。

⑥ 健康监视测试:健康监视服务可以检测故障并进行控制。

⑦ 配置测试:在允许的范围内资源可配置,并可以加载到模块上。

⑧ 运行模式测试:开机自检能够检测到非法的配置和不一致的数据加载。

⑨ 电源供给测试:正确处理电源中断,在不同的运行情况下电源消耗满足指定限度。

本阶段的测试方法分为两部分:一部分是测试内部接口,由测试应用进行特定序列的 API 调用;另一部分是测试外部接口,由测试应用控制外部接口,完成外部的远程过程调用(RPC)。前者实现时,每个测试过程每个分区都应有其专属的测试应用完成操作系统 API 调用;后者实现时,由于 ARINC 653 API 中没有包含 RPC 或 RMI 服务,测试应用与外部的接口只能通过端口和特定的 API 服务。为克服这一缺点,设计了一个类似 RPC 机制的协议,使用端口连接外部接口,使用测试应用为 API 调用进行指令翻译,通过预留的指令端口接收指令。这个工作过程首先是测试应用接收到新的指令,执行 API 调用,然后通过预留的端口返回代码和输出参数。这里的指令是由外部测试系统触发的。在这里测试系统的作用为:(a)控制测试应用,通过预留外部接口进行远程 API 调用;(b)控制和监视其他外部接口。

在对 IMA 平台的综合测试中,要尽可能多地使用测试配置,这就需要一个配置库和测试过程模板库。在创建一个测试时,通过将配置库和测试过程模板库实例化,就可以简单地完成所需测试任务。

总之,IMA 平台的综合测试需要涉及三个元素:测试应用,配置库和测试过程模板库。

组合 2:使用真实的最终配置和测试应用的平台综合测试

使用真实的最终配置的平台综合测试之所以还要使用测试应用,是由于真实应用发生的错误会仅限于某一方面,不具备全面性,使用测试应用可以暴露更多问题。

总的来说,这一部分的测试方法和测试目标跟组合 1 中使用测试配置和测试应用时基本类似,但是也有不同之处,比如测试应用要根据真实配置的要求进行调整,这将导致各个分区测试应用的细微差别。以下是测试应用进行调整的可能原因:

① 测试应用使用的特定端口名称上的不同;

② 配置的限制导致特定分区的指令协议需要修改;

③ 配置限制了应用的可用存储,要减小测试应用的大小。

对于①和③的情况,测试应用的调整要针对配置的具体情况;而对于②的情况有一系列标准的解决方案。例如,当测试系统向测试应用发送指令时,指令协议要依赖于端口(这些端口是与外部接口相连的)的可获得性。但是,真实的配置是为真实的应用服务的,因此可能并没有提供测试应用所需的端口。如果没有合适的连接该分区的端口,则必须使用特定的方法,例如通过采样端口发送指令,或者对不具有模块间通信端口的分区执行特殊的指令协议。

2.5.2.4　应用测试

IMA 模块中各个分区中的应用使用 ARINC 653 操作系统所提供的服务,对应用的测试也是由应用开发者和系统综合者共同完成的。

首先,应用的开发者要对应用进行验证。应用软件验证的绝大部分工作是进行软件测试,对于一些非常关键的软件还要进行正式分析。应用软件的测试包括软件模块级、软件综合测试级,以及硬/软件综合测试级测试,其中软件综合测试级和硬/软件综合测试级的测试由系统综合者完成。另外,对单个应用在硬/软件综合测试级的测试又同时属于系统综合测试的范畴。

1) 软件模块测试级

软件模块级的测试需要对各个软件模块进行测试,如对特定的功能或算法进行测试。被测试的各个软件模块要在仿真环境中运行,软件模块的外部环境需要仿真。为了增加测试工作的效能,这个测试通常只对软件模块中高安全等级的部分进行。模块级测试使用增量综合策略,通过模块级测试的逐步进行最后完成整个应用软件的测试,每进行一步,都要用真实的软件模块替代测试环境中的仿真软件模块。

2) 软件综合测试级

软件综合级的测试需要应用开发者与系统综合者共同完成。这一级的测试需要对目标平台进行仿真,以用来执行应用软件,使应用软件能像在真实硬件环境中那样访问目标平台的某一部分,如存储区。对目标平台的仿真本质上就是对平台实时操作系统的仿真,这是开发应用测试环境的一部分。因为这个仿真环境要能够提供操作系统 API,允许应用访问相关资源,并且可像真实 IMA 模块一样具有可配置性。因此,使用这个仿真环境可以大大简化应用软件的测试过程。当然,这些环境通常不提供 IMA 模块的硬件接口,也无法达到 IMA 模块的性能要求。但是,在这样的仿真平台上运行应用软件,能够为后续的硬/软件综合测试工作打下良好的基础。这个仿真平台通常只进行了一定程度的配置,也就是说,可能会缺少某些航电组件,但是部分的配置与最终配置是相似的。在测试过程中与应用软件进行通信的部件,如其他系统或外围设备,也需要进行仿真。这些验证和测试工作关系到应用软件的合格认证,需要在以后的综合测试工作中继续完善。这一级别的测试只可以在目标平台仿真可获得的情况下进行。

3)硬/软件综合测试级

硬/软件综合测试级的测试主要由系统综合者完成。在测试过程中应用软件在经过测试的具有部分配置的目标平台上运行。这一阶段的测试跟系统综合过程中的单应用综合测试相对应,在对一个应用进行综合测试时,要对其他应用进行仿真和模拟而不是使用真实的应用。后续的综合测试活动会逐步地使用真实的应用替换仿真的应用,也就是多应用的增量综合过程,这属于系统综合测试范畴。

2.5.2.5　系统综合测试

在上一步应用测试过程中,已经将应用综合到某个部分配置的 IMA 模块中,通过仿真器模拟系统的外围设备,并逐步由真实的设备代替。然而,此时系统仍然属于仿真环境,这一阶段的目标就是验证应用是否满足相关需求。

在系统综合测试中要使用最终的配置和真实的应用,即前文所述的组合 4 和组合 5。系统综合测试活动会逐步地使用真实的应用替换仿真的应用,也就是多应用的增量综合过程,最后将所有应用综合在 IMA 模块上。当在 IMA 模块上综合了所有应用后,系统综合商对完全综合化的模块在期望接口行为、期望模块功能、正确的模块操作(如模块的操作模式)、正确的配置(如内存使用率、时间分割等),以及功率消耗和一旦断电时系统的行为等方面进行验证。这些测试的目的是验证最终配置的完全综合化的模块是否满足相关需求。这些测试不关心应用软件行为的正确性,而关注于模块的功能性。因此,这些测试在一定程度上属于"后期平台综合测试",该测试只能在所有应用综合完成后才能实施。

系统综合测试的目标就是确保所有系统在单独运行和同时运行时能够正常运行,这就又涉及多系统综合的问题。完全综合化的模块通常包含了各种不同系统的应用,这势必导致不能像以前那样简单地把单系统综合与多系统综合分开。因此,多系统的综合不仅包括同一 IMA 模块上应用间的综合,还应包括不同 IMA 平台之间的综合。

不同 IMA 模块上的多系统综合测试也就是 IMA 平台网络的综合测试,通过逐步综合多个 IMA 平台及其外围设备,形成完全综合航空电子全双工交换式以太网(AFDX)。作为该综合测试阶段的准备工作,可以先对配置过的模块进行网络综合测试,以测试它们对相应网络配置的适应性和兼容性。IMA 平台网络由一系列已配置的模块组成,它们通过全双工交换式以太网相互连接,并运用典型的如 CAN,ARINC 429 等方式与其外围设备连接。

当考虑 IMA 系统间通信的时候,要根据各个系统在 IMA 模块的分布情况:如果两个系统分布在同一 IMA 模块的不同分区,那么这两个系统间的通信就是分区间的通信,也就是模块内的通信;如果两个系统分布在不同的 IMA 模块中,那么系统间的通信就是模块间的通信;如果两个模块属于同一域,那么就是域内通信,反之则是域间通信。这也就是说当考虑系统间通信的时候,一方面要考虑单一 IMA 平台内的通信,另一方面要考虑 IMA 平台组成的网络之间的通信。

当测试 IMA 平台网络时,要考虑如下两点:首先,IMA 平台网络的配置要与相关通信链路相符合。其次,配置好的分区可以执行真实应用也可以执行测试应用。

这里也有几种可能的配置与应用的组合:

组合 1:网络中的 IMA 模块采用相容的测试配置和测试应用,测试应用可以对所有可能的通信流进行仿真。

组合 2:真实的最终配置和测试应用。

组合 3:真实的最终配置和真实应用。

理论上测试通信流时这三种组合都应使用,但组合 1 会导致太多的测试用例不是很实际。组合 3 中使用真实应用,其只能针对预先定义好的通信行为进行测试,而这些行为只是所有可能出现的通信流中的一小部分。因此大多数时候采用组合 2,主要关注使用最终配置时 IMA 模块内和 IMA 模块间的通信流。可能出现的通信流取决于不同的配置和特定模块的特点:

① 应用在 IMA 平台网络中的分布;

② 端口的配置决定了各个端口的类型和属性,例如最大消息的长度和队列长度;

③ I/O 映射指定了所连接的是哪个源和目的端口;

④ 调度配置决定了各个分区的运行时间;

⑤ 模块和网络的性能决定了 API 调用的时延和消息传输时间。

尤其需要说明的是,分区在各个模块上的分布情况决定了哪些分区可以同时访问网络而哪些只能按次序访问网络(是否在一个模块上)。API 调用时间限制指的是触发同一模块的不同端口需要经过的时间,网络传输时间限制指的是经过多长时间才能从一个端口读到另一个模块端口发送来的信息。一个端口只可能属于一个分区,调度限制了模块何时访问端口。

网络测试的测试目标如下:

① 所有的测试端口都可访问。在初始化中生成,在通信 API 调用时使用。

② 从一个端口到其他端口的通信流符合 I/O 映射和配置表。

③ 不同模块对网络的同时访问是可能的并与配置相符。

④ 模块内进行的 API 调用与通过各自 I/O 驱动器发送和接收数据的延迟不超过指定范围。

⑤ 网络传输时间延迟不超过指定范围。

网络测试方法：

将通信链路连接到各个分区。如果分区在同一 IMA 模块内，那就是模块内通信，通常就是 RAM 通信。如果分区属于不同模块，那就是模块间通信，使用 AFDX 或 ARINC 429 技术。网络中会有外围设备和非 IMA 的控制器，这些不需测试，但要留出端口连接测试系统。

测试方法分两部分：(a)离线的测试数据生成；(b)测试应用和测试系统执行生成的测试用例。

每个通信调度都可以看成一个测试用例。有相应的调度生成算法，算法对模块的配置表以及平台网络的特点进行检测，最后获得：(a)网络的端口和 I/O 映射；(b)端口的属性；(c)各个模块的调度特点；(d)模块和网络的性能信息。用这些信息来确定哪些端口可以同时进行访问取决于(是否属于同一模块)，端口触发的最大和最小延迟(取决于分区的调度和各自的端口延迟)，向一个端口发送数据后经过多长时间能够接收到目的端口发回来的信息(取决于端口的延迟和网络的延迟)，什么时候不能进行发送或接受(取决于端口的特性和前一次通信的触发)。

参考文献

[1] Borky John M. Architectures for next generation military avionics systems [J]. IEEE Aerospace Applications Conference Proceedings, v. 1, Mar 21 - 28 1998, Sponsored by: IEEE Comp Soc, p. 265 - 281.

[2] Braid D M. An integrated test approach for avionics system development [J]. AIAA/IEEE Digital Avionics Systems Conference-Proceedings v. 2, Oct 14 - 18 2001, p. 9B21 - 9B29.

[3] 谢文涛. 开放式航空电子系统和 COST 技术[J]. 航空电子技术,2000,100(3):18 - 25.

[4] 霍曼. 综合航空电子技术发展展望[J]. 航空电子技术,2000,100(3):12 - 17.

[5] ARINC. Design Guidance for Integrated Modular Avionics [R]. Aeronautical Radio, INC. (ARINC) Report 651,1991.

[6] ARINC. Avionics Application Software Standard Interface [R]. Aeronautical Radio, INC. (ARINC) Specification 653, 1997.

[7] 霍曼. 飞速发展的航空电子[M]. 北京:航空工业出版社,2008.

[8] 汪亚卫. 展望航空新世纪[M]. 北京:航空工业出版社,2008.

[9] 谢文涛,等(译). 数字航空电子技术(上、下)[M]. 北京:航空工业出版社,2010.

[10] 范秋丽,等(译). 民用航空电子系统[M]. 北京:航空工业出版社,2009.

[11] 熊华钢,王中华. 先进航空电子综合技术[M]. 北京:国防工业出版社,2009.

[12] RTCA DO - 297: Integrated Modular Avionics (IMA) Development Guidance and Certification

Considerations [S].

[13] RTCA DO-254: Design assurance guidance for airborne electronic hardware [S].

[14] RTCA DO 178B: Software Consideration in Airborne Systems and Equipment Certification [S].

[15] Christopher B. Watkins. Design Consideration for System Hosted on Integrated Modular Avionics Platform [J]. 27th Digital Avionics Systems Conference. October 26 - 30, 2008, p. 1A2 - 1 - 1A2 - 7.

[16] SEA ARP 4754: Certification Consideration for Highly-Integrated or Complex Aircraft System [S]. Society of Automobile Engineers Inc.

[17] SEA ARP 4761: Guidelines and Methods for Conducting the Safety Assessment Process on Civil Airborne Systems [S]. Society of Automobile Engineers Inc.

3 飞行管理系统

3.1 引言

飞行管理功能是商用飞机自动飞行系统高端配置的核心组成部分。

自从飞机这一交通工具诞生以来,通过自动飞行手段增强飞行安全,减轻飞行人员负担,提高飞行运营效率,就成为一个长期的研究内容。

早在 1914 年,美国发明家斯派雷利用地平仪使飞机自动保持平飞,从而发明了自动驾驶仪。虽然这个简单的地平仪只能保持飞机平飞,但它的意义在于开启了自动飞行这一时代。

之后的几十年里,囿于技术手段和条件,自动飞行技术主要处于辅助飞行员飞行的角色。直到 20 世纪 60 年代后期,电子技术开始普及,尤其是计算机技术,使得自动飞行系统的地位不断抬升。例如,飞行控制计算机用于控制飞机的自动操纵,包括自动平飞,转弯和升降;推力控制计算机用于飞机转弯和升降时的动力自动调节;导航计算机用于自动定位和航径计算,保持规定航线飞行,实现了几乎全天候的、全球化的航空运输能力。

20 世纪 70 年代开始,数字电子技术进入自动飞行领域,数据处理能力得到突飞猛进的发展。同时,传感器、控制器的电子化和数据化使数据源的自动采集和处理成为现实;最后,电子显示技术确保了数据从采集到处理再到输出实现完整的、基于数字技术的信息链路管理。

由此,在技术上有可能出现一种超级计算机,全面处理商业飞行环境条件的标准作业模式,包括处理有限的变化,实现航线飞行的全程化自动管理。

这种承担全面管理和协调飞行的功能称之为飞行管理功能(FMF),这种计算机称之为飞行管理计算机(FMC);通常,我们把具有飞行管理功能的计算机和控制显示装置的组合称之为飞行管理计算机系统(FMCS);当我们不是具体地指称软件(功能)还是硬件(计算机)时,通常称之为飞行管理系统(FMS)。

从技术领域来说,源于厂家现有产品系列和工程经验,飞行管理计算机主要起源于现有的导航计算机,较著名的领军性产品为美国斯派雷公司产品,之后该公司被霍尼韦尔公司兼并。在欧洲,较著名的有法国斯芬娜公司产品,它从斯芬娜飞行控制计算机的基础上发展起来,之后不断地兼并和重组,最终并入当前的泰勒斯公司。还有基于飞行性能管理技术发展起来的产品,例如美国洛克希德公司基于远程导弹航径性能管理衍生的飞行性能计算机(PMS)。

从管理手段来说,飞行管理功能延续了航空公司的运营模式,即通过电子化的飞行计划方法,组织、协调和综合机上其他电子和机电系统的功能与作用,在整个飞行进程中保证航空公司的飞行计划切实可行,由此实现飞行任务在满足商务运作的条件下的自动控制。

从综合效益的角度来说,飞行管理功能集导航、引导、控制、显示、性能优化与综合管理功能为一体,节省燃油,提高运行效率,增强飞行安全,保障飞行品质,减轻飞行人员的日常工作负担,有效地保障了两人制飞行机组,带来了无可估量的综合效益。

从实现手段来说,飞行管理系统可以是独立的计算机系统;或者作为一个功能搭载在现有产品诸如导航、飞行控制、显示系统或者通用处理平台上。

从发展角度来说,飞行管理功能朝着更高的控制精度、更高的可靠性,以及更明智的人机互动方向发展。

随着国家空域管理机制的进步,以及全球空域管理一体化的需求,飞行管理功能的应用逐步进入非商业航空领域。这些应用或出于提高飞行效率的考虑,或出于增强空域现代化适应性的考虑,或出于增强飞行安全的考虑,出现了不同于传统的商用航线飞行的管理任务。

3.2　系统功能

3.2.1　基本概念

FMS 与空中导航、飞行性能和航空公司运营密切相关,相关术语是学习 FMS 的一个前提,分类归纳如下[1]。

3.2.1.1　导航

偏航距/偏航误差:飞机当前位置和应飞航迹之间的最短距离。当前位置在应飞航迹左边时,偏航距为左;当前位置在应飞航迹右边时,偏航距为右。

应飞航迹:地球表面上的虚拟路线,即飞行应经过的点所对应形成的轨迹。

应飞航迹角:在地球表面上从真北或磁北方向到预定航线或航径的顺时针夹角。

飞行距离:指定的位置、点或航路点间的大圆距离。

待飞距离:当前位置与"到达"航路点间的大圆距离,或当前位置与指定的下游航路点间的累积距离。

偏流角:飞机纵向轴与地面航迹的夹角,或真航向与地面航迹的角偏差。当地面航迹角小于真航向时,偏流角为左;当地面航迹角大于真航向时,偏流角为右。

弹性时间：FMS 对到达某一航路点或一些航路点的时间的控制范围。在技术上可以表达为要求到达时间（RTA）的范围值。

飞行轨迹角：地平线和飞机的飞行轨迹或速度矢量间的垂直面的夹角。通常应用于当前角度。

大圆航向：从出发地到目的地的大圆方向，表示为从基准方向（通常是北）到大圆的一个顺时针的角。沿着大圆此角度是不断变化的。

地面航迹/真航迹：在地表假定的航线或路径，连接飞机已经飞过的连续的点。

航迹角/真航迹角：从真北到地表假定航线的顺时针夹角，连接飞机已经飞过的连续的点（地面航迹）。一般用于当前航迹角，即使用在相对短的时间内刚经过的连续点。

水平导航（LNAV）：在水平面上提供导航数据，并提供命令信号到飞行制导系统的滚转通道和飞行员显示器上。

导航台：泛指基于地面技术的 VHF 途中或终端导航设备，包括 VOR，VOR/DME，VORTAC，DME 和低频信标。着陆系统如 ILS，MLS 与基于空间技术的系统如 GPS，GNSS，GLONAS 通常不包括在内。

导航数据库：使飞机沿着飞行计划指定的中途航路点和机场终端程序飞行的信息。

当前位置：二维位置信息为飞机正下方的地球表面上的点的经纬度，三维信息则包括高度。

RNAV：根据导航传感器的性能，在水平和/或垂直剖面上定义一系列的航路点，并按这些航路点飞行的导航方式。

待飞时间：从当前点飞到下一航路点的时间，或从当前点到某指定后继航路点或某些航路点时需要飞行的总时间。

航迹角误差：飞机地面航迹和应飞地面航迹之间的夹角，或地面航迹角和应飞航迹角之间偏差。当实际航迹角小于应飞航迹角时，航迹角误差为左；当实际航迹角大于应飞航迹角时，航迹角误差为右。

3.2.1.2　性能

限制值：速度、高度或时间的约束或限制。

爬升顶点：达到指定爬升高度的地理位置。

下降起点：巡航航径和下降航径的交叉点位置，即飞机从巡航飞行阶段过渡为下降飞行阶段的起点。通常，由于下降起点有一个动力减速的过程，因此，可把下降起点定义为减动力的起点，也可定义为减高度的起点。如果是四维方式，还需要包括时间维度。

经济飞行高度：基于航班成本考虑效益考虑的巡航飞行高度。

性能管理：控制爬升、巡航和下降各阶段中的性能指标，包括经济、最小燃油、保持指示空速/马赫数和最大坡度转弯等。

性能系数：计算的或应用于基本性能的系数，以准确修正具体飞机与标准数据之间的差异。

航径剖面:FMS需要保持的、以地球表面作为基准、通过一系列的三维地理坐标点形成的空中航路。出于实际应用的方便,剖面航径按水平和垂直两个方向进一步分类。

速度剖面:在FMS领域里,速度剖面通常定义为垂直方向的一系列速度目标值,尤指爬升和下降阶段。

到达时间:即对飞行速度进行管理,通常的表现形式是指定的某一或多个后继航路点上符合空中交通流量控制所需要的到达时间规定。

垂直导航(VNAV):在FMS领域,该功能定义为自动化地控制各种工作模式下的爬升和下降阶段,并有能力抵达指定高度和/或速度的后继航路点。

经济导航方式:综合考虑了航空公司所要求的最低成本的飞行方式,现在已经从传统的巡航阶段拓展到爬升、下降及发动机减额运行等方面。

所需到达时间(RTA):控制飞机在指定的时间到达给定点。RTA的输入意味着在指定时间内到达空中地理点,它拥有更高的优先级来控制飞机以获取最优的固定或可变的成本,因而重新计算成本指数来达到所需到达时间。

四维管理:对飞机实现纬度、经度、高度和时间四个维度的管理。

3.2.2　系统功能

FMS的典型工作目标是实施导航和飞行性能的双重管理功能,实施途径为制定飞行计划,输出形式是飞机水平和垂直引导所需指令。这种引导包括通过与自动控制系统的交联,实现自动引导,还包括通过与显示和控制系统的交联,为飞行机组人员提供系统控制和自身运行的状态信息,以及人机交互的渠道。

典型的FMS功能如图3-1所示。

为了能够自如地操作各种自动飞行的工作模式和自动化等级,FMS应该保障如意地从人工飞行到自动驾驶仪方式,再到全FMS控制的自动飞行方式。

为此,应在不产生下列影响的条件下完成返回到全FMS控制的自动飞行方式:

① 引起乘客不适的机动;

② 超过限制速度的情形;

③ 超过限制高度;

④ 航向误差;

⑤ 瞬时推力;

⑥ 机组工作量的大幅增加。

可由飞行机组人员选择LNAV和VNAV方式的独立工作,并且当这些方式激活时能够清楚地告知飞行机组。经常使用的功能例如航向选择、高度选择等应有专门的显示和控制。

对于FMS输入的自动飞行系统响应只在使用合适的垂直、水平和推力模式时发生。应在平稳的、没有突然或令人不快的飞机动作情况下完成工作方式的交互。

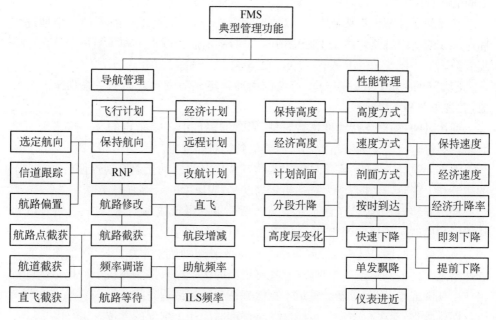

图 3-1　典型的 FMS 功能

3.2.2.1　飞行计划

FMS 提供飞行计划能力,并在飞行前建立燃油需求,在飞行中监视、修改和产生可选择的飞行计划。飞行机组人员可以:

① 通过 CDU 人工输入飞行计划;

② 选择一个之前存储在导航数据库中的飞行计划(公司航线);

③ 输入一个已经通过数据链上传的飞行计划;

④ 输入一个从磁盘加载的飞行计划。

也可利用可选的数据输入方法或设备。

FMS 格式化显示相关飞行计划信息,包含指定的航线中最优或需要的飞行计划。当构建飞行计划时,应考虑飞机运营总重,当前和预测的气象条件,控制交通管制的限制和其他计划数据。

可通过输入标识符、公司航线号选择之前存储的飞行计划,也可选择出发/目的城市("从"/"到")或从可用飞行计划列表中选择完成此功能。

飞行机组人员可以在飞行前和飞行中途检查和修改飞行计划。但是,直到飞行机组人员确认和接受修改之后,对现行飞行计划的修改才变为现行飞行计划的一部分。相反,飞行人员也能够在对现行飞行计划的修改生效前取消修改。

应在飞行计划中提供从导航数据库中选择适当航路点的方法。对于重名航路点的选择,应提供方法使重名航路点的选择问题最小化。在重名航路点存在的地方,重名航路点应以逻辑顺序(如,到飞机距离远近的顺序)列出。也可考虑采用图形显示的方法解决重名航路点的选择。

应通过下列方法提供创建和识别人工输入的航路点：

① 纬度和经度；

② 到已存储航路点的方位和距离；

③ 位置方位；

④ 沿航迹的航路点和距离；

⑤ 此信息将保留在导航数据库中的暂存区。

航路的航段包括飞行计划中加入航路、航段、SID、STAR、复飞程序和备降场的方法。飞行人员也应能够规划和整合与现行飞行计划无关的备用或变更飞行计划。

3.2.2.2　空中导航

无线电导航功能是传统的导航功能，FMS 的导航数据库中有地基无线电导航台的位置，并决定具有最佳几何位置的最近的导航台且能自动调谐所选导航台。FMS 在考虑到各传感器精确度的情况下将这些基站的信息与惯性导航位置数据融合，得出 FMS 提供的精确计算位置。

FMS 可以使用甚高频全向信标、测距仪、塔康、无线电指点标和无方向无线电信标等。

1）主用导航手段

当前，FMS 的主用无线电导航手段为全球导航卫星系统（GNSS）。FMS 从 GNSS 或全球卫星定位系统（GPS）接收机接受导航位置、高度和时间信息，可以接收 GPS 等两种以上导航卫星系统的接收机装置称为 GNSS 接收机，或者叫做多模式接收机（MMR）。

为了增强进近和着陆阶段的卫星信号的完好性水平，通常可以采用广域增强系统（WAAS），即 FMS 接受 GPS 差分校正信息，提高位置精确性，实现非精密着陆引导。WAAS 是为北美使用的基于卫星的增强系统（SBAS），其他地区使用的增强系统也在开发中。

局域增强系统（LAAS）是一种提供 GPS 差分校正的基于地面的增强系统（GBAS），或基于地面的区域增强系统（GRAS）。FMS 如果接受 LAAS/GBAS/GRAS 来的 GPS 差分校正信息来提高 GPS 位置的精确性，精度比使用 WAAS/SBAS 高。基于 GPS 的着陆系统（GLS）使用 LAAS/GBAS/GRAS 信息，提供精确的着陆引导。

2）着陆引导方式

取决于飞行计划选择的进近方式，FMS 自动调谐相应的着陆系统工作频率，即能够在目的地机场依靠选择的进近程序，选择仪表着陆系统（ILS）、微波着陆系统（MLS）或卫星着陆系统（GLS）的着陆程序，自动调谐和接收定位信号，引导飞机捕获下滑道、定位信标或者进近航径。

3.2.2.3　数据库功能

FMS 内部具有存储导航和飞机性能的数据库。使用从内部数据库存储器存储的或从外部飞行数据存储单元的数据,FMS 应利用系统计算和传输需要的数据,控制飞机的四维位置。

导航数据库(NDB)包含需要的导航信息,以便在预定的飞行区域里定义飞行计划。典型的导航数据包括:

① 途中和终端航路点及航路;

② 途中和终端导航台;

③ 离场和到场程序;

④ 等待方式;

⑤ 机场和跑道;

⑥ 公司航路。

导航数据库格式通常采用美国 ARINC 公司制定的 ARINC 424《导航数据库》标准。数据库容量应可存储所需导航数据,支持地区或全球性飞行计划所需的航线数据。导航数据加载完成后,典型的技术需求是还留有至少 25% 的剩余空间。

根据 ICAO 附件 4 AIRAC 的规定,每 28 天更新一次导航数据。飞行人员可以核实当前导航数据库的有效期,确保使用有效数据。

导航数据库的更新可在飞机上完成。典型的可通过数据链或便携式加载器这两种形式实现。

数据链的更新方式常用于具有庞大机群的大型航空公司;便携式加载器常用于本场内部维护,更适合小型或区域性航空公司。飞行员可输入一些临时参数,包括具体的导航设备频率、跑道和一些航路点。但是这些信息仅能本次飞行使用,不能加载到数据库中去。

FMS 的导航数据库通常配置为两套,储存有效期头尾衔接的两套导航数据,这样可以保障航班飞行数据的有效周期。如果未能及时更新,导致导航数据库无效或过期,应有手段提醒飞行人员。

飞机性能的详细配置数据也应放在数据库内,这是一个与导航数据库独立运行的数据库,称之为性能数据库。

性能数据库可以包括飞机和发动机的数据,也可以主要是发动机数据,飞行性能数据由计算模型和算法提供。总体来说,这个性能数据库包括了空气动力、发动机和飞机系统性能信息。这些数据繁杂,因机型配置而异,当前尚无一个标准的性能数据库格式。

FMS 需要用性能数据库的信息为输入的飞行计划预测所需起飞、爬升、巡航、下降和着陆的性能参数。

由于飞机实际性能表现的差异,以及性能数据的复杂性和非标准化特征,无法频繁更新,通常通过性能系数的方式进行拟合修正。只有当数据库本身更新或更换发动机,才进行相应的更新。当然,必须提供手段,以便飞行人员确认发动机和性能数据库合适本飞机和发动机组合。

FMS的供应商还可为航空公司提供地面配置平台,主要用于支持航空公司所需要的必要修改,例如对一些运行规则进行用户化的配置,典型参数如下:

① 默认爬升、巡航、下降方式,及最大/最小速度;

② 默认等待模式时间;

③ 默认爬升和下降过渡高度;

④ 默认机场速度和高度限制;

⑤ 默认所需到达时间容许度;

⑥ 默认燃油流量系数;

⑦ 默认机动限度;

⑧ 默认成本指数;

⑨ 默认数据链上传和下载信息和时间触发点。

3.2.2.4 性能管理

FMS可以提供和显示飞行计划所需的性能数据,包括不同构型和配置的性能数据,例如发动机停车、襟翼/缝翼锁定、起落架无法收起。

在性能计算中,根据航线运行需求,可以采用预设标准推荐的性能数据选项为默认值。所有输入的数据可修改,以便飞行人员依照当前工作条件调整。典型的数据输入如表3.1。

表 3.1 性能计算典型数据输入

1. 常规数据	2. 爬升速度计划	3. 爬升推力	4. 巡航计划	5. 下降计划
① 世界协调时 ② 燃油 ③ 重心 ④ 预测风 ⑤ 温度 ⑥ 成本指数 ⑦ 跑道坡度	① 最小成本 ② 最小燃油 ③ 最小行程时间 ④ 最大角或倾角 ⑤ 最大比率 ⑥ 速度/或航径角 ⑦ 加速度高度限制	① 最大爬升 ② 减额推力 ③ 单发停车的爬升推力 ④ 巡航高度	① 最小成本 ② 最小油耗 ③ 最小行程时间 ④ 最大航程 ⑤ 速度	① 最小成本 ② 最小燃油 ③ 最小旅途时间 ④ 速度/航径角 ⑤ 角加速度高度限制

典型的性能管理的方式包括经济方式、速度方式、剖面方式和各类极限状态下的性能方式,例如最大速度、最小速度、最小油耗等。

3.2.2.5 水平导航和引导

水平导航与引导是指完成水平剖面的航径管理。通常,这包括从起飞到着陆的全过程,如图3-2所示。

水平导航和引导可以独立于性能管理、垂直导航与引导,也可以与性能管理和垂直导航综合。

水平导航的首要任务是确定当前位置。通

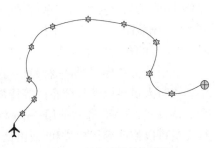

图 3-2 水平导航与引导

常,应可以自动计算和决策最佳的可用导航传感器,也可以由飞行人员指定或者取消系统所自动配置的导航传感器。组合的传感器如 VOR/DME,VOR/TACAN 和 ILS/DME 等应可独立选择或取消。FMS 还需要配置算法,拒绝明显错误的传感器输入信息。

作为基本规则,FMS 的水平导航应保证如下方式的工作:

① 惯导/无线电导航更新方式:惯导航迹和位置从 DME/DME,VOR/DME,GPS 或其他无线电数据更新。

② 惯导方式:飞机航迹和位置从惯导数据取得。

③ 无线电方式:飞机航迹和位置从无线电数据取得。

④ 航位推算方式(在洋面上的久航):DR 方式应使用磁或真航向、真空速,以及存在的或飞行员输入的风值。

FMS 的工作状态必须清楚地在显示器页面上通告,飞行人员选择方式和/或异常操作的顺序也必须显示出来。飞行人员还应有方法评估自动调谐和用作当前导航的导航台的质量,或对于自动调谐的系统应逻辑排除使用不准确的无线电信息,包括人工选择导航台的手段。

水平导航航段的计算一般采用大圆模型,包括不同航段的过渡方式,具体模型应满足 ARINC 424 的航段模型定义。FMS 还应具有水平偏置的导航能力,例如选择平行于现行飞行计划左或右的水平航径偏置。FMS 还应该保障"直飞"导引能力,即从当前位置到任何航路点都应能够创建一个直飞航段。"直飞"航段应从飞机前端(不是当前位置)到转弯的切线开始计算,以便于立即开始捕获转弯,离开航迹。应为飞行人员显示建议的飞行航径,但需要飞行人员确认和激活。

以纬度/经度或其他定义方式人工输入的在飞行计划中的航路点仅在当前飞行任务中有效,飞行完成后删除。

FMS 根据飞行计划引导飞机,航段计算和引导需求满足 ARINC 424 中定义的航段类型所需要的水平引导信息,这些信息由飞行制导功能使用,也需要显示给飞行人员观察。

典型的水平偏置航迹的引导是执行飞行人员根据 ATC 要求确定的航迹水平偏置距离,FMS 据此输入值计算平行水平偏置航迹。FMS 引导命令到偏置航迹的截获航向最大为 45°(取决于偏置距离值),并尽可能小地过冲捕获。水平偏置航迹的操作中,起始航路点保留在系统中,并显示给飞行人员。当飞机在应飞水平偏置航迹上时,偏航距应为零。当由飞行人员启动或飞行计划指定从水平偏置航迹返回时,该引导的执行要求与水平偏置捕获的机动引导相同。

在引导等待模式时,一种是执行公布的等待模式,他们通常存储在导航数据库中。飞行人员可以选择公布的等待模式,或者在任何点(包括当前点)修改或建立一个等待模式。FMS 通常使用一个固定速度值例如 250 kn 计算和引导等待方式。飞行人员可以修改等待模式和/或由最低安全机动限度限制的速度。

FMS 显示应包括所有相关的等待参数。应能够指定一个离开等待定位点的时间和/或到达下游航路点的 ETA,因此 FMS 应适当缩短最终等待模式航段。任何时候都可退出等待模式。

导航连续性和异常情况的告警。为了精确地执行飞行计划,FMS 应监视输入并对于下列情况显示适当的警告:

① 路径不连续点;

② 旁路航路点;

③ 水平偏置;

④ MSA,MEA 和限制的飞行空域监视。

3.2.2.6　垂直导航及引导

垂直导航习惯上属于性能管理范畴,它通常包括从起飞到着陆的全过程,如图 3-3 所示。

图 3-3　垂直导航及引导

FMS 与自动操纵系统交联协作,计算航径和控制命令,包括应实现速度和高度的限制,同时也要满足旅客的舒适性。FMS 应预测限制值,像飞行员那样保障飞机尽可能平稳地飞行。

飞行机组应始终有能力修改垂直飞行计划,而在任何点的速度和/或高度限制不能满足或不协调时,FMS 应为飞行人员显示这类信息,通常是显示偏差值。同时,FMS 应为飞行人员提供删除在当前高度和预设高度间的高度限制值。但是,修改一个高度限制值时,FMS 不应清除或修改后继航路点的高度限制值,并应对明显的冲突提出告警。

FMS 还应预报爬升和下降阶段的结冰条件和风值情况,提高垂直导航的航径预测的精确性。

在 LNAV 和 VNAV 独立配置的系统里,如果取消 LNAV 而仍然激活 VNAV 时,FMS 应保留 VNAV 航径,重新计算到下一个有高度和/或速度限制的下降路径航路点的 VNAV 要求航径。

VNAV 功能提供高度限制值、爬升下降航径角、爬升下降底点和顶点、飞行距离、油耗和时间。

垂直引导信息需要显示给飞行人员检查,典型的引导信息包括但不限于如下:

① 垂直航迹偏差(距离);

② 航径角;

③ 航径角偏差;

④ 垂直方位；

⑤ 任何航路点的预测高度；

⑥ 高度截获——距离/时间值；

⑦ 垂直操纵指令（速度、升降率、航径角等）；

⑧ 航径截获——距离/时间值。

垂直路径过渡引导包括从爬升或下降过渡到平飞包括中间的改平，这些引导指令必须尽量保障飞机的平稳操作，所涉及的主要参数是俯仰角控制、速度和推力。在保障旅客舒适的前提下，应预测并制定所需速度和推力变化排序表。

通常情况下，下降底点由一个或多个与指定飞往的航路点或距离相应或相对更低的高度/空速层来确定。该数据可以是初始飞行计划的组成部分，或随后由飞行人员根据 ATC 的要求指定。

下降顶点的计算应使用性能管理准则、下降底点或跑道数据，适当时加上要求时间和到达时间，以及下降期间通过风模型计算的风值，或者是通过数据链或飞行员插入风值。下降管理包括引导信息，该引导信息能够使推力或阻力（及俯仰角）校正值在下降开始后被使用以使飞机到达要求的高度、速度和到达时间。应在任何时间，飞行人员合理输入的情况下，都可进行下降程序的修改或开始下降。如果 FMS 预测到要求的高度/空速的捕获不在飞机实际能力范围内，应立即显示示警报告。

在任何时期（保持当前速度），都能够中断已编好的爬升/下降并保持该临时高度，然后如果可行，则恢复直接指向下一个指定航路点（穿越高度/速度）并已修订过的爬升/下降。任何时候，都可以进入和执行迅速爬升或快速下降方式。

如果具体配置的飞行引导功能不能做到时，FMS 应能提供如下功能：

① 高度保持；

② 高度选择；

③ 马赫数保持；

④ 马赫数选择；

⑤ 空速保持；

⑥ 空速选择；

⑦ 垂直速度选择；

⑧ 飞行路径角选择。

如果飞行机组人员插入不安全的航径角或速度值，FMS 应能及时给出提醒信息。

3.2.2.7 四维控制

四维管理是性能管理的高级形式，即系统通过控制速度，实现某一或某些航路点的所需到达时间（RTA）管理。系统应持续地评估进程并以最优的手段修改或应用必要的修正。控制应从途中巡航开始（也可更早），并延续到下降阶段中的指定控制航路点（通常为疏导定位点、下降低点或跑道）。

如果 RTA 是一个范围，则可以提供"时间窗"显示，即在"弹性"时间窗内为指定的控制航路点显示当前 ETA、最大 RTA、最小 RTA(或相当信息)。飞行人员通过这个时间窗口选择一个 RTA 值,FMS 在激活四维控制前应评估所要求的速度指令是否合适。FMS 应向飞行人员提供备用的控制方法,例如可以由指示空速引导切换为真空速或者对地速引导方式。

四维引导方式的逻辑必须限制最大和最小速度,并考虑经济、性能和抖振边界因素。

四维引导的关键要素是气象条件,例如颠簸、结冰、雷雨和风值的精度。这些模型控制法则应结合当前实际值和预测值,采取的算法必须保障空速引导指令的波动最小化。

显然地,实时四维控制解决方案与最优性能管理剖面会发生冲突,因此,四维引导时应可以在满足四维控制的要求时还能够提供成本、时间和燃油代价的显示,以供飞行机组决策参考。

3.3 功能设计准则

3.3.1 导航管理

3.3.1.1 LNAV 的设计准则

LNAV 的基本功能是提供完整的、可执行的水平飞行计划,其引导的基本形式是向下一个航路点或被选择的航线截获点提供操纵指令。

需要说明的是,LNAV 的水平飞行计划的设计是基于仪表飞行程序的。它的起点和终点分别是预定的起飞机场的具体跑道口和预定的到达机场的具体跑道口,期间要执行标准离场程序(SID)和标准到达程序(STAR)。在爬升和下降进程中,执行过渡航径规则。在巡航水平阶段,遵循航线规则。在巡航阶段,取决于具体的空域,这种规则可以是最基本的点到点飞行,也可以适当机动、非过点的区域性取直飞行规则,称之为 RNAV[2]。

随着适航规则的更新,水平飞行计划也开始越来越广泛地执行面向 PBN 运行环境的 RNP 规则。

作为一种通则,起飞后即可待命 LNAV,当横向位于现用航段的一个小的距离之内时,例如 2.5 海里范围内时,LNAV 可以接通。FMS 的 LNAV 引导方式按两个航路点间的大圆方式计算。如果通过导航数据库获得的公布进近程序时,FMS 的计算指令要符合其相应要求的航向、航迹或 DME 弧段,以满足该程序的规定。

LNAV 方式的主要问题是使用何种传感器以及它们的组合使用来实现当前位置和待飞航径的计算。使用常规地面助航台作为主导航传感器时,FMS 可执行 RNAV 功能,包括精密进近功能。如果实施其他类型导航传感器,包括导航卫星接收机,当前主要实施非精密进近功能;只有发布相应的适航条例,FMS 才能实现保障精密进近能力的全程 LNAV 方式。

在地面,FMS 使用 IRS 数据计算当前飞机位置;飞行中,FMS 通过各类无线电导航传感器,包括导航卫星的数据进行计算和更新飞机当前位置信息。更新的优先次序取决于支持系统有效数据的可行性;在配置了 IRS 的情况下,至少一台 IRS 可以在导航(NAV)方式下支持 FMS 工作。

FMS 可以自动调谐 VOR、DME 和 ILS,进行飞机当前位置的更新。

FMS 计算的飞机位置更新所用导航定位传感器按下列优先次序考虑:

① 导航卫星;

② 两个 DME 台;

③ 一个带有同位安装的 DME 的 VOR 台;

④ 两个 VOR 台;

⑤ 一个 LOC(用于进近);

⑥ IRS。

一种典型的配置如表 3.2 所示[3]。

表 3.2　FMS 典型的配置

FMS 位置更新源	位置基准
GPS	GPS
LOC、GPS 有效 *	LOC-GPS
LOC、DME/DME 有效;GPS 无效	LOC-RADIO
LOC、VOR/DME 有效;GPS 无效	LOC-RADIO
LOC 有效;GPS、DME、VOR 无效	LOC
DME/DME 有效;GPS 无效	RADIO
VOR/DME 有效;GPS 无效	RADIO
GPS、VOR、DME 无效	IRS
GPS 无效(没有导航能力)	空白

* 当存在以下情况时,FMS 使用 LOC 更新:
- 调谐的航道与目的地跑道相一致;
- 正在接收有效航道信号;
- 飞机处于无线电信号的有效范围内,以确保 LOC 更新精度

LNAV 的先进设计准则:

民航运输飞行领域开始采用导航卫星作为主导航手段后,LNAV 又赋予了新的涵义,成为 FMS 基于导航卫星实施进近引导的一个用语。这种进近最低标准因为缺乏电子下滑道信息而差于 RNAV 方式,且执行持续下降方式,无法按标准 ILS 那样按照固定点阶梯性地下降到决策高(DH)。

虽然这种 LNAV 方式下的 DH 一般高于 LNAV/VNAV 进近,在有障碍物时可能低于 LNAV/VNAV 方式。采用了 LNAV 方式的飞机在飞越障碍物后通常执行直接下降,更高级的 LNAV/VNAV 进近则必须执行电子下滑道的规则。

1998 年,美国联邦航空局开始导入新的 LNAV/VNAV 概念,即针对 FMS 依靠导航卫星实现 LNAV 方式来保障稳定的进近。在此之前,FMS 自身并不参与精

密进近的工作。

通常,基于导航卫星信息的 FMS 的 LNAV/VNAV 方式始于跑道入口前 3 800 m,DH 一般为 350 m。在净空条件满足的情况下,这种 LNAV/VNAV 方式提供垂直方向的精度监控,波动范围值通常为 20~30 m。这种 LNAV/VNAV 方式比单一的 LNAV 方式具有更高精度,得到了越来越广泛的应用。

3.3.1.2 航路点的命名要求

航路点是常规导航中用于导航定位的点,其识别符显示在 FMS 的控制显示单元(CDU)和电子显示器的飞行计划与地图显示上。

航路点是传统的民航运输飞行方式中的导航基础因素之一,由于历史和地域等原因,航路点存在着命名方式繁杂、名称具有重复性以及有时难以望文生义等缺陷。FMS 必须解决这些问题,才能通过计算机来自动处理 LNAV 所需的飞行计划和导航引导功能。

此外,统一的计算机命名法还有助于飞行机组人员与 FMS 之间的人机交互,包括人工检索、修改航路等日常需求。

但是,航路点的安全隐患在于,许多国家未能完全实施 ICAO 统一的命名法,通常存在着公布给外国航空公司使用的 ICAO 标示航路点和国内使用的母语化航路点的双重命名标准。

FMS 处理的航路点以使用公布的标识符方式命名,也可通过纬度/经度、位置-方位/距离或位置-方位/位置-方位等方式表示。为避免混淆,FMS 产生的航路点包含最多五个符号,且依据下列准则制定:

VHF 型导航点,即通过甚高频导航设备 VOR/DME/LOC 定义的航路点通过 1,2,3 或 4 个字符的简化识别符标示。例如:

Los Angeles VORTAC-LAX

NDB 型导航点使用台站识别符。例如:FORT NELSON, CAN‐YE。

固定航路点属于位于定位点上的航路点,其名字包括最多五个字符,且通过名字标示。例如:DOT。如有五个以上字符的航路点,遵照下列准则顺序处理,直至保留五个字符。对于重复字母,则删掉一个字母,例如:

KIMMEL 变为 KIMEL。

保留第一个字母,第一个元音字母与最后一个字母。从右至左,删除其余元音字母。例如:

BAILEY 变为 BAILY。

第二个规则缩写名字更为简练。使用前一个规则,然后从右至左,删除辅音。例如:

BRIDGEPORT 变为 BRIDGPRT 然后为 BRIDT。

多单词混合名字,使用第一个单词的首位字母和最后一个单词的缩写,按顺序地使用上面的规则,直至保留五个字符。例如:

CLEAR LAKE 变为 CLAKE

ROUGH ROAD 变为 RROAD

关于未命名的转弯点、交叉点或定位点,且包括与已命名的航路点或不同航路结构的导航设备重合,以及涉及各种程序的航路点命名,他们有些与地理位置相关,有些则与地理位置无关,完全取决于飞行性能(例如截获点、爬升或者下降通过某一高度)。总之,这种航路点是基于某种或者某几种条件来定义的。因此,FMS 需要处理的航路点必须能够完全覆盖这些需求,这里不再详述,设计人员必须掌握和遵循这些规则。

3.3.1.3 ARINC 424 导航数据库

航空公司所需的数据主文件(Master Airline User File)由各种信息称之为"记录"来组成。这些记录分类描述不同类的导航信息。

每条记录在文件中占一行(132 列),共 132 字符(这些字符包括字母、数字、空格)。每条记录表示一条(或一类)导航信息。数据内容皆以 ASCII 编码。相邻的若干字符列构成一个域,表示一条记录的某种属性(例如标识、经纬度等);不同的导航数据记录含有的域的种类与数目也不全相同。有些特殊的导航数据会有多条记录描述。

一个航空数据文件中各条记录的编排组织准则为:按照字母/数字顺序编排存储;分为标准导航数据(standard,S)和经过定制的导航数据(tailored,T)的记录两部分,定制的导航数据是针对特定的航空公司制定的导航数据,例如公司航路(Company Route);S 记录按照地理区域代码(Area Code)进行排序存储,T 记录按照航空公司代码(Airline Code)进行排序存储;各个记录按照段代码(Section Code)和子段代码(Subsection Code)分类组织。

ARINC 424 包括导航设备、航路区、直升机、机场以及一些辅助导航数据,具体包含的导航数据种类以及段代码、子段代码见表 3.3 所示。

表 3.3 辅助导航数据

段代码	段名	子段代码	子段名字
A	MORA	S	Grid MORA
D	Navaid	Blank B	VHF Navaid NDB Navaid
E	Enroute	A M P R T U V	Way points Airway Markers Holding Patterns Airways and Routes Preferred Routes Airway Restrictions Communications

（续表）

段代码	段名	子段代码	子段名字
H	Heliport	A	Pads
		C	Terminal Waypoints
		D	SIDs
		E	STARs
		F	Approach Procedures
		K	TAA
		S	MSA
		V	Communications
P	Airport	A	Reference Points
		B	Gates
		C	Terminal Waypoints
		D	SIDs
		E	STARs
		F	Approach Procedures
		G	Runways
		I	Localizer/Glide Slope
		K	TAA
		L	MLS
		M	Localizer Marker
		N	Terminal NDB
		P	Path Point
		R	Flt Planning ARR/DEP
		S	MSA
		T	GLS Station
		V	Communications
R	Company Routes	Blank	Company Routes
		A	Alternate Records
T	Tables	C	Cruising Tables
		G	Geographical
		Blank	Reference
		N	RNAV Name Table
U	Airspace	C	Controlled Airspace
		F	FIR/UIR
		R	Restrictive Airspace

导航数据按照拓扑关系可以分为导航点、航路、空域及辅助数据类型。一条完整的航线由一系列导航点类数据组成，每一记录描述一个航路段的信息。航路区航线会引用点类数据，公司航路会引用航路区航线及点类数据。类似地，一个空域由一系列边界点组成，每条记录包含点的经纬度数据和到下一点的连线信息（Boundary vi）。公司航路会引用航线类和点类数据。

3.3.1.4　极地和极寒环境运行

如果飞行计划需要飞机进入极地区域飞行,FMS要使用极地运行方式,飞行显示的输入信息转换到以真北为基准。要注意是否其他系统能够支持更高纬度,例如在大于北纬或南纬87度时的系统能否正常工作,因为当前的极地是指北纬73度以上或南纬60度以下的地区。在这些地区,磁航向无法正常使用。

2001年,随着飞越北极的商业航班正式实施,亚洲与北美之间的民航飞行实现了重大跨越,增加了亚洲与北美之间的直飞航班,效益显著。飞越极地对FMS提出了更高要求,所涉及的技术领域包括:极地导航、通信和备降机场选择,尤其是高寒地区的燃油管理问题。

在导航方面,进入极地区域首先失效的是磁导航技术,包括磁航向功能均不可用。取决于算法结构,必须明确FMS在极地上空飞行的导航有效性及其范围。此外,在飞行计划方面的处理要格外注意过冷环境的范围。

在外界气温接近燃油冰点时,燃油从液态转变为蜡状,燃油中的水分开始析出,成为固态晶体,严重影响流动性,导致发动机工作不稳定,甚至启动困难,空中熄火。

当前,航空燃油的冰点在零下40～50℃之间,取决于生产国家和具体的燃油供应厂家。在极地,接近冰点的高寒条件是常态工作环境,FMS在处理飞行计划时必须采取特别措施来考虑到这一潜在性的风险。

图3-4　事故所涉及的低温条件在B777
燃油系统过滤器的结冰验证

2008年1月17日,英国航空公司一架波音777飞机执行北京—伦敦的038航班任务时,在西伯利亚上空遭遇极寒气温,燃油过滤器被燃油管道内结成的浮冰阻塞,如图3-4所示。

当飞机抵达伦敦,开始下降时,因为燃油流量不足,导致发动机熄火。飞机丧失动力后,飘落在距预定着陆的27左跑道仅300米的草坪上,这是B777安全运行13年后第一次发生全机损毁的重大事故。如果FMS功能中包含高寒气温条件的判断和处理,就可以避免事故的发生。

3.3.1.5　基于性能的导航环境需求

1983年,国际民航组织(ICAO)开始着手推行基于卫星定位、通信和监视手段的航空运输体系。其中,导航手段的新概念是所需导航性能(Required Navigation Performance, RNP)。RNP要求飞机及其配置的系统必须满足指定空域所要求的导航精度,改变了现有的要求导航传感器类型和性能的做法。这种导航方式因此称之为基于性能的导航方式(Performance Based Navigation, PBN)[4]。

RNP概念中的核心技术是区域导航体系,即通过定义航路结构而并非按照导航台的地理位置来配置航线。这样就能够更有效地利用空域,提高飞行效益。

作为在指定空域里运行的导航性能指标,RNP 有两个值:一是以海里为单位的距离,并作为 RNP 的等级分类;还有一个是满足 RNP 要求的概率,作为实时评估手段。例如,一架飞机预定在 RNP 10 的航路上运行就必须证明:在 95% 的飞行时间内,它能够达到其导航系统控制的、预定航路上的 10 海里(1 海里=1 n mile=1.852 km)的指示位置范围之内。如图 3-5 所示。

RNP 的显著特点是不规定导航传感器的应用要求,最大限度上允许技术和产品的自我发展。同时,突破了当前的空域设计必须基于可用的导航传感器这一局限。当然,在基于 RNP 的概念进行空域规划时,还必须考虑到其他因素,诸如机动性、交通流量和航线架构的合理性,以便保障减少空中间隔的要求。

ICAO 规范仅仅定义了一个概念,无法满足行业发展 RNP 技术和产品对具体技术指标的需求。美国 RTCA 和欧洲 EUROCAE 联合行动,起草了应用于区域导航体系中的 RNP 最低系统性能标准,标准编号为 DO-

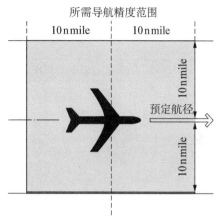

图 3-5 ICAO 定义的 RNP 概念

236[5]。为了有别于 ICAO 的文件,DO-236 可以看做是 RNP RNAV 的指导文件,而 ICAO 颁布的仅仅是 RNP 文件。

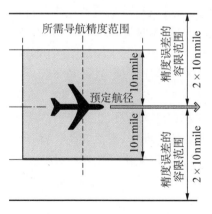

图 3-6 DO-236 定义的
水平容限概念

DO-236 标准进一步提出了水平容限概念,即要求在 99.999% 的飞行时间内,导航系统必须确保飞机处于该航径 RNP 值的 2 倍之内,如图 3-6 所示。

同时,该标准还提出了需要实时评估飞机当前导航性能的指标和手段。称之为该导航系统的"计算的定位不确定性"(Estimated Position Uncertainty,EPU),也可以理解为"实际导航性能"(ANP)(参见下节)。

根据我国与 ICAO 签署的协议,继欧洲、美国之后,中国成为亚太地区第一个实施 PBN 技术的国家,开始从陆基导航设备和程序到星基导航设备和区域导航程序的转变。

PBN 不依赖于地基导航设备,使航空器在任意两点之间精确飞行,可显著减少燃油消耗、机场和空域拥挤以及航空器的温室气体排放。美国"下一代航空运输系统"和欧洲"单一欧洲天空空中交通管理体系"中,都采用了 PBN 作为导航手段。

2009年7月,我国民航发布《中国民航基于性能的导航实施路线图》(草案),公布了我国民航PBN技术的应用蓝图。

PBN为执行空中交通管理体系的航路、仪表进近程序和航空器规定了更高和更明确的性能需求,从现有的有限性能精度要求增加到包括所需性能精度、完整性、连续性、可用性和功能要求。换言之,PBN不仅建立了所需性能的标准,还要求航空器的航空电子系统的功能必须完成相应的升级换代,才能保障航空器获得基于PBN的适航要求。

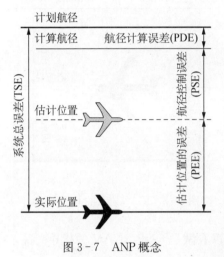

图3-7　ANP概念

3.3.1.6　实际导航性能

实际导航性能(ANP)是FMS当前计算的位置精度,通常以海里为单位,其概念如图3-7所示。它表示以FMS位置为中心的圆弧半径,明确了该区域内可能的位置误差的限制。实际导航性能范围圈越小,就说明FMS的位置信息越精确。

如果飞行机组人员人工进行了位置更新,FMS应该计算飞行人员所选定的导航系统的ANP。例如,飞行机组人员使用IRS的信息更新飞机当前位置,FMS的ANP则自动相应地改变成3.9海里。而FMS自身应可从最优的可用导航系统更新,这时,人工进行位置更新对位置计算没有影响。通过不同的系统设计,飞行人员可以对自动更新方式进行有条件的抑制,例如,可以抑制GPS和VOR/DME更新,但不抑制IRS与DME/DME的更新。为了确定本架飞机是否适合执行FMS数据库中预定的RNP飞行计划,就必须有手段让飞行机组人员确认当前的导航系统的实际性能表现,这就是实际导航性能ANP的作用。

通常,一架飞机的导航性能需要满足三种工作形态:自动飞行、指引飞行和手工飞行。如果说RNP是要求一架飞机的导航系统所必备的性能,那么,ANP就是实时地、不间断地衡量这架飞机实际达到的导航性能。RNP是基于计划航径和距离的基础,对飞机导航系统的总误差提出的允许范围;ANP是基于飞机的定位和操作能力的总误差的实际表现。

导航系统配置通常采用多重导航源。例如,惯性导航传感器具有很高精度,但如果缺乏无线电系统的修正,定位精度就会发生漂移。卫星定位系统例如GPS可以提供高精度的信息,但是先天性的脆弱性,必须有实时的完好性监控手段。地基导航系统在干线航路区域非常可靠,但偏远地区就存在导航信息不连贯甚至不完整的问题。

因此,FMS的一个任务就是实时性地综合评估并采用可用的导航源信息,构建提供当前最佳导航性能的导航系统。显然,如果系统中任何一个导航源不可用,系统的 ANP 性能就会下降。

FMS 厂家必须研发相应的综合评估程序,包括算法和模型,来计算 ANP,包括对所配置的导航源的参数加权、滤波方式选择和统计平均值等。

需要说明的是,无论 RNP 还是 ANP 都不是用来标明飞机与计划航径的相差程度,而是反映计划航径所要求的导航精度,以及告知飞行人员,他们所飞行的飞机的导航性能表现。

利用 EPU/ANP 值,飞行机组人员可以监控飞机的导航系统性能状态和变化倾向,当 ANP 有足够的精度时,飞行人员可以利用这种高精度来申请更加理想的航径,从而在指定 RNP 的范围内更加有效地发挥设备性能;而空管人员也可以利用这种高 ANP 的性能来进一步减少空中间隔,增加空域容量,降低最低决断高度要求,或改善安全裕度。

例如,在 RNP 10 的航径中,如果当前飞机的 ANP 为 0.05,则可在无需申报改航的情况下水平偏航 9.95 n mile,而这一偏置在多数情况下足以规避前方雷雨,如图 3-8 所示。

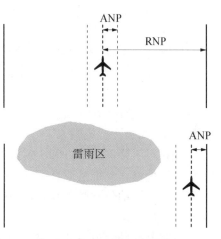

图 3-8 利用 ANP 的示意图

3.3.2 性能管理

3.3.2.1 VNAV 的基本设计准则

VNAV 自身起源于自动驾驶仪的一个功能,在飞行管理系统里,成为垂直剖面管理的定义[6]。鉴于 CFIT 事故已经成为现代化民航飞机的一个重要的失事原因,VNAV 的设计原则应该特别强调其实用价值。

实用价值体现在可操作性和可监控性两个方面。

可操作性的意义在于可执行性;可监控性的意义在于减轻飞行人员负担的同时,能够有效监督,确保飞行安全。

不充分的下降和进近剖面管理,以及不正确的飞机能量管理,可能导致两种风险:丧失垂直状态意识;或者快速调整而导致不稳定的进近。这是导致 CFIT 的主要原因。其典型表现是飞机高/低于预定航径;或者快/慢于预定空速。

作为设计准则,垂直剖面的管理要素首先应该得到最合适的下降剖面预定轨迹,之后,控制好相关参数,确保飞机按时开始下降。任何晚于预定下降轨迹下降的控制都将导致异常危险的生成。

应在轨迹执行前 10 分钟确认垂直剖面的轨迹计算。10 分钟的时间要求为飞行机组提供了较充足的准备,包括根据适航运行要求,建立简令和实施检查单的最小时间。

下降剖面轨迹计算时,FMS 的计算模型首先依据标准到达航线(STAR)。但实际情况中经常无法完整地执行 STAR,例如雷达矢量引导。为此,通常的算法是,出于预测的需求,插入预定执行的 STAR 航线,然后由飞行人员根据雷达矢量引导,完成手动修改,生成实际可执行的下降剖面。

雷达矢量的修改输入参数通常是航径距离、高度限制或速度限制。

修改输入参数的最终影响结果不是下降剖面的中间值,而是应该尽可能下降初始值,即下降起点(TOD)。

下降剖面管理中,风值直接影响下降剖面轨迹的可执行度。取决于航线保障环境,下降剖面的风值有可能是实际采集的数据,也有可能根据历史统计所做出的预测值。然而,作为最低设计条件,需要使用下降剖面的风值模型作为预测计算的基础。

下降剖面一般分为速度和航径剖面两种方式管理。通常,这两种方式不可兼容。在接受雷达矢量等 ATC 方面的具体指令引导时,可能无法实现无缝隙地下降剖面。于是,轨迹预测中就出现了一个或多个"断点"。这些断点导致下降轨迹无法自动连贯,交由飞行机组人工处理。

在执行下降剖面中,FMS 频繁处理的输入信息主要是风值变化。在程序设计上尽可能地修正到维持原有预测轨迹,不要频繁地优化轨迹。因为该阶段轨迹优化所能获得的燃油效益微乎其微,尤其是考虑到下降的稳定性即保障安全性更重于燃油经济性的需求。

下降剖面的轨迹修正频率通常是每 10 n mile (3 000 ft 或 914.6 m)下降梯度。换言之,按这种剖面规划的刻度进行尾风/顶风的数据更新,包括 ATC 所要求的高度和速度限制值,以确保合适的减速能量管理。过高的修正频率不利于飞行机组的人工监控。

同样地,出于便于人工监控的考虑,下降航径距离应该是较为简便的、按航径角的比例结果关系。例如,典型的待飞航径距离与航径角的比例关系如下:

$$D_{\text{W}} = \frac{\Delta FL}{100} \frac{1}{FPA}$$

式中:D_{W}——待飞距离/nmile;

　　ΔFL——飞行高度层之差/ft,为当前所飞高度层与机场高度层之差;

　　FPA——航径角/(°)。

低于过渡高度时,通常执行 250kn 的 IAS 速度剖面。此时,应该考虑结合两个飞行人员习惯的检查点:

- 至接地点 30 n mile 的当前位置,高 2 744 m(9 000 ft);
- 至接地点 15 n mile 的当前位置,高 914.6 m(3 000 ft)。

在实际飞行中,不可避免地会遭遇到情况突变的局面。FMS VNAV 的处理原则如下:

如果出于 ATC 的限制,或者是过强的顺风分量,所要求的飞行航径明显高于预定下降剖面,将"调整升降率"作为优先修正手段。同时,要保障预定的速度目标值。

可以考虑改变构型,包括使用减速板和起落架等辅助手段。

如果无法保障速度目标值,应生成断点,并给出进入等待方式的建议。

注意下降率、坡度和速度边界值的检查,做好裕度计算,确保在飞机突发意外时有足够的动力来保障机动性。

3.3.2.2 VNAV 的高级设计准则

中国古训曰,"凡事预则立,不预则废"。VNAV 的高级设计准则是,垂直剖面的预测应该尽可能地走在实际变化之前,即在整个垂直剖面的自动化管理中,总是提前检查"下一个目标值"。

"下一个目标值"的主要考虑因素有位置、高度、构型、速度、升降率和动力额度值。

例如,在下降阶段,动力额度值通常考虑为略高于慢车值且维持稳定的目标进近速度,在确保预定的最终进近航径的同时,提供必要的机动能量。

因此,在这种情况下,一旦预测到上述任何一个或两个以上目标值的组合无法满足时,例如进入临界调整状态,就应立刻实施修正,使之返回预定的变化裕度内。

为确保以上变化的应对,必须设计充足的阀门值。例如,在进近阶段,可按飞行惯例中的最终进近点、外指点标或与之相当的固定点作为评估稳定进近可能性的阀门点。包括最低稳定高度,例如决策高,应该作为一个阀门点。

例如,如果预测到飞机在着陆构型下无法稳定地实施进近,应立刻检查复飞性能及其引导能量;这个阶段的修正量必须柔和,具体数据要遵守飞机厂家的操作要求。

3.3.3 分段爬升/下降准则

分段爬升/下降功能通常应用于巡航阶段超过 2 小时以上、全重起飞、高空大顶风等诸多因素的综合影响。

在这种情况下,随着燃油的快速消耗,飞机重量的不断减轻,高空风等条件变化,FMS 通过优化计算,可以采取分段爬升/下降的巡航方式。

通常,在爬升阶段,高度变化以当前巡航高度相差 610 m(2 000 ft)作为计算高度变更的基础;在下降阶段,高度变化以当前巡航高度相差 1 219.5 m(4 000 ft)作为计算高度变更的基础,或遵循机组设定的分段爬升/下降高度值。

如果飞行机组未指定分段次数,FMS 则依据上述准则自动分段;如果飞行机组人员规定了变更次数,FMS 则须满足分段次数要求;如果飞行机组将分段次数设置为零,FMS 则不执行任何分段功能,即按恒定的高度巡航。

对于下降分段,要特别注意满足速度和剖面限制的要求;对于飞行机组人员通过其他方式设定的高度变更,例如通过高度层变更功能直接输入高度变更指令,FMS 则需要检查其他各参数的变更情况,例如,可能需要中止分段爬升/下降方式。

3.3.4 灵活推力管理

灵活推力管理的目的是根据运行的实际情况决定具体的起飞和爬升功率,改变现有的定额起飞和爬升功率配置的方式。定额起飞功率通常是发动机的最大起飞功率,定额爬升推力通常是发动机的最大连续爬升推力。而灵活推力管理是根据当时的具体情况来灵活配置起飞和爬升功率,通常这些功率小于定额值,因此其好处是直接降低发动机的使用成本,减少了排放;通过减少发动机的极限工作需求,又改善了发动机的可靠性[7]。

灵活起飞和爬升推力管理的挑战是:由于起飞和爬升剖面偏低,对地面噪声影响大;由于起飞和爬升剖面低,对越障和单发停车等意外情况提出了更高的性能管理要求。

通常,根据最大起飞功率可用5分钟、单发应急起飞功率10分钟的适航标准进行发动机的起飞功率定额设计。为了沿用现有习惯,飞行机组人员在FMS上输入一个假设的外界气温值,进行定额功率调整,其原理是,输入一个比实际气温高的假设值,而发动机的自动控制将决定因为高的气温值而自动减少起飞动力输出,如图3-9所示。

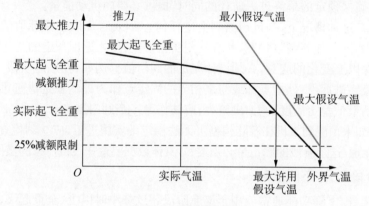

图 3-9　灵活起飞温度

设定假设气温的主要考虑因素有:实际起飞重量、跑道条件(长度、坡度、风和越障要求)、机场标高和气压、跑道道面条件(干或湿跑道)、起飞襟翼设定、起飞推力额定值、发动机引气需求和性能优化需求(是否要求优化爬升)。对于湿跑道,允许使用灵活推力管理的前提是该跑道虽然已经湿润,但没有明显的积水状态,或者该跑道具有防滑功能,例如刻槽跑道。

当前的适航规定是最大减额幅度不能低于起飞动力定额值的75%;跑道明显积水、结冰和雪泥时,不得使用假设温度法来实现灵活推力管理功能。

还有一种方法是通过FMS来对现有定额功率的打折。

这种方法的具体实现形式可以是固定折扣来简化操作,也可以在一个打折区间内通过推力管理功能具体计算。这种方法的缺点是需要针对具体机场和环境的条件来输入决策参数,但好处是因为具有针对性,可以在更宽泛的跑道条件下使用,包括积水跑道,也可以包括机上一些系统不工作时使用。换言之,可把这种减额看做是根据具体飞行条件而量身定做的定额功率配置。

采用灵活推力起飞时,为了不影响跑道平衡,需要提升起飞速度,其原理如图3-10所示。V_r 为适航规定的"抬头速度"。

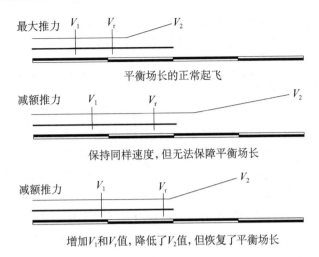

图 3-10 灵活起飞与场长的关系

灵活爬升功率管理是起飞功率管理的思想延续。在起飞阶段,必须考虑发动机失效时的恶劣情形下,飞机能够继续安全起飞和爬升,而对于四台发动机的飞机而言,损失一台发动机的总功率只降低了 25%,而双发飞机要损失 50%。从这个角度上说,双发飞机的起飞和爬升性能要优于四发动力的飞机。

但是,四发动力的飞机通常是远程飞机,换言之,它的全重起飞和爬升性能要比其他条件下的性能具有更大的差距,例如国内短途飞行。因此,大型的双发和四发飞机都具备灵活爬升优化的巨大潜力。

从理论上说,只要不是达到全重起飞条件,就可以按照全重的爬升剖面来减额,这种方法称之为 ROC (Rate of Climb),其原理如图 3-11 所示。

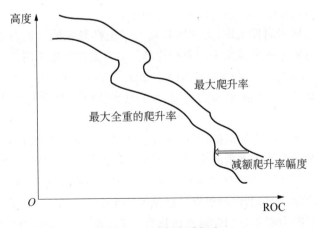

图 3-11 减额爬升概念

ROC 的最大受益者是降低了发动机成本。爬升时间通常为起飞时间的 8 倍左右,ROC 可以显著改善发动机的工作条件,减少维护成本。需要说明的是,这样做是有运行代价的,包括增加爬升时间和油耗。应该根据每一条航线的运行环境即考虑航路限制和最低爬升率的要求,确定灵活爬升的最大配置幅度。典型的最低爬升率为 500 ft/min。

3.3.5　可持续发展环保

3.3.5.1　减噪减排策略

航空运输流量和密度的不断增加,飞机起降的噪声及排放污染成为和谐发展的一个矛盾,尤其是大型都市或居民密集区,飞机起降的扰民问题日益突出。为此,机场当局大多采取限制航班起降时间、推行减噪飞行程序和提高机场使用费等行政管理手段。

环保需求的主要技术改进途径是不断提升发动机的环保性能,但这一提升的技术和时间成本都过于高昂,且无法解决现有机队庞大的现役发动机问题。因此,必须考虑其他的技术途径。

通过自动飞行系统来对垂直剖面进行满足环保需求的科学管理,就成为 VNAV 的一项内容。

从噪声和排放角度考虑,且结合管理成本的约束,VNAV 的主要环保目标针对的是发动机负荷最大的阶段,即起飞和爬升阶段。

例如,为了达到有效降低机场附近居民区噪声的问题,可以使用最大动力起飞,快速爬升到安全高度后,立刻回油门,以较小的推力继续爬升,直到飞越附近的居民区后,再重新加速爬升。实践证明,这是有效地减噪手段。不过,这要求飞行机组人工决策减推力策略和减速、重新加速的高度值。

当前,飞机厂家正在研究一种专用的减噪起飞和爬升策略,以便自动化地执行这类飞行程序,达到根据具体的飞行高度,自动调整发动机功率,在达到减噪的目的的同时,减轻飞行机组工作负担,改进飞行安全。

为了指导这样的研发工作,美国联邦航空局也在制定同类适航指南,说明了如何确定减噪飞行程序的最低安全动力配置与高度方面的适航考虑。

1993 年,FAA 发布了 AC91-53A:"Noise Abatement Departure Profiles",提出了定义标准化的速度和减额推力设置,来为各种飞机配置起飞海拔最低可接受的标准程序[8]。

最低减额代表着推力的最低标准,确保在发动机出现故障时仍有足够的爬升梯度,而且,这个减额取决于飞机的发动机数量。例如,双发飞机的减额推力必须保障最低 1.2% 的爬升梯度,以确保发动机失效后的安全越障能力。即一台发动机在减额高度上出现故障,工作的发动机推力必须保持飞机至少有 1.2% 的爬升梯度。三、四发飞机的减额推力必须分别保障飞机具有 1.5% 和 1.7% 的爬升梯度。

AC91-53A 咨询通告允许在一台发动机不工作的情况下没有爬升梯度增量的适航许可,但这种批准是飞机必须准备了先进的航空电子系统,它可以自动检测到发动机的故障,并自动增加对其余发动机的推力值,以自动保障飞机的最低爬升梯度能力。这时,对于双发飞机而言,其最低爬升梯度为 1.2%;三发飞机的最低爬升梯度为 1.5%,四发飞机的最低爬升梯度为 1.7%。

AC91‐53A 规定的最低减额高度为 244 m(800 ft)。

为此,FMS 需要根据 AC91‐53A 的需求来开发相应的减噪飞行程序,通过功能先进的航空电子系统来协助飞行机组人员,即通过计算和控制推力,包括自动监控动力状态和必要的自动恢复功能,来消除飞行机组人员的人工计算和控制需求,还要确保现实航线运行的平稳和一致性。

例如,美国波音公司开发了静谧爬升程序(Quiet Climb System,QCS),在起飞前,飞行机组人员决定并选择了 QCS 程序之后,波音飞机的 FMS 在 244 m(800 ft)高度上通过发动机推力管理系统,自动减少发动机的功率,并维持 FMS 计算的最佳爬升角和速度。当飞机到达推力恢复高度(一般为 3 000 ft)时,FMS 自动恢复推力,重新全面爬升,QCS 结束工作。可见,QCS 工作的飞行阶段时正是飞行机组人员工作量最大的高度区间。

QCS 程序必须集成多重安全功能,包括即便系统本身出现故障,也要保障安全飞行。例如,一旦系统发生故障,退出 QCS 有几种方法。常用方法是选择复飞功能,飞行人员也可以断开自动油门,手动控制,得到合适的爬升动力。

3.3.5.2　减噪减排技术

为了进一步挖掘减噪减排的潜力,民航飞行界把焦点集中在民航运行的进近方式改进上。这是因为当前的进近程序依照传统航径设计,即保障在天空上运行的所有飞机都可顺利执行,这种进近航径的主要特点是分段和分速,在航径上的表现就是一种多折段的直线。

影响下降轨迹的主要因素是:飞机配置和当日的实际运行性能,FMS 的 VNAV 控制逻辑和算法,飞行机组人员处理临时变动的个人经验和技巧,以及天气因素等。

执行这种多折段的下降航径时,飞机无法充分发挥飞机自身性能,需要根据不同的直线航径段来调整速度和发动机动力。

为此,在新一代航空运输交通管理体系中,开始着手研究改变现有进近航径的方式。即把现有的多折段方式变为连续进近方式,这种"截弯取直"的进近航径称之为连续进近方式(Continuous Descent Approach,CDA),而这种截弯取直的行为称之为 Tailored Arrival (TA)[9],如图 3‐12 所示。

鉴于进近的特性,CDA 不仅仅是机载系统的发展,而是机场终端区空域的改革,涉及整个终端区的体系,包括飞机、机场环境、地面助航设施和交通管理等。因此,CDA 的特征是必须针对具体的机场进行设计,而不再是一种通用规则。

一般而言,CDA 程序需要进行如下 3 步的开发。

第 1 步:确认所需要运行的飞机在该终端空域的使用性能,并通过飞行验证,使得该终端区的 ATC 人员熟悉这种飞机的性能,建立空中间隔标准。

第 2 步:设计 CDA 程序,并开发地面决策工具和 CDA 时间排序程序,规避空中

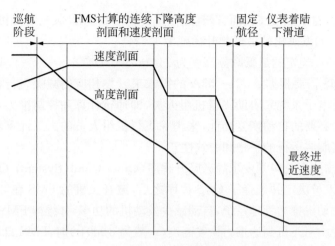

图 3 - 12　连续进近方式

冲突的可能性,便于地面人员通过自动化来协调机上的 FMS 使用性能。

第 3 步:实施数据链放行能力,对地面工具进行升级换代,全面完善基于时间的排序和解决空中冲突的自动化功能,并在高峰运行周期内,动态调整飞行许可指令。

对于机载系统的配置要求典型的是具有高级功能的 FMS,以及基于卫星定位和数据通信能力的设备。高级功能的 FMS 指具有精确预测 CDA 剖面的功能,相应的新技术包括建立完整的低空风模型,能够预算某一航路点上穿越航径的地理和时间裕度,以便在实际飞行中可与地面协调,包括对飞机自身的调整,不至于影响预定的 CDA 剖面。这种算法还包括满足 CDA 预定时间、高度和速度限制等前提下,综合考虑航径流量、噪声、排放和油耗等各种因素。

CDA 的减噪原理是,与现行的下降方式相比,CDA 可以较晚开始下降,这样可减少低空噪声扰民的问题,如图 3 - 13 所示。

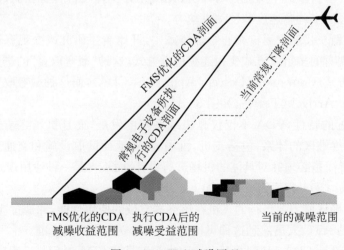

图 3 - 13　CDA 减噪原理

CDA 的应用是源于 FMS 的高级管理功能已经成熟,加上 ADS-B 等新技术开始应用。2005 年,美国联邦航空局把 CDA 项目列入当年飞行计划,开始在流量较小的机场的夜间航班上安排飞行验证。期望通过 5 年的试验和验证,即 2010 年,在节能方面,每架参加验证的飞机节油 1%;在减噪方面,机场附近受噪声影响的居民人数每年减少 1%。同时,不能增加飞行机组的工作负担。

3.3.5.3 巡航燃油管理策略

尽管传统的 FMS 通过成本指数 CI 值的方式对燃油效率进行优化计划,但是由于燃油成本的不断上升,通过 CI 值来控制燃油成本的方式难以从全局上直接控制燃油消耗,尤其在应用软件用户化的技术发展趋势下,FMS 必须考虑可以接收航空公司用户的特定控制参数,为此,必须满足航空公司控制燃油的常用策略。

随着 ETOPS 策略的运用,对于双发飞机而言,航程的延伸,抵达了飞机载运能力的极限,而随着 PBN 的推广,航线环境保障能力总体上呈下降趋势。因此,燃油管理策略的另一个重点是应对燃油容量发挥到极限情况下的运营需求,这是 FMS 燃油管理策略的新课题。

更有效地提升燃油使用效益,也来自环保的需求。

通常来说,巡航阶段是飞行计划中燃油消耗比重最大的阶段,必须精密优化;同时,尽可能避免非计划的机动飞行,包括各种原因的绕飞、等待和在不利的高度层上持续性地巡航,也是加强飞行计划精度,从而配载合适的燃油总量的基本因素。

重心的科学管理也是节省燃油的必备要素。一些飞机在自动配置重心方面已经采取了技术措施,但是许多飞机并没有这种手段。这时,就需要 FMS 必须具有精密动态处理基于重心变化的油耗管理的功能。

当然,为了便于航空公司运行和飞行机组人员的实际操作,燃油管理策略的最终体现可以归结为一种速度管理策略的形式。

速度管理策略的基础可分为如下五类运行方式:

① 给定燃油载量的情况下,最大航程;

② 给定航程的情况下,最小油耗;

③ 最小飞行时间;

④ 最小经济成本;

⑤ 所需到达时间。

上述条件的理论基础已经十分成熟,计算模型和程序并非技术难题;之所以出现预测不准的关键因素在于,除了外部环境条件的预测精度问题之外,例如气象预报的精度不足,更重要的干扰在于飞行机组人员越来越多地面临来自 ATC 的临时调控要求。

FMS 可以使用基于远程巡航速度(LRC)进行优化速度管理策略。这是基于传统的中远程燃油管理策略,其 LRC 的基础理论研究和工程验证于 1965 年完成。随着航空公司对飞机拥有形式的改变,例如租赁方式成为航空公司引进飞机的主流,当代FMS的速度管理策略还需要考虑时间成本的效益。

因此,既然当代飞行在更多的情况下是偏离了LRC速度值,这就为最大发挥燃油载量效益提供了动态管理的空间。例如,首先可以更加精确地按照飞行计划加载燃油,从而获得最大的燃油效益;而空中一旦出现较明显的燃油需求偏差时,可以通过从经济速度方式转回传统的LRC速度方式来榨取最低燃油存量。不过,由于LRC速度值不受风的影响,在大顶风的条件下其可榨取的幅度需要确认。这类工程算法取决于飞机性能模型与航线运行统计数据的品质,是FMS实用价值的核心保障。

即便如此,因为航空公司的运营方式和管理策略、航线和地理位置的差异等等,都会直接影响到速度值的动态变更。在不久的将来,随着新一代航空通信网络的部署,可以预计,能够通过数据链路,动态控制FMS的最佳速度。

3.4　自主发展之路

早在2006年,美国政府机关、科研机构和有关厂家就联合成立了一个国家级的"飞机驾驶舱自动化工作组",针对先进驾驶舱技术在实际运行中的安全脆弱性问题,研究自动化与飞行安全的深层关系,旨在通过大量的分析调查,研究改进措施,提出解决办法。

事故调查结果证明,在各类先进的飞机驾驶舱中,当前最突出的安全脆弱性是,飞行人员面临太多的系统工作方式,这些林林总总的工作方式使飞行人员在确认工作方式方面发生混淆。这是导致当前飞行安全事故的一个主要原因。

研究数据表明,当飞行人员设定自动化系统的一个工作方式时,该方式未必是他心目中的方式。举例来说,通常有两种方式进行自动转弯,一是通过FMS预置,一是通过转弯坡度旋钮实时控制。在FMS预置方式下,计算机内部有完整的导航数据库和飞行计划,飞机转弯时自动遵守各类航路限制条件。如使用转弯坡度旋钮的方式控制,它只能限定当前的转弯坡度,不能自动遵守所有的航路限制条件。

飞行人员临时通过转弯坡度旋钮来控制转弯时,往往忽略了该功能无法自动保持航路上的其他限定条件,因此可能造成飞行偏差。

美国波音公司认为,现代飞机的自动化程度很高,典型的波音产品的自动化系统多达25种工作方式,囊括了水平引导、垂直引导和自动推力控制各个方面。飞行人员要完全熟练地运用自动化飞行系统的所有工作方式相当不易。尽管每一种工作方式都以设计师认为的恰当方式显示出来,实际飞行调查表明,30%~40%的场合中,飞行人员未能完全正确运用所选择的工作方式。

研究数据还表明,当前飞行事故的一个主要原因是飞行人员未能及时发现飞机即将进入危险状态、未能及时发现飞机已经处于危险状态,未能及时处理飞机系统的告警,或者是未能正确处理飞机系统的告警。

实际飞行中,能够挽救飞机的时间极为短促。一旦飞行人员未能及时处理,就使飞机进入错误状态,而这种错误状态又导致飞行人员因其主观意识而进入误区,彻底丧失了挽救飞机的机会。

当今的航空电子系统越来越成熟,具备各种功能,可以近乎完美地执行飞行任务。为什么不能利用这种高级的电子系统挽救飞机呢?

欧美航空电子领域开始构想一种自动恢复系统,其基本概念是:利用现有的航空电子系统监视飞行人员操作,一旦发现飞行人员操作失误、甚至没有操作,系统自动接管飞机,并把飞机恢复到到安全条件和状态中。

当然,自动恢复系统必须在飞机系统已发出异常状态告警一定时间后,因飞行人员未能及时采取纠正行动,或采取错误的纠正行动后,才能激活。它是保障飞行安全的最后防线。

同时,飞行人员有措施干预自动恢复系统的工作。例如,具有人工解除自动恢复系统工作的操作键。不过,一旦实际飞行小时积累到相当程度,自动恢复系统得到广泛认可,就要取消人工接触键。换言之,届时,一旦自动恢复系统被激活,在飞机达到安全状态前,飞行人员无法人工解除其工作状态。

这套系统最大的难度是必须保证非常高的可靠性,最大限度地减少错误地激活,确保飞行安全,增强飞行人员的认同度。

美国波音公司和欧洲空中客车公司都在以各自的方式研发自动恢复系统。波音公司使用一架 B747 飞机,空客公司使用一架 A319 飞机,均已处于飞行验证阶段,主要功能如下:

- 监测起飞后是否正确地执行收襟翼、按正常步骤增加速度和高度。
- 监测是否正确地保持巡航高度。
- 监测是否正确地设定飞行参数。例如设定的飞行高度是否违反当地空域管理规定。
- 监测飞行人员是否及时响应飞机系统的告警。

初步飞行验证的结果令人鼓舞,因为它有效地改进了方方面面对飞行安全技术的认识。例如,至今为止,人们习惯于把事故归类于故障或人为差错。自动恢复系统的试验证明,当今的事故更多地源于操作或数据偏差。这类差错不会立刻导致飞行事故,甚至本身对飞行系统也不构成危险,而在于这类差错导致飞机偏离正确轨迹。这也是一种失去控制的方式。传统概念认为,只有因故障等原因无法正确操作后,飞机才处于失控状态。

因此,自动恢复系统的最大特征就在于纠正了传统告警理念尚未监测的根源性错误。可以期望,这类新思想引入到飞机研发体系后,会有效地增强飞行安全性能。

为了改进先进自动化系统与飞行人员之间的工作关系,一种方式是不断开发各类新技术,以保障飞行人员正确认识和使用自动化条件下的各种工作方式。这包括改进的驾驶舱操作界面,更强大的显示器,以及计算机环境下的仿真训练工具。

　　另一种方式则是完全的创新——美国提出驾驶舱自动化的新思路:抛弃现有技术路线和产品系列,研发只有一种工作方式的飞行管理系统。其基本机理是构建一种人-机互动的自动化系统,使飞行人员的飞行意图与自动化系统的逻辑控制合二为一,浑然天成,构成统一认识后的飞行轨迹。

　　在这种单一工作方式的飞行管理系统中,飞行人员只需关心所要操作动作,例如,爬升。自动飞行系统具体决定和操作如何进行爬升,并确保实现飞行人员的操作目标。在实际飞行进程中,所有的后继输入条件都进行自动修正,服务于爬升这一任务目标;只有在无法实现自动修正时,才提交飞行人员重新确认爬升方式,从而就有效地减少了重新确认自动化的工作方式。

　　这些案例证明,必须有独立自主的发展思路,不要囿于现有技术路线,在飞行管理系统的技术发展领域里,应该勇于创新。

参考文献

[1]　ARINC. Characteristic 702A - 3 - Advanced Flight Management Computer System [CP]. ARINC Corp, USA. 2006.

[2]　The Aviator's Guide to Navigation, Clausing, Donald [M]. New York: McGraw-Hill. Seite 77. 2006, USA.

[3]　Boeing Flight Crew Manual [M]. Boeing Commercial Corp. 2010, USA.

[4]　ICAO. Doc 9613: Performance-based Navigation (PBN) Manual [S]. 2008. ISBN 978 - 92 - 9231 - 198 - 8.

[5]　DO - 236: Minimum Aviation System Performance Standards: Required Navigation Performance for Area Navigation [S]. RTCA, USA, 2003.

[6]　Flight Management Computer System VNAV [CP]. Sam Miller, Boeing Commercial Airplanes, 2006.

[7]　Performance Engineer Operations [M]. Boeing Commercial Airplanes, 2002.

[8]　AC91 - 53A: Noise Abatement Departure Profiles [S]. FAA, 1993.

[9]　FAA NextGen Implementation Plan [S]. FAA, 2011.

4 飞行控制系统

4.1 概述

飞行控制系统简称"飞控系统"。它是以飞机为被控对象的控制系统,主要是稳定和控制飞机的姿态和航迹运动,分为人工飞行控制(操纵)系统与自动飞行控制系统。

飞机飞行控制系统通过某种手段、使用一定的设备,实施对飞机操纵面(舵面)的控制,从而实现对飞机飞行姿态/方位、飞行航迹、空速/Ma数、气动构形、乘坐品质、结构模态等的操纵控制。

飞行控制系统主要部组件包括:座舱操纵装置、显示/控制设备、传感器、计算机、作动器,以及飞行控制系统的信号交联传输设备等。

飞行控制系统是飞机安全飞行和实现飞行任务的关键系统之一。

4.1.1 飞机的飞行控制

飞机的飞行控制分为人工操纵与自动控制。在人工操纵中,驾驶员通过座舱操纵装置发出操控指令,该指令经过处理后通过交联传输设备到达相应的执行机构,使得执行机构运动(如作动器使飞机气动操纵面偏转),完成对飞机的飞行控制;在自动控制中,通过自动控制装置(如驾驶仪)对飞机的俯仰角、倾斜角、航向角及其空间坐标实施控制,实现飞机的自动飞行控制功能。

4.1.1.1 人工飞行控制

驾驶员利用座舱操纵装置(驾驶杆/盘、脚蹬),通过钢索或连杆以及支座、摇臂等机构(电传操纵的飞机,通过驾驶员指令传感器获取控制指令传送给飞控计算机,计算机综合处理后控制舵机运动),进而操纵飞机的相应舵面(操纵面),操纵面偏转位置的变化,改变了飞机机翼或尾翼的几何特性(即飞机构形、外形发生变化),随着飞机外形的变化,使飞机的空气动力(力和力矩)的分布特性发生变化,从而改变、调整了飞机的飞行轨迹和飞行状态。

如图4-1所示,对飞机操纵控制的主要装置有座舱操纵装置(驾驶杆、盘/侧杆、脚蹬、手柄与按钮等)、中央处理装置(飞控计算机)、执行机构(作动器)及操纵面。

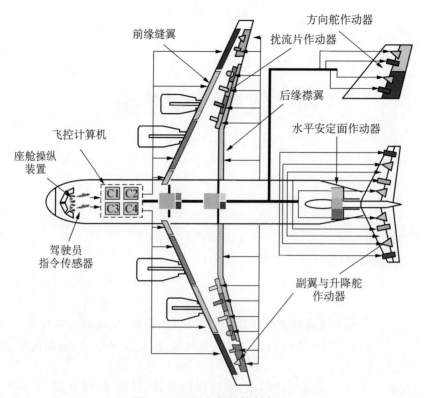

图 4-1 飞机的操纵控制布局

操纵面一般包括：

① 气动力操纵面(纵向的、横向的和航向的)；

② 发动机推力(及其反推力)的机构；

③ 气动力减速装置；

④ 提高机翼升力及改变其气动阻力的增升装置。

利用上述前两项进行的传统操纵机理,是使驾驶员对飞机的操纵效果与驾驶杆、盘(或侧杆)的位移(或者力)成比例,即驾驶杆的位移与气动力操纵面的偏转成比例,从而控制飞机的响应。现代电传操纵引入了飞机状态参数,通过控制律设计实现对飞机运动的控制。俯仰操纵面的偏转,使飞机的升力和俯仰力矩发生变化,从而改变飞机纵向运动参数,即飞机姿态和运动轨迹改变。发动机推力操纵将在发动机相关章节里进行研究,这里不做赘述。

后两项操纵的机理,即减速板和增升装置通常是根据不连续的指令来偏转,且一般没有来自飞机运动状态参数的反馈。

1) 驾驶盘操纵系统

驾驶盘操纵系统由复杂程度不同、完成一定功能的各个系统组成。在驾驶盘操纵系统中应包括下列子系统：

① 把驾驶员操纵盘与驱动飞机操纵面的作动器联系起来的机械系统,该系统也可以是电传(fly-by-wire)的;

② 驾驶盘上操纵力的载荷机构系统;

③ 伺服驱动机构和作动器系统;

④ 驾驶盘和操纵面之间的传动系数调节系统;

⑤ 极限飞行状态的限制系统;

⑥ 配平系统。

上述这些子系统的构成,将取决于飞机特点和对飞机驾驶特性及飞行技术特点的要求。这些要求就是通常所说的飞行品质或操纵品质。

从飞机飞行初期驾驶员使用简单的人工操纵,到装备复杂的自动化驾驶盘操纵的现代飞机,驾驶盘操纵系统的发展经历了大约百年之久。驾驶盘操纵系统随着飞机要求的提高逐步改进,使飞机的驾驶特性和飞行技术特性跨入了新的水平,扩大了飞机飞行状态范围,提高了飞行安全性,改善了机组和乘客的舒适性。

2) 增升装置的操纵

机翼增升装置的首要用途是增加飞机起飞和着陆飞行状态下的升力,以降低起飞着陆的速度,缩短起飞着陆的地面滑跑距离。由于着陆速度对飞机安全完成着陆的影响重大,增升操纵系统对飞行安全的重要性及其可靠性的要求越来越高。

由于增升装置配置在机翼上会直接影响飞机的升力,所以为了确保飞行安全,增升装置应满足下列主要要求:

① 增升装置的不对称收放,不会造成不可克服的滚转力矩;

② 增升装置不能在飞行中自行收放(除了特殊功能要求外,现代电传飞机具有主动控制功能,例如自动缝翼和襟翼载荷减缓功能);

③ 增升装置在飞行中不能操纵时,应确保飞机能够安全飞行,包括可以转向另一高等级的、跑道更长的机场完成进场着陆。

4.1.1.2 自动飞行控制系统

自动飞行控制系统用于把典型的航迹飞行自动化(包括从起飞到着陆的全程自动化),目的在于减轻机组人员的工作负荷,尤其是长时间驾驶飞机的机组负荷;提高完成飞行状态的准确度和保持飞机高度层,从而提高航班准点率。

飞机的自动飞行控制系统,可以对飞机在空间六自由度的俯仰角、倾斜角、航向角及其空间坐标实施综合化的自动控制,使这些参数稳定,实现飞机的自动飞行控制功能,诸如稳定转弯、爬升、自动着陆等。

飞机自动飞行控制系统具有多种自动控制模式,其应用具有扩展的趋势,因为它们不仅可以大大减轻驾驶员操纵飞机的工作负荷,而且自动飞行控制功能可以有效地减少人为操纵失误导致的飞行事故,从而提高飞行安全性。统计数据表明,目前约70%的飞行事故是人为失误造成的,大多数失误是由于不适应某种情况的无意操作引起的。通过把驾驶的复杂任务实施自动化的方法，可以大量减少人为失误。因此，在 B747，A300B，DC-10，L-1011，图 204，伊尔 96-300 等民机均实施了诸如稳定俯仰角/倾斜角、航向选择与航向稳定、稳定飞行高度、垂直速度稳定与控制等自动飞行控制功能。

在对操纵系统进行自动化时，机组人员的基本作用是完成对飞机各系统状况进行实时监控职能。在自动飞行控制系统发生故障而造成紧急的特殊情况下，驾驶员应能确保做出足以应付故障的反应。

人工操纵与自动飞行控制相互之间可以转换。在实施高度自动化的自动飞行控制功能时，为了保持驾驶的习惯动作，驾驶员应有可能在操纵飞机过程中介入。自动飞行控制系统包括自动驾驶仪和飞行指引两项功能。

1) 自动驾驶仪

为了在稳定的飞行过程中改善飞行品质、减轻驾驶员的工作负荷，研制了自动驾驶仪，实现了诸如俯仰和倾斜姿态保持、航向保持与航向选择、侧向加速度和侧滑限制；高度、Ma 数、空速保持；自动导航、自动进场与自动着陆系统、飞行疲劳载荷减轻、乘坐平稳、颤振主动抑制等功能。

2) 飞行指引

飞行指引，是指在驾驶员看不见地面或某些目标的条件下，把实现飞行操纵所需的初级信息加以自动化处理，并把处理的二次信息以便于了解的形式给驾驶员显示的一种操纵状态。这种信息一般显示在专用的飞行指引仪表中或平视显示器上。在实施着陆时，驾驶员利用这些信息，通过驾驶盘（或侧杆）操纵系统完成修正动作来消除操纵参数的规定值与当前实际值之间的误差。

使用飞行指引仪操纵时，与手动操纵时一样，驾驶员是"驾驶员—驾驶盘（或侧杆）操纵系统—飞机"闭合系统的一个环节，所以利用指引仪操纵状态时，飞机的操纵品质还取决于驾驶员对飞机的驾驶技术水平。

4.1.2 飞机飞行控制系统发展历程

飞机飞行控制（操纵）系统的发展过程大致可分为机械操纵系统阶段和电传操纵系统阶段。在发展的历程中，机械操纵系统经历了最长的时间。

4.1.2.1 无助力机械操纵

在采用无助力机械操纵系统时，飞机的飞行完全依靠驾驶员的体力对飞机实施操纵。如图 4-2 所示，飞机从起飞到着陆的全过程中，驾驶员必须全程承受着操纵面的气动力载荷，其工作负荷是繁重的。为了减轻驾驶员负荷，通过偏转操纵面的配平调整片，减轻或者抵消操纵面绕其转动中心的力矩（通常称为铰链力矩），从而可以适当减轻或者消除驾驶盘上的操纵力，称为配平。在配平状态下，飞机将保持一定的姿态和航迹运动，驾驶员可以松开驾驶盘，从而减轻疲劳。但是，机动飞行过程中驾驶员的负荷依然沉重。

采用无助力机械操纵系统要解决的基本问题是保障可接受的稳定性、操纵性和

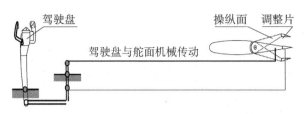

图 4-2　机械操纵系统原理示意

操纵效率。为此,广泛利用了降低操纵面铰链力矩的各种气动力手段,例如调整片、移轴补偿、随动补偿、伺服补偿等。同时,必须完善和提高驾驶盘与操纵面之间机械传动(支座、摇臂、拉杆、钢索、滑轮、凸轮等)部件本身的可靠性。

这些系统的使用,只能局限于亚声速飞行状态、操纵面气动铰链力矩不太大的飞机。尽管气动载荷不大,非线性不明显,驾驶员可以力所能及地实现操纵,但是很难获得满意的操纵品质,并且要求大量的系统调试。

为了获得满意的操纵品质,采用了各种气动补偿措施来减小操纵力,但改善的效果非常有限。因此,在无助力机械操纵系统中,改善操纵品质的主要手段是合理地设计飞机气动布局和驾驶盘操纵系统的机械传动特性,这也是一件非常困难、事倍功半的工作。

4.1.2.2　助力机械操纵

随着航空技术的发展,飞行速度的提高,例如,空速从 200 kn 增加到 450 kn,马赫数由 0.50 增加到 0.95,操纵面上的气动载荷大大增加,驾驶员直接驱动操纵面偏转的能力不足;续航时间的延长,长时间飞行过程中的驾驶员手动操纵飞机依然是负荷沉重的工作。因此,研制了(可逆与不可逆)助力操纵系统。

采用助力操纵是驾驶盘操纵系统的重要阶段之一。

1) 可逆助力机械操纵

在可逆助力操纵系统中,操纵面上的铰链力矩由助力器和驾驶员共同承担,驾驶员承担的铰链力矩形成了操纵力。具体内容不再叙述。

随着飞行状态范围的扩大,操纵面上的气动铰链力矩急剧增加,不可能实现人力操纵,于是产生了不可逆助力操纵。

2) 不可逆助力机械操纵

在气动铰链力矩大大超出驾驶员体力能力的情况下,不可逆助力操纵可以使得驾驶员"轻松"地操纵飞机。在这个阶段,施加到驾驶盘上的操纵力取决于专用的载荷机构(弹簧,自动加载装置等)的特性。不可逆助力操纵原理示意如图 4-3所示。

对于不可逆助力操纵,由于操纵面上的气动铰链力矩全部由助力器承担,从而,除机械连接机构与助力器滑阀的摩擦力之外,驾驶员没有了克服气动载荷的操纵力感觉,或者说不可逆助力操纵割断了驾驶员操纵力的感觉与飞机飞行状态之间的对

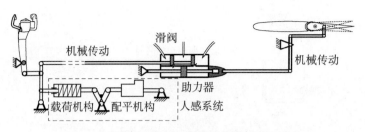

图 4-3　机械液压不可逆助力操纵原理示意

应关系,因此必须通过设置载荷机构(或称载荷感觉机构、人感系统)来提供模拟的操纵力。

　　用来模拟驾驶员操纵飞机时施加的操纵力感觉,这种自动模拟气动力特性的载荷装置称为人感系统。为获得满意的操纵品质,导致人感系统设计的复杂性不断增加,使之成为了人工操纵系统中的重要子系统之一。操纵性指标是人感系统设计的重要依据之一,驾驶员主要凭借操纵性指标来感觉并操纵飞机的运动(响应)。不管飞机的固有特性如何,只有通过操纵系统设计来满足规定的操纵品质要求,才能获得满意的驾驶员评定。

4.1.2.3　改进飞机稳定性和操纵性

　　在机械操纵系统设计中,为了改善飞机的稳定性和操纵性,减轻驾驶员工作负荷,根据飞机本体及其操纵系统特性,设计开发改进飞机稳定性和操纵性的自动飞行控制功能。

　　1) 稳定性——静稳定性与动稳定性

　　飞机的稳定性又称为"安定性",其定义如下:当作用于飞机上的扰动停止后,飞机能恢复原来飞行状态的能力。

　　飞机的稳定性取决于气动力和力矩特性,稳定性可以细化为静稳定性和动稳定性。

　　(1) 静稳定性

　　当飞机受到小的扰动偏离平衡状态时所形成的力和力矩,在干扰停止的瞬间,有使飞机能恢复原来飞行状态趋势的特性,定义为静稳定性。

　　飞机静稳定性的概念类似于一般控制系统的绝对稳定性。

　　飞机具有静稳定性是常规飞机设计最基本的要求之一,飞机必须具有"恢复原来飞行状态"的趋势,即飞机具有静稳定性才是可控的;反之,若飞机不具备"恢复原来飞行状态"的趋势,称为静不稳定,则飞机是不可控制的。

　　静稳定性也是飞机总体设计必须首先解决的关键问题之一。飞机必须具有静稳定性,才能够利用机械操纵系统实现对飞机的飞行操纵与控制。否则,任何扰动或者操纵将会导致飞机产生不收敛的发散运动。

　　(2) 动稳定性

　　若飞机受到小的扰动时偏离其平稳飞行状态,在扰动停止后,飞机在扰动所形成的力和力矩作用下,扰动运动呈减幅振荡或单调衰减运动,并最终趋向于原始平稳飞行状态的特性,定义为动稳定性。飞机动稳定性概念类似于一般控制系统的相对稳定性。

2) 操纵性

飞机飞行过程中驾驶员施加于驾驶装置的力,称为"操纵力",又称"驾驶力"。

飞机以相应的运动反映驾驶员或自动器施加于操纵机构动作(包括行程和操纵力)的能力,定义为操纵性。

可以说,稳定性是研究飞机对输入扰动的响应特性;操纵性是研究飞机对输入控制(操纵)面偏转的响应特性。

4.1.2.4 增稳系统与控制增稳系统

增稳系统与控制增稳系统是在驾驶盘操纵系统发展历程中,为改进飞机稳定性和操纵性而采用的自动化控制装置。初始阶段,在机械操纵系统中曾经加装了改进操纵特性的单一功能自动装置,之后具有了改进稳定性的功能。这期间的主要自动化装置有:驾驶盘载荷自动调节器、操纵系统传动系数自动调节器、阻尼器等。

利用飞机角速度反馈系统增强角运动阻尼的自动装置称为阻尼器;由阻尼器和加速度(或迎角、侧滑角)反馈构成的用以提高飞机静稳定性的自动控制系统称为增稳系统;用来提高飞机稳定性和操纵性的飞行自动控制系统称为控制增稳系统。

1) 增稳系统(SAS)

飞机飞得更高、速度更快。但是,由于飞机本体固有气动力阻尼的不足,使飞机受到扰动或驾驶员操纵飞机时出现振荡,导致驾驶员工作负荷沉重;乘坐品质差;机体结构容易产生疲劳损伤,导致危及飞行安全。

能否应用控制原理,"人工"地增加飞机的运动阻尼,补偿飞机固有阻尼的不足,从而抑制振荡呢?

于是,通过引进角速度反馈,以增加飞机运动阻尼为目的,出现了俯仰和偏航阻尼器,改善飞机的动态稳定性。

同理,飞机的俯仰或者偏航静稳定性不足,同样可以"人工"地予以补偿。在阻尼器基础上,增加加速度(或迎角、侧滑角)反馈构成增稳系统,改善操纵性。

飞机的稳定性与操纵性是一对矛盾的共同体,阻尼器或增稳在改进飞机稳定性的同时,会导致操纵性的降低。因此,阻尼器或增稳控制器对操纵面的控制权限比较小。

2) 控制增稳系统(CAS)

控制增稳系统是在改进飞机稳定性的同时,不仅不会导致操纵性的降低,而且可以通过前馈(指令梯度与模型)和反馈回路的合理设置,在改进飞机稳定性的同时,改善飞机的操纵性,并获得规范要求的满意操纵品质。

采用控制增稳系统，即使在某些局部迎角范围内出现静不稳定特性，也能够确保飞机具有要求的稳定性和操纵性，保证高度的飞行安全性，并可以大大提高飞机的升阻比，从而提高飞机的燃油效率。

4.1.2.5　电传飞行操纵(FBW)

电传飞行操纵系统把驾驶员操纵指令转换为电信号，通过包括飞机在内的闭环系统对飞机进行控制。

由于改进稳定性与操纵性的控制律日趋复杂，以及对保证稳定性和操纵性的要求更加严格，需要对飞控系统予以重新认识与评价，包括座舱操纵装置、驾驶员指令传感器、飞控计算机、作动器、飞机姿态与运动传感器等。显然，机械操纵系统已经不能满足稳定性和操纵性改进的严格要求，在大多数现代民用飞机上，飞控系统均采用电传操纵形式。为了确保复杂控制律算法与余度管理的实现，以及提供精确的操纵指令信号，广泛采用了数字式计算机。

1986 年开始使用的 A320 及其之后所有的空中客车系列飞机；1995 年开始使用的 B777 飞机；1990 年开始使用的俄罗斯 TY204(214)等电传操纵系统实践表明：电传操纵系统不仅可以提供更满意的飞行品质、更高的安全性和更轻的驾驶员工作负担，而且具有更好的运营经济性和乘坐舒适性。

4.1.3　飞机飞行控制系统功能需求

从前面的飞机飞行控制系统发展历程不难看出，提高飞机安全性、改善乘坐舒适性、减轻驾驶员工作负担，始终围绕着改进飞机稳定性和操纵性而进行的。或者说，飞机飞行控制系统功能需求就是对飞机稳定性和操纵性的要求。

为了理清飞行控制系统功能需求，首先对电传飞行操纵(主飞行控制)、自动驾驶仪/飞行指引系统以及飞行管理系统的相互关系进行梳理，按照 ATA 相关章节的分类，这些独立而且关联的功能可以用三个嵌套的控制回路予以描述，见图 4 - 4。三个回路分别为：

① 电传飞行操纵(或主飞行控制)，对应于 ATA 27 章；

② 自动驾驶仪与飞行指示系统(AFDS)，对应于 ATA 22 章；

③ 飞行管理系统(FMS)，对应于 ATA 34 章。

4.1.3.1　姿态控制(人工、电传操纵)

由图 4 - 4 可见，内环的电传操纵系统实施对飞机运动/姿态的控制。来自驾驶员座舱操纵装置(驾驶杆/盘或侧杆、脚蹬和油门)输入的指令信号，通过飞机操纵面以及飞行动力学特性，决定了飞机在飞行包线范围内不同状态(高度和速度)的不同响应特性。惯性和大气数据传感器测量飞机的响应，并且闭合俯仰、滚转和偏航控制回路，确保飞机在各种飞行状态具有满意的协调操纵特性。在某些现代飞机上，实现了放宽静稳定裕度控制功能，从而减小飞机配平阻力、降低水平安定面的气动载荷。同时，飞机的俯仰、滚转(倾斜)姿态和偏航角或航向角等信息显示在控制显示器上。

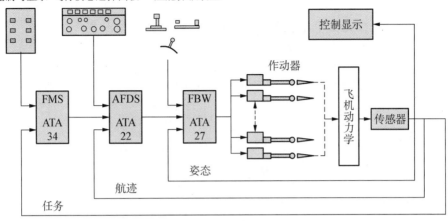

图 4-4 飞行控制系统功能划分关系

4.1.3.2 轨迹控制(自动驾驶仪系统)

自动驾驶仪飞行指引系统闭合了控制飞机轨迹的控制回路。AFDS 控制飞机的高度、速度和航向。同时,AFDS 还兼具与特定飞行如航向保持和航向截获有关的导航功能。通过将自动驾驶仪与 ILS(仪表着陆系统)或 MLS(微波着陆系统)进近系统交联可以获得进近与着陆制导。飞行模态选择器面板(FMSP)提供与自动驾驶仪模态有关的控制和指示功能。

4.1.3.3 任务控制(飞行管理系统)

通过执行导航或任务功能的 FMS 闭合最外侧回路,确保 FBW 操纵系统和 AFDS 使飞机能够在空域的正确点定位,并与从起飞机场到目的地机场的飞行航路上的各航路点保持一致。驾驶员通过多功能控制与显示单元(MCDU,或称为控制与显示单元 CDU),与飞行管理系统(FMS)接口,启动与监控飞机的进程。

FMS 的描述详见相关章节,本章不再赘述。

4.2 主飞行控制系统

主飞行控制系统的常规布局如图 4-5 所示。虽然各种飞机上的操纵面数量和飞行控制计算机的执行算法不尽相同,但所有的现代主飞行控制系统(一般是 FBW 操纵系统)都符合这种常规形式。

某种飞机(假想)的主飞行控制系统的主要操纵面配置如下:

① 俯仰控制:由 8 个作动器驱动 4 个升降舵面实现;

② 俯仰配平:由 1 个尾翼水平安定面(THS)作动器(双通道控制器分别作为正常与备份系统)驱动全动水平尾翼(或称水平安定面)实现;

③ 滚转控制:由 8 个作动器驱动 4 个副翼(左右副翼)舵面实现。机翼内侧一定数量的扰流板伸出可以起到所需要的增强作用;

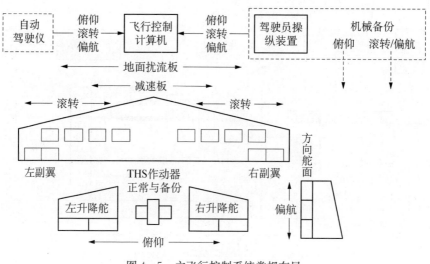

图 4-5　主飞行控制系统常规布局

④ 偏航控制：由 3 个作动器驱动方向舵面偏转实现；

⑤ 机翼两侧的扰流板同时伸出可以达到以下功能：

- 多功能扰流板提供飞行中的减速功能，通常在下降过程中使飞机快速减速到理想速度；

- 着陆过程中使用所有扰流板作为地面破升或减小升力装置，使飞机在着陆滑行早期快速减小升力。

主飞行控制系统的工作过程是：来自座舱操纵装置或者自动驾驶仪的控制指令，输入到飞行控制计算机中，计算机根据飞机气动特性和其他相关参数综合运算形成操纵面控制指令，从而实现对飞机的有效操纵。在起飞和着陆阶段，前缘缝翼和后缘襟翼适当伸出，用于提供辅助飞行控制，可以增加升力。

4.2.1　主飞行控制系统功能

主飞行控制系统功能是在飞机级功能性能要求的基础上，基于适航标准要求、飞行安全性最高等级要求和高级别舒适性要求来确定和设计。通常，电传操纵系统的所有功能可以归纳为三种类型：控制功能、保护功能和舒适性功能。

4.2.1.1　控制功能

控制功能主要涉及飞机稳定性和操纵性的控制。一般要求电传操纵系统划分为三个控制回路：主控制回路（分为正常控制和备用控制）、直接控制回路和应急控制回路。由这三个控制回路构成的电传操纵系统体系结构如图 4-6 所示。

1）主控制回路

民机电传操纵系统的主控制回路通常采用数字式计算机，主控制回路和相关设备共同工作，确保飞行控制系统的所有控制功能，包括：满足规定的改进飞机稳定和操纵特性的控制功能、保护（限制与告警）功能以及舒适功能等。

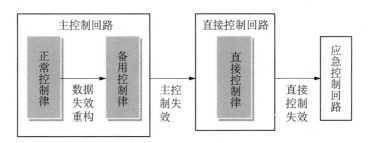

图 4-6　电传操纵系统分级体系结构

（1）稳定性与操纵性、限制与告警功能

① 按照 FAR-25 和其他航空条例、标准要求，在使用条件下，满足人工操纵时所要求的稳定性和操纵性。

② 所有飞行状态的自动告警（在人工操纵状态时的驾驶盘抖动，操纵力变得沉重，稳定性增大等），目的在于确保迎角、法向过载、俯仰角和倾斜角、Ma 数和飞行速度等不超出极限限制范围。

③ 在所有飞行状态自动限制：失速迎角、最小速度 V_D、按飞行状态的方向舵偏转限制。

④ 纵向和侧向通道控制中的自动和人工配平，以及航向通道的人工配平。

⑤ 在飞行中和在地面，扰流板和减速板的自动和人工偏转。

⑥ 在驾驶员松杆，或者握杆但不操纵驾驶盘时，应保持俯仰和倾斜的稳定性。

（2）舒适性功能

① 当机动和阵风时，飞机自动实现结构减载，并提高乘客和机组人员的舒适性。

② 当发动机故障时，自动消除扰动力矩-推力非对称补偿。

③ 消除飞机构形和发动机推力变化所引起的固有扰动。

④ 在飞行中和在地面上，自动和手动控制襟翼和前缘缝翼。

⑤ 完成飞行控制系统规定的指令信号性能。

另外，电传操纵系统应保证：

① 在规定的限制范围内，应以最小的扰动转换到直接回路和应急回路控制状态。

② 连续检查电传操纵系统完好性和飞行中部件和系统相互作用情况，自动定位失效部件。

③ 把相关信号发送到飞行参数记录系统和机上测量系统（在地面和飞行试验阶段）。

④ 上电自检测功能。

⑤ 系统监控功能（瞬态故障）。

⑥ 机组通告功能（EICAS 和简图页）。

2）直接控制回路

电传操纵系统的直接控制回路是在主回路失效后接通的,跨过数字处理环节,通过作动器控制电路(ACE)直接控制作动器完成对飞机的操纵,一般采用模拟式或模拟/数字混合式控制电路,确保足够安全地完成飞行中所有受限制的控制功能。主要包括:

① 由驾驶员指令实施人工操纵飞机俯仰、滚转和偏航运动。

② 实现俯仰、滚转和偏航的人工配平。

③ 在空中或者地面,利用气动力减速机构控制扰流板。

④ 人工操纵襟翼和前缘缝翼。

直接控制回路与主控制回路工作状态是各自独立的,在主控制回路故障的情况下,应能自动地转换到直接控制回路。

3）应急回路

根据飞行安全可靠性要求,电传操纵系统的应急回路(如果需要时),在主控制回路和直接控制回路都出现故障的情况下,应以最简单的方式完成转换,并应保证最低等级的可操纵性,确保飞机的驾驶至安全着陆。

空客和波音的飞机(A320,B777)都设置了基本的机械操纵作为应急备份系统,空客飞机通过水平安定面和方向舵完成对飞机的纵向和航向控制;波音飞机通过水平安定面和一对扰流片(4 号和 7 号)完成对飞机的纵向及滚转控制。

4.2.1.2　保护功能

保护并防止飞机进入运动参数极限值的目的在于提高飞行安全性。用预先警告驾驶员和主动控制操纵面的方法,防止飞机进入操纵特性变化较大的状态和危险的运动状态。对于民用飞机而言,限制迎角是最为有效的措施。

要实现飞机的安全性保护,必须防止某些运动参数超出极限范围值,这些参数超出极限范围可能会引起飞行事故。例如,当紧急迫降时,首先必须防止飞机失速和超出极限速度。

保护功能又可以细化为限制功能和告警功能。两者既有所区别,又密切相关。

1）限制功能

在电传操纵系统中,要求的限制参数一般包括:

① 最大迎角限制值 α_{max},一般情况下,该限制值是前缘缝翼偏转角 δ_{sl}、襟翼偏转角 δ_{fl} 和 Ma 数的函数;

② 法向过载(最小和最大)限制值,即 $n_{ymin} \leqslant n_y \leqslant n_{ymax}$。

飞行表速和 Ma 数限制、方向舵偏转限制、倾斜角限制和保护的具体内容本书不作赘述。

（1）机动飞行时的迎角限制

飞机在机动飞行时,电传操纵系统应能够有效地限制迎角。

电传操纵系统的控制律特性表明,当机动飞行在迎角极限范围内($\alpha < \alpha_{max}$)时,

驾驶盘位移(和驾驶盘的操纵力)与法向过载成正比;当飞机迎角 α 等于失速告警迎角 α_{sign} 时,系统控制律接通附加迎角反馈,该反馈使驾驶员实施的指令过载控制平滑地过渡转换到指令迎角控制。于是,形成了驾驶盘操纵位移 $X_e = f(\alpha)$ 的静态特性,也就是说,使驾驶员操纵飞机响应的最大迎角 α_{max} 与驾驶盘(后拉)到实际的最大偏转 $X_{e\text{max}}$ 相对应,从而确保了迎角限制功能。

　　如果人感系统弹簧载荷机构具有单一常值载荷梯度(杆力与杆位移) P^x,则杆力静态特性的形式可以表示为 $P_e = f(\alpha)$,与驾驶盘操纵位移 $X_e = f(\alpha)$ 的静态特性类似。

　　图 4-7 给出了电传操纵系统在低速飞行时的杆位移、杆力与迎角的静态关系表达式: $X_e = f(\alpha)$ 和 $P_e = f(\alpha)$。式中当 $\alpha = \alpha_{\text{max}}$ 时, $n_y < n_{y\text{max}}$。

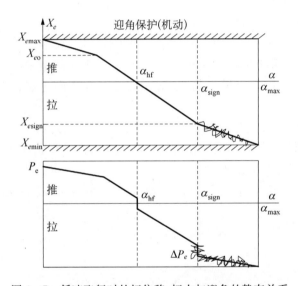

图 4-7　低速飞行时的杆位移、杆力与迎角的静态关系

(2) 减速飞行时的迎角限制

减速飞行状态时的迎角限制与最小飞行速度限制密切相关。

对于电传操纵系统,当驾驶盘处于中立位置时,通过水平安定面实现飞机的纵向自动配平功能。在使用速度范围内,当飞机的真空速 V_{TAS} 大于等于出现失速告警速度 V_{sign},且小于等于最大使用速度 V_{MO} 时,即 $V_{\text{sign}} \leqslant V_{\text{TAS}} \leqslant V_{\text{MO}}$ 时,则接通自动配平功能。在这个速度范围内,驾驶盘配平位置对应其中立位置。

　　在可使用速度范围极限之内,当 $V_{\text{TAS}} < V_{\text{sign}}(\alpha > \alpha_{\text{sign}})$ 时,用接通附加的低速飞行迎角反馈的方法,引入增强静稳定性;当高速飞行 $V_{\text{TAS}} > V_{\text{MO}}$ 时,用接通速度反馈的方法,引入增强速度稳定性。这样,稳定性增强保护飞机不超出速度使用极限,同时形成非常规使用范围,以给予驾驶员告警的功能。当 $X_e = X_{e\text{max}}$ 时,表速不会超出极限允许值 V_{D}(执行标准下降机动时)。

（3）法向过载限制

电传操纵系统为了确保满意的操纵性并实现法向过载限制功能，规定了非线性的驾驶盘位移与法向过载的静态特性 $X_e = f(n_y)$。在驾驶盘位移范围内，非线性特性形式如下：

$$X_{e\,sign} \leqslant X_e \leqslant X_{eo}$$

该式表明，驾驶盘操纵的位移 X_e 应被限制在失速告警位移 $X_{e\,sign}$ 与位移 X_{eo} 之间。函数 $X_e = f(n_y)$ 的斜率对应规定的杆位移对过载的梯度 $X_e^{n_y}$，是操纵性评价与度量的重要指标之一。在过载极限范围之内，通过改变 $X_e(n_y)$ 的静态特性，实现所要求的极限使用过载范围 $n_{y\,min} \leqslant n_y \leqslant n_{y\,max}$。在这种情况下，"向前推"驾驶盘偏转到最大位移 $X_{e\,max}$ 时，飞机相对应的法向过载响应输出为 $n_y = n_{y\,min}$，而"向后拉"驾驶盘偏转到最大位移 $X_{e\,min}$ 时，则对应的法向过载输出 $n_y = n_{y\,max}$。同时，根据飞机单位迎角的过载能力 —— 加速灵敏度 n/α 的值，迎角依然不破坏 $\alpha < \alpha_{max}$ 的条件。

通过电传操纵系统控制律综合，可以确保获得满足规定精度要求的静态特性，这样既可以实现满意的可操纵特性 $X_e^{n_y}$，又可以使法向过载满足极限使用范围 $n_{y\,min} \leqslant n_y \leqslant n_{y\,max}$。

与迎角限制同理，当人感系统弹簧具有单一常值载荷梯度（杆力与杆位移）P^x 时，则杆力静态特性的形式可以表示为 $P_e = f(n_y)$，进而写成驾驶盘操纵位移 $X_e = f(n_y)$ 的静态特性表达式。

图 4-8 给出了电传操纵系统可以实现的大迎角（$\alpha < \alpha_{max}$）无危险飞行状态的静态关系。

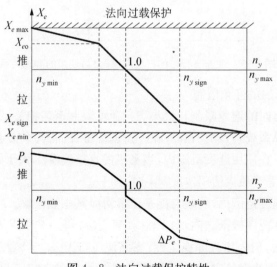

图 4-8　法向过载保护特性

2）告警功能及告警参数

告警是用于提醒驾驶员应注意的非正常操作和飞机状态的术语。警告、提示和咨询都是告警。

告警功能通过视觉、听觉和触觉等手段,确保可靠和清晰地警告空勤机组人员,在实现极限限制功能之前,哪些主要飞行参数已经接近使用范围的极限值。例如,作为告警功能,采用相应的可以调整的期望载荷特性,即驾驶盘操纵力与位移的关系式 $P_e = f(X_e)$,形成操纵力的"壁垒(使操纵力变得沉重)";或者当 $\alpha = \alpha_{sign}$ 时,使驾驶盘抖动。这些措施可以有效地实现接近失速时的告警功能。

电传操纵系统要求告警的参数,与限制功能的参数一致,包括:

① 自动防止超出迎角值使用范围 α_{sign} 的告警;

② 当飞行速度 $V > V_{MO}$ 和 $Ma > Ma_{MO}$ 时,用增大速度稳定性的方法,自动防止超出飞行速度和 Ma 数使用范围的告警;

③ 当倾斜角 $|\gamma| \geqslant \gamma_{min}$ 时,用加大盘旋稳定性的方法,自动防止超过使用倾斜角范围的告警;以及自动防止超过最小和最大俯仰角使用范围($\theta_{min} \leqslant \theta \leqslant \theta_{max}$)的告警。

纵观电传操纵系统保护的迎角、法向过载限制功能的实现,以及在所有飞行状态的自动告警(在人工操纵状态下,驾驶盘抖动、操纵力沉重)等,所研究的问题总是归结于驾驶盘上的操纵力(或位移)与被限制参数之间的关系上。这里给出了驾驶盘操纵与被限制参数之间的静态关系,实际的限制功能还应研究动态特性。

4.2.1.3 舒适性功能

舒适性功能与图 4-6 所示的电传操纵系统分级体系结构有关,主控制回路的舒适性功能最完善,乘客和机组人员的舒适性等级最高;直接控制回路次之;应急控制回路仅满足安全驾驶要求最低等级的可操纵性。

1) 自动配平

为了使飞机保持在所要求的定常状态飞行,通过操纵机构使作用在驾驶盘上的力等于零的措施称为配平。使飞机纵向力矩和驾驶盘操纵力自动保持平衡的控制系统则称为自动配平系统。

飞行中遭遇扰动或者构形变化会引起平衡(配平)状态的变化,包括由于发动机推力、襟翼位置、起落架和减速装置的收放、燃油消耗等引起的纵向配平变化,或者由于侧滑导致的纵向配平变化,以及飞行控制系统功能转换、故障瞬态等。这些平衡状态的变化会导致驾驶盘上力的变化。对系统设计而言,不应要求驾驶员过多关注飞机配平的变化,而且配平速率应正比于大气压力或配平操纵量;配平速率不应导致驾驶员的过度操纵。

对于航向操纵,在正常操作情况下,应没有明显的航向配平变化。方向舵配平需要随着飞机飞行速度和推力的变化而调整。环境温度和大气压力的变化不应引起航向配平的变化。

2) 姿态稳定

姿态稳定的飞机平台可以提高舒适性是无疑的。姿态稳定的性能依赖于飞机改进稳定性和操纵性的控制律的设计。当驾驶员不参与操纵飞机时,扰动可能导致的瞬态俯仰角和倾斜角偏移,以及进而产生的不正常姿态,飞控系统自动稳定飞机俯仰角、倾斜角,使飞机恢复正常姿态。

3) 自动消除发动机故障时产生的扰动力矩

当发动机工作状态变化,以及增升装置收起和放下时,应防止纵向扰动力矩;对于多发飞机,应自动消除发动机故障时产生的扰动力矩。防止和消除扰动力矩可以有效提高舒适性。

发动机故障可能导致相当大的不对称推力故障状态,具备自动推力控制功能时,应自动接通滚转控制补偿不对称状况,并对方向舵进行并行控制,有效地补偿发动机失效导致的不对称推力。驾驶员可以作为在不对称推力状况下的一种减缓方式,避免导致不对称推力故障状态的恶化。

对于四发型飞机,单台发动机失效,飞行控制系统应完成预定的飞行,飞行品质没有明显降级。起飞后,出现第二台发动机失效,应允许飞行控制系统飞行品质降级;但应可以安全地完成飞行,到达适合降落的机场。

4) 着陆时的自动减速

着陆进场是从飞机着陆前的机动开始的。根据适航标准规定,着陆进场初始高度不低于400m,结束高度应距跑道地面15m;小型支线飞机的结束高度允许为9m。机动过程是在400m高度转弯90°作“四边飞行”,从巡航速度向着陆进场速度的减速过程中逐步改变飞机构形。飞机构形的改变始于起落架放下,继而打开前缘缝翼,最后放下襟翼(可以逐次放下、允许在下滑线上结束放下襟翼的全过程)。飞机在完成“四边飞行”的最后一个转弯后,沿下滑线下降。下滑线与跑道同处一个垂直平面上。

着陆进场速度值是飞机的最重要使用特性之一,该值在很大程度上决定了要求的着陆滑跑距离,以及飞行实践中不可避免的允许与理想着陆驾驶的误差。着陆进场速度值取决于机翼增升装置效率(着陆构形下的升力系数最大值 C_{ymax})和着陆重量下的机翼载荷。

下滑线是飞机进入着陆过程沿其下降的一条直线航迹,下滑线在跑道端的高度为15m。着地前通过拉平结束进场机动。如果飞机下滑误差超过允许值、偏离下滑线、速度过大或者气象条件不允许等,则应实施机动进入复飞。

从上面的描述不难看出,着陆的全过程是一种减速控制过程,且安全性要求极高。

通常借助人工操纵实现着陆阶段的减速,完成着陆控制。采用自动着陆减速控制模态,可以在着陆滑跑自动减速的同时,协调地进行自动油门控制。有些航空公司希望飞机从着陆滑跑到停止的整个阶段能够完全实现自动控制。

当接通着陆模态时,模态进入着陆预调度程序,直至完成飞机实际着陆后停止运行。

飞机利用减速装置,使用各种减速方法获得在所有高度能够从巡航速度充分减速至等待速度;在空中交通管制区域,从巡航高度快速下降至机场平面;对于所有可能的着陆构形,具有充分的减速能力以保持进近和适当的下滑航迹角(约-2.6°)。减速装置应没有不可接受的抖振、配平变化或其他对飞机操纵品质的显著不利影响[①]。

5)阵风缓和与机动载荷减缓控制

机组和乘员身体上感受到的过载是决定舒适性的重要因素之一,且人体承受侧向过载的能力比承受法向过载的能力差。当机动和遭遇阵风时,飞机自动实现结构减载,提高乘员和机组人员的舒适性。

电传操纵系统借助于安装在机翼上的副翼、扰流片、襟翼等操纵面,以及相关传感器,通过升力沿机翼展向的重新分布,使机动和阵风时的飞机自动生成构形变化,在保持飞机升力不变的情况下,可以保证减小机翼根部的弯矩,从而降低载荷。因此,自动构形减载控制在法向过载大于1.5时有明显效益,在巡航状态下飞机气动力性能保持不变。

电传操纵系统及其相关设备应确保在规定的极限保护范围内,以最小的扰动平滑地转换到直接或者应急控制状态,这样不仅可以改善舒适性,而且特别有利于提高安全性。

电传操纵系统的控制功能、保护功能和舒适性功能,将通过系统控制策略、体系结构、硬件配置,以及确保系统可靠性和飞行安全性的前提下实现的。

4.2.2 系统控制策略

合理分配驾驶机组人员和自动飞行控制系统之间的操纵与控制任务是保证民机舒适性和安全性的主要原则之一。

电传操纵系统控制功能、保护功能和舒适性功能的实现,通常把系统控制策略的实施、机动飞行的选择和按预定目的改变运动参数等功能集中在驾驶员操纵上。自动飞行控制的主要任务是:使驾驶员从常规操纵中解放出来,例如,飞机姿态角稳定和航迹运动稳定的任务;以及防止驾驶员违反运动参数使用范围极限误操纵飞机。

在建立人工操纵系统时,分配驾驶机组人员对飞机实施的操纵和自动飞行控制之间的功能必须分配合理、找到有效的折中方案。

4.2.2.1 可操纵性和稳定性评估

从机械操纵到电传操纵的发展过程中,始终围绕着改善飞机的稳定性和操纵性。任何定性和定量地评估操纵性与稳定性是必须首先解决的问题。

根据电传操纵系统分级体系结构,对于主控制回路、直接控制回路和应急控制

---

① 这里仅涉及了俯仰模态进入下滑道的控制过程,省略了着陆过程中的航向操纵。偏航模态控制利用方向舵和其他手段(如前轮操纵)的共同作用,在正常的着陆过程中保持飞机在跑道直线行驶,尤其在侧风情况下,航向控制模态应确保地面偏航角和侧滑角,实现安全着陆。在着陆襟翼伸出的过程中,希望飞机航向响应瞬态无超调。

回路稳定性和操纵性要求的评估内容有所不同。

1) 主控制回路评估要求

(1) 操纵性要求

主控制回路应保证飞机在使用范围内所有飞行状态的稳定性和可操纵性,按照适航性标准 FAR－25 的要求,包括:可操纵性与机动性、配平、稳定性和失速等等。

另外,根据飞行状态($V_{sign} \leqslant V_{TAS} \leqslant V_{MO}$;$\alpha < \alpha_{sign}$)的范围,飞机稳定性和可操纵性一般要求如下:

① 机动时的法向过载响应超调(相对于标"1"的稳态增量)不大于 0.2,法向过载响应(达到稳态值 95%)的时间不大于 2.5 s;

② 操纵梯度(单位过载的驾驶盘驾驶位移量)$|X_e^{n_y}|$ 不小于 50 mm/g,即 $|X_e^{n_y}| \geqslant$ 50 mm/g,该梯度是表速 V_{IAS} 的函数,即 $X_e^{n_y}(V_{IAS})$,且 $X_e^{n_y}$ 随速度的增大而减小;

③ 操纵力梯度(单位过载的驾驶盘驾驶上的力)应满足 $|P_e^{n_y}| \geqslant 100$ N/g;

④ 根据飞行状态,在 $V_{sign} \leqslant V_{TAS} \leqslant V_{MO}$ 速度范围内,按速度的力和位移梯度应为零,即 $P_e^V = 0$,$X_e^V = 0$。在速度极限之外 $V < V_{sign}$ 或 $V > V_{MO}$,应保证梯度 $P_e^V > 0$,$X_e^V > 0$。具有电传操纵系统的飞机可以具有中性速度稳定性;

⑤ 最大迎角 α_{max} 的限制值应是前缘缝翼偏转角 δ_{si}、襟翼偏转角 δ_{fl} 和 Ma 数的函数,即 $\alpha_{max} = f(\delta_{si}, \delta_{fl}, Ma)$;允许最大迎角 α_{max} 的增量不大于 1°;

⑥ 规定的最小和最大法向过载 $n_{ymin} \leqslant n_y \leqslant n_{ymax}$,限制精度应保持在 $|\Delta n_y| \leqslant$ 0.2 范围内;

⑦ 应有效地防止超出极限马赫数 Ma_D 和极限飞行速度 V_D;

⑧ 扰动引起的航向(侧滑角)振荡衰减到初始幅值的 5%,对于起飞-着陆状态,应不大于 12 s,巡航飞行状态,应不大于 20 s;

⑨ 飞机倾斜角由 $\gamma = 30°$ 的定常转弯转入反方向 $\gamma = -30°$ 转弯,时间应不大于 7 s;

⑩ 荷兰滚振荡运动频率应不小于 0.4/s;

⑪ 滚转运动非周期时间常数应不大于 1.5 s;

⑫ 增升装置的放下和收起,发动机工作状态变化,包括空中减速状态,发动机故障和扰流板放下,不应引起飞机纵向通道的急剧重新配平变化;

⑬ 电传操纵系统应在发动机故障时防止产生扰动力矩,保证驾驶员即使不参与操纵,也不会使飞机迎角、过载和倾斜角超出使用范围极限;

⑭ 关键发动机故障时,驾驶员不干预飞机操纵,在 5 s 之内,倾斜角不应超过 30°。

(2) 稳定性要求

电传操纵系统主控制回路,升降舵、副翼、方向舵和扰流板通道,按相应控制回路增益应满足幅值稳定储备不小于 6.0 dB,相位稳定储备不小于 45°。

2) 直接控制回路评估要求

（1）操纵性要求

直接控制回路在主要飞行状态范围内，纵向通道可接受的静态可操纵性要求：

① 单位过载的驾驶盘驾驶位移量 $|X_{ey}^{ny}|>50\,\mathrm{mm/g}$；

② 单位过载的驾驶盘驾驶上的力 $|P_{ey}^{ny}|>70\,\mathrm{N/g}$；

③ 机动时的法向过载响应超调（相对于标"1"的稳态增量）不大于 0.3，法向过载响应（达到稳态值 95%）的时间应不大于 4～5 s；

④ 滚转运动非周期时间常数应不大于 2 s；

⑤ 荷兰滚振荡运动频率应不小于 0.3/s；

⑥ 飞机倾斜角由 $\gamma=30°$ 的定常转弯转入反方向 $\gamma=-30°$ 转弯，时间应不大于 10 s；

⑦ 在起飞-着陆飞行状态，扰动引起的航向（侧滑角）振荡衰减到初始幅值的 5%，应不大于 15 s；

⑧ 扰动引起的航向（侧滑角）振荡衰减到初始幅值的 5%，对于起飞-着陆状态，应不大于 12 s，巡航飞行状态，应不大于 20 s。

（2）稳定性要求

电传操纵系统直接控制回路，升降舵、副翼、方向舵和扰流板通道。相应控制回路增益应满足幅值稳定储备不小于 5.0 dB，相位稳定储备不小于 40°。

3）应急控制要求

应急控制情况下，电传操纵系统与相关设备的工作应确保在规定限制极限范围内，以最小的扰动转换到应急控制状态；将相关信号发送到飞行参数记录系统和机上测量系统；连续检测电传操纵系统工作的良好性及其系统和部件的相互作用，自动定位故障部件并发送故障信息到显示装置和记录系统。

4.2.2.2 控制律

控制律表征了控制系统中执行机构的输出量与各控制信号间的函数关系，也就是飞机操纵面偏转量与各控制信号间的函数关系，它与改进飞机稳定性和操纵性密切相关，是实现电传操纵系统控制功能最直接、最重要的关键技术之一。通常，数字式电传操纵系统控制律研制包括下述阶段：

① 首先根据飞机操纵性与稳定性评估，以改进飞机稳定性和操纵性为目的，以连续系统的形式编制控制律，并通过设计开发程序进行仿真、半物理与物理系统试验及评定。控制律综合是试验以及驾驶员模拟飞行优化的迭代过程，重点在于指令信号成型、反馈参数确定、增益调参规律、大气数据计算、补偿滤波器动态特性和控制功能、模态的确定与评定。

② 在连续系统控制律基础上，采用相应的算法，实现控制律离散化；并编制计算机程序要求（即软件需求任务书），包括数字电传操纵系统的所有机载软件；编制机载软件应与机载计算机硬件设备协调。

③ 对电传操纵系统相关部件进行测试评定，验证是否满足系统需求。

④ 电传操纵系统集成,验证和确认系统有效性及其满足控制回路评估要求的符合性。

1) 连续系统控制律

在连续系统控制律设计开发阶段,主要针对主控制回路的操纵性与稳定性评估要求,编制电传操纵系统算法。

(1) 纵向通道一般算法

纵向通道算法一般采用指令成形与法向过载、俯仰角速度、迎角反馈的综合;按飞行状态的调参;以及前向通道集成控制律。实现:

① 确保规定的静态可操纵性 $X_e^{n_y}$ 和 $P_e^{n_y}$ 要求,以及相应的控制精度 X_e^{α} 和 P_e^{α} 的要求;

② 当迎角、法向过载、飞行速度、Ma 数、俯仰角接近使用范围极限时实现有效告警;

③ 依据规定的最小和最大值 $n_{y\min} \leqslant n_y \leqslant n_{y\max}$ 严格算法,限制法向过载;用 $\alpha_{\max} \leqslant \alpha_s$ 实现迎角限制;利用 $V_{\min} \geqslant V_S$ 与 V_D($即 V_{\min} \leqslant V \leqslant V_D$),实现飞行速度 V 的限制;

④ 确保纵向通道自动配平。

作为舒适性功能,应该注意:

① 当飞行员不参与操纵飞机(松杆)时,实现与稳定俯仰角相综合的控制状态;

② 当发动机工作状态变化以及增升装置收起和放下时,防止纵向扰动力矩。

(2) 横航向通道一般算法

横航向通道控制律算法一般采用传统的滚转和偏航角速度、倾斜角和侧向过载反馈,确保横航向稳定性和可操纵性功能,飞行中超出规定倾斜角的告警功能,以及飞行员不参与操纵飞机时,实现与稳定倾斜角相综合的控制状态;在发动机故障时,防止侧向干扰力矩。

实现上述功能的纵向与横航向连续系统控制律,通常包括指令回路、反馈回路和前向回路,以及前置与后置滤波、结构陷波、校正补偿、控制模态转换、交联信号等单元环节设计。具体内容这里不再赘述。

2) 控制律离散化

数字电传操纵系统一般由数字计算机和模拟式的传感器、作动器组成混合系统,可以称为数字计算机控制系统。控制律的计算任务在数字计算机中实现,因此,在连续域(s 平面)完成的系统控制律设计、分析,必须再离散化(z 平面),得到与连续系统控制律性能一致的计算机控制系统,实现并达到连续控制系统的功能和性能要求。

基于连续域-离散化设计的基本原理,工程上常用的离散化方法有脉冲响应不变法、阶跃响应不变法、匹配 Z 变化法、一阶差分近似法和双线性(Tustin)变换法。双线性变换是比较常用的方法。在离散化处理中,对于高频特性(如结构陷波器)一般应采用预修正的双线性变换以避免频率畸变的影响。

数字电传操纵系统控制律也可以采用直接离散化设计方法。该方法实质是将数模混合的信号系统作为纯离散信号系统,直接在离散域进行控制律设计,得到离散形式的控制律,并直接在数字计算机上编排实现。由于控制律是在给定采样周期的条件下设计,使系统满足规定的性能和品质要求,因此,这种方法能适应较大的采样周期,而且无需离散化,不会产生离散化误差,所以比较精确。目前,直接离散化控制律设计主要采用根轨迹法和频率法。

3) 设备及其软件

数字计算机是用于电传操纵系统功能的软、硬件处理资源,应该支持电传操纵系统分配给计算机硬件和软件的功能需求。此外,处理资源还应保障电传操纵系统的维修要求。

(1) 处理硬件设备

处理硬件应该基于电传操纵系统的功能危害性评估,确定硬件冗余数量,满足安全性要求。处理硬件应考虑通用性,所有元件的适用电源可以忍受闪电、电磁兼容(EMI)、HIRF 等所有的扰动和自然环境。处理硬件的可靠性、可维护性、承受度、简易性以及生存能力应是主要的设计参数。

(2) 软件设计

电传操纵系统软件研制必需满足《机载系统软件的评定需求》(RTCA DO-178B)的要求,主要模块设计保证等级(DAL)应为 A 级。设计中尽量采用满足电传操纵系统需求的成熟软件模块(COTS)。

① 编程语言。

电传操纵系统软件包括操作软件、应用软件、数据库等,应该采用通用编程语言。

② 计算机软件配置项目。

应该定义电传操纵系统的计算机软件配置项目,并且至少应该提供由用户根据电传操纵系统数据和信息形成的列表所规定的功能。更审慎的做法是构建计算机软件配置项(CSCI),列表规定需要的最少功能,或者反映 CSCI 等级和数据流的图形。

③ 软件可维护性。

电传操纵系统软件可维修性设计应该满足故障检测和隔离的要求,并要求易于升级和更改维护,保证软件开发工具和认证工具的有效性。

④ 软件安全性。

电传操纵系统全部软件应执行规定的功能并应遵守飞机规范或其他相关文件的要求。

(3) 软件开发

电传操纵系统软件开发应该编制并严格遵循软件开发计划(SDP),包括:

① 电传操纵系统需求和设计分析以及软件需求分析;

② 提供自顶向下的设计方法；

③ 开发测试，包括测试计划/过程的评审，自底向上的测试，以及综合测试；

④ 提供软件工程环境（SEE）和计算机软件配置项（CSCI）的完整文档；

⑤ 识别并记述电传操纵系统软件产品在子系统危害控制、缓和，以及排除中的作用；

⑥ 设计和测试中的软件需求跟踪；

⑦ 识别并记述安全关键软件需求；

⑧ 采用标准化的编码过程、构型管理过程和质量保证过程；

⑨ 定义并描述适用的安全需求。

（4）软件确认

电传操纵系统软件包括测试软件配置以及运行飞行程序计算机软件配置项目确认，应该经过测试及其后对测试结果的审核。在任何审核过的版本中不允许存在软件补丁。软件应当经过重新编译，在每一个明确的测试过程进行测试并审核。审核可以在子系统级和系统级证明部件与组件的可接受性。审核是以正式的、受约束的、按照定义对需求、设计、测试过程的总结，描述从单元或者部件与组件级到系统级审核细节的文档。

（5）软件避错

数字计算机系统应贯彻下列规定，以防止任何来源的软件错误蔓延：

① 禁止错误版本软件的现场安装；

② 数字化的飞行控制元件必须是可编程的固件，固件是具有工程能力生产、更改或再编程的设备。"不可再编程"固件不能由上级部门修改，而"用户再编程"固件可以在组织层级上修改。建议飞行控制工程师尽可能熟悉项目办公室的希望和要求，保障控制系统要求与更高层级的要求不冲突；

③ 在飞行测试项目中，包括再生产计划，比较理想的是使用可擦除的、可编程的只读存储器，确保它可以比较容易的更改。但是，这样会造成识别和追踪可编程的软件版本时产生问题，在此情况下，飞行测试之前的第一步是识别计算机中编程的软件版本；

④ 使用系统分割，保障从系统角度出发，能达到所有扩展情况；

⑤ 数据总线系统应提供可用的基于任务要求的空间，包括：总线元件的数量、总线负载、总线吞吐量和总线控制器处理能力；

⑥ 安全性要求应包括安全设计过程的建立，把安全引入子系统中的各个部分。"软件系统安全手册"应包含关于程序设计实例方面的指导，实例可以有效地提高软件的安全性；

⑦ 在项目早期，必须指明和涵盖计算机安全要求；这些要求应分配到子系统；

⑧ 软件及其执行应使硬件和软件错误不会通过子系统被传播，从而导致致命或灾难性的故障；

⑨ 应使用与变量功能和结构良好的文档,例如:简单易懂的逻辑结构安排、模块化程序设计、源代码中的清楚注释、区分数据变量和结构体、与源代码变量一致的助记符等;

⑩ 重复利用性,重复利用会降低开发费用和更精确的评估费用,在计划和设计新软件时,必须考虑重复利用性。

4.2.3　操纵系统体系架构配置选择、系统可靠性及飞行安全性评估

电传操纵系统体系结构配置的选择,要保证系统高可靠性和飞机飞行安全性。根据国际上的实际应用(SAE ARP-4761),为了评估飞机可靠必须进行下述工作:

— 功能危害性评估(FHA);

— 初步系统安全性评估(PSSA);

— 系统安全性评估(SSA);

— 共因故障分析(CCA)。

按系统结构模块形成的详细工作和安全性研究工作示于图4-9。

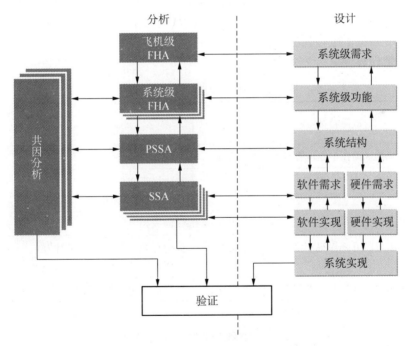

图4-9　系统设计过程可靠性与安全性分析的相互关系

4.2.3.1　功能危害性评估

功能危害性评估(Functional Hazard Assessment,FHA),在研究分析飞机及其系统功能的过程中,为了确定可能出现的故障以及与这些故障相联系的飞行情况进行分类,在早期设计阶段,进行功能故障危险性评估,并随着出现新的功能或故障状态重新审定。这些状态分类如表4.1所示。

表 4.1　故障状况分类一览表

故障状况分类	系统等级	可靠性定量要求(飞行小时概率)
灾难性的(catastrophic)	A	极罕见的概率，$P/T < 1 \times 10^{-9}$
危险的(hazardous)	B	罕见的概率，$P/T < 1 \times 10^{-7}$
严重的(major)	C	中等概率，$P/T < 1 \times 10^{-5}$
较小的(minor)	D	小概率，$P/T < 1 \times 10^{-3}$
无影响(no effect)	E	无

4.2.3.2　初步系统安全性评估

初步系统安全性评估(Preliminary System Safety Assessment，PSSA)，由于确定了系统可靠性及其系统组成的产品具体要求，并初步证实预期的系统结构能够满足这些要求。在系统设计过程中，应更加详细地修正安全性的初步评估。

应按照 FHA 和 PSSA 阶段的评估给出系统结构配置，特别是系统部件的余度等级。在表 4.2～4.4 中分别给出了升降舵、副翼和方向舵通道功能故障的分析结果。

表 4.5 给出了相应的操纵面系统结构配置建议。

表 4.6 给出了电传操纵系统计算机部件功能故障分析结果，而表 4.7 列出了体系结构配置建议。

表 4.2　升降舵通道功能危害性评估

No	故障特征	飞行阶段	飞机反应	要求概率 /fh^{-1}
1	升降操纵面在中立位置卡阻	所有	纵向失控	$<10^{-9}$
2	升降舵在中立位置卡阻	所有	纵向操纵变坏，纵向配平能力减小，出现倾斜力矩	$<10^{-5}$
3	升降操纵面在极限位置漂浮	所有	纵向失控	$<10^{-9}$
4	有阻尼的升降操纵面漂浮	所有	纵向操纵变坏，出现倾斜力矩，纵向稳定性变坏	$<10^{-5}$
5	无阻尼升降操纵面漂浮	所有	升降操纵面颤振，纵向失控	$<10^{-9}$

注:fh——飞行小时。

表 4.3　副翼通道功能危害性评估

No	故障特征	飞行阶段	飞机反应	要求概率 /fh^{-1}
1	1 个副翼在中立位置卡阻	所有	较小的可使用倾斜速度	$<10^{-3}$
2	2 个副翼在中立位置卡阻	所有	较小的可使用倾斜速度；横向可操纵性变坏	$<10^{-5}$

(续表)

No	故障特征	飞行阶段	飞机反应	要求概率 /fh^{-1}
3	1个副翼在中立位置漂浮	巡航;起落	横向操纵变坏;突然出现高的倾斜角速度	$<10^{-7}$;$<10^{-9}$
4	1个有阻尼的副翼漂浮	所有	横向可操纵性变坏	$<10^{-3}$;$<10^{-5}$
5	1个无阻尼的副翼漂浮	所有	副翼颤振;失去横向可操纵性	$<10^{-9}$

表 4.4 方向舵通道功能危害性评估

No	故障特征	飞行阶段	飞机反应	要求概率 /fh^{-1}
1	方向舵不动,发动机无故障	所有	航向通道无阻尼;不能协调转弯;侧风着陆复杂	$<10^{-7}$
2	与发动机故障配合,方向舵不动	所有	失去航向操纵	$<10^{-9}$
3	方向舵在极限位置上自由漂浮	所有	失去航向操纵	$<10^{-9}$
4	有阻尼漂浮	所有	航向通道控制变得相当坏;侧风完成着陆复杂	$<10^{-7}$
5	无阻尼漂浮	所有	方向舵抖动;失去航向操纵	$<10^{-9}$

表 4.5 根据功能危害性评估控制系统体系结构的建议

No	操纵面	操纵面的数量	操纵面上的舵机数量	电源数量
1	升降舵	2个或2个以上	2个或2个以上	3个或3个以上
2	副翼	2个或2个以上	2个或2个以上	3个或3个以上
3	方向舵	1个或1个以上	1个操纵面3个,1个操纵面2个或2个以上	3个或3个以上
4	水平安定面	1个	2个或2个以上	2个或2个以上

表 4.6 计算机部件功能故障分析

No	故障特征	飞行阶段	在机上作用	要求概率 /fh^{-1}
1	主控回路可检测的故障	所有	所有通道操纵变坏	$<10^{-5}$;$<10^{-7}$
2	主控回路非检测的故障	所有	飞机失去操纵	$<10^{-9}$
3	直接回路控制系统故障	所有	飞机失去操纵	$<10^{-9}$

（续表）

No	故障特征	飞行阶段	在机上作用	要求概率 /fh^{-1}
4	纵、横向驾驶盘位移信号故障	所有	飞机失去操纵	$<10^{-9}$
5	脚蹬位移信号故障	所有	航向操纵变坏。侧风着陆复杂	$<10^{-7}$
6	主控回路角速度信号故障	所有	飞机可操纵性变得相当坏。	$<10^{-7}$
7	主控回路惯导信号系统故障	空中起落	纵向操纵变坏,法向过载和迎角失去自动限制。失去迎角稳定性。	$<10^{-5}$ $<10^{-7}$
8	主控回路大气信号系统故障	所有	Ma 数和角速度控制信号不调节,迎角失去自动限制。大迎角稳定性变坏。	$<10^{-5}$ $<10^{-7}$

表4.7 根据功能故障分析计算机部件体系结构建议

No	部 件	余度等级	内部余度	型号数量
1	PFC 计算机	2 个或 2 个以上	2 个或 2 个以上	1
2	PFC 软件	2 个或 2 个以上	2 个或 2 个以上（检查通道研制等级 A）	1
3	ACE 模拟部件	4 个或 4 个以上	无	1
4	ACE 计算机	4 个或 4 个以上	2 个或 2 个以上	2
5	ACE 软件	4 个或 4 个以上	2 个或 2 个以上余度（检查通道研制等级 A）	2
6	大气信号系统	3 个或 3 个以上	为保证高度全面检查都应参加	1
7	惯性导航系统	3 个或 3 个以上	为保证高度全面检查都应参加	1
8	驾驶盘位置传感器	4 个或更多	可以参加	1
9	脚蹬位移传感器	3 个或 3 个以上	可以参加	1

4.2.3.3 系统安全性评估

系统安全性评估(System Safety Assessment，SSA)，在评估过程中收集、分析和用文件证明系统满足功能危害性评估(FHA)和初步系统安全性评估(PSSA)确定的可靠性和安全性要求。对设计实现的各个系统进行评价,确认已实施的设计既满足定性的要求又满足定量的要求(系统 FHA 提出的安全性目标和从 PSSA 获得的安全性要求,系统架构和安装与安全性要求是一致的)。在不同级别(飞机、系统、子系统)实施的每一个 PSSA,应该有一个相应的 SSA,对于每一个受分析的级别,SSA 总结了所有重要的功能失效状态和它们对飞机的影响。

SSA 通常包括下列信息:

- 外部事件概率列表;
- 系统描述;
- 故障状态列表(FHA,PSSA);
- 故障状态分类(FHA,PSSA);
- 故障状态的定性分析(FTA,FMEA 等);
- 故障状态的定量分析(FTA,FMES 等);
- 共因分析;
- 与安全性相关的任务和间隔(FTA,FMES 等);
- 软/硬件的开发担保等级(PSSA);
- 确认在设计或者测试过程中考虑了来自 PSSA 的安全性要求;
- 非解析的确认过程(例如,试验、演示和检测活动)的结果。

4.2.3.4　共因分析

共因分析即"共接点"型故障分析(Common Cause Analysis, CCA),在分析过程中,按实际功能分配和建立评估系统要求,并检查这些要求的执行。在初步设计阶段可以暂不进行"共接点"型故障分析。

对于电传操纵系统进行系统安全性的定量评估,可以采用下述方法:

故障树分析(Fault Tree Analysis, FTA);

关联图分析(Dependency Diagram, DD);

马尔柯夫回路法(Markov Analysis, MA)。

具体方法详见 SAE ARP - 4761 手册中的说明。

4.2.4　电传操纵系统体系结构

电传操纵系统体系结构必须综合考虑飞机纵向、横向和航向的操纵。

4.2.4.1　纵向操纵系统

飞机纵向操纵面一般包括升降舵和水平安定面。在现代干线客机上,基本采用带升降舵的可调水平安定面作为纵向操纵面,在某些情况下采用带升降舵的固定水平安定面。

可调水平安定面可以是起飞、着陆和飞行三个位置,也可以是多个位置。飞机的平衡依靠可调的水平安定面,升降舵则用于操纵,因此水平尾翼面积可以减小,且平衡引起的升阻比损失也可以较小。

1) 升降舵操纵系统

电传升降舵操纵系统体系结构如图 4 - 10 所示。该结构包括八个驾驶员指令传感器(PCS),四个作动器(舵机)控制和监控部件 ACE(两个 ACE1,两个 ACE2),四个升降舵机。座舱内配置的八个 PCS 与机长和副驾驶员操纵杆相连接,PCS 中把驾驶员指令转换成电子信号。ACE 部件得到驾驶员的操纵指令,将其转换成数字信号并发送到主控回路 PFC,PFC 综合计算后再通过 ACE 控制作动器,完成主控回路的控制。或者把操纵指令信号直接发送到直接控制回路的处理电路(在 ACE 中)中,完成直接回路的控制。每个操纵面(升降舵)都与两个作动器(舵机)相连接。每个舵机都由一个 ACE 驱动。

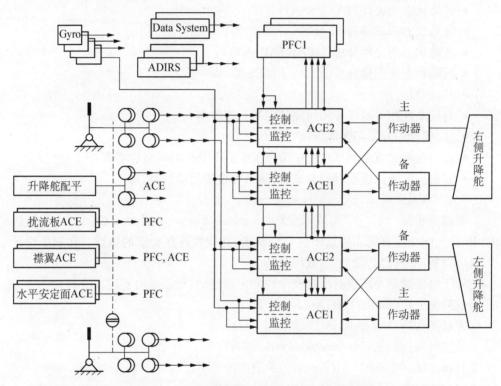

图 4-10　纵向电传操纵系统体系结构方案示意图

由于不同的软件和硬件余度限制,每个 ACE 都利用 ACE 数字部件进行 100%的检测。按与模型比较的方法实现 ACE 对滑阀和液压作动器检测。这样,任何 ACE 内部一个单独的故障,只会引起操纵面的一个舵机失效。每个操纵面的两个舵机处于"主/备"工作(波音一般采用主/主工作)状态,即一个舵机主动工作,与此同时另一个舵机被动工作。在主舵机故障或供电失效的情况下,该舵机转换成阻尼连通状态,而备份舵机变成主动。当舵机供油的液压系统故障或者主动舵机本身故障时,ACE 用当前相应的检测功能识别这个事件,把主舵机转换到阻尼连通状态,并通过交叉耦合将信息发送给备舵机的 ACE。第二个 ACE 把备份(被动)舵机转换到主动状态并操纵升降舵。如果第一个主舵机工作能力已经恢复,而当第二个舵机发生故障时,第一个 ACE 控制的主舵机可以返回主动状态。

图 4-10 飞控系统具有三个数字计算机(PFC)。PFC 通过数据总线直接与 ACE 部件相连接。内装的每个 PFC 利用具有各种不同的检测算法并行控制,实现

通道 100% 的自检。

PFC 三个通道或工作在主控状态,或故障时转换到直接控制工作状态,用专用逻辑系统调整转换和重新构型。

PFC 与飞机上所有相互关联的系统(ADIRS[①],FADEC[②],CMS[③] 等)通过总线实现连接。与 ACE[④] 的双向连接也通过总线实现。

2) 水平安定面操纵系统

水平安定面操纵系统结构如图 4-11 所示。该结构本身包括配置于俯仰配平控制盒中的两个配平转换开关、两个舵机检测和监控部件(ACE)和两个旋转型马达(ELM)。

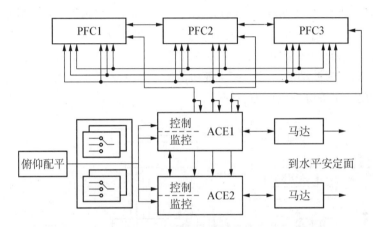

图 4-11 水平安定面操纵系统体系结构方案示意图

水平安定面操纵系统主要功能:在地面和空中的所有飞行状态,操纵水平安定面偏转。

操纵状态:

自动状态:按 PFC 的信号实现自动控制。

人工状态:通过配平控制盒上的转换开关实现人工操纵。

工作状态:

标准状态:系统可以使水平安定面全速偏转。

降级状态:系统可以降低水平安定面偏转速度。

4.2.4.2 副翼与内副翼操纵系统

副翼与内副翼是飞机的横向操纵面。干线客机的横向操纵面通常是将相对翼展和面积不大的副翼和外侧扰流板结合起来使用。

---

① ADIRS 大气数据惯性参考系统(Air Data Inertial References System)。

② FADEC 全权限数字式发动机控制。

③ CMS 中央维护系统。

④ ACE 作动器控制电子(Actuator Control Electronics)。

由于副翼效率因弹性变形而减小,甚至可能在大速压情况下完全失效(副翼反效),作为横向操纵面的补充,可以利用(位于内发动机处)内侧副翼。在巡航飞行状态,横向操纵主要靠内侧副翼;在起飞着陆飞行状态下,主要靠外侧副翼与扰流板的结合使用。内侧副翼会减小起飞着陆增升装置的效率。

副翼操纵系统结构如图4-12所示。该体系结构本身包括八个驾驶员指令传感器(PCS),四个ACE舵机控制和监控部件(两个ACE1,两个ACE2)和四个副翼舵机。安装在座舱内的八个PCS与机长和副驾驶员的驾驶盘相连接(驾驶盘上有四个PCS)。驾驶员指令在PCS中转换成电信号。ACE部件得到驾驶员指令,并把指令变换成数字形式,把其发送到主控回路的PFC,PFC综合计算后再通过ACE控制作动器。或者ACE得到的驾驶员指令经过ACE处理后直接控制作动器完成直接控制回路的控制。每一个操纵面都与两个舵机连接。每个舵机都由一个ACE控制。一个操纵面的两个舵机工作在主/备状态,即一个舵机主动工作,与此同时,另外一个舵机作为被动的备份。在主舵机故障或电源失效的情况下,该舵机转换成阻尼连通状态,而备份舵机成为主舵机。

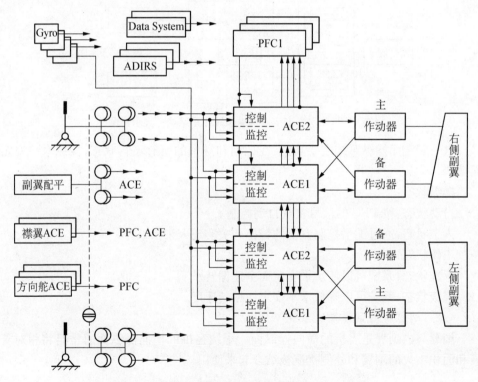

图4-12　横向电传操纵系统体系结构方案示意图

4.2.4.3　方向舵操纵系统

航向操纵与稳定通常采用带方向舵的垂直尾翼,航向主要操纵面是方向舵。为了增加操纵系统可靠性,大型飞机方向舵在结构上通常由两段组成。研究表明,不同侧滑角时的方向舵效率一直保持到最大偏角等于 $30°$，在使用速度范围内 Ma 数变化时的方向舵效率变化不大。

方向舵操纵系统结构如图 4 - 13 所示。体系结构包括六个驾驶员指令传感器（PCS）、三个舵机控制和监控部件（一个 ACE1，二个 ACE2）和三个方向舵机。安装在座舱内的六个 PCS 与正、副驾驶员的脚蹬相连接。驾驶员的指令在 PCS 中转换成电信号。ACE 部件得到驾驶员指令，把其变成数字形式并在主控回路将其发送到 PFC，或者利用直接控制回路进行信号计算。方向舵与三个舵机相连接。每个舵机由一个 ACE 控制。舵机全部都工作在主动状态。在供电失效或故障的情况下，故障舵机转换到阻尼连通状态，而余下的舵机继续全部有效地控制方向舵。二次故障之后，最后剩下的一个舵机工作，系统动态特性将降低。

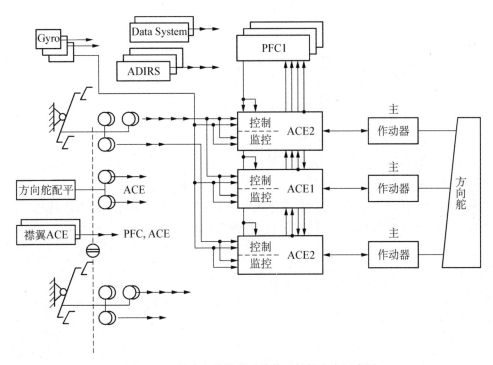

图 4 - 13　航向电传操纵系统体系结构方案示意图

方向舵 ACE 之间的耦合通过总线实现，用于交叉传输控制信号和舵机调节力的压差信号。每个舵机都要测量压差（differential pressure，DP）。每个 ACE 通过数据传输得到舵机固有的压差信息和其他舵机的压差。每个 ACE 计算压差信号的压差平均值，并计算固有压差与压差平均值之间的差值。这个压差的差值"δ - δ - 压力"，借助力纷争均衡控制律（使用极小值），利用可控信号计算 DDP 补偿信号。

4.3　自动飞行控制系统

自动飞行控制系统（AFCS）应保证驾驶员用最小的心理和体能消耗完成规定功

能的能力。此外,还应解决飞机配平、运动参数稳定性、消除相关设备故障影响、防止外部干扰和运动参数限制等问题。

AFCS由电气、电子、机械、液压、光学以及气动元件组成,通过综合,控制飞行轨迹、姿态、机体对扰动的响应,或传送控制指令从而提供驾驶员辅助功能。包括自动驾驶仪,自动耦合功能控制模态,结构模态控制等。

自动飞行控制原理如图4-14所示。由图可见,自动控制信号与飞机的位置、速度、加速度信号经控制律综合计算,生成伺服作动器的控制指令,由舵机驱动飞行操纵面,实现相应的自动飞行控制功能。

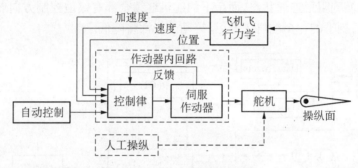

图4-14　自动飞行控制回路

对每一种自动飞行控制系统的功能设计,应制定功能接通与断开、选择逻辑以及功能安全准则和限制。一般情况下,采用自动飞行控制系统功能时的要求适用于平静大气,规定性能依据传感器基准值,即包括传感器误差,因此应基于功能要求选择传感器精度。对于非结构的自动飞行控制系统的模态响应,其阻尼比应不小于0.3。

4.3.1　自动驾驶仪

自动驾驶仪(AP)应该改善飞行特性,提供飞行轨迹和姿态平滑、准确的控制,通常包括:

- 姿态保持(俯仰/倾斜);
- 航向保持;
- 自动选择航向;
- 高度保持;
- Ma 数保持、空速保持等。

上述模态应遵循相应的具体性能需求。自动驾驶仪与飞行控制系统、飞机控制管理系统及其相关告警在功能上应该是一致的,并且不能超过飞行包线的限制,否则会导致危险状态,需要驾驶员立即予以干预。特殊功能的扩展,如:自动控制发动机推力、惯性速度、起飞、着陆等等,应在相关"任务功能"中规定。

AP性能要求是假定驾驶员不在控制回路中的条件下提出的。使用过程中,为了完成任务、确立新的飞行阶段、为某些信息不可用或不适用的情况提供跟踪导引指令,驾驶员将为自动驾驶仪提供监控输入,监控自动驾驶仪工作性能;为了完成期望的任务进行功能选择,包括模态的自动转换;以及随着任务的进展,调整或改变实际需要的参考值。

相关模态下的机体响应及其功能、性能要求如下。

1) 姿态保持(俯仰和倾斜)

在平静大气中,姿态保持相对于基准的稳态精度,对于俯仰姿态,在机翼水平时,应保持在±0.5°,对于倾斜姿态应保持在±1.0°之内。紊流条件下,应至少提供Ⅱ级工作状态。飞机受到5°的姿态扰动时,在该模态接通3.5 s内,应达到并保持上述精度要求。姿态保持模态接通限制条件应与俯仰角和倾斜角保护一致。

姿态保持模态±0.5°的稳态精度要求是对运输类飞机的典型要求,体现了当前技术水平。通常将姿态保持和其他驾驶员辅助功能划分为非关键功能,上述紊流要求通常只应用于轻度紊流。在轻度紊流中避免自动地模态断开是非常重要的。在紊流时,非关键功能至少应具备Ⅱ级工作状态,且不应使飞行安全降级或不应使任务有效性低于该模态断开时有效性水平。紊流中5°俯仰角限制和10°倾斜角限制目的在于,为驾驶员在姿态保持回路使用的紊流环境中飞行时提供适当的稳定平台。

姿态保持模态接通的限制条件应由飞行任务和性能决定。通常,上述建议值对大型飞机是可以接受的。

2) 航向保持

在平静大气中,航向应保持在±0.5°稳态精度范围内。紊流条件下应至少提供Ⅱ级工作状态。当接通航向保持模态时,飞机应以不超过3.0°/s的速率向机翼水平状态滚转,滚转角加速度不应超过3.0°/s²。参考航向为模态接通时的航向,允许误差为3°。

3) 航向选择

飞机应自动地按最小转弯角转到并保持驾驶员选定或预选的航向。在平静大气中,航向应保持在±0.5°的稳态精度范围内。应确定倾斜角限制,以便提供令人满意的转弯速率,防止失速的出现。航向选择应具有360°的控制能力,相对于选定航向,超调不应超过1.5°,或在着陆构形不应超过2.5°。进入和退出转弯应平稳、快速,滚转速率不应超过(10~20)°/s,滚转加速度不应超过(5~10)°/s²。

规定滚转速率和加速度的上限值是为了防止过快的响应;平稳、快速的滚转-进入转弯和滚转-退出转弯的要求是为了确保响应不会过于迟缓。响应平稳、快速的需求确保了最小速率和最大速率将是可以接受的。必须特别注意,确保超调要求和速率/加速度要求是协调一致的。

4) 高度保持

爬升或下降速度小于10 m/s接通高度保持模态时,应选择接通时的指示气压高度作为基准高度,并将飞机控制到这个高度上,因此产生的法向加速度增量应不大于$(0.2\sim0.5)g$(取决于飞机类型)。爬升或下降速度大于10 m/s接通时,自动飞行控制系统不应引起任何不安全的机动。在飞机推力-阻力能力范围内并在稳态倾斜角时,该模态应提供规定的控制精度(注:最低可接受的控制精度数据值略)。

这些精度要求适用于 Ma 数不大于 1.0 的情况；Ma 数大于 1.0 时，控制精度值可以加倍；Ma 数大于 2.0 以上时，可以用这些值的 3 倍。爬升或下降速度不大于 10 m/s 时，高度保持模态接通或受扰动后，应在 30 s 内达到规定的精度。以上精度范围内的任何周期性剩余振荡的周期应不小于 20 s。高度保持模态控制精度的意义在于定义正常的飞行轨迹控制、飞行品质和某些情况下机组人员/乘客舒适性等方面的可接受性能要求。

5）Ma 数保持

Ma 数保持模态应以模态接通时的飞机 Ma 数作为基准，在 Ma 数保持模态接通和稳定以后，AFCS 应保持所指示的 Ma 数，其误差相对于基准 Ma 数不大于 $\pm 0.01 Ma$，或指示 Ma 数的 $\pm 2.0\%$，取其中较大者。在此范围内，任何周期性振荡的周期应不小于 20 s。承制方应确定达到适合任务阶段要求的模态响应时间或捕获基准值的最大时间。为了允许驾驶员在接通时的 Ma 数附近改变基准 Ma 数，至少应具有 ± 0.01 的微调能力。

6）空速保持

应以空速保持模态接通时的空速作为基准空速，指示空速相对于基准空速的偏差应保持在 ± 9 km/h 或基准空速的 $\pm 2\%$ 以内，取其中较大者。在此范围内，任何周期性振荡的周期应不小于 ± 20 s。承制方应确定达到适合任务阶段要求的模态响应时间或捕获基准值的最大时间。为了允许驾驶员在接通时的空速附近改变基准空速，至少应具有 ± 18 km/h 的微调能力。

空速保持模态提供了在巡航飞行中保持空速的能力，这样可以获得最优航程或最优时间的巡航飞行。

4.3.2　飞行指引

飞行指引是给驾驶员提供实际的与所期望的飞行参数显示的子系统。当飞行指引系统工作时，驾驶员的任务是通过操纵动作使显示的实际值与期望值之间的差值最小化。

飞行指引可以减轻驾驶员工作负担，同时可以提供相应的手段，使飞机按照飞行轨迹实现更精确地飞行以满足精确操纵要求，例如减小垂直飞行间隔或简化导航性能。

随着飞机和系统设计技术的进步，多功能、复杂性导致更高水平的综合、自动化需求。许多专用系统逐步被数字式多功能系统取代，这种系统拥有更多的控制模态以及模态工作时的自动转换。

飞行指引系统（FGS）包括自动驾驶仪功能，飞行指引仪功能，自动油门控制功能以及增稳功能和配平功能等，其功能之间又存在相互作用和影响。对于进场着陆应包括仪表着陆系统（ILS）、微波着陆系统（MLS）和全球导航卫星着陆系统等。

FGS 功能的所有设备，包括传感器、计算机、电源、伺服马达/作动器，以及相连线缆，也包括驾驶员用于管理、监控系统所需的指示器和控制器。

FGS 未接通时，FGS 的任何一个功能与主飞行控制系统或推力控制保留有机械连接部分,可以作为主飞行控制系统和推力控制系统的一部分,并且给这些系统提供必要的合适信息。

飞行指引系统与飞行管理系统(FMS)综合提供指引和控制,不包括飞行计划,不生成航路点。但应包括 FMS 与 FGS 的接口,执行飞行航迹和速度指令。

飞行指引应当提供平滑和准确的导航,并具有适当的阻尼,以便在没有驾驶员补偿或繁重工作负担的条件下达到令人满意的任务性能。

4.3.3　自动油门

自动油门模态在确保发动机没有显著或持续的危害性功率变化的情况下,对油门提供平滑和精确的自动控制。

飞机在进近及着陆控制中,AFCS 可以设置自动油门模态。自动油门的接通与断开方式应当与驾驶员的操作规程和工作一致,不应要求额外的注意力。应向驾驶员提供自动油门模态接通或断开的显示,且每个驾驶员都应能够触及自动油门控制器。

自动油门模态应预防无意接通以及油门杆的无意操纵,提供单独的准备和接通操作。若出现自动接通,驾驶员应清楚地了解自动接通状态,且自动接通不能产生任何大的、未预料的俯仰姿态或者俯仰力矩变化的危险条件。

自动油门断开不能引起大的、非预期的俯仰姿态或俯仰力矩改变,或者显著的油门瞬态等任何危险状态。在复飞、着陆或其他需要手动改变油门的机动飞行阶段,自动油门的断开不应阻碍、抑制或影响适时地推力变化。在自动油门模态接通时,应避免无意断开。

驾驶员应当能够用一只手容易地超控自动油门模态,并且通过移动油门杆(或同类设备)设定推力。驾驶员超控时的自动油门响应不应导致产生俯仰姿态、俯仰力矩突变或推力无法控制的潜在危险。超控会使自动油门断开,应避免无意识的自动油门断开,且应有足够的告警以提醒驾驶员。

4.3.4　自动着陆

自动着陆模态可以在无目视机场基准的条件下,自动导引飞机安全正确地着陆。一般包括下滑波束导引、侧向波束导引和自动拉平着陆。

自动着陆系统通常包括机载设备的所有部件,而更一般地还包括完成自动着陆所必需的地面设备。自动着陆包括在国际民航组织规定的在Ⅱ级和Ⅲ级能见度条件下引导进场和着陆所要求的操作和程序。

能见度定义为能见距离,在垂直方向称为决断高度(DH),在水平方向为飞机对跑道的能见距离(RVR)。在仪表着陆系统进场或精密进场雷达仪表进场期间,从飞行控制而言,必须对继续完成进场着陆或者中断进场而执行复飞做出决定的高于跑道基准面的垂直距离(高度)规定为决断高度,一般用英尺表示,图 4-15 的单位为 m。对于Ⅱ级仪表着陆系统工作,决断高度可以表示为无线电高度表的读数。

目前国际上的自动着陆一般应用于Ⅱ、Ⅲ级工作。没有决断高度限制的工作情况规定为Ⅲ级,又可以逐次细化为Ⅲa、Ⅲb、Ⅲc级,如图 4-15 所示。

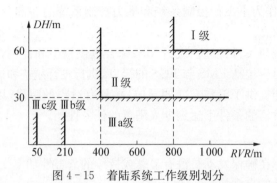

图 4-15　着陆系统工作级别划分

为了更好地说明该自动着陆系统,首先介绍自动进场控制模态。

自动进场模态应该响应横向引导的航向信标信号和垂直引导的下滑信标信号。根据国际民航组织(ICAO)规定的Ⅱ级气象条件下,系统应自动控制飞机到30 m的最低决断高度;应及时地提供告警信号。如果具备目视跑道着陆的条件,则允许驾驶员完成着陆,否则在出现单故障或组合故障以后,能让驾驶员安全地执行复飞。

(1) 自动进场下滑控制

自动进场俯仰控制应能够使飞机机动到截获下滑信标波束。无论飞机在选择该模态时的位置高于或低于下滑信标波束,或者有无垂直速度都不能成为下滑信标接通的先决条件。在无风情况下正常进场时,从波束上面或下面进行截获时,系统所呈现的阻尼比应不小于0.2。

(2) 自动进场航向控制

自动进场模态应保持不变的航向,直到飞机处于波束中心线的规定范围内,使飞机机动到截获航向信标波束。为了提供平稳的截获并随后对航向信标波束进行跟踪,对航向或滚转速率和姿态指令应当加以限制。系统应始终控制飞机向航向信标波束中心线机动,在截获过程中不应出现偏离跑道入口的运动。在航向信标跟踪中的性能不应存在持续振荡,这些要求应该以Ⅱ级航向信标地面设备为基础。

(3) 复飞

复飞应只能人工接通。系统应在任何非"极罕见"的单故障或组合故障情况下,都不会在接通复飞时引起飞机作增大下降速度的机动。如果复飞与其他自动飞行控制系统同时工作,则应由单一的开关位置或单一的驾驶员操作动作,接通所有系统都进入与复飞相应的模态。在复飞接通时,如果同时工作的一个或任何几个其他的自动飞行控制模态的组合不能工作,则系统应满足正常复飞程序(包括推力、襟翼和起落架人工操纵)的性能要求。

自动着陆适用于进场着陆的后几个阶段,即低于决断高度或告警高度的进场阶段。自动着陆模态应能适应Ⅲ级气象条件下工作,并满足规定的着陆精度和使用要求。

自动着陆性能要求,应考虑飞机和机载设备在正常使用中预期可能发生的变化对性能的影响。包括:着陆重量和重心的变化;着陆襟翼位置的变化;飞机进场速度的变化;下滑和航向信标机载接收机的对中心误差;自动着陆系统的传感器、计算机和伺服作动器的容差;以及与自动着陆系统同时工作的(如增稳、载荷减轻等)控制模态的性能容差。

另外,在验证自动着陆模态是否满足性能要求时,应包括预期的地面设备类型和性能变化的影响。

自动着陆模态将通过下滑波束导引、侧向波束导引,飞机在垂直平面内,从下滑过渡到实际着陆点的纵向运动轨迹(拉平轨迹)的控制算法及其相关的机载和地面设备来实现。

4.4 机翼增升装置操纵系统

机翼增升装置的主要用途是增加飞机起飞着陆飞行状态的升力,以降低起飞着陆的速度。着陆速度值对于安全完成着陆有重大影响。因此有着采用越来越强有力的机翼增升装置的趋势。

飞机起飞着陆增升装置是根据使用条件和保证 $240\sim250\,\text{km/h}$ 进场速度,以及一台发动机发生故障时可以继续起飞的要求确定的。

民用飞机按机翼的起飞着陆增升装置一般分为两类:

① 具有后缘增升装置而无前缘增升装置,或者仅有部分前缘增升装置的后掠翼飞机;

② 具有后缘增升装置而且机翼整个前缘有缝翼(襟翼)的后掠翼飞机。

后掠机翼前缘增升装置有前缘缝翼、各种前缘襟翼、偏转前缘等多种,前缘襟翼得到广泛应用,因为其效率较高。机翼后缘采用后退式开缝襟翼的高效增升装置可以保证客机在起飞着陆状态下具有高升力特性。

最流行的带增升装置的机翼构形是机翼前缘装缝翼,后缘装襟翼。从飞行安全考虑,缝翼和襟翼的收、放次序应不同:放下时先偏转缝翼再偏转襟翼,收上时先收襟翼再收缝翼。另外,缝翼和襟翼通常具有独立的操纵系统及其作动器,以保证增升装置的高效率并增加飞行安全性。

近年来由于机翼增升装置操纵系统效率增加很多,对于飞行安全的重要性有了实质性增加,因此对其可靠性的要求更高。

保障飞行安全的最重要条件是左右机翼增升装置的襟翼和缝翼同步偏转,因此,对左右机翼增升装置采用共同的机械传动是行之有效的。由于受重量限制,客机的机械传动系统实际上都是无备份的,因此为了防止故障导致的不同步偏转,应采取相应的安全措施来防止各段襟翼偏转不同步。

电传操纵在系统性能优化、襟翼操纵自动化扩展和增升装置统一化方面比较方便、灵活,发展前景广阔。

增升装置操纵系统的进一步发展方向是自适应机翼,提高机翼的承载性能和升阻比,不仅在起飞着陆状态,而且在其他,包括巡航状态。自适应机翼必须采用由若干独立段组成的机翼增升装置,并由数字式机翼增升装置操纵系统若干单独的作动器操纵。这种机翼增升装置操纵系统可以根据飞行状态使机翼沿展向具有期望的翼形弯度。随着襟翼段的增多,要求采用大量作动器来操纵增升装置。这种机翼增升装置操纵系统结构与驾驶操纵系统结构的实际差别不大。

4.5　民用飞机飞行控制系统发展趋势

民用飞机飞行控制系统,已从传统的机械操纵向电传飞行控制系统发展。A320、B777 分别是空客和波音第一个采用电传操纵的民用飞机。采用高安全的系统结构和余度配置是民机电传飞控系统的基本特征。从空客、波音电传飞控系统的发展可看出,为提高安全可靠性,减少共模故障,现代大型民用客机的电传飞行控制系统都采用了多余度、非相似的设计。从系统功能来看,采用综合化设计是发展的主方向,自动飞行功能已不再由单独的系统完成,而是与主飞控系统综合在一起,波音在 B787 上甚至把高升力控制功能也综合到了主飞控里;部件技术与系统技术相互促进,空客通过 2H/2E 的能源体系,引入 EHA,EBHA,减少液压管路;波音则把作动器控制单元与作动器结合在一起,通过总线进行控制指令的传输,减少了电缆数量,同时还使用了电动马达驱动操纵面。尽管空客和波音系列飞机的电传飞控系统结构体系存在着较大的差别,但都取消了机械备份,朝着多电、高度综合的趋势发展。

4.6　国外典型民用飞机飞行控制系统分析

世界上两大大飞机制造商—空客公司和波音公司不仅占据着大部分的市场份额,而且引领着民机技术的发展。随着全球最大的客机 A380 的投入运营以及梦幻型飞机 B787 的研制成功,标志着以技术创新引领民机发展进入了新的阶段,其配备的先进飞行控制系统也代表着将来民机飞行控制系统的发展趋势,下面对国外典型民机飞控系统进行分析。

4.6.1　A320 飞机

A320 飞机为空客公司推出的第一种采用电传飞行控制系统的飞机,其后续的A330、A340 飞机也采用了电传飞行控制技术,为了保证电传操纵高安全性,在系统结构上都采用了非相似多余度的形式。为了保证在电系统失效后仍有安全返航的能力,都保留了某种形式的机械备份。飞行控制计算机是电传系统的核心,硬件、软件均采用了非相似技术,飞行控制作动器是电传飞控系统的重要部件,其形式是简单(相对于军机)的常规液压作动器。

4.6.1.1　体系结构

空客系列飞机均使用侧杆进行俯仰和横滚操纵,使用脚蹬控制方向舵进行航向操纵。

副翼、升降舵和方向舵的每个舵面上安装 2 台电液伺服作动器,主备式工作。在特殊情况下,2 台作动器也可同时工作;两个液压马达带动一个故障-安全级的滚珠丝杠驱动水平安定面运动,两个液压马达由 3 个电马达中的一个驱动,或由机械配平轮带动;每侧机翼上有 5 块扰流板,每块扰流板通过一个电液伺服作动器驱动。机上三套液压系统(绿、蓝、黄)为飞行控制作动器提供液压动力。

A320 电传飞控系统总共用了 7 个飞行控制计算机:

> ➢ 2 个升降舵/副翼计算机(ELAC),控制升降舵、水平安定面和副翼作动器;
> ➢ 3 个扰流片/升降舵计算机(SEC*),控制所有的扰流片并作为升降舵、水平安定面作动器控制的备份;
> ➢ 2 个飞行增稳计算机(FAC),可实现偏航阻尼、方向舵配平和方向舵运动功能。

ELAC 和 SEC* 计算机采用非相似余度技术。ELAC 使用的是 Motorola 68010 微处理器,SEC* 使用 Intel 80186 微处理器。每个计算机都由指令支路和监控支路组成,也使用不同的处理器和软件。A320 的飞控系统设计体现出并行计算的特点,不但用非相似的处理器进行处理,还总体划分了非相似的计算机功能,使其监控算法变得非常简单,没有表决的问题出现,系统可靠性得到提高。

此外,A320 飞机还在水平安定面和方向舵配备了机械备份系统,在电传飞控系统失效的情况下,可采用俯仰机械配平系统和脚蹬机械系统操纵飞机。

A320 电传飞行控制系统的操纵面分配结构见图 4-16。

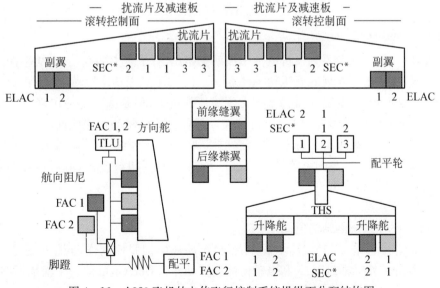

图 4-16　A320 飞机的电传飞行控制系统操纵面分配结构图

4.6.1.2　系统功能

A320 电传飞控系统可工作在如下模态,实现系统的各项功能:

(1) 正常工作模态

此时系统可提供三轴控制功能、减速功能、地面扰流板功能、飞行包线保护功能。在整个飞行包线内实现过载限制、俯仰姿态保护、大攻角保护和高速保护。

(2) 降级工作模态

当主要的飞机参数无效或飞控系统发生一定的故障组合,系统自动切换到该模态。在飞行阶段俯仰控制功能与正常工作模态相同,只是保护功能有所降级或失去保护,在着陆进近时则转为直接工作模态。横滚采用直接工作模态,偏航阻尼器功能有效但功能降级。

(3) 直接工作模态

当相关的设备发生严重故障时,进入该模态。此时驾驶杆的偏移将与相应舵面偏转成比例。取消偏航阻尼功能。

(4) 机械操纵工作模态

在所有飞行控制计算机都失效情况下,可以由驾驶员操纵直接机械链进行飞行和着陆,纵向控制由驾驶员通过配平手轮操纵水平安定面来完成,航向控制由驾驶员通过脚蹬操纵方向舵来完成,这样就使飞机仍能保持纵向和航向的控制能力。

A320 飞机的自动飞行功能则是由自动飞行系统实现,自动飞行系统包括飞行管理和导航系统(FMGS),可实现自动驾驶、飞行指引、自动推力和飞行管理功能,并使用电传飞控系统中的两个飞行增稳计算机(FAC)实现偏航阻尼、飞行包线保护和机动速率计算、自动飞行系统的机内自测试等功能,并按 FMGS 计算出的自动偏航指令控制方向舵的运动。FMGS 计算出的自动俯仰和滚转指令则通过电传飞控系统中的 ELAC 来控制俯仰和滚转舵面的运动。

4.6.2　A380 飞机

A380 飞机与前期系列飞机电传飞控系统相比,有了较大的变动,在功率源上有较大创新,除采用了常规的液压功率外,还采用了 270 V 电功率驱动,形成了 2H/2E 的功率供给形式,主要操纵面仍采用常规液压作动器,但是为了适应电功率驱动大量引入了电静液作动器(EHA)、电备份作动器(EBHA)驱动相关舵面,形成了功率上的非相似;计算机进行了有效的整合,把驾驶仪的功能合并到电传操纵计算机中,形成了综合化程度更高的系统结构,备份形式上去掉了机械备份,取而代之的是用电备份系统来控制飞机。

4.6.2.1　体系结构

A380 飞控系统的结构见图 4-17。

➢ 能源配置采用 2H/2E 体系,除了传统的液压伺服控制作动器外,还引入了电静液作动器(EHA)和电备份液压作动器(EBHA),取消一个液压回路,取而代之的是两个电系统;

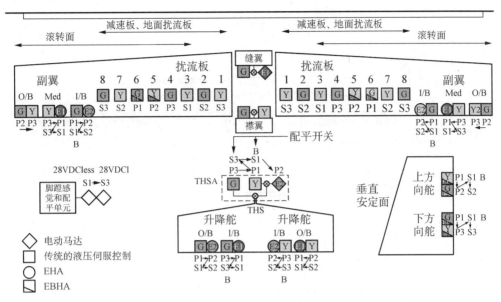

图 4-17 A380 飞机的电传飞行控制系统结构

- ➤ 新增了一个俯仰配平开关,替代了随机械俯仰配平控制取消而取消的配平轮;
- ➤ 使用了 6 台计算机:三台主飞控计算机(PRIM)和三台备份计算机(SEC);
- ➤ 取消了自动飞行系统,在主飞控计算机中综合了飞行导引(包括自动驾驶仪、飞行指引仪、自动油门)和飞行包线保护功能;
- ➤ 副翼增加为每侧 3 片,外侧副翼仍用两个传统的电液伺服作动器驱动,中侧和内侧副翼主作动器用电液伺服作动器,备作动器则用 EHA;扰流板增加为每侧 8 片,其中的 5♯、6♯ 扰流板由 EBHA 驱动,其余的仍由电液伺服作动器驱动;升降舵增加为每侧 2 片,每片主作动器用电液伺服作动器,备作动器用 EHA 驱动;方向舵变为上下两片,每片上由两台 EBHA 驱动,主备式工作;驱动水平安定面的螺旋丝杠则由两个液压马达和一个电动马达带动;
- ➤ 取消了所有的机械备份控制,由电备份控制替代;在所有的 PRIM 和 SEC 或它们的电源都失效时,由一个电备份系统,包括备份能源(BPS)和备份控制模块(BCM)控制飞机,见图 4-18。这个电备份系统与正常的飞行控制系统是完全隔离的并依赖于绿或黄液压系统的可用性,使用专用的传感器。电备份系统只控制和监控内侧副翼、内侧升降舵、水平安定面、上和下方向舵。

4.6.2.2 系统功能

- ➤ 与 A3×× 系列类似,A380 的电传飞控系统可工作在正常、降级和直接模态,实现三轴飞行控制功能、飞行导引功能、包线保护功能以及附加功能:减速功能、地面扰流板功能、副翼下垂功能(增升)和载荷减缓功能;
- ➤ 电备份系统工作时提供特殊的控制律,实现俯仰运动阻尼、偏航阻尼和直接滚转功能。

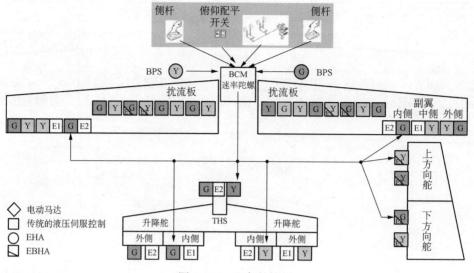

图 4-18　电备份控制

4.6.3　737NG 飞机

为了对抗空中客车 A320 的多项技术创新,波音公司于 1991 年开始研发 737NG(Next Generation)。该飞机的很多机载系统都进行了升级,使飞机更先进、更易于维护、故障率更低、更经济,其飞控系统仍采用机械操纵。

4.6.3.1　体系结构

B737 系列飞机采用的是传统的"机械式操纵＋自动驾驶仪"控制系统,如图 4-19所示。这种控制系统目前仍是当前大多数民用飞机采用的典型形式。

4.6.3.2　系统功能

1) 自动驾驶

FCC 从几个系统获得输入,如大气数据惯性基准系统(ADIRS)和飞行管理计算机(FMC),并输出指令到副翼和升降舵作动筒。这些作动筒控制副翼和升降舵运动,从而控制飞机的飞行航迹。系统有两套自动驾驶仪,自动驾驶仪 A 由 FCC A 为核心构成,自动驾驶仪 B 则以 FCC B 为核心。当你在 MCP 板上衔接一套自动驾驶仪时,自动驾驶仪在以下飞行阶段控制飞机的姿态:

- 爬升;
- 巡航;
- 下降;
- 进近;
- 复飞;
- 拉平。

2) 飞行

FCC 从几个系统获得输入并将飞行指引指令送到公用显示系统(CDS),为驾驶

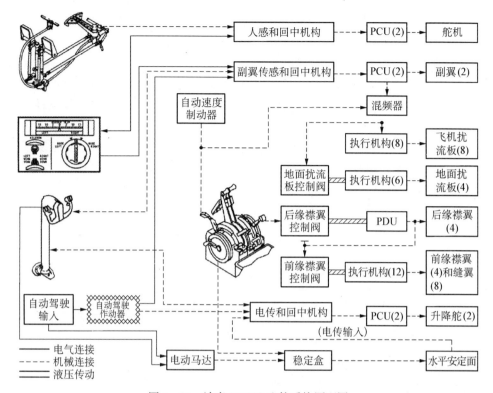

图 4-19　波音 737NG 飞控系统原理图

员提供飞行指令。当 MCP 上的飞行指引电门打开（ON），飞行指引显示部分在 CDS 上显示出来。驾驶员可根据飞行指引杆的指令控制飞行姿态。飞行指引指令在拉平阶段不显示。

　　3）高度警戒

　　当飞机接近或飞离在 MCP 板上所选择的目标高度，警告出现。这一警告提醒飞行员飞机正接近或飞离 MCP 板上的选择高度。不论自动驾驶或飞行指引是否衔接，该警告信息均会出现。

　　4）速度配平

　　当发动机推力大而空速较小时，速度配平功能通过控制水平安定面保持驾驶员设定的速度。这一功能主要在起飞阶段起作用，且仅当自动驾驶未衔接时工作，飞行指引仪开、关均可。

　　5）马赫数配平

　　当飞机速度增加时，飞机机头开始下俯。这一区域叫马赫褶折区。当飞机空速大于 $0.615Ma$ 时，马赫配平功能控制升降舵上偏，以保持机头不下俯。不论自动驾驶或飞行指引衔接与否，该功能均有效。

4.6.4　B777/B787 飞机

　　B777 飞机是波音客机家族中首次采用电传飞行控制系统的飞机，系统体系结构是在早期的 B7J7 飞机的基础上发展起来的,具有极高的功能完整性和安全可靠性。其飞控系统的体系结构与空客公司采用完全不同的方案。

B787 飞机飞行控制系统把飞机的自动控制、人工操纵及对高升力装置的控制集于一身,从而确保在全部可预见的操纵环境、外界环境和系统故障情况下实现飞机的"持续安全飞行和着陆"。人工操纵功能包括俯仰、滚转和偏航控制,三轴人感控制,滚转、偏航轴的配平,起飞着陆阶段的升阻控制等。自动飞行控制功能包括Ⅲb 级着陆、飞行包线保护、乘坐品质控制、结构保护。飞行控制系统还包括集成备用飞行显示系统(ISFD),该系统提供了自动飞行轨迹控制,包括Ⅲb 级导引着陆。

4.6.4.1　B777 电传飞行控制系统

波音公司在 B777 飞机上研发了专用的总线——ARINC 629,各系统之间、部件之间的通信、数据交换均是通过 A629 总线进行,B777 的电传飞控系统也是以 A629 总线为主线构架的,见图 4 - 20。

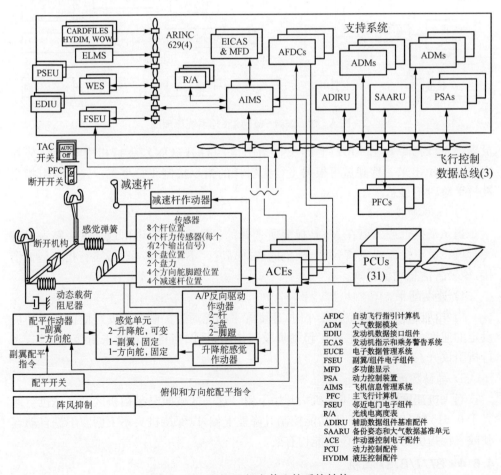

图 4 - 20　B777 飞机电传飞控系统结构

　　B777 飞机电传飞行控制系统,控制升降舵、方向舵、副翼、襟副翼和水平尾翼。驾驶员指令被相应的传感器转为模拟信号,这些信号进入作动器控制电子(ACE)后转换为数字信号,通过飞行控制数据总线 A629 传送到三个数字式主飞行控制计算机(PFC),PFC 计算出控制指令后通过 A629 发送到四个 ACE,转换为模拟信号后控制 31 个作动器。B777 飞机电传飞行控制系统的特点:

> 采用传统的盘柱、方向舵脚蹬进行控制;
> 采用四个模拟式作动器控制电子,分别对不同的作动器进行控制;
> 采用 3×3 余度的数字式主飞控计算机(三台计算机,每台计算机内有三个支路,每个支路都具有非相似的处理器),并行工作;
> 副翼、襟副翼、升降舵、方向舵的每片舵面上都由两台主-主方式工作的电液作动器驱动;除 4♯、11♯外,每片扰流板上由一台电液作动器驱动,4♯、11♯扰流板作动器可以机械控制,也可在减速控制时电传操纵控制;
> 三台自动飞行指引计算机,通过 A629 数据总线与电传飞行控制系统交联;
> 高增升控制指令由两余度的高升力控制系统产生,并与飞控系统交联;
> 一个缆索驱动系统控制两个扰流板和水平安定面作为机械备份。

　　B777 电传飞控系统的功能与 A340 的功能类似,能够工作在正常、降级和直接模式,实现对飞机的俯仰、滚转和偏航控制。所有的控制功能、附加功能和保护功能都能在正常模式实现,自动驾驶仪只在正常模式中运行;降级模式除不能执行保护功能和自动驾驶功能外,其运行与正常模式一样;在直接模式,飞行员指令直接传到 ACE,由 ACE 产生简单的控制指令,PFC 不参与运行,保护功能和自动驾驶功能在直接模式下不能投入。

4.6.4.2　B787 电传飞行控制系统体系结构

　　B787 的操纵面与 B777 相似,其电传飞行控制系统却与 B777 有了很大的差别,见图 4-21。

> B787 上有 4 个飞行控制柜,每个控制柜中装配 1 个飞行控制模块、1 个 ACE和 1 个电源控制模块(2♯控制柜中无飞行控制模块),三个飞行控制模块采用非相似的处理器;
> 主飞行控制、自动飞行、高升力控制高度综合,均在三个飞行控制模块中实现;
> 取消了从 ACE 到主操纵面作动器之间的电缆,使用总线进行数据传输。减轻了系统重量;
> 与 B777 类似,B787 的副翼、襟副翼、升降舵、方向舵的每片舵面上仍由两台主-主方式工作的电液作动器驱动,但与 B777 不同的是,部分舵面采用了灵巧作动器,即作动器都带有一个远程电子单元(REU),这个单元接收从 ACE 传送的作动器控制指令数字信号,并转换为模拟信号后,控制相应的作

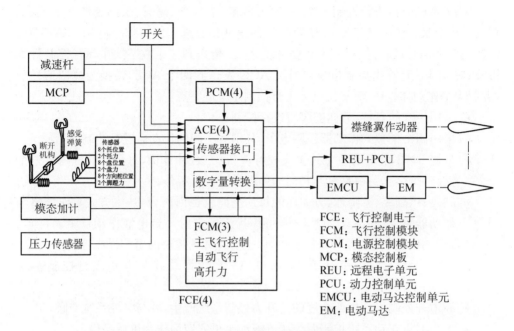

图 4 - 21　B787 电传飞控系统结构图

　　动器;水平安定面作动器也改为带控制器的作动器,接收数字信号的控制指令;

➢ 扰流板的 4♯、5♯、10♯、11♯ 分别由 4 台电动马达控制,这 4 台电动马达接收通过 2 台电动马达控制单元(EMCU)转换为模拟量的、从 ACE 传送的作动器控制指令数字信号,其余的 10 片扰流板仍由带 REU 的电液作动器驱动;

➢ 取消了机械备份系统。

4.6.5　空客和波音电传飞控系统差异分析

　　在民机电传飞控系统领域目前有空客、波音处于领头羊地位。他们在飞控计算机体系结构上都有自己的特点。图 4 - 22 列出了波音及空客电传飞控的顶层结构。

　　左侧所示为波音原理的简图。系统中包括 3 台主飞行计算机(PFC),每台计算机中又包括 3 条通路,这 3 条通路的硬件非相似但软件相同。每条通路在运行周期中具有不同的功能(指令、监控、备份),而且这些功能在上电后是循环确定的。表决技术被用来检测各通路间的差异或不一致,而且,对于不同类型的数据比较技术有所变化。PFC 与 4 个作动器控制电子(ACE)单元之间的通讯通过多路 A629 飞行控制数据总线来实现。ACE 单元直接驱动飞行控制作动器。一个独立的飞控直流电系统为飞控系统供电。

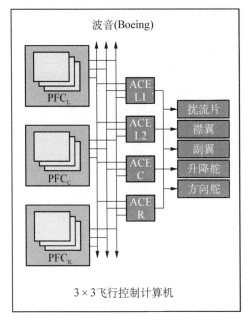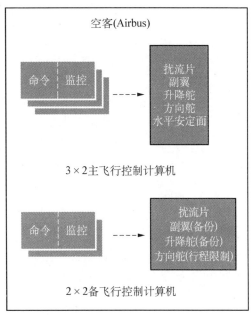

图 4-22　波音、空客电传飞控系统体系结构比较

空客的方法如图 4-22 右侧所示。5 台主计算机用于：3 台主飞行控制计算机（FCPC）和两台辅飞行控制计算机（FCSC）。每台计算机包括命令和监控两部分，分别加载了不同的软件。主/副计算机具有不同的体系结构，非相似的硬件和非相似的软件。FCSC 输出到副翼、升降舵和方向舵的指令仅做备份使用。电源与信号通路之间是隔离的。

空客和波音电传飞控系统主要差异：

➢ 操纵方式不同。空客系列飞机采用侧杆操纵，波音系列则采用盘/柱式；

➢ 空客电传飞控系统采用集中式结构，即伺服控制与主飞行控制集中在一个机箱内；而波音则采用分布式结构，在 B777 和 B787 中都使用专用的伺服控制电子，与主飞控计算机分离开来；

➢ 空客系列飞控计算机采用主/备工作方式，而波音系列飞控计算机则采用并行工作方式；

➢ 空客系列安装在同一操纵面上的作动器采用主/备工作方式，只有在一定条件下可同时运动；而波音系列安装在同一操纵面上的作动器采用主/主工作方式，需要进行力均衡；

➢ 空客主操纵面上的每个作动器都可由两台飞控计算机控制，而波音主操纵面上的每个作动器则由相应的单个 ACE 控制。

空客、波音电传飞控系统体系结构采用了不同的技术途径，均能够满足飞机对飞控系统高安全性的要求。其控制系统体系结构比较见表 4.8。

表 4.8　主要民机飞行控制系统体系结构比较

	A320	B777	A380	B787
系统结构	CPU 为中心的控制结构 429 总线 3×2 计算机主系统 2×2 计算机备系统 机械备份	总线为中心的控制结构 629 总线 3×3 余度系统 控制电子 机械备份	双体系结构（Flight-by-wire, Power-by-wire） AFDX 及 CAN 总线 多余度系统 无直接机械备份	总线为中心的控制结构，主操纵面作动器上总线
计算机	5 个 LRU 式计算机（每个计算机有两个通道） 非相似硬件 非相似软件	3 个 LRU 式计算机，（每个计算机有三个通道） 非相似硬件 相似软件	5 个 LRU 式计算机（每个计算机有两个通道） 非相似硬件 非相似软件	多余度 LRM 式计算机
舵机控制方式	分散式伺服控制电子	ACE 方式	分散式伺服控制电子	分布式数字伺服控制电子
舵机工作方式	电液伺服作动器主/备工作	电液伺服作动器并行工作	12 个 EHV 式作动器 8 个 EHA 作动器 4 个 EBHA 作动器	多种电、液伺服作动器（灵巧作动器）

参考文献

［1］　航空科学技术名词审定委员会. 航空科学技术名词［M］. 北京：科学出版社，2003.
［2］　中国航空工业沈阳飞机设计研究所. 超音速飞机空气动力学和操纵性稳定性［M］. 1999.
［3］　干线飞机空气动力学和飞行力学［M］. 孙荣科，等，译. 北京：航空工业出版社，1996.
［4］　民用航空电子系统［M］. 范秋丽，等，译. 北京：航空工业出版社，2009.
［5］　王永熙，等. 飞机设计手册 12—飞行控制系统和液压系统设计［M］. 北京：航空工业出版社，2003.
［6］　施继增，等. 飞行操纵与增强系统［M］. 北京：国防工业出版社，2003.
［7］　宋翔贵，等. 电传飞行控制系统［M］. 北京：国防工业出版社，2003.
［8］　Military Specification MIL‐F‐9490D. flight control systems‐Design, Installation and Test of piloted aircraft, General specification for［S］.
［9］　文传源，等. 现代飞行控制系统［M］. 北京航空航天大学出版社，2004.
［10］　飞行控制［M］. 金长江，译. 北京：国防工业出版社，1999.

5　驾驶舱显示与控制系统

5.1　概述

5.1.1　引言

　　飞机驾驶舱是各种飞行信息汇总的中心,也是飞行员发出各种控制命令的中心。驾驶舱显示与控制系统在航电任务系统的管理下工作,处理航空电子系统人机交互任务,是一个综合信息控制、处理与显示、信息感知的回路系统。驾驶舱显示与控制系统采用了触敏、语音指令和功能按键等多通道控制方式,实现飞行员对航电任务系统的控制输入;同时接收各航电任务系统的数据、参数与状态信息等,完成视频及图像、触敏控制、听觉与语音、手动控制等信息的处理与综合,生成图形显示画面;并为飞行员提供飞行引导指示、态势感知、系统任务保障与维护等信息显示,在备份模式下,显控系统能自动测量飞机的飞行姿态和磁航向,为飞行员提供飞行必要的导航信息。

5.1.2　驾驶舱显示与控制系统组成

　　驾驶舱显示与控制系统采用多功能显示器为驾驶员提供飞机航空电子任务系统的信息,使驾驶员能及时获得关于飞机内部和飞机外界环境的各种信息,据此可以进行正确的驾驶操作或作出各种决定;采用平视显示器增强飞行员态势感知能力;安装光标控制装置、多功能按键、控制板等控制设备,使驾驶员能控制飞机的各种设备,并能选择其他航空电子系统的不同工作方式,例如操纵气象雷达、综合核心处理机等工作状态。驾驶舱显示与控制系统主要设备组成包括:

　　　① 多功能显示器;
　　　② 平视显示器;
　　　③ 光标控制装置;
　　　④ 多功能键盘;
　　　⑤ 显示控制板等。

　　上述各组成部件通过内总线(例如 GJB289A、AFDX)与航空电子系统主处理机等其他设备交联通讯。主处理软件驻留在主处理机,显示与控制各设备在显控主处理软件管理下协同工作,同时,驾驶舱显示与控制系统还包括地图生成与显示、合成视景等功能系统。

本文着重介绍多功能显示器、平视显示器和合成视景系统的组成与工作原理。

5.1.3　驾驶舱显示与控制系统发展历程

在民用航空驾驶舱的布局中,显示器、控制器和自动控制所占比例越来越高,驾驶舱从"传统的"驾驶舱发展到玻璃驾驶舱,目前已发展到第三代玻璃驾驶舱。

1)"传统的"驾驶舱显示控制

早期驾驶舱由大量分散的圆盘机械仪表构成。大部分机械仪表只能指示一个传感器的参数,只有少数的一个仪器可以指示多个传感器的"原始"输出值,例如水平状态指示器。这种系统也逐渐开始采用专用的 CRT 显示器,但只能以简单的页面方式显示仪表信息。飞行员需要负责监视各种仪表,并了解获得的各种参数,工作负荷非常重。在驾驶舱内,有一个简单的告警系统,仅对最关键的系统故障发出告警。

这种驾驶舱被称为"传统的"驾驶舱,典型代表如 DC-10,如图 5-1 所示。其他如 B727 和早期系列 B747 等飞机驾驶舱。

图 5-1　"传统"驾驶舱(DC-10)

2)第一代玻璃驾驶舱显示控制系统

随着显示与控制技术的发展,在现代民用航空中,传统的圆盘机械仪表已被电子仪表所代替,发展成为"玻璃驾驶舱",并广泛采用显示器、控制器以及自动控制技术,如图 5-2 所示 B757 飞机驾驶舱,其他采用玻璃驾驶舱的典型的飞机还有 B757/767,A310 及 MD88 等。在驾驶舱显示控制系统大量采用多个阴极射线管(CRT)显示器,用以显示空速及高度等主飞行信息。系统中还采用专门的地图显示器,并与飞行管理系统(FMS)相交联,飞行员可从地图显示器上看到飞机计划航迹以及相关的航路点等导航信息,而这些信息预先规划并存储在计算机里。系统引进了综合告警系统,在中央 CRT 显示器上显示发动机状态、燃油等信息。

图 5-2　第一代玻璃驾驶舱(B757 驾驶舱)

3) 第二代玻璃驾驶舱显示控制系统

在第二代玻璃驾驶舱显示与控制系统中广泛采用大尺寸显示器,并逐步采用液晶显示器代替 CRT 显示器,如图 5-3 所示是空客 A320 玻璃驾驶舱。所有主飞行信息综合显示布置在驾驶舱主仪表板的显示器上,驾驶员可以通过菜单、手动控制等不同方式来访问与管理信息,大大提高了飞行员的人机工效。

采用第二代玻璃驾驶舱有 B747-400、A320/330/340、F70/100、MD11、B777 等飞机。

图 5-3　第二代玻璃驾驶舱(空客 A320 驾驶舱)

4) 第三代玻璃驾驶舱显示控制系统

第三代玻璃驾驶舱包括 B787、A380 等飞机驾驶舱,代表了未来驾驶舱人机接口重要变化,如图 5-4 所示 B787 驾驶舱。驾驶舱显示控制系统采用了 5 个 15.1 in的液晶显示器,两名飞行员一边各有一个主显示器和一个导航显示器,中间有个中央控制台,用于显示两名飞行员的飞控指令以及航线计划,分别接受飞行员数据输入。巨大的显示界面可以综合显示更多的信息,如机场地图采用了合成视景系统,可以区别出机场跑道,还可以利用机载雷达和应答机来确定地面的交通情况,引导飞机着陆。两台平视显示器可以增强飞行员的态势感知能力,也能增强在气候能见度很低的情况下飞机起降能力。系统通过高分辨率多功能显示器结合光标控制装置,通过显示器周边功能按键和控制显示单元对航空电子各分系统进行管理。

图 5-4　第三代玻璃驾驶舱(B787)

5.2　多功能显示器

5.2.1　引言

驾驶舱显示技术属于信息显示范畴,主要是将看不见的电信号转化成发光信号,以可见光形式向人们提供文字、图形和图像等信息。信息显示主要由接口处理单元、主处理与图形生成单元和显示器等部分组成,如图 5-5 所示。

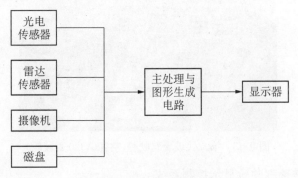

图 5-5　信息显示基本过程

接口处理单元负责接收各种信息源。信息源主要包括来自航空电子系统主处理机的参数和控制命令;来自机载雷达、红外光电传感器、摄像机等的视频图像;来自机载大容量存储的地图文件、导航规划等信息。主处理与图形生成单元是整个多功能显示器的管理与控制中心,同时将各种输入数据(或是视频)组织加工整理成视频信号送给显示器。显示器包括显示器件及其驱动部件,将视频源经过编码、变换等电路处理,以一定的时序驱动显示器件显示。

根据显示的结构原理,驾驶舱多功能显示器可以分为电子束显示、平板显示和光学投影显示。

1) 电子束显示器

主要指阴极射线管(CRT)。采用适当的控制电路控制真空管内的电子束,使其在荧光屏上扫描并激发荧光粉发光从而显示图像或文字。其主要特点是:可用磁偏转或静电偏转驱动、亮度高、色彩鲜艳、灰度等级多、寿命长、实现画面及图像显示容易;但需要上万伏的高压、体积大、笨重、功耗大。在早期的军用和民用飞机座舱中,CRT 技术得到了广泛应用。

2) 平板显示器

通常指采用平板型结构,厚度比较小的显示器件。这类显示器件包括:液晶显示器、电致发光显示器、等离子显示器等。平板显示器具有工作电压不高、功耗小、亮度高、显示清晰等主要特点,尤其是液晶显示器的高速发展,在目前民用飞机、老型战机改型以及新型战机的座舱中,平板显示器已取代 CRT 成为主流产品。

3) 光学投影显示器

这种显示器采用图像源信息控制光源,光学系统将小面积的图像投射到荧屏而实现显示的方法,其主要特点使用的温度范围广,分辨力高,亮度高。这种显示器在美国军用战斗机 F-18 飞机和 F-35 飞机的座舱得到应用。在 2011 年的法国巴黎航展上,Thales 公司展示的未来大型客机驾驶舱显示概念,如图 5-6 所示,整个显示界面采用的就是光学投影显示器。

图 5-6 Thales 公司展示的未来大型客机驾驶舱显示概念

根据多功能显示器在驾驶舱环境应用情况,本文主要介绍三种显示器:阴极射线管显示器、液晶显示器和数字化微型反光镜显示器。

5.2.2 显示特性要求

多功能显示器主要特性要求包括:分辨率、刷新频率、亮度、对比度、灰度和显示颜色位数等。与通常地面显示器不同,多功能显示器应用在机载座舱环境中,需要满足苛刻环境要求,需要具有较高亮度与对比度以及丰富的色彩,保证在飞机高空飞行时强光直射下可读。另外还包括夜视兼容、电磁兼容、电源要求与环境适应性等要求。本文从通用显示器角度,介绍多功能显示器的特性要求。其他特性要求可通过查阅各种标准和手册获得。

1) 分辨率

为了定量描述显示在屏幕上的图形,将屏幕有效面积的水平方向定义为 x 轴,垂直方向定义为 y 轴,坐标原点可取在左下角(与数学上的笛卡儿坐标系一致),也可将坐标原点取在左上角,与人们从左到右、从上到下的阅读习惯一致。这样构成的坐标系称为屏幕坐标系。将 x,y 坐标分成若干刻度,就形成网格,每一个网格即一个刻度单位,就是屏幕上一个光点(或称像素)所占据的位置。于是就可以用 x 方向的最大网格数 $n_{x\max}$ 和 y 方向的最大网格数 $n_{y\max}$ 的乘积 $n_{x\max} \times n_{y\max}$ 来表示屏幕整体的网格数,常见的有 640×480,800×600,1024×768,1280×1024,1600×1280 等。

显然,一个光点,即像素在水平方向占据的距离 Δx 和垂直方向占据的距离 Δy 可以表示为 $\Delta x = W/n_{x\max}$,$\Delta y = H/n_{y\max}$。其中,W 为屏幕有效显示面积的宽度;H 为屏幕有效显示面积的高度。

对于 CRT 而言,同样大小的屏幕,网格数愈多,可显示的字符愈多,显示图形的线段愈平滑。需要注意的是,网格数与显示器件的分辨率密切相关,但并不等于分辨率。网格数是人为划分的,以便于确定显示对象在屏幕上的位置;而分辨率是显示设备本身所具有的区分细节的能力,它主要取决于显示时的光电直径,也和视频信号的通道带密切相关。分辨率越高,显示画面越清晰。一般情况下,分辨率以满屏显示黑白相间的线数来度量,并且要求屏幕中心和边缘的分辨率一致。通常器件的分辨率应不小于划分的网格数。对于平板显示器而言,因为矩阵中的每一个元素对应一个像素点,最大网格数与分辨率是一致的,要显示较少的网格画面,则只能减小有效显示面积。如果仍然用满屏来显示低于平板显示器分辨率的信号,则显示出来的画面将显得粗糙、不平滑。

2) 刷新频率

刷新频率由显示器件的余辉时间和人眼的临界闪烁频率决定。CRT 的余辉取决于荧光粉的余辉时间;人眼的临界闪烁频率约为 50 Hz。为使显示画面连续而不闪烁,同时显示的图像又不能因过长的余辉时间出现拖尾现象,采用中短余辉荧光粉,并使刷新频率在 50 Hz 以上。一般说来,显示分辨率越高,相对于每个像素点的激发发光时间越短,刷新频率应越高。所以,在要求较高的场合,刷新频率应高于 50 Hz,对于机载驾驶舱显示环境,一般要求在 60 Hz 以上。

3) 亮度

亮度通常用于评价发光型显示器件的发光强度。它是指在垂直于光束传播方向上,单位面积上的发光强度,单位为 cd/m²。正常观看电视时的全屏平均亮度大约是 50~70 cd/m²,室外观看电视图像时要求的平均亮度达到 300 cd/m²。飞机座舱显示器要求的最大亮度不小于 686 cd/m²,以保证驾驶员在强光下能看清显示器的图像;要求的最小亮度不大于 $0.017\,cd/m^2$,以保证驾驶员在黑暗条件下能很舒适地观看显示器的图像。

4）对比度

对比度也称为显示反差,它是指显示画面（观察目标）亮度和环境亮度的差值与环境亮度之比。在室内照明条件下,收看视频图像时令人满意的对比度范围大约是 $50：1$ 到 $150：1$ 之间。对于飞机座舱显示器,规定在10.7万lx（勒克斯）环境光下,对比度不小于 $5：1$,在暗环境条件下,不小于 $300：1$。

5）灰度

灰度是指画面上亮度的等级差别。灰度越高图像层次越分明,图像显示越柔和。在驾驶舱多功能显示器方面,灰度同样是一个十分重要的显示性能指标。灰度的大小使用灰度测试卡测定。

6）显示颜色

可以采用单一颜色来显示图形、字符以及来自传感器的视频图像,大部分飞行员也能接受。但是,驾驶舱信息显示通常要求采用多种颜色来表示各种不同的信息,例如,在一个战术态势或雷达图上分别用红色、绿色和橙色来表示威胁、友方和未知目标来提醒飞行员,而这种做法被证明是非常有用的。另外,绿色的符号变为红色可以提醒人们注意危险状况,例如燃料过低,飞行速度过低,发动机转子过速或距离地面高度过低。采用丰富的色彩来显示地图信息。

在驾驶舱显示环境中,随着可用对比度和色度值的限制、以及强烈的环境眩光,与地面常用显示器相比,大大缩小了可区分的颜色范围。多功能显示器的任意光点颜色坐标可以通过点坐标亮度所对应比例三基色的和计算得出,显示器颜色范围边界由三基色 (u',v',w') 构成的三角形,如图5-7所示,图(a)是典型光罩式 CRT 的色彩范围,图(b)是强眩光使得色彩范围衰减。多功能显示器三基色的色度坐标可通过测量获得。

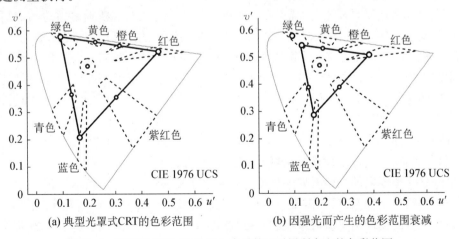

(a) 典型光罩式CRT的色彩范围　　　　(b) 因强光而产生的色彩范围衰减

图5-7　在 CIE 1976 UCS 图上表示的显示屏所产生的色彩范围

5.2.3 阴极射线管

阴极射线管(CRT)是将图像信息转换成光信号进行显示。本文介绍四种 CRT 显示技术。

5.2.3.1 单色 CRT

单色 CRT 显示器基本组成部件是一个密封的"细脖子"玻璃壳体,在顶部涂覆了一层薄薄感光荧光层,瓶颈处有一把阴极电子枪,例如氧化铈,在荧光顶部与电子枪之间设置一个大约 20 kV 电压的电场,电子枪在加热情况下释放电子(阴极射线),电子通过高压电场加速形成高能量的电子束,最终汇聚到荧光屏上。高速运动的电子轰击荧光屏,根据电子束的能量产生可见光。荧光屏是由复杂的化合物组成,比如 Tb 元素激活铝石榴石,通常情况下,根据电子到光子转换效率,以及发射光谱和发射持续时间来选择荧光屏。

通过实时地偏移和调制电子束,可以在荧光屏上呈现一幅视频画面,通过控制电子束在荧光屏上扫描频率,从而形成一副稳定的画面。为了避免画面出现闪烁,必须用一个高于人眼临界闪烁频率的刷新频率进行重复扫描,一般来说是每秒 50 次,而且荧光屏应该在一定合理比例的刷新周期内持续发光,比如周期为 20 ms 中的 5 ms。

如果电子束发射持续时间超过刷新间隔,在后续扫描过程中,会将光点(像素点)重新定位导致显示画面出现模糊。电子束在一组磁性线圈的作用下发生偏移,在靠近阴极管的控制栅极上施加小的负电压控制阴极射线的发射从而实现亮度调制,所以,CRT 是一种靠移动电子束扫描荧光屏来呈现画面的,单色 CRT 显示器工作原理如图 5-8 所示。在单色 CRT 显示器中,需要配置高压电场以及周期性变化电流的电路,产生按一定频率进行重复扫描的信号,并将主处理与图形生成单元送来的视频信息转化成同步栅极控制信号。同时还需要全局时序控制电路,以及在电子束偏移失效后,能够关闭电子束以防止小块区域因电子束过度"碰击"而产生烧屏(改变荧光屏的化学和物理结构)的电路。扫描点路径由所要显示的视频信息源以及显示要求来决定的。在早期雷达显示器中,扫描点在显示屏上的移动方式与飞机前端雷达的重复扫描动作同步一致,光点的瞬时亮度表示的是雷达侦测到的目标信号强度。

在机载驾驶舱显示领域,最常用两种方法是控制电子束偏转在荧光屏上写每个像素和用视频信号的行来扫描整个区域。前一种方法常用于平视显示器中以显示高亮度图像信号,扫描点从一个像素点结束移动到下个像素点所用时间只占刷新周期很小一段,所以在显示每个像素点时,电子束的扫描移动可以相对慢一些。第二种方法在广播电视领域中广泛采用,在机载显示中也通常采用这种方法,工作原理如图 5-8 所示,主要用来显示机载传感器送来的视频图像。两种方法的扫描和调制电路是完全不同的。前者要求生成垂直和水平偏转电流,通过精确地移动当前扫描点来绘制单个像素;后者需要一个快速的锯齿形电流波来生成一个行扫描线,以及一个较慢的锯齿形电流波来控制后续的行可以纵向显示,并结合电子枪栅极快速而且同步地控制每个点的亮度来产生图片色调的差别。

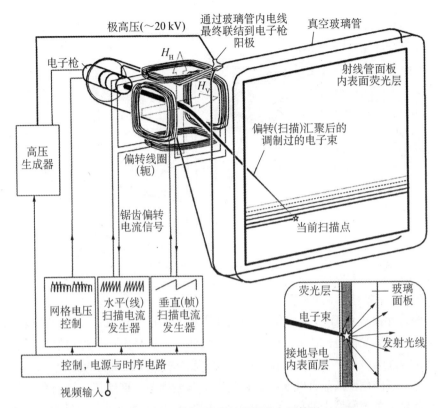

图 5-8　单色 CRT 显示器基本组件图

5.2.3.2　介子彩色 CRT

介子彩色显示器的显像管构造类似于单色 CRT(图 5-9),但它的玻璃壳体顶部涂覆了薄薄的发射绿色和发射红色的荧光层。红色和绿色交替的图像通过将电子束从一个激发绿色荧光层的能量级切换到一个可以穿透到红色荧光屏的稍高能量级而产生。图像在快速刷新的情况下,比如,红绿色对和单色图像寻址的频率相同,观察者会将先后的激励融合在一起,觉察到的只是一幅图像,图像上显示的点色彩都是红色和绿色激励的合成结果。理论上,色域空间可以覆盖,如 CIE 色彩空间描绘的这两种基本色连线间的红-橙-黄-绿等色彩,那些设备被认为是"多色的"或"双色的"。

尽管在聚焦和偏转要求上有细微的差别,在设计中需要相当仔细地确保两幅图像精确地重叠,这就要求顺序视频的调制信号是正常带宽的两倍,这始终要求存储一个视频帧,而且行扫描和场扫描也要工作在两倍的正常速率。基本 CRT 的多功能性不是折中方案。曲线寻址能被用来获取高亮的图像,而光栅扫描能获得较暗的图像。但是,仔细考虑元素色彩的属性是非常必要的,因为例如,黄色符号的细微的移动容易使红色和绿色分量分离开来。在实际应用中,该技术最好工作于一种混合模式,在这个模式中一个绿色光栅图像可以被红色、黄色和橙色的符号所覆盖,但只有红色符号可以以任意快速的速度移动。

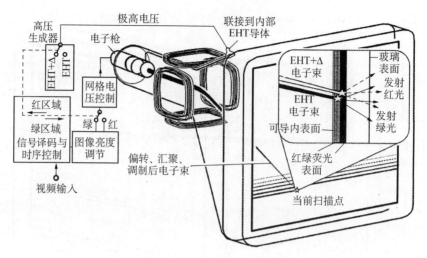

图 5-9　介子彩色 CRT 原理

5.2.3.3　顺序百叶窗式 CRT

　　顺序百叶窗式 CRT 技术是介子彩色 CRT 技术的进一步发展。在这种显示器上荧光屏发射可见光谱范围内光,而且蓝色、绿色和红色分量图像通过切换面板上方的滤波器实现连续显示。它既可以使用一个包含无源吸收滤波材料的旋转三色滚轮,或使用一系列多向色性液晶百叶窗。后者利用了偏振现象。这项技术已经在一些军用飞机头盔显示系统原型中使用,与介子系统相比,它的优势在于各分量彩色图像的重叠更为精确,不会因为把高电压切换到电子枪正极而发生干扰。但是,和介子系统一样,调制和偏移系统的工作速率是正常的三倍,而且在显示屏移动的小块区域会分隔成它们的基色。因此一条垂直白线在平移的时候会显示成一组红色、绿色和蓝色的线,分量线的间距等于移动速度与各分量刷新周期之间间隔的乘积。如图 5-10 所示。

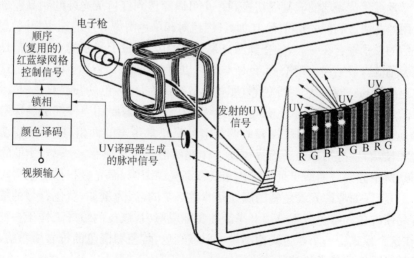

图 5-10　顺序百叶窗式 CRT 原理

5.2.3.4 荫罩彩色 CRT

航空领域中彩色 CRT 显示器最常见的形式是紧凑的阴影掩膜。它是数百万计的电视和电脑系统所使用的传统 CRT 的衍生品。不同于介子和束引 CRT 显示器，阴影掩膜显像管有三个独立但是完全相同的电子枪。三个电子束被同步的调制和扫描，而且三个都被发送到相同的聚焦点。

如图 5-11 所示，图中的小插图展示了将一个掩膜板固定在电子束的路径上的方法是，红色电子束只激发发射红色的荧光粉，蓝色电子束只激发发射蓝色的荧光粉，而绿色电子束只激发发射绿色的荧光粉。掩膜板上洞的形状与荧光屏上一个彩色点的荧光图像是一致的，而且与屏幕保持一段距离，这段距离取决于内部电子枪的间距和点与点分开的距离。这种方法的本质是利用相似三角形的几何原理。虽然图 5-11 展示了三位一体的电子枪，配置成其他方式也可以，例如一些制造商将电子枪并排在水平方向上，荧光屏上就显示一条垂直线。

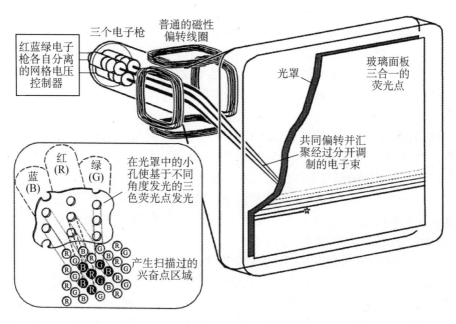

图 5-11　荫罩 CRT 原理

相当部分的电子束流被阴影掩膜所吸收。对于家用和商用的显示器，这样的低效率尚可忍受，但对于军用飞机来说要求屏幕亮度大约是一般的 50 倍，掩膜层受热后会产生伸展和变形。这就扰乱了掩膜层上的孔与孔和荧光屏上点模型的精确校准，导致色彩的局部异常。高亮显示器生产制造采用高强度的钢框架，并对掩膜层进行了预拉伸和非常仔细的热处理。生产显示器有多种尺寸，对角线长度大约从 $100\sim300$ mm 之间，屏幕宽高比主要是 1:1 和 4:3。一个典型的阴影掩膜显像管采用 25 kV 的阳极电压，产生的峰值光栅亮度为 800 cd · m^{-2}，可在屏幕上绘制

0.18mm 宽度的线条,屏幕上直径 0.05mm 的荧光点由一个黑色矩阵分隔开来。面板由带防眩光滤波器和抗反射涂层的平板玻璃制成。

通常,为了满足环境适应性和使用寿命的要求,玻璃制品被封装进一个铝合金基座中,扫描线圈组被固定和密封在显像管的颈部,设备整体从基座到电子枪都被封闭在一个紧密的金属磁场中。加固措施包括对 HT 引线的固定和多重绝缘,并对传送固定电压和信号到电子枪的线缆进行屏蔽。与商用 CRT 的生产线不同,航空用显现管的制造已经成为一个专业项目。为平显和头盔显示使用而开发的显示设备必须满足特殊的包装限制并且性能优良。

5.2.4 液晶显示器

液晶显示器(LCD)轻薄、耐用、扁平、高效,而且容易包装、稳定、廉价、并能避免高压激励,当前正广泛替代 CRT 显示器。目前可用的"平板"多功能显示器多是基于商用有源阵列液晶显示器(AMLCD),它们被改进后可在驾驶舱环境中使用。

AMLCD 与 CRT 几乎没有共同点,它代表了技术领域的一次革命。在真空玻璃罩里带有能量高温电子流激发光亮,被一个通过薄型玻璃面板之间的低电压半导体微控制电路控制小型单元矩阵所取代。这些设备利用光的偏振特性和许多有机材料所呈展出的一种怪异的状态——液晶现象。

5.2.4.1 液晶类型

液晶体材料行为很像黏性液体,其中分子之间可以相互流动,但是这些材料呈现一种类水晶的各向异性,因为分子都是有极性的,可以线性对齐和分层堆叠的。大量的材料在不同的温度范围内显示不同的排序状态,产生不同的光电效果。术语"向列性"描述了在该阶段只有定位的状态。"碟状"和"胆甾醇型"阶段代表线性对齐和分层堆叠,并且后者在分子之间有一个很小的扭曲角,产生一个特性间距的螺旋形结构。在所有类型中,"导向器"描述了本地分子的排列方式。这是非常重要的,因为导向器和光线偏振平面之间的角度决定了该材料对光线产生的效果。一般来说,显示设备在液晶层里将电场加到很小的区域,使本地的导向器完成定位并且旋转射出光线的偏振平面,控制或多或少的光线通过析光器。

有源阵列液晶显示器的最常见的形式是使用一种极性分子可以与接触表面的分子或者施加的电场线性对齐的向列材料。图 5-12 所示的单元的结构,将液晶材料的一个薄层与一个经过正交方向摩擦的聚合薄层表面保持接触,这样向列分子的导向器就在单元内部扭曲了 90 度,也就是所说的"扭曲向列"。在聚合摩擦层外面是透明传导材料薄层,通常由铟锡氧化物制作而成,并且沉淀到玻璃衬底上。这些用于在材料厚度范围内施加一个电场。这种装置通过转动偏振光平面来工作。背光源通常是一个平面结构的紧凑型荧光灯,有一个反光的背板以及散射的前面板来产生一个均匀的发光面。该表面发射出来的光线通过一张偏振材料后到达有源阵列液晶显示器的玻璃衬板。

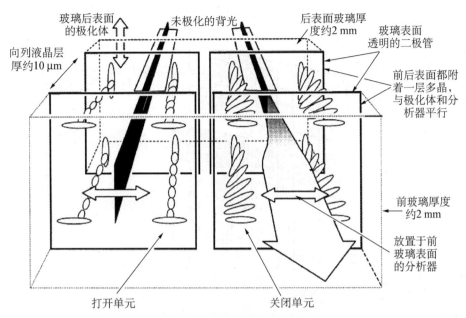

图 5-12 有源阵列液晶显示器原理

如图 5-12 所示,在没有施加电场条件下,向列液晶分子在聚合表面层交叉的摩擦轴之间逐渐以扭曲于主导 90°的方向排列。这起到了折射层的栈的作用,伴随着增加的视觉轴的适应性,视觉轴通过一个复杂的旋光性和双折射性的混合与线性偏振光交互——后者影响占支配地位——旋转过境光的偏振性的面板 90°。在这个方向时,大多数光穿过一个第二个正交偏振层,即"析光器",在这种状态下,单元会发光。

正如图片中左侧的单元所示,将 2 V 直流或交流的电压应用到 ITO 电极会产生一个电场,该电场对齐单元中大多数分子的主导来移除反常的双折射性。在这种状态下,线性偏振光不受单元的影响,并且几乎使对偏振性的面板发生改变,所以当它遇到交叉分析仪时,会被强烈吸收,而且单元呈现黑色。这个过程是完全可逆的,并且场的移走允许单元回复到可以传送的状态。在阈值电压上,伴随着横向的场,主导的对齐程度是递增的,因此一个偏振性的面板的旋转性呈现递减性。因此,通过控制应用电压能调整来自单元的光总量;那些单元的作用就好像一个光阀。

5.2.4.2 有源阵列液晶显示器

二维阵列内各单元的选取方法取决于所要显示图像的性质。如图 5-13 所示,在相对简单的设备里,可以利用两块玻璃平板间的正交的 ITO 条,使各单元在两个状态间转换。

当电场超过分子队列的临界点时,该单元就会转换到开启状态,这要求信号电压同时施加到在单元内交叉的行电极和列电极。被转换到开启状态的单元模式显

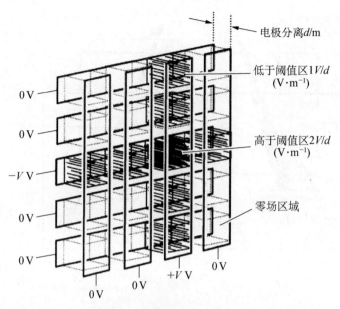

电极分离d/m

低于阈值区1V/d
($\mathrm{V \cdot m^{-1}}$)

高于阈值区2V/d
($\mathrm{V \cdot m^{-1}}$)

零场区域

0 V

0 V

$-V$ V

0 V

0 V

0 V

0 V

$+V$ V

0 V

图 5-13　简单的跨电极寻址

示的信号可以通过激活一行的电极,并且同时激活那行所在的列的电极追踪到。然后,下一行会被激活,并且电压应用到那行需要的电极的列的电极,一直到所有的行被转换,然后这个过程从第一行再重新开始。这种方案对于激活像发光二极管这样的发射装置以及显示元素数量小于连接数量的简单阵列是有用处的。但它不适用于那种需要对单元的透射性进行部分控制并且有很多连接的扭曲向列型液晶设备。而且,由于每个单元在每帧只开启一个行周期,将会浪费很多背光。因此就采用像素有源寻址的方法。

图 5-14 显示了使用一个场效应晶体管,将相对精确的信号电压应用于矩阵中每个像素的方法。一个像素在电气特性上等效于一个电容器,通过脉冲同步施加到栅极和漏极,使其晶体管开启实现充电。上层玻璃常用铟锡氧化物电极连接到交流电源以阻止液晶体的偏振。栅极和漏极的寻址方式,是通过使用移位寄存器形成的场效应晶体管的完整的线性阵列以及阵列的两个临近的边缘。整个面板通常有两个宽边来容纳这些元素,还有一排相对大的金属焊盘用以连接支持电路的设备。

鉴于大量的像素,每个像素所处状态的数量,以及每个状态快速转换的速率要求,制造一个大的阵列在技术上的确是一个严苛的挑战。比如说,要达到广播电视的单色阴极射线管(CRT)的质量,阵列需要有 585×780 的像素,这些像素可以设置成只传递背光的部分亮度,至少有六级灰度,且每个像素必须每 20 ms 被寻址一次。要显示彩色图像,三个一组的能单独寻址的红、绿、蓝子像素要能替换每个单色的像素,这样阵列必须是 585×2340 像素,或相同数量的像素被更平均分配到行列之间。

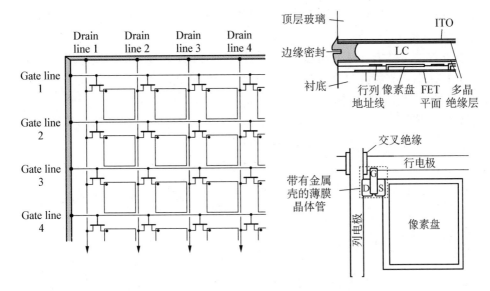

图 5 - 14 矩阵显示器中有源像素寻址简图

对于一个典型的尺寸为 180 mm×240 mm 的屏幕,每个像素大概是 250 μm²,而其中透明像素面板大概是 150 μm²。每个像素的边缘有一个自适应场效应晶体管(FET)元件,以及栅极和漏极的地址线。这些是通过掩膜、蚀刻、掺杂、沉积等工艺在一个薄的非晶体或多晶体硅的沉积膜中实现的,标准的微电路生产过程被扩展应用到大面积的玻璃面板而不是几个平方毫米的硅片上。

如图 5 - 14 所示整个背板阵列是在基础玻璃板上形成的,用一个透明的绝缘体(通常是硅的二氧化物)覆盖被侵蚀的活动硅层,传导板通过透明绝缘体连接到存放铟锡氧化物的像素面板。在顶层玻璃上涂有一层均匀的铟锡氧化物薄膜以及聚合层。中间夹层将和散射玻璃微球体一起放置在背板玻璃上,以一个精确间距来支撑面板,将涂层的顶层玻璃倒置,并且用紫外线粘合剂封住边缘。在一边留一个小的空隙,通过将中间夹层放置在一个真空室中,将液晶混合吸引到一个预先形成的空间,四周的空隙最后用液晶材料填满。

描述的这些排列有很多不同的地方。比如,可以将分析器旋转 90°改变不透明的情况和传送状态。这种显示也可以工作在反射模式来调节光的亮度,在这种情况下背光源用保持极性的,反射性的漫射体所代替。另外,漫射体可以是部分传导性的,而背光只在夜间使用。跟 CRT 这种放射性的显示不同,有源阵列液晶显示器有调节发射信号亮度或者发射光线的明显优势,从而相对不易因周围光线而损失对比度。这对于处理干扰光来避免层表面折射的突然变化而产生的反射,并用深色材料来遮盖不活动区域的阵列是很有必要的。阻止光线照射到光敏的薄胶片晶体管上,这种遮盖在任何情况下都是需要的。

有一些因素降低了这种形式的显像质量,图 5-15 显示了传导率随着两极电压变化。在正常的入射角度 0°以及室温 20℃的情况下,一开始电压为 1.6 V 的时候,传导率从 44%开始下降,到电压升到 2.4 V 时降到最小的 2%。从最大到最小的传导率是在这些条件下显像的动态范围,并且这决定了能被显示的灰度等级。曲线的形状在转换视频驱动信号至单元激活电压上是很重要的。曲线随着温度和入射角度发生变化,在电压轴有明显的平移。所以,显示单元的内容,特别是受略微高于门限的数值驱动时,从很大程度上取决于观察的角度。建立一个自动的调节系统来调节门限电压随温度变化所产生的移动是必要的。

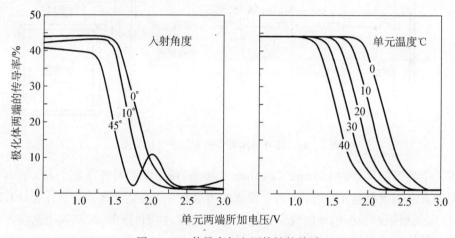

图 5-15　传导率与电压特性的关系

单元的温度也影响单元的开启和关闭的传输动态特性。相对而言关闭是分子队列的一个缓慢松弛的过程,因此它比电场触发的开启要慢三倍。当液晶的黏性随温度的降低而升高时,两种变化都显著地减慢了,稀释介质被引入到化学混合物以扩展工作的温度范围。这对于军用飞机设备来说是尤其必要的,因为它们需要在一个更宽的温度范围内工作,从-40℃~60℃。所以在商用设备到适合座舱环境所做的改良中,比如改进的密封性以及增加一个干扰光过滤器,常常也会把温度调节的加热薄层包括进去。

5.2.4.3　铁电 LCD

液晶显示器是由一种类似于扭曲向列的方式构建的。一个有源晶体管背板会在独立单元上施加选择性控制电压,这些单元通过旋转偏振平面使其与分析器的控制器对准,来调整穿过分析仪的偏振光的比例。主要的区别在于液晶材料里的分子有一个恒定的电偶极矩,类似于铁磁力里磁偶极子的集体改装,材料采用了共同的偶极矩。场被置于一个在两个平行板之间,足够强大的场的运用能使材料排成一行,通过往相反的方向施加短时的强大的场能使这个排列旋转 180°。这样,材料就能在两个稳定的状态之间通过控制脉冲极性瞬间转换来进行切换,通常情况下脉冲时间持续 3 μs,强度为 2 V 的脉冲。因为材料的导向偶极子与偶极子轴线并不是平行的,所以双折射的各向异性可以根据驾驶舱的观察眼位方向进行设计,同时通过光学系统与机械结构的设计,使得液晶光学性能在各个方向上是等效的。

能通过调制从 LED 发散器上同步发散的三种颜色的光线的反射破裂以进行操作的 AMFLCD 已经建造出来了,它能赋予异常丰富的色彩和明暗。小型的设备具有这种配置,叫做硅上的液晶(LCOS),主要是用于影像投影机。

如图 5-16 所示,采用了两种光学系统,通过类似反光镜一样的像素板,并能有效地抓住光。图 5-16(a)所示的会聚的光线从显示设备中反射出来,通过一个聚光透镜会聚作用将反射光线会聚后在投影屏幕的后面形成一个真正的视频图像。分级的分束器的制作可能就像一个被小心存放的、嵌入在立方体的棱镜里的多层反射光过滤器,但是现在通常采用的方法是使用像一系列平行的采用特定金属封装的品质良好的微型电缆来传送光路。它们都向反射显示设备反射 S 形的偏振入射光,且只传输那些以偏振的交叉平面方式从显示器反射出来的光,例如,来自模型上的组件的光线。照明光学器件必须比仪表板大,必须均匀地照出整个平板,以使整个图像都有一样的亮度,但是聚光透镜可以相对小一些,因为大多数的光都是在中心会合。图 5-16(b)所示采用一组准直光学透镜,这组透镜平行且紧贴着飞机驾驶舱仪表板安装。采用该组准直透镜将反射光线传送到投射镜头。目前飞机驾驶舱要求光学系统集成度与综合化程度很高,倾斜的仪表板在一定程度上会给准直透镜带来几何扭曲。

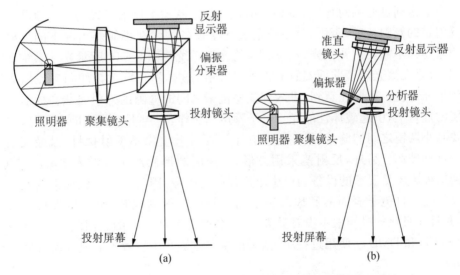

图 5-16 小型的反射 AMFLCD 显示设备的光照和投射光学设计

(a) 轴向,使用一个极化分束器;(b) 斜向,使用一个准直透镜

采用铁-电子材料的液晶显示技术比较复杂。通过施加约 $3\,\mu s$ 的瞬时正极脉冲,液晶材料可以切换到另一个状态,而通过施加瞬时负极脉冲液晶材料又回复到

原来状态,由于反复施加同极性瞬时脉冲作用会使对应图像像素的电荷加强,同时该状态被锁定。因此,必须保证脉冲在两个极性之间转换。目前,最常用的方法就是通过创造一个互补的阶段,在这个阶段每个开着的组件能被关上,反之亦然,并与反向极性的转换协调一致。乍一看,这似乎是不可能的,因为这样每个组件开启和关闭的时期必须相同,整个过程一致地呈现灰色。但通过在互补阶段调制亮度,将丢失一半光,图像亮度也随之下降,采用脉冲照明,可克服该问题。但是,如果设备的配置是与连续的照明一起使用的,就有必要在照明—反射的过程中引进可切换的减速器,这样调制模型在互补阶段就可以倒置。

5.2.5　数字化微型反光镜显示器(DMD)

　　数字微型反光镜显示器是由德州仪器公司所发明的一项独特的技术。该显示设备采用了一组独立的铝基反光镜,即反光镜驻留在铝晶片开关组件上,反光镜与铝晶片并不固联,且可以灵活运动。每个方形的微型反射镜,约 $15\,\mu m$ 宽, $15\,\mu m$ 长,与四周各有一条小于 $1\,\mu m$ 的缝,反射镜的对角通过中心轭的铰链固定在扭曲的基质上,其他的角则置于衬垫上,通过施加静电力拉紧扭曲的铰链可以切换反射镜的方向,微型反射镜倾斜角最大可达 $12°$。在不加电的情况下,反射镜处于自由的稳定状态,在加电时,反射镜从原始状态转变到倾斜状态,只要大约 $15\,\mu s$。单独的反射组件可以简化成一个带极性的模型来处理,在施加瞬态的视频灰度调制过程中,与铁电 AMFLCD 情况相同。

　　为了达到良好的对比度,微型反射镜在稳定状态下反射光线的反射角必须小于反射镜的倾斜角度,否则,就不能通过光学设备滤除在不倾斜情况下的反射光从而过滤掉不需要的背景光线。DMD 的光学系统与图 5-16 所示光学系统基本相同,只是在聚光透镜前面安置有透光的小孔,这样阻止反射镜倾斜时反射光进入到聚光透镜。还要注意到,进入到微型镜子之间的缝隙的入射光线会透射到下一层的硅基上,引起破坏性的光—电子噪声和热能,产生不需要的反光,所以一方面要减小两镜之间的缝隙,另一方面在下一层硅基上涂不反射材料,以最大限度减少这种破坏。另外,反射镜采用方形,避免因圆形而产生分散光聚集到缝隙。达到这种高质量要求的设备会产生对比强烈的图像,因为一个黑色像素的残留亮度仅仅受来自镜子表面的和边缘绕射的小量漫反射的控制,所以很少有光被浪费,并且在极化的时候根本没有丢失光,设备是非常地有效的。如图 5-16 所示。AMFLCD 和 DMD 在使用过程中,两者最主要差别在于后者不需要偏振分束器或者分析器。

5.3　平视显示器

　　在 20 世纪 80 年代初,Flight Dynamics 公司研发了一种全息光学系统,用以显示惯性导航信息和飞机飞行轨迹,从而精确飞机引导,并研制出第一套宽视场(FOV)的平视引导系统。其后,Alaska 航空公司采用该项技术在 B727-100/200

飞机上安装了该公司的全息光学系统,完成了机队常规手动Ⅲa类飞行。采用HUD代替自动着陆系统,在低能见度飞行条件下成功飞行演示验证之后,在区域航线客机上开始配装平视显示器,其主要功能是在气象条件低于Ⅱ类条件时增强驾驶员的态势感知,可以按照区域航线的时间计划表执行飞行计划。到20世纪末,很多商用客机都安装了平视引导系统,数千名驾驶员接受了使用这种设备的培训。装备HUD的飞机累计超过了6 000 000飞行小时,其中低能见度条件下完成的操作超过30 000次。现在,HUD已确定为飞机座舱的一个补充设备,为改善驾驶员操作能力和增强态势感知提供保证,从而提高了飞机的安全性。

5.3.1　基本原理

所有平视显示器(HUD)都需要一个图像源,一般采用高亮度的阴极射线管,以及一套光学系统,将图像源的图像信息投射到光学无穷远处。驾驶员观察到的图像,是通过一套半透明部件反射过来的像。这套半透明部件称为组合镜,它以一定角度安装在操作员眼位和飞机风挡玻璃之间,将图像源的光线反射到驾驶员眼睛。组合镜上的特殊涂层能反射HUD的图像信息,同时也能透射舱外景象,使飞行员既能看到舱外的景象,也能看到准直后的图像。

平视显示器由两个主要的子系统组成:显示单元和处理计算机。显示单元为飞行员提供视觉界面。处理计算机运行各种算法,完成数据校验和格式转换等处理,并生成供显示用的各种字符。当前的HUD处理计算机能够生成高度综合的飞行导引命令和提示,用于在低能见度下引导飞机起飞、进近、着陆(拉平)以及滑行等飞行任务。HUD的处理计算机和显示单元之间的接口采用光栅数字视频信号,或者采用X方向和Y方向的偏转模拟信号,Z轴上控制显示亮度的笔划视频信号。

显示单元吊装在驾驶舱左右两侧,只有处于座舱设计眼位(DEP)的位置上,驾驶员才可以观察到外视景,以及叠加在外视景上精确定位导航信息。例如,在整个飞行过程中,使计算机生成画面的地平线与实际外视景中地平线重合。在HUD的设计中,采用眼盒(eyebox)来描述座舱设计眼位(DEP)的位置。

5.3.2　特性要求

视场(FOV)、亮度和显示线宽度等特性是平视显示器设计的基本性能需求。HUD光学系统的复杂程度和成本受眼盒大小、组合镜离轴角、显示精度,以及光学视差等因素的影响。一个没有很好准直的光学系统,不能保证将字符很好地叠加在外部视景上,而且,当驾驶员的头部在HUD眼盒内移动时,不能保证字符相对于外部景象固定不变。

5.3.2.1　显示亮度及对比度

HUD应该能够在所有可预见的环境照明条件下提供适用的显示,其中包括亮度为100 000 lx(或者34 000 cd/m²)的阳光照射条件下,以及夜间进近到稀疏照明的跑道上。HUD对比度是图像显示亮度相对于实际景象亮度的一种度量,其定义如下：

$$\text{HUD 对比度} = \frac{\text{显示亮度} + \text{实际景象亮度}}{\text{实际景象亮度}}$$

显示亮度是指到达驾驶员眼睛，并经适光加权的 CRT 光输出强度。实际景象亮度是驾驶员透过 HUD 组合镜所观察到实际外部景象的亮度（按照惯例，计算景象亮度时不计飞机风挡玻璃的透射影响）。通常认为，人眼观察比较适合的显示对比度（CR）是 1.2，但 CR 1.3 的效果会更好一些。对于透光率为 80% 的组合镜和 100 000 lx 的云层，1.3 的 HUD 对比度要求在飞行员眼睛上的显示亮度为 2 400 lx，这个亮度比大多数下视显示器的亮度高出 10 多倍（此亮度转换到 CRT 荧光屏的亮度约为 9 000 lx，用高亮度的单色 CRT 容易满足这一要求）。

5.3.2.2　眼盒

HUD 头部移动箱或眼盒，是用来定义座舱设计眼位（DEP）的三维空间区域，在眼盒中，驾驶员至少有一只眼睛可以观察到 HUD 的显示画面。眼盒中心相对座舱 DEP 前后或上下的位置是被显示出来的，以便更好地调整驾驶员实际座位。座舱眼位参考点或 DEP 涉及许多与人机工程有关的问题，例如下视显示器可视性、机头前方下视角度以及各种控制器，例如操纵杆、起落架手柄等的物理位置。

HUD 眼盒应尽可能地大，使得头部有最大移动范围而不丢失显示信息。眼盒的尺寸受中继透镜出口孔径、中继透镜与组合镜之间的空间、组合镜与 DEP 的间距、组合镜的焦距等因素决定。现代 HUD 眼盒的尺寸一般是横向 5.2 in（1 in = 2.54 cm）、垂直方向 3.0 in、纵向 6.0 in。

在所有 HUD 设计中，随着横向或纵向眼位移增大，尤其是靠近眼盒边缘时，单目瞬时视场（FOV）将随之减小（或变模糊）。从眼盒边缘起设置一个最小单目瞬时视场（FOV），这样即使驾驶员头部偏离中心位置时，也可以确保驾驶员的一只眼睛处于眼盒边缘上，故仍可获得有效的显示 FOV。一般用横向 10°×纵向 10° 来定义单目视场眼盒值。在反射式 HUD 中，较小的头部移动（横向大于 1.5 in）将使得一只眼睛处于眼盒以外而看不到显示。在这种情况下，另一个眼睛则将看到全视场，因此对驾驶员来说并没有丢失信息。

5.3.2.3　显示精度

显示精度是用以度量从眼盒内任一眼睛位置，透过组合镜和座舱风挡玻璃所看到的投影图像与叠加在实际外部视景上的准确度。显示精度是采用单目来测量的，对于一个固定的显示位置，显示精度在数值上等于 HUD 投影的字符单元与透过组合镜和座舱风挡玻璃观察到的对应外部视景特征点之间的角度差。整个 HUD 系统显示精度误差包括光学误差、电子增益和补偿误差、与 CRT 和偏转线圈有关的误差、组合镜对准误差、风挡玻璃不均匀度、环境条件（包括温度）、组件容差和安装误差等。光学误差取决于头部位置和张角。

考虑上述所有误差源,商用 HUD 可达到以下的显示精度:

视轴:$\pm 3.0\,\mathrm{mrad}$;

总显示精度:$\pm 7.0\,\mathrm{mrad}$。

视轴方向被用作消除所有电子误差的校正基准方向。视轴误差包括 HUD 固定在飞机机身上的机械安装误差、因温度变化引起的电子漂移和定位组合镜单元的加工公差。配备综合组合镜的折射式光学系统可以达到的显示精度约为上述误差的一半。

5.3.2.4　视差

在视场(FOV)双目叠加区域,左右眼观察到的是 CRT 荧光屏上同一个位置图像。双眼所观察到的图像之间微小的角度误差就是双目视差或准直视差。总视场内一个固定视点的双目视差是由于水平上分开的瞳孔间距(假定为 2.5 in),使得进入两个眼睛光线存在角度差。如果从眼盒内各个位置,将投影显示虚像准直到光学无穷远处,那么射入双眼的光线方向将是一致的,这时双目视差为零。视差由横向和纵向两分量组成。

由于光学部件的轴对称特性,加上叠加的双目 FOV 比较小,所以折射式 HUD 的视差一般小于 $1.0\,\mathrm{mrad}$。

5.3.2.5　显示线宽

HUD 显示线宽是显示字符的角度尺度。显示图符点在 50% 亮度点,可接受的 HUD 显示线宽为 $0.7\sim1.2\,\mathrm{mrad}$。显示线宽取决于光学系统的有效焦距和 CRT 荧光屏的物理线宽。一般情况,对于一个焦距为 5 in 的宽视场反射式 HUD 光学系统,若 CRT 线宽为 0.005 in,则显示线宽约为 1 mrad。HUD 的显示线宽应满足整个亮度范围内的显示要求,常需要一个高压电源,为 CRT 的整个有效显示屏幕区域提供动态聚焦。

HUD 光学系统的像差对图像的显示线宽产生不利的影响。这些像差包括未校正的色差(色偏差)、残余的未补偿像差和像散。在 HUD 中继透镜优化设计中尽量减小这些光学误差,将也有助于减小系统视差。表 5.1 概括了商用宽视角反射式 HUD 光学系统的光学性能特性。

表 5.1　HUD 光学系统性能(典型的反射式 HUD)

1. 组合镜设计	宽视场,波长选择性,可收起,惯性移开(符合 HIC*)
2. DEP 到组合镜距离	$9.5\sim13.5\,\mathrm{in}$(取决于座舱几何尺寸)
3. 显示器视场 　总视场 　瞬时视场 　重叠视场	$24\sim28°\mathrm{V}\times30\sim34°\mathrm{H}$ $24\sim28°\mathrm{V}\times30\sim34°\mathrm{H}$ $22\sim24°\mathrm{V}\times24\sim32°\mathrm{H}$

（续表）

4. 头移动箱或眼箱 　　水平 　　垂直 　　深度(前/后)	典型尺寸(取决于配置) 4.7～5.4 in 2.5～3.0 in 4.0～7.0 in
5. 观察 TFOV 所需的头部移动	无
6. 显示视差(典型) 　　会聚 　　分散 　　倾斜会聚	 95%的数据点小于 2.5 mrad 95%的数据点小于 1.0 mrad 93%的数据点小于 1.5 mrad
7. 显示精度(2σ) 　　视轴 　　全视场	 小于 2.5～4.0 mrad 小于 5.0～9.0 mrad
8. 组合镜透射率和显色	78%～82%光亮(昼间适应的眼睛) 84%微光(夜间适应的眼睛) 小于 0.03 彩色偏移 u', v' 坐标
9. 显示亮度和对比度 　　仅笔画 　　光栅 　　显示对比度	 1600～2400 ft·L** 600～1000 ft·L (1.2～1.3):1(10000 ft·L 环境背景)
10. 显示线宽	0.7～1.2 mrad
11. 次显示图像强度	小于来自眼箱主图像的 0.5%

* 头部损伤准则
** 1 ft·L=3.426 26 cd/m²

5.3.3　光学系统

平视显示器系统的光学装置用来准直 HUD 图像,以便将最重要的飞行参数、导航信息和引导信息叠加在外部景象上。近 20 年来,HUD 光学设计取得的最重要的进步之一是从折射准直光学系统发展到反射准直光学系统,在一些情况下则采用衍射准直光学系统。采用更复杂(成本更高)的反射准直系统技术,可以获得更大的显示视场(FOV),从而扩展 HUD 作为飞行仪表的有用性。

5.3.3.1　折射式光学系统

折射式 HUD 系统的光学构造如图 5-17 所示,是 20 世纪 50 年代采用的 HUD 基本光学系统。这种光学构造通过一组折射透镜部件形成的组合镜来准直 CRT 图像,在中等显示视场上提供高准确的图像显示。需要指出的是,内部的反射镜是用来折射光学系统,以减小 HUD 的物理尺寸。HUD 组合镜采用了一个半透明的玻璃平板,可反射大约 25%的 CRT 图像源的准直光,透射大约 70%的外部景象的光线。值得注意的是,增加与第一套组合镜平行的,在垂直方向上平移一个位置的第二组合镜,可以扩大垂直方向的瞬时视场。

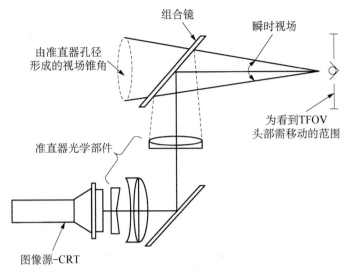

图 5-17　折射式光学系统

5.3.3.2　反射式光学系统

　　20 世纪 70 年代后期,HUD 光学系统的设计人员着眼于寻求一种能大幅度提高总视场和瞬时视场的方法。图 5-18 示出了第一套在舱顶安装的反射式光学系统(采用全息技术制造的组合镜),是专门为商用运输机设计的。与经典的折射光学系统一样,显示图像是由一个直径约为 3 in 的小型 CRT 产生的。反射光学系统可认为是由 2 组不同的光学子系统组成。第一组是中继光学透镜部件,用来对 CRT

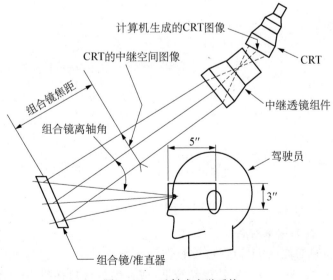

图 5-18　反射式光学系统

图像源重新成像,形成中继图像,位于离光学放大组合镜/准直器一个焦距的地方。第二套光学子系统是组合镜/准直部件,对中继空间图像重新成像和准直后供驾驶员观察。与折射光学系统一样,驾驶员的眼睛聚焦于光学无穷远处,透过组合镜看到虚像。为了防止驾驶员头部挡住从中继透镜到组合镜的光线,组合镜相对中继透镜部件的主光线成一个离轴角度。虽然从图像观察角度,组合镜要求有一个离轴角度,但这大大增加了系统中的光学像差,此像差必须在中继透镜中进行补偿,以获得一个很好校正的准确虚拟显示。

　　现在,民用航空公司所用的经过认证的 HUD 系统都采用反射式光学系统,其原因是与折射系统相比改进了显示视场性能,见表 5.2。

表 5.2　典型的 HUD 视场

	折射 HUD FOV 特性		反射式 HUD FOV 特性
	单组合镜	双组合镜	
总视场	20°~25°直径	25°~30°直径	22~28°V×28~34°H
瞬时视场	12°V×17.8°H	16°V×17.8°H	22~28°V×28~34°H
重叠视场	11°V×6°H	16°V×6°H	22~26°V×25~30°H
单目视场	12°直径	16°V×12°H	22~28°V×30°H

5.3.4　组成

　　典型的商用 HUD 系统包括 4 个主要外场可更换单元(LRU)。HUD 的各 LRU 可以在驾驶舱内更换而不需要作任何对准或校准。座舱内安装的 LRU 包括架空部件和组合镜、PDU 以及 HUD 控制面板。HUD 计算机置于电子设备舱内或是其他方便的位置。HUD 的互联图如图 5-19 所示。

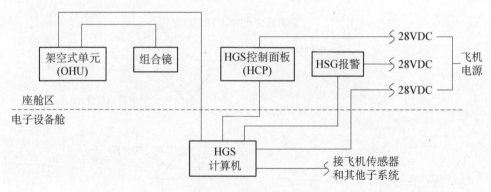

图 5-19　HUD 的互联

5.3.4.1　HUD 舱顶安装部件

　　HUD 的高架部件(OHU)直接安装在飞行员头部上方,它与 HUD 计算机接口,接收模拟 X、Y 偏转信号和 Z 视频数据,或经串行接口接收串行数字显示单和控制数据。OHU 电子部件将偏转信号和视频数据转换成高亮度阴极射线管(CRT)上的图像。CRT 以光学方式耦联到中继透镜组件,使 CRT 在距组合镜单元一个焦距处形成中继空间图像。组合镜在光学无限远处对中继图像重新成像,供驾驶员观察。OHU 包括驱动 CRT 和监视该 LRU 机内自测试(BIT)状态的各种电子部件。OHU 同时提供至组合镜的电子接口。图 5 - 20 示出了一个典型的架空部件。这个 LRU 包括驱动高亮度 CRT 的所有电子电路,以及与 BIT 相关的功能电路。OHU 主要子系统如下:

① 中继透镜组件;

② 去湿组件(防止中继透镜雾化);

③ 阴极射线管组件;

④ 高压电源;

⑤ 低压源和蓄电池;

⑥ 偏转放大器(X 和 Y);

⑦ 视频放大器;

⑧ BIT 和监控电路;

⑨ 母板组件;

⑩ OHU 机架。

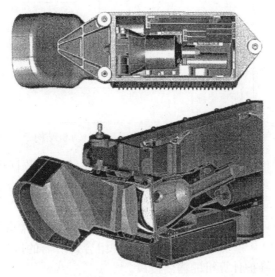

图 5 - 20 HUD 舱顶安装部件机架(WFOV 反射光学部件)

在一些 HUD 系统中,作为关键字符"环绕"监测特性的一部分,PDU 可以将偏转数据反馈给 HUD 计算机。HUD 作为主要飞行显示器,实时监测一些关键的显示字符(例如,地平线),为 HUD 认证提供要求的高完整性。在 HUD 上被监测的其他关键数据包括仪表着陆系统(ILS)数据、空速、航迹矢量,以及低能见度引导符。

5.3.4.2　HUD 计算机

HUD 计算机与飞机传感器和其他系统交连,进行数据转换,验证数据,计算导引指令(按使用要求),确定字符位置和格式,生成显示清单,并将显示清单转换成 X、Y、Z 波形,供 PDU 显示。在一些商用 HUD 系统中,HUD 计算机还完成与低能见度条件下起飞、进近、着陆、滑行引导,以及安全性能和故障监控等有关的各种计算。由于这些功能对飞行来说至关重要,所以显示的数据必须满足最高完整性要求。HUD 计算机结构是专门设计的,以符合这些要求。

对于符合全飞行体制的 HUD 来说,安全性关键要求之一是绝不允许在 HUD 上出现未予通告和有危险的错误姿态字符显示,以及未予通告和有危险的错误低能见度引导字符显示。分析这些要求后的 HUD 计算机系统结构如图 5-21 所示。

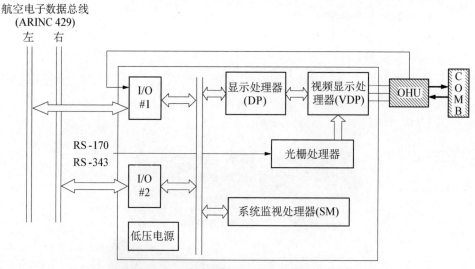

图 5-21　高完整性的 HUD 计算机结构

在这个体系结构中,从机上主要传感器和各系统来的数据通过两个独立的输入/输出(I/O)子系统进入 HUD 计算机。专用 HUD 计算机的航空电子接口取决于航空电子系统,可以是下列接口的任一种组合,即 ARINC 429, ARINC 629, ASCB-A/B/C/D 或 MIL STD 1553B。较老一些的飞机通常有各种模拟输入和一些同步器数据。I/O 子系统还包括架空单元和组合镜所需的接口,还常包括至飞行数据记录仪和中心维护计算机的输出接口。

图 5-22 所示是一幅典型的商用 HUD 显示画面。生成这些字符显示所需的飞机传感器数据。为满足系统安全性与完整性要求,通常关键数据必须来自于两个数据源。

显示处理器(DP)把所有的输入数据转换成工程测量单位,校验其数据的有效性,比较分析来自两个传感器的相同数据,运行控制律算法,计算显示字符的位置,生成显示单。视频显示处理器(VDP)把该显示单转换为 X, Y, Z 信号并输出至 OHU。

图 5 - 22　商用 HUD 的显示画面

系统监视处理器(SM)采用反函数算法,通过监测关键字符显示位置来检验显示通道,利用外侧(off - side)数据独立计算导引算法,与来自显示处理器的引导计算结果进行比较,并监控进近参数,以保证飞机安全着陆。关键字符监视器是一种环绕监视器,它根据 CRT 上的实际显示信息来计算飞机飞行状态。CRT 的显示状态与基于最新 I/O 数据的实际飞行状态进行比较。实际飞行状态和计算的飞行状态之间的差异将使系统监视器通过两个独立的数据通道使显示器无效,因为任何状态的差别都表明显示处理有故障。所有驻留在 HUD 计算机中的软件对系统的功能至关重要,通常要求按照 DO - 178B A 级开发。

5.3.4.3　HUD 控制面板

低能见度条件下引导飞行的商用 HUD 系统,常需要一些不能从飞机系统总线得到而由驾驶员选择的数据,以及驾驶员选择显示模式的手段。有些 HUD 操作者习惯于采用现有的驾驶舱控制面板,例如多功能控制显示单元(MCDU),供 HUD 数据输入和控制使用。另外一些 HUD 操作者更习惯于采用分立式的控制面板,其中一种分立式控制面板如图 5 - 23 所示。该控制面板已经取得认证,用在 CAT IIIa 类 HUD 系统中。

图 5 - 23　HUD 控制与数据输入面板

5.4　合成视景系统

5.4.1　合成视景技术发展背景

在全球民用航空中,大约有 30％的空难事故都属于可控飞行撞地(CFIT)。CFIT,包括跑道侵入以及通常航空事故,主要原因是由于飞行过程中能见度低,驾驶员对地形/障碍物的态势感知能力不足所引起的。虽然根据有关航空飞行统计报告,从 2001 年开始空难事件数量逐年都有一定程度的降低,但跑道侵入仍是威胁航空飞行安全与驾驶员工效的一个重要因素。一直以来,恶劣的气候条件与低能见度既影响飞行安全性,又影响全球航空运营能力,是民用航空业界需要着力解决的关键问题。为此,通用的做法是升级提高航空电子系统技术水平,不断采用新的导航设备,比如姿态指示器、无线电导航、仪表着陆系统和地面近地告警系统等,来解决驾驶员在能见度极低条件下飞机飞行问题。

合成视景系统的目的是通过改善驾驶员在低能见度条件下(包括夜间和仪表飞行气象条件)对态势和空间的感知能力来减少事故。合成视景技术可有助于解决与减少以下类型的事故:CFIT、失控(LOC)和跑道侵入(RI)。CFIT 是民用航空运营服务飞行中空难事故的主要原因,大多数的 CFIT 事故、跑道侵入事故和常见的航空失控事故都被认为是能见度导致的驾驶员操作失误。合成视景和增强的视景显示系统可以为驾驶员提供良好的导航视景,从根本上减少驾驶员误操作。对于驾驶员,合成视景系统主要可提供以下信息的预兆与感知:

① 飞机纵向的和横向的空间态势情况;

② 飞机进近时的地形和跑道交通等情况信息;

③ 在出现飞行安全威胁情况下飞机逃逸或复飞的情况判断;

④ 飞机姿态信息感知;

⑤ 对跑道周围环境包括障碍物等有关情况信息;

⑥ 机场地面通道引导信息。

针对合成视景系统,国外许许多多的实验室开展了大量的研究工作,探讨在大型运输飞机中采用合成视景显示器来代替传统的指引地平仪或主飞行显示器,以增加在低能见度气象条件下飞机着陆的态势感知、提高驾驶员操作能力。这些研究工作都一致地验证,合成视景显示器优于传统格式导航显示器,而且实现这种飞行导航概念所涉及的技术在近期就可供使用。在过去的十年中,不少组织和研究机构在飞机上演示验证了以合成视景技术为基础的飞机飞行、着陆及滑行等过程,这种显示系统可以显示民用航空数据链、空中及地面交通位置与飞行导航通道等飞行信息。

在实际工程实现中,主要任务是确定合成视景显示器的配置需求以及驾驶员的飞行能力准则,并需要解决与合成视景概念相关的人的能力与适配因素问题。同样也还面临着这样问题和任务:必须解决的关键技术、地面可支持的基础设施以及适航认证策略等等。而要解决这些问题,要求合成视景技术倡导者、研发人员和相应的标准及准则制订人员共同协调,并作出不懈的努力。

5.4.2　合成视景技术的应用

目前,包括通用飞机、旋翼机、公务喷气机、民用货机和客机的各类飞机,都希望从合成视景技术的应用中获得益处。合成视景的概念强调以高费效比使用增强的合成视景显示、世界范围的导航、地形、障碍物和机场数据库和 GPS 等导航信息,以消除各种飞机在飞行过程中因为能见度低引起的驾驶员误操作。其应用如图 5-24 所示。

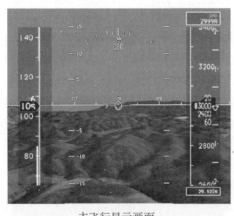
主飞行显示画面

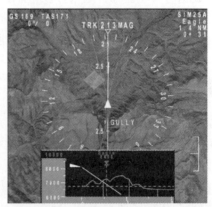
导航画面

数字地图画面

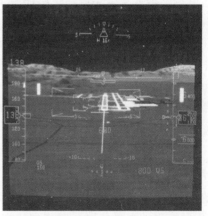
平视显示画面

图 5-24　合成视景技术应用

合成视景在商用飞机上的应用,通过改善驾驶员在飞行阶段对于地形、障碍物和机场地面操作的态势感知来减少 CFIT 和 RI 事故,特别是减少进近和着陆阶段、机场地面导航以及中断进近时的事故。目前的空难事故数据显示,商用飞机的 CFIT 事故大多数是由于进近阶段不准确而引起的。应用合成视景技术这种自主式精确引导系统工作过程中,对基础设施也提出了相关的技术问题,并需要开发地形、障碍物和机场地面数据库。与联邦航空局(FAA)局域增强系统(LAAS)和广域增强系统(WAAS)计划保持协调的标准委员会(RTCA SC－193 和 EUROCAE WG－44)对合成视景的应用有比较深入的研究。

美国在过去的十年中,跑道侵入事故大幅增加。飞机在空管人员的监控下正准备起飞或着陆时,跑道侵入随时都可能发生,导致与地面上的飞机、车辆、人员发生碰撞。FAA 建立了跑道侵入减少计划(RIRP),在主要的机场开发了机场地面技术,借以减少跑道侵入。NASA 和 FAA 联合执行了追加的计划,将 RIRP 机场地面基础设施与驾驶舱综合起来,以增强对机场地面态势的感知,并进一步减少跑道侵入的可能性。减少跑道侵入的工作将继续朝着机场地面监视、基于 GPS 的导航,以及交通信息的座舱显示(CDTI)的目标前进,以提高机场地面的态势感知。在地面操作期间(跑道侵入、通道偏离和危险探测告警)还需要考虑的问题是机场地面通道清理方法和机上的告警策略。

先进的合成视景技术已经在低端通用飞机中得到应用,以改善驾驶员在升空和飞离期间的态势感知,防止通用飞机 CFIT 事故和失控事故。当前的事故数据表明,通用飞机失控事故的主要原因是驾驶员无意中飞进低能见度气象环境以后迷失方向。低端通用飞机的低成本合成视景显示系统,在临界的 VMC 条件下执行飞行,并能安全着陆,甚至在非计划的、无意中遇到仪表飞行气象条件(IMC),包括低云层、低能见度气象条件时,也能转换到 VMC 操作。这些系统还可以解决失去空间态势感知和异常姿态问题。合成视景系统在单座通用飞机上应用非常成功,驾驶员用仪表飞行规则(IFR)进行导航操作,大大降低了驾驶员工作负荷,并提高了飞机的安全性。

合成视景系统在旋翼机中的应用将更多地依赖成像传感器来增强机载的数据库生成导航视图,因为旋翼机的环境使用要求超过了目前机载数据库内容。例如,紧急医疗服务(EMS)旋翼机需要在各种球场和医院之间飞行,并在电力线和电话线这样很低的高度上飞行。因此,合成视景显示系统在旋翼机上获得广泛应用。

5.4.3　合成视景显示系统

5.4.3.1　基本原理

合成视景系统采用了机载数据库(地形、障碍物、人工建筑物特征)及精确定位系统,结合了来自气象探测传感器提供的飞行显示符号(跑道边缘探测、目标探测算法)以及增强的视景传感器探测到的视频图像,由计算机综合处理生成飞机外部地形景象,向飞行员显示飞机外部环境相关的关键特征。

合成视景系统由 4 部分构成:增强型直观视景、危险信息探测与显示、完整性监视与告警以及精确制导。

增强型直观视景——在飞行员无法通过座舱窗口看清飞机外部环境及关键特征的气象条件下,合成视景系统能够通过计算机生成的精确图像向飞行员显现机外环境特征。这些显示信息是直观的,因为它显示的这些数据是飞行员在正常的昼间目视气象条件下所能看见的信息,此外还包括一些符号,能够降低驾驶技术错误并且促进瞬间识别与态势感知能力。

危险信息探测与显示——合成视景系统可以以图形形式为飞行员提供地形、人工建筑、交通、障碍物和其他危险信息,以保持飞行员态势感知能力,并有助于他们尽早采取行动以避免飞机与地形和障碍物相撞。合成视觉系统可向飞行员提供探测、识别、飞机姿态感知、优先顺序、飞行操作的决策与评估,以及当前航空电子系统所不能支持的要求飞行员对告警反馈的综合态势感知能力。

完整性监视与告警——为了使飞行员相信合成视景系统能够提供精确的外部景象(没有危险误导信息),在各种 SVS 应用中都要求具备有一定的完整性监视与告警能力。所以,合成视景系统需要有完整性、冗余性,以及初始恢复模式。在这种情况下,需要一些独立资源来核查与验证正在使用的合成视景提示(如雷达、高度表、增强的视景传感器和地形感知告警系统),以创建完整性监视功能。如果完整性监视发现不匹配情况则显示器会降级为初始模式,并且向飞行员发出告警,即合成视景不可靠且不能使用。如此,系统便可有效地避免飞行员使用错误或具有误导性的合成视觉信息。

精确制导——合成视景系统的各元素(例如,地面引导、滑行地图、空中隧道/航迹/航路、速度矢量、指令指引提示)允许飞行员快速并精确认识自身位置与相关地形、最佳飞行路径/计划、人工建筑和障碍物之间的关系。这些元素可使飞行员在缺乏地面引导协助(例如,ILS,VOR,DME,ADF,NDB,LORAN,这些设备的安装及维护费用高昂)的条件下,仍然能够监视导航精确度,以满足所要求的导航性能标准并且符合复杂进近和起飞程序。

5.4.3.2 组成与工作原理

合成视景系统(SVS)是一种将基于机载数据库的精确定位信息与传感器探测到的实际图像信息相融合的系统,它不受距离、气候条件的制约,只要求有可靠的 GPS 信息、精确的地形测绘数据和强大的计算机存储及处理能力。

合成视景系统在设计过程中,针对不同类型的飞机还有许多潜在的系统需求。例如,针对第 25 类(Part 25)飞机,美国航空航天局(NASA)合成视景系统概念提出了下列系统组成,如图 5-25 所示。

(1) 合成视景数据库/传感器

主要包括机载合成视景数据库、气象雷达、雷达高度表、前视红外(可选)、毫米微波雷达(可选)。

(2) 合成视景显示器

主要包括主飞行显示、导航显示、其他座舱显示器以及平显或头盔显示器等。

(3) 计算机/嵌入式计算功能

主要包括图像目标探测与融合、数据可靠性,探测临界值鉴定,预计误差、资源数据的合理性与完整性预估、危险信息探测、数据融合(潜在危险的相关位置)、图像增强与融合以及完整性自监视与告警等。

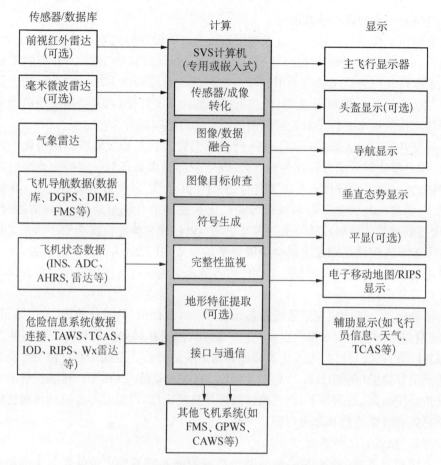

图 5-25　美国航空航天局(NASA)合成视景系统的组成

（4）系统完整性、核查与验证

主要包括数据库的可靠性、完整性，预计误差、其他资源数据的合理性与完整性预估、生成适当的系统告警信息、完整性自监视与告警等。

（5）计算与符号生成

主要包括清晰真实的路径构图、危险信息元素综合显示与构图、跑道防侵入系统、支持短距着陆技术、导航与危险信息态势感知增强型显示要素、告警生成与提示、整体显示符号的生成与/或综合、完整性自监视与告警等。

（6）设备

主要功能组成包括专用合成视景系统支持设备和机组人员接口、与其他飞机系统连接接口等。

（7）相关飞机系统

主要包括不同类型的全球定位系统、惯性参照装置/姿态航向基准系统（IRU/AHRS）、大气数据计算机（ADC）、无线电、雷达、空中交通防撞与告警系统（TCAS）、数据链聚合(S 模式 IFF,ADS‑B)、地形感知与告警系统(TAWS)以及激光测距仪(可选)等。

5.4.4 新一代增强/合成视景系统

2010 年底,美国霍尼韦尔(Honeywell)公司和湾流宇航公司(Gulfstream)联合启动了 120 万美金投资、为期 11 个月的测试计划合同。该项目将为新一代增强/合成视景系统(SEVS)进行飞行测试,以进一步推动座舱显示的能力。SEVS 系统是增强飞行视景系统与合成视景系统的综合(EFVS+SVS)。

增强飞行视景系统(EFVS)是增强视景系统(EVS)和平显(HUD)的综合。FAA PART 1 中对 EFVS 进行了定义,EFVS 是一种电子手段,运用成像传感器向飞行员提供前方外部景象地形图,包括前视红外、毫米波辐射测量、毫米波雷达和低亮度图像加亮传感器。Gulfsteam 公司 EFVS 系统的平显(HUD)设备能够显示飞行引导符号并且在 ILS 进近时显示合成后的飞行跑道。EVS 传感器由 Kollsman 公司提供,其中包括低温冷却式红外设备。EVS 图像能够被叠加到 HUD 上,可显示真实的外部环境景象。EFVS 能够提供低能见度和夜视环境下的飞行员态势感知。

增强/合成视景系统(SEVS)的另一重要组成部分是 SV‑PFD,它是一种基于 Honeywell 综合主飞行显示器(IPFD)技术的,依靠可靠的 Honeywell 增强型近地告警系统(EGPWS)及其地形数据库的合成视景系统。Gulfstream PlanView 主飞行显示器上可显示 EGPWS 数据库与 Honeywell 先进平视显示器(HUD)符号的合成图像,为飞行员提供有关飞行路径、地形和导航所需的持续不断的外部环境视景。

PlaneView 先进座舱 SV‑PFD 也是一种战术决策工具。它能够帮助驾驶员制定飞行过程所需的短期决策。它配合了 Honeywell 专用交互式导航显示器,能够在屏幕上显示图形的飞行计划,这也是 PlaneView 先进座舱的一个关键特征。作为一个战略工具,它可使飞行员能预先制定飞行计划。

它也是一种战术型近地工具,能提高飞行机组人员的决策能力,大大降低发生 CFIT 事故的可能性。由于 SV‑PFD 易于解读,它能够平衡机组人员工作量,提升安全系数,使飞行员能够将注意力集中于四种关键任务——飞行、导航、通信和管理系统。EFVS 与 SV‑PFD 已经被安装在公务机上并进行了各自独立的测试,未来的方向是发展 EFVS 和 SVS 的综合应用技术(图 5‑26)。这种综合将是视景系统操作的一次巨大进步。

5.4.5 结言

合成视景显示原理能够提供三维透视景象图,这种景象具有必要的和充足的信息,而且不管外界气象条件如何,有等同于明亮、晴朗昼间的真实感,能增加地形、姿态和交通情况的空间感知。在这些景象上可以对合成的信息进行叠加,通过诸如显示空中通道符号来增强态势感知和提供战术引导能力。这种技术近期已可供应用,在安全性和操作上的益处是显而易见,尽管还必须面对许多挑战和要克服的困难,来证明合成视景应用是实用的,不只是作为一种研究演示项目,而是一种有生命力

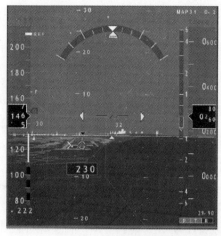
SVS

EFVS

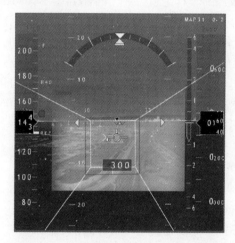

图 5 - 26　SVS 与 EFVS 综合显示画面

和可实现的技术。使用一个能见度方案来解决能见度问题完全合乎道理。毫无疑问,以合成视景为基础的飞行将是今后解决低能见度操作的最为主要的方法。

参考文献

[1] 斯比策·C·R(Spitzer C R). 数字航空电子技术[M]. 谢文涛等,译. 北京:航空工业出版社,2010.

[2] 范天慈. 机载综合显示系统[M]. 北京:国防工业出版社,2008.

[3] 李维禔,郭强. 液晶显示技术[M]. 北京:电子工业出版社,2000.

[4] 余理富,汤晓安,刘雨. 信息显示技术[M]. 北京:电子工业出版社,2004.

[5] 孙家广. 计算机图形学(第 3 版)[M]. 北京:清华大学出版社,1998.

[6] Dn Jarrett. Cockpit Engineering [M]. Ashgate, 2005.

[7] 郑作棣. 我国民机发展历程和经验教训[J]. 国际航空,2005(8):45.

6 总线与网络

6.1 机载网络/总线技术概述

6.1.1 网络拓扑结构的发展

网络通信系统是现代航空电子系统的中枢,机载通信网络技术的发展推动了航空电子系统结构的演变。随着半导体和计算机技术的发展,航电系统结构从联合式结构发展到 IMA 结构,再向 DIMA 结构方向发展。航电通信网络也经历了点到点单向连接结构、共享总线连接结构,再到现在的交换式连接结构的发展过程。在总线结构中,各个节点之间通过广播介质相互连接,从一个节点发出的帧可以被所有其他节点接收,总线中一次只有一个节点能够成功地发送信息,1553 协议采用总线结构。在网络结构中,多个节点通过星形结构相互连接,各个节点之间可以同时收发数据,如交换式以太网网络。

典型的点到点单向连接总线为 ARINC 429 总线,连接结构如图 6-1 所示。图中源节点 a 向目的节点 c 发送数据,源节点 b 向目的节点 c 和目的节点 d 发送数据。点到点单向连接具有结构简单等优点,但在复杂系统中连接线路太多。

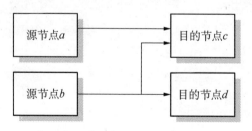

图 6-1 ARINC 429 总线连接结构

随着系统中设备的增多,以点到点方式来实现各个总线设备的互联越来越复杂,通过 CAN、ARINC 629 等共享总线方式,来连接多个系统设备,实现各个设备之间数据的双向传输,则显得尤为重要,典型的 ARINC 629 连接拓扑结构如图 6-2 所示。

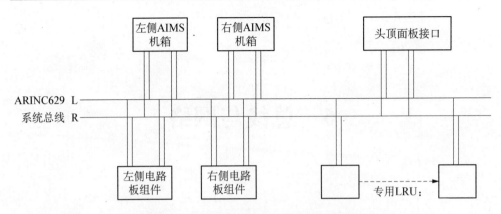

图 6-2　B777 中 ARINC 629 总线连接结构

随着系统中设备的进一步增加,所有设备共享总线,依旧不能满足应用带宽的需要。以 AFDX 交换机为中心的星形拓扑结构具有系统吞吐量大,可扩展性强等优点,图 6-3 给出了 A380 的 AFDX 数据交换系统框图。图中中间星形连接节点为交换机。

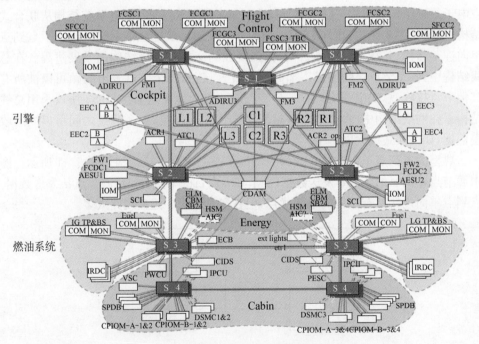

图 6-3　A380 的 AFDX 数据交换系统框图

6.1.2　常用机载网络与总线

6.1.2.1　ARINC 429

ARINC 429 规范"MARK 33 数字信息传输系统 DITS"于 1977 年首次出版,从此成为航空公司使用最广泛的 ARINC 标准之一。ARINC 429 规范分为三个部分,

第一部分定义了 429 协议的功能、电气接口、标号分配及帧格式,最新版本为 2004年 5 月公布的第 17 版;第二部分定义了离散数据传输标准,最新版本为 2004 年 12月公布的第 16 版;第三部分定义了文件传输标准,最新版本为 2009 年 6 月公布的第 19 版。ARINC 429 是民用运输机常用的数字式数据传输手段,通过点到点互连,采用单信息源、多接收器传输方法,以半双工方式工作。常用工作频率有12.5kbps和 100kbps。ARINC 429 具有结构简单、技术完善等优点,目前广泛应用于民用飞机领域,波音公司的 B727,B737,B747,B757,B767 客机,空中客车公司的 A310,A320,A330,A340 客机都广泛使用了 ARINC 429 总线。

6.1.2.2　1553B 总线

目前广泛使用的 1553 总线标准是 1978 年 9 月公布的 MIL_STD_1553B 总线(简称 1553B 总线),是在 1973 年公布的 MIL_STD_1553 基础上修订而成。1553B主要运用在军用飞机领域。1553B 总线通信速率为 1Mbps,采用集中控制方式实现数据通信。只有在得到总线控制器的许可后,各个终端才能向总线中发送数据。1553B 主要使用双总线冗余机制来提高可靠性,具有实时性强、可靠性高等优点。国内外的二代、三代军用飞机主要采用 1553B 总线进行互连。

6.1.2.3　CAN 总线

CAN 全称 Controller Area Network,即控制器局域网,是国际上应用最广泛的现场总线之一。CAN 总线最先由德国 Bosch 公司提出,用于汽车工业的车载网络。20 世纪 90 年代 Bosch 提出了 V2.0 版规范,并被提交给 ISO 组织,该规范由 A、B两个部分组成,定义了 CAN 总线的物理层和数据链路层协议。1993 年,CAN 总线成为国际标准 ISO 11898(高速应用)和 ISO 11519(低速应用)。最新的 ISO11898—1:2003 版描述了"CAN 数据链路层和物理信号层",ISO 11898—2:2003 版描述了"CAN 高速媒体存取单元",ISO 11898—3:2006 版描述了"CAN 容错收发器单元",ISO 11898—4:2004 版描述了"CAN 时间触发通信",ISO 11898—5:2007 版描述了"低功率模式的高速媒体访问"。一个由 CAN 总线构成的单一网络中,理论上可以挂接无数个节点,实际应用中,节点数目受网络硬件的电气特性所限制。CAN 总线传输速率可支持到 1Mbps,可实现点到点、点到多点、广播等多种传输方式,CAN 总线硬件接口简单,可通过双绞线、同轴电缆或光纤进行传输,具有数据出错率低、可靠性高等优点。CAN 总线具有较好的实时性能,在汽车工业、工业控制、安全防护等领域中都得到了广泛的应用,在航空工业的部分子系统中也得到了应用。

6.1.2.4　ARINC 629 总线

美国波音公司从 1977 年开始,经过近十年的研究,为民用飞机开发了一种新型总线 DATAC,其含义为"数字式自主终端存取通信",并于 1986 年联合 ARINC 公司为其新一代民用客机 B777 上使用的 DATAC 规范建立数据总线标准,这就是ARINC 629 航空通信总线。ARINC 629 规范分为两个部分,第一部分为技术规范,最新版本为 1999 年公布;第二部分为应用向导,最新版本也为 1999 年公布。

ARINC 629 采用总线环形拓扑结构,通过载波监听多路访问/冲突避免协议(CSMA/CA)实现通信链路的访问,节点若发生数据发送冲突,则需要等待一定的时间后重新发送。ARINC 629 工作频率为 2Mbps,是无主机的广播式数据总线。采用的数据编码为曼彻斯特双相电平编码。B777 飞机选择 ARINC 629 作为主要的数据通信系统,ARINC 629 在其他飞机中较少使用。

6.1.2.5   1394 总线

IEEE 1394 是 1995 年由 IEEE 制订的高速数据传输的串行总线标准,此标准在当时所制订的数据传输速度为 100 Mbps, 200 Mbps 及 400 Mbps。IEEE 1394 标准化团体 1394TA 于 2001 年 5 月 21 日发布了多媒体标准规格的最新版本 1394B。IEEE 1394B 将数据传输速度延伸到了 800 Mbps, 1.6 Gbps 乃至 3.2 Gbps,目标是在新型应用中普及多媒体传输标准。1394B 的连接方式可用链状或树型方式连接,支持等时传输,即传输的控制器直接具有保证的数据传输带宽,可适合应用于多媒体视频传输。1394B 可在对等的控制器之间直接进行数据传输,而不需要主机 CPU 的参与,有利于设备之间直接进行数据传输操作。目前 1394 应用到 F-22 飞机的飞管计算机中。

6.1.2.6   TTP 总线

TTP 协议基于时间触发而设计。TTP 作为完全分布的、严格确定性的安全关键性计算及联网平台,已走过了二十多年的开发历程。TTP 是一种公开的协议规范,TTP 规范在 TTA Group Web 网页上可公开获取,最新的 TTP 规范版本为 2003 年 11 月公布的 TTP/C 1.1 版。TTP 的设计提供了航空航天应用所需的安全性等级,并支持更广泛的行业应用。TTP 协议是现场总线协议,可支持 5 Mbps, 25 Mbps。所有节点通过一条公共共享总线进行数据传输。

TTP 已应用于航空航天领域,如洛马公司 F16 及意大利马基公司(Aermacchi) M346 上的全权数字发动机控制系统 FADEC、空客公司 A380 的客舱压力控制系统以及波音公司 B787"梦想"客机的电源及环境控制系统。这使得 TTP 成为目前飞机安全关键子系统的一个重要竞争者。TTP 也适用于航天器等空间应用,并被应用于汽车工业、风电及铁路等其他行业的系列产品中。

6.1.2.7   FC 网络

FC 是美国国家标准委员会(ANSI)的 X3 T11 小组于 1988 年开始制定的一种高速串行传输协议,协议文本开放,支持包括 1 Gbps, 2 Gbps, 4 Gbps, 8 Gbps, 16 Gbps 等速率,物理介质可以为光纤,也可以为电缆。FC 网络在商业领域主要对象为 SAN 应用,较早的应用主要采用总线环形拓扑结构,而基于交换的星型结构正成为 FC 网络的主要拓扑结构。针对航空电子应用的需要,FC 航空电子环境分委会专门制定了 FC-AE 规范,用于指导 FC 在航电系统中的应用,其中 FC-AE-ASM 协议应用较多。FC 协议在美国 F-35 和部分美国三代机改造中得到了应用。FC-AE-ASM 的最新版在 2008 年 5 月公布,版本号为 1.4。

6.1.2.8 以太网网络

以太网最初于 1976 年,由美国 Xerox 公司研制成为一种试验性局域网络。1983 年 3 月被正式列入 IEEE 802.3 标准,随后被 ISO 确立为国际局域网网络标准。目前最新版本为 IEEE 802.3 2000 版。以太网已成为一种最重要的因特网互连主干网络,在业界得到了最为广泛的应用,其协议及所提供的服务也随着应用的发展而不断扩展,目前已形成了一系列的相关协议和标准,成为具有强大生命力的一类网络。随着以太网技术的发展,网络拓扑结构已从原先的总线互连结构,转化为基于交换机和路由器的交换结构。数据通信机制也从原先的载波监听多路访问/冲突检测 CSMA/CD 协议转化为网络交换协议。

6.1.2.9 AFDX 网络

航空全双工交换式以太网 AFDX(Avionic Full – Duplex Switched Ethernet, AFDX/ARINC 664)是适用于航电系统信息传输的确定性飞机数据网络系统。AFDX 网络基于标准的 IEEE 802.3 协议,在以太网基础上增加了确定性定时机制和可靠信息传输机制,以适应航电应用的需要。以太网的硬件设备、电缆和测试设备已有大量 COTS 产品被广泛应用和验证,有利于降低飞机数据总线网络的成本。

AFDX 被用于 A380,A400M 和 B777 飞机中,作为飞机的主干网络。AFDX 是由 A380A 项目中的产品演化为规范化定义的技术,2000 年前后,ARINC 公司发布了 ARINC 664 part 7 规范草案,对 AFDX 规范进行了定义;在 2004 年到 2006 年之间,规范草案演化为正式的标准,并于 2005 年 6 月公布。AFDX 网络具有传输带宽高、网络拓扑结构灵活、通信确定性较好、标准开放等优点。

6.1.2.10 TTE 网络

TTE(SAE AS6802)是在标准 IEEE 802.3 以太网上实现的时间触发网络协议。TTE 网络通过交换机进行互连可构成各种网络拓扑结构。时间触发服务在整个网络系统中建立一个全局统一的时钟,终端之间的通信基于全局时间来进行,具有确定的通信延迟和时间偏移。TTE 的设计提供了航空航天应用所需的安全性等级,目前支持 100 Mbps 和 1 000 Mbps 速率,可扩展支持到 10 Gbps。

TTE 在各种航空航天领域得到了应用,如 NASA 把 TTE 网络应用到火星探测项目中,美国西科斯基飞机公司正在将基于 TTE 协议的 IMA 系统,用于新一代航空电子系统架构中,TTE 目前得到了通用电气等业内公司的广泛支持。TTE 在汽车工业、风电及铁路等行业领域也得到了广泛应用,其时间触发特性简化了应用开发,使综合工作减到最小,以较低的全寿命周期费用获得新的安全性水平。TTE 不仅可作为新一代飞机航电互连网络主干网,而且可直接连接安全关键子系统,在飞机中真正实现统一网络。基于时间触发的 TTE 网络可同时满足实时(控制系统)和非实时(传统的因特网)应用的需要。

6.1.3 事件触发与时间触发机制

网络通信的最简单形式是每一个终端都采用事件触发(event trigged)方式进行

数据传输,网络中的数据收发操作定义为事件(event),例如一个事件触发的内容可表述为:传感器信息若发生改变,则广播传感器消息。在事件触发网络中,每一个终端都可以根据应用的运行情况随时发送数据,采用先来先服务的顺序对数据帧进行发送和接收。多个任务同时进行数据传输时,事件触发方式无法保证通信延迟和时间偏移的确定性。传统的 1553B 总线、FC 网络、以太网网络、AFDX 网络等都以事件触发方式进行通信。

而基于时间触发方式进行通信的网络,在整个系统中建立一个全局统一的时钟。通信时,采用在规定的时间序列中规定的时刻进行数据收发操作。例如,一个时间触发通信的内容可表述为:在系统时间为 20ms 时刻广播传感器消息。TTP 协议和 TTE 协议是典型的时间触发通信协议。

TT 网络中每一个同步的节点只能在规定的时刻进行数据收发,周期性的数据传输操作构成一个时分多址周期,即 TDMA(time-division multiple access)周期。图 6-4 给出了一个 TDMA 周期的示意图。每一个节点都在 TDMA 周期内使用一定的时间段称为时间槽(slot)来发送数据。通过全局时钟机制,TT 网络中每一个节点都使用自己的时间槽进行通信,所有节点的通信相互不冲突。

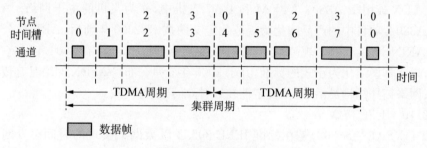

图 6-4　TDMA 调度

周期性的节点时间槽构成了一个 TDMA 周期,所有的 TDMA 周期都具有相同的时间长度。在 TDMA 周期中,节点每一次发送数据的长度和内容可能不同。多个 TDMA 周期构成集群周期,即总线运行周期。整个传输时间轴由重复的集群周期构成。

TT 网络在通信过程中采用全局时钟启动数据的收发,每一个网络组件的操作只与全局时间有关,而与其他组件的工作状况无关。这种特性保证了每一个组件都可以被单独设计和测试。通过测试的组件,在单独工作条件下,与在系统条件下具有相同的操作行为和时间特性。每个组件在系统中不会对其他组件产生不确定的交互作用。单独测试通过的组件,在系统综合以后都可以正常运行。TT 组件能够单独设计和测试的特点,可方便各个组件的供应商分别地进行研发,简化了复杂系统的综合难度。

TT 网络的全局时间是时间触发网络运行的基础。TT 网络具有分区隔离、资源利用率高、精确系统诊断、可组合性好等特点。

分区隔离:每一个应用都基于全局时间,而不是基于外部的事件进行通信,这有利于将一个应用的错误隔离在一定的范围内,而不会传递到系统中的其他应用,这种效果称为分区隔离。分区隔离可用于错误隔离机制,成为时域防火墙。出错的应用不会无休止地使用网络。依据出错位置,可对出错的组件进行隔离。

提高资源利用率:全局时间有利于提高系统资源利用率。时间触发通信可以减少网络中的缓冲区需求量。由于时间触发协议没有通信冲突,可通过时间触发机制来减少网络节点中缓冲区的大小,且节点不需要为突发消息准备大的通信缓冲区,甚至在时间触发节点中可合并发送和接收逻辑。

精确系统诊断:全局时间可以简化系统的重构过程,建立全局的系统状态,有利于系统维护操作。

良好的可组合性:在设备开发阶段,设备的通信特性就可以确定下来,这有利于实现设备的并行开发。在完成每一个设备的开发后,即可保证该设备在集成后能稳定工作。

6.2 ARINC 429

6.2.1 设备互连

通过双绞屏蔽线电缆,单个发送器可最多连接多达 20 个数据接收器。在网络中,双绞线电缆的屏蔽层在两端以及沿着该电缆上的任何断开处,都要接地。屏蔽层到地之间的连接线应该尽可能的短。

ARINC 429 物理连接示意图如图 6-5 所示。

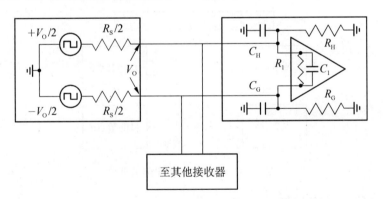

图 6-5 ARINC 429 物理连接示意图

多个节点的互连如图 6-6 所示。图中节点 1 可发送数据到节点 2,3,4,而节点 4 则不能发送数据到节点 2。

6.2.2 信号调制

ARINC 429 通信数据采用带奇偶校验的 32 位消息字进行传输。信号的调制波形为双极归零码,调制过程如图 6-7 所示。图中待发送的数据为

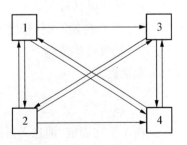

图 6-6 多个节点的互连

1010…,通过 A, B 两路差分信号进行传输。

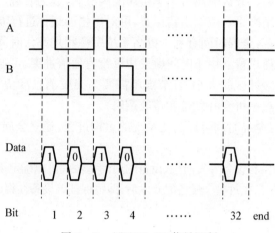

图 6 - 7   ARINC 429 信号调制

6.2.3   通信延迟的计算

图 6 - 8 中给出了一个 ARINC 429 连接的示例。图中节点 a 发送数据到节点 c,节点 b 发送数据到节点 c 和 d。例中假定传输的是连续消息,且传输的数据没有错误。

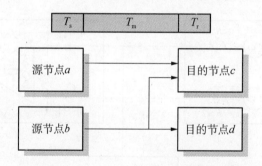

图 6 - 8   ARINC 429 连接示意图

在这个例子中,参数如下:

T_s:源终端传输延迟;

T_m:消息传输时间(长度/带宽);

T_r:接收终端传输延迟。

总延迟 L

$$L = T_s + T_m + T_r$$

由于带宽固定、消息无碰撞以及终端系统延迟是定值,因此从发送器到接收器经过网络传输消息的时间是固定的。

点到点系统消息传输时间几乎是确定的、可计算的常数。增加带宽可以减小消息延迟。设计者可以通过分析、测量和使用余度系统来提高消息传输的可靠性。

由于每一个端到端的链路是独立的,因此没有竞争延迟,终端的故障也不会相互传播。

6.2.4 数据格式及定义

ARINC 429 传输的数据有五种编码格式,分别为 BCD 格式、BNR 格式、离散数据格式以及两种字母数字数据格式。字母数字数据的编码采用国际标准化组织 ISO 的 5 号字符表的规定。ARINC 429 的每一个数据字都是 32 位长,不同编码格式传输不同类型的数据,各个数据位也具有不同的含义。以下以 BCD 格式为例,来解释 32 位数据字的内容,如图 6-9 所示。

32	31 30	29 28 27 26 25 24 23 22 21 20 19 18 17 16 15 14 13 12 11	10 9	8 7 6 5 4 3 2 1
P	SSM	数据	SDI	标志
		MSB　　　　　　　　　　　　　　　　　　　　LSB		

图 6-9　通用 BCD 格式

标志域:位 1 到位 8,确定消息的数据类型和参数,对应了数据的确切含义。标志域是消息的重要组成部分。

SDI 域:位 9 到位 10,定义了目的数据域。在连接中一个发送端可能把数据送到多个目的端,具体的接收终端可由 SDI 域来确定。

数据域:位 11 到位 29,用于传输应用数据。

SSM 域:位 30 到位 31,定义了符号矩阵,包含了硬件设备状态、操作模式、数据合法性等。

奇偶校验位:用于数据的奇偶校验,通常采用奇校验方法。

在具体应用中,可根据需要,灵活地对数据字格式进行定义,不必一定受到 ARINC 429 的协议约束,关键是要求通信的各方有一个统一的定义,例如有些 ARINC 429 的型号应用中将位 9 到位 29 定义为数据域,此时消息中没有 SDI 域。

6.3 CAN 总线

6.3.1 CAN 总线简介

CAN 最初出现在 20 世纪 80 年代末的汽车工业中,作为汽车环境中的微控制器,在车载各电子控制装置 ECU 之间交换信息,形成汽车电子控制网络。CAN 总线具有较好的实时性能,已经在汽车工业、工业控制、安全防护等领域中得到了广泛应用,在航空工业的部分子系统中也得到了应用。CAN 的高层协议是一种在现有的底层协议(物理层和数据链路层)之上实现的应用层协议。一些国际组织已经研究并开放了多个应用层标准,以使系统的综合应用变得更加容易。一些应用较广的高层协议有:CiA 制定的 CANOpen 协议、ODVA 的 DeviceNet 协议、Honeywell 的 SDS 协议以及 Stock 公司的 CANaerospace 协议。

6.3.1.1 拓扑结构

基于单总线的 CAN 总线拓扑结构如图 6－10 所示。每一个节点通过 CAN 通信接口访问总线。图 6－10 中 CAN 总线通过差分信号(CAN_H，CAN_L)进行传输。CAN 总线也可通过双总线进行冗余传输，以进一步提高数据传输的可靠性，在双总线 CAN 中，节点可直接与两条 CAN 总线同时相连。

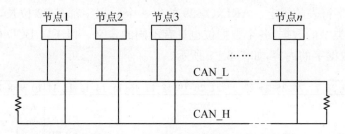

图 6－10　CAN 网络拓扑结构

节点的逻辑结构图如图 6－11 所示，主要包括:主机 CPU、CAN 控制器、收发器。CAN 控制器的 CAN 核心芯片根据 CAN 总线数据链路层标准完成数据收发。

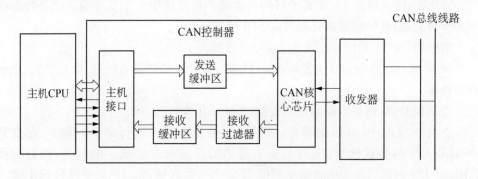

图 6－11　节点逻辑结构图

6.3.1.2 协议栈组成

CAN 总线的 ISO/OSI 参考模型层次结构如图 6－12 所示。CAN 协议栈实现了 OSI 模型的 3 层协议:物理层、数据链路层和应用层。其中数据链路层在 CAN 总线中由 MAC 层和 LLC 层组成。

- CAN 总线的 LLC 子层:涉及报文滤波、报文和状态处理等功能。
- CAN 总线的 MAC 子层:是 CAN 协议的核心。它把接收到的报文提供给 LLC 子层，并接收来自 LLC 子层的报文。MAC 子层负责报文分帧、仲裁、应答、错误检测和标定等。

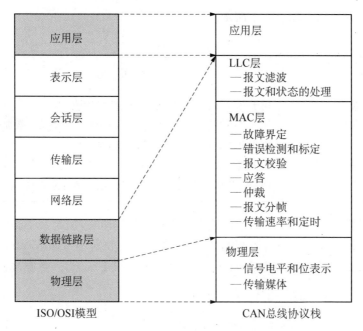

图 6-12　CAN 的 ISO/OSI 参考模型层次结构

● CAN 总线的物理层：定义信号是如何在线路中实际地传输，涉及到位时间、位编码、位同步等。

6.3.2　物理层协议

　　CAN 的 ISO 标准 ISO 11898 中定义了 CAN 总线线路及驱动器的电气特性。

　　CAN 可使用多种物理介质，包括双绞线、光纤等，最常用的是双绞线。信号可以使用差分电压传送，两条信号线被称为"CAN_H"和"CAN_L"，静态时均是 2.5 V左右，此时状态表示为逻辑"1"，也叫做"隐性"。当 CAN_H 电压比 CAN_L 高时，表示逻辑"0"，称为"显性"，此时，通常电压值为：CAN_H＝3.5 V，CAN_L＝1.5 V。

　　在总线中"显性"位和"隐性"位同时传送时，总线的结果值为"显性"。在 ISO11898 中，CAN 定义的部分参数如下：

　　通信速率：最高 1 Mbps。

　　总线最大长度：40 m/1 Mbps。

　　双绞线阻抗：120 Ω。

6.3.3　数据链路层协议

　　数据链路层的功能是将物理层收到的信号组织成有意义的消息，并提供差错控制等传输控制的流程。具体地说，就是消息的成帧、仲裁、应答、错误的检测或报告。数据链路层的功能通常在 CAN 控制器的硬件中执行。

6.3.3.1　帧结构和种类

　　CAN 协议中传输的帧有多种类型，分别是数据帧、远程帧、错误帧、过载帧、帧间隔。各种帧的用途如表 6.1 所示。

表 6.1　各种帧的用途

帧	帧 用 途
数据帧	用于发送节点向接收节点传送数据的帧
远程帧	用于接收节点向具有相同识别符的发送节点请求数据的帧
错误帧	检测出错误时向其他节点通知错误信息
过载帧	用于接收节点通知其尚未做好接收准备的帧
帧间隔	用于将数据帧及远程帧与前面的帧分离开来的帧

数据帧的结构如图 6-13 所示,由 7 个不同的位场组成:帧起始(Start of Frame)、仲裁场(Arbitration Frame)、控制场(Control Frame)、数据场(Data Frame)、CRC 场(CRC Frame)、应答场(ACK Frame)、帧结束(End of Frame)。数据场的长度可以为 0。

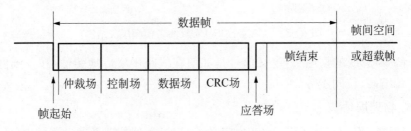

图 6-13　数据帧结构

帧起始:表示数据帧的开始。

仲裁场:表示该帧优先级,仲裁场包括识别符和远程发送请求位(RTR)

- 识别符:识别符的长度为 11 位或 29 位,在数据链路层 CAN 规范中,没有规定识别符的生成方法,由应用层协议来定义。
- RTR 位:1 位长,该位在数据帧里为"显性",远程帧里为"隐性"。

控制场:由数据的字节数和保留位组成,数据的字节数确定了数据场中数据的长度。

数据场:数据的内容,可发送 0~8 个字节的数据。

CRC 场:CRC 校验结果。

应答场:帧是否被正常接收。

帧结束:表示数据帧传输结束。

远程帧的结构如图 6-14 所示,由 6 个不同的位场组成:帧起始、仲裁场、控制场、CRC 场、应答场、帧结束。

由于远程帧是接收节点向具有相同识别符的发送节点请求数据,本身不带有传

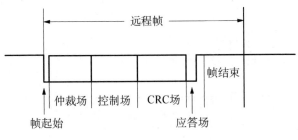

图 6-14　远程帧结构

输的数据，从图 6-13 和图 6-14 可见，远程帧与数据帧的唯一区别是没有数据场，其他场都相同。

6.3.3.2　帧仲裁机制：CSMA/CA

只要总线空闲，任何节点都可以开始发送报文。如果 2 个或 2 个以上的节点同时开始传送报文，那么就会有总线访问冲突，CAN 总线通过载波监听多路访问/冲突避免（Carrier Sense Multiple Access with Collision Avoidance，CSMA/CA）总线仲裁机制，来解决总线冲突问题。

CSMA/CA 总线仲裁过程如下：CAN 总线上的每一个节点在总线空闲时都可以访问总线，并对总线上传输的信号进行检测。在通信仲裁期间，每一个发送器都对发送位的电平与被监控的总线电平进行比较。如果电平相同，则这个节点可以继续发送。如果发送的是一"隐性"电平而监视的是一"显性"电平，那么节点就仲裁失败，必须退出发送状态。相反，高优先级报文则赢得仲裁，可以继续传输数据。

CAN 总线通过对仲裁场的逐位仲裁来实现 CSMA/CA。仲裁的机制确保了报文和时间均不损失，即使出现通信冲突，高优先级报文也可以无损通信，实现优先发送。当具有相同识别符的数据帧和远程帧同时初始化时，由于数据帧 RTR 域为显性，而远程帧为隐性，数据帧优先于远程帧传输。

由于 CAN 总线的状态取决于二进制数'0'（显性）而不是'1'（隐性），所以仲裁过程中，识别符 ID 号越小，报文则拥有越高的优先权。一个为全'0'识别符的报文具有总线上的最高优先权。

图 6-15 给出了一个通信仲裁过程，图中节点 1 发送的红色标识部分为隐性，而对应时刻节点 2 发送的为显性，故总线电平为显性，节点 1 监控到总线中传输的电平与自己不同，仲裁失败，将停止发送数据，而节点 2 则继续发送数据。

6.3.3.3　差错控制

CAN 总线面向现场总线而设计，要求具有高安全、高可靠数据传输能力，CAN 的每一个节点均采取了强有力的措施以便于错误检测、错误标定及错误自检。CAN 的错误检测共有 5 种，多种错误可能同时发生。

- 监视：发送器对发送位的电平与被监控的总线电平进行比较。
- CRC 检查：检查接收报文的 CRC 值。

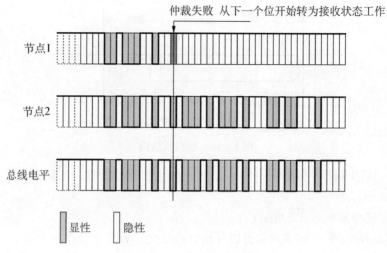

图 6-15　总线仲裁过程举例

- 填充检查：检查帧的填充是否符合规则。CAN 总线为提高数据传输的可靠性，在每连续 5 个相同数据位后插入一个值相反的位。
- 报文格式检查：检查报文格式是否正确。
- ACK 检查：检查 ACK 域是否正确。

CAN 总线的每一个节点依据错误检测的结果，在内部生成一个发送错误计数和接收错误计数，根据计数值决定节点的状态。节点有三种状态：主动错误状态、被动错误状态、总线关闭态。

错误状态和计数值的关系如表 6.2 所示。

表 6.2　错误状态和计数值

节点错误状态	发送错误计数值		接收错误计数值
主动错误状态	0～127	且	0～127
被动错误状态	128～255	或	128～255
总线关闭态	超过 256		

（1）主动错误状态
- 主动错误状态是可以正常参加总线通信的状态。
- 处于主动错误状态的节点检测出错误时，输出主动错误标志。

（2）被动错误状态
- 被动错误状态是易引起错误的状态。
- 处于被动错误状态的节点虽能参加总线通信，但为不妨碍其他节点通信，接收时不能积极地发送错误通知。
- 处于被动错误状态的节点即使检测出错误，而其他处于主动错误状态的节点如果没发现错误,整个总线也被认为是没有错误的。

- 处于被动错误状态的节点检测出错误时,输出被动错误标志。
- 处于被动错误状态的节点在发送结束后不能马上再次开始发送。在开始下次发送前,在间隔帧期间内必须插入"延迟传送"(8个位的隐性位)。

(3)总线关闭态

- 总线关闭态是不能参加总线上通信的状态。
- 信息的接收和发送均被禁止。

6.3.4　应用层协议——CANopen协议

考虑到CANopen协议在CAN总线高层协议中应用领域的广泛性,本节将以CANopen协议为例,来介绍CAN总线的应用层协议。

6.3.4.1　CANopen设备模型

运行CANopen协议的节点通过单总线或者双总线相连接,网络中有一个节点实施网络管理,称为NMT主节点,其他节点称为从节点。

一个CANopen设备模块可以被分为图6-16所示的三部分:通信部分、对象字典和应用部分。通信部分由PDO、SDO等多个通信对象组成,通信对象直接访问数据链路层通信资源。应用程序通过对对象字典的操作,来访问通信部分的通信对象,实现CANopen通信。

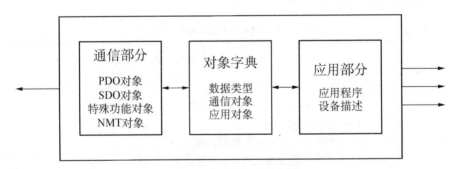

图6-16　CANopen设备模型

1)通信对象

通信部分由提供总线上数据收发服务的通信对象组成。不同CANopen设备间的通信都是通过通信对象来完成,通信部分直接对CAN控制器进行操作。CANopen通信部分定义了4种类型的通信对象:进程数据对象(PDO)、服务数据对象(SDO)、网络管理对象(NMT)和特殊功能对象。各种通信对象实现不同的通信服务功能。

进程数据对象(PDO)用来传输实时数据,数据从一个发送节点传到一个或多个接收节点。一次PDO数据传送被映射到一个数据链路层的CAN帧中,一次最大传递8字节数据。PDO主要用于对小型数据进行高速传输。

服务数据对象(SDO):通过SDO传输协议,一次SDO传输可以包含多个SDO

传输帧,实现任意长度的信息传输服务。SDO 传输服务优先级较低,一般用于设备配置过程中的参数传递和大数据块通信,例如可通过 SDO 传输服务,一个节点可以访问其他节点对象字典中的对象信息。

网络管理对象(NMT)实现网络管理和识别符 ID 分配服务。NMT 主节点通过网络管理对象可以实时控制从节点的启动过程,提供从节点的上传或下载配置服务,查询从节点的通信状态。

特殊功能对象实现网络中的一些特定功能服务,如同步服务(SYNC)、紧急状态对象、时间服务等。

通常,CANopen 设备通信部分预定义了 4 个接收 PDO、4 个发送 PDO、1 个SDO、1 个紧急状态对象等。

2) 对象字典

对象字典描述了设备使用的所有的数据类型、通信对象和应用对象,是CANopen 设备的核心部分。对象字典位于通信部分和应用部分之间,向应用程序提供接口,应用程序对对象字典进行操作就可以实现数据通信。

CANopen 网络中每个节点都有一个对象字典。对象字典包含了描述这个设备及其网络行为的所有参数,它是一个有序的对象组,每个对象采用一个 16 位的索引值来寻址,为了允许访问数据结构中的单个元素,同时定义了一个 8 位的子索引。对象字典的结构举例如表 6.3 所示。

表 6.3　CANopen 对象字典结构举例

索引	对　　象
0000	Not used
0001 - 001F	静态数据类型(标准数据类型,如 Boolean, Integer 16)
0020 - 003F	复杂数据类型
0040 - 005F	制造商规定的复杂数据类型
0060 - 007F	设备子协议规定的静态数据类型
0080 - 009F	设备子协议规定的复杂数据类型
00A0 - 0FFF	Reserved
1000 - 1FFF	通信子协议区域(如设备类型,错误寄存器,支持的 PDO 数量)
2000 - 5FFF	制造商特定子协议区域
6000 - 9FFF	标准的设备子协议区域
A000 - FFFF	Reserved

对象字典中索引值 0001 - 0x0FFF 是一些数据类型的定义。0x1000 到 0x9FFF定义了节点对象字典的范围。

对象字典中通信子协议区域(0x1000 - 0x1FFF),描述了对象字典的主要内容,包括了 CANopen 通信对象和通信参数。例如,CANopen 设备模型中通信部分的PDO1(表示第一个 PDO 通信对象)发送部分在对象字典中 16 位索引值为 1800H;

PDO1 的接收部分在对象字典中 16 位索引值为 1400H。CANopen 设备模型中应用部分可通过 1800H 访问通信部分的 PDO1,进行数据发送。

6.3.4.2　识别符分配

　　CAN 数据链路层规范依据仲裁域进行 CSMA/CA 总线仲裁,但没有规定仲裁域的识别符 ID 如何分配。在设计一个 CAN 通信系统时,根据应用需要来确定 CAN 识别符的分配方法非常重要,识别符的分配和定位是应用层协议研究的一个重要内容。

　　CAN 识别符 ID 是 11 位长度,CANopen 的通信对象标识 COB‐ID 与 CAN 识别符 ID 相对应。COB‐ID 的 11 位包含一个 4 位的功能码部分和一个 7 位的节点 ID(Node‐ID),如图 6‐17 所示。

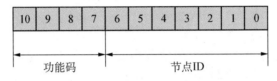

图 6‐17　COB‐ID 的组成

　　节点 ID 由系统集成商定义,例如通过设备上的拨码开关设置,用于确定通信的目的节点。节点 ID 范围是 1~127(0 不允许使用)。

　　功能码用于确定具体通信对象,如 0011b 代表 PDO1 的发送对象,0100b 代表 PDO1 的接收对象。

　　缺省的 COB‐ID 分配表如表 6.4 所示,用户可以根据 CAN 通信系统的设计,灵活确定自己的 COB‐ID 分配表。

表 6.4　CANopen 缺省的 COB‐ID 分配表

CANopen 预定义广播通信对象			
对象	功能码 (ID‐bits10‐7)	COB‐ID	通信参数在对象 字典中的索引
NMT Module Control	0000	000H	—
SYNC	0001	080H	1005H,1006H,1007H
TIME SSTAMP	0010	100H	1012H,1013H
CANopen 对等通信对象			
对象	功能码 (ID‐bits10‐7)	COB‐ID	通信参数在对象 字典中的索引
紧急	0001	081H‐0FFH	1024H,1015H
PDO1(发送)	0011	181H‐1FFH	1800H
PDO1(接收)	0100	201H‐27FH	1400H

（续表）

CANopen 对等通信对象			
对象	功能码（ID－bits10－7）	COB－ID	通信参数在对象字典中的索引
PDO2（发送）	0101	281H－2FFH	1801H
PDO2（接收）	0110	301H－37FH	1401H
PDO3（发送）	0111	381H－3FFH	1802H
PDO3（接收）	1000	401H－47FH	1402H
PDO4（发送）	1001	481H－4FFH	1803H
PDO4（接收）	1010	501H－57FH	1403H
SDO（发送/服务器）	1011	581H－5FFH	1200H
SDO（接收/客户）	1100	601H－67FH	1200H
NMT Error Control	1110	701H－77FH	1016H－1017H

两个从节点通过 PDO1 进行通信数据的 COB－ID 分配举例如表 6.5 所示。TPDO1 表示发送节点的 PDO1 发送部分，RPDO1 表示接收节点的 PDO1 的接收部分。TPDO1 和 RPDO1 具有相同的数值。

表 6.5 两个从节点通过 PDO1 通信的 COB－ID 分配举例

发送从节点		接收从节点	
名称	COB－ID	名称	COB－ID
TPDO1	0X181	RPDO1	0X181

6.3.4.3 通信服务举例

通过使用 CANopen 协议的通信对象，可实现各种通信服务，以下将列举出部分 CANopen 中的通信服务，更多的通信服务实现方式类似。

1) PDO 通信服务

通过 PDO 对象来实现 PDO 通信服务。PDO 通信服务包括 PDO 读和 PDO 写。

PDO 读用于一个节点请求另一个节点发送数据，过程如图 6－18 所示。PDO 读操作采用数据链路层的远程帧发送请求，通过数据帧传输应用数据。

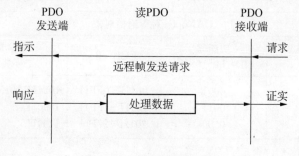

图 6－18 PDO 读操作过程

　　PDO写用于一个节点向另一个节点发送数据,过程如图6-19所示。PDO写操作采用数据链路层的数据帧发送信息。

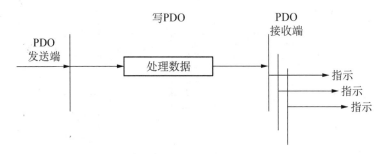

图6-19　PDO写操作过程

　　2) NMT主节点启动远程节点服务

　　在CANopen网络中,节点上电后,进入初始化状态,初始化操作结束后自动进入预运行状态。在预运行状态下,SDO可以通信,PDO不能进行通信。

　　NMT主节点通过发送启动远程节点服务来将从节点从预运行态转换为运行状态,如图6-20所示。在运行状态下,从节点可通过PDO通信对象实现PDO通信服务,此时所有的通信对象都可以起作用,节点上电启动操作完成。

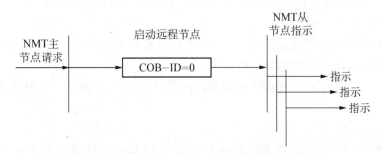

图6-20　NMT主节点通过发送启动远程节点服务

6.4　AFDX网络

6.4.1　通信原理

　　AFDX通过虚链路机制,在以太网中保证数据传输的延迟上限和抖动上限,实现数据的确定性传输。在虚链路机制中,每一个节点只能在规定的时间段内发送规定数量的数据,发送的数据量全局进行规划。在AFDX网络中,通信延迟上限有保证,且数据流的延迟抖动可计算,并在一个固定的范围内。

　　虚链路(Virtual Link,VL)是一个终端系统到另一个或多个终端系统之间的单向的逻辑路径。VL只是逻辑上的链路,在物理层,多条VL共用一条以太网物理链路。在航空电子网络的任何一个VL中,只有一个终端系统(ES)能作为它的源。

图 6-21 中,由四个终端通过一个交换机进行连接,终端 a 通过 VL1 发送数据到终端 c,终端 b 通过 VL2 发送数据到终端 d。

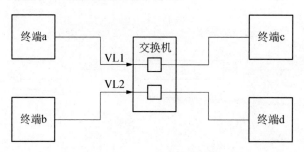

图 6-21　VL 通信举例

AFDX 网络有三个基本要素:AFDX 终端、AFDX 交换机和链路。

6.4.1.1　虚链路 VL

虚链路实现了带宽资源的有效分配和隔离,通过虚链路为每一个连接提供有保证的带宽。终端系统(ES)应能在它所支持的所有 VL 中针对可用带宽提供逻辑上的隔离,同一个终端系统中的 VL 相互通信不受影响。

VL 的主要参数包括:BAG 和最大帧长度 L_{max}。VL 最大带宽(kbps)$=L_{max}/BAG$。BAG 表示同一个 VL 上两个连续帧首位之间的最小时间间隙,一个 VL 在一个 BAG 内只发送一帧。

为实现 VL 通信的流量控制,终端需要对消息帧流在发送前进行了调整,交换机需要根据 VL 对通信的流量进行控制。

图 6-22 给出了终端进行流量调整的示意图,图 6-23 给出了交换机进行流量控制的示意图。

图 6-22 中发送端系统存在多条虚链路时,通过流量整形器对每一条 VL 的数据流进行整型,而后通过调度器对来自整形器的多个虚链路的数据流进行实时调度。

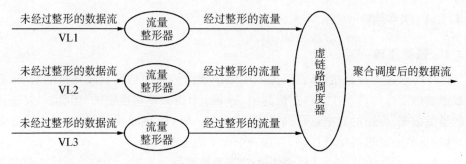

图 6-22　VL 流量整形

流量整形器的工作过程如图 6-23 所示。图中一个不规则的输入流,经过流量整形器调整后,输出的流量在一个 BAG 内只发送一帧。

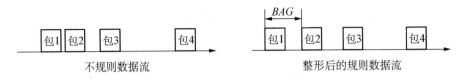

图 6 - 23 虚链路流量整形

通过精确流量整形控制单个虚链路上分组的发送间隔,限制了虚链路的突发传输数据量,控制了终端中最坏条件下的排队延迟界限,使得帧的传输服从一个有界的到达分布,保证网络端到端的最大传输时延是可计算的。

交换机使用漏桶算法,对通过交换机每一条 VL 的流量进行控制。每一个 VL 在交换机中都有相应的预算值 AC。AFDX 中 AC 值的管理支持基于帧和基于字节两种方法。基于帧的方法以帧个数为单位进行流量控制,基于字节的方法则以实际通信的数据长度为单位进行流量控制。图 6 - 24 给出了一个基于帧的流量控制的例子。

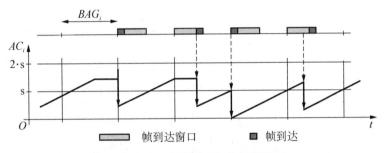

图 6 - 24 交换机流量控制举例

基于帧的流量控制算法为:

① 如果对应 VL 的 AC 大于 1,则帧被接收,AC 减 1;

② 如果对应 VL 的 AC 小于 1,则帧被放弃,帧 AC 不改变;

③ AC 值不超过上限则每一个 BAG 加 1。

6.4.1.2 延迟抖动的计算

网络上由于数据传输竞争,导致同一个 VL 中数据帧的传输延迟会发生不稳定,产生延迟抖动。例如,一个 VL 中可能对应多个应用任务,各个任务可能同时发送数据,多个交换机的输入端口可能同时将数据送入到同一个目的交换机端口。所有这些状态都可能导致数据传输的竞争,进而产生数据传输延迟的变化。一个数据流中数据传输延迟的变化称为延迟抖动(jitter)。

终端输出端每条虚拟链允许的最大抖动应遵循下面两个公式:

$$
\left.
\begin{array}{l}
max\_jitter \leqslant 40 + \dfrac{\displaystyle\sum_{i \in \{set\ of\ VL\}} (20 + L_{max_j}) \times 8}{Nbw} \\[4mm]
max\_jitter \leqslant 500
\end{array}
\right\}
\tag{6-1}
$$

max_jitter 是最大抖动,单位为 μs;Nbw 是介质带宽,单位是 bps(bit/s);L_{max} 是字节长度,单位是 byte;$40\,\mu s$ 是典型的最小固有技术抖动。$set\ of\ VL$ 表示 VL 的集合。

公式中 20 是以太网的帧传输开销,包括 12 字节内部帧间隔、7 字节前同步信号、1 字节开始帧定界符。

对于重载荷终端,最优化排序可能导致数据传输延迟抖动较大,系统设计者有责任来决定不能超过 $500\,\mu s$。这些值是验证 AFDX 确定性的基础,它们也用于计算端系统的极限。

6.4.1.3　网络通信延迟的计算

通过 VL 的终端和交换机的流量整形和控制,每一个 VL 的通信延迟都不超过一个上限。根据终端应用程序的负载,网络通信延迟计算过程如下:

第一种情况,假设主机应用程序在给定的虚拟链路上平稳的传输数据(没有突发数据),且数据没有分块,则给定的编号为 i 的 VL 总延迟是:

$$MAX\_Latency_i \leqslant BAG_i + max\_jitter + Technological\_Latency\_in\_transmission$$
$$(6-2)$$

第二种情况应用在主机软件传输数据中有突发的数据或者需要分块的长信息,且如果终端系统在这个 VL 上有其他数据需要处理,下一个需要传输的数据会出现延迟。在传输过程中给定的 VL,假如已经处理了 $p-1$ 个帧,p 帧的最大延迟遵从下列公式:

$$MAX\_Latency_i(frame\_p) \leqslant p * BAG_i + max\_jitter$$
$$+ Technological\_Latency\_in\_transmission \qquad (6-3)$$

在公式 6.2 和 6.3 中,$Technological\_Latency\_in\_transmission$ 是网络传输的技术延迟。技术延迟是指在网络没有负载情况下,网络的传输延迟,此时网络传输无任何冲突资源访问产生,缓冲区为空。技术延迟包括了发送延迟、交换延迟、接收延迟等。对确定的网络实现,技术延迟是常量。

6.4.2　AFDX 终端

6.4.2.1　协议栈

AFDX 终端协议栈如图 6-25 所示,图中给出了协议栈与 OSI 模型的对应关系。

AFDX 的物理层同以太网的物理层,在 ARINC 664 的 PART 2 中有定义。

AFDX 的 MAC 层(VL)对应了 OSI 模型中的数据链路层。ES 的数据链路层基于 IEEE 802.3 标准定义的全双工以太网链路。端系统产生的任何以太网帧应当符合 IEEE 802.3 标准。即使物理链路层发生故障,所有输出接口也应当连续发送数据,在 ARINC 664 的 PART 7 中定义了 MAC 层(VL)。

AFDX 采用了标准 IP 协议的部分子集,作为网络层,数据包结构版本为 IPv4。

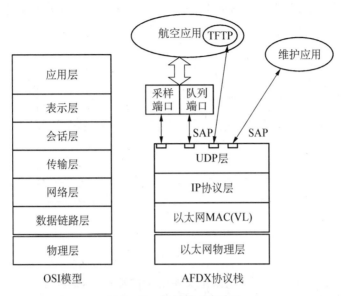

图 6 - 25　协议栈对应关系

考虑到 UDP 协议的传输效率较高,AFDX 采用 UDP 协议来实现传输层协议。

终端提供两种类型的 AFDX 通信服务,实现不同的传输方式:

① AFDX 通信端口:包括采样和队列端口。AFDX 的应用软件通常采用 AFDX 通信端口进行应用数据流传输。

② 服务访问点(SAP)端口:用于 TFTP 传输。

UDP 端口号将被映射到对应的应用端口,实现 AFDX 通信端口和 SAP 端口。

AFDX 通信端口的采样服务:采样消息的大小应当小于或等于相关 VL 的有效载荷。每个采样端口只有一个缓冲存储区,用于存储单个消息,接收到的消息将覆盖当前存储的消息。从采样端口读取消息不会使该消息从缓冲区中移走,它可以重复地被读取。

AFDX 通信端口的队列服务:能管理同一队列通信端口的不同大小的消息。为了确保消息的顺序,在接收和发送消息时,队列服务遵循先进先出(FIFO)的规则。队列端口有足够的存储空间,新消息将会追加到队列里,读取队列端口将会使消息从队列中移出。

服务访问点(SAP)端口具有以下特性:

① SAP 端口可以用来在 AFDX 网上通信;

② 作为端系统设计的一部分,可以自适应设置目的 IP 地址,通过网关或路由器访问其他商业以太网网络;

③ 帧长度最大可达 8 k 字节。

一般文件传输协议 TFTP 用来传输文件,文件传输服务应当能处理 8 k 字节的块。

对应于协议栈,AFDX 的帧格式如图 6-26 所示。一个 AFDX 帧包括以太网帧头、IP 帧头、UDP 帧头、UDP 负载、帧序号及帧校验域。帧序号用于 AFDX 网络的冗余管理。

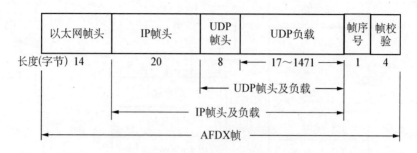

图 6-26　AFDX 帧格式

6.4.2.2　地址管理

AFDX 通过一个地址五元组来定义系统中的数据流,地址五元组包括:UDP 源端口、源 IP、目的 MAC(虚拟链标识)、目的 IP、UDP 目的端口。一个地址五元组唯一定义了一条消息数据流。

UDP 源端口和目的端口:是 UDP 协议传输层提供的网络通信端口,该端口将映射到 AFDX 通信端口和 SAP 端口,用于识别传输层网络的通信端口。UDP 端口号由系统设计者进行分配。

IP 源地址:用来识别有关发送端系统的网络层地址。AFDX 帧 IP 头部的 IP 源地址是一个单播地址,用来标识发送器。

IP 目的地址:用来识别目标用户的网络层 IP 单播地址或 IP 多播地址,源端系统用 IP 目的地址来发送 IP 包到一个或多个目的端系统。

用来识别目标用户的 IP 单播地址或 IP 多播地址格式如图 6-27 所示。

IP Addressing Format 32 bits		
4 bits	28 bits	
Class D "1110"	IP Multicast Identifier	
	常量域 12 bits= "0000 1110 0000"	虚拟链路号(16位长)

图 6-27　IP 多播地址格式

MAC 目的地址:唯一定义一条数据链路层的虚拟链路。虚拟链路有 MAC 目的地址唯一标识,如图 6-28 所示,AFDX 帧的 MAC 目的地址是一个组播、局部管理地址,并遵循下面的格式:

每个终端应从系统设计者那里获得常量域和虚拟链路号,AFDX 网络的每个终

48 bits	
常量域(32位长)	虚拟链路号(16位长)
××××　××11　×××× ××××　×××× ××××　×××× ××××	

图 6-28　MAC 多播地址结构

端 MAC 地址常量域是相同的,第一个字节的最低位(常为 1)表示组播地址。为了使用标准以太网数据帧,MAC 组播地址用于从终端到终端发送帧。第一个字节的次低位(通常等于 1)表示局域管理地址。虚拟链标识由 AFDX 网络系统设计者确定。

6.4.2.3　冗余机制

AFDX 通过冗余路径来提高网络的可靠性,每一个端系统都通过全双工链路,同时与两个或多个交换机相连接,图 6-29 给出了 AFDX 网络冗余连接示意图。传输中以每个 VL 为单位进行冗余,每一个 VL 传输的数据通过两个独立的网络进行传输。在发送端,一个帧序号字段加到每个帧中,在每个连续的帧中,序列号是递增的。增加这些序列号,可以使帧在传递到接收分系统之前,接收端重建一个单一有序而不重复的帧流。帧序号以 VL 为单位进行分配。

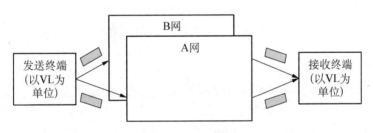

图 6-29　冗余网络

具有冗余管理功能的端系统实现示意图如图 6-30 所示,冗余管理功能根据 AFDX 帧中的帧序号域,对不同网络接收到的多个数据帧进行选择,选择的原则是"先到有效"策略算法,即同一个帧序号,最先到达的帧将被接收,后到者将被丢弃。如果冗余链路都传输正常,则后到者被丢弃;如果其中一个传输出现了故障,则用另

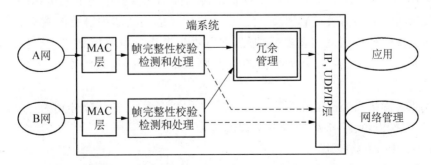

图 6-30　具有冗余管理功能的端系统实现示意图

一个替代。这样一个网络节点的瘫痪不会影响整个网络的通信,减少了数据的丢失。

图 6‑31 给出了一个终端冗余管理的结果示意图。在第一个 *BAG*,A 网接收到帧 A1,B 网没有接收到数据帧,则接收端认为 A1 帧合法。同理,在第二个 *BAG* 以 A2 帧合法。第三个 *BAG* 的 B3 帧出错,A3 帧合法。第四个 *BAG* 的 A4 帧先到,A4 帧合法。第五个 *BAG* 的 B5 帧先到,B5 帧合法。

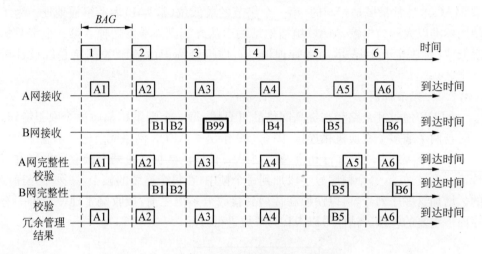

图 6‑31　终端冗余管理结果示意图

6.4.3　AFDX 交换机

AFDX 交换机要实现数据在链路层的交换功能,并且符合 802.3 的 10/100 M 以太网规范和 ARINC 664 AFDX 标准。

根据 AFDX 规范,AFDX 交换机与商用交换机有以下几点不同:

① 支持虚链路及基于虚链路的流量控制。

② 每个输出端口有足够大的缓冲空间。

③ 交换机的交换过程中具有确定的可预计延迟时间。

④ 拥有一个符合 AFDX 规范的终端。

上述不同之处决定了 AFDX 交换机结构与商用交换机结构不完全相同。首先商用交换机中的路由表在 AFDX 交换机中变成了固定的虚拟链路配置表,路径选择要根据虚拟链路信息实现多播功能,并且添加了流量策略控制和交换机终端模块。同时,AFDX 交换机交换结构的设计要保证帧在传递过程中具有可确定的延时。

AFDX 网络交换机由五部分组成,如图 6‑32 所示。各部分分别为:过滤和策略模块、交换模块、配置表、终端和监视模块。

1) 过滤和策略模块

对每个进入交换机的数据帧进行帧过滤和流量控制。包括帧完整性、帧长、流

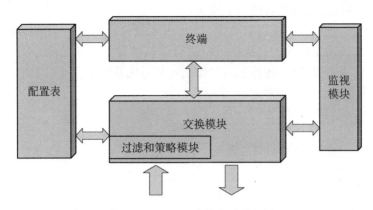

图 6‑32　AFDX 交换机功能框图

量负载和目的地址等的检查。有关交换机的流量控制参阅 6.4.1"通信原理"一节的描述。

2）交换模块

根据帧中 VL 号,查找对应的输出端口并输出。为提高网络的通信确定性,提高数据的传输效率,通常采用输出队列结构,来实现 AFDX 的交换模块。

3）配置表

存储数据交换过程中实施的帧过滤、流量策略和路由等信息。AFDX 的配置表由系统设计者采用离线设计的方法静态生成。

4）终端

终端提供了外界与交换机的相互通信的接口。利用终端来实现数据加载和对交换机的监控。

5）监视模块

记录交换机的工作状态并统计数据帧的处理情况,同时负责与网络中的管理设备通信并报告工作状态和统计结果。

6.4.4　链路

在 AFDX 网络中,终端物理层应遵循 IEEE 802.3 标准的以太网规范,其中两种主要的介质性能简述如下:

① 100Base‑TX:数据速率为 100Mbps,传输介质为两对 100Ω 的 5 类 UTP 电缆,最大网段长度为 100 m;连接器为 RJ‑45 型连接器;线路信号码型为 4B/5B 编码。

② 100Base‑FX:数据速率为 100Mbps,传输介质为 850 nm 或 1300 nm 两种类型的光纤,最大网段长度为 2000 m;线路信号码型为 4B/5B 编码。

6.4.5　网络启动过程

在定义 AFDX 网络的 ARINC 664 标准中没有对终端上电后的操作进行约束性

定义,而对交换机的启动过程进行了定义。

　　交换机启动过程可以使得交换机在上电或者复位后,按照一定的方法进入到工作状态。正常启动完成后的交换机可以执行数据转发等各项功能。图 6-33 描述了交换机启动或者复位后,各种不同操作模式及转化条件。交换机上电或复位后首先进行 INIT 模式。

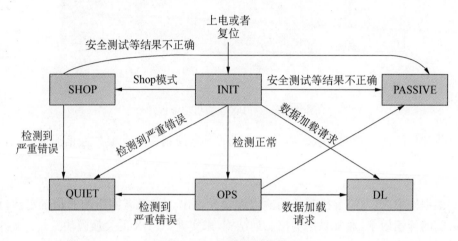

图 6-33　交换机操作模式

　　INIT 模式:在初始化阶段交换机进行各项检测操作,各项检测结果正确后进入OPS 模式。

　　OPS 模式:操作模式。交换机根据激活的配置文件执行其正常功能,例如帧过滤和流量管理功能、交换功能、端系统功能等。

　　DL 模式:数据加载模式。交换机根据默认配置表中的数据执行端系统功能,并可利用端系统执行 ARINC 615A 数据加载操作。

　　PASSIVE 模式:在安全测试结果不正确等情况下,交换机处于该模式,交换机仅保持网络管理功能的通信能力,其他功能都停止并保持静止状态。

　　QUIET(静止)模式:交换机的功能停止。发生任何一种灾难性故障,交换机都进入 QUIET 模式。在该模式下,交换机不能发送帧,也不允许与交换机管理功能通信。灾难性故障有可能使交换机的某部分发生奇怪的、不可预测的行为,交换机不可信。静止模式保证交换机不再转发帧且保持静止状态。

　　SHOP 模式:出厂初始设置,可进行地面维护操作。ARINC 615A 操作(信息、上载、下载、FIND)在 SHOP 模式可用。

6.4.6　AFDX 网络通信过程设计举例

　　本节将描述一个网络的通信过程。设计中包含一个交换机和 3 个节点,图6-34 描述了网络拓扑结构。终端 1,2,3 分别连接到交换机的 1,2,3 号物理端口,网络系统负载及对应的 VL 设计如表 6.6 所示。

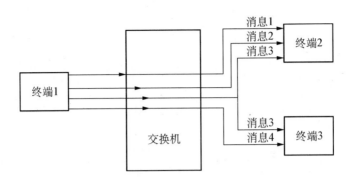

图 6-34　网络拓扑结构

表 6.6　系统负载及 VL 设计

消息标识号	源终端	目的终端	VL 号
1	1	2	1
2	1	2	1
3	1	2 和 3	2
4	1	3	3

　　源终端和目的终端都相同的 1,2 号消息的 VL 为 1。消息 3 是多播消息,目的终端为 2 和 3。消息 4 由终端 1 送入到终端 3。

　　终端 1 的地址分配如表 6.7 所示。端口 1 中有四条发送的消息,考虑到终端 AFDX 通信端口号的唯一性,分别用 1,2,3,4 表示。本例中四条流分配同一个 IP 源地址,对应的源 UDP 端口分别为 1,2,3,4。同一个终端发送的消息源 MAC 地址相同,都为 MAC10。

表 6.7　终端 1 的地址分配

消息标识号	AFDX 通信端口	源 UDP 端口	源 IP 地址	源 MAC 地址	目的 MAC 地址(VL)	目的 IP 地址	目的 UDP 端口
1	1	UDP 1	IP10	MAC10	VL 1	IP1	UDP 1
2	2	UDP 2	IP10	MAC10	VL 1	IP1	UDP 2
3	3	UDP 3	IP10	MAC10	VL 2	IP2	UDP 1
4	4	UDP 4	IP10	MAC10	VL 3	IP3	UDP 1

　　根据前面目的 IP 地址分配方法,目的 IP 地址包含 VL 信息,故终端 1 中对应的目的 IP 地址分配分别为 IP1,IP1,IP2,IP3。不同流在同一个接收终端分配不同的 UPD 目的端口。对消息 1,目的 UDP 端口分配为 1。

　　终端 2 的地址分配如表 6.8 所示。端口 2 中有三条接收的消息,考虑到终端 AFDX 通信端口号的唯一性,分别用 1,2,3 表示。本例中接收的三条流来自于同一个终端的同一个 IP 源地址,对应的各个地址分配与表 6.7 一致。

表 6.8   终端 2 的地址分配

消息标识号	AFDX 通信端口	源 UDP 端口	源 IP 地址	源 MAC 地址	目的 MAC 地址(VL)	目的 IP 地址	目的 UDP 端口
1	1	UDP 1	IP10	MAC10	VL 1	IP1	UDP 1
2	2	UDP 2	IP10	MAC10	VL 1	IP1	UDP 2
3	3	UDP 3	IP10	MAC10	VL 2	IP2	UDP 1

终端 3 的地址分配如表 6.9 所示。端口 3 中有两条接收的消息,考虑到终端 AFDX 通信端口号的唯一性,分别用 1、2 表示。本例中接收的两条流来自于同一个终端的同一个 IP 源地址,对应的各个地址分配与表 6.7 一致。

表 6.9   终端 3 的地址分配

消息标识号	AFDX 通信端口	源 UDP 端口	源 IP 地址	源 MAC 地址	目的 MAC 地址(VL)	目的 IP 地址	目的 UDP 端口
1	1	UDP 3	IP10	MAC10	VL 2	IP2	UDP 1
2	2	UDP 4	IP10	MAC10	VL 3	IP3	UDP 1

交换机转发表见表 6.10,3 个 VL 分别对应交换转发表的三个转发表项。交换表的内容与 VL 号及终端对应的交换机连接端口有关。

表 6.10   交换转发表

输入端口	VL 号	输出端口
1	MAC1(VL1)	2
1	MAC2(VL2)	2 和 3
1	MAC3(VL3)	3

数据通信过程示意图如图 6-35 所示。

6.5   TTP 总线

6.5.1   TTP 总线简介

6.5.1.1   拓扑结构

TTP 总线的拓扑结构举例如图 6-36 所示。每一个节点通过 TTP 通信接口访问总线。

TTP 总线中各个节点通常通过双总线进行连接。节点之间通过广播方式,而不是点到点方式进行数据传输。每一个节点都可以接收到总线中传输的所有数据。发送数据时,发送的数据通过两条通信链路同时进行传输。

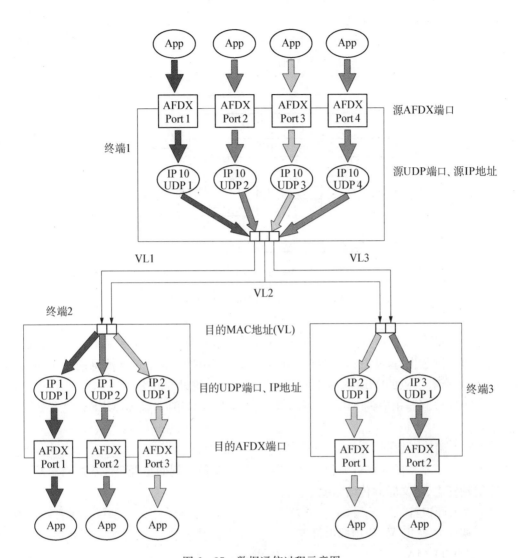

图 6-35 数据通信过程示意图

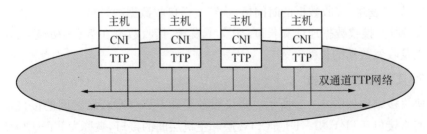

图 6-36 TTP 总线拓扑结构举例

6.5.1.2 控制器结构描述

TTP 协议控制器的结构描述如图 6-37 所示,主要包括与主机接口的 CNI 接口、协议处理器、TTP 信息描述表 MEDL。

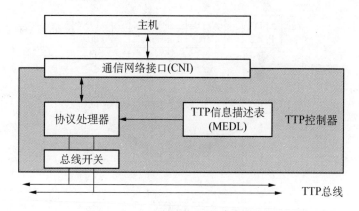

图 6-37　TTP 协议控制器结构描述

TTP 总线根据用户离线配置的信息进行数据交换。每一个控制器存储着自己的调度控制数据,这些数据存储在 MEDL 表中。MEDL 表中包含消息的发送和接收信息,所有节点的 MEDL 表组成了唯一的一个系统设计方案。

不同控制器相应的 MEDL 表的具体内容也不尽相同,通常 MEDL 包含如下内容:

(1) 调度参数

描述了基本的通信行为和必要的启动、集成参数。例如是否允许本控制器发送冷启动标志、定义时间传输精度等。

(2) 标识符

调度方案 ID 号,应用标识符等。

(3) TDMA 参数

TDMA 参数包括:

① 节点发送、接收数据的时间槽:确定发送接收数据的时刻。

② 发送、接收数据地址和长度:定义了发送、接收数据在节点中的起始存储器位置以及收发数据的长度。

6.5.2 TTP 总线协议栈

协议栈结构如图 6-38 所示。协议服务层和 FT-COM 层之间的接口被称为通信网络接口 TTP CNI。FT-COM 层和主机层间的接口,被称为 FT-COM 通信网络接口 FT-COM CNI。FT-COM 层和主机层与 TTP 协议无关。为保持应用的完整性,本文也将对 FT-COM 层和主机层的功能进行介绍。

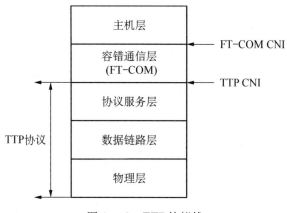

图 6-38 TTP 协议栈

6.5.2.1 物理层

TTP 没有规定特定的比特编码和物理传输媒体,只是提出了一些具体要求:

① TTP 包含两个物理层通道。

② 采用共享媒体,支持广播通信。

③ 固定的媒体传播延迟。

④ 在同一个 TTP 总线中,所有的通信控制器必须具有相同的数据编码机制、数据传输速率、总线驱动能力。

6.5.2.2 数据链路层

数据链路层提供节点间交换数据帧的方法和帧格式。数据帧主要包含的信息为:帧类型、用户数据、调度方案 ID 号、控制器状态、CRC。

帧类型用于确定本帧是用户数据帧还是冷启动帧。冷启动帧用于系统启动过程。

调度方案 ID 号:确定了系统当前运行的调度方案,对应了 MEDL 表信息。具有相同调度 ID 号的节点才能相互通信。

每一个数据帧用 CRC 进行校验。数据帧的最大长度与选择的 CRC 多项式有关,TTP 协议没有规定具体使用的 CRC 多项式。

根据存储的 MEDL 信息,TTP 控制器按照 TDMA 方式组织数据通过总线进行数据传输。

在每一个 TDMA 循环中,一个节点在两条信道中可以精确地发送同一帧。不同节点的发送时间长度可以不同,这和全部带宽分配在各个成员节点上的比例相对应。每个时间槽允许定量的数据传输。各个节点在不同 TDMA 循环中占有的时间槽长度都相同,所有 TDMA 循环具有相同的时间长度。

6.5.2.3 协议服务层

协议服务层提供包括所有 TTP 服务在内的协议操作,可分为如下重要类别:

① 通信服务;

② 安全服务；

③ 高层服务。

通信服务包括 TTP 总线时间同步服务、系统启动过程、可靠的数据传输服务等，这些服务构成了 TTP 协议的基本要素。有关 TTP 总线的通信服务将在本文的后续部分有详细描述。

安全服务用于保障系统安全地运行，主要包括：

① 节点成员管理：确定系统中每一个节点的工作状态。

② 避免结团算法：防止部分节点的失效，导致不同节点对系统有不一致的状态判断。

③ 总线开关：用于监控 TTP 控制器对总线的收发操作，防止失效节点错误地对总线进行读写。

高层服务提供一些扩展的功能，主要包括：

① 模式更改：在网络运行过程中，所有节点都需要切换到同一个工作模式。通常飞行器支持地面工作模式和飞行工作模式等。

② 外部时钟同步：支持外部时钟（例如 GPS 时钟）的同步，用于不同的 TTP 集群之间保持时钟同步。

③ 数据下载：用于下载 MEDL 表和协议软件数据到 TTP 通信控制器中。

6.5.2.4　FT-COM 层

系统的容错机制在 FT-COM 层中实现。在安全关键性系统中，系统的容错机制是保证安全关键子系统高可靠运行的重要措施。容错机制的存在对应用软件的开发者来说将是透明的。用户可以集中精力专注于功能软件的开发，而将可靠性通信问题留给通信设计者来负责，这种特点对当前越来越复杂的应用软件开发来说，将带来非常大的便利。

复制和表决机制实现的主动冗余技术是一项快捷的容错技术。通过应用任务的功能复制，同一个功能的任务可以复制到不同的节点中运行，这样相同功能的任务可以独立进行数据计算和消息发送。在接收端，通过数据表决机制，对接收到的多个冗余信息进行选取，实现容错。

OSEK/VDX 指导委员会引入了 OSEK/VDX 规格，其中描述了 FT-COM 层。

6.5.2.5　主机层

主机层包含在节点上运行的主机应用软件，包括操作系统和各种控制信息。TTP 控制器接收到的信息通过 FT-COM CNI 进入到主机层，供应用软件使用。

主机层的运作不在 TTP 协议的定义范围。为支持安全关键性应用，运行 TTP 协议的节点要求应用功能软件也具有与全局系统时间同步的完全可预测的时间特性。每一个应用软件的操作都在系统要求的时间槽完成。

6.5.3　TTP 总线时间同步方法

保持整个系统的时间同步，是实现整个 TTP 数据传输的基础。TTP 总线的时钟同步原理可概括为:网络中所有节点只能在规定的时刻进行数据收发,且都知道自己数据帧的收发时刻;通过数据帧实际接收时刻和 MEDL 表中预置的接收时刻的差值,来计算时间偏移,用时间偏移对本地时钟进行校正,实现网络时间同步。

TTP 总线中的节点根据在时间同步过程中不同的功能,分为同步主节点和从节点。

同步主节点:不是所有的节点都具有高精度的晶振,通过全局设置,用户可以根据 TTP 终端的晶振精度,确定出哪些节点将参与时钟基准计算,这些节点称为同步主节点,简称为主节点。通过主节点,可降低全系统的成本,因为系统中的时间精度仅由具有非常精确的内部时钟定时的少数几个节点来决定。通常总线中主节点的个数至少 4 个。

从节点:总线中除主节点以外的节点称为从节点,从节点的时钟不是时钟同步算法的依据,仅仅用于根据收到的时钟对本地时钟进行校正。

TTP 采用容错平均算法(Fault-Tolerant Average,FTA)实现时间偏移校正,时钟同步算法如下:

① 每一个节点至少需要 N 个($N>3$)个寄存器,用于存放时间偏移值。

② 收到主节点发送的完整数据帧,则计算该帧的时间偏移,存入寄存器中,寄存器中总是存放最后的 N 个帧时间偏移植。

③ 时钟偏移使用容错分布同步算法确定:去掉一个最大值和一个最小值,对其余的值进行平均,获得平均时间偏移。用计算出的时间偏移值对本地时钟进行校正。

④ 根据全局配置,所有节点通常在每个 TDMA 周期末尾的一个固定的时间槽使用容错同步算法进行时间校正,即所有节点同时进行时间偏移计算及校正。

计算的同步校正值必须小于 $\Pi/2$(Π 为时钟精度,具体大小在 MEDL 表全局信息中定义),超过该值则将产生一个节点故障标志。在每一个 TDMA 周期内,系统的时钟被不断地校正,并保持在精度范围内。

6.5.4　网络启动过程

在系统上电或者系统复位重启时进入系统启动过程。在系统启动过程中,每一个节点需要完成如下操作:

(1) 初始化主机和 TTP 控制器

(2) 监听启动帧

若在监听过程中同时满足如下条件,则发送冷启动帧:

① 本节点主机完成启动;

② 节点配置成可发送冷启动帧;

③ 发送的冷启动帧的次数没有超过设置值。

(3) 冷启动帧

包含如下信息:

① 全局时间;

② 当前 TDMA 时间槽;

③ 帧类型;

④ CRC 校验。

通过全局时间,可将系统中各个节点统一到同一个系统时钟中。接收节点根据帧类型,可确定该帧为冷启动帧,根据当前 TDMA 发送槽,可确定出发送帧的源节点。

启动超时:发送出冷启动帧后,若在一个冷启动周期内有通信冲突,则启动超时定时器开始工作。超时的大小为

$$\tau_i^{\text{startup}} = \begin{cases} 0, & i = 0 \\ \sum_{j=1}^{i} \tau_{j-1}^{\text{slot}}, & i > 0 \end{cases} \tag{6-4}$$

其中:i 表示节点的槽号;j 表示比自己槽号小的序号。

监听超时:节点初始化完成后,启动监听操作,以监听总线的信号,进行系统启动进入,超时的大小为

$$\tau_i^{\text{listen}} = 2 \cdot \tau^{\text{round}} + \tau_i^{\text{startup}} \tag{6-5}$$

式中:τ^{round} 表示 TDMA 周期长度。

当节点之间传输距离较长时,系统中节点之间数据传输延迟可能大于冷启动帧间隔,导致不同的节点采用不同的冷启动帧进行启动进入,使系统进入不一致状态。

图 6-39 和图 6-40 中共有五个节点,分别为节点 A 到节点 E。节点 A,B 距离较短,节点 D,E 距离较短,节点 C 在 B 和 D 之间,其中节点 E 和节点 A 之间距离较长。

图 6-39 的启动过程中出现了状态不一致,A,B 节点同步到帧 A 中,而 D,E 则同步到帧 E 中。

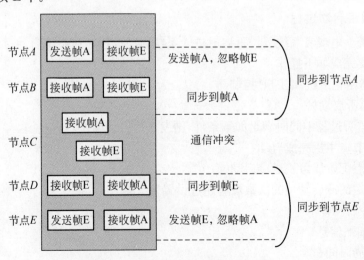

图 6-39　启动过程节点状态不一致

　　为防止系统启动不一致状态的出现,TTP 总线给出了称为"big bang"的机制。该机制要求每一个 TTP 控制器都忽略掉第一个冷启动帧,如图 6 - 40 所示。网络拓扑结构同图 6 - 39。

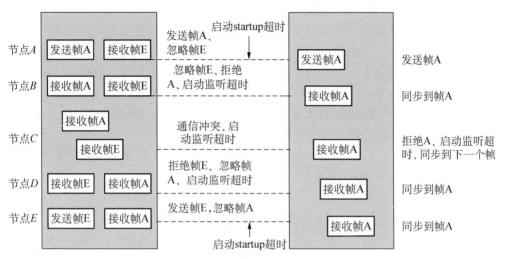

图 6 - 40　带"big bang"启动过程(节点状态一致)

　　节点 A 发送出帧 A 后,忽略发送周期内收到的其他帧,图中为帧 E。在一定时间内节点 A 没有收到其他节点的反馈信号后,启动 startup 超时(启动超时),超时结束后发送冷启动帧 A。

　　节点 B 接收到帧 A 后,根据"big bang"的要求,拒绝帧 A,忽略接收周期内收到的其他帧,图中为帧 E,并启动监听超时,在超时结束之前收到了节点 A 发送的下一个冷启动帧 A,同步到帧 A。

　　节点 C 接收到帧 A 和帧 E 后,发现通信冲突,启动监听超时,在超时结束之前收到了节点 A 发送的冷启动帧 A,拒绝帧 A,继续启动监听超时,接收到了 A 的再下一帧,同步到帧 A。

　　节点 D 与节点 B 类似,接收到帧 E 后,根据"bing bang"的要求,拒绝帧 E,忽略接收周期内收到的其他帧,图中为帧 A,并启动监听超时,在超时结束之前收到了节点 A 发送的冷启动帧 A,同步到帧 A。

　　节点 E 与节点 A 类似,由于节点 A 与节点 E 的 startup 超时被设置成不同值,即每个节点的 startup 超时都不相同。在 startup 超时结束之前接收到帧 A,则同步到帧 A。

6.5.5　数据传输过程

　　节点主机通过 CNI 接口,将发送的数据信息写入到 TTP 控制器中。TTP 控制器在 MEDL 表中规定的发送槽中发送数据。TTP 协议采用广播方式进行通信,网络中所有节点都可收到其他节点发送的数据。各个节点根据 MEDL 中的配置信息有选择地将接收到的数据送入到 CNI 空间,供主机使用。

TTP 提供了发送确认机制,来告知发送端数据发送是否成功。接收数据的控制器通过 CRC 校验等机制对接收数据的完整性进行校验,若两个通道中任意一个帧校验成功,则认为数据传输成功,在该接收节点后续发送数据帧的附加部分给出确认状态。发送端通过侦听总线中紧接的两个后续帧状态,可确定所发数据帧的传输是成功还是失败。若两帧都给出了发送失败的状态,则发送端认为自己数据发送失败。若两帧中至少有一帧给出了成功的状态,则发送端认为自己数据发送成功。

图 6-41 和图 6-42 给出了由 5 个节点组成的 TTP 总线。节点 LRU3 发送数据,图 6-41 中节点 LRU4 和节点 LRU1 给出节点 LRU3 数据传输失败,则节点 LRU3 可据此认为自己发送数据失败。

在图 6-42 中,节点 LRU4 给出了接收成功的状态,发送节点 LRU3 认为自己数据传输成功。

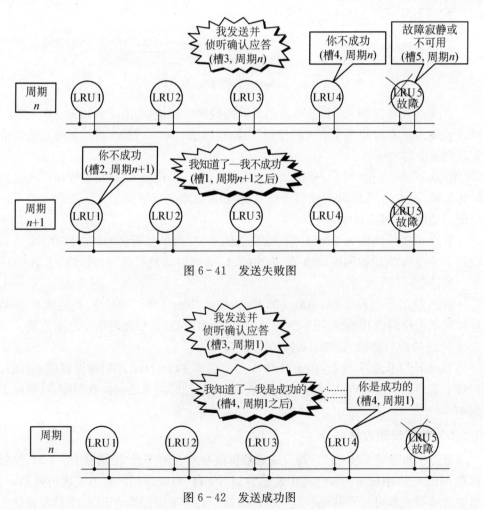

图 6-41　发送失败图

图 6-42　发送成功图

以下将对 TTP 协议中数据发送过程的时间特性进行分析。

假定节点发送时刻为 t_{AT_s}，节点接收时刻为 t_{AT_r}，由于各个节点时钟的偏差，需要发送节点在启动发送的时刻，延迟一个时间段，开始发送数据，以保证各个节点都能够接收到该帧，该延迟时间参数为 Δ_{delay_s}，则数据实际发送时刻：

$$t_{\text{AT}'_s} = t_{\text{ATs}} + \Delta_{\text{delay}_s} \tag{6-6}$$

用 $\Delta_{\text{corr}_{s,\,r}}$ 表示接收端接收时刻校正值，节点实际接收数据的时刻为

$$t_{\text{AT}'_r} = t_{\text{AT}_r} + 2\Pi + \Delta_{\text{corr}_{s,\,r}} \tag{6-7}$$

总线的传输延迟为 $prop_{s,\,r}$，则各个参数需要满足如下等式：

$$\forall r \in Cluster \setminus \{s\} : \Delta_{\text{prop}_{s,\,r}} + \Delta_{\text{delay}_s} = \Delta_{\text{corr}_{s,\,r}} + 2\Pi \tag{6-8}$$

即对于任意一个发送节点 s 和接收节点 r，发送延迟加总线传播延迟等于接收校正参数和 2 倍的时间精度之和。

接收端数据接收窗口 Δ_{rw_r} 为

$$\Delta_{\text{rw}_r} = \left[t_{\text{AT}'_r} - 2\Pi, \ t_{\text{AT}'_r} + 2\Pi \right] \tag{6-9}$$

各个参数的关系可用图 6-43 来表示。其中

$$\Delta_{\text{dif}} = t_{\text{AT}_r} - t_{\text{AT}_s} \tag{6-10}$$

式中：Δ_{dif} 表示发送节点和接收节点的时钟偏差。

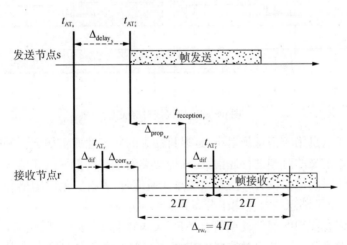

图 6-43　各个参数的关系图

6.6　TTE 网络

6.6.1　TTE 网络简介

6.6.1.1　与其他以太网的关系

传统标准以太网（IEEE 802.3）的设计采用事件触发方式来通信。与标准以太

网相同,TTE 网络也是基于交换机进行互联,构成交换式数据交换网络。图 6 - 44
描述了 TTE 网络的时间触发服务(TT 服务)协议栈与其他以太网协议栈的对应关
系:TT 服务的通信控制器时钟需要与网络中其他节点控制器和交换机实现时间同
步。通信控制器按照定义的全局时间按时发送数据,具有时间触发的特性。由于在
时间上通信没有冲突,任意两个用户消息都不竞争使用同一条通信链路。

　　TTE 在单一网络中可以同时满足不同实时和安全等级的应用需要,可以支持
三种不同类型的数据通信(时间触发消息、AFDX 消息、传统以太网使用的尽力发送
消息),消息的类型可通过消息的目的地址相区别。

　　如图 6 - 44 所示,不用修改消息的内容,通过 IP 或 UDP 等上层消息可很容易
生成时间触发消息,这是因为 TTE 协议只是定义了一个协议控制帧,用于网络整个
系统的时间同步,TTE 协议仅仅定义了消息的发送时刻,而与消息内容无关。

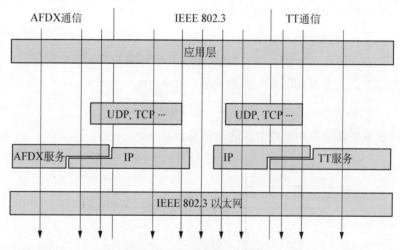

图 6 - 44　协议栈对应关系

　　时间触发消息用于消息延迟小、延迟抖动小的确定性通信场合。所有的时间触
发消息在预先定义的时刻进行通信,比其他两类消息具有更好的通信实时性。只有
交换机在确认时间槽中没有时间触发消息在通信时,才将空闲时间槽分配给其他类
型的数据流。TT 消息适合应用于分布式实时应用中。

　　AFDX 消息实现的通信类型符合 ARINC 664 标准 part 7 的定义,用于实现确
定性和实时性比 TT 网络相对较弱的应用。AFDX 消息在网络中将保证具有一定
的数据传输带宽,延迟和时间抖动在一定的范围内。相对于时间触发消息,AFDX
网络不采用全局时钟进行同步。在同一个时间点,不同的控制器可以发送消息到同
一个接收端,导致不同的消息需要在交换机中排队,增加了通信消息的抖动增加。
由于 AFDX 网络中节点发送数据的速率都在规定的范围内,从而传输延迟的上限
可以离线计算,防止了消息丢失。

　　尽力发送消息实现了传统的以太网通信,网络不保证消息是否能够发送,消息

延迟的大小也不确定。相对于时间触发消息和 AFDX 消息，尽力发送消息利用网络剩余的带宽进行数据传输，优先级较低。在网络配置和维护阶段，尽力发送消息具有传输灵活的优势，此时网络中没有时间触发消息和 AFDX 消息在传输，网络所有带宽都分配给尽力发送消息使用。

6.6.1.2 数据通信过程

与 TTP 协议类似，每一个终端和交换机都按照通信配置表的要求，在规定的时刻开始收发数据。整个网络的通信配置表采用专用工具，通过离线方式生成。在通信配置表生成过程中，保证每一个共享资源都不相互冲突。

在网络中每一个终端在某一个时刻最多只有一条消息需要发送，不会出现多条消息竞争使用同一输出链路的情况。网络中所有的操作都基于全局时间为触发条件，来启动系统操作。

三个节点通过交换机进行互联，通过 TT 传输服务进行数据通信的数据传输序列如图 6-45 所示。图中节点 1 和节点 2 分别发送 TT 消息到节点 3。节点 1 发送消息的周期为 3 ms，节点 2 发送消息的周期为 2 ms。

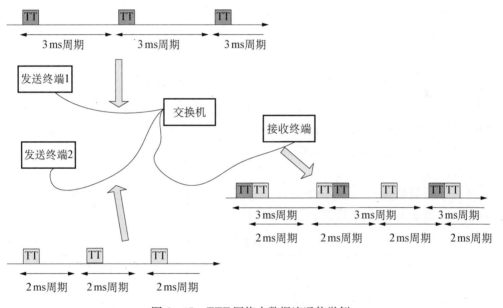

图 6-45　TTE 网络中数据流通信举例

6.6.2　时间同步协议

6.6.2.1 时间同步过程描述

TT 网络中的节点根据在时间同步过程中不同的功能，分为三种类型：

同步主节点：提供本地时钟参与全局统一时间计算的节点，简称为主节点。通常同步主节点为终端。

压缩主节点：按照一定的算法，对各同步主节点发送的时钟进行表决计算，以生成全局统一时间,也称为压缩节点。通常压缩主节点为交换机。

从节点:主节点、压缩节点以外的网络节点为从节点,从节点只接收统一发布的全局统一时间。

如图6-46所描述,TTE网络定义了一个两步同步方法。在第一步中,同步主节点以时间触发方式发送协议控制帧(集成帧)给压缩主。压缩主根据这些协议控制帧到达的时间计算一个时间平均值,形成一个新的协议控制帧。在第二步中压缩主发送生成的新协议控制帧,这个新的协议控制帧不仅送给各同步主节点,还送给各从节点。

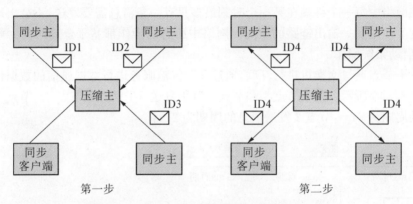

图6-46　TTE网络时间同步操作的两个步骤

设备被配置成同步主节点、从节点还是压缩主节点,是由用户根据系统设计需要来确定。为了简化描述,本文将主节点用终端实现,压缩主为交换机。既不作为主节点也不作为交换机的终端称为从节点。

6.6.2.2　协议控制帧格式

协议控制帧是一个标准的最小长度以太网帧,它的网络类型域被设置成0x891d。表6.11显示了协议控制帧的帧格式。

表6.11　协议控制帧格式

+	0—15		16—31
0	集成周期		
32	新成员关系		
64	保留		
96	同步优先级	同步域	类型	保留
128	保留		
160	透明时钟		
192			

协议控制帧内容有下面的域：

① 一个 32 位的集成周期域（$pcf\_integration\_cycle$）：代表了协议控制帧发送的集成周期号。TTE 运行时间由多个重复的集群周期组成，每一个集群周期被划分成从 0 开始标记的若干个集成周期。每一个集成周期进行一次时钟同步。

② 一个 32 位的新成员关系域（$pcf\_membership\_new$）：这是一个位相量，每一位代表了系统中的一个主节点。

③ 一个 8 位的同步优先级域（$pcf\_sync\_priority$）：是一个配置于主节点、从节点和压缩主中的静态值，显示同步优先级。

④ 一个 8 位的同步域（pcf_sync_domain）：是一个配置在主节点、从节点和压缩主中的静态值，显示网络集群（多个节点和交换机组成一个集群）的域名。

⑤ 一个 4 位的类型域（pcf_type）：定义了协议控制帧的类型。协议控制帧包括冷启动帧（0x4）、冷启动响应帧（0x8），或者集成帧（0x2）。如果类型域是其他值，这个帧就无法被时间同步算法所识别。

⑥ 一个 64 位的透明时钟域（$pcf\_transparent\_clock$）：用以存储协议控制帧从发送端到接收端传输的累积延时。时间以皮秒为单位。

⑦ 表中保留域表示该字段暂时未用。

6.6.2.3 相关概念

对一个简单的协议控制流，我们考虑协议控制帧从一个主节点发送到一个压缩主，以及从压缩主发送一个协议控制帧到主节点或者从节点，时间过程如图 6 - 47 所示。

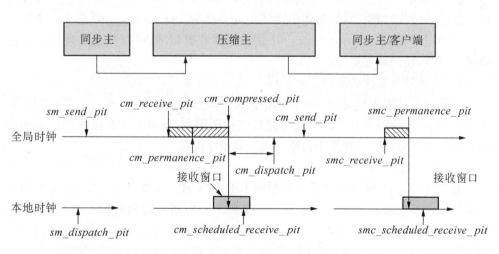

图 6 - 47　协议控制流——详细的定时

全局时钟描述了一个系统时钟的全局时间。

本地时钟（local clock）代表了设备的本地自己时钟。

在下面的描述中，数据流的各个时钟特性变量后面加 pit 后缀。

① 主节点分派时刻($sm\_dispatch\_pit$)：是指主节点提交协议控制帧的时间点。

② 主节点发送时刻(sm_send_pit)：是指一个帧开始在通信链路上传输的时间点。主节点将把 sm_send_pit 和 $sm\_dispatch\_pit$ 之间的时间间隔加在协议控制帧的透明时钟域中。

③ 压缩主接收时刻($cm\_receive\_pit$)：是指一个压缩主开始收到一帧的时间点。

④ 压缩主消息接收完成时刻($cm\_permanence\_pit$)：是指协议控制帧接收完成的时间。

⑤ 压缩主压缩完成时刻($cm\_compressed\_pit$)：是指协议控制帧压缩计算完成的时间点。

⑥ 压缩主预定的接收时刻($cm\_scheduled\_receive\_pit$)：是指预计的协议控制帧接收时间。在同步操作中，根据 $cm\_scheduled\_receive\_pit$ 形成一个接收窗口。通过察看 $cm\_compressed\_pit$ 是否在接收窗口中，可以判断出接收帧是在调度内接收还是调度外接收。

⑦ 压缩主分派时刻($cm\_dispatch\_pit$)：是指一个帧被压缩主提交发送的时间点。

⑧ 压缩主发送时刻(cm_send_pit)：是指压缩主开始发送帧到通信链路的时刻。

⑨ 主节点/从节点接收时刻($smc\_receive\_pit$)：是指一个帧开始被主节点或从节点接收的时间点。

⑩ 主节点/从节点完成时刻($smc\_permanence\_pit$)：指一个被收到的协议控制帧完成接收的时间点。

⑪ 主节点/从节点预定的接收时刻($smc\_scheduled\_receive\_pit$)：是指预计的协议控制帧接收时间。同步操作中，根据 $smc\_scheduled\_receive\_pit$ 形成一个接收窗口。通过察看 $smc\_permanence\_pit$ 是否在接收窗口中，可以判断出接收帧是在调度内接收，还是调度外接收。

6.6.2.4 数据接收帧的排序

时间同步过程中使用的协议控制帧在多个节点中传输，由于多个主节点到压缩主的距离不同，使得先发送的消息可能后到达压缩主，导致发送数据的消息排序出错。本节将主要解决压缩主中数据接收帧的排序问题。

1) 传输延迟计算

在图 6-48 中，网络中共有 6 个终端 101-106 和 3 个交换机 201-203，终端之间通过双向通信链路 110 相互连接。交换机之间也通过双向链路 110 相互连接。我们把所有的终端都配制成主节点，交换机 203 配置成压缩主，交换机 201 和 202 就配置为从节点。本节将对图 6-48 中节点 102 和 106 发送的帧进行排序。

在分布式网络中，通信过程中的帧，尤其是协议控制帧，会产生传输延时。协议控制帧中的透明时钟域记录了传输过程中产生的延迟，为了方便以后的讨论，我们就用 $pcf\_transparent\_clock_n$ 来指代一个协议控制帧从生成节点开始到目的端节点接收完成之间的总的时间。

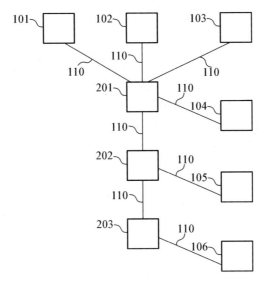

图 6-48　TTE 网络示例

最大传输延时 $max\_transmission\_delay$ 可以认为是最大可能的 $pcf\_transparent\_clock_n$，这个值需要在分系统设计时提供。

$$max\_transmission\_delay=\max(pcf\_transparent\_clock_n)$$

最大传输延时 $max\_transmission\_delay$ 在一个多集群范围内都有效。也就是说，属于同一个多集群集合的任何两个设备使用同一个最大传输延时。

2）接收帧的排序

图 6-49 描述了一个序列，在这个序列中协议控制帧 302 和 306 的发送顺序和交换机 203 接收帧的顺序不一致，同时也显示了接收端如何使用消息完成功能重建帧的顺序，数据发送过程如下：

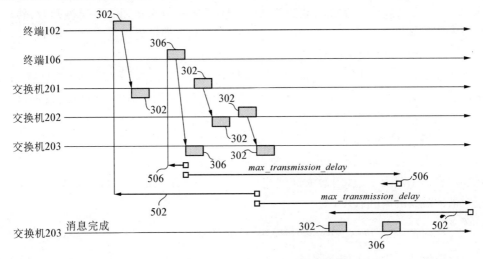

图 6-49　数据流示例——发送顺序和接收顺序不一致

① 终端 102 生成协议控制帧 302,并发送到交换机 201。

② 交换机 201 接收协议控制帧 302。

③ 终端 106 生成协议控制帧 306,并发送给交换机 203。

④ 交换机 203 接收协议控制帧 306。

⑤ 交换机 203 开始计算协议控制帧 306 的接收完成时刻($cm\_permanence\_pit$)。

⑥ 交换机 201 转发协议控制帧 302 给交换机 202。

⑦ 交换机 202 接收协议控制帧 302。

⑧ 交换机 202 转发协议控制帧 302 给交换机 203。

⑨ 交换机 203 接收协议控制帧 302。

⑩ 交换机 203 开始计算协议控制帧 302 的接收完成时刻($cm\_permanence\_pit$)。

图 6-49 描述的序列显示,协议控制帧 306 到达交换机 203 的时间比协议控制帧 302 要早。为了重建协议控制帧 302 和 306 的发送顺序,在它们到达交换机 203 后,延时一段时间再进入消息完成状态,这个延时称为完成延时($permanence\_delay$):

$$permanence\_delay = max\_transmission\_delay - pcf\_transparent\_clock_n$$

$$(6-11)$$

因此

$$cm\_permanence\_pit = cm\_receive\_pit + permanence\_delay \qquad (6-12)$$

$pcf\_transparent\_clock_n$ 在协议控制帧 302 和 306 传输过程中,被写入帧内。

消息完成是和单个协议控制帧相关的一个时间点,在这个时刻之后接收端可以使用这个协议控制帧,同时保证不会再接收到比这个帧更早被发送的协议控制帧。

在图 6-49 所描述中,协议控制帧 302 到达交换机 203 时的 $pcf\_transparent\_clock_n$ 用 502 来表示。完成功能的结果就是协议控制帧 302 和 306 会被延时,然后协议控制帧 302 和 306 在交换机 203 中的顺序就和它们被发送的顺序一致了。

6.6.2.5　时间协议控制帧的生成

压缩主在每一个集成周期都通过协议控制帧的 $cm\_permanence\_pit$ 来计算$cm\_compresed\_pit$ 值,称为压缩计算。压缩主的计算结果将用于整个网络的系统时间同步。

1) 压缩计算过程描述

用 OW($observation\_window$)来表示接收协议控制帧的观察窗口。用变量 f 来表示容错主节点个数,用最大观察窗口 $max\_observation\_window$ 来表示计算过程中最大观察的时间长度,则:

$$max\_observation\_window = (f+1) \cdot OW \qquad (6-13)$$

压缩计算过程包括如下阶段:

（1）数据收集的启动阶段

在每一个集成周期，当收到了协议控制帧，且当前压缩计算功能处于空闲状态，则压缩主将开始收集协议控制帧。

（2）数据收集的结束阶段

① 若第一个 OW 周期中收到的协议控制帧个数为 1，则终止数据帧收集工作；

② 在非第一个 OW 周期中，若收到的协议控制帧为 0，则也将终止数据帧的收集工作；

③ 在容错主节点数 $f+1$ 个 OW 周期结束后，数据收集工作也将结束。

（3）计算阶段

压缩主通过如下的容错算法来计算时钟校正值 $compression\_correction$：

① 若只收到一个协议控制帧，则计算结果与输入帧相同。

② 若只收到两个协议控制帧，则计算结果是两个输入帧的平均值。

③ 若收到 3 个或者 4、5 个协议控制帧，则计算结果是中间大小的值或者平均值。

④ 若收到的协议控制帧超过 5 帧，则计算结果为第 k 个最大的和第 k 个最小值之间的平均数。其中 k 为配置参数，例如在容错值为 2 情况下，可将 k 定为 3。

注意每一个输入值是每一个收到的协议控制帧相对于第一个协议控制帧的时间差。即：

$$Input_i = cm\_permanence\_pit_i - cm\_permanence\_pit_1 \qquad (6-14)$$

压缩主根据收到协议控制帧，计算出 $cm\_compressed\_pit$。计算公式为：

$$cm\_compressed\_pit = cm\_permanence\_pit_1 + max\_observation\_window + \\ calculation\_overhead + compression\_correction$$

$$(6-15)$$

式中：$cm\_permanence\_pit_1$ 表示收到的第一个协议控制帧的 $cm\_permanence\_pit$。

根据生成的 $cm\_compressed\_pit$ 可生成对应的 $cm\_dispatch\_pit$ 值。

压缩主生成压缩协议控制帧后，在 $cm\_dispatch\_pit$ 时刻将压缩协议控制帧发送到其他主节点和从节点。在压缩协议控制帧中，每一个发送协议控制帧的主节点都对应了压缩协议控制帧的 $pcf\_membership\_new$ 中一位，置为 1。

2）时间压缩计算过程举例

图 6-50 描述了时间计算的过程。最大观察窗口大小为 350，该窗口的大小是观察窗口 OW 的 3 倍，这种配置可以容忍最多两个主节点同时失效。

当收到了协议控制帧 711，且当前计算功能在对应的集成周期中处于空闲状态，则压缩主将开始进行计算。

压缩主开始计算时，首先在 OW 时间长度内进行数据收集，第一个 OW 期间，收到的协议控制帧数为 2，第二个 OW 周期将继续收集协议控制帧。

在第二个 OW 期间收到 1 帧，第三个 OW 将继续数据收集工作。

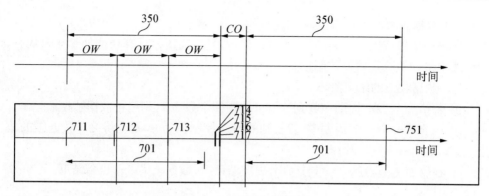

图 6-50　计算过程举例

在第三个 OW 结束，收集工作将全部结束。

随后压缩主根据收到的协议控制帧 712~717，与收集开始时刻之间的距离（帧 711），通过容错方式计数出校正值的平均值 *compression_correction*，进而计算出 *cm_compressed_pit*，为图中 751 处。计算开销 CO（*calculation_overhead*）可通过离线计算来生成。

6.6.2.6　时钟同步服务

时钟同步服务的功能是保证整个网络范围内的各个节点本地时钟保持同步。各节点根据协议控制帧的接收完成时刻 *smc_permanence_pit* 和预计的接收时刻 *smc_scheduled_receive_pit* 之间的偏移，来对本地时钟进行校验。

主节点主动发送时间同步协议控制帧，有自己的 *smc_scheduled_receive_pit* 值，而从节点不会主动发送协议控制帧，但可以使用 *sm_dispatch_pit* 为参考来计算生成 *smc_scheduled_receive_pit* 的值。变量 *sm_dispatch_pit* 和 *smc_scheduled_receive_pit* 之间的关系如下：

$$smc\_scheduled\_receive\_pit = sm\_dispatch\_pit + 2 \cdot max\_transmission\_delay + compression\_master\_delay \tag{6-16}$$

式中：*compression_master_delay* 是压缩主从时间压缩计算开始到时钟同步协议控制帧提交发送（*cm_dispatch_pit*）之间的时间延迟。

公式中参数 *max_transmission_delay* 前面的 2 表示从主节点到压缩主的发送协议控制帧以及压缩主将时钟同步协议控制帧返回给主节点的时间。

主节点或从节点可能通过冗余链路连接到多个交换机，在时间同步过程中首先需要确定从哪一个通信链路中接收协议控制帧。通信链路连接的每一个主节点和从节点在每一个接收窗口的结束，都要监控接收协议帧的 *pcf_membership_new* 域内容，在多个协议控制帧中拥有最多位的协议控制帧将被选出，若最多 *pcf_membership_new* 域的帧有多个则选择最后到达的协议控制帧。最后选中的协议控制帧所在的通信链路将被作为时间计算的链路。

$$smc\_best\_pfc\_channel = \max_{smc\_permanence\_pit} \left(\max_{pcf\_membership\_new} (Protocol\_Control\_Frame) \right)$$

$$(6-17)$$

节点收到压缩主的协议控制帧（$Protocol\_Control\_Frame$）后，进行时钟校正值 $clock\_corr$ 的计算，$pcf\_membership\_new$ 的位数在区间之内的协议控制帧完成时间和预计的接收时间的差值的平均值作为 $clock\_corr$，区间大小范围为 $[\max(pcf\_membership\_new), \max(pcf\_membership\_new)-f]$，其中 $\max(pcf\_membership\_new)$ 表示位数最大值，f 表示容错的主节点个数。

$$clock\_corr = \text{average}(smc\_permanence\_pit_{smc\_best\_pfc\_channel} - smc\_scheduled\_receive\_pit)$$

$$(6-18)$$

各个节点将利用时钟校正值 $clock\_corr$ 纠正本地时钟 $local\_clock$。

6.6.3　网络启动过程

网络启动过程是网络上电到实现系统同步的过程。上电操作过程如下：

① 上电后，同步主节点将发送冷启动帧到压缩主。

② 压缩主将冷启动帧转发到所有节点。

③ 各个同步主节点在收到冷启动帧后发送冷启动响应帧到压缩主。

④ 压缩主则对各个冷启动响应帧进行压缩计算，形成新的冷启动响应帧。

⑤ 各个节点收到压缩主形成的冷启动响应帧后，进入同步操作状态。

我们把发送冷启动帧和冷启动响应帧的过程称为容错握手过程。冷启动帧和冷启动响应帧的配合使用用于本地时钟同步。

下面将举例说明一个集群中系统的同步过程。考虑的网络拓扑结构如图 6-51 所示。

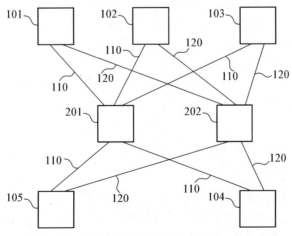

图 6-51　TTE 网络举例：双冗余链路一段网络

图 6-52 描述了一个计算网络的启动过程。在场景中,主节点 101 发送出冷启动帧 3101。在传输过程中,压缩主根据发送的主节点,设置 $pcf\_membership\_new$ 域到冷启动帧中,并转发该帧到所有节点。在本场景中主节点 101 将被设置在 $pcf\_membership\_new$ 域中。通过 $pcf\_membership\_new$ 域,每一个主节点可以确定发送冷启动帧的主节点。主节点是否对收到的自己发送出去的冷启动帧进行响应由用户可配置。在本本场景中,所有的主节点 101~105 都配置成不对自己发送出去的冷启动帧进行响应。

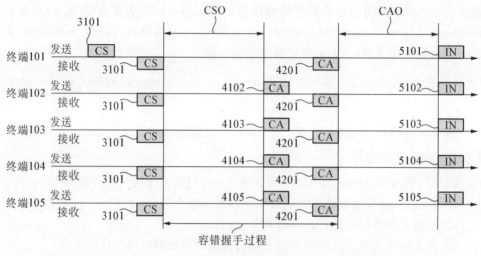

图 6-52　网络启动过程

主节点 102~105 将在冷启动偏移超时计时器 CSO 长度时间后,发送冷启动响应帧 4102~4105。

压缩主对冷启动响应帧 4102~4105 进行压缩计算,生成新的冷启动响应帧 4201,冷启动响应帧 4201 随后被压缩主发送到节点 101~105。

节点 101~105 在接收到冷启动响应帧 4201 后,设置冷启动响应帧超时计时器 CAO,在 CAO 超时后进入同步状态,并发送集成帧 5101~5105。

在图 6-52 中:

CSO:冷启动偏移超时计时器(coldstart offset timeout);

CAO:冷启动响应帧超时计时器(coldstart acknowledge offset timeout);

CS:冷启动帧;

CA:冷启动响应帧;

IN:集成帧。发送集成帧表示该节点进入了同步状态。

6.6.4　TTE 网络综合

TTE 网络的综合,首先进行系统设计,系统设计提出对组件设计的约束条件。各个组件设计完成后,可以进行单独研制和测试。测试通过的组件具有在系统中完全相同的时间传输特性。

　　一个 TTE 网络集群内的终端和交换机具有同一个同步优先级($pcf\_sync\_priority$)。多个集群可以构成更大的网络,不同的集群可以相对独立地运行。当一个高优先级集群加入网络或网络上电时,多个集群可以工作在主-从模式。

　　一个简单的 TTE 网络集群由一组终端通过一条或者冗余的多条通道和交换机进行连接,不同的通道通过不同的交换机相连。图 6-53 描述了一个简单的 TTE 网络集群,这个集群有四个终端通过三个冗余通道相连。

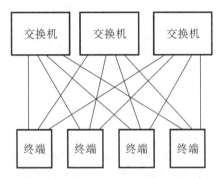

图 6-53　有三个冗余通道的简单 TTE 网络集群

　　不同的同步优先级在 TTE 网络中可构成多集群系统。不同的集群通常采用主-从结构来运行,低优先级设备同步到最高优先级设备中,如图 6-54 所示。

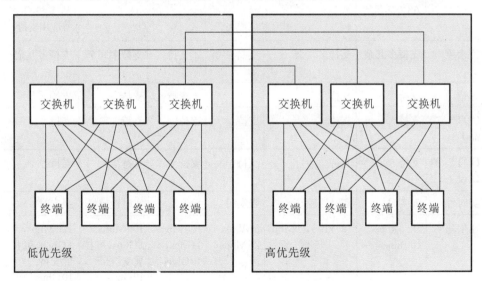

图 6-54　包含 3 个通道的 TTE 多集群网络

6.7　民用飞机网络/总线技术分析与比较

　　民用飞机常用网络/总线包括了 ARINC 429,CAN,TTP,802.3 以太网,AFDX,TTE 等协议,本节将对上述列举的六种民用飞机网络/总线的主要技术和指标进行比较。若没有特别说明，CAN 总线的指标主要基于 CANopen 协议的 CAN 总线。

6.7.1 技术比较

机载常用网络/总线的比较如表 6.12 所示。

表 6.12 机载常用网络/总线对比表

比较项目	ARINC 429	CAN	TTP	IEEE 802.3 以太网	AFDX	TTE
网络标准	面向民用飞机应用的系列标准	面向工业控制的现场总线	SAE 制定的面向实时应用的总线标准	IEEE 802.3 主要面向民用网络应用	面向飞机应用的 ARINC 664 等系列标准	SAE 制定的面向高实时应用的网络标准
主要应用	波音公司的 B727、B737、B747、B757、B767 客机，空中客车公司的 A310、A320、A330、A340 客机	基于 CANaerospace 协议的 CAN 总线，应用于 Eurocopter 公司全天候救援直升机，Ae270 商用和小型运输机	F-16、A-380、B-787	在 LAN/WAN 中得到了广泛的应用	A380、B777、A400M	NASA 火星探测项目得到了洛克希德·马丁公司、通用电气、Honeywell 公司、西科斯基飞机公司等应用支持
冗余度	支持多冗余	支持多冗余	支持多冗余	不支持	支持多冗余	支持多冗余
容错	支持	支持	支持	不支持	支持	支持
COTS 产品	支持	支持	支持	支持	支持	支持
COTS 测试设备	支持	支持	支持	支持	支持	支持
实时性	强实时	实时性较好	强实时	无	实时性较好	强实时
通信速率	12.5 kbps，100 kbps	125 kbps，1 Mbps	5 Mbps，25 Mbps	100 Mbps，1 Gbps，10 Gbps	100 Mbps，1 Gbps，可扩展支持 10 Gbps	100 Mbps，1 Gbps，可扩展支持 10 Gbps
传输效率	高	低	高	低	<35%	>90%
延迟	低	低	低	不确定	≤500 μs	≤50 μs
可组合性	NO	NO	YES	NO	NO	YES

（续表）

比较项目	ARINC 429	CAN	TTP	IEEE 802.3 以太网	AFDX	TTE
支持安全关键子系统	YES	NO	YES	NO	NO	YES
全局时间同步	NO	NO	YES	NO	NO	YES
物理介质	双绞线	电缆/光缆	RS－485或以太网物理层	电缆/光缆	电缆/光缆	电缆/光缆
校验	奇偶校验、CRC校验	CRC校验	CRC校验	CRC校验	CRC校验	CRC校验
全双工支持	不支持	不支持	不支持	支持	支持	支持
网络节点数	小规模	小规模	小规模	规模可扩展	规模可扩展	规模可扩展
传输距离	短	和传输速率有关，1 Mbps可以传输40 m	大于100 m	大于100 m	大于100 m	大于100 m
拓扑结构	点到点	总线结构	总线结构	点到点、交换结构	点到点、交换结构	点到点、交换结构
支持热插拔	不支持	支持	支持	支持	支持	支持
通信出错检测	通过帧格式定义等方式来检测	监视、CRC检查、填充检查、报文格式检查、ACK检查	帧格式、消息确认等方式来检测	通过帧格式定义、上层协议来检测	a) 帧格式定义 b) 帧的路径:目标地址域中指定的目标端口是否允许接收	a) 帧格式定义 b) 帧的路径:目标地址域中是否有定义的接收帧
上层协议	专用	CANopen, DeviceNet, SDS, CANaerospace	专用	TCP/IP, FTP等协议	TCP/IP, FTP, ARINC 615, AV等协议	TCP/IP, FTP, ARINC 615, AV等协议

6.7.2　技术分析

1）实时性

ARINC 429 采用点到点方式连接,网络所有带宽发送端都可以使用,网络实时性好。

CAN 总线数据传输帧短,通过仲裁场实现基于优先级的无损通信,具有较好的实时性。

802.3 以太网采用交换式连接,网络通信延迟不确定,实时性差。

AFDX 网络采用交换式结构,通过保证通信延迟上限和延迟抖动上限来实现实时数据传输,网络实时性较好。

TTP 和 TTE 网络在整个网络系统中建立一个全局统一的时钟,终端之间的通信基于全局时间来进行,通信延迟和时间偏移具有非常好的确定性,实时性强。相对于 AFDX,具有更好的网络实时性。

2）网络规模

ARINC 429 采用点到点方式连接,节点之间的连接线路非常多,限制了网络规模的增加。

CAN、TTP 采用总线结构,可扩展性不好,网络规模有限。

802.3 以太网、TTE 和 AFDX 网络都采用交换式结构,具有良好的可扩展性,可用于构筑大规模网络。

3）通信速率

ARINC 429 采用差分信号,传输速率为 12.5 kbps 和 100 kbps;

CAN 传输速率可支持到 1 Mbps;

TTP 支持 5 Mbps、20 Mbps;

AFDX 和 TTE 可支持 100 Mbps,1000 Mbps 速率,可扩展支持 10 Gbps;

802.3 以太网支持 100 Mbps,1000 Mbps 和 10 Gbps。

4）资源利用率

ARINC 429 总线没有数据传输冲突,资源利用率较高。

CAN 总线数据传输开销大,通信有冲突,资源利用率低。

TTP 也采用时间触发,资源利用率高。

802.3 以太网通信冲突严重,资源利用率低。

AFDX 网络是交换式网络,虽然定义了延迟上限和延迟抖动上限,但网络通信的冲突依然存在,资源利用率有限,实际应用中通常不超过 35%。

TTE 网络虽然也是交换式网络,但采用精确的系统时钟同步传输,可以做到通信不相互冲突,资源利用率可以达到 90% 以上。

5）应用成熟度

ARINC 429 总线具有结构简单、技术完善等优点,目前广泛应用于民用飞机领域。

CAN 在汽车工业、工业控制、安全防护等领域中得到了广泛应用,技术成熟,在航空工业的部分子系统中也得到了应用。

TTP 在 F16,A380,B787 中都有部分应用,技术成熟。

802.3 以太网在民用领域应用成熟。

AFDX 网络在 A380,A400M 中作为主干网络得到了应用,目前技术成熟。

TTE 网络的时间触发技术目前在部分项目中得到了局部应用,还没有应用到主干网络中。

6.7.3　结言

ARINC 429 具有结构简单、技术完善等优点,目前广泛应用于民用飞机领域。但 ARINC 429 的速率相对较低,点到点拓扑结构限制了 ARINC 429 只能用在数据带宽要求不太苛求的场合。在 21 世纪新设计的飞机中 ARINC 429 总线还将得到部分应用。

CAN 总线硬件接口简单、数据传输出错率低、可靠性高、实时性较好、技术成熟等优点,在汽车工业、工业控制、安全防护等领域中得到了广泛应用,在航空工业的部分子系统中也得到了应用。但由于通信速率低,可以应用在数据带宽要求不高的场合。

TTP 采用时间触发技术进行通信,可满足飞机关键系统的应用需要,在 F16,A380,B787 中都有应用,技术成熟。但由于采用总线结构,可扩展性差,系统通信带宽低,不能满足飞机主干网络应用的需要。TTP 协议的设计思路将对后续时间触发架构其他协议的设计具有很好的参考价值。

802.3 以太网没有定义实时通信机制,通信的确定性差,主要面向 LAN,WAN 等民用领域,在飞机的非关键性场合也有应用,如飞机视频点播系统等。

AFDX 网络是基于标准 IEEE 802.3 以太网上实现的事件触发网络协议,是适用于航电系统信息传输的具有一定通信确定性的飞机数据网络系统。AFDX 通过虚链路机制,在以太网中保证了数据传输的延迟上限和抖动上限,实现数据的实时传输,通信实时性较好。AFDX 应用成熟,在未来较长的一段时间内,AFDX 将成为新设计民用飞机主干网络的首选。

TTE 网络是在 IEEE 802.3 以太网上实现的时间触发网络协议,是适用于航电系统信息传输的具有高通信确定性的飞机数据网络系统,可同时满足主干网络和关键系统的应用需要,是新一代飞机总线/网络技术发展的重要方向,得到了国内外军、民用飞机厂商的广泛关注和支持。

参考文献

[1]　Santa Barbara. ARINC429 Protocol Tutorial [N]. Condor engineering Inc. 2004 - 7 - 16.

[2]　Aeronautical Radio, Inc. ARINC 429 - 4 Specification 429 MARK 33 Digital Information

Transfer System(DITS) [S]. Maryland，1999.

[3] Usman Y. Embedded solution for system on chip ARINC 429 and UART interfaces [J]. WSEAS Transactions on Electronics，2006,3(2):85－92.

[4] BOSH CAN SPECIFICATION (Version 2.0) [S]. 1991,9.

[5] 邬宽明. CAN 总线原理和应用系统设计[M]. 北京:北京航空航天大学出版社,1996.

[6] CiA Draft Standard 301 Version 4.02 CANopen Application Layer and Communication Profile [S]. 2002.2.

[7] 饶运涛,邹继军,王进宏,等. 现场总线 CAN 原理与应用技术(第二版)[M]. 北京:北京航空航天大学出版社,2007

[8] ARINC. Specification 664：Aircraft data network，part 7－deterministic networks [S]. 2005.

[9] 熊华钢,王中华. 先进航空电子综合技术[M]. 北京:国防工业出版社,2009.

[10] AFDX/ARINC 664 protocol tutorial [M/CD]. Condor Engineering，Inc.，2006.

[11] EEE Standard 802.3 2000 Edition [S]，2000.

[12] Bob Pickles. Avionics full duplex switched Ethemet (AFDX) [M/CD]. SBS Technologies，2006.

[13] Charara H, Scharbarg J L, Ermont J, et al. Methods for bounding end-to-end delays on an AFDX network [C]. 18th Euromicro Conference on Real-time Systems (ECRTS'06)，2006.

[14] TTA－Group. TTP Specification Request [EB/OL]. www.ttagroup.org/technology/specification.htm.

[15] Spitzer C R. Digital Avionics Systems，Tutorial [R]. 24th DASC Conference，Washington D.C.，October 31，2005.

[16] Kopetz H. Real Time Systems：Design Principles for Distributed Embedded Applications [M]. Kluwer Academic Publisher，Norwell，MA，1997.

[17] Spitzer C R. 数字航空电子技术[M]. 谢文涛,译. 北京:航空工业出版社,2010.

[18] TTTech. TTEthernet 1.0 规范（SAE AS6802）[S/OL]. www.sae.org，2008.

[19] Roland Wolfig. Distributed IMA and DO－297，Architectural，Communication and Certification Attributes [C]. 27th Digital Avionics Systems Conference October 26－30，2008.

[20] Ananda C M. Science of Civil Aircraft Advanced Avionics Architectures－An insight into SARAS avionics challenges，a present and future perspective [C]. Symposium on Aircraft Design，2007.

[21] Retko E. Integrated Modular Avionics (IMA) Trends and Challenges [C]. Software and Complex Electronic Hardware Standardization Conference，2005.

[22] Gregg Bartley. Certification concerns of integrated modular avionics(IMA) systems [C]. 27th Digital Avionics Systems Conference October 26－30,2008.

[23] MirkoJakovljevic. Synchronous/Asynchronousethernet networking for mixed criticality systems [C]. 28th Digital Avionics Systems Conference October 25－29,2009.

[24] Steiner W，Bauer G. TTEthernet：Time－Triggered Services for Ethernet Networks [C]. Proceedings of 28th IEEE Digital AvionicsConference (DASC)，Cambridge，Massachusetts，July 09－July 11,2009.

[25] Steiner W，Bauer G，Hall B，et al. TTEthernet Dataflow Concept [C]. Proceedings of Eighth IEEE International Symposium on Network Computing and Applications，ambridge，Massachusetts，July 09－July 11,2009.

[26] Butler R W. NASA/TM－2008－215108，A Primer on Architectural Level Fault Tolerance [S]. Langley Research Center，Hampton，Virginia，2008.

7 航空电子软件工程环境与管理

7.1 引言

　　航空电子软件是指应用在航空电子设备中实现数据采集、数据解算、自动化控制以及数据交互等功能的计算机软件。在航空航天系统中,电子系统及其软件体现出日益重要的地位,成为系统性能提升和费用控制的关键因素。研究表明,现代航电系统的生命周期费用已占整个航空器的 40%,而这 40%中软件费用可占到 85%[1],系统软件的功能越来越强大、结构越来越复杂、成本越来越昂贵。例如 F-22 飞机的机载软件高达 170 万行代码,而 F-35 机载软件的规模则更是高达 500 万行[2]。在现代航电系统的软件研发过程中,46%预算超支,35%推迟交付,而此时软件的代码量却正以每 10 年超过 200%的速度在增长[3]。软件规模的急剧膨胀带来了软件系统的可靠性和安全性问题,由于航空电子软件属于安全关键软件(Safety-Critical System),一旦失效,就会造成人类的生命财产的重大损失或者环境的严重破坏,因此必须采用软件工程化的方法来进行开发,以提高软件质量。航空电子软件通常是嵌入在机载设备的软硬件系统,一方面其开发方法与通用软件开发不同,另一方面要求航空电子软件工程环境除了提供普通软件工程环境提供的功能外,还需要为软件验证提供证据。一架飞机在进入市场前进行的"适航审定",通俗来讲,需要过"三关",即需要经历型号合格审定、生产审定和单机适航审定的过程。这项工作的核心就是对飞机的"适航性"进行判定,其本质是对飞机的安全性以及环境保护水平进行判定,在确定审定基础和审定方法之后,申请方将逐项确定为了表明对审定基础各个条款的符合性、按照确定的符合性方法开展的各种分析、计算和试验项目,并提交相关的报告供审查方审查。在此过程中,审查方还将抽样进行现场检查。

　　为了有效支持航电软件的开发,国内外众多专家学者都进行了大量的研究和实践工作,提出了许多新的开发思想、技术和工具,同时也逐步形成了各种各样的标准。这些标准针对不同领域,互有相同又互为借鉴、互为支持。它们共同的宗旨就是提高开发效率、降低开发费用、缩短开发周期、保证开发质量。

下面分别从航电软件开发标准和软件工程角度来阐述航空领域软件工程环境与管理。

7.2 飞机系统的合格审定考虑——ARP 4754

7.2.1 ARP 4754 与其他标准之间关系

ARP 4754 作为顶层标准定义了高集成或复杂飞机系统的合格审定考虑。该标准基于飞机整机的运行环境及功能考虑,主要定义了飞机整机功能的系统生命周期,但它并不涉足软件设计、硬件设计等细节,有关软、硬件和安全认证的详细规定可以参考相应的标准 DO-178B、DO-254 与 ARP 4761 规程。ARP 4754 与其他标准关系如图 7-1 所示。

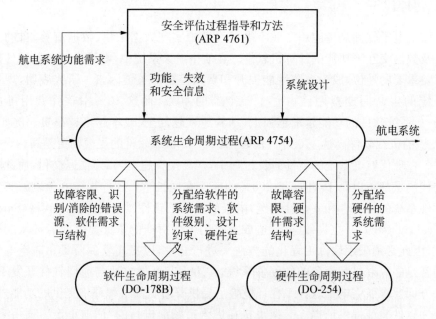

图 7-1　航电系统开发标准之间的关系

从上图可以看出,经过系统生命周期将得到分配给软件的系统需求,此时开始从系统生命周期转向软件生命周期,同时指导标准从 ARP 4754 转移到 DO-178B。

7.2.2 航空电子系统开发过程模型

对于航电系统,ARP 4754 提出了通用的系统开发过程模型(如图 7-2 所示)。

从图 7-2 可以看出,整个航电系统开发需要从三个层次的需求开发(飞机级、系统级、部件级)结合安全过程进行系统实现,其包含了软件过程和硬件过程。

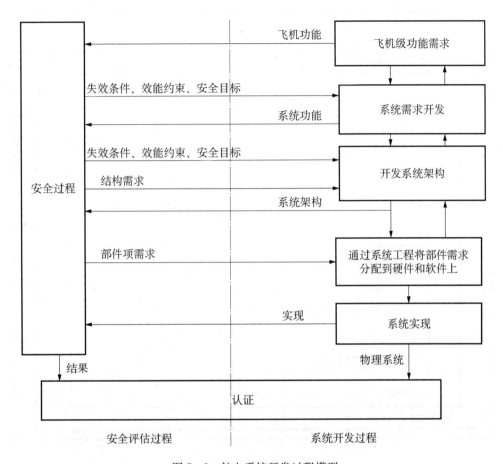

图 7-2　航电系统开发过程模型

7.2.3　飞机级功能实现过程模型

　　为了便于理解和实施，ARP 4754 在提出的开发过程模型基础上，针对飞机级功能，提出了其实现过程模型如图 7-3 所示，ARP 4754 将飞机级功能实现分为三个层次：部件级别（Item Development）开发过程、系统级别开发过程（System Development）和飞机级别（Aircraft function）开发过程。飞机级别开发过程包含了多个系统级别的开发过程，而一个系统开发过程又包含了多个部件级开发过程，每个部件级开发过程包含了相应的硬件、软件开发生命周期过程以及支持过程。在实际的开发过程中，这些活动本身又是一个迭代的过程。

　　在上述的实现过程模型中，ARP 4754 定义了确保开发过程（需求、设计等）没有引入错误所必须进行的活动；认证活动和需要提供的认证数据；需求分析、系统安全级别认证和系统安全性分析过程及方法、需求验证活动、合理性假设条件及其分析方法、验证活动、数据及其实现等。

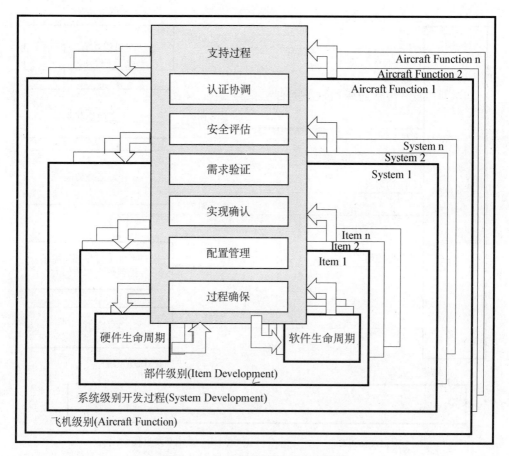

图 7－3　飞机级功能实现过程模型

7.3　机载系统和设备软件认证考虑——DO－178B

DO－178B 是由 RTCA（Radio Technical Commission for Aeronautics）和 EUROCAE（European Organization for Civil Aviation Electronics）共同发布。参与撰写该标准的专家有来自航空设备的设计制造厂商，也有来自航空业界质量认证的权威机构。该标准给出了航空系统软件的开发过程，旨在确保开发的软件在功能上正确，在安全上可信，并能满足适航要求。

7.3.1　DO－178B 软件生成过程及目标定义

DO－178B 标准的制订者们明确地认识到，"目标"比"方法"更本质、更稳定。达成目标的方法会随着不同的公司不尽相同，也会随着设计技术和设计工具的进步而发生变化，但是，需要达成的目标则是不会改变的。因此，DO－178B 标准并不指定采用什么样的设计方法或开发工具。相反地，它强调的是一种目标导向的做法：一方面，它针对不同级别的软件，定义了一系列的目标、这些目标的独立性要求、实现这些目标应生成的生命周期数据(Lifecycle Data),并定义了这些数据的控制类别(Control Category);一方面它要求给出验证这些目标的方式;再一方面它要求给出达成目标的指标及证明。

DO-178B将软件生存周期分为软件计划、软件开发、综合三个过程,其中软件开发过程包括需求、设计、编码和集成过程,综合过程包括软件验证、软件配置管理、软件质量保证和合格审定联络过程(如图7-4所示)。

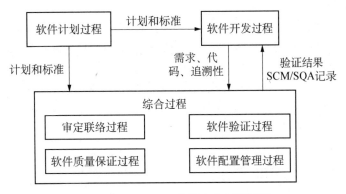

图7-4　DO-17B软件生命周期模型

其中,软件计划过程的目标是定义产生满足系统需求并提供与适航要求相一致的置信度水平的软件方法(包括活动及活动之间关系定义、开发标准);软件需求过程开发软件高级需求,包括功能、性能、接口和与安全性有关的需求;软件设计过程中,通过一次或多次迭代,逐步完善出软件高级需求,以开发软件结构和能用于实现源代码的低需求;软件编码过程将软件结构和低级需求转换为源代码;软件集成过程实现把执行目标代码加载到软件/硬件综合的目标硬件中;软件验证过程的目的是检测和报告在软件开发过程中可能已形成的错误;软件质量保证过程用于审核软件的生命周期过程及其输出,确保其目标被实现,错误被检测、评估、跟踪和解决,其他软件生命周期数据满足了软件需求;软件配置管理过程用于在软件生命周期中提供确定的、可控的软件配置;审定联络过程用于在整个软件生命周期中建立应用程序与证明授权之间的通讯和理解,辅助软件的证明过程。

7.3.2　软件计划过程

软件计划过程定义了软件计划和软件标准,用于指导软件开发过程和软件综合过程。

7.3.2.1　过程目标定义

① 定义软件验证的手段,以确保研制的软件满足系统需求,并且有足够的信心保证软件达到适航要求;

② 制定软件计划;

③ 定义软件标准;

　　④ 定义软件开发过程和软件综合过程的活动；

　　⑤ 定义软件生命周期，包括：过程间的相互关系、过程的先后顺序、反馈机制、迁移准则；

　　⑥ 选择软件生命周期，包括：软件开发环境、语言和编译器、软件测试环境（基本上包含了每个过程活动中使用的方法和工具）；

　　⑦ 有必要时提及其他考虑：

　　a. 工具的验证；

　　b. 如果使用了多版本非相似软件，如何选择方法和工具以实现防错或检错；

　　c. 如果使用了可更改部分代码，需要指定用户更改代码的过程、工具、环境和数据项，并指明对不可更改部分的包含机制；

　　d. 如果使用了非活动代码，如何定义、验证和处理非活动代码；

　　e. 协调软件计划的编写和修订（比如软件开发过程中，组织结构发生调整，软件计划应该如何更改）。

7.3.2.2　过程输入

　　① 系统需求（参见 ARP 4754）。

　　② 软件安全级别（参见 ARP 4761）。

7.3.2.3　过程输出

　　① 软件开发计划（SDP）：定义时间节点、组织结构、独立性要求、交付物以及里程碑；定义软件生命周期和开发环境。

　　② 软件验证计划（SVP）：定义验证方法、验证环境；定义组织结构。

　　③ 软件配置管理计划（SCMP）：说明管理软件和硬件配置的活动；定义用于走查和发布的基线；确保所有的目标代码可以重复地、一致地生成；提供问题报告、更改控制和评审以及防止未授权的变更；保障信息安全，确保所有电子数据的备份和恢复。

　　④ 软件质量保证计划（SQAP）：定义质量保证的活动，定义软件生命周期数据和过程的走查方法；描述软件一致性走查活动。

　　⑤ 软件需求标准（SRS）。

　　⑥ 软件设计标准（SDS）。

　　⑦ 软件编码标准（SCS）

　　⑧ 软件合格审定计划（PSAC）。

7.3.2.4　迁移条件

　　① 被内部质量部门接受；

　　② 被认证机构或工程委任代表（DER）批准。

7.3.3　软件开发过程

　　在软件开发过程中，DO-178B定义了四个软件开发过程：软件需求过程、软件设计过程、软件编码过程和软件集成过程。图 7-5 给出了 DO-178B 标准中系统需求和软件开发四个过程之间的关系。

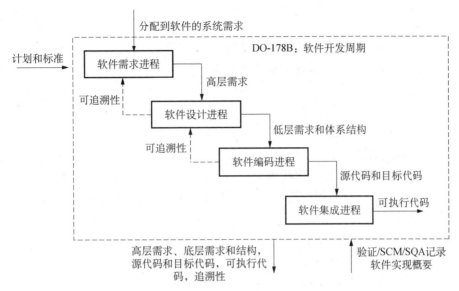

图7-5　DO-178B软件开发过程

下面分别对这四个过程进行阐述。

7.3.3.1　软件需求过程

（1）活动定义

① 根据分配到软件的系统需求来开发软件高层需求（HLR）。

② 高层需求包括功能、性能、接口和安全相关的需求。

（2）输入

①（分配到软件的）系统需求。

② 软件需求标准（SRS）。

③ 软件开发计划（SDP）。

（3）输出

① 软件高层需求（HLR）。

② 系统需求和高层需求之间的追踪关系。

（4）迁移条件

① 通过了软件需求过程的验证。

② 高层需求通过了系统安全评估过程。

7.3.3.2　软件设计过程

（1）活动定义

软件高层需求通过一次或多次的迭代细化得到底层需求和软件架构。

（2）输入

① 软件需求数据（HLR）。

② 软件设计标准(SRS)。

③ 软件开发计划(SDP)。

(3) 输出

① 设计描述软件低层需求和软件结构。

② 低层需求和高层需求之间的追踪关系。

(4) 迁移条件

通过软件设计过程输出的验证。

7.3.3.3 软件编码过程

(1) 活动定义

① 由软件低级需求得到源代码。

② 源代码是可追踪、可验证、内在一致的,并且正确地实现了底层需求。

(2) 输入

① 低层需求和软件结构。

② 软件编码标准(SCS)。

③ 软件开发计划(SDP)。

(3) 输出

① 源代码。

② 目标代码。

③ 源代码和低层需求之间的追踪关系。

(4) 迁移条件

① 源代码符合低级需求与软件结构。

② 源代码可验证。

③ 源代码符合标准,准确和一致。

④ 源代码可追踪到低级需求。

7.3.3.4 软件集成过程

(1) 活动定义

① 软件的集成:由源代码和目标代码生成可执行代码。

② 硬件/软件的集成:将可执行代码下载到目标机以形成集成机载系统和设备。

(2) 输入

① 软件结构。

② 源代码/目标代码。

③ 目标机。

(3) 输出

① 可执行目标码,链接和装载数据。

② 集成机载系统或设备。

（4）迁移条件

软件集成过程的输出完整和正确。

7.3.4　软件集成过程

软件集成过程中包括四个软件过程：软件验证过程、软件配置管理过程、软件质量保证过程、审定联络过程。在航电软件开发过程中，软件集成过程与软件开发过程是并行执行的，在整个软件生命周期中，以软件开发过程为主线，在其各个子过程中实施相应的软件集成过程，其执行一般由两个以上的不同团队来完成，实现软件开发与软件集成的分离。

7.3.4.1　软件验证过程

（1）活动定义

① 评审（review）：通过检查表或其他类似方法，进行人工和定性检查；

② 分析：检查一个软件部件的功能、性能、可追踪性和安全性，以及与其他部件的关系（可重复的、定量的检查，可以自动化）；

③ 测试：测试必须来自于需求，对需求内部一致性及完整性进行进一步的评估（测试的工作内容包括：底层测试，验证软件部件满足底层需求；软件集成测试，验证软件部件之间能否正确地交互并满足软件需求和软件架构；硬件/软件集成测试，验证软件在目标环境中能否满足高层需求）。

（2）输入

① 软件验证计划；

② 所有需要验证的过程的输出（软件开发过程、软件验证过程等）；

③ 所有需要验证的过程的输入。

（3）输出

① 评审与分析结果。评审和分析的工作内容包括：计划和标准的走查和分析；高层需求的评审与分析；底层需求的评审与分析；软件结构的评审与分析；源代码的评审与分析；集成过程输出的评审与分析；测试用例、过程及结果的评审与分析；需求覆盖率与结构覆盖率的分析；

② 测试用例、测试过程及测试结果；

③ 软件验证用例和规程；

④ 软件验证结果。

（4）迁移条件

符合软件验证计划。

7.3.4.2　软件配置管理过程

该过程由软件配置管理计划定义，与其他软件生命周期过程协同执行，用于在软件生命周期中提供确定的、可控的软件配置。

（1）活动定义

① 配置标识；

② 基线的建立和追踪；

③ 问题报告、跟踪和更正；

④ 更改控制；

⑤ 更改走查；

⑥ 配置状态统计；

⑦ 存档、恢复和发布；

⑧ 软件加载控制；

⑨ 软件生命周期环境控制。

（2）输入

① 软件开发计划。

② 软件配置计划。

（3）输出

配置项。

（4）迁移条件

达到了软件配置计划中定义的目标。

7.3.4.3　软件质量保证过程

该过程由软件质量保证计划定义，用于审核软件的生命周期过程及其输出，确保其目标被实现，错误被检测、评估、跟踪和解决，其他软件生命周期数据满足了软件需求。软件质量保证过程提供软件生命周期生产的软件产品与需求是一致的证明，保证这些过程的执行与软件计划和标准一致。

7.3.4.4　审定联络过程

合格审定是对产品、服务、组织或人员进行技术检查，并对符合要求的产品颁发国家法律和法规要求的合格证、许可证、批准书或其他证明文件的活动。对一个产品而言，合格审定要评估产品的设计过程，保证设计符合标准、制造过程，保证产品符合合格审定的型号设计，并对合格产品颁发国家法律和法规要求的合格证。根据该定义，机载软件的合格审定是指对机载软件进行的技术检查。由于机载软件是机载系统或设备的一部分，故不对其单独颁发合格证。

机载软件的合格审定工作是由适航性合格审定机构（适航部门）完成的，其审查的依据是 RTCA DO-178B《机载系统和设备合格审定中的软件考虑》；审查的对象是申请人开发的机载软件；审查的目的是确定软件是否满足 RTCA DO-178B 中规定的目标。作为申请人，应积极配合合格审定机构进行的审查工作，在工厂内部建立一个合适的、可接受的组织机构；向合格审定机构提供有关的证明材料和文档；开发供合格审定机构进行审查的软件项目。为了使机载软件顺利通过合格审定，申请人可借助工程判据、软件工程原理、RTCA DO-178B 或其他可接受的方法、联邦航空条例/中国民用航空规章和其他的咨询材料等，来通过适航当局的批准。

7.3.5　航空电子软件安全性评估

由于航空电子软件属于安全关键软件,所以要确定软件设计和实施对系统安全性的影响,这可以利用软件生存周期过程提供的信息,这些信息包括故障限制范围、软件需求、软件结构和在软件设计过程中通过使用工具或其他方法检测或消除软件结构中的错误源。在系统需求和软件设计资料之间的可追踪性对系统安全性评估是非常重要的,另外对软件的更改可能会影响到系统的安全性,所以必须明确用于评估的系统安全性评估过程。

7.3.5.1　失效状态和软件等级

软件错误可能引起导致失效状态的故障,系统失效状态的类别是通过确定失效状态对航空器及其乘客的危害度来确定的。DO-178B 对系统失效状态分类、软件等级、软件等级和失效状态类别之间的关系进行了定义。

1) 失效状态类别

为了全面地定义失效状态的类别,可参考有关的条例和指导性材料、联邦航空局 AC25-1309-1A 和联合航空管理局 AMJ25-1309 及其修订内容。列举的失效状态是从这些指南材料中引申过来的并包括了其中的类别,以利于本文件的使用。这些类别是:

(1) 灾难性的

阻止继续安全飞行和着陆的失效状态。

(2) 危险的/严重的

降低航空器的性能和机组人员克服不利操纵状态的能力失效。这些不利操纵状态达到的程度是:大大降低了安全性余量或功能能力;身体疲劳或高负荷使飞行机组不能精确或完整地完成他们的任务;或对乘客的不利影响,包括对少数乘客严重的或潜在的致命伤害。

(3) 较重的

可能降低航空器的性能和机组人员克服不利操纵状态的能力失效。这些不利操纵状态达到的程度如:较大地降低安全余量或功能能力、较大地增加了机组人员的工作量或削弱机组人员工作效率的状态,或造成乘客不舒服,可能包括伤害。

(4) 较轻的

不会严重降低航空器安全性及有关机组的活动在他们的能力内能很好完成的失效状态。较轻的失效状态可能包括:如稍微减少安全余量或功能能力;稍微增加机组人员的工作量,如航线飞行计划更改或乘客的某些不方便。

(5) 无影响的

不影响航空器的工作性能或不增加机组工作量的失效状态。

2) 软件等级定义

软件等级是基于在系统安全性评估过程中确定的软件对潜在失效状态的影响。软件等级意味着用来表明符合合格审定要求的努力程度随失效状态的类别而变化。

这些软件等级的定义是：

A级　可能引起或导致系统功能失效进而引起航空器灾难性失效状态的异常状态软件，这种异常状态可通过系统安全性评估过程来表明。

B级　可能引起或导致系统功能失效进而引起航空器危险的/严重的失效状态的异常状态软件，这种异常状态可通过系统安全性评估过程来表明。

C级　可能引起或导致系统功能失效进而引起航空器较重失效状态的异常状态软件，这种异常状态可通过系统安全性评估过程来表明。

D级　可能引起或导致系统功能失效进而引起航空器较轻失效状态的异常状态软件，这种异常状态可通过系统安全性评估过程来表明。

E级　可能引起或导致系统功能失效的异常状态的软件。这种异常状态可通过系统安全性评估过程来表明。它不会影响航空器的工作性能或驾驶员工作量。

一旦软件由合格审定机构定位E级，本文件就不再提供进一步的指南。

3) 软件等级确定

系统安全性评估过程首先要确定与特定系统中的软件有关的软件等级，而不考虑系统设计。如果软件部分的异常状态引起多个失效状态，那么那个部件的最严重的失效状态类别决定了那个软件部件的软件等级。

开发某一等级的软件并不意味着对那个软件失效率的分配。这样，软件等级或基于软件等级的软件可靠率(reliability rates)不能像硬件失效率那样在系统安全性评估过程中使用。

对由运行条例管理的机载系统和设备，只要不影响航空器的适航性，如事故飞行数据记录仪，软件等级要与预定功能相匹配，在某些场合，可在设备最低性能标准中规定软件等级。

7.3.5.2　航空电子软件安全性评估

航空电子软件的安全性评估活动主要包括：功能危害度评估、最初系统安全性评估及系统安全性评估。活动的实现难度取决于涉及系统的危害度、复杂性和有关使用经验。目前安全评估主要通过测试、仿真和故障注入等手段进行。

7.4　航空电子软件工程开发模型

1985年8月英国伦敦举行的第8届国际软件工程会议上，一个由IEEE(美国电气和电子工程师协会)和ACM的SIGSOFT(美国计算机协会的软件工程专业组)联合资助的国际小组，把用来支持某个软件开发方法或遵循某个软件过程模型进行软件开发的一组协调一致的工具定义为软件工程环境。软件工程环境往往与采用的软件过程模型有关，下面分别对其阐述。

7.4.1　软件过程模型

软件过程建模的主要目的是建立软件过程的抽象模型，通过对该抽象模型的分析增加对过程本身的理解和认识，从而更好地实施软件开发活动。下面对目前常用的软件过程模型进行简单分析,这些模型均可以应用于航空领域中的软件开发。

7.4.1.1　瀑布开发模型

瀑布模型又称为"线性顺序模型",其主要特点是:整个项目被划分为顺序进行的一系列的已定义好的阶段,每个阶段的结束就是下一个阶段的开始;相邻阶段之间存在反馈(如图7-6所示)。

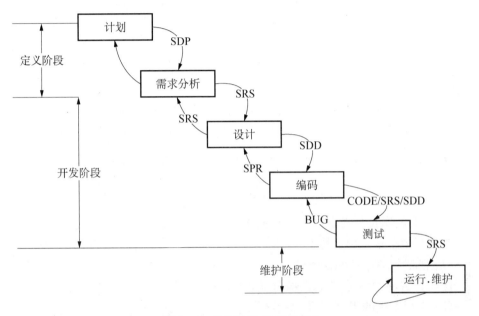

图7-6　典型的瀑布开发模型

瀑布开发模型的软件开发过程被严格划分为计划、需求分析、设计、编码、测试和维护各个阶段,软件开发过程将按顺序一个阶段接一个阶段地实施,如果某一个时刻存在一个未被发现的错误,无法确定是本阶段产生还是前一个阶段产生的,如果是本阶段产生的,只需修正后进入下一个阶段,如果不是本阶段产生的,则需与负责上一个阶段的人员沟通,待其有关人员改正,并经测试后再转向当前阶段。错误也有可能追溯到更早的阶段,如果这样,两者之间所有阶段都有可能重新走一遍。

瀑布模型以里程碑(阶段)的形式对软件过程进行了分解,一个阶段转换到下一个阶段的依据是文档和评审依据,评审的内容就是文档,在每个阶段产生的数据也主要以文档的形式存在,不同阶段之间数据共享的方式有两种(如图7-7所示):文件共享和配置库共享,二者的区别主要是配置库含有版本信息。文件共享的工具可以利用文件夹共享、FTP服务器、HTTP服务器的方式实现,配置库工具可以利用Subversion,CVS,Serena,Git来实现,而文件之间的关联通过Excel或DOORS建立需求矩阵的方式来实现,需求矩阵的内容见图7-7。

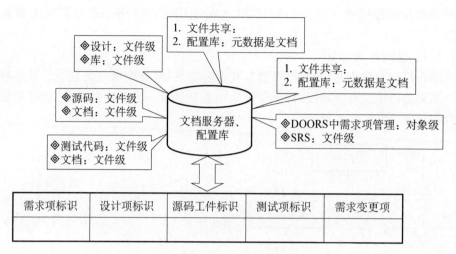

图 7-7　瀑布开发过程中数据共享方式

从图 7-7 可以看出,基于瀑布模型的软件开发过程中的数据共享方式的特点如下:

① 以文档驱动,文件级别共享(关键词);

② 需求矩阵的方式建立文件级别追踪。

瀑布型模型具有如下特点:

(1)阶段的顺序性和依赖性

比较简洁,很容易的为各阶段分配相应的资源;

(2)推迟实现的观点

用户直到集成和测试阶段才能看到可运行的系统;

(3)质量保证

每个阶段都有相应的质量评审,并作为活动转换的依据,从而确保阶段性产品质量。

在前期致力于系统设计时,难以确定后期的实现、集成风险。瀑布模型包括四个明显的风险暴露时期:前期,需求被指定的时候,实际的风险暴露是很难预测的;在设计概念可以用来平衡对需求的理解之后,即使这个设计仅仅是写在纸上的,风险暴露就稳定了,通常它只是在一个相对较高的层次上的稳定,因为软件经理几乎没有切实的论据来取得客观的评估;当对系统编码后,某些单独的构件风险得到了解决;集成开始,真正的系统层的质量和风险开始变得具体,这个时期,很多真正的设计问题得到解决,并且采用了工程上的折衷办法。不过,因为大量制品(artifact)有巨大的阻止变更的惯性,所以在生命周期的后期解决这些问题是非常昂贵的。因此,项目往往有一个拖延的集成阶段,在这个阶段执行主要的重新设计活动(改进),这类变更没有保持总体设计的完整性及其相应的可维护性。瀑布模型是建立在对错误的不断改正而不是事先预防上,这就比预防错误代价要高很多。另外,瀑布模型假定工作的需求是被充分定义的,是保持不变的,这与项目开发的实际情况往往不一致;此外,对所有的需求同等对待,会从需求驱动中消耗大量的工程时间,并浪费在文档工作上。随着需求驱动和后续设计产生的理解的进化,这些与可追踪性、可测试性和后勤支持等有关的文档,今后将不可避免地被丢弃。

从上分析可以看出,瀑布开发模型的适用条件:需求变更比较少、具备较强系统设计能力的软件项目。

7.4.1.2 快速原型法

快速原型法(Rapid Prototyping)的核心是原型,即模型,是系统的早期运行版本。随着用户或开发者对系统理解的加深,不断地对原型进行补充和细化。系统的定义是在逐步发现的过程中进行,这就是快速原型法的基本出发点。快速原型法的开发过程体现了不断迭代的快速修改过程,是一种动态定义技术(如图 7-8 所示)。

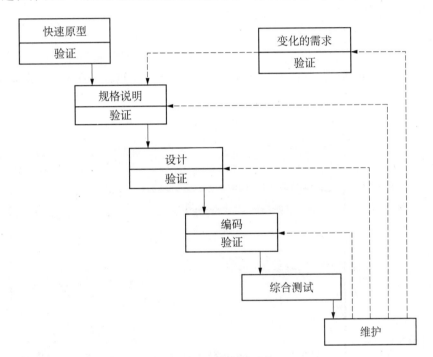

图 7-8 快速原型法

快速原型法首先基于已有需求或已有需求子集快速构建出系统,在每一轮的原型化开发循环中,一般仍采用瀑布模型方法,即经历需求分析、软件设计、编码、测试等软件开发活动。建立原型后,需要对原型进行需求验证、设计验证和编码验证三个层次的活动。

原型模型与瀑布模型不同的地方是在开发的过程中引入了用户评价,通过用户评价进一步完善需求,并进入下一个原型开发,因此其过程数据共享方式与瀑布模型中的数据共享方式相同,只不过原型模型中更强调了版本的作用。

　　原型法的主要优点在于它是一种支持用户的方法,使得用户在系统生存周期的设计阶段起到积极的作用;它能减少系统开发的风险,特别是在大型项目的开发中,由于对项目需求的分析难以一次完成,应用原型法效果更为明显。原型法的概念既适用于系统的重新开发,也适用于对系统的修改;原型法不局限仅对开发项目中的计算机方面进行设计,第三层原型法是用于制作系统的工作模型的。快速原型法要取得成功,要求有像第四代语言(4GL)这样的良好的开发环境/工具的支持。原型法可以与传统的生命周期方法相结合使用,这样会扩大用户参与需求分析、初步设计及详细设计等阶段的活动,加深对系统的理解。近年来,快速原型法的思想也被应用于产品的开发活动中。

　　原型法的不足之处在于:如果原型本身功能设置不齐全、性能不好,会导致原型的设计和使用超出预期的花费和时间。另一个关键不足是原型需要一个合适的软件开发环境,以便原型能直接转换成现实的系统。

7.4.1.3　RUP 迭代模型

　　RUP 提倡的是迭代开发模式,可以用二维坐标来描述:横轴通过时间组织,是过程展开的生命周期特征,体现开发过程的动态结构;纵轴以内容来组织逻辑活动,体现开发过程的静态结构(如图 7-9 所示)。

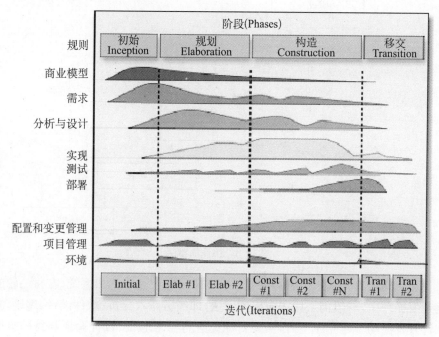

图 7-9　RUP 的生命周期模型

　　RUP 统一过程的动态结构通过周期(cycle)、阶段(phase)、迭代(iteration)和里程碑(milestone)进行描述,RUP 将整个过程分为初始(Inception)、规划(Elaboration)、构造(Construction)和移交(Transition)四个阶段,同时在每个阶段结束处设立里程碑,决

定是否继续下一阶段工作,以下是各阶段的任务和相应里程碑:

(1) 初始(Inception)

说明产品最终是什么样,它用业务用例定义项目的开发范围。里程碑是生命周期目标(Life-Cycle Objective);

(2) 规划(Elaboration)

计划软件开发所必需的活动和需要的资源,说明软件的特征、设计体系结构。里程碑是生命周期体系结构(Life-Cycle Architecture);

(3) 构造(Construction)

编制软件产品,不断地改进软件、体系结构和方案,直到开发出完整的产品。里程碑是最初可操作功能(Initial Operational Capability);

(4) 移交(Transition)

将开发完成的软件产品移交给用户使用。里程碑是产品发布(Product Release)。

软件开发组织走完初始、规划、构造和移交四个阶段叫做完成一个软件开发周期,产生一代软件产品。如果有需要,开发组织会重复以上四个阶段的工作,在原有产品基础上开发新一代产品。如此周而复始,产品可以不断地更新换代,新一代产品的整个开发过程可叫做进化(evolution)。

RUP 从技术角度,将每个阶段分为一个或多个迭代(iteration),迭代由一系列不同性质的活动组成,在每个迭代内部都包含了需求分析、设计、编码、测试等活动。因此整个开发过程可以看作是由一系列小的瀑布模型组成。同样的活动贯穿于过程的每个阶段,只是在不同的阶段,活动的工作比值有所不同,从迭代的任务来看,每次迭代完成的是系统需求的一个子集,后一次迭代是在前一次基础上增加了更多的内容,整个开发过程增量向前发展。

RUP 的静态结构说明了统一过程的内容,采用了四种模型元素:

① 工作角色(worker):定义了明确行为和责任的个人或团队;

② 活动(activity):由工作角色完成的工作,通常有明确的目的;

③ 制品(artifact):由过程产生、修改或使用的信息;

④ 工作流(workflow):描述了一系列活动的执行顺序,这些活动能产生有价值结果。

RUP 的过程控制包括两个方面,一个方面是阶段之间的控制;另外一个方面是阶段内部的不同活动之间的控制;对于阶段内部来讲,实质上是一个瀑布模型,其过程仍然按照瀑布开发模型控制方式,RUP 方法是工具驱动的,所有的数据都是建立在 UML 描述的基础上,基于 Rational Rose 这个建模工具,能够实现模型数据的修改一致性。

基于统一建模工具,能够通过建模工具实现不同阶段中的模型元素的共享;RUP 工作流活动中产生的制品可以通过数据库关联的方式建立需求追踪矩阵,文件级的共享通过配置库来实现。

RUP开发模型的系统分析设计按照业务用例—用例—用例实现的思想逐步细化实现,使得流程可在迭代过程中得到改进和精炼;但其没有涵盖软件工程中的维护、软件操作与支持、组织与管理方面的内容。

其适用条件:对于大多数大型应用软件开发均可采用迭代模型。

7.4.1.4 螺旋式模型

1988年,Barry Boehm正式发表了软件系统开发的螺旋模型,它将瀑布模型和快速原型模型结合起来,强调了其他模型所忽视的风险分析,特别适合于大型复杂的系统,如图7-10所示。

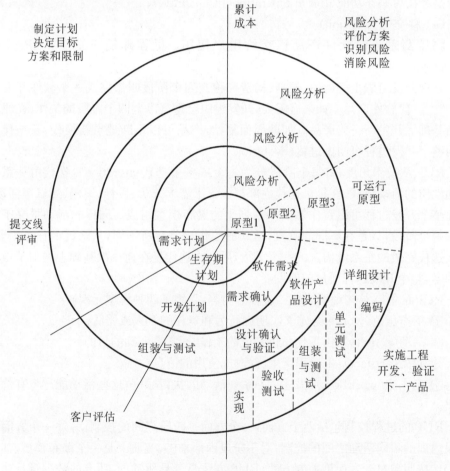

图7-10 螺旋式开发模型

螺旋模型沿着螺线进行若干次迭代,图7-10中的四个象限代表了以下活动:

① 制订计划:确定软件目标,选定实施方案,弄清项目开发的限制条件;

② 风险分析:分析评估所选方案,考虑如何识别和消除风险;

③ 实施工程：实施软件开发和验证；

④ 客户评估：评价开发工作，提出修正建议，制定下一步计划。

采用螺旋生命周期模型开发应用系统的步骤简单归纳如下：

① 通过访问、面谈或调研后获得用户需求意见；

② 基于已知的需求分析很快设计一个应用系统原型；

③ 将原型交给最终用户，让其使用；

④ 从最终用户那里获得反馈，更改用户需求；

⑤ 建立下一个原型，加入新的用户需求；

⑥ 重复上述过程，直到该应用软件完成或报废。

从第一步到第五步就完成一个版本，每完成一个版本就有一次风险分析，螺旋线第一圈的开始点可能就是一个概念模型。从第二圈开始，一个新产品开发项目开始了，新产品的演化沿着螺旋线进行若干次迭代，一直运转到软件生命周期结束。

螺旋模型由风险驱动，强调可选方案和约束条件从而支持软件的重用，有助于将软件质量作为特殊目标融入产品开发之中。但是，螺旋模型也有一定的限制条件，具体如下：

① 螺旋模型强调风险分析，但要求许多客户接受和相信这种分析，并做出相关反应是不容易的，因此，这种模型往往适应于内部的大规模软件开发。

② 如果执行风险分析将大大影响项目的利润，那么进行风险分析毫无意义，因此，螺旋模型只适合于大规模软件项目。

③ 软件开发人员应该擅长寻找可能的风险，准确地分析风险，否则将会带来更大的风险。一个阶段首先是确定该阶段的目标，完成这些目标的选择方案及其约束条件，然后从风险角度分析方案的开发策略，努力排除各种潜在的风险，有时需要通过建造原型来完成。如果某些风险不能排除，该方案立即终止，否则启动下一个开发步骤。最后，评价该阶段的结果，并设计下一个阶段。

适用条件：主要针对大型软件开发项目，在人才、资金、时间充裕条件下可采用。

7.4.1.5 敏捷开发模型

敏捷开发模型以适应性为基础，以满足用户需求为目标，整个开发过程不像传统的生命周期模型，具有固定的阶段划分，而是由许多小的迭代构成，每个迭代的开始首先根据已完成的迭代得出的度量，来评估下个迭代阶段要进行的总体工作，接着选择纳入下阶段的新特性和组件。因此，敏捷方法不仅像传统迭代方法一样增量创建系统，而且递增地决定系统应该建成什么样子。敏捷方法主要基于以下十二个核心原则执行：

① 最高优先级是通过尽早和经常交付有价值的软件来令客户满意；

② 不断地交付软件，以每周或每两个月为周期，推荐使用较短周期；

③ 可运行的软件是工作进展的主要度量标准；

④ 以积极的态度对待需求的变化，即使在开发阶段末期也不例外。敏捷过程

利用变化来为客户创造竞争优势;

　　⑤ 在整个开发过程中,业务人员和开发人员最好每天一起工作;

　　⑥ 项目由积极主动的人员来完成,给他们提供所需的环境和支持,信任他们能把工作做好;

　　⑦ 在开发团队中最具有效果和最有效率的信息交流手段是面对面的交谈;

　　⑧ 最好的系统构架、需求和设计产生于自组织的团队;

　　⑨ 应时刻关注技术上的精益求精和合理的设计,这样可以提高应变能力;

　　⑩ 敏捷过程提倡可持续开发思想,出资人、开发者、用户应该保持长期、恒定的开发速度;

　　⑪ 采用简单的设计方法来完成工作是至关重要的;

　　⑫ 团队应该定期对其运作方法进行反思,考虑如何能变得更有效,提出改进意见,并据此进行相应调整。

　　由于敏捷开发方法是"适配性"的而非"预设性",因此其过程随着项目不同、需求变化,其过程也是变化的。所以其过程的控制主要由团队主要成员来确定。

　　敏捷开发强调的是面对面的交流,工作软件胜于综合文档,其数据共享方式可以细化到制品(如任务项、bug),在实施时主要通过项目管理平台来实现制品的共享,通过配置库确保文件共享和版本控制(如图 7 - 11 所示)。

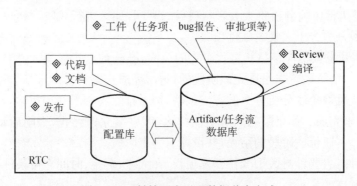

图 7 - 11　敏捷开发过程数据共享方式

　　敏捷方法的核心思想主要有下面三点:

　　① 敏捷方法是适应性,而非可预测性。与传统方法不同,敏捷方法适应变化的需求,利用变化来发展。

　　② 敏捷方法是以人为本,而非以过程为本。传统的方法以过程为本,强调充分发挥人的特性,不去限制它。并且软件开发在无过程控制和过于严格繁琐的过程控制中取得一种平衡,以保证软件的质量。

　　③ 迭代增量式的开发过程。敏捷方法以原型开发思想为基础,采用迭代增量式开发,发行版本小型化。它根据客户需求的优先级和开发风险,制定版本发行计划,每一发行版都是在前一成功发行版的基础上进行功能需求扩充,最后满足客户

的所有功能需求。

敏捷软件开发的目标是快速交付价值和响应变更,在快速变更的环境中,反应式的态度具有优势,但有一定的风险。敏捷软件开发最适合规模比较小的项目,事实证明,敏捷项目的规模难以扩大。

7.4.1.6 V 开发模型

V 模型是瀑布模型的变种,它说明测试活动是如何与分析和设计相联系的。该模型中连接 V 形符号左边和右边的连线意味着,如果在验证和确认期间发现了问题,那么在再次执行右边的测试步骤之前,重新执行左边的步骤以修正和改进需求、设计和编码。换言之,V 模型使得隐藏在瀑布模型中的迭代和重做活动更加明确。瀑布模型关注的通常是文档和制品,而 V 模型关注的则是活动和正确性。

V 模型的价值在于它非常明确地标明了测试过程中存在的不同级别,并且清楚地描述了这些测试阶段和开发过程期间各阶段的对应关系。V 模型可以看作是对瀑布模型的补充,将测试与开发过程同等对待,由图 7 - 12 可以看出需求、设计和编码的开发活动随时间而进行,而相应的测试活动,既针对需求、设计和编码的测试,其开展的次序则正好相反,其中:

① 单元测试的主要目的是针对编码过程中可能存在的各种错误,例如用户输入验证过程中的边界值的错误;

② 集成测试的主要目的是针对详细设计中可能存在的问题,尤其是检查各单元与其他程序部分之间的接口上可能存在的错误;

③ 系统测试主要针对概要设计,检查了系统作为一个整体是否有效地得到运行,例如在产品设置中是否达到了预期的高性能;

④ 验收测试通常由业务专家和用户运行,以确认产品能真正符合用户业务上的需求。

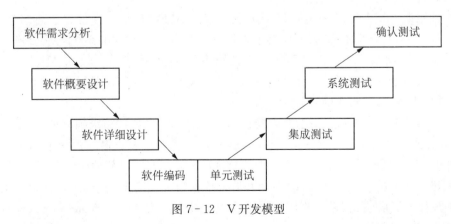

图 7 - 12 V 开发模型

根据以上测试目的,可以看出其过程执行顺序,关于活动的定义可以参考瀑布模型,这里不再赘述。

　　Ｖ模型主要是对瀑布模型中的测试活动和开发活动的关系进行了定义,其产生的数据和形式并没有发生变化,因此其数据共享方式与瀑布模型中的共享方式一致。

　　Ｖ模型适用于所有类型的开发过程,但并不一定适用于开发和测试过程的所有方面。Ｖ模型在表示上认为是要求开放和测试保持一种线形的前后关系,需要有严格的指令表示上一阶段安全结束,才可正式开始下一个阶段。这样就无法保持迭代及变更调整;Ｖ模型存在的另外一个问题在于一定要将系统开发过程分为具有严格边界的阶段,这使人们无法在这些边界之间交接和交换测试信息。Ｖ模型没有明确说明需求和设计文档应如何定义,要定义多少文档,同时Ｖ模型也没有说明在各测试阶段如何进行测试设计。

7.4.2　软件过程支持工具

　　随着软件工程技术的发展,目前市场上出现了许多工具用于支持航电软件过程,以提高工作效率、提高软件开发质量。通过对前面的软件过程模型分析可以看出,不同的软件过程模型其本质活动可以分为计划、需求、设计、编码、测试、验证、配置几个不同的活动,下面分别简要阐述支持这些活动的常用工具。

7.4.2.1　软件计划

　　软件计划过程的目的是定义软件计划和软件标准,用于指导软件开发过程和软件综合过程,这些计划和标准主要以文档的形式存在,可以利用的工具有 Microsoft Office, Visio, Microsoft Project 等。

7.4.2.2　软件需求分析

　　目前,需求一般用纸质文档或电子 word 文档写成,系统工程师团队以此进行概念和算法研究,评估技术规范的可行性。对于厚厚的技术文档,每个系统工程师对需求和技术规范的理解难免存在偏差。NASA 的研究报告指出:“在需求分析阶段产生的错误占整个开发错误的 50% 以上”,这给后期的项目开发带来了诸多隐患。DO‐178B 规定的软件需求过程其主要目标是将分配到软件的系统需求转换为软件高层需求,并实现系统需求和高层需求之间的可追踪性。

　　目前市场上出现了许多商业需求管理工具支持上述功能,常见的有两个。

　　(1) IBM Rational DOORS

　　为用户提供了多级的、用户可自定制的跟踪能力,例如:“需求到测试、需求到设计、设计到代码、需求到任务和项目计划到角色”等等。通过简单的拖放就可以在DOORS 的不同模块间建立连接。通过 DOORS 可以方便可靠地标识需求信息,帮助创建需求人员、管理者或需求评审人员直接获得他们需要的信息,并且提供电子表格风格的、面向文档数据视图的需求管理工具,与 Microsoft Word 和 Excel 有很好的集成。

　　(2) VeroTrace

　　美国 Verocel 公司开发的一个需求追踪管理工具,提供需求数据库的图形用户界面(GUI),包括:系统需求、软件需求、顶层需求、底层需求、相关部件的名称(例如:源代码,设计组件,测试过程,功能测试结果,覆盖率结果以及支持所有需求的评审文件名)。

7.4.2.3 软件设计

软件设计就是把高层需求细化成为低层需求(Low-level Requirements,LLR)和软件结构。它包含了软件的输入、输出、数据流、控制流、资源限制,以及调度和通信机制等。常见的软件设计支持工具有下列两项。

(1) IBM Rational Rhapsody

Rhapsody 工具是一种支持实时 UML 和 sysML 标准的嵌入式系统软件工具,它基于内置的 OXF 框架实现从系统的分析、设计到代码自动生成的开发过程的自动化。OXF 框架是面向对象和跨 RTOS 平台的,它很好地将 UML 的概念移植到实时嵌入式系统中来,为嵌入式系统的开发提供了清晰的结构以及可复用的软件模块,能够切实提高实时嵌入式软件的开发效率和可维护性。

(2) SCADE

SCADE 是在高层需求的基础上进行细化、分解和补充。SCADE 编辑器提供明确、无歧义的建模语言支持连续系统、离散系统以及混合系统建模。

7.4.2.4 软件编码

程序开发人员根据软件的详细设计进行代码编写。常见的代码编辑环境有 VC++6.0, Vi, UltraEdit 等;编译、调试环境有 CL, GCC, GDB, TurboC, Wind River Tornado, TigerSharc 等,并最终在 Tornado/TigerSharc 等编译环境下生成目标代码,源代码通过配置库管理。

7.4.2.5 软件验证

软件验证过程包括传统的非定量的手段(如评审、分析、仿真等)和定量手段(如测试)。对于评审,其产生的数据以文档、表格等形式存在,其支持工具主要是文档处理工具(如 Word, Excel 等);对于分析,目前有许多静态分析工具,如程序运行时错误的静态检查工具 PolySpace 软件是一个程序运行时错误的静态检查工具,该软件采用基于源代码静态检查的方法来检查程序在运行时可能出现的错误,可以大幅度的提高软件的可靠性,降低测试成本;LDRA Testbed 提供强大的包括编码规则检查在内的静态分析功能以及全面的静态分析报告,可以实现对传统代码评审工作的扩展,用户可以选择编程规则的最大的集合,也可以配置用户自己的规则集合,或使用行业认可的标准,例如:MISRA C/MISRA - C:2004,国军标 5369, AV C++, EADS C/C++, HC++等,从而快速识别出违反规则的代码并帮助开发人员快速地进行修正。

定量分析手段主要采用专门的测试软件工具(如 LDRA Testbed, Logiscope, Macabe 等)进行软件测试。目前市场上存在多种支持上述测试类型的测试工具,如:Tessy 可以自动执行嵌入式软件的动态单元测试,从而促进其他方面的软件测试得以顺利进行;Logiscope 对嵌入式领域软件支持多种测试方式,它的开发是用交叉编译方式进行的,解决了对源代码的插装和目标机上的信息收集与回答问题,提供 VxWorks, pSOS, VRTX 实时操作系统的测试库;VectorCAST 是 Vector Software 推出的一款高度自动化的测试工具,能够提供单元测试的自动化与标准化,并能够给出单元、集成和系统测试的覆盖率,能够测试 C, C++,嵌入式 C++ (EC++),Ada83/95 语言的代码,并能够在目标板上执行测试。

7.4.2.6　软件配置管理

软件配置管理过程同其他软件生成周期过程一并进行,以提供在软件整个生存周期中定义的和受控的软件配置,帮助软件产品符合需求的评估。目前常用的配置管理工具有以下几项。

(1) SourceSafe

SourceSafe 是 Microsoft 公司推出的配置管理工具,SourceSafe 是通过"共享目录"方式存储文件的,只能在 Windows 下运行。

(2) IBM Rational ClearCase

ClearCase 主要应用于复杂产品的并行开发、发布和维护,其功能划分为四个范畴:版本控制、工作空间管理(Workspace Management)、构造管理(Build Management)、过程控制(Process Control)。

(3) PVCS

PVCS 是 Project Version Control System 的缩写,是 Merant 公司出品实现配置管理的 CASE 工具,可以为配置管理提供良好的自动化支持,其中 PVCS Version Manager 是用来实现文件的版本管理的,它是整个套件的核心。PVCS VM Server 是使用 Web 方式访问的服务器,PVCS Tracker 主要是用来管理缺陷跟踪和变更请求管理。

(4) SVN

SVN 是 Subversion 的缩写,是一个自由开发源码、多用户的版本控制系统,支持通过本地和远程访问数据库和文件系统存储库。

7.5　基于模型驱动的航电软件开发方法——Harmony/ESW

7.5.1　Harmony/ESW 方法

Harmony/ESW 是 Bruce Powel Douglass 与 Hans-Peter Hoffmann 共同提出的应用于实时嵌入式系统开发的 Harmony 过程[1, 10],是结合了模型驱动开发(Model Driven Development,MDD)技术的敏捷开发方法。MDD 是模型驱动架构 MDA 中的一部分,MDA 是模型驱动开发方法的概念框架。MDA 的核心思想是抽象出与实现技术无关、完整描述系统的平台独立模型(Platform Independent Model, PIM),针对不同实现技术制定变换定义;通过变换工具将 PIM 转换成与具体实现技术相关的平台相关模型(Platform Specific Model, PSM);最后,再通过变换工具将 PSM 自动转换成代码。在 MDA 中,软件开发过程是由对系统的建模行为进行驱动的。与传统的开发方式相比,开发生命周期各个阶段产生的工件是能够被计算机理解的形式化模型(如 UML),模型在整个生命周期中处于核心地位。在这里要注意一点,这个模型每一个子系统本身是一个可以执行的模型。所交出的模型的好处是这并不只是一些文档,而是一个具备了你需要的所有有关系统动态行为和静态结构信息的资料。如果在做软件开发的过程中,当系统有一些额外要求的话,我们就会循着系统改动的路径再重新经过系统工程的部分,在这个时候我们之前所做的所有的测试都可以很简单地再重复地测试,我们可以很简单地把新的改动有系统地经过一系列的测试而确认这些改动是可以跟你原设计不会有任何冲突的,而验证了软件开发所需要的改动是可以被系统所容纳的。所以我们看到在整个过程中,我们可以从系统一路到软件开发,也用同一套语言,就可以把这个过渡做到无缝。

7.5.2　Harmony/ESW 过程

基于 Harmony 的开发过程包括两个流程(如图 7 - 13 所示):一个自上而下的设计流程——Harmony 系统工程和一个按照迭代的瀑布模型的嵌入式软件开发流程(编码→模块测试→子系统集成测试→系统验收测试)。注意,这里的瀑布模型主要用于一次迭代过程中的,在持续的开发过程中,中间会有一些反馈,可能会不停地反复,而且因为在系统开发的时候,系统很可能会受到外界的影响,会有改动,所以很多时候就需要再去反馈到最开始的需求管理,经过整理融合再继续开发。

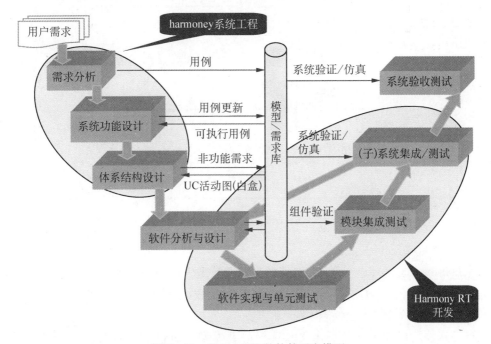

图 7 - 13　基于 MDD 的软件开发模型

实际上,因为流程的改动可以看到整个开发的过程不是一个简单的"V"模型,而是会不停地去反馈,实际上是一个螺旋模型。

Harmony/ESW 过程可以用二维坐标来描述:横轴通过时间组织,是过程展开的生命周期特征,体现开发过程的动态结构;纵轴以内容来组织逻辑活动,体现开发过程的静态结构。

7.5.2.1 Harmony 过程的生命周期特征

Harmony/ESW 过程的生命周期体现为三个层次(timescales):宏循环(Macrocycle)、项目级微循环(Microcycle)、个人微循环(Nanocycle)(如图 7-14 所示)。宏循环主要从用户关注的角度来对开发周期进行定义,关注的内容包括项目开发里程碑、系统更新、版本发布计划等,通常宏循环持续的时间短的几个月,长的甚至好几年,宏循环粗略地分为四个重叠的阶段(主要模型元素定义、次要模型元素定义、系统优化、系统部署),每个阶段由多个项目级微循环组成,在阶段的末期产生原型系统的一个有效版本;项目级微循环围绕着一个具体任务,集中于实现迭代"原型系统",其又细分为分析、设计、审查、测试和增量审查(过程改进)阶段;个人微循环主要关注的是开发者每天或每小时执行的任务。

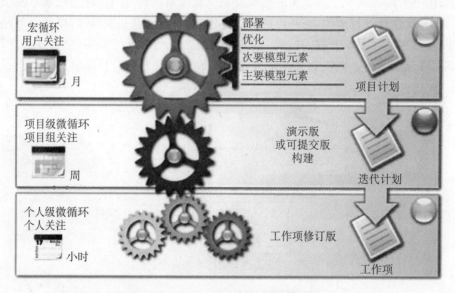

图 7-14　Harmony/ESW 生命周期特征

7.5.2.2 Harmony 宏循环

Harmony 宏循环过程划分的四个阶段是相互重叠的,表明每个宏循环完成的目标是随着项目的不同而有所不同,下面对四个阶段完成的目标进行简要阐述。

（1）第一阶段:定义关键模型元素

在这一阶段主要任务是定义和选择关键模型元素包括产品功能、关键架构方面、关键技术和主要的项目风险,经过多个宏循环迭代,最终产生一个详细的完整的模型定义,可以形成 PDR。

(2) 第二个阶段:关注次要模型元素

当主要关键模型元素定义完成后,就要开始解决其他方面的问题(如 QoS),本阶段结束后,可以提交 CDR。

(3) 第三个阶段:主要解决系统优化问题

这一阶段开始时,表示系统分析已经完成,本阶段主要集中于系统设计,因此主要活动是设计方案的优化问题。

(4) 第四个阶段:重点考虑系统部署方面的问题

7.5.2.3 Harmony 微循环

在各个阶段中的每个微循环都包括分析、设计和实现、测试活动,每个微循环都是在增加或修改部分组件后,对系统的完整构建过程,它是一个螺旋式的开发过程(如图 7 - 15 所示)。

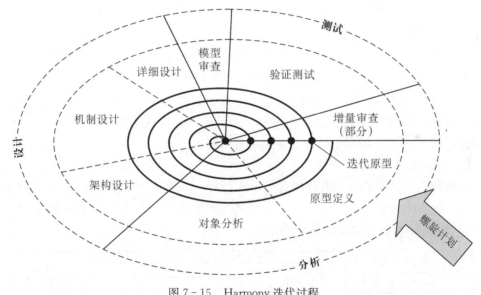

图 7 - 15 Harmony 迭代过程

一个微循环通常需要四到六周,每个微循环都是围绕一个目的——建立增量原型系统,这里的增量是增加了新的需求实现,其完整过程经过如下活动:

(1) 分析

包括两个阶段:原型定义和对象分析阶段,其中原型定义阶段主要是需求分析,建立用例,确立系统完成的目标;对象分析阶段主要建立可运行的原型系统模型,主要工作包括确定基本类、对象、函数和数据,这些内容通常围绕着用例分析建立起来的。对象分析阶段主要完成功能需求,不关心 QoS 或性能需求。

(2) 设计

对对象分析模型进行优化,这包括三个层次:

① 架构设计层次：系统设计策略、总体优化；

② 机制设计层次：对用例协作进行优化；

③ 详细设计层次：对设计元素进行优化（如类、函数、类型和数据结构）。

Harmony/ESW 设计过程强调基于设计模式的优化，重点分析哪些需要优化，相应的设计模式有哪些，哪些设计模式花费的代价是可以接收的，设计的结果是优化后的设计模型和产生的源代码以及白盒测试代码。

与对象分析和设计工作可以并行展开的是"准备验证工作"，包括测试用例、测试计划的制订等。

（3）模型审查

对所有产生的工件进行审查（包括模型、源代码、测试结果），模型审查也可以在对象分析和设计阶段进行；与本阶段可以并行展开的工作是质量保证。

（4）测试与验证

验证模型和源代码是否满足在这个迭代周期内的系统需求目标。

（5）增量审查

分析项目进度和软件质量，并据此对过程和环境进行改进。

7.5.3　基于 Harmony/ESW 的航电软件开发环境实例

下面结合笔者实际工作经验，介绍一个基于 Harmony/ESW 的航空电子软件开发的软件工程环境，平台包括两个部分：软件工程环境和数字化验证平台，这两个部分通过配置库进行关联起来，下面分别进行阐述。

7.5.3.1　软件工程管理平台

软件工程管理平台采用 IBM Rational Team Concert（RTC）作为软件开发生命周期中的协作和集成的基础平台，通过以适配器连接的方式，将其与软件开发、测试工具、配置工具进行集成，具体结构如图 7-16 所示。

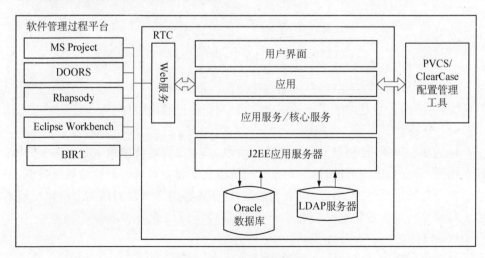

图 7-16　软件过程管理平台

由图 7-16 可以看出,软件过程管理数据主要通过 RTC 进行存储,主要功能包括:开发过程管理(定义、监控、运行)、任务分配、进度监控、问题报告追踪、发布管理等过程数据管理。RTC 采用 J2EE 架构来实现,通过 Web 服务器接口实现与传统开发工具 MS Project(计划工具)、DOORS(需求管理工具)、Rhapsody(系统分析和设计工具)、Eclipse Workbench(系统开发工具)、BIRT(报表工具)集成。配置管理系统采用 PVCS 或 ClearCase。

7.5.3.2 数字仿真验证平台

航电软件仿真调试环境是以基于 VxWorks653 OS 的核心处理平台为核心,模拟先进航电的综合核心处理机(Integration Core Processor,ICP),通过数据激励单元(Matlab/Simulink)建立载机、环境以及航电子系统的仿真模型,为被测试航电软件提供全面的系统仿真数据(图 7-17)。

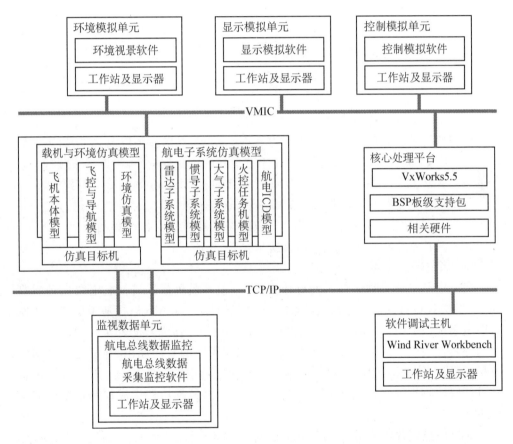

图 7-17 航电软件仿真调试环境结构图

下面从数据流向的角度描述了系统运行过程中各个工作单元的运行关系,如图 7-18 所示。系统中主要节点的工作原理概述如下:

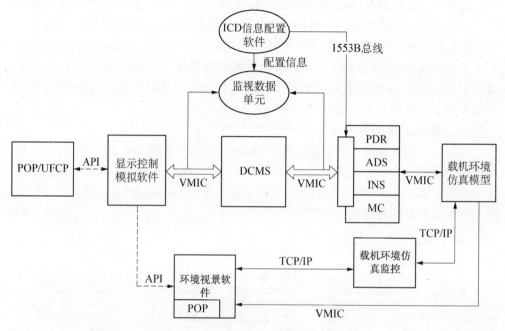

图 7-18 航电软件仿真平台工作原理图

载机与环境仿真模型(包括飞机本体模型、飞控与导航模型以及大气、目标的环境模型)实时运行于载机环境仿真机,是系统运行的重要数据源,用于支撑航电子系统的运行算法并产生各种载机飞行数据,它主要依托 Matlab/Simulink 搭建。

DCMS 实时运行于核心处理单元中,接收航电子系统的总线数据并进行显控逻辑运算,形成显示指令,并将其按照 422 数据格式发送到反射内存网络中。DCMS 同时接收来自显控模拟单元的控制数据,经过解算形成各航电子系统的控制指令,发送给各个航电子系统。

各航电子系统实时运行于航电仿真机中,根据载机数据进行航电数据逻辑判断,并根据 ICD 数据信息进行航电数据打包、解包,与 DCMS 进行基于反射内存网的航电总线数据通讯。航电子系统模型采用 Simulink 作为开发工具。

显示控制模拟软件与 DCMS 系统进行显控逻辑的双向通讯,并进行数据协议解析,形成具体的绘图指令,包括环境模拟单元中的虚拟座舱画面。显示控制模拟软件同时接收控制面板画面的操作控制信息,根据数据协议生成控制指令返回给DCMS。

ICD 信息配置软件用于对航电总线数据格式进行定义和配置文件生成,总线形式报告 GJB 289A 和 HB 6096 等,生成文件用于各子系统建模应用以及监视数据单元。载机环境仿真监控软件对载机环境仿真模型进行仿真控制和数据监视,其对仿真环境的部分设置可以直接体现在环境模拟单元的视景画面中;环境模拟单元利用视景仿真软件实时动态显示载机状态与飞行环境等。航电软件仿真调试环境的应用过程描述如下：

①　用户根据软件调试工作需要对系统进行设置和模型修改；

②　运行环境模拟单元的视景仿真软件和虚拟座舱画面；

③　运行显示控制模拟软件，生成 POP 显控画面；

④　启动载机与环境仿真监控软件，启动航电数据采集软件；启动航电子系统仿真模型和用户应用程序所在的目标机系统，VxWorks 653 系统根据系统配置文件加载各分区映象，并运行分区的应用程序，此时数据激励单元、核心处理平台、显控模拟单元信号接通；

⑤　执行仿真命令和数据采集。

7.5.3.3　软件工程管理与数字仿真平台的集成

软件工程管理与数字仿真平台之间的数据共享通过配置库来实现，由于数字仿真平台的输入已经是单元测试和模块测试均已经完成的代码。可执行代码从配置库中检出后，可直接加载到数字仿真平台中的核心处理模块中运行，从而验证开发的代码是否正确，如果出现错误，则将错误描述以问题报告单的形式输入到 RTC 中，进入缺陷管理流程。整个平台工作流程如图 7-19 所示。

项目初期由项目经理通过桌面办公环境录入工作计划、项目立项书等，然后由需求分析人员将用户需求录入到需求数据库 DOORS 中，并由系统分析员将用户需求转换为系统需求（通过用例分析、模型建立、执行等手段）；设计师根据系统分析模型对系统进行设计，定义出数据、接口、算法、UI 组件等，并将这些数据纳入到配置库(PVCS)中，由开发人员检出进行编码、编译、单元测试等工作；测试人员对形成的版本进行测试和集成验证，并产生问题报告单，完成一个开发周期；待软件投入运行后，由运行维护人员负责运行中出现的问题，提交问题报告单。

参考文献

［1］　Price M. ASAAC & Avionics APIs [C]. ASAAC Conference，2005.

［2］　Athalye P，Maksimovic D，Erickson R. High-performance front-end converter for avionics applications [J]. IEEE Trans on Aerospace and Electronic Systems，2003，39(2)：462-470.

［3］　Wolf R. Parameters for Efficient Software Certification [EB/OL]. http://www.itk.ntnu.no.

［4］　郑人杰，殷人昆. 软件工程概述[M]. 北京：清华大学出版社，2000：10-15.

［5］　易红，霍俊龙. 如何提高军用嵌入式软件的可靠性[J]. 船舶电子工程，2007，27(3)：209-212.

［6］　张广泉. 关于软件形式化方法[J]. 重庆师范大学学报(自然科学版)，2002，19(2)：1-4.

［7］　李明树，杨秋松，翟健. 软件过程建模方法研究[J]. 软件学报，2009，20(3)：524-545.

［8］　Yang F. Development of software engineering：co-operative efforts from academia，government and industry [C]. the 28th International Conference on Software Engineering，2006.

［9］　OMG. Model Driven Architecture [R]. 2008.

［10］　Bruce Powel Douglass. Read-Time Agility — The Harmony/ESW Method for Real-Time and Embedded Systems Development [M]. Addison-Wesley，2009.

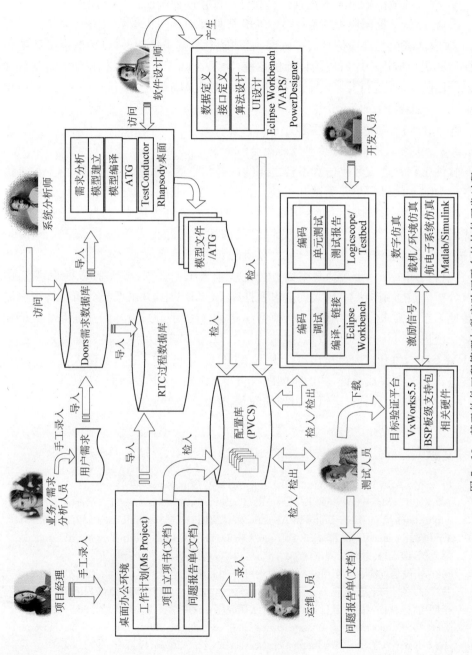

图 7 - 19 基于软件工程管理与数字验证平台的软件开发过程

8 硬件结构与工程技术

硬件结构与工程技术是基于 IT 硬件过程组织、设计和管理的一项专业技术,是系统获得确定地、有效地和可靠地支撑系统建立、运行和使用的资源能力的工程原则以及整个系统生命周期硬件开发、运行和维护过程的方法。特别是对于航空电子系统,硬件技术组织与构成是指面向航空电子系统设备开发过程和基于系统化、平台化和规范化环境以及保证系统功能和操作软件运行有效性的系统资源配置、操作组织、能力保障的系统工程方法和设计研究。对于嵌入式航空电子系统来说,系统能力和有效性是基于系统硬件资源能力和有效性支撑的系统软件过程能力和有效性的系统结构方式,也就是说系统硬件能力和有效性是系统能力和有效性的基础和保障。因此,硬件工程要求与设计是整个系统工程组织和实施的基础和重要的组成部分,特别是对于嵌入式航空电子系统,硬件工程设计和过程对系统的构架、系统的功能、系统的能力、系统的品质和系统的性能以及系统软件的能力都产生很大的影响。

根据系统工程、软件工程和硬件工程技术的发展,系统虽然是基于软件过程和硬件资源的支撑,但根据系统组织管理能力的需求,系统技术越来越独立软件技术和硬件技术的发展,集中关注于系统的完整性、系统的安全性和系统的有效性,形成独立发展的系统工程技术;软件虽然是基于系统需求和硬件能力的支撑,但根据软件过程能力管理的需求,软件技术也越来越独立于系统技术和硬件技术的发展,集中关注于软件过程功能的能力、过程组织的效率和过程结果的有效性,形成独立发展的软件工程技术;硬件技术也同系统技术和软件技术发展一样,虽然硬件是基于系统的能力、品质和性能框架要求,是基于软件功能、过程和操作能力需求,但根据硬件资源能力管理的需求,集中关注于硬件资源组织的能力、资源配置的效能和资源使用的有效性,形成独立发展的硬件工程技术。

另外,系统综合化技术是现代航空电子系统发展的重要方向,系统综合化关键技术之一就是物理综合技术—即资源综合技术。物理综合技术是面向系统架构和功能操作的需求,通过建立系统硬件资源平台,实现资源平台的资源配置、使用、管理的综合,有效地提升系统资源能力、使用效率和操作有效性。对于复杂的航空电子系统来说,通过硬件工程技术,支撑系统综合化的资源综合,实现系统资源平台组织和管理,有效提升资源能力、资源品质、资源利用率,有效降低系统资源配置、资源闲置和资源故障影响,已成为航空电子系统综合化技术发展的核心技术。因此,基于硬件工程技术的航空电子硬件技术组织与构成对航空电子综合化系统发展具有非常重要作用。

8.1 通用硬件单元组织

航空电子系统是嵌入式实时控制系统。现代航空电子系统是一个面向应用、独立配置、自主管理的智能化数据监控、信息处理、实时控制、组织管理的自主系统,是一种多处理机构成的多道应用的嵌入式实时系统。嵌入式航空电子系统负责管理系统资源和控制各种应用功能独立运行,根据不同系统和功能能力需求,组织资源,协同和管理不同系统组织(子系统)的功能配置与任务管理、数据通信与信息处理、系统状态与能力管理等问题,支持多处理机处理效率与负载均衡的需要,避免多道处理临界瓶颈,使得各处理机之间的相互干扰降到最低,达到提升多道应用功能运行效率和系统管理有效的目标。

8.1.1 通用核心处理系统硬件要求与特征

对于任何系统来说,系统的本质和存在意义首先是系统的作用和能力。对于嵌入式系统,系统的作用和能力是由系统处理资源构成。由于嵌入式系统控制和管理基础是基于系统处理资源的操作与管理,系统的应用能力和效率是基于系统处理资源的操作能力,系统应用目标和有效性是基于系统处理资源的操作逻辑。因此,嵌入式航空电子系统核心能力就是系统硬件处理资源的能力与组织。

根据航空电子系统的组成、能力、应用和管理模式,航空电子系统硬件是航空电子系统的资源组织和能力基础,是系统所有行为和活动的操作平台。航空电子系统硬件的资源配置、能力组织和状态管理对整个航空电子系统能力支撑和保障具有非常重要的作用,系统硬件过程的资源组织、行为方式和操作品质对整个航空电子系统效能与有效性产生直接影响。

嵌入式系统处理资源通常是由通用处理、信号处理、通信网络、专用处理以及输入/输出资源等构成,并针对系统的应用需求,根据系统的不同架构组织,形成相应的系统资源组织和系统资源能力,支持航空电子系统应用能力保障,支持航空电子系统的控制与管理。

现代航空电子系统是一个面向应用、独立配置、自主管理的多处理机构成的多道应用的嵌入式实时系统。根据多道应用嵌入式实时系统,系统采用并行多处理机系统组织结构,系统硬件架构采用互联网络构成统一的多处理器系统。即把原来系统内多道应用处理的任务分散给相应的处理器,各处理机具有良好的自治性和自主管理,具备多处理机系统的不同功能相互配合、相互支持、相互协同的多任务组织能力,实现多处理机系统的多项任务、多重功能、多道程序的并行处理与管理。航空电子系统硬件组织一般特征有以下几点：

① 自治性。航空电子系统中的各处理机根据各自独立功能软件，独立自主运行和管理，发挥各自的控制作用。

② 模块性。航空电子系统处理资源是根据系统组织架构确定的，各种资源是基于模块化组织的，支持系统和用户的进程数目变化。

③ 分布控制。航空电子系统由处理机共同决定系统状态和实现全局的控制，具有动态的进程合作和运行时间的管理。

④ 实时通信。航空电子系统具有共享通信管理功能，支持实时通信管理，消息传输的延迟时间是确定的。

⑤ 并行性。嵌入式系统是基于处理机为核心的组织与处理系统，支持并行处理，并实现时间重叠或资源重复。

根据航空电子系统构成和特征，航空电子系统硬件构架应根据系统应用操作需求，明确系统组织架构，确定系统硬件资源组织，形成系统硬件资源配置。同时，针对分布式系统的特征和系统架构，明确系统硬件资源类型和能力需求，确定系统硬件模块的能力和配置，形成系统硬件资源组织、操作模式和组织管理的模式。

8.1.2　模块化结构资源配置与组织

模块化资源结构是现代系统资源组织最主要的构成方式。特别对于嵌入式航空电子系统来说，模块化资源组织架构对系统的资源有效组织能力、系统的资源有效处理能力，以及系统的资源有效管理能力具有非常重要的作用和影响。由于现代航空电子系统的处理种类和类型需求越来越宽，处理能力和品质要求越来越高、处理效率和有效性要求越来越强烈，因此，确保系统资源组织有效性、系统资源处理效率与系统资源管理有效性已是现代所有嵌入式系统资源组织关注的三大目标。

模块化资源结构组织就是根据嵌入式系统资源组织的三大目标要求，针对系统架构组织需求，依据不同资源的能力和性质，形成系统资源组织的结构形式。模块化资源结构组织的核心是通过模块化资源组织，确定资源独立功能单元，有效地提升系统资源能力和组织效率；通过模块化资源内部管理组织，确定资源自主管理能力，有效地提升系统组织管理效率；通过模块化资源内部保障组织，确定资源自主支撑能力，有效提升系统支撑保障效率；通过模块化资源通信组织，确定资源数据传输和信息通信管理模式，有效地提升系统信息管理的效率。

模块化资源结构组织是针对不同处理需求，确定系统基本单元——模块的功能性质，形成基于模块化的独立功能单元（FU），提供了如数据处理、信号处理、图形处理、数据存储、网络交换、电源支撑等方面的能力；针对模块功能需求，确定模块的管理方式，形成支持功能实现和管理的模块支撑单元（MSU），提供了资源组织、操作控制、结果管理和通信保障等方面的能力；针对模块操作与管理的需求，确定模块内部信息通信形式，形成支持模块处理过程通信链路管理的路由单元（RU），提供了模块内部资源的通信组织，信息交联，协议管理、传输控制等方面的能力；针对模块资源配置的电源支撑需求,确定不同资源性质的电源供给方式,形成电源转换配置管理单元(PSU),提供面向模块自主管理的电源支撑与保障能力;针对系统能力与模块功能组织管理需求,确定模块与系统的交联关系,形成支撑系统信息组织和管理的网络接口单元(NIU),提供模块信息组织、信息通信协议、模块信息交换、系统信息管理等方面的能力。如图 8 - 1 所示。

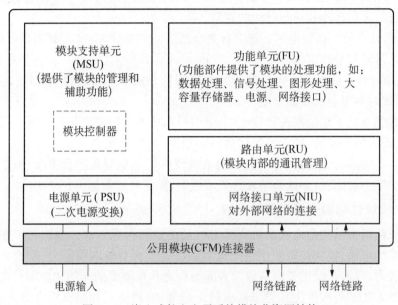

图 8 - 1　嵌入式航空电子系统模块化资源结构

8.1.3　通用处理模块

通用处理模块(GPM)是嵌入式系统的构成核心——处理资源,是系统组织、功能操作和状态管理载体。对于嵌入式系统来说,系统的核心能力就是基于通用处理模块处理的能力所决定的。随着系统的范围和组成越来越大,系统处理能力需求越来越高,系统处理过程越来越复杂。面对复杂的和大规模的嵌入式系统,如何有效提升系统处理能力,提高系统处理效率、增强系统管理能力已成为嵌入式系统的构成与发展关注焦点。目前,嵌入式系统,特别是复杂嵌入式航空电子系统,发展方向从对专用处理和控制的依赖转向对通用处理和管理的依赖。这种发展变化和需求形成了系统应用、资源、管理独立的发展趋势,特别是系统硬件资源能力与应用软件能力的独立发展与隔离,形成应用与资源平台独立发展的局面。因此,针对嵌入式复杂系统发展需求,建立系统通用资源平台,提供系统通用处理能力,提高系统管理能力已成为复杂性航空电子系统的重要技术发展方向。

通用处理模块就是针对嵌入式系统通用资源平台组织的要求,根据模块化组织与构架优势,依据应用处理不同能力的需求,形成功能独立、过程处理和自主管理的通用处理模块模块,满足系统组织与平台管理的需求。

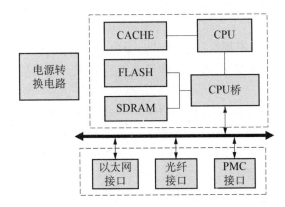

（a）嵌入式航空电子系统单处理机资源结构

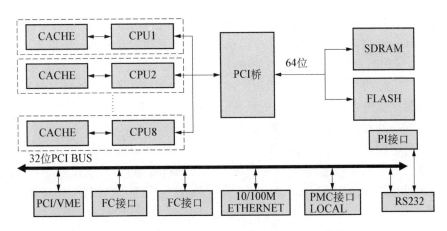

（b）嵌入式航空电子系统多处理器资源结构

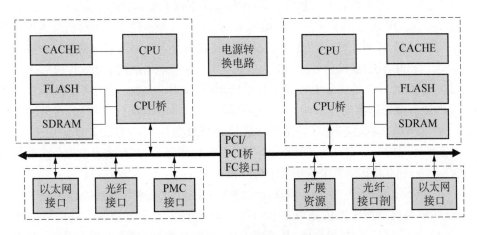

（c）　嵌入式航空电子系统多处理机资源结构

图 8-2　嵌入式航空电子系统通用处理平台组织架构

　　目前嵌入式航空电子系统一般都采用通用处理平台组织架构,而通用处理平台主要根据系统应用处理需求,以通用处理模块为核心,建立系统资源平台组织,支持系统处理、管理和控制。根据系统资源平台能力的配置需求,通用处理模块一般有三种构成形式。一是单处理机通用处理资源结构方式。单处理机模块化结构主要是针对系统一般功能处理和控制与管理需求,根据系统处理能力与成本控制要求,形成基于系统有效能力支撑的优化资源组织形式。单处理机结构不仅具有资源配置简单、操作过程有效、能力组织灵活等特征,同时对整个航空电子系统提供了系统资源组织和系统状态管理的能力,如图 8-2(a)所示。二是多处理器资源结构方式。多处理器模块化结构主要针对系统高速数值处理能力的需求,根据高速有效数值处理效率与资源配置能力的平衡,形成面向高速数值处理的资源组织形式。多处理器结构不仅建立了模块自身的系统数值处理环境,提升了数值计算能力,支持与配置资源的有效平衡,同时也针对系统不同处理能力的需求与布局,有效地提升整个航空电子系统的数值处理能力,如图 8-2(b)所示。三是多处理机资源结构方式。多处理机模块化结构主要针对系统多应用功能处理能力和多系统运行效率需求,根据系统组织、应用处理和管理组织的平衡,形成面向多系统、多应用复杂系统组织形式。多处理机结构不仅支持不同系统和不同应用的需求,提升了处理与管理能力,支持与配置多系统之间、多应用之间的资源有效平衡,同时也有效地提升整个航空电子系统综合处理和综合管理的能力,如图 8-2(c)所示。

　　针对复杂性航空电子系统单处理机、多处理器、多处理机模块化结构模式,形成系统处理资源的有效配置,构建了系统处理能力的有效布局,提供了系统处理资源有效组织,为嵌入式航空电子系统应用综合处理、综合管理、资源综合保障能力奠定了基础。

8.1.4　数字信号处理器

　　数字信号处理机是嵌入式系统资源组织和资源能力重要的组成部分。根据航空电子系统组成,无论是系统天线孔径信号处理、系统射频前段信号处理、系统图像处理、多媒体、音频、视频、DSP 调制解调器处理以及数据融合等都对系统信号处理提出强烈的需求。因此,构建系统信号处理能力是航空电子系统能力组织重要的构成部分。

　　数字系统处理机是由专用大规模信号处理器(DSP)构成。专用大规模信号处理器(DSP)拥有微处理器的计算能力,也拥有乘法累加(MAC)单元。例如,典型的 DSP 拥有 16×32 MAC 单元,提供了高速并行信号处理的能力。同时,DSP 提供快速、离散时间、信号处理指令。它具备超长指令字(VLIW)处理能力;拥有快速单指令多数据流(SIMD)指令;拥有快速离散余弦变换(DCT)和离散余弦逆变换(IDCT)功能。后者是快速执行信号分析、编码、过滤、噪音消除、回音消除、压缩与解压缩等算法的必备条件。

　　已知复杂航空电子系统是由多个子系统构成,许多系统都有独立的信号处理需求。如雷达子系统、光电子系统、电子战子系统,以及图形/图像处理子系统、视频与图像压缩/解压子系统都对信号处理提出各自独立的需求。因此,根据航空电子系统的构成和特征,针对不同子系统信号处理方式和算法实时的需求,建立通用信号处理基本单元,支持以功能组织的基本信号处理能力,保证基本信号处理的完整性和有效性。同时,针对大型信号处理的需求,根据系统处理方式和特征,支持信号流水处理方式,构建基于信号处理器(DSP)为基础的资源配置,建立信号处理器(DSP)并行流水交联架构,形成系统复杂性信号并行处理模式,提升系统信号处理效率和能力。基于基本信号处理单元的资源配置的模块化系统信号处理机如图8-3所示。

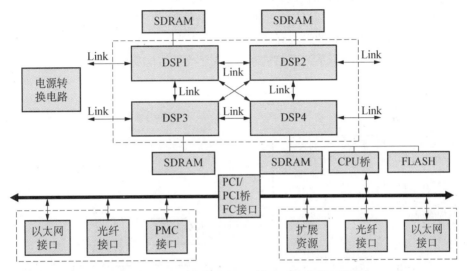

图8-3　嵌入式航空电子系统信号处理机资源结构

　　针对航空电子系统多系统组织和多系统应用的信号处理需求,根据系统能力组织、管理和平衡,以基本信号处理器(DSP)为基础,通过 DSP 并行级联(link)能力,构建基于 DSP 级联的系统信号处理和管理的平台,形成航空电子系统整体信号处理能力,同时有效提升信号处理资源的利用率。另外,信号处理仅仅是整个航空电子系统的应用处理和资源组织一个组成部分,系统信息处理和综合管理还必须根据当前应用需求和状态,通过航空电子系统统一组织、管理和协同,共同完成航空电子系统的任务。因此,航空电子系统信号处理平台还根据系统应用处理的需求,针对整个系统资源处理配置,实现与系统其他资源交联。

8.1.5　高速网络交换机

　　系统通信能力是现代航空电子系统核心组成部分,是航空电子系统组织、操作和管理基础。复杂系统的特征就是多应用、多系统、多过程、多资源,而复杂系统能力和有效性建立在信息与数据通信与交联的基础上。针对航空电子系统多应用、多系统、多过程、多资源特征,系统信息和数据通信与传输能力决定系统能力和效能,即系统不同通信能力和水平决定了系统当前的能力和水平。因此,目前国外先进飞机都将航空电子系统信息通信能力作为航空电子系统水平的代表。

　　基于模块化高速网络交换机是模块化航空电子系统信息通信和数据神经中枢，是整个系统组织、控制和管理的保障。对于分布式现代航空电子系统，系统硬件是由多种资源模块构成，因此针对系统资源模块能力，依据应用操作、系统管理、过程协同和资源组织需求，构建系统组织、协同与管理能力，实现基于模块化的高速网络交换机已成为先进航空电子系统的核心。

　　根据模块化航空电子系统架构，高速网络交换机实现系统所有资源模块的信息交联。也就是说，系统所有信息通信和数据传输都是通过系统网络交换机来完成。因此，建立支持系统信息与通信组织的系统网络构架，实现满足系统通信需求的网络交换机是系统构架设计的核心任务。

　　针对模块化航空电子系统通信需求，网络交换机结构功能框图如图 8-4 所示，其主要有以下功能构成。

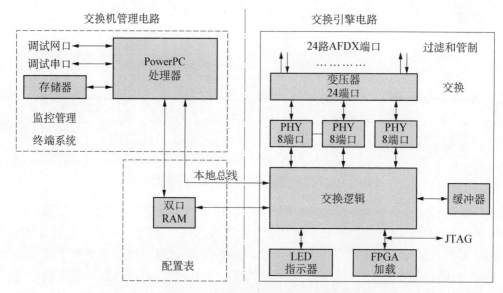

图 8-4　网络交换机结构功能框图

1) 高速数据传输功能

高速数据传输是网络交换机最重要的功能。目前，根据现代航空电子系统架构组织，针对系统信息交联和组织需求，网络交换机物理链路数据传输速率为 $2\sim 4\,\mathrm{Gbps}$。通信组织支持动态配置，支持单播和多播通信需求，交换延迟小于 $2\,\mu s$，支持多端口（24 或 48 个端口），支持 100% 全线速率转发，延迟时间小于 $100\,\mu s$，端口吞吐量最大可达到 $200\,\mathrm{Mbps}$。

2) 信息交换逻辑功能

信息交换逻辑功能是网络交换机基础。针对航空电子系统构架组织，交换机提供内嵌终端支持管理信息库、网络管理协议、网间控制报文协议和通信标准数据加载等功能，采用存储转发方式进行数据交换，支持虚拟链路（VL），支持对端口数据进行监控与记录,并具有过滤和管理功能。

3) 交换机管理功能

交换机管理功能是网络交换机有效性的保障。针对航空航电子系统信息通信需求,交换机管理提供过滤和管制功能,保证系统信息通信和数据传输的正确性、完整性和可用性。交换机管理还具有交换功能和配置管理功能,支持信息转发和信息配置管理,并具备通信状态监控功能,监控交换机的所有操作、记录通信到达、出错等事件。

4) 链路组织与管理功能

链路组织与管理功能是交换机数据传输基础能力。根据交换机的组成,链路组织与管理功能通过交换结构,实现帧的存储转发;通过交换端口,实现链路层协议功能、流量和管制功能和交换结构接口功能;通过虚拟链路配置表,实现基于虚拟链路的数据转发、帧过滤和流量控制;通过通信计数器,实现系统同步时间、流量控制和计算通信间隔时间和最大延时。

8.1.6 高速图形/图像处理机

座舱显示系统是人机接口交互的界面。由于航空电子系统是人在环的实时控制系统,飞行员对环境的感受、对应用的认识、对系统的理解、对现状的把握,对整个飞机掌控具有非常重要的作用和意义。图形/图像处理机针对全局态势感知与复杂画面显示的技术要求,在有限的座舱仪表板,为飞行员提供一体化大屏幕下视显示与智能控制界面,提高操作效能。因此,高性能、高品质和高质量的显示分系统一直受到航空电子系统格外的重视。从面向资源能力保障的可靠性角度来看,显示系统可靠性需求同其他航空电子分系统一样低于控制系统可靠性需求,但从飞行员在环控制的角度要求,显示系统可靠性需求要高于航空电子其他分系统,达到飞机控制系统可靠性要求。由此可见,座舱显示系统的信息、图形显示能力与品质在航空电子系统占有非常重要的地位。

图形/图像处理机是航空电子系统显示分系统的核心。目前航空电子系统显示分系统组成有两种发展趋势:一是"非智能"(Dumb)显示架构,即显示系统图形/图像处理机嵌入在航空电子系统综合处理网络中;二是"智能"(Smart)显示架构,即显示系统图形/图像处理机嵌入在显示器(如多功能显示器)中。从综合化航空电子系统发展趋势来看,本书重点关注图形/图像处理机嵌入在航空电子系统综合处理网络中的工作模式。

根据航空电子系统组织架构,图形/图像处理机同其他航电硬件资源模块一样是系统核心资源之一,也是通过系统网络交换机实现与其他资源的交联,并在航空电子系统统一功能管理下,在系统其他资源协同下,完成航空电子系统当前的信息、任务、态势显示与管理。

根据航空电子系统组织需求,图形/图像处理机独立完成图形处理、图像处理、视频传输、视频叠加、显示控制和通信总线管理等。嵌入式航空电子系统图形/图像处理机功能结构框图如图 8-5 所示。

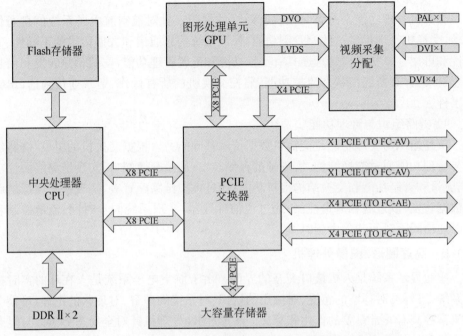

图 8-5　嵌入式航空电子系统图形/图像处理机功能结构框图

根据航空电子系统图形/图像显示与管理的需求,图形/图像处理机主要功能有如下几点。

1) 高性能图形引擎技术

高性能图形引擎是图形/图像处理机核心技术。根据航空电子系统图形/图像显示需求,采用高性能、高品质和高质量图形引擎技术—通用图像处理器(GPU),提供了灵活的图形/图像处理架构,实现高分辨率和高速三维图形生成与处理能力,支持复杂图形和图像以及高分辨率视频显示与综合的需求,提升图形、图像、视频的显存带宽,提高图形、图像和视频处理口吞吐能力,提高图形变换、像素处理、视频组织、叠加融合的处理能力和处理效率,有效地满足航空电子系统综合任务显示的需求,如 DAS 视频、SAR 图像、气象雷达图像、IRST 图像和视频显示等。

2) 高品质视频处理技术

视频显示是航空电子系统显示分系统重要功能组成部分。视频显示采用专用视频核心处理单元,为航空电子系统提供了当前环境和任务的图形组织、图像处理和参数关联能力,有效地提升和保障系统当前的任务和状态显示效能;通过高速扫描技术和实时处理技术,有效提升信息的实时性和逼真度;通过视频实时压缩和解压技术,有效提升视频处理效率和减低资源需求;通过图形合成、图像融合和视频叠加技术,有效提升航空电子系统显示有效性。

3）图形/图像任务管理技术

图形/图像管理是航空电子系统显示有效性的关键技术。根据航空电子系统任务组织和能力管理需求不断增长，不仅对图形/图像处理技术提出很高的需求，同时也对图形/图像管理技术提出很高的要求。针对航空电子系统构架和管理组织，图形/图像处理机采用高性能通用处理模块与高性能图形处理机共同构成，通过采用高性能交换总线互联，形成集图形生成、视频采集和组织管理于一体，不仅支持和提升系统图形/图像处理能力，同时还支持整个航空电子系统当前图形/图像处理与任务管理。

8.2 硬件组织结构

从系统的角度来看，航空电子系统是基于系统平台支撑的能力，而系统硬件架构组织是系统平台的基础和保障。航空电子系统硬件架构组织不仅直接对系统应用需求、操作处理、组织管理以及系统有效性产生很大的影响，同时对系统资源配置、过程组织、状态管理能力也产生非常重要的作用。因此，根据系统应用需求和系统应用环境，针对系统任务目标，选择和构建相应航空电子系统结构，对系统资源构成、任务组织、功能管理能力实现、效能提升和有效性保证具有非常重要的意义。

根据系统架构组织与构成的特征与能力，不同架构形式具有不同的作用和目标。对于航空电子系统来说，随着航空电子系统结构技术的进步和发展，针对不同飞机航空电子系统的任务和需求，航空电子系统结构分为：分布式航空电子系统结构（Distributed Avionics Architecture）、联合式航空电子系统结构（Federated Avionics Architecture）和综合化航空电子系统结构（Integrated Modular Avionics Architecture，IMA）。本文根据各种不同航空电子系统结构的特征，重点论述航空电子系统结构的硬件组织与特征。

8.2.1 分布式航空电子系统架构硬件组织

分布式航空电子系统是各自独立的多处理机集合。分布式系统是根据飞机任务处理需求，依据系统资源配置能力与特征，针对系统功能组织和操作能力，以处理机为核心，实现不同任务、不同功能、不同组织、不同管理的分布式处理、管理与控制。从系统硬件构成的角度看，分布式系统是针对航空电子系统任务处理的需求，通过任务分布、功能分布、资源分布构成的分布式实时控制系统。如图 8-6 所示。

分布式航空电子系统主要特征是：根据系统应用管理和组织需求，确定处理系统组织分布；根据任务的分配和组织，确定基于任务的处理子系统的组织和构成；根据功能的分配和组织，确定处理机的能力和类型；根据环境的分布和组织，确定系统资源组织和配置。即分布式航空电子系统结构是基于任务需求、功能组织、资源状态形成不同层级、不同要求、不同配置和不同处理的分布式多处理机处理模式。

分布式航空电子系统硬件组织主要特征是：根据分布式处理的任务架构、功能组织、环境能力形成不同资源能力组织的硬件资源组织和操作逻辑。其主要目标考

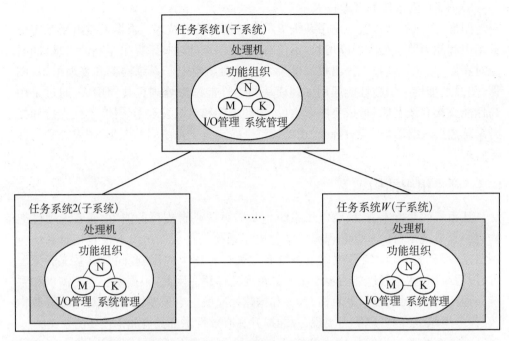

图 8-6　分布式航空电子系统

虑是面向任务组织和功能分布,建立与其处理需求相适应的系统硬件资源组织和提供相应的硬件能力。分布式航空电子系统硬件通常是通过应用任务特征明确分类,依据任务目标确定组织,针对功能构成配置资源,形成分布式构架下独立的处理机、存储器、I/O 等资源组织。其主要特征如下所述。

1) 处理机组织

处理机组织是分布式航空电子系统核心资源组织,分布式系统能力和处理方式都是建立在处理机资源组织和配置基础上。对于分布式航空电子系统,根据分布式航空电子系统结构,处理机资源能力的配置是基于分布式任务处理的需求,针对任务处理特征,确定处理机的能力和处理方式。在通常情况下,不同的处理任务具有不同的处理机配置,不同的处理特征,不同处理方式。根据任务需求不同、处理能力不同和处理特征不同,从而形成了由主处理机、从处理机和专用处理机组成的分布式处理机组织,具有突出的专用性特征。

2) 协同处理组织

协同处理组织是分布式航空电子系统的系统能力组织。分布式航空电子系统主要特征是基于任务分布的子系统组织构架的管理,分布式航空电子系统的系统能力都是建立在以各自任务需求构成的处理机组织之间的子系统任务的组织与协同。这种子系统之间任务组织与协同必须依赖子系统之间的通信能力。由于分布式航空电子系统处理机组织具有突出的专用性特征,其子系统之间依据自身专用的通信数据和类型确定相应组织方式和交联关系。因此,子系统之间的通信构架组织一般都采用独立配置的专用总线,如 RS 422,ARINC 429 等,具有通信效率低和子系统交联松散的特征。

3) 输入/输出管理

输入/输出管理是分布式航空电子系统处理范围的界定和任务处理的组织。分布式航空电子系统主要特征是基于任务分布的子系统组织构架的管理,形成了不同子系统具有不同的输入/输出组织,不同子系统具有不同的输入/输出需求。因此,分布式航空电子系统的输入/输出管理往往是根据子系统的不同和处理任务的不同,具有不同 I/O 资源配置和不同 I/O 管理模式,具有各自独立和松散的特征。

8.2.2　联合式航空电子系统架构硬件组织

联合式航空电子系统是根据系统的独立组织管理需求,由多处理机集合构成子系统,形成不同独立的功能处理环境,支持子系统任务目标组织管理,通过基于系统总线实现子系统独立功能处理结果共享的结构模式。联合式航空电子系统具有明确预先定义的任务(功能)目标,构建实施功能自主组织、资源自主配置、状态自主管理,并依据独立系统状态和功能需求,形成各自处理机的功能支持。从系统硬件构成的角度看,联合式系统是由多处理机实现独立功能支撑,通过系统数据总线的数据通信实现多处理机之间功能支持信息交联。如图 8-7 所示。

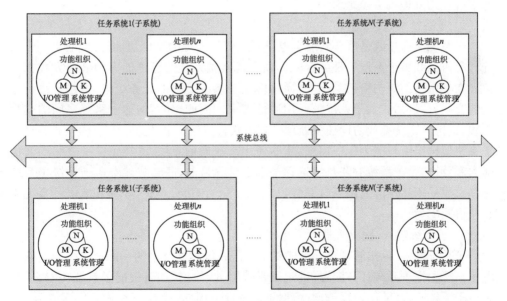

图 8-7　联合式航空电子系统

联合式航空电子系统主要特征是系统能力组织和总线交联管理。即联合式航空电子系统根据系统应用管理和组织需求,确定子系统的构架;根据子系统任务的分配和组织,确定子系统的能力和目标;根据子系统功能的分配和组织,确定子系统处理机的能力和类型;根据子系统任务和功能组织,确定子系统之间通信方式和通信能力。

联合式航空电子系统的目标是通过建立子系统的任务组织,形成子系统内高效独立任务处理和子系统管理;构建子系统之间高速通信总线,形成子系统之间高效任务协同和系统全局任务组织。因此,联合式航空电子系统硬件通常是根据子系统应用任务特征,确定子系统资源组织和能力保障;根据系统任务组织,确定系统总线能力和通信方式;最终形成基于子系统任务和总线系统能力的硬件架构组织。其主要特征如下所述。

1) 子系统处理机组织

子系统能力是联合式航空电子系统组织的核心,子系统处理机组织是联合式航空电子系统能力和效能的保障。联合式架构系统能力和处理方式都是建立在子系统组织与管理基础上,针对不同的子系统任务组织需求,确定子系统任务组织与管理模式,明确子系统任务构架。同时根据处理机通用处理模式,针对子系统管理模式,确定子系统处理机资源组织。由于联合式航空电子系统是基于子系统具有自主管理,子系统处理机不仅必须满足自身任务处理的需求,而且必须提供子系统之间通信,协同自身任务,支持并行功能组织,实现系统协同任务的需求。因此,联合式航空电子系统处理机组织是基于子系统任务需求,针对系统协同要求,形成多任务和多过程的处理机资源组织。

2) 子系统交联总线

子系统交联总线是联合式航空电子系统组织管理的基础,是联合式航空电子系统任务协同和整个系统管理的保障。联合式架构系统的管理能力和处理方式都是建立在子系统组织与管理基础上,通过确定子系统之间的任务组织,构建子系统之间的交联方式,形成各子系统的通用通信需求。因此,如何构建子系统之间的交联总线,支持子系统高效协同任务处理已成为联合式航空电子系统实现的核心。针对子系统架构组织与能力保证需求,建立通用高速通信总线,支持子系统之间的通信能力和效率,是子系统交联总线选择基本条件。目前,联合式航空电子系统子系统交联总线采用高性能通用系统总线,如 1553B,ARINC 629 等,有效地提升系统组织与协同能力。

3) 子系统输入/输出管理

子系统输入/输出管理是联合式航空电子系统独立管理的一部分。联合式航空电子系统根据子系统任务配置,确定子系统输入/输出范畴;根据子系统功能组织,确定子系统输入/输出数据类型;根据子系统任务周期,确定子系统输入/输出需求;根据子系统工作状态,确定子系统输入/输出管理模式。由此可见,联合式航空电子系统输入/输出管理是建立在系统工作基础上的。因此,联合式航空电子系统的输入/输出管理依据各自子系统的任务需求形成 I/O 资源配置和输入/输出管理。

8.2.3　综合化航空电子系统架构硬件组织

综合化航空电子系统是目前航空电子系统主要发展方向。随着航空电子系统的发展,系统任务需求越来越多,功能需求越来越强,性能需求越来越高,资源需求越来越大,对航空电子系统的构成与发展产生巨大的压力。

当前 IT 技术高速发展给航空电子系统发展带来了新的发展空间。第一,信息处理技术。信息处理能力是航空电子系统的基础能力。随着 IT 技术的高速发展,信息处理的能力如数据处理、信号处理、图像处理、通信网络等技术取得了突飞猛进,其结果为航空电子系统的组织和发展奠定了基础;第二,信息共享技术。信息共享技术是信息技术发展的核心。信息资源是当前最为重要的资源,航空电子系统所有活动的任何过程都是由信息表示和描述的。信息共享是无成本的,具有高效特征。同时任何信息都不是独立存在的,信息与信息之间存在着相互支撑、补充、传递和依赖关系,不同层次、不同剖面,系统信息作用能力不同;第三,信息管理技术。信息操作方式与组织模式是系统处理效率的保障。信息操作方式是决定系统行为能力的基础,信息组织模式是决定系统过程能力的基础。不同的系统操作模式具有不同的系统处理能力,不同的组织方式具有不同的系统过程效率。

新一代综合化航空电子系统针对上述 IT 的技术进步,通过信息综合,充分利用当前系统信息能力和信息相互支撑关系,统一信息格式和布局,减少信息冗余,形成信息的最大价值;通过功能综合,充分利用当前系统功能处理过程和处理结果,规范系统的活动,减少系统重复处理,提升系统处理的最大效率;通过资源综合,充分利用当前系统资源能力和资源组织管理,减少资源种类,提高资源利用率,提升系统资源使用效能,如图 8-8 所示。

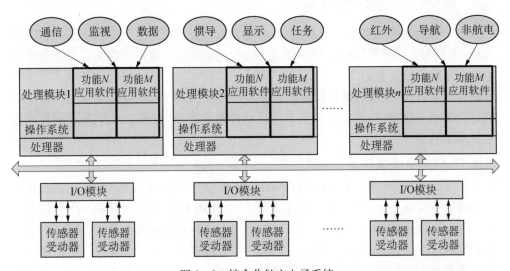

图 8-8　综合化航空电子系统

综合化航空电子系统主要特征是基于综合化和模块化航空电子系统结构组织,即 IMA 平台。综合化航空电子系统通过系统应用分区,建立了信息组织环境,支持信息综合(也称数据融合);通过应用与功能隔离,建立了功能分区的组织,支持功能综合;通过应用与资源分离,建立资源平台,支持资源综合;由于信息综合、功能综合和资源综合,形成了任务增强、功能共享和资源复用能力,有效地提升了航空电子系统能力、效率和有效性。因此,针对综合化航空电子系统硬件,主要是基于 IMA 平台构建和管理,其主要特征如下所述。

1) 信息综合组织

对于综合化系统,由于应用、管理和操作具有不同的要求,形成相对独立的处理方式。因此,IMA 平台支持信息组织,采用应用、管理和操作分层,形成独立思维、独立控制、独立组织和独立逻辑,实现传感器输入数据融合、过程状态信息融合、功能组织系统融合、任务态势信息融合,降低系统信息组织的复杂性,提升信息综合的有效性。

2) 功能综合组织

对于综合化系统,由于任务独立和不同,导致系统功能急剧增大和重复。因此,IMA 平台支持功能综合,减少重复活动,控制功能数量,降低系统规模、功能过程重复以及系统复杂性问题,提升系统处理能力和效率。

3) 资源综合组织

对于综合化系统,由于系统要共享资源,产生资源使用冲突。因此,IMA 平台支持过程操作标准化,减少硬件模块数量,支持操作过程组织,提升资源利用率和过程效率。

8.3 航空电子系统硬件开发要求

对于日趋复杂的航空电子系统,在前述要求的基础上,还必须建立系统的需求分析、规范的开发流程、精细严格的验证测试、全面的过程管理才能满足高复杂性航空电子系统硬件开发的要求。随着航空电子系统的高速发展,根据航空电子系统硬件的组织与特征,系统的硬件构成越来越复杂,系统的硬件组织越来越庞大,系统的硬件性能越来越增强,建立航空电子系统硬件开发要求,对航空电子系统开发具有非常重要的意义。

8.3.1 机载电子硬件设计保障指南——DO‐254

RTCA SC‐180 和 EUROCAE WG‐46 联合进行了 RTCA DO‐254《机载电子硬件设计保障指南》的开发。RTCA DO‐254 用于航空电子领域中严格规范硬件的开发和认证过程。RTCA DO‐254 可用于指导专用集成电路(ASIC)、可编程逻辑器件(PLD)、现场可编程门阵列 FPGA 以及相类似的电子元器件的设计保证活动。参与撰写该标准的专家有来自航空设备的设计制造厂商,也有来自航空业界质量认证的权威机构。该标准给出了航空系统硬件的开发过程,旨在提升硬件开发的正确性,确保系统的安全性,满足适航要求。

20 多年来,RTCA 推出了 DO‐178B 标准指导航电系统软件的开发。随着航空电子硬件复杂性不断地提高,对航空电子硬件开发的认证和审核提出了强烈的要求。因此,RTCA推出DO‐254指导复杂航空电子硬件开发认证。在这里,本书主要是根据航空电子硬件开发过程的特征,介绍DO‐254的主要思路与核心过程。

DO‐254根据系统安全性需求,硬件设计保证开始于系统级,在系统级将系统功能分配给硬件,并且指定其对应的系统开发保证级别。为了确定满足这些安全性需求所需的可靠性级别以及保证级别,DO‐254从系统层面、软件层面以及硬件层面提出与功能相关的安全性需求。明确了系统开发过程与安全性评估、硬件开发、软件开发过程之间的相互关系,给出了安全性/硬件、安全性/软件和安全性/硬件/软件的过程和要求,表明了这些过程之间的相互关系将涉及安全性评估过程和硬件设计生命周期过程。

8.3.2　系统硬件安全性定义

针对系统硬件的组成,首先必须完成系统硬件安全性定义,为系统硬件开发奠定基础。系统安全性定义取决于系统安全性评估过程,系统安全性评估过程有三个:功能危险性分析(FHA),初步系统安全性分析(PSSA)和系统安全性分析(SSA)。通过系统安全性评估过程确定适用于系统开发保证过程的系统安全性目标,并且确定系统功能达到了安全性目标。

根据系统安全性等级划分,系统开发保证级别有五级:A级、B级、C级、D级和E级。该五级与五类失效状态对应为:灾难性、危险的/严重、较重、较轻和无影响。系统安全性等级划分是根据系统构成,通过相关每个硬件功能SSA过程分析,依据FHA来确定潜在的危险,通过PSSA过程将安全性需求和相应的失效状态分配给硬件实现的功能,确定硬件设计安全性保证级别。表8.1给出硬件设计保证级别分类、失效状态分类、失效状态描述和相应的硬件设计保证级别的定义。

表8.1　硬件失效状态和硬件设计保证级别定义

系统开发保证级别	失效状态分类	失效状态描述	硬件设计保证级别定义
A	灾难性	阻止飞机继续安全飞行和着陆的失效状态	硬件安全性评估表明,硬件功能的失效或异常行为,将引起系统功能失效,导致飞机处于灾难性的失效状态
B	危险/严重	降低飞机性能或机组人员克服不利操纵状态能力的失效状态,其程度为:安全余量或功能性能力的大幅降低;身体疲劳或高负荷导致机组人员不能准确或完整的完成他们的任务,或对乘客产生不利的影响,包括对少数乘客严重的或潜在致命的伤害	硬件安全性评估表明,硬件功能的失效或异常行为,将引起系统功能失效,导致飞机处于危险的/严重的失效状态

系统开发 保证级别	失效状 态分类	失效状 态描述	硬件设计 保证级别定义
C	较重	降低飞机性能或机组人员克服不利操纵状态能力的失效状态，其程度为：较大的降低安全余量或功能能力；较大地增加了机组人员的工作量或削弱机组人员工作效率的状态，或造成乘客不舒服，可能包括伤害	硬件安全性评估表明，硬件功能的失效或异常行为，将引起系统功能失效，导致飞机处于较重的失效状态
D	较轻	不会严重降低飞机安全性及有关机组人员在他们的能力内很好完成其活动的失效状态。较轻的失效状态可能包括稍微减少安全余量或功能性能力；稍微增加机组人员的工作量，如更改航线飞行计划或给乘客带来某些不方便等	硬件安全性评估表明，硬件功能的失效或异常行为，将引起系统功能失效，导致飞机处于较轻的失效状态
E	无影响	不影响飞机的操作性能或不增加机组人员工作量的失效状态	硬件功能的失效或异常行为，将引起系统功能失效，对飞机的操作性能或机乘人员的工作量没有影响

硬件安全性评估结合 SSA 过程一起进行，并支持 SSA 过程。这个安全性过程的目的在于确定系统和设备（硬件）满足适航的飞机认证要求的安全性需求。在系统过程将安全性、功能和性能需求分配给硬件之后，硬件安全性评估确定每个功能的硬件设计保证级别。

8.3.3　系统硬件开发设计过程

系统硬件开发设计过程是系统硬件安全性保障的基础，是贯彻系统需求、明确系统规范、实现系统目标的项目开发与实施过程。根据设计过程定义、组织和管理的需求，硬件开发设计过程是由需求获取、概要设计、详细设计、实现和生产转化构成，贯穿整个硬件生命周期。

1）需求获取过程

硬件需求获取过程依据系统应用操作组织能力的要求，识别和获取系统硬件构成的需求，包括与硬件相关的安全性需求、硬件安全性保证级别、故障功能丧失概率、硬件资源结构、资源操作能力、硬件环境、资源性能需求，以及标准、程序、工艺、设计环境和设计指南带来的设计约束等，并具有可追溯性。输出系统硬件需求文件。

2）概要设计过程

硬件概要设计过程是基于硬件需求的硬件能力设计过程，其主要目标是硬件架构和硬件组织确立和实现过程，并对其评估以确定最终的设计实现满足需求的可能性。概要设计过程可以使用诸如功能块框图、设计和结构描述、电路板装配外形和机架草图等形式来完成。输出高层设计原理文件。

3）详细设计过程

硬件详细设计过程是基于硬件架构和组织的硬件逻辑设计过程，其主要目标是以硬件项目需求和概要设计数据为基础，根据资源的能力，确定硬件操作逻辑，完成详细逻辑设计过程，并对其评估以确定逻辑组织满足概要设计硬件机构和组织需求的可能性。输出详细设计数据文件。

4）实现设计过程

硬件实现设计过程是基于硬件架构、组织和逻辑过程要求，针对硬件资源能力和条件，使用典型的制造过程要求，即实现过程使用详细设计数据作为需求条件，完成实现设计过程，产生硬件构成组织，并对其评估以确定硬件项目实现、装配和安装数据完整性。硬件构成数据作为测试活动的输入，输出实现过程文件。

5）生产转化设计过程

硬件生产转化设计过程是基于实现过程的硬件构成组织，针对制造过程能力和工艺要求，实现硬件设计需求。生产转化设计过程使用实现和验证过程的输出；建立一个基线，包括支持硬件项目一致性复制所需的全部设计和制造数据，检查制造数据、测试设备和常规的资源；识别与安全性相关的制造需求，以确保其在生产中可用性和适宜性；形成生产转化设计过程文件，并建立制造控制系统，支撑产品转入生产。

6）验收测试设计过程

硬件验收测试设计过程是基于概要设计的系统构架，根据硬件详细设计的逻辑组织，依据实现设计的结果特征和测试数据，针对硬件需求获取过程的目标要求，以及需求确定的应用环境，实现系统组织、操作逻辑、工程能力的验收测试的设计。验收测试应覆盖满足安全性需求所需的设计方面，应确定测试没有覆盖的安全性相关的项目或子项目。

8.3.4　系统硬件开发确认与验证过程

系统硬件开发确认（Validation Process）和验证过程（Verification Process）是系统硬件过程最为关键的部分。系统硬件开发确认过程的目的是通过确认过程确信分配给硬件的系统需求是正确的和完备的。系统硬件开发验证过程的目的是通过验证过程确保硬件设计、开发和实施所有过程满足已确认的需求和确定的规定要求。

1）硬件确认过程

已知硬件项目开发的基础首先是建立在硬件项目提出的需求的正确性和完备性基础上。其中正确性是指形成的硬件项目需求与系统和软件提出的资源操作与安全需求符合的有效性；完备性是指形成的硬件项目需求与系统和软件对资源能力与类型需求符合的有效性。硬件项目确认过程的任务是通过测试和识别确认硬件项目产生的需求。即硬件确认过程是识别硬件项目需求是正确的和完备的，并完成对形成的硬件需求对安全性的影响得到评估,对产生的遗漏和错误反馈进行纠正。

硬件确认过程是建立硬件确认的模型和组织,构建确认计划和过程,明确确认层面和技术结构组织,确定系统、限定、界限完整性检查,实施需求、性能和安全正确性检查,明确假设条件、运行环境和接口要求认可检查,最终形成硬件过程确认矩阵。

硬件确认过程采用主要方法是:首先,根据系统和软件需求,通过分析需要确认的硬件需求,针对已定义的属性,确认硬件项目需求的适应性;第二,针对需求架构的每一个需求,通过实际结果与期望分析,确认满足需求架构组织的正确性;第三,针对分配给硬件项目的系统需求,通过相关的评审、分析和测试结果,确认硬件需求的完整性;第四,针对系统的安全性要求,通过每一个需求的评审、分析或测试,确认硬件项目需求安全性。

2) 验证过程

硬件项目开发的有效性是建立在硬件项目开发和实施过程的状态和结果满足硬件项目需求的基础上,保证硬件项目的开发与实现适应性,确保满足硬件项目需求有效性的要求。其中适应性是指硬件项目开发与实施过程正确实现了已确认的硬件项目所有设计层次的任一个级别需求,满足系统有关要求;有效性是指硬件项目开发与实施过程正确实现了安全性需求,确保实施过程的安全性分析有效。硬件项目验证过程的任务是评估计划、需求、设计数据、设计原理或设计实现,通过测试、分析和评审,验证硬件项目开发和实施过程的适应性和有效性。即硬件验证过程是验证硬件项目开发过程是适应的和有效的,并通过在设计过程不同阶段的验证过程消除设计错误概率和提高硬件可信度。

硬件验证过程的主要任务是建立硬件验证的目标和方法,构建验证目标和要求,明确验证层面和技术结构组织,确定验证过程和要求是明确的和可验证的,明确项目需求与开发实现的一致性要求(包含 SSA 一致性),以及确认硬件执行的功能与设计保证级别的一致性,最终形成硬件过程验证矩阵。

硬件验证过程采用的主要方法是:首先,根据系统和软件需求分析需要确认的硬件需求,选择验证实施方法,如测试、仿真、原型、分析和评审,确保验证过程的有效性;第二,针对需求架构的每一个需求,建立需求、实现、验证过程与结果之间的可追溯性,满足验证过程正确性;第三,针对分配给硬件项目的系统需求,通过实际与期望结果之间的差异和验证覆盖率分析,保证验证过程的适应性;第四,针对系统的安全性要求,通过系统安全性相关的需求和设计安全性保障相一致的分析,确保硬件项目安全性符合系统安全性需求。

8.3.5 系统硬件开发配置管理过程

系统硬件开发配置与管理过程是系统硬件工程的重要组成部分,贯彻系统开发生命周期的过程与开发状态的管理部分。针对航空电子硬件而言,航空电子硬件组成越来越多,开发过程越来越复杂,必然导致系统实施状态和系统过程组织的变化,从而对航空电子硬件开发过程配置管理提出强烈的需求。根据 DO－254 过程定义、组织、和管理的需求，硬件开发配置管理是由需求构型管理、技术构型管理、构型基线管理组成。

1）需求构型管理

需求构型管理是硬件系统构型管理核心。一般而言，所有硬件项目开发过程都是基于系统需求，任何系统需求变化都对硬件项目开发构成有效性、正确性、完备性和安全性产生重大影响。同时对于硬件项目自身而言，由于航空电子硬件是一个复杂系统构成，因此，硬件系统顶层（框架）需求变化同样也对硬件部件产生很大的影响。

需求构型管理过程的主要任务是建立系统需求，形成硬件项目需求目标要求，明确目标条件，形成唯一识别应用需求配置项；建立应用目标功能能力需求，确定项目的功能构架，明确每一项功能状态，形成硬件功能状态项组织；根据系统开发过程能力，提供系统需求配置和功能状态识别和跟踪配置项更改的受控方式；根据系统确认过程（含硬件确认）和系统验证（含硬件验证）过程，建立系统变动与更改基线，形成需求配置管理活动。

2）技术构型管理

技术构型管理是硬件系统构型管理主要内容。所有硬件项目开发过程都是基于技术的实现过程，任何技术过程变化都对硬件项目目标适应性和硬件过程有效性产生重大影响。同时对于硬件项目自身而言，由于航空电子硬件是一个复杂系统构成，整个项目硬件由众多技术过程构成。因此，任何技术过程变化都对系统相关技术过程和系统技术能力产生很多影响，同时对系统能力和有效性也产生很大的影响。

技术构型管理过程的主要任务是建立系统功能目标需求和功能组织构架，确定基于所有功能过程的技术组织，形成唯一识别的功能与相关技术的配置项；建立应用功能目标状态，明确硬件技术状态项组织，形成功能结果和技术状态配置表；根据系统开发过程能力，提供系统过程结果和技术结果识别和跟踪配置项更改的受控方式；根据系统确认过程（含硬件确认）和系统验证（含硬件验证）过程，建立技术变动与更改基线，形成技术配置管理活动。

3）构型基线管理

构型基线管理是硬件系统构型管理基本条件。由于所有硬件项目开发过程、系统需求要求，硬件技术状态等在项目生命周期内都是在不断变化的。因此，无论是需求构型管理、技术构型管理还是过程状态管理必然是基于项目开发过程各种因素不断变化的基础上。所以综合上述的要求，针对相互关联和关系，过程状态构建控制点，建立与其相适应的基线，形成基于基线的硬件项目开发过程配置管理。对于硬件项目自身而言，由于航空电子硬件是一个复杂系统构成，硬件系统过程基线的确定和组织有效性对整个硬件项目过程正确性和有效性产生很大的影响。

构型技术管理过程的主要任务是建立需求构架，确定基于硬件过程的需求组织,形成硬件项目需求配置基线;建立应用功能目标构架,明确基于功能过程的技术状态,形成功能结果配置基线;建立系统过程组织,形成硬件项目过程要求,明确各种过程目标条件,形成所有过程结果配置项基线;根据系统确认过程(含硬件确认)和系统验证(含硬件验证)过程,建立硬件项目结果确认和认证过程基线配置,形成基线配置管理活动。

参考文献

[1] Distributed system principles and paradigms [M]. Andrew S. Tanenbaum, Maarten van Steen.

[2] Certification consideration for highly-integrated or complex aircraft system [R]. ARP 4754, Aerospace Recommended Practice.

[3] Guideline and methods for conducting the safety assessment process on civil airborne systems and equipment [S]. ARP 4761, Aerospace Recommended Practice.

[4] Design assurance guidance for airborne electronic hardware [S]. Royal Technical Commission on Aviation, RTCA DO - 254.

[5] Software consideration in airborne systems equipment certification [S]. Royal Technical Commission on Aviation, RTCA DO - 178B.

[6] Modular and open avionics architectures Part Ⅰ- Architecture. STANAG 4626 (Part Ⅰ) [S]. Military Agency for Standardization of North Atlantic Treaty Organization.

[7] Modular and open avionics architectures Part Ⅲ- Common function modules. STANAG 4626 (Part Ⅲ) [S]. Military Agency for Standardization of North Atlantic Treaty Organization.

9 航空通信

9.1 空地通信

9.1.1 历史

第一次世界大战期间,飞机成为一种战争工具,在随后的十年中,即美国兴旺发展的20世纪20年代,则变成了一种商业工具。在欧洲和美国,飞机成为一种娱乐工具,后来作为一种城市间的邮递工具。一旦一个公司拥有多架飞机后,就需要与飞行中的驾驶员进行通信。

早期的空地通信尝试过使用目视方法:灯光、旗帜,甚至于篝火。但用这种方式进行通信是远不能满足要求的。早期的电台用莫尔斯码进行通信,而这种方式用在一个敞开并晃动的座舱中是不切实际的。通过实用的话音电台进行空地通信,成为刚刚起步的航空运输行业必不可少的通信手段,并一直沿用到今天。

9.1.2 射频频谱

空地通信采用无线电波方式,射频频段的大致分类如表9.1所示。频谱是通信能够使用的唯一资源,这种资源的统筹是通过无线电管理机构来确定的。目前采用基于静态(固定)频带的分配原则和方案,一般通过政府授权使用,即由专门的频谱管理机构分配特定的授权频段供特定的通信业务使用。

表 9.1　射频频段的大致分类

名　称	简　称	频　率
甚低频	VLF	3～30 kHz
低频	LF	30～300 kHz
中频	MF	300～3 000 kHz(3 MHz)
高频	HF	3～30 MHz
甚高频	VHF	30～300 MHz
特高频	UHF	300～3 000 MHz(3 GHz)
超高频	SHF	3～30 GHz
极高频	EHF	30～300 GHz

一些较高的频段被进一步细分,每个频段以一个字母标识,如表 9.2 所示。值得注意的是,表 9.2 中的频段划分方法相对于表 9.1 中的划分方法不是连续的,多个频段都是交叉重叠的。这种标识系统是过去的一种划分方法,它把波段按类似属性进行分类。

表 9.2　高频频段的字母标识

字母标识	频率范围/GHz	字母标识	频率范围/GHz
L	0.39～1.55	Xb	6.25～6.90
Ls	0.90～0.95	K	10.90～17.25
S	1.55～5.20	Ku	15.35～17.25
C	3.90～6.20	Ka	33.00～36.00
X	5.20～10.90	Q	36.00～46.00

9.1.3　无线电台介绍

在早期,人们就认识到无线电波是一种重要的资源。在 20 世纪 30 年代,一些国家和国际机构对无线电的频谱进行了分配。在美国,由联邦无线电委员会(FRC)(即:联邦通信委员会(FCC)的前身)向运营商颁发使用无线电频率的许可证。在 1929 年,FRC 指导飞机的运营公司联合起来制定出统一的频率分配需求。航空无线电公司(ARINC)就是在那一年为此目的而专门成立的,今天它还继续服务于该目的。

正如预期的那样,机场周围的通信需求是最大的。由于每家飞机运营公司都有自己的频率分配和自己的无线电操作员,因此当这个行业增长时,对更多频率的需求也随之增长。重复发生的称之为频谱耗尽的问题,现在已经有了各种解决方法。在早期,它是通过联合起来使用一些公共的频率和无线电操作员来予以解决。自然而然地选择 ARINC 公司来构建这些公共的无线电台站。为此,ARINC 在全美国建立了 55 个这样的通信中心。

解决频谱耗尽的另一种方法是引入新的技术。无线电技术的不断改进,已经向受到物理限制的实际通信开放了越来越高的频段。日益完善的无线电电路能够用不同的方式对无线电信号进行调制(即把信息加到无线电信号上)。当初这些改进使得话音通信更好、更清晰和更有效,后来的技术促进了数据通信的发展。

更高的可用频率结合更好的调制技术,使空地话音通信的使用延续了近一个世纪。在 20 世纪三四十年代,空地话音通信频段从高频(HF)移到了甚高频(VHF)。幅度调制(AM)技术仍然是美国国内空中交通管制(ATC)的基本手段。远距离的话音通信则依赖于 HF 频段的技术特性,这将在后面讨论。

9.1.4 数据通信介绍

当航空公司变得越来越依赖于向飞行中的飞机提供信息和接收飞机信息时,话音通信就让位给了数据通信。从 1978 年起航空公司开始应用 VHF 数据链,其服务有两大目的:①信息可在飞机上自动地生成,以减轻机组人员的工作负荷;②可将信息中继到航空公司的计算机系统,而不需要任何地面无线电台操作员。这种数据链起初称为"ARINC 通信寻址报告系统(ACARS)",但"ARINC"一词很快被改作"飞机"(Aircraft),以表明其通用性。

空地数据链已成为航空公司运营的主要依靠手段。早期的 ACARS 信息主要包括了每个飞行区段的四个下行链路信息:离开登机口准备滑行—离开跑道起飞—已着陆—滑行到停机坪(称为 OOOI,即 out, off, on 和 in 信息)。这些信息使得航空公司能够更好地跟踪它们的飞机,并且为飞机上的机组人员提供自动计时。加入到 ACARS 的飞机已经从原来的 50 架增加到近一万架。现在信息量最高达到每月二千万条,而信息的类型包含了航空公司运营所能够想到的每一个方面:飞行运行;行政管理信息,如机组的计划;旅客信息,如登机口;维护信息,如发动机性能和故障报告;机场和航空公司之间的业务协调,例如除冰和加油等,不胜枚举。现在许多数据链是双向的,包括上行链路和下行链路。事实上,有一些应用是以飞行机组人员或者地面人员启动的请求与响应来互动的。由于它们是异步的,请求者和响应者不需要同时"在线"。所以通过数据链的互动缺少话音对话的实时性。对于实时性不是关键要求的应用场合,空地数据链是一个很大的优点。

9.1.5 ATC 数据链介绍

在 1955 年,VHF 话音通信在美国国内仍然作为空中交通管制(ATC)的主要通信手段,ACARS 首次获准在南太平洋情报区用于 ATC。最初,在美国西海岸与澳大利亚和新西兰之间飞行的 B747-400 飞机上,通过使用空管员—驾驶员数据链通信(CPDLC)和后来的自动相关监视(ADS)系统,开创了 ATC 数据链的应用。波音飞机的 FANS 1 航空电子包提供了这种组合特性。FANS——未来空中航行系统,原来是由国际民航组织(ICAO)取名的一个缩写词,是一个覆盖卫星导航和通信的术语,然而这个术语已经有了自己的生命力。正如所知的,已获确认的 FANS 1/A 是空中客车公司(Airbus)提出的,具有 ADS 和 CPDLC 相同的用途,并得到全世界的空中交通服务提供商的支持。原南太平洋的空中交通服务提供商已加入了北大西洋、北太平洋、印度洋、俄罗斯远东和其他区域的服务提供商行列。

ACARS 应用到机载 ATC 通信之前,飞机和 ATC 之间已在地面上实现了两种服务:离场前放行许可(PDC)和数字自动终端信息服务(D-ATIS)。在起飞和降落前,飞行机组人员必须强制地接收和确认这些信息。通过 ACARS 接收这些信息有若干显著的优点。对于飞行机组人员来说,不需要记录供日后参考的这些信息,而且请求和接收这些信息不需要设法去发现合适的话音信道、请求 PDC 或监听记录的 ATIS 起始段。塔台的控制员不需要为 PDC 单子排队、呼叫每一架飞机、读出净空及验证回读。此外,在繁忙机场的放飞高峰时段,ACARS 对于减少净空输送通道上的拥挤情况,具有很大的作用。

　　所有这些 ATC 的应用都使用了 ACARS 空地数据链,而 ACARS 最初既不是为 ATC 设计的,也没有获准作为 ATC 的通信链路。为此,ICAO 制定了航空电信网(ATN)标准和推荐的操作规程(SARP),用于空地通信和地面通信。在后一个任务中计划用 ATN 来替代航空固定电信网(AFTN)。AFTN 作为一种以电传打字机为基础的信息交换网络,工业界已使用了多年。但是,AFTN 在技术上已经落后,而采用先进的报文分组交换技术的 ATN 看起来更为合适。20 世纪 90 年代初拟定的 ATN 的 SARP,是必须完全执行的,而不是试用的。在过去的 15 年中,基于报文分组交换技术和 TCP/IP 协议的互联网已经取得了空前的成功。ICAO 也许有必要采纳 TCP/IP 技术,以避免实施 ATN 费用过高的问题。

　　当 ACARS 成为航空公司运行的基本工具以后,最初的 VHF 数据链的局限性变得不可容忍了。首先是其覆盖范围的限制,然后是其传输速度的限制。前者以两种不同的方式得到了解决。首先,使用国际海事卫星(INMARSAT)实现远距离的数据链,这是在南太平洋启动 FANS 实施过程的基础。由卫星和数据链提供的远洋覆盖改善了 HF 话音服务。数据链相对话音通信的所有优点在 FANS 试验之初和以后的使用中都很突出。这些优点包括:①信息的一致性和快速传递;②标准化的信息报文,这种报文可以为所有的人理解而不管他们使用何种母语;③自动递送位置报告;④链路信息和飞行管理系统(FMS)的综合。其次,高频数据链(HFDL)提供了另一种远距离 ACARS 的子网络,用来覆盖信号不能到达的北极地区。而VHF 数据链(VDL)模式 2 则提供了一个在大陆空域的高速子网络。这些链路用途在下面各节中要详细介绍。

9.2　语音通信

9.2.1　VHF 语音

　　现代的 VHF 收发机为受控空域中的所有飞机提供空地通信。对于运输机(即商用飞机)来说,VHF 收发机是最少设备清单(MEL)中的一项设备,这意味着如果没有达到所要求的可工作单元的数量,飞机就不能起飞,即配备两套 VHF 收发机。提出双余度要求的理由是,VHF 收发机是与 ATC 空管员通信的主要工具。

　　航空 VHF 通信频段覆盖的频率范围是 $118 \sim 136.975\,\mathrm{MHz}$。VHF 的信号限制在地面站和飞机之间的视线内,通常取地面站周围半径约 $120\,\mathrm{n\ mile}$ 的范围内。航空 VHF 话音工作主要是受限于无线电的视距,即飞机和地面站之间最低的无遮挡的路径角。其他因素包括飞机高度和发射功率等。实际上,当每一新区段的控制员指派一个不同的信道频率时,在一个给定的话音频率上的航空通信受限于 ATC 区段范围,其合理的重复使用范围大约是间隔可用半径的两倍距离。

　　航空 VHF 频段是受到保护的频谱,这意味着在这频段上的任何与安全和飞行规则无关的射频发射都是禁止的。这些信号的波长大约为2m或90in,天线的大小与此波长有关。VHF的频段从118.000~137.000MHz,划分成760个信道,间隔为25kHz。在每个分配的频段的末端留有一个12.5kHz的保护频带。当工作间隔为8.33kHz时,VHF的收发机必须能够调谐到同一频段,间隔为8.33kHz的2280个信道中的一个信道上。这个容量是为欧洲的空域开发的,那时ATC区段(相应指定的无线电信道的数量)的增长超过了指定可用的25kHz信道的容量。公认的应急频率是121.500MHz,该频率受到所有ATC设施的监视。

国际民用航空协定的附件10(ICAO Annex10)"国际标准和推荐的操作规程—航空电信"颁布了话音和数据通信的SARP,用来支持空中交通服务。在话音ATC通信的场合,美国国内的ATC服务普遍遵循ICAO的SARP。

VHF的话音音频通过对载频的双边带(DSB)调幅(AM)加到射频(RF)信号上。这种调制方法把典型的1~2kHz音频信号,通过与音频信号幅度成正比的射频幅度变化方式调制到射频上。在频域上看到的这个信号是在载频上的一个峰值和位于载频左右两侧相等的边带峰值。接收到的这个信号重新变换成音频,然后分送给耳机和座舱话音记录仪。图9-1给出了时域和频域上的AM信号。在时域上这个音频信号是"骑"在RF载波上;在频域上,可以清楚看出代表载波和边带的各个峰值频谱。

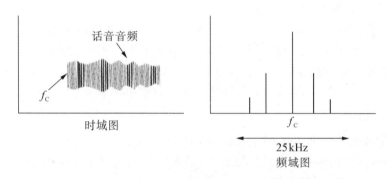

图9-1　双边带调幅话音信号图形

老式的VHF电台使用一个远程电台控制面板,该控制面板上有一组拨盘,通过选择每一数字调谐到某个频率(信道)上。这种远程电台控制面板通过19条连线连接到电台。五根信号线,其中两根线始终接地,代表了频率的每个十进制数字。这种方法源自这样一种方案,即采用数字选择使连接电台上一个马达的电源连线接地。当这个马达驱动一个小型的拨盘开关到达相应的位置时,该接地线断开,马达停止转动。这个马达可能是转动一个调谐装置(通常为一个可变电容)。后来,不用马达驱动的调谐方法时,仍保留了这种五根线取二根线接地的方案,直到它被一条数据总线替代为止。

一台现代的VHF电台(由ARINC规范750规定的一种电台)通过ARINC 429

总线的两根信号线连接到电台控制面板,该总线携带的指令字,完成了原来20条线和其他方法完成的所有频率选择功能。

频率调谐并不是现代 VHF 电台获得发展的唯一的因素。就马达驱动的电台使用真空管或后来的晶体管完成 DSB AM 功能而言,现代的电台用完全不同的方式产生同样的输出信号。现在的电台用一种称之为数字信号处理器(DSP)的高速微处理器来替代模拟的 RF 和调制器电路。这个 DSP 和一个高速模数(缩写为 A to D 或者 A/D)变换器(ADC)一起工作。A/D 变换器把话音的音频输入变换成一系列的二进制字,每个字都代表了信号的幅度。如果取样率足够高,一系列的这种采样值可以忠实地代表原来的模拟波形。这种方法与把音乐记录到一个 CD‑ROM或者 MP3 文件中是一样的。一个数字到模拟(D/A)变换器(DAC)执行相反的功能。

DSP 对音频输入采用数字表示方法,处理算法上将此信息与 RF 载波信号结合起来,生成 DSB 调幅(AM)信号,然后输至功率放大器。这句话写起来容易,然而在 DSP 中要用好多行的代码来完成。这种将信息内容(在此是话音音频)与选定频率的 RF 载波相结合的方法,具有很大的灵活性。在 DSP 的功率与速度、DAC/ADC 的采样速率与取样位数,以及其他一些要求的限制条件内,这种结构有极大的灵活性。就如将能看到的,这种类型的电台不仅能够产生 DSB AM 信号,而且还能够生成其他话音和数据信号。

术语“数字”和“模拟”必须小心地使用。确切地说,现代航空电子的 VHF 电台是一个“数字电台”,说它用数字方法处理话音信号也是对的。然而,如果意味着已经有了“数字话音”的话,那是一种误导。从地面电台传播到飞机的,与采用马达调谐和真空管的电台发送和接收的信号是一样的 DSB AM 信号。

9.2.2　HF 语音

HF 话音通信频率在 2.850～23.350 MHz 之间的各个频率上,其波长在 10～100 m 之间,用于远洋和远距离空域的 ATC 通信。HF 信号的传播特性是可以在数千公里距离上提供可靠通信,其原因是 HF 的信号能够为大约 70 mile(1 mile＝1.609 km)高处的电离层底部所反射,从而允许进行有效的超视距或者天波接收,这不同于由卫星提供的服务。在这些频率上,RF 信号同时以地波和天波形式传播。地波能够提供有效的视距通信,而天波可以用于超视距通信。RF 信号多次反射是可能的,造成航空话音通信不够可靠。HF 信号的其他特性降低了它用于话音通信的有效性。例如,HF 信号的昼夜起伏和对太阳活动造成的干扰敏感。周期为 11 年的太阳黑子对电离层和 HF 信号的传播有很大的影响。

就天线在机上布局而言,当 HF 波长与飞机长度可以比拟或者更长时,就遇到了难题。在螺旋桨推进的年代,天线使用了从尾部向前的长线。后来,用长的探头作天线安装在翼尖或者尾部。现在 HF 天线通常安装在常用复合材料制作的垂直安定面的前缘。HF 地面站的天线可覆盖一个足球场大小。

HF 话音调制在采用单边带(SSB)的射频载波上，抑制了载波调制信号。图 9-2 给出了单边带信号的频谱。要注意的是，航空话音通信只使用上边带信号。可靠的 HF 通信要求飞机发射的峰值包络功率(PEP)为 200 W，地面站发射的 PEP 应达 5 kW。与 DSB 相比，SSB 的优点是增加了携带信息的信号功率，而不是载波功率。

在远距离或者远洋的空域中飞行时，如果没有选择性呼叫(SELCAL)，则要求长时间地监听充满静噪的 HF 信道。这种技术允许机组人员调低 HF 电台的音量，直到接收到使用预

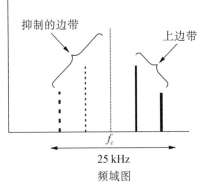

图 9-2　单边带(SSB)话音信号

选音调的地面信号。因为这些预选的音调并不是作为 SSB 信号发送的，所以需要专门的接收电路。当识别到这种预选音调时，飞行机组人员被提醒进入到 HF 信道。

9.2.3　选择呼叫系统

当地面呼叫一架飞机时，飞机上的选择呼叫系统(SELCAL)以灯光和音响通知机组有人呼叫，从而进行联络，避免了驾驶员长时间等候呼叫或是由于疏漏而不能接通联系。每架飞机上的选择呼叫必须有一个特定的四位字母代码，机上的通信系统都调在指定的频率上，当地面的高频或甚高频系统发出呼叫脉冲，其中包含着四字代码，飞机收到这个呼叫信号后输入译码器，如果呼叫的代码与飞机代码相符，则译码器把驾驶舱信号灯和音响器接通，通知驾驶员进行通话。

9.2.4　音频综合系统

音频综合系统(AIS)包括飞机内部的通话系统，如机组人员之间的通话系统，对旅客的广播和电视等娱乐设施以及飞机在地面时机组和地面维护人员之间的通话系统。它分为飞行内话系统、勤务内话系统、客舱广播及娱乐系统、呼唤系统。

1) 飞行内话系统

驾驶员使用音频选择盒，把话筒连接到所选择的通信系统，向外发射信号，同时使这个系统的音频信号输入驾驶员的耳机或扬声器中，也可以用这个系统选择收听从各种导航设备来的音频信号或利用相连的线路进行机组成员之间的通话。

2) 勤务内话系统

勤务内话系统是指在飞机上各个服务站位，包括驾驶舱、客舱、乘务员、地面服务维修人员站位上安装的话筒或插孔组成的通话系统，机组人员之间和机组与地面服务人员之间利用它进行联络，如地面维护服务站位一般是安装在前起落架上方，地面人员将话筒接头插入插孔就可进行通话。

3) 客舱广播及娱乐系统

客舱广播及娱乐系统是机内向旅客广播通知和放送音乐的系统。各种客机的

旅客娱乐系统区别较大。

4）呼唤系统

呼唤系统与内话系统相配合,呼唤系统由各站位上的呼唤灯和谐音器及呼唤按钮组成,各内话站位上的人员按下要通话的站位按钮,那个站位的扬声器发出声音或接通指示灯,以呼唤对方接通电话。呼唤系统还包括旅客座椅上呼唤乘务员的按钮和乘务员站位的指示灯。

9.2.5 语音通信发展

远程飞机上卫星电话业务的快速增长产生了这样一个问题:"为什么不用拨通ATC 号码,然后与空管员通话"?飞行机组人员当然喜欢用这种方法,但阻力来自空中导航服务提供商。迄今在受保护的频谱中,频率的管理已经建立了完善的程序,但各控制位置的电话号码则没有这种管理。考虑到其他的一些因素,例如使用不受保护的频谱和可能丢失受保护频谱的后果,这些都阻止了 ATC 大量接受电话呼叫。

欧洲所作的演示表明,使用 8.33 kHz 话音能够扩展航空 VHF 话音通信的频段。VDL 模式 3 的 ICAO SARP 也可能扩展话音信道的数量,但是,更换机上和地面所有 VHF 电台是要付出代价的,就这一点已降低了对这种技术的支持。VDL 模式 3 定义了一种真正的空间传播数字话音信号。音频信号被转换成一种数字形式,通过空地 VDL 模式 3 的子网络,以数字形式发送,在到达其目的地时,再变换成音频信号。

宽带网络连接到飞机也许能提供质量可接受的话音通信服务,值得作为远期项目考虑。同时,在可以预见的将来,DSB AM 话音通信仍将作为 ATC 话音通信的主要方法。

9.3 数据通信

9.3.1 ACARS 概述

今天,ACARS 提供了世界范围的数据链覆盖。对于配备了相应设备的飞机,可以使用四种不同的空地子网络:原来的 VHF、卫星通信、HF 数据链(HFDL)和VDL 模式 2。在没有看到比较全面的 ACARS 网络图之前,不可能理解 ACARS 航空电子的功能。图 9-3 是一个 ACARS 网络的概况,此网络中,有飞机、四个空地子网络、中央消息处理器和地面消息传递网络。

ACARS 消息传递网络采用以中央消息处理器为集线器(HUB)的星形拓扑结构。地面消息网络将消息传送至集线器,然后把消息从集线器传送出去,而空地子网络都是将消息从集线器发射出去。多家 ACARS 网络服务提供商提供网络服务,虽然在实施方案的细节上各有所不同,但都采用同样的星形拓扑结构。两家数据链服务提供商可提供世界范围的 ACARS 覆盖,其他一些提供商则提供区域性覆盖。任何给定的 ACARS 消息都能够在任一空地子网络上传送,由飞机运营商来选择配

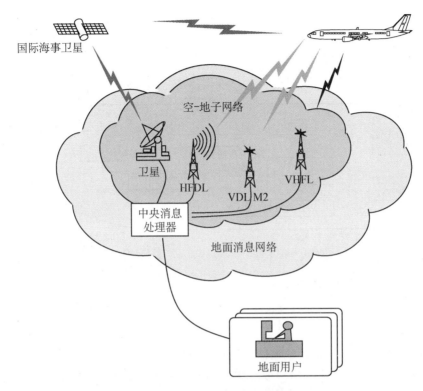

图 9-3　ACARS 网络概貌

VHFL：VHF 数据链，可以是 ACARS 或者 VDL M3 或 VDL M4

置。应注意的是，ACARS 是一种面向字符的网络，这意味着只有有效的 ASCⅡ字符才能被识别，而且某些控制字符被用来构成一个有效消息帧。

9.3.2　ACARS 航空电子

ACARS 航空电子结构以管理单元（MU）或通信管理单元（CMU）为中心，起着机上路由器的作用。所有的空地电台都连接到 MU 或者 CMU 来发送和接收消息。CMU 连接到所有与地面通信的各种电台上。图 9-4 给出了这种航空电子的结构。

9.3.3　ACARS 管理单元

在飞机上，MU 或 CMU 用作 ACARS 的路由器。通过任一空地的子网络至飞机或者来自飞机的所有消息块都要经过 MU。虽然 MU 处理所有的 ACARS 消息块，但它并不执行消息交换功能，因为 MU 并没有在传递消息之前把多个消息块重新组合成一个"消息"，它按照"标号"标识符传递这些消息块，接收终端系统才把这些消息块重新组合成一个完整的消息。原始的 000I 报文经格式化，从一个航空电子单元传送至 MU，此航空电子单元感知置于机体周围的各种传感器信号，并判定相关的状态变化。在现代运输机中，好多其他的航空电子单元都收发常规 ACARS 消息。

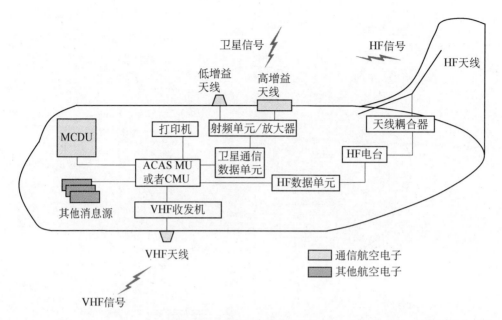

图 9 - 4　ACARS 航空电子结构

多功能控制和显示单元(MCDU)和打印机是 ACARS 与机组人员的主要接口。其他单元,例如飞管系统(FMS)或空中交通服务单元(ATSU),也要与机组人员对 FANS 消息进行交互作用。当今,大量重要的数据链消息是由飞机上各种系统自动生成后下行传输的。MU 识别每个上行消息块,并把它送到相应的装置去。同样,MU 在每条下行链路上附加相应的飞机信息,例如飞机的尾号,并把它发送到其中一个空地子网络。四种子网络的每一种最新航空电子设备都通过一条数据总线(典型的为 ARINC 429)接受作为数据消息的 ACARS 消息块。然后,子网络航空电子设备将把消息块转换成与地面电台通信所需的信号。每个子网络都有自己的协议,用于物理层和链路层交换数据块。

9.3.4　VHF 子网络

作为先驱者的最早的 VHF 子网络在 1978 年问世,它使用了与 ATC 和航空业务管理通信(AOC)话音相同的 25 kHz 信道;这种空中信号有时候称之为简易老式 ACARS(POA),其理由在讨论 VDL 模式 2 之后就会了解得更清晰。这种 VHF 子网络使用了一种称之为最小频移键控(MSK)的频移键控(FSK)方式,此方式的载波被 1200 Hz 或 2400 Hz 音调调制。每个发送信号的间隔代表一个信息位,因此 2400 波特率(即信号改变的速率)等于 2400 bps 的位速率。初始同步后,接收机就可判定一个给定位是 1 还是 0。

VHF ACARS 使用了载波侦听重访问(CSMA)协议,以降低两台发射机同时或有重叠时间上发送一个数据块造成的影响。CSMA 并不比话音电台协议的自动协议版本更复杂,在这种协议中,在启动一个呼叫之前,讲话者先要监听信道。一旦一台发射机开始发送消息块,其他的发射机都不会"加入"到那个发送信息块中。VHF ACARS 子网络是一个非连接链路层协议的一个例子,因为飞机没有"登录"到其飞行路线上的每一个地面站。若飞机确实开始与中央信息处理器发生联系,当使子网络发生变化时,它必将发送出管理消息。关于 POA 信号和 ACARS 消息块在 VHF 信道上发送时的更完整的描述见 ARINC 618 附件 B。

在拥挤的空域,例如美国的东北部或者欧洲,需要成倍地增加 VHF ACARS 信道来传送报文业务量。例如,芝加哥地区需要 10 个信道,并且制定了一个复杂的频率管理方案来自动改变单架飞机所使用的频率,以平衡业务量。

最初的 ACARS MU 与 VHF 电台一起工作,这种电台与只有话音通话的电台没有什么改变。ACARS 的调制信号是由 MU(例如,ARINC 724 MU)产生的双音调音频,并发送到电台(例如,ARINC 716 VHF 电台),像话筒话音那样去调制 RF。ACARS 与 CMU(例如,ARINC 758 CMU)和最新的电台(例如,ARINC 750 VHF 数据电台,VDR)的交联接口的新近发展,CMU 与电台之间通过一条串行数据总线(即 ARINC 429 数字信息传输系统(DITS))发送 ACARS 报文块,而电台则用数据直接调制 RF。

9.3.5　HF 数据链

HF 数据链(HFDL)ACARS 子网络使用 HF 话音波段的各个信道。HF 话音电台略加改装就可成为 HFDL 电台,然后连接到 HF 数据单元(HFDU)。换句话说,一台 HF 数据电台(HFDR)能够包含话音电台和数据链两方面的功能。不论何种情况,HF 通信系统必须有独立的话音或数据操作。

HFDL 使用了相移键控(PSK)和时分多址(TDMA)技术。一个 32 s 的帧分成了 13 个时隙,每个时隙都能够以不同的数据率与不同的飞机通信,共有四种数据率(1 800 bps,1 200 bps,600 bps,和 300 bps)和使用三种不同的 PSK(8PSK,4PSK,和 2PSK)方法。最慢的数据率受到前向纠错码功率要加倍的影响。所有这些技术(即多重数据率、前向纠错和 TDMA),都是为了减小介质中的固有衰落和噪声,同时最充分使用 HF 信号的远距离特性。12 个 HFDL 地面站可提供全球覆盖,包括对北极地区的良好覆盖,但南极地区除外。关于 HFDL 的更多详情可以参阅 ARINC 753:HF Data Link System。

HF 需要大型的天线,事实上即使一个四分之一波长的天线也是个问题,必须要有一个天线耦合器来匹配天线馈线的阻抗。RFU 无论是一个单独的单元还是结合在 HFDR 内部,均把代表数据调制的音频信号与载波频率混合起来,用合适的滤波器抑制掉载波和较低端各个边带,然后放大滤波后的信号。

9.3.6　VHF 数据链

对于下一代 VHF 数据链路(VDL)通信系统,存在着三种具有竞争性的技术观点。这些数据链路可按其组织形式或随机的基于其媒介方式分类。VDL 模式 2 和 VDL 模式 3 作为随机数据链路来分类,而模式 4 作为有组织的数据链路来分类。

1) VDL 模式 1

VDL 模式 1 与现有的传输速率为 2.4 kbps 的 ACARS 兼容,这种模式的缺点是它是面向字符的。

2) VDL 模式 2

VDL 模式 2 与简易老式 ACARS(POA)一样工作在 VHF 频段。在全世界范围内已为 VDL 模式 2 服务保留了四个信道。当前仅使用的一个工作频率是 136.975 MHz。VDL 模式 2 采用差分 8 相移键控(D8PSK),以 10.5 k 波特信号速率调制载波。因为每个相位改变代表了 8 个可辨别相移中的一个相移,每一波特或者信号改变传递 3 比特信息,因此,VDL 模式 2 的数据率是 31.5 kbps。VDL 模式 2 具有 POA 信道近 10 倍的容量,有潜力来大大地减少 ACARS 信道的拥挤。CSMA 被用作媒体的出入通道,但在 VDR 和地面站之间建立了一个称之为航空 VHF 链路控制(AVLC)的面向连接的链路层协议。按 AVLC 协议传送的 ACARS(AOA)消息是一个术语,用来区分 ACARS 消息块和通过 AVLC 传送的其他数据包。应该注意的是,作为 ATN 的一个子网络,VDL 模式 2 已按 ICAO SARP 在运用中。因此,VDL 模式 2 是一种面向比特的数据链路层协议,在 AOA 的场合恰好是传送 ACARS 消息块。ARINC 750 电台能够支持 25 kHz 和 8.33 kHz 话音、POA 和 AOA,但在任意给定时间里只能使用其中一种功能。

3) VDL 模式 3

首先,音频信号和数据在 VDL 模式 3 内是可用的,但在模式 2 和模式 4 内是不可用的。这使得 VDL 模式 3 成了一种多用途技术,其单一的 25 kHz 信道能同时用于语音信号和数据的传输。该技术的首要目的在于传输数字音频信号和数据,该用途受地面站控制,不能动态改变。空中交通环境是一种高度动态的环境,受到一系列因素的影响而持续改变。VDL 模式 3 由于无法适应环境而无法很好地应用。此外,固有的设计局限(调制方式,信道需求以及媒介访问)使航空无线电频谱负担过度,且其调制方式对于密集的空中交通的通信而言,也令它不可靠。

4) VDL 模式 4

VDL 模式 4 相比模式 2 和模式 3 而言,具有很多天生的优势。首先,它以高斯频移键控调制来传输 FM 信号,这比 D8PSK 获得了更多的效率,并导致干扰更低。它增加了频率复用率,从而最终增加了空余容量。而且,它以每秒 19 200 比特的数据速率通过自组织模式时分多路方法对媒介进行访问。其次,它以蜂窝技术为基础,该技术要求低信号噪声比,从而增加了容量。第三,内装冗余技术令其操作无须使用地面站就能获得时间信息,对于处于农村地区不可用时,该动态特征在地面站尤为重要。VDL 模式 4 自动建立与比邻飞机的空对空通信,并通过使用全球导航卫星系统(GNSS)接收器来获得时间信息。装备此技术的飞机通过定位传感器持续收到其自身位置信息,然后通过 VHF 数据链路将其位置信息传到世界任何地方。因此,VDL 技术为空中交通勤务和航线飞行带来了巨大的效益。

9.4　机载卫星通信

9.4.1　国际海事卫星

卫星 ACARS 子网络使用国际海事卫星。在地球同步轨道上的四颗卫星提供地球大部分区域（至纬度 82°左右）的全球波束覆盖，并用点波束覆盖大陆。INMARSAT 星座提供了电话线路和数据链，因此它使用了一组复杂的协议，涉及若干不同类型的信道，且这些信道使用不同的空中信号。在卫星数据单元(SDU)和地面站(GES)之间建立了线路。任何由 MU 生成的要经卫星通信子网络转发的数据链消息块，发送到 SDU，经该线路传送到 GES，然后转送到中央消息处理器。这是一个面向连接的链路层协议的例子，是现代子网络的通用协议。

国际海事卫星工作在 L 波段，频率约为 1 GHz，这是为航空移动卫星（路由）服务，即为航空移动卫星服务(AMSS)保留的，旨在保护飞行安全和飞行规则。卫星通信的航电设备是专门研制的，这意味着它们并不是从先前的 L 波段话音电台发展而来的，这与 VHF ACARS 和 HFDL 电台从话音电台发展来的不同。RF 单元(RFU)与高增益低噪声放大器和双工器一起，在为国际海事卫星服务规定的各 L 波段信道上发送和接收信号。

9.4.2　航空移动卫星通信

航空移动卫星通信(AMSS)系统工作在 1 545～1 555 MHz 和 1 646.5～1 656.5 MHz 频段，包括话音和数据通信，可提供空中交通管制(ATC)、航务管理通信(AOC)、航空行政管理通信(AAC)和航空旅客通信(APC)服务。AMSS 可覆盖除两极以外的全球绝大部分地区。通常，航空移动卫星通信(AMSS)系统能提供的业务类型有 4 类，如图 9-5 所示。

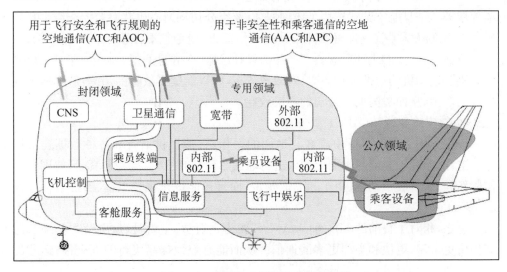

图 9-5　联网的飞机信息系统及领域

1) 空中交通管制(ATC)

用于空中交通管制通信,包括天气预报数据。该业务类型用于交换灾难、应急、飞行安全和地质状态信息,另外,该业务还包括 ADS 功能。

ADS 使得空管员能更准确和及时地知道飞机所处的位置,在保持同一飞行安全标准条件下,能有效缩短飞机之间的飞行间隔,飞机之间的水平间隔可以由原来要求的 10 分钟缩短为 5 分钟、横向间隔可以缩小为 20 到 30 nmile、垂直间距可以缩小为 1000 ft,这样就能极大地增大航线容量,减小航线拥塞,按最佳的航线飞行,从而节省时间和燃油。

AMSS 能为飞行员和管制员间提供直接的通信,不但避免了中间处理过程出现的错误,同时还能降低飞行员和管制员的工作负担。此外,AMSS 还能有效地提高天气预报服务的准确性,由于数据库的不断更新,飞行员能及时得到最新的天气信息。同时,飞机系统能测量外界风速及温度,该信息不断地传到气象站,以更新天气信息。

2) 航空业务管理通信(AOC)

用于飞机与航空公司间的通信,为了航空安全,公司可以根据需要对航班飞行进行调度,包括航班飞行、继续、终止和转场。

3) 航空行政管理通信(AAC)

该业务与安全无关,但能为飞行提供更好的服务。该业务和 AOC 一起,能实现对飞机系统的实时监控,一旦发现飞机系统出现故障,地面维护人员可以提前做好维护准备,包括工具、航材和人员的准备,这样就能有效减少航班的延误,增加飞机的利用率。同时,AMSS 能将目前所用的 VHF ACARS/AIRCOM 系统扩展为全球网络系统,从而实现航空公司、修理厂家和生产厂家对飞机的实时监控。

以航空发动机为例,目前一些发动机生产厂家已经推出了基于 AMSS 的远程监控服务。一旦航空公司选用了该项服务,航空公司将把飞机状态监控交给生产厂家。一方面降低了航空公司维护人员的工作负担,使他们更注重于飞行器的维护;另一方面,由于大的生产厂家具有产品的设计经验,有大量的试验数据,能对飞机系统特别是发动机的数据进行实时、有效地分析,所以能提高故障的预测性,降低突发事件的产生,从而提高航空公司的经济效益。

4) 航空旅客通信(APC)

该服务用于飞机飞行中旅客与地面的通信,它能提供话音和各种数据连接服务。这样,旅客不但能与地面上的人进行通话、接收和发送电报和传真、了解国内和国际新闻、了解股市动态、租车和酒店预定,而且还能进行视频点播、参加电话会议和 Intranet 接入。

总之,相对于目前的 HF 通信,AMSS 能为飞行员、空管员、航空公司基地和旅客提供更可靠、更快和类型更多的通信。从而能有效地提高飞行的安全性、运营的经济性和旅途的舒适性。

9.4.3 机载卫星通信的发展趋势

使旅客享受到更安全、更有乐趣的飞行旅程是航空公司在竞争激烈的民航运输市场上取得领先的一个制胜法宝,研究表明,只有提供高速率的数据通信和互联网应用才能实现这一目标。表 9.3 为远程航线飞行中旅客对多媒体通信数据速率的需求。

表 9.3　航空通信业务量需求

业　务	前向链路数据速率	平均使用时间	反向链路数据速率
航空管制	100 bps	连续	100 bps
电视	6×2 Mbps	连续	
视频点播 VOD	8×2 Mbps	20 min	8×50 bps
视频会议	8×128 kbps	30 min	8×128 bps
电报/传真/数据	20×10 kbps	10 min	20×10 kbps
购物	20×50 bps	1 h	20×50 bps
互联网	10×100 kbps	30 min	10×100 kbps

为了给各航线的飞行器提供连续的通信服务,需要航空通信卫星提供对全球的无缝覆盖。而且,用户对系统容量、数据速率的需求不断增加,早期的 INMARSAT 卫星已不能满足市场的需求,这就要求设计一种新的通信系统。该系统应基于 LEO/MEO 设计,不但应提供 INMARSAT 不能覆盖到的两极地区,而且还应降低飞行器上安装的终端天线的调节要求。

航空移动卫星通信计划中的发展系统主要有 2 个:"Connexion by Boeing"和 INMARSAT I-4/B-GAN。波音的系统计划为民用飞机、商务飞机和政府客户提供电视/音频和实时高速率互联网连接,该系统能为乘客提供双向的个性化、安全的互联网接入。该系统初期的计划是为每架飞机提供 5 Mbps 的下行速率和 1.5 Mbps 的上行速率,飞机终端装配波音自主开发的相控阵列接收和发射天线,该天线采用电子控制方向调整,提供更快的方向反应。"Connexion by Boeing"系统计划租借 Loral 的 Telstar 静止轨道卫星转发器,该卫星能向美国、欧洲、亚洲、南美洲和非洲提供 C 和 Ku 波段的连续覆盖,但对于跨大陆的飞行,由于这些飞行航线纬度较高,该系统并不能很好地完成覆盖,这就要求由非静止轨道卫星系统来提供补充。

对于 INMARSAT 系统,随其第四代卫星的投入使用,INMARSAT I-4 计划近期建立宽带全球区域网络(B-GAN),该网络不但能提供互联网服务,还能提供视频点播、视频会议、传真、EMAIL、话音和 LAN 接入。

9.5　航空无线维护数据链(WMDL)

9.5.1　WMDL 概述

就某种意义而言,虽然拥有先进的 IT 设备,但是现代飞机却是地球上最与世隔绝的。航空公司所拥有的这些最重要、最昂贵的设备也是最离散、最缺乏综合性的。

复杂的故障预测和诊断是一种有效的基于状态的自主维修技术,它需要通过快速读取数据实现飞机运行数据的实时监控,因此需要提升信息流的传输速率。目前,民用飞机依然有大量有价值的数据因为传输原因而没有被挖掘出来。维修数据的远程传输技术已成为故障预测和健康管理系统(Prognostics and Health Management,PHM)实践的重要障碍。

如何快速而廉价地传输航空维护数据呢? 目前的蜂窝(cellular)、Wi‐Fi、WiMax 等技术都可选用,它们将成为自主式、智能化航空维修系统的信息基石。

9.5.2　WMDL 现状

目前最常用的下载维修数据的方式是由技术人员利用存储设备在停机坪上进行下载,而在飞行途中传回维修数据的唯一方式是通过 ACARS(飞机通信寻址与报告系统)实现的。

ACARS 可由多个数据提供者提供支持,自动路由信息通过以下三种方式提供:VHF 地面网络(由 SITA 或者 ARINC 提供,针对陆地飞行);卫星通信(由 INMARSAT 提供,针对极地或者越洋飞行);HF 网络(由 ARINC 提供,针对高海拔飞行)。

ACARS 通常用来传输燃油消耗率和其他 MRO(维护、维修和运行)相关数据,但传递的数据量很小,每次飞行只限传送两次数据快照。而 A320 或者 B737NG 的飞行记录器在每飞行小时会记录约 1.8 Mb 无格式数据,发动机原始数据也很多。因此,一些有潜在用途的数据被最小化、推迟发送或者遗漏了。

为什么航空公司对传输 MRO 相关数据如此吝啬呢? 因为 ACARS 是窄带通信而且通信费用非常昂贵。信息被限制为每条 220 字节,每次传输一条信息,最多传输 16 条。VHF 模式的传输量为 2.4 kbps,相当于一个古董级调制解调器的速率。VHF 模式 2 的传输速率提高了 10 倍,也仅为 30~40 kbps。虽然通过行业竞争,费用略有下降,但依然维持在一条信息约为 5 美分(VHF 链路),或者每分钟 1.5~20 美元(卫星通信链路)。而且,ACARS 的可靠性也是一个问题,Wi‐Fi 或者蜂窝技术采用的是标准的 TCP/IP 协议,如果一个文件被跳过了会重发,如果有信息被遗漏了也能被发现;而 ACARS 发送信息时由一个地面接收站接收,无法得到发送信息是否被接收的反馈信息。基于上述技术限制,使用 ACARS 来传送大量的或者连续的 MRO 数据只是一个梦想。

9.5.3　远程诊断

宽带因特网、移动电话、VOIP、甚至是 HDTV 都给驾驶舱和客舱带来好处。但 WMDL 的市场在哪里呢? 人们有很多想法,从 EFB(电子飞行包),到无线通信,再到各种优秀的维修程序,并试图将这一切整合在一起。但几乎没有整套解决方案被推向市场。

Zing 是霍尼韦尔公司为其 TFE 731 发动机提供的一项远程诊断服务。Zing 采用蜂窝技术,将飞机的飞行数据传输给中央数据库,进行监控、分析,这一功能是自动化的,消除数据不连续性,改进了对趋势的分析。

　　Zing 对于飞机离开基地时进行的计划外维修起到重要作用,飞行员或技术人员可以通过无线传输方式将相关数据传回基地进行分析,不需要向当地机场派遣携带计算机和电缆的机械师。

　　Teledyne 公司有两套无线地面链接(Wireless GroundLink,GWL)产品。一套使用 Wi-Fi(IEEE 802.11g)技术,另一套则采用蜂窝技术。前者可以以 54 Mbps 的速率传输 QAR 数据,其传输速率是 ACARS VHF 的 22500 倍。而基于蜂窝技术的网关已在 850 架飞机上使用。Teledyne 预计,在 2008 年新交付的 B777、A340 和 A330 中有近 40%将安装此产品,如图 9-6 所示。

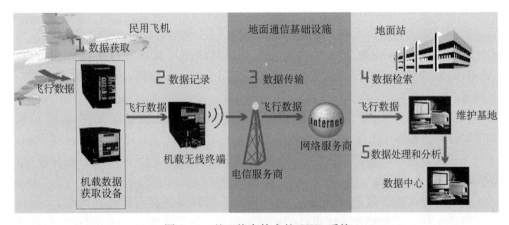

图 9-6　基于蜂窝技术的 GWL 系统

　　Teledyne 的另一种产品 EADL(增强型机载数据加载器)可与 Sneakernets 竞争。EADL 可与航空公司的无线子系统连接,以单一数据源自动更新多个数据库,即为一架飞机或多架飞机更新数据。在采用传统的光盘拷贝方式更新飞机的数据库时,每架飞机每年的开支(含人工成本)为 4000～6000 美元,而且光盘经常会被重写、损坏、盗窃或者丢失;即便采用标准的 PC 卡,虽然很容易拆除和重复使用,但也同样容易丢失。EADL 则无需使用存储介质,确保了数据的安全和稳定。

　　另一个 Wi-Fi 网络则是 2007 年 6 月由 ARINC 公布的。GateFusion 是一个通用网络,这意味着航空公司无须自己安装和管理地面网络。由 ARINC 公司提供机场无线设施,航空公司可以与 ARINC 的基于 IP 的全球网络和数据服务系统相连接。据称 ARINC 正在与欧洲和美国的 100 家机场商谈此事,这项工作将在各个机场推行。

　　通过 Teledyne 和联邦快递公司 14 年的成功合作,可以看到 WMDL 的发展潜力。联邦快递公司是第一个也是唯一一个将整个机队都通过无线网络连接在一起的航空公司。所采用的是 Teledyne 公司的 Wi-Fi 网关来创建 TITAN(全面综合

技术飞机网络）。现在，当联邦快递公司的 350 架飞机中的任何一架进入安装了
Wi-Fi网关的区域，就能在 TITAN 中自动登记，传回 FOQA（飞行操作质量保证计
划）的数据，这些数据可用于维修、预测和工程分析，并与数据库和电子文档进行对
比，如有需要还可以进行数据更新。

　　这样做的成效是很显著的。联邦快递的一架飞机曾在菲律宾机场发生硬着陆，
飞行记录器快速将数据传送到孟菲斯进行分析，结果发现所有数据都在正常范围
内，这样就避免了航班延误以及由此带来的包裹延迟发送而造成的损失，其节省的
费用足以支付所有飞机安装 Wi-Fi 设备。当联邦快递公司意识到有近 60% 的
ACARS 通信是在其 Wi-Fi 无线网络覆盖范围内进行的，便将 ACARS 通信方式改
为 TITAN，所需的费用极低甚至是免费的，这样也可节省不少开支。

9.5.4　WMDL 的远景

　　第四代移动通信技术在 MRO 领域的应用，以及航空物联网的研发和基础设施
的建设将会促进 WMDL 技术的快速发展。从网络使用成本和可用性方面考虑，
Teledyne 的蜂窝技术的应用前景更为乐观，费用会进一步降低，宽带覆盖率会进一
步提升。

　　但是，WMDL 的发展和开发受限于一些非技术性因素。如果立即实现
TITAN，将会面临一个巨大的 IT 项目。因为只有新一代飞机才安装了无线设备，
现役飞机需要进行改装，但是这一市场的客户差异性较大，而且没有统一的标准，市
场发展很难。

　　机场当局可能是限制 WMDL 的另一因素。联邦快递拥有自己的网络，无须与
别人讨论如何安装和操作无线设备的问题。如果机场在无线设施上进行投资，怎样
才能取得收益呢？WiMax(5km)是比 Wi-Fi(100m)有更远传输距离的无线传输方
式，可以安装在机场外，这样更容易造成混乱。几乎每个人都想插手数据传输业务，
这也是 ARINC 正在试图解决的问题。

　　维修人员没有足够的影响力促使航空公司自己建造 WMDL 基础设施。航空公
司一般不会为一个不产生效益的部门投资。这就使得 WMDL 技术需要取得更大的
进步，减少飞行员和维修人员的操作量并提高效率。由于 EFB 需要定期进行维修
和保养，一旦航空公司有了大量的数据更新需求，除了 Wi-Fi 系统没有其他选择。

9.6　未来通信

　　对于未来通信是什么样子，我们可以看看国际知名飞机制造公司波音公司对未
来的规划：未来 10 年到 20 年波音认为应该发展高速数据链进行各种信息的传输，
并将话音的干预降到最小。同时，美国航空无线电公司也认为未来 10 到 20 年，航
空公司将更多地依靠空地数据链来发送和接收有效运营其机队所需的信息并尽量
减少话音的干预。并且，如果各项技术成熟，现代运输机将通过宽带（TCP/IP）接入
网络，从而变成一个飞行的网络节点，此节点必然会连接到地面，以进行无缝隙的数

据通信,并且如果该连接高效、可靠、稳定,那么各种数据链应用没有理由不搬到该链路上来。

从以上观点可以看出,发展高速数据链在未来通信中占有很重要的作用。下面我们就对未来数据链的发展趋势展开讨论。

ICAO 已经确定 ATN 作为航空交通服务的全球数据通信网络(空地和地地)。利用开放系统互联(OSI)的 7 层模型对 ATN 作了定义。ICAO 已经为卫星通信、VDL 和 HFDL 空地子网络制定了十分详细的 ICAO SARP 文件。并使用 ACARS 卫星通信、VDL 模式 2 和 HFDL 子网络利用卫星通信的这一情况,来定义 ICAO SARP 文件。到今天,美国联邦航空管理局(FAA)已在其国内一个区域,用 VDL 模式 2 完成了 ATN CPDLC 的一个有限子集,但是随后试验被取消了,而且在 2011 年之前不会恢复。欧洲已经在曼斯特里奇(Maastricht)上层空域完成并实现了一个更大的 ATN CPDLC 子集,并且制定了扩展数据链的完善计划。

飞行中,在飞机上实现宽带互联网具有潜力来提供地面与飞机之间的通用、快速和廉价的连接。从最早的话音电台链路,到所有的 ACARS 空地子网络,空地通信设备都要专门设计,以至于制造成本很高。因此,如果宽带互联网(指 TCP/IP)的连接性能够做得安全而可靠,就没有理由不把它用于空地数据链通信。

电信工业的发展趋势是高速、大容量和通用的连接。例如,为传播有线电视而安装的光纤链路,未作重大的更改,正被用来作为互联网连接线或者电话线。先进的大容量 RF 调制技术用于高清电视和无线电的数字信号广播。移动电话技术可在同一网络上传输数字话音和数据消息。互联网本身传输的内容远远超过它原先设计的文本和图形信息。

综上所述,现代运输机将变成一个移动的网络节点,并通过 TCP/IP 实现宽带互联网快速、稳定、廉价的接入。之所以选择 TCP/IP 实现宽带互联网接入,是因为基于 TCP/IP 实现宽带互联网的技术发展很成熟,并且有很多货架商品可供选择,可使民航通信系统的成本大幅降低。

参考文献

[1] Ian Moir, Allan Seabridge. 民用航空电子系统[M]. 范秋丽等,译. 北京:航空工业出版社,2009.

[2] American Radio Relay League. The Radio Amateur's Handbook, 36th ed. [M]. The Rumford Press, Concord, NH, 1959.

[3] ARINC Specification 410 - 1, Mark 2:Standard Frequency Selection System [S]. Aeronautical Radio, Inc., Annapolis, MD, October 1,1965.

[4] ARINC Characteristic 566A - 9, Mark 3:VHF Communications Transceiver [S]. Aeronautical Radio, Inc., Annapolis, MD, January 30,1998.

[5] ARINC Specification 618 - 5, Mark 2:Standard Frequency Selection System Air/Ground Character — Oriented Protocol Specification [S]. Aeronautical Radio, Inc., Annapolis,

MD, August 31, 2000.

[6] ARINC Specification 619 – 2: ACARS Protocols for Avionic End Systems [S]. Aeronautical Radio, Inc., Annapolis, MD, March 11, 2005.

[7] ARINC Specification 620 – 4: Data Link Ground System Standard and Interface Specification [S]. Aeronautical Radio, Inc., Annapolis, MD, November 24, 1999.

[8] ARINC Characteristic 719 – 5: Airborne HF/SSB System [S]. Aeronautical Radio, Inc., Annapolis, MD, July 6, 1984.

[9] ARINC Characteristic 750 – 4: VHF Data Radio [S]. Aeronautical Radio, Inc., Annapolis, MD, August 11, 2004.

[10] ARINC Characteristic 753 – 3: HF Data Link System [S]. Aeronautical Radio, Inc., Annapolis, MD, February 16, 2001.

[11] ARINC Specification 720 – 1: Digital Frequency/Function Selection for Airborne Electronic Equipment [S]. Aeronautical Radio, Inc., Annapolis, MD, July 1, 1980.

[12] ARINC Characteristic 724 – 9: Aircraft Communication Addressing and Reporting System [S]. Aeronautical Radio, Inc., Annapolis, MD, October 9, 1998.

[13] ARINC Characteristic 724B – 5: Aircraft Communication Addressing and Reporting System [S]. Aeronautical Radio, Inc., Annapolis, MD, February 21, 2003.

[14] ARINC Characteristic 741P2 – 7: Aviation Satellite Communication System Part2 System Design and Equipment Functional Description [S]. Aeronautical Radio, Inc., Annapolis, MD, December 24, 2003.

[15] ARINC Characteristic 758 – 2: Communication Management Unit Mark2 [S]. Aeronautical Radio, Inc., Annapolis, MD, July 8, 2005.

[16] The ARINC Story [M]. The ARINC Companies, Annapolis, MD, 1987.

[17] Institute of Electrical and Electronics Engineers and Electronic Industries Association (IEEE and IEA). Report on Radio Spectrum Utilization, Joint Technical Advisory Committee [R]. Institute of Electrical and Electronics Engineers, New York, 1964.

10 航空导航系统

10.1 引言

10.1.1 导航定义及基本要求

引导运动物体(以下简称载体)从起始点到达目的地的技术称为导航。完成导航任务的装置称为导航设备或导航系统。导航装置的任务是提供载体在空间的位置和姿态,以保证载体安全准确而快速地到达预定目的地点。

随着科学技术的不断进步,导航系统已由原先的单一指示仪表发展为涉及多种学科原理采用新型技术的导航系统。对导航的基本要求是按载体航行的需要提供实时而精确的三维位置及三维姿态的六自由度导航参数。对于不同的载体,其航行要求有所不同,本书主要叙述民用飞机的航空导航系统。

10.1.2 航空导航功能及系统性能要求

10.1.2.1 导航功能

根据民用飞机港区空域和航路空域即包括飞行的起飞、巡航、进港、进近和着陆整个飞行过程的要求,导航系统应具有如下功能:

① 实时提供飞机在极坐标系、平面直角坐标系和地理坐标系下的位置;

② 实时提供飞机的航向和方位;

③ 实时提供飞机的垂直高度;

④ 提供满足飞行系统要求的数据更新率。

10.1.2.2 性能需求

当今,导航系统种类繁多,其功能也不尽相同。为保证载体安全、可靠航行的需要,它应满足如下性能要求。

(1) 精度

导航系统的精度是指系统给出的载体位置、姿态值与真值之间的偏离即误差的大小。

(2) 可用性与可靠性

导航系统的可用性是系统为载体提供可用导航服务的时间百分比,可靠性是指系统在给定的使用条件下和在规定的时间内以规定的性能完成其功能的概率。

（3）覆盖范围

覆盖范围系指导航系统信号能以给出规定精度定出要求精度的面积或立体空间。它受系统几何关系（许多无线电导航系统，当载体与导航台之间的距离或方位不同时，导航精度便不同）、发射信号功率、接收机灵敏度、大气噪声等影响而变化。

（4）信息更新率

所谓导航信息更新率是指系统在单位时间内提供导航数据的次数。对导航信息更新率的要求与载体的航行速度和所执行的任务有关。对于航空而言，如其更新率不高，则在两次提供定位数据之间的时段内，飞机当前位置与上次的位置有可能已相差很远，就会使导航服务的实际精度下降。更重要的是，现代飞机常依靠自动驾驶仪实现自动化飞行，导航系统必须能与自动驾驶仪交联工作，导航信息必须具有相当的更新率才能满足自动驾驶仪精度和平稳地控制飞机的要求。

（5）系统完好性

所谓完好性指的是当导航系统发生任何故障或误差超出了允许的范围时，自动发出告警的能力。对系统完好性的要求在飞机着陆阶段更显必要，因飞机向跑道下滑的阶段时间很短暂，如果导航系统发生了故障或误差超出了允许的范围而驾驶员未及时发觉，继续按仪表飞行，便有可能使飞机偏离或滑出跑道甚至撞击地面，酿成事故。

10.1.3　现状及发展

据文献记载，自古以来人们就用观察天空星体来确定船只的位置，或者利用磁石指示南北的特性而制成了指南针来指示船舶的航向，或者是利用地标进行定位，这是简单而又可靠的方法，但是易受地域、气象条件限制，因此未能普及使用。

这些简单古老的导航定位方法当时对人们的经济和军事活动具有很大的作用。随着社会经济与军事发展的需求，特别是航空、航海及航天技术的发展，现代导航已发展成为涵盖"力学、光、机、声、电"诸多门类的综合学科。

近一百多年来用于各种载体的导航器件及系统相继出现，种类繁多。按实现导航技术的不同工作原理可将其划分为天文、惯性、无线电、地磁、红外、激光、声呐及地标（灯标）等 9 类导航系统。

对航空系统而言，早期是依靠磁罗盘、陀螺半罗盘、无线电罗盘、陀螺地平仪、转弯指示器及空速表等导航仪表来表示既定航向和飞行路径，以及利用目视地形和标志建筑物以监视飞行路径和寻视目的地。20 世纪中叶以后，多种机载惯性导航系统、无线电导航系统，多普勒导航系统，相继在飞机上得到广泛应用。对于惯性导航系统，从经典力学为基础的转子式陀螺导航仪表及平台式惯导系统发展为以光学技术为基础的捷联式激光陀螺惯导系统和光纤陀螺惯导系统；对于无线电导航系统，从最早的地基式无线电导航系统到伏尔系统、罗兰-C系统、地美仪系统，塔康系统，特别是随着无线电通讯、电子计算机和空间科学技术的蓬勃发展,出现利用人造地球卫星进行导航定位的天基无线电导航技术,这是导航定位技术发展的一个新的里程碑。卫星导航与自主惯性导航相结合的惯性/卫星导航系统将是一种被多种运载体广泛采用的主要组合导航模式,对提高导航系统的性能——精度和可靠性具有特别重要作用。纵观导航技术的总体现状及民用航空的特点,整体发展趋势如下所述。

(1)卫星导航是导航技术的主要发展方向

卫星导航具有全天候、高精度、且误差不随时间积累、长期稳定性好等特点,因此在空、海、天、地的多种运载体中,具有广阔的应用前景。为了精确、安全、可靠的输出导航定位数据,需要保证用户终端可靠提取导航信号。

(2)采用新型的惯性器件的自主式导航系统的加速发展

由于卫星导航是一种非自主式系统,卫星发射的导航电文易受外界干扰与控制,为了确保运动载体所需,导航信号根据航空导航需要必须由载体上的自主式导航系统——惯性导航提供。新型的激光陀螺、光纤陀螺惯导系统将被广泛应用。

(3)组合导航是主要的应用模式

各种导航方式都有各自不同的特点,把两种或两种以上的导航子系统组合成的导航系统称为组合导航系统。组合导航系统可以取长补短,提高导航系统的精度及可靠性等性能。组合导航系统可有多种方式,目前有惯性/卫星,惯性/天文,惯性/多普勒,惯性/奥米伽,惯性/测向测距等多种组导系统。

(4)导航系统功能进一步扩大

特别是导航与通信的结合,系统性能的自动化程度、精度和可靠性的不断提高。

10.2　导航坐标系

确定载体在空间的姿态、速度与位置需要引入两套坐标系,即载体坐标系与参考坐标系。参考坐标系需要根据运动载体的运动特点及航行要求选定。

在航空导航中涉及的坐标系有惯性坐标系、地球坐标系、地理坐标系、平台坐标系和机体坐标系五种。

10.2.1　惯性坐标系

在研究物体运动时,一般都是选取满足牛顿第二定律的静止或做匀速直线运动的坐标系即惯性坐标系作为参考坐标系。

常用的惯性坐标系有日心惯性坐标系与地心惯性坐标系。在研究地球表面航行的飞行体定位问题中,由于太阳绕银河系与地球绕太阳的向心加速度均为很小,对导航的精度影响一般可以忽略,故可将惯性坐标系的原点选取在地心,即可选取地心惯性坐标系作为参考坐标系。

地心惯性坐标系 $Ox_ey_ez_e$ 原点 O 为地心,Oz_e 轴沿地球自转轴,Ox_e 轴与 Oy_e

轴在赤道平面内,指向太阳系外的任意两颗恒星,它们与 Oz_e 轴构成右手直角坐标系。

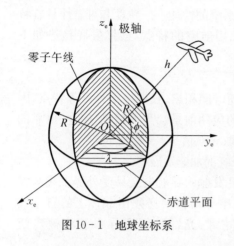

图 10-1　地球坐标系

10.2.2　地球坐标系

地球坐标系如图 10-1 所示。

它与地球固连,随地球一起转动。坐标系的原点 O 在地心,Oz_e 轴沿地极轴(即自转轴),Ox_e 轴在赤道平面并与子午线相交,Oy_e 轴与 Ox_e 轴、Oz_e 轴垂直,组成右手直角坐标系。在导航定位中,载体相对地球的位置通常用经度、纬度、高度表示,而不用直角坐标表示。图中 R 表示地球半径。载体航行时,相对地球的位置即为载体在地球坐标系中的位置。

地球坐标系相对于惯性坐标系的转动速度 ω_{ie} 为 15.04108°/h,其表达式为:

$$\omega_{ie} = 7.2921 \times 10^{-5} \ \text{rad/s} = 15.0411°/h$$

10.2.3　地理坐标系

地理坐标系即当地垂线坐标系,如图 10-2 所示,其原点位于导航系统所处的位置 P 点,一坐标轴沿当地地理垂线方向,指天顶(U),另外两轴在当地水平面内分别沿当地经线(指北 N)和纬线(指东 E)的切线方向,组成右手直角坐标系或 $OENU$,称为东北天坐标系,也可根据需要选为北西天或北东地(U 轴沿垂线指向地心)坐标系。

当运动载体在地球上航行时,其相对地球的位置不断变化,而地球上不同地点的地理坐标系相对地球坐标系的角位置也是不相同的。因此,载体相对地球运动将引起地理坐标系相对地球坐标系的转动。即其转动角速度由地理坐标系相对地球坐标系和地球坐标系相对惯性坐标系的两部分构成。如图 10-2 所示。

设载体在地球上的纬度为 ϕ,高度为 h,航行速度为 v,航向角为 ψ,则由地球自转和载体航行速度产生的地理坐标系相对惯性坐标系的转动角速度在地理坐标系各轴上的投影(即分量)为:

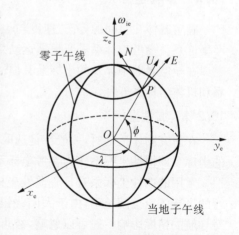

图 10-2　地球坐标系和地理坐标系

$$\omega_{ig}^{g} = \begin{bmatrix} \omega_{ig_x}^{g} \\ \omega_{ig_y}^{g} \\ \omega_{ig_z}^{g} \end{bmatrix} = \begin{bmatrix} \omega_{eg_x}^{g} \\ \omega_{eg_y}^{g} \\ \omega_{eg_z}^{g} \end{bmatrix} + \begin{bmatrix} \omega_{ie_x}^{g} \\ \omega_{ie_y}^{g} \\ \omega_{ie_z}^{g} \end{bmatrix} = \begin{bmatrix} -\dfrac{v\cos\psi}{R+h} \\ \omega_{ie}\cos\phi + \dfrac{v\sin\psi}{R+h} \\ \omega_{ie}\sin\phi + \dfrac{v\sin\psi}{R+h}\tan\phi \end{bmatrix} \qquad (10-1)$$

式中:

ω_{ig}^{g}:地理坐标系相对惯性坐标系的转动角速度在地理坐标系各轴上的投影;

ω_{ie}^{g}:地球坐标系相对惯性坐标系的转动角速度在地理坐标系各轴上的投影;

ω_{eg}^{g}:地理坐标系相对地球坐标系的转动角速度在地理坐标系各轴上的投影;

$\omega_{ig_x}^{g}$,$\omega_{ig_y}^{g}$,$\omega_{ig_z}^{g}$:地理坐标系相对惯性坐标系的转动角速度分别于地理坐标系 x,y,z 轴上的投影;

$\omega_{ie_x}^{g}$,$\omega_{ie_y}^{g}$,$\omega_{ie_z}^{g}$:地球坐标系相对惯性坐标系的转动角速度分别于地理坐标系 x,y,z 轴上的投影;

$\omega_{eg_x}^{g}$,$\omega_{eg_y}^{g}$,$\omega_{eg_z}^{g}$:地理坐标系相对地球坐标系的转动角速度分别于地理坐标系 x,y,z 轴上的投影。

10.2.4 平台坐标系

该坐标系用来描述平台式惯性导航系统中平台指向的坐标系,它与平台固连。

10.2.5 机体坐标系

机体坐标系 $Ox_by_bz_b$ 与载体固连,如图 10-3 所示,原点 O 与机体质心重合,Ox_b、Oy_b 与 Oz_b 组成右手直角坐标系,机体的航向角、俯仰角和横滚角以 ψ、θ 和 γ 表示,三者组成机体的姿态角。

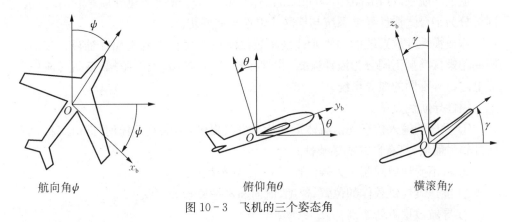

航向角 ψ 俯仰角 θ 横滚角 γ

图 10-3 飞机的三个姿态角

10.3 航空导航系统分类

导航系统可按实现导航的工作原理、应用空间、运动载体种类、是否自主等不同角度出发进行分类。对于按工作原理分类可划分为上节提到的天文、惯性、无线电等 9 类导航系统；按应用空间分类可划分为航空、航海、航天及车辆等导航系统；按是否需要外界设备提供信息的可分为自主及非自主导航系统。此外，也有将导航分为绝对导航与相对导航。所谓绝对导航，它是一种不依赖于载体已驶过的路径的导航系统。本节对民用航空应用的几类典型导航系统作简单介绍。以后再对其进一步叙述。

10.3.1　无线电导航

无线电导航是一种利用无线电波在均匀介质和自由空间直线传播及恒速的特性进行导航的技术。自 20 世纪 30 年代开始，各种无线电导航系统（Radio Navigation System，RNS）相继问世，它有两种工作方式。一种是通过设置在载体和地面上的收发设备，测量载体相对地面台的距离，距离差或相位差进行定位，如地美仪测距器；另一种是通过载体上的接收设备接收地面发射台发射的无线电信号，测量载体相对于已知地面台的方位角进行定位，如伏尔测向导航系统。

10.3.2　惯性导航

惯性导航是以经典力学理论为基础的一种导航系统。工作时不依赖任何外界信息，也不向外发射能量，是一种完全自主的导航系统。它依靠安装在载体上的陀螺仪和加速度计提供器件的量测数据。通过积分和推算方法获得载体姿态、速度和位置等导航参数。

20 世纪初，指示方向的 SPERRY 陀螺罗经在航海上开始应用，而后在航空上的陀螺半罗盘和航空地平仪也相继问世。20 世纪 60 年代，航空惯导系统在飞机上得到应用。

惯性导航系统（Inertial Navigation System，INS）根据构建导航平台方法的不同可分为平台式惯性导航系统与捷联式惯性导航系统。

构成惯性导航系统的主要元件是陀螺仪和加速度计等两类惯性器件。按照采用的陀螺仪类型不同分为液浮陀螺，扰性陀螺，激光陀螺，光纤陀螺，微机械陀螺及静电陀螺等不同的惯导系统。

惯性导航优点是：

① 系统的输入信息均由载体运动状况自身提供，不依赖于任何外部信息，也不向外辐射能量，具有良好的隐蔽性；

② 可不受地域限制全天候工作，不受外界干扰；

③ 能连续提供载体的位置、速度、航向和水平姿态等信息；

④ 导航数据更新率高；

⑤ 短期精度高、稳定性好。

惯性导航因其工作原理所限，其缺点是长期稳定性差，位置、速度和姿态等导航数据误差随时间积累。

10.3.3 多普勒导航

多普勒导航系统(Doppler Navigation System,DNS)是以多普勒效应为基础、采用频率测速基本原理测量载机速度进行导航参数的自主式导航系统,它是利用多普勒频移测量载体相对地面的速度并根据航向系统给出的航向角对载体进行定位。

10.3.4 卫星导航

卫星导航系统(Global Navigation Satellite System,GNSS)是一种采用导航卫星对地面、海洋、空中和空间载体进行导航定位的天基无线导航系统。它是通过围绕地球运行的人造卫星向地面与空中发射经过编码和调制的无线电信号,被安装在载体上的卫星导航接收机接收后就可以计算出载体的位置、速度等导航信息。

10.4 无线电导航

10.4.1 简述

无线电导航系统自 20 世纪 20 年代就开始应用并发展,它是航空导航中使用广、发展快的一种导航系统。迄今,在世界范围内得到广泛应用的有一二十种(包括卫星导航,属于非自主性导航)。表 10.1 列举了本世纪初几种常用的无线电系统的性能及用量情况。现对常用的几种类型无线电导航系统分述如下:

表 10.1　几种常用的陆基系统性能与用量

系统名称	工作频率/MHz	作用距离/km	误差/m	台站数/个	用户数量/个	
					空中	海上
奥米伽	0.010～0.03	15 000	1 500	8	12 000	8 000
台卡	0.07～0.13	370	100	150	2 000	40 000
无方向信标	0.2～1.6	370	不稳定	3 000	200 000	
伏尔	108～118	370	90 或 1.4°	2 000	250 000	
测距仪	962～1213	370	3% D[①]	1 000	100 000	
多普勒导航雷达	13 000～16 000	不限	(1%～2%) D	不详	5 000	

① D 为飞行距离

10.4.2 伏尔导航系统

伏尔(Very High Frequency Omnidirectional Radio Range,VOR)系统是一种近程无线电导航系统,属于地面基准式导航。它由地面发射台和机载设备组成。地面设备通过天线发射从 VOR 台到飞机的磁方位信息,机载设备接收和处理地面台发射的方位信息,并通过有关的指示器指示从 VOR 台到飞机或从飞机到 VOR 台的磁方位角。

在正常工作时，VOR 台发射被两个低频信号调制的射频信号。这两个低频信号，一个叫基准相位信号，另一个叫可变相位信号。基准相位信号在 VOR 台周围的各个方位上保持相位相同，可变相位信号的相位随 VOR 台地径向方位而变。飞机的磁方位决定于基准相位信号和可变相位信号之间的相位差，即机载设备接收 VOR 台的发射信号，并测量出这两信号的相位差，就可以得到飞机磁方位角。

VOR 地面台的配置主要有两种形式：一是安装在机场的 VOR 台，叫终端 VOR 台，其使用 108.00~111.95 MHz 之间的 40 个波道，发射功率为 50 W，工作距离为 25 n mile；另一是安装在航路上的 VOR 台，叫航路 VOR，台址通常选择无障碍物的地点（如山顶），其使用 112.00~117.95 MHz 之间 120 个波道，发射功率为 200 W，工作距离为 200 n mile。

相应的，VOR 接收机工作在 108.00~117.95 MHz 频段，频道间隔为 50 kHz。VOR 接收机接收和处理地面台发射的方位信号，输出至地面 VOR 台的方位信息并显示在显示器上。此时，驾驶员可根据指示的方位信息来确定飞机的地理位置和沿选定的航路飞行。

此外，VOR 系统在航空导航中的基本功能主要有两个方面。

1) 定位

利用 VOR 设备定位的方法有两种：

① VOR 机载设备测出从两个已知的 VOR 台到飞机的磁方位角，便可得到两天位置线，利用两天位置线的交点便可确定飞机的地理位置。这种定位方法叫测角定位，即 $\nu-\nu$ 定位。

② VOR 台通常和测距仪（Distance Measure Equipment，DME）安装在一起，利用 VOR 设备测量飞机磁方位角 ν；利用 DME 测量飞机到 VOR/DME 台的距离 ρ，也可确定飞机的地理位置。这种方法叫测角-测距定位，即 $\rho-\nu$ 定位。

2) 沿选定的航路导航

VOR 台能够辐射无限多的方位线（或称径向线），每条径向线表示一个磁方位角。驾驶员通过机上全向方位选择器 OBS 选择一条要飞的方向线，称预选航道。飞机沿着预选轨道可以飞向或飞离 VOR 台，并通过航道偏离指示器指出飞机偏离预选轨道的方向和角度，以引导飞机沿预选航道飞往目的地。

总之，VOR 系统的工作范围取决于接收机灵敏度、地面台的发射功率、飞行高度以及 VOR 台周围的地形。工作范围主要受视距限制，只有飞机高度达到30 000 ft 时，VOR 工作距离才能达到 200 n mile。

10.4.3　测距仪系统

测距仪（Distance Measuring Equipment，DME）为一种测距系统，它由机载测距仪和地面测距信标台组成，两者相互配合工作，可连续向飞行员提供飞机到测距台的实时距离信息。DME 采用空-地设备之间的问答方式工作，工作在 1 000 MHz

左右的 L 频段。机载测距仪通过测量脉冲的往返延迟时间,计算出飞机到地面测距台之间的斜距。从机载仪表设备提供的高度和 DME 地面台海拔高度,亦可算出飞机相对地面台的地面距离。系统的测距误差一般为 $0.1\sim0.4\,n\,mile$,系统作用距离一般为 $300\sim500\,km$,最远可达 $700\,km$。

测距系统是通过询问应答方式来测量距离的。如图 10-4 所示,机载测距仪内的发射电路产生射频脉冲对信号,通过无方向性天线以规定的重复频率辐射出去,此为"询问"信号;测距信标台的接收机收到这一询问信号后,经过 $50\,\mu s$ 的延迟,由其发射机产生与接收到的信号完全一样的"应答"信号发射;机载测距仪在接收到地面射频脉冲对应答信号后,即可由距离计算电路根据询问脉冲与应答脉冲之间的时间延迟 t,计算出飞机到测距信标台之间的视线距离。

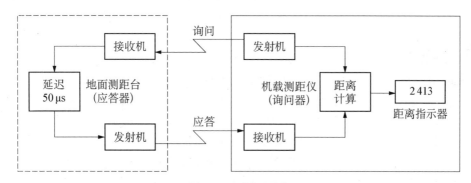

图 10-4 测距系统

测距仪发出的询问信号与相应的信标台应答信号所经历的是往返距离 $2R$。计入信标台的固定延迟 $50\,\mu s$。应答脉冲与询问脉冲之间的时间延迟为 $t=2R/c+50$,这里光速 c 为 $1.618\times10^5\,n\,mile/s$。在测距仪中设法测量这一时间延迟,即可获得距离信息。若时间以 μs 计算,距离以 $n\,mile$ 计算,则距离可由下式给出:

$$R=\frac{t-50}{12.359}$$

式中的 12.359 是射频信号往返 $1\,n\,mile$ 所经历的时间 $/\mu s$。

测距仪的询问频率和信标台的应答频率相差 $63\,MHz$,测距仪的询问频率范围为 $1025\sim1150\,MHz$,信标台的应答频率范围为 $962\sim1213\,MHz$。DME 具有调谐保持功能,即飞行员在调谐出一个新的有效 VOR 频率时,DME 频率并不随之改变。

测距仪所产生的询问脉冲信号的重复频率是变化的。当测距仪处于跟踪状态时,询问脉冲信号的平均重复频率较低,通常在 $10\sim30$ 对 $/s$;当测距仪处于搜索状态时,询问重复频率较高,一般为 $40\sim150$ 对 $/s$。

测距仪测量的是飞机到地面测距台的伪距 R。通常,大型飞机的飞行高度在 $30\,000\,ft$ 左右,当飞机与测距台的距离在 $35\,n\,mile$ 以上时,所测得的斜距 R 与实际水平距离 R_0 的误差小于 1%;当飞机在着陆过程中离测距台的距离小于 $30\,n\,mile$

时,其飞行高度通常也已降低,因而所测得的斜距与水平距离地误差仍然为1%左右。因此,在实际应用中,把斜距称为距离是可以接受的。DME 计算出飞机与选定地面台的距离,把距离和地面台的标识数据输出到显示器上。

利用测距仪所提供的距离信息,结合 VOR 系统所提供的方位信息,即可按上节所提出的 $\rho-\nu$ 定位方法确定飞机的位置,计算地速和到达目的地的时间,以及实现其他导航计算和引导。因此,地面测距台往往是和 VOR 同台安装的。同样,利用所测得的飞机到两个或三个测距台的距离,也可按 $\rho-\rho$ 或 $\rho-\rho-\rho$ 定位方法进行定位与导航计算。

10.4.4　仪表着陆系统

仪表着陆系统(Instrument Landing System,ILS),早在 1949 年就被国际民航组织定为飞机标准进近和着陆设备。它能在气象条件恶劣和能见度差的情况下给驾驶员提供引导信息,保证飞机安全进近和着陆。

ILS 提供的引导信号,由驾驶舱指示仪表显示。驾驶员根据仪表的指示操纵飞机或使用自动驾驶仪"跟踪"仪表的指示,使飞机沿着跑道中心线的垂直面和轨道的下滑角,从 450 m 的高空引导到跑道入口的水平面以上的一定高度,然后再由驾驶员看着跑道操纵飞机目视着陆。因此,ILS 系统只能引导飞机到达看见跑道的最低允许高度上,它是一种不能独立引导飞机至接地点的仪表低高度进场系统。

ILS 系统包括 3 个分系统:提供横向引导的航向信标(Localizer,LOC)、提供垂直引导的下滑信标(Glide Slope,GS)和提供距离引导的指点信标(Marker Beacon,MB)。每一个分系统又由地面发射设备和机载设备所组成。

航线信标天线产生的辐射场,在通过跑道中心延长线的垂直屏幕内,形成航向面,用来提供飞机偏离航向道的偏离信号。机载航向接收机收到航向信标发射信号后,经处理,输出飞机相对于航向道的偏离信号,加到驾驶舱仪表板上的水平位置指示器(Horizontal Situation Indicator,HSI)。

下滑信标台天线产生的辐射场形成下滑面,下滑面和跑道水平平面的夹角,根据机场的净空条件,可在 2°至 4°间选择。下滑信标用来产生飞机偏离下滑面的垂直引导信号。机载下滑接收机收到下滑信标台的发射信号,经处理后,输出相对于下滑面的偏离信号至下滑指示器。

航向面与下滑面的交线,定义为下滑道。飞机沿下滑道着陆,就对准了跑道中心线和规定的下滑角,在离跑道入口约 300 m 处着地。

指点信标台为 2 个或 3 个,装在着陆方向的跑道中心延长线的规定距离上,分别叫内、中、外指点信标。每个指点信标台发射垂直向上的扇形波束。只有在飞机飞越指点信标台上空的不大范围时,机载接收机才能收到发射信号。由于各指点信标台发射信号的调制频率和识别码不同,机载接收机就分别使驾驶舱仪表板上不同颜色的识别灯亮,同时驾驶员耳机中也可以听到不同音调的频率和识别码。驾驶员就可以判断飞机在哪个信标台的上空,从而知道飞机距离跑道入口的距离。

航线信标工作频率为 108.10～111.95 MHz。其中航向信标仅用 110 MHz 的奇数频率再加上 50 kHz 的频率,共有 40 个频道;下滑信标工作频率为 329.15～335 MHz 的 UHF 波段,频率间隔为 150 kHz,共有 40 个波段;指点信标工作频率固定为 75 MHz。

航线信标和下滑信标工作频率是配对工作的。机上的 LOC 信标接收机和 GS 信标接收机是统调的,当调谐了一个 LOC 频率之后,LOC 接收机调谐在一个有效的频率时,将发送一个水平偏差信号。GS 接收机将自动调谐到一个与之配对的 GS 频率上。GS 接收机调谐在一个有效的频率时,将发送一个垂直偏差信号。因此,控制盒上只选择和显示航向频率,下滑频率自动配对调谐。

在正常飞行中,飞机在巡航高度上飞达目的地后,开始下降,这时机场塔台判断云高超过 800 m,水平能见度超过 4.8 km 时,允许飞机按照目视飞行规则日夜着陆。但是在恶劣气候条件下,着陆必须按照仪表飞行规则进行。

10.4.5　自动定向仪

自动定向仪(Automatic Direction Finder,ADF)具有无线电助航作用。ADF 的频率范围是 190.00 kHz 至 1 799 kHz 和 2 179 kHz 至 2 185 kHz,频道间隔为 500 Hz。ADF 用来判断飞机与地面台的相对方位,其中天线用来接收地面台发射的电磁信号,接收机计算飞机相对地面台的磁方位,把数据送给显示器。

自动定向仪的主要功能有:

① 测量飞机纵轴方向(航向)到地面导航台的相对方位角,并显示于飞行显示器上;

② 对飞机进行定位(需要两套 ADF);

③ 利用 ADF 判断飞机飞越导航台的时间;

④ 飞越导航台后,可利用 ADF 的方位指示保持沿预定航线飞行,即向/背台飞行;

⑤ 可以接收民用广播电台的信号,并可用于定向。还可以收听 500 kHz 的遇险信号,并确定遇险方位。

ADF 有两种工作方式:ADF 方式和 ANT(Antenna)方式。

在 ADF 方式,系统可以指示地面台的方位。

在 ANT 方式,接收机作为低频和标准广播波段的收音机,无任何方位显示。

10.4.6　无线电高度表

10.4.6.1　无线电高度表功能

无线电高度表(Radio Altimeter,RA)是一种以大地(或海面)为反射面的测高雷达,利用测量电磁波传播延迟时间的原理,可以精确、快速连续测量出飞行器离地面或海面约实际高度(相对高度)。相对激光高度计和气压高度计,无线电高度表具有测高范围大、全天候、精度高、功耗低、体积小等优点,同时具有不受气候条件、季节以及地域限制等优势。

大型商用客机航程长、巡航高度大,一般无线电高度表可以可靠工作在 0~2500 ft 的高度,实时给出飞机距地面的相对高度,是飞行着落控制的必要手段。

10.4.6.2　无线电高度表的国内外现状

由于民航运输机和军事的需要,机载无线电高度表已广泛应用到低空导航、地形回避、自动着陆等方面,其测高精度已由早期的数米量级发展到厘米量级。目前,机载无线电高度表技术已较成熟,基本采用连续波调频体制、工作于 C 波段,通过较大的发射信号带宽获得较高的高度分辨率。不同机型不同用途的飞行器,所配备的无线电高度表各不相同,其主要技术指标也各有所长。目前,国内的机载无线电高度表测高范围主要集中在 1.5 km 以下,其中以 600 m 范围内测高居多,近距最高精度 0.6 m,主要用于飞机着陆控制;最大测高范围超过 7 km 的民用产品仍为空白。国外,机载无线电高度表测高范围较大,由 Honeywell 公司和 Lockheed Martin 公司共同研制的 HG 9550 机载无线电高度表,其最大测高范围达到 15.2 km,近距最高精度 0.6 m,近距可以进行着陆控制,远距可以进行自主导航,用途较广。

10.4.6.3　系统组成与原理

无线电高度表原理方框图如图 10-5 所示。天线采用微带形式,收发分开方式工作。由于高度表工作在飞机的着陆端,飞机滚动、俯仰角度不大,天线采用收发共用方式,波束宽度以兼顾飞机着陆时俯仰角和滚动角为准。

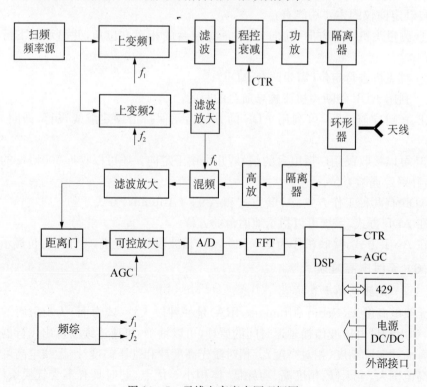

图 10-5　无线电高度表原理框图

微波频综采用低相噪、高频率稳定度振荡源,产生多路低相噪、高频稳本振信号源。扫描频率源产生高精度、高线性度的线性调频信号,调频信号的频率按三角波形式周期性线变化。此信号经上变频后产生射频信号 $f_0 \pm 240\,\text{MHz}$,通过功率放大后经发射天线发射;扫频源产生的三角波线性调频信号同步耦合一路经上变频 2 后产生同步本振信号 f_b。

从地面(或海面)反射回来的反射信号经接收天线、高隔离度的微波隔离器、功放、高放后到达混频器,与本振 f_b 混频,经滤波放大后输出延时差拍信号,经过距离门滤除相应的延时差拍信号后由可控放大器调整信号大小,该电路用于满足大范围内的动态要求,后经 A/D 采样进入数字接收机,实际拍差信号频率随高度不同(回波延时)而改变。

实际高度由 FFT 测量的频率,根据发射信号频率变化率求得;将上述二值相加即可得到飞行器距地面的相对高度。高度数据在 DSP 中计算,计算出的当前高度,通过 429 总线输出到总线上供各相关系统调用。

线性调频连续波雷达是通过测量频率来测量高度的,飞行器的上升/下降运动会造成多普勒效应,使回波的差拍信号发生频移,为了解距离、多普勒耦合,发射三角波调制信号,具正调频斜率和负调频斜率两种信号,如图 10-6 所示。

图 10-6　发射信号与接收信号的频率关系

采用三角波调制,通过频率上升段和下降段延时差拍信号和多普勒调制信号间的关系可以消除多普勒影响。对该差频信号进行放大、滤波后,在 DSP 中对多普勒效应进行消除,从而获得高度信息,并根据高度信息调整调制参数,以适应高度的变化。

天线采用微带天线,天线外形与飞机腹部表面共型。

10.5　惯性导航

10.5.1　简述

惯性导航系统是利用惯性测量元件(陀螺仪和加速度计)测量运动载体相对惯性空间的角运动和线运动参数,在给定的运动初始条件下,并考虑引力场的影响,由计算机解算出载体的姿态、方位、速度和位置等参数,从而引导载体完成预定的航行任务。其原理如图 10-7 所示。

陀螺仪是惯性导航系统最重要的核心器件。随着现代科学技术的发展,陀螺仪的种类日益增多,从不同的角度出发,有多种不同的分类方法,其中按高速旋转的转

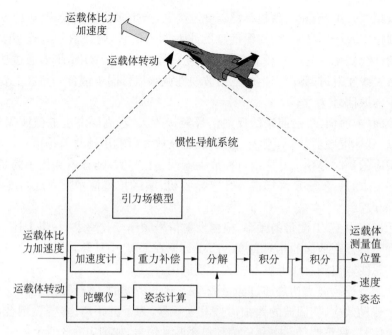

图 10-7 惯性导航系统的原理框图

子轴自由度分类,则有二自由度陀螺仪和单自由度陀螺仪两种。转子轴能绕两个互相垂直的轴转动的陀螺称为二自由度陀螺;转子轴只能绕一个轴转动的陀螺称为单自由度陀螺。这是一种最基本的按工作原理分类的方法。

如图 10-8 所示,具有转子的转动惯量为 J 的二自由度陀螺仪,当其转子绕自转轴作高速旋转时,其旋转角速度为 Ω,则动量矩为 $H = J\Omega$。若不受外力作用,其自转轴相对惯性空间保持方向不变的特性,称为陀螺仪的定轴性。若外力矩 M 绕内环轴作用在陀螺仪上,则动量矩 H 绕外环轴相对惯性空间转动;若外力矩 M 绕外环轴作用在陀螺仪上,则动量矩 H 绕内环轴相对惯性空间转动。这种运动特性称之陀螺仪的进动性。

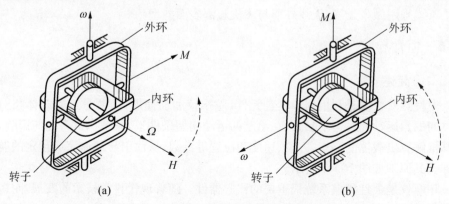

图 10-8 外力作用下陀螺的进动

二自由度陀螺的定轴性与进动性是陀螺仪最基本的特性。单自由度陀螺不具备定轴性。

纵观惯性导航系统的发展可知,它主要是围绕实现陀螺仪功能的原理、结构和工艺等方面的研究进展而发展,产生了由陀螺仪类型而命名的各类惯性导航系统,从经典力学基础的转子式陀螺发展到非经典力学基础的陀螺惯导系统。前者如液浮陀螺、动压陀螺、挠性陀螺和静电陀螺等惯导系统。后者如激光陀螺和光纤陀螺等惯导系统。

惯性导航系统的精度主要取决于陀螺仪和加速度计的性能,为了满足精度要求的导航信息,要求加速度计的精度不低于 10^{-4} g,陀螺仪的精度通常不低于 $0.01°/h$,当今已有高于 $10^{-5}°/h$ 的高精度陀螺。在航空惯导系统中采用的陀螺仪高达 $10^{-3}°/h$ 的精度等级。

惯性导航系统由惯性平台、计算机及控制显示器等组成。根据构建惯性平台的方法不同,可将惯导系统分为两大类。采用物理方法构建平台的系统称之为平台式惯导系统,其惯性测量装置安装在平台的台体上。采用数学算法构建平台的系统称为捷联式惯导系统,其惯性测量装置直接安装在运动载体上。

导航定位分二维和三维两种,对于空中飞行的载体属三维定位,其惯性导航系统中的核心——惯性平台由 3 个单自由度陀螺(或 2 个二自由度陀螺)和 3 个加速度计构成。

在惯性导航系统中,陀螺仪是用来敏感运动载体的角运动的器件。对于平台式惯导系统,在稳定平台上通常装有三个单自由度陀螺(也可两个二自由度陀螺)和三个加速度计。陀螺的三个敏感轴与加速度计的三个敏感轴应严格保持方向一致,并构成一个直角坐标系,称为平台坐标系。陀螺稳定平台用来建立导航坐标系,对于飞机而言,导航是相对地理坐标系定姿与定位,陀螺稳定平台用于建立这一坐标系。由装于平台上的三个加速度计测得稳定平台上各轴的加速度分量,经积分后得到各轴的速度分量与在东、北、天方向的位置。图 10-9 给出了二维导航的原理框图。

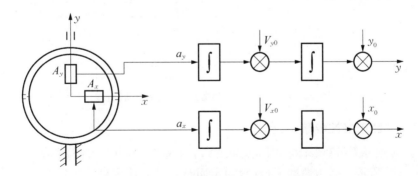

图 10-9 惯性导航系统二维导航原理图

图中,A_x、A_y 为 x、y 轴的加速度计,a_x,a_y 为 x,y 轴的加速度,V_{x0},V_{y0} 为 x,

y 轴的初始速度，x_0，y_0 为 x，y 轴的初始位置。

　　对于捷联式惯性导航系统，陀螺仪和加速度计组成三轴惯性导航测量单元直接安装在运载体上，而无需稳定平台。捷联式惯导系统中的陀螺和加速度计在运载体飞行时，将直接感受过载、冲击、振动、温度变化等恶劣环境的影响，产生动态误差。这种系统的加速度计输出的是机体坐标系的加速度分量，须经计算机转换成导航坐标系的加速度分量，计算量也较大。其优点是由于省去了平台，因而结构简单，体积小，维护方便。

　　随着陀螺技术的发展，捷联系统的应用日益广泛，惯性导航系统发展的主要趋势是逐步从稳定平台技术走向捷联技术。图 10-10 示出了惯性导航的发展历程。

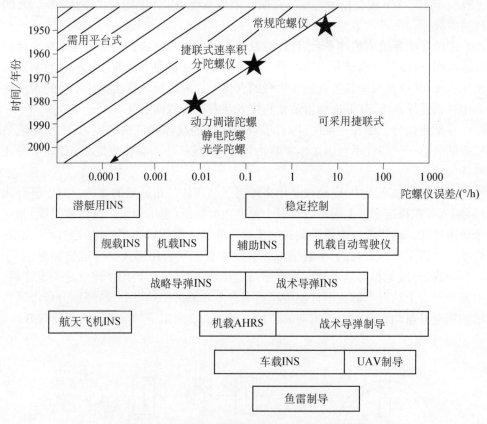

图 10-10　平台和捷联惯性导航系统发展历程

10.5.2　平台式惯性导航系统

　　平台式惯导系统(Platform Inertial Navigation System，PINS)的基本结构组成如图 10-11 所示。它由惯性平台(含稳定回路)、导航计算机及控制显示三大部分组成，该导航系统的核心是高精度的惯性平台，也称陀螺稳定平台。该平台用来隔离载体角运动对加速度测量的影响，并能跟踪指定的导航坐标系，为惯导系统提供导航用的测量基准。测量载体加速度的加速度计沿着平台的三个坐标轴正向安装在该平台上。

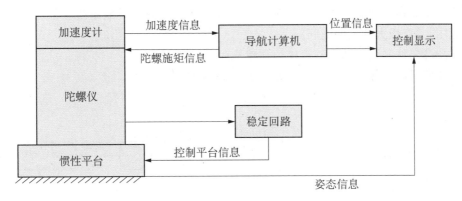

图 10-11　平台式惯性导航系统结构图

　　平台式惯导系统按所选定的导航坐标系不同又可分为当地水平面平台惯导系统与空间稳定平台惯导系统。前者的导航坐标系是当地水平坐标系,后者的导航坐标系是惯性坐标系。考虑到民用航空的特点和导航解算的简捷,本书主要介绍当地水平面平台惯导系统。

　　该惯导系统测得载体的加速度计信息为比力 f,它在惯性导航平台模拟的坐标系中的 3 个分量为 f_x、f_y 和 f_z。如果惯性导航平台能够精确地模拟某一选定的导航坐标系 $Ox_ny_nz_n$,也便得到比力 f 在导航坐标系中的 3 个分量 f_x', f_y' 和 f_z'。导航计算机通过运算可得载体相对导航坐标系的加速度矢量的 3 个分量,通过两次积分便得载体相对导航坐标系的速度和位置。载体的运动参数及导航参数通过显示器显示,同时以陀螺施矩信息通过平台稳定回路对平台上的陀螺仪施加力矩,利用陀螺运动特性使平台精确跟踪选定的导航坐标系。与此同时,平台框架轴上的角度传感器给出载体的姿态信息,送至显示器显示。

10.5.3　捷联式惯性导航系统

10.5.3.1　简述

　　20 世纪 50 年代初,在发展平台式惯性导航系统的同时,人们就开发了另一种惯性导航系统,这就是捷联式惯性导航系统(Strap-down Inertial Navigation System, SINS)。

　　捷联式惯性导航系统是一种将陀螺仪和加速度计直接安装在运动载体上直接测量运动载体的角运动与线运动参数的惯性导航系统,该系统没有实体惯性稳定平台。平台的功能是由电子计算机来完成的,即由数学软件平台(称之数学平台)取代机械惯性平台。

　　捷联式惯导理论提出以来即受到广泛重视。但早期由于受到惯性传感器制约,没有得到广泛应用。直到 20 世纪 80 年代后,随着环型激光陀螺的出现和逐步走向成熟,激光陀螺捷联惯导系统已成为目前军用和民用领域中最为广泛使用的捷联惯性导航系统。20世纪90年代以来,随着光纤技术和微电子技术的迅速发展,体积小且价格低廉的MEMS捷联惯性导航系统和高精度、高性能的光纤陀螺惯性导航系统成为捷联惯性导航系统发展的热点。光纤陀螺捷联惯性导航系统在航空上已开始应用,并有极大的发展空间。

10.5.3.2　捷联式惯性导航系统的原理及组成

捷联式惯性导航系统的原理如图10-12所示。

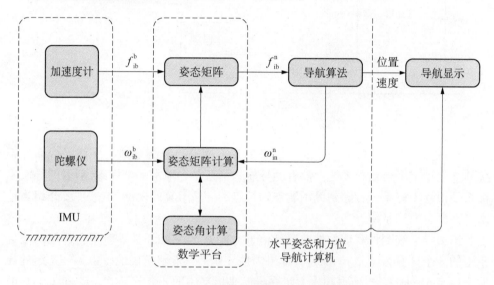

图10-12　捷联式惯性导航系统原理

由陀螺和加速度计组成的惯性组件IMU与载体直接固连,三轴陀螺仪和加速度计的输入轴安装要严格保持正交并与载体坐标系完全一致,用以测量载体的角运动与线运动信息。从图中可以看出,"数学平台"是捷联式惯导系统的核心,它以陀螺仪测量的载体角速度解算姿态矩阵,获取姿态和航向信息,并用姿态阵把加速度计的输出从载体坐标系变换到导航坐标系,进行导航解算。姿态和航向的实时解算是实现捷联式惯导系统的一大技术关键。捷联式惯导系统与平台式惯导系统在本质上是相同的,但在具体实现上却存在着明显的差别。

10.5.4　航空机载陀螺仪表及惯性导航系统

自20世纪30年代开始,航空转弯速率指示仪、陀螺地平仪和方位陀螺仪在飞机上先后应用。转弯速率指示仪是用一个单自由度陀螺测量基座角速度的原理构成的速率陀螺仪。陀螺地平仪是测量并显示飞机俯仰和倾斜的陀螺仪表也称陀螺垂直仪。其典型结构如图10-13所示。按其是否具有指示机构而分为直读式和远读式两种。图中示出的是一种直读式陀螺地平仪。

图10-14示出的是一种直读式陀螺地平仪,它是在B747上应用的SPERRY垂直陀螺仪。

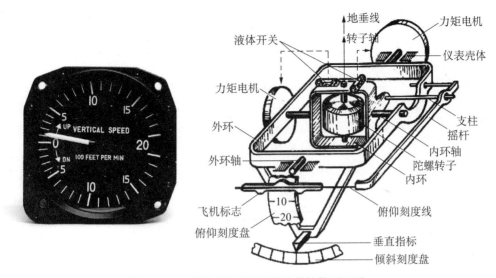

图 10-13 直读式陀螺地平仪及其结构原理图

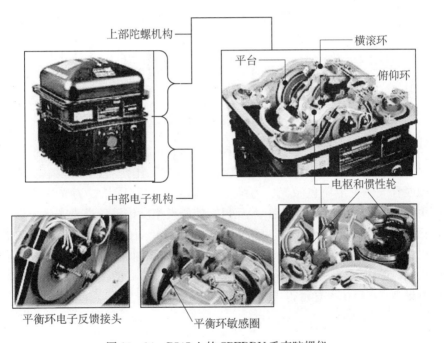

图 10-14 B747 上的 SPERRY 垂直陀螺仪

用于指示或输出飞机航向信息的称为方位陀螺仪，也有直读式和远读式两种，直读式的也称为陀螺半罗盘。陀螺地平仪与方位陀螺仪均由一个二自由度陀螺仪构成。

20 世纪 50 年代稳定平台惯性导航系统首次在航空上得到应用。系统中采用了减小框架轴承支承摩擦力矩的液浮陀螺和气浮陀螺等，提高了平台式惯导系统的精度。20 世纪 60 年代采用了绕性支承的陀螺仪,惯导系统的性能进一步得到提高。

10.5.4.1 激光陀螺捷联惯导系统

激光陀螺仪(Laser Gyroscope,LG)与传统的机电陀螺仪不同。由于它没有陀螺转子和平衡环等转动部件,所以耐冲击力强,坚固可靠,使用寿命长。这种陀螺仪的主体是一个环形谐振腔,谐振腔环路中有沿相反方向传播的两束激光,通过两束激光的频率差即可获得基座的转动角速度。

激光陀螺仪的工作原理如图 10-15 所示。

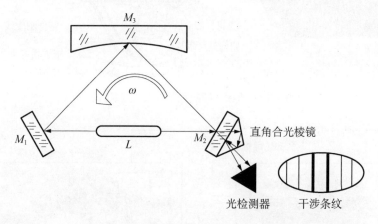

图 10-15 激光陀螺仪工作原理示意图

其环形激光腔一般做成三角形(或四边形),它由激光管 L,反射镜 M_1,M_3 和半透反射镜 M_2 组成。激光管内装有氦氖混合气体的工作介质,由高频电压或直流电压激励混合气体产生单色激光。为维持回路谐振,回路周长应为光波波长的整数倍。用半透明镜将激光导出回路,经反射镜使两束相反传输的激光产生干涉。当谐振腔相对惯性空间无旋转时,两束激光在腔内绕行一周的光程相等,都等于谐振腔环路周长。当谐振腔绕着与环路平面相垂直的轴以角速度 ω 相对惯性空间旋转时,两束激光在腔内绕行一周的光程不再相等,因而两束激光的振荡频率不同而产生频差或拍频 $\Delta\nu$,经简单推导可得

$$\Delta\nu = \frac{4Aq}{L^2}\omega \tag{10-2}$$

式中 A,L,q 均为定值,其中,A 为环形谐振光路包围的面积,L 为环路周长,q 为环路周长与光波波长的整数比。设

$$K = \frac{4Aq}{L^2} \tag{10-3}$$

则有

$$\Delta\nu = K\omega$$

而激光陀螺仪的输出频差或拍频与输入角
速度 ω 成正比。这就是单轴激光陀螺仪的测速
原理。如果将 3 个相互垂直环形激光腔体,设
置在一个立方体内就构成三轴激光陀螺。图
10-16 示出了三轴激光陀螺的结构。

图 10-16　三轴激光陀螺结构图

激光陀螺是一种高精度的单自由度速率陀
螺,它用于中、高精度的领域中。用激光陀螺构
成的捷联惯导系统在 1978 年及 1982 年分别在
B727 及 B747 飞机上试飞成功后,国外即开始
批量生产,激光陀螺的精度等级为 $10^{-3}°/\mathrm{h}$,今
在波音和空中客车的各型客机中均装备了激光陀螺惯性基准系统。

10.5.4.2　光纤陀螺捷联惯导系统

光纤陀螺仪(Fiber Optic Gyroscope,FOG)是继激光陀螺仪之后发展起来的第
二代光学陀螺仪。它由多匝光纤线圈制成的单模光纤环构成萨格奈克干涉仪。其
原理如图 10-17 所示。该干涉仪由光源、分束板、反射镜和光纤环组成。光在 A 点
入射,被分束板分成等强且传播方向相反的两束光。如图 10-17(a)所示。

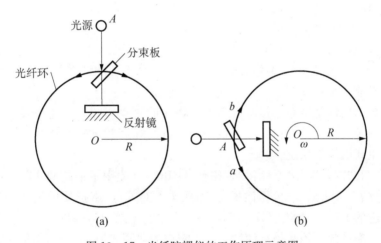

图 10-17　光纤陀螺仪的工作原理示意图

若光纤环相对惯性空间静止,两束光绕行一周后的光程相等。当光纤环相对惯
性空间有垂直于光纤环平面的角速度 ω 旋转时,由于光纤环和分束板均随之转动,
相反方向传播的两束光绕行一周的光程与时间均不相等,如图 10-17(b)所示。两
束光的相位差

$$\Delta\varphi = \frac{4\pi RlN}{c\lambda}\omega \tag{10-4}$$

这表明两束光的相位差与基座输入角速度 ω 成正比。式中 λ 为光源的波长,l

为光纤环的周长，c 为光速，R 为光纤圈半径，N 为光纤匝数。

光纤陀螺也是一种单自由度测速陀螺仪。同样，也可用三个光纤环组成一个光纤陀螺组件的捷联惯性系统。从上式可以看出，在光纤线圈半径一定的条件下，可以通过增加线圈匝数来提高测量的灵敏度，例如，当构成光路长度为 $500\sim2\,500\,\mathrm{m}$ 陀螺装置，其直径仅为 $10\,\mathrm{cm}$ 左右。由此可知，在相同的性能要求下光纤陀螺的体积及相应成本可比激光陀螺大为减少，其应用前景十分广泛。

20 世纪 90 年代初开始，中低精度（$10^{-2}°/\mathrm{h}$）的光纤陀螺仪已经商品化，高精度和低成本是光纤陀螺发展的两大方向。高精度的光纤陀螺仪研究重点已经从战术级陀螺仪转移到战略级陀螺仪（$10^{-4}°/\mathrm{h}$）。采用光纤陀螺的捷联航姿系统已用于战斗机及机载武器系统，采用光纤陀螺的捷联惯导系统已用于民机 B777，其平均故障时间间隔（MTBF）高达 20 000 h。

10.5.4.3　大气数据惯性基准系统

大气数据惯性基准系统（Air Data Inertial Reference System，ADIRS）是大气数据系统（Air Data System，ADS）和惯性基准系统（Inertial Reference System，IRS）的组合系统。在早期的民航客机上，ADS 和 IRS 作为两个独立系统使用，前者具有大气数据基准功能，完成垂直导航；后者具有惯性基准（IR）功能，完成水平导航。随着科学技术和计算机水平的发展，ADIRS 将上述两者结合起来，既具有 ADS 的功能，又有 IRS 的功能，并且可以克服 IRS 中加速度计误差而产生的垂直高度回路的发散和 ADS 在垂向高动态下的气压管路测量延迟而产生的误差，因而 ADIRS 可以利用各自的优势，取长补短，获得优于任何一种系统的计算精度和可靠性，实现了集水平导航和垂直导航于一体的综合导航系统。

大气数据惯性基准系统接收来自大气数据的真空速和高度速率及来自惯性基准系统的姿态数据经计算得到飞机的姿态、航向、速度和加速度信息。这种系统也是一种自主式的导航系统。

"波音"和"空客"两大系列，均装备有 ADIRS，并使用了不同型式的余度组合技术，使整体结构大为减少，可靠性提高、而成本相对降低，维护使用更加方便。如我国民航引进的 B747 - 400，757，767，737，空中客车 A320，A340 等均装备了激光陀螺惯性基准系统。该系统是使用了激光陀螺的捷联式惯导系统，其最大特点是自主式且可靠性高。A320 飞机 HG1150AC 大气数据惯性导航系统集大气数据计算机和惯性导航功能一身，将原来的大气数据计算机和惯性导航计算机合二为一，既降低了成本，又进一步增加了系统的可靠性。该系统由三个大气数据惯性基准组件、八个大气数据传感器模块、三个攻角传感器、两个总温探头、一个控制显示器等组成。B737 - 800 的 ADIRS 由四个大气数据组件、一个总温探头、二个迎角传感器、一个惯性系统显示组件、一个模式选择组件、二个大气数据及惯性基准组件和一个 IRS 主警戒组件组成。B737 - 800 的大气数据惯性基准系统组成图如图 10 - 18 所示。

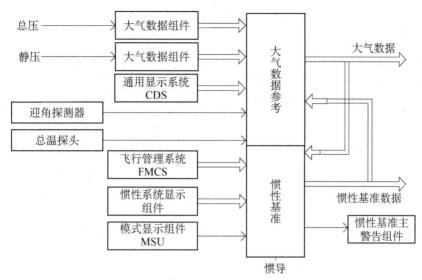

图 10-18　B737-800 的大气数据惯性基准系统

10.6　卫星导航

10.6.1　简述

　　全球卫星导航系统是以人造卫星作为导航台的天基无线电导航系统,能为全球陆、海、空、天的各类运动载体提供全天候、24 小时连续的高精度三维位置、速度和精密时间信息。由于卫星导航系统具有受外界条件限制较小,导航定位精度高等突出优点,因而得到了迅速的发展,在各个领域的应用不断扩展。

　　早在 1957 年 10 月前苏联成功发射第一颗人造卫星后,美国即提出了利用研究卫星导航的建议,着手研制、开发海军导航卫星系统(NNSS),于 1964 年 9 月研制成功并投入使用。这一系统是世界上第一个投入运行的卫星导航系统,亦称子午仪卫星导航系统。该系统能在全球范围内提供 2 维定位,定位精度 0.1~0.3 n mile。但它不能连续定位,一次定位时间又较长,且不能提供用户的位置高度,因此使用受到限制。由此,促使了美国开发新的卫星导航系统,即全球定位系统(GPS)的开发。尔后,俄罗斯、中国及欧盟等国相继研制具有自主产权的卫星导航系统,如俄罗斯的 GLONASS 全球导航卫星系统,中国的北斗卫星导航系统(北斗一代)和北斗导航系统(Beidou 或 Compass),美国的广域增强系统(WASS),欧洲的同步卫星导航覆盖系统(EGNOS)和 Galileo 卫星导航定位系统,日本的准天顶卫星系统(QZSS),印度区域导航卫星系统(IRNSS)等各种导航定位系统。

10.6.2　GPS 全球定位系统

　　全球定位系统(Global Position System, GPS),也称导航卫星系统(NAVSTAR),由美国 1973 年开始研制。此系统比起子午仪系统具有更高的定位精度,且能连续提供三维位置、三维速度和精确时间,实现连续实时的导航定位,是至今为止世界上最具代表性的卫星导航系统。

10.6.2.1　系统组成

卫星导航系统由卫星星座组成的空间部分、监测站和主控站组成的监控部分及各种类型用户接收机组成的用户设备部分三大部分构成,如图 10 - 19 所示。

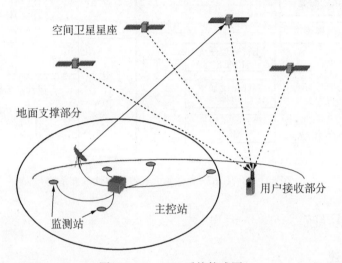

图 10 - 19　GPS 系统构成图

1) 空间部分

GPS 星座由 24 颗工作卫星组成,均匀分布在 6 个倾角为 55° 的轨道面上,每个轨道有 4 颗卫星,其卫星分布如图 10 - 20 所示。

图 10 - 20　GPS 星座示意图

轨道平均高度约为 20200 km，卫星运行周期为 11 h 58 min。因此，同一观测站上每天出现的卫星数目视时间和地点而定，最少为 6 颗，最多可达 11 颗。24 星的配置星座情况改善了 GPS 性能。此外，另有 3 颗备用卫星，将在必要时根据指令代替发生故障的卫星，以保障 GPS 空间部分正常而高效地工作。

2）监控部分

GPS 监控部分由一个主控站、5 个全球监测站和 3 个地面控制站组成，其分布如图 10-21 所示，主要任务是跟踪所有的卫星以进行轨道和时钟测定、预测修正模型参数、同步卫星时间和卫星加载数据电文等。

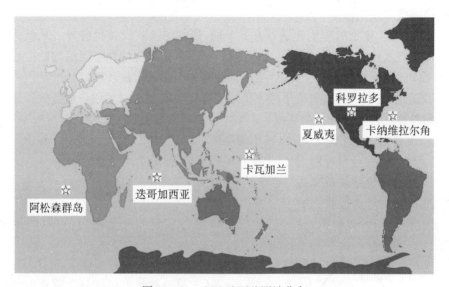

图 10-21　GPS 地面监测站分布

（1）主控站

主控站设在美国的科罗拉多，负责协调和管理所有地面监控系统的工作，此外还完成如下一些任务：

① 根据本站与其他监测站的所有观测资料推算编制各卫星的星历、卫星钟差和大气层的修正参数等，并把这些数据送给地面控制站。

② 提供全球卫星定位系统的时间基准。各监测站内的原子钟均与主控站的原子钟同步或测出其间的时钟差，并把这些钟差信息编入导航电文送到注入站。

③ 调正偏离轨道的卫星，使其沿预定的轨道运行。

④ 启用 GPS 备用卫星工作，以代替失效的 GPS 卫星。

（2）监测站

5 个监测站分别设在夏威夷、科罗拉多、阿森松群岛（南大西洋）、迭戈加西亚岛（印度洋）和卡瓦加兰（北太平洋）群岛。监测站均配有精密的铯钟和能够连续测量到所有可见卫星伪距的接收机。所测伪距每 1.5 s 更新一次，利用电离层和气象数据，每 15 min 进行一次数据平滑，然后发送给主控站。

（3）地面控制站

地面控制站有时也称作地面天线（GA），他们分别与设在阿森松、迭戈加西亚和卡瓦加兰的监测站共址。该站与卫星之间有通信链路，主要由地面天线组成。每12h将主控站传来的卫星星历、钟差、导航电文和其他控制指令等以 S 波段射频链上行注入各个卫星。

3）用户设备

用户设备包括天线、接收机、微处理机、数据处理元件、控制显示设备等，其主要任务是接收 GPS 卫星发射的信号，获得必要的导航和定位信息以及观测量，并经数据处理进行导航定位。

由于 GPS 接收机应用领域和方式不同，所需的接收设备也各异。从最简单的单通道便携式接收机到性能完善的多通道接收机，不同类型和不同结构的接收机适应于不同的精度要求、不同的载体运动特性和不同的抗干扰环境。一次定位时间也从几秒到几分钟不等，这取决于接收机结构的完善程度。GPS 用户设备的发展有以下几种趋势：

① 设备集成程度越来越高，体积越来越小。

② 接收机拥有多通道，能同步跟踪多颗卫星，适用于高动态的环境。

③ 结合其他导航系统的组合导航接收机。

④ 高精度动态接收。

⑤ 差分 GPS 接收机，这种接收机可以进行实时差分导航定位，以消除定位误差。

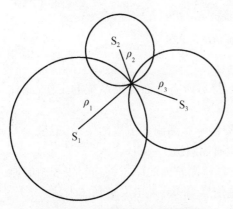

图 10 - 22　三球交会定位示意图

10.6.2.2　基本工作原理

卫星导航的主要任务是实现用户的定位。GPS 定位原理是以 GPS 卫星和用户接收机天线之间的距离观测量为基准，根据已知的卫星瞬时坐标来确定用户接收机天线的位置。GPS 定位方法的实质是以星地空间距离为半径的三球交汇出测站点坐标，其示意图如图 10 - 22 所示。

S_1，S_2 和 S_3 为三颗已知位置的卫星，ρ_1、ρ_2 和 ρ_3 为测站 U 观测各卫星所得的对应边长。

由图可知，在一个观测站上，只需 3 个独立距离观测站量。但是，由于 GPS 采用的是单程测距原理，卫星钟与用户接收机钟之间难以保持严格同步，实际上观测量不是观测站至卫星之间的真实距离，而是一个带有误差的距离，又称伪距。当然，卫星钟的钟差是可以通过卫星导航电文中所提供的相应钟差加以修正，而接收机采用的是石英钟，精度差，随机性强，其钟差难以预先准确测定。所以可将其作为一个未知参数与观测站坐标在数据处理中一并解出。因此在一个观测站至少需要同步观测 4 颗卫星,通过如下的联立方程式即可求得接收机位置 (x, y, z) 和接收机钟差 (∇_{t_0}) 。

$$\left.\begin{array}{l} [(x_1-x)^2+(y_1-y)^2+(z_1-z)^2]^{\frac{1}{2}}+c(\nabla_{t_1}-\nabla_{t_0})=\rho_1 \\ [(x_2-x)^2+(y_2-y)^2+(z_2-z)^2]^{\frac{1}{2}}+c(\nabla_{t_2}-\nabla_{t_0})=\rho_2 \\ [(x_3-x)^2+(y_3-y)^2+(z_3-z)^2]^{\frac{1}{2}}+c(\nabla_{t_3}-\nabla_{t_0})=\rho_3 \\ [(x_4-x)^2+(y_4-y)^2+(z_4-z)^2]^{\frac{1}{2}}+c(\nabla_{t_4}-\nabla_{t_0})=\rho_4 \end{array}\right\} \quad (10-5)$$

式中 x_1 , x_2 , x_3 , x_4 为 4 颗卫星的瞬时位置; ∇_{t_1} , ∇_{t_2} , ∇_{t_3} , ∇_{t_4} 为 4 颗卫星的钟差; ρ_1 , ρ_2 , ρ_3 , ρ_4 为 4 个伪距。

10.6.2.3　性能和应用

GPS 由美国国防部控制,供军民两用,分成军码和民码。军码定位精度 5 m,仅供美军及盟友使用。民码定位精度 10 m 左右,平时向全球开放,战时实施局部关闭。

虽然 GPS 系统提供定位服务的精度很高,但是对于一些精度要求更高的场所,如海港引导、飞机精密进近与着陆、车辆导航定位、大地测绘等,其定位精度仍然不够,因而产生了差分 GPS 技术(DGPS)也称 GPS 的增强系统。根据服务区域的大小,差分 GPS 技术有广域和局域差分两种,相应分别称为广域与局域增强系统。

10.6.2.4　广域增强系统

广域增强系统(Wide Area Augmentation System, WAAS)是由美国联邦航空局开发建立的用于空中导航的一个系统,该系统由一些主站、许多本地监测站和向用户广播广域增强信号的地球静止卫星组成。每个本地监测站都装有能跟踪视野内所有卫星的双频接收机。每个本地站可取得的 GPS 测量值通过通信链路发送给主站。主站根据已知的量测站位置和其所收集的信息,估算出卫星星历误差和时针误差以及电离层延迟参数,再通过上行注入站将这些数据发送至位于同步轨道的通信卫星,卫星再将由主站计算出的误差修正值发送给用户。

WASS 的目标是改善 GPS 标准定位服务的完好性、可用性、服务连续性和提高精度,最终目的是提供精密进场着陆的所有飞行阶段参数的导航系统。其动态定位水平精度可达到 3~5 m,垂直精度可达 3~7 m。美国联邦航空局于 1994 年 5 月颁布了"WASS 规范",计划用 WAAS 设备逐步代替 ILS(仪表着陆系统),到 2010 年后不再使用基于地基系统的机载设备装备飞机。

10.6.2.5　局域增强系统

局域增强系统(Local Area Augmentation System, LAAS)是一种能够在局部区域内提供高精度 GPS 定位的一种定位增强系统。其原理与广域增强系统(WAAS)类似,只是用地面的基准站代替了 WAAS 中的地球同步卫星,通过这些基准站向用户发送测距信号和差分改正信息。因此这些基准站被称为地基伪卫星。

LAAS 系统能够在局部地区提供比 WAAS 精度更高的定位信号,因此用于机场导航,可以使飞机仅仅利用 GPS 就可以安全着陆。

10.6.3　俄罗斯 GLONASS 全球导航卫星系统

GLONASS(The Global Navigation satellite System)是前苏联在总结第一代卫星导航系统 CICADA 的基础上,吸收了美国 GPS 系统的部分经验,自 1982 年 10 月 12 日开始发射的第二代导航卫星系统。于 1996 年 1 月 18 日完成设计卫星数(24颗),并开始整体运行。GLONASS 的主要作用是实现全球、全天候的实时导航与定位,另外,还可用于全球时间传递。目前,GLONASS 由俄罗斯负责。

GLONASS 在系统组成与工作原理上与 GPS 十分相似,也分为空间卫星、地面监控和用户设备 3 部分。空间卫星部分由 24 颗 GLONASS 卫星组成,其中工作卫星 21 颗,在轨备用卫星 3 颗,均匀地分布在 3 个轨道面上。3 个轨道面互成 120°夹角,每个轨道上均匀分布 8 颗卫星,轨道高度约 19 100 km,轨道偏心率为 0.01,轨道倾角为 64.8°。这样的分布可以保证地球上任何地方任意时刻都能收到至少 4 颗卫星的导航信息,为用户的导航定位提供保障。每颗 GLONASS 卫星上都装备有高稳定度的铯原子钟,并接收地面控制站的导航信息和控制指令,星载计算机对其中的导航信息进行处理,生成导航电文向用户广播,控制信息用于控制卫星在空间的运行。GLONASS 卫星同时发射粗码(C/A 码)和精码(P 码),C/A 码用于向民间提供标准定位,而 P 码用于俄罗斯军方高精度定位或科学研究。

GLONASS 与 GPS 除了采用不同的时间系统和坐标系统以外,二者之间的最大区别是:所有 GPS 卫星的信号发射频率是相同的,而不同的 GPS 卫星发射的伪随机噪声码(PRN)是不同的,用户以此来区分卫星,称为码分多址(CDMA);而所有 GLONASS 卫星发射的伪随机噪声码是相同的,不同卫星的发射频率是不同的,用以区分不同的卫星,称为频分多址(FDMA)。另外,与 GPS 不同,GLONASS 没有任何人为的降低定位精度的措施。

10.6.4　欧洲 Galileo 全球导航卫星系统

该卫星导航系统是目前欧洲正在研制的系统,由欧盟、欧洲航天局、政府和私人共同投资。与 GPS 和 GLONASS 系统不同,Galileo 主要用于民用。已于 2011 年底发射 2 颗卫星,计划于 2016 年至 2018 年达到完全运行能力。其空间部分由在 3 个轨道面上均匀分布的 30 颗卫星组成,轨道面在经度上相隔 120°,与赤道线成 56°的倾角,轨道高度为 23 616 km,运行周期为 14 h 4 min。星上装备导航和搜救载荷。地面段与 GPS 和 GLONASS 相比增加了对系统差分、增强与完好性监测,使之具有比上述两个系统更高的、更强的完好性与更好的连续性。该系统将提供 3 种类型的服务:面向市场的免费服务,定位精度为 12~15 m;商业服务,定位精度 5~10 m;公众服务,定位精度 4~6 m。其中后两种服务是受控和收费服务。

10.6.5　中国北斗(BeiDou)导航卫星系统

北斗卫星导航定位系统是中国独立自主设计、建设的卫星导航系统,系统的建成分为两步：首先建立北斗卫星导航系统即北斗一代（BD‐1），然后，在此基础上进行完善，实现具有全球导航功能的北斗导航定位系统即北斗二代（BD‐2）。

北斗一代系统是双星导航定位系统，空间部分由三颗离地面约 36 000 km 的地球静止卫星组成，两颗卫星分别定点在东经 80°和东经 140°上空，另一颗在轨备份卫星定位在东经 110.5°上空。卫星上设置两套转发器，一套构成地面中心到用户的通信链；另一套构成由用户到地面中心的通信链。卫星波束覆盖我国领土和周边地区，主要满足国内导航通讯的需要。

双星导航定位系统采用双星定位体制，其定位的基本原理也是三球交会测量原理，即地面中心通过两颗卫星向用户广播询问信号（出站信号），根据用户响应的应答信号（入站信号）测量并计算出用户到两颗卫星的距离；然后根据中心存储的数字地图或用户自带测高仪测出的高程，算出用户到地心的距离。根据这三个距离就可以确定用户的位置，并通过出站信号将定位结果发送给用户。系统的三维定位精度约几十米，授时精度约 100 ns。

北斗二代导航系统的用户接收机采用被动定位模式，不再依靠中心站电子高程图处理或由用户提供高程信息，而是直接接收卫星单程测距信号进行定位，系统的用户容量不受限制，并可提高用户位置隐蔽性。其导航定位精度为 10 m，授时精度为 20 ns，速度精度为 0.2 m/s。

10.7　组合导航

10.7.1　描述

任何一种导航系统都具有其不同的独特性能和局限性，为了提高运动载体导航系统的功能，常在载体上安装二种或多种不同性能的导航系统或传感器组合在一起，构成组合导航系统（Integrated Navigation System，INS）。采用三种及以上传感器组成的导航系统，也称为多传感器组合导航系统。

由于惯性导航是一种能全面提供导航参数、抗干扰性能强、动态性能好的自主式导航系统，因而它成为各种不同的组合导航系统中的主要导航子系统。为了克服惯性导航系统的导航误差随时间积累的不足，常与导航误差不随时间积累的其他导航系统组合，使之取长补短，构成一种高可靠性、高精度的组合导航系统。

目前的组合导航系统主要有惯性/卫星（INS/GPS）、惯性/多普勒（INS/Doppler）、惯性/侧向测距（INS/VOR/DME）及惯性/天文（INS/CNS）等 4 种。组合导航的实质是以计算机为中心，将各个导航传感器传来的信息加以综合和最优化的数据处理，然后对导航参数进行综合显示或输出。

GPS 全球定位系统是一种高精度的全球三维实时卫星导航系统，其不足之处是其动态性能差，易受外界干扰，恰好与惯性导航系统的优缺点形成互补。因而这两种导航系统构成的 GPS/惯性组合导航系统是较为理想的导航系统，已成为现代组合导航系统的一种主要模式，是当今航空、航天、航海领域的研究热点，并得到了广泛应用。本书主要介绍这种模式的组合系统。

　　GPS 与 INS 的组合,根据不同的要求可有不同的方式组合,即松组合、紧组合与超紧组合三种。

　　国外的 GPS 与 INS 的组合始于 20 世纪 70 年代末,我国则在 80 年代末开展这一技术的研究。图 10 - 23 示出了国内外 GPS/INS 组合导航系统研究领域从松组合(Loose Integration, LI)、紧组合(Tight Integration, TI)到超紧组合(Ultra - Tight Coupling, UTC)的发展历程。

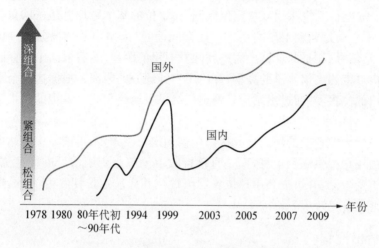

图 10 - 23　国内外组合导航技术发展示意图

10.7.2　松组合

　　松组合又称简易组合。其主要组合方式是位置、速度的组合,主要特点是 GPS 接收机和惯导系统独立工作。组合作用仅表现在用 GPS 接收机辅助惯性导航系统,即只是利用两者传感器的观测信息,通过状态估计得到导航参数的最优或次最优估计。图 10 - 24 示出了这种组合的原理框图。

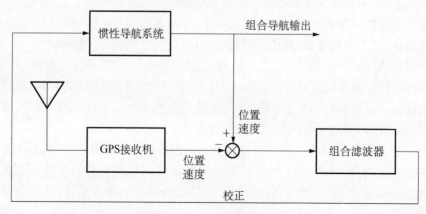

图 10 - 24　松组合原理框图

　　该组合模式简单,便于工程实现。而且由于两个系统仍独立工作,导航信息有一定余度。其缺点是 GPS 接收机的位置误差和速度误差仅简单设定为白噪声,模型的准确度不高,产生模型误差。

10.7.3　紧组合

　　紧组合是组合深度较深的组合模式,其特点是 GPS 接收机和惯性导航系统相互辅助。它的主要方式是伪距、伪距率的组合,其原理如图 10-25 所示。

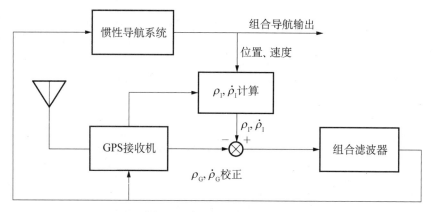

图 10-25　紧组合原理框图

　　由 GPS 接收机给出的星历数据和惯性导航系统给出的位置和速度,可解算出对应于惯性导航系统位置和速度的伪距 ρ_I 和伪距率 $\dot\rho_I$。将 ρ_I 和 $\dot\rho_I$ 与 GPS 接收机测得的 ρ_G 和 $\dot\rho_G$ 相比较作为观测量,通过组合卡尔曼滤波器得到惯导系统和 GPS 接收机的误差量,从而对两个系统进行校正。因此,伪距、伪距率组合方式比位置、速度组合方式具有更高的组合导航精度。

　　对于短时 GPS 卫星屏蔽、中断或 GPS 信号衰减,惯性导航系统不仅能提供导航输出,保证导航系统的连续导航能力,而且惯性导航还可以辅助 GPS 接收机快速重新捕获信号。

10.7.4　超紧组合

　　与上述两种组合相比,超紧组合(又称深组合)的特点在于滤波器的设计。它采用一个组合滤波器将 GPS 接收机对卫星信号的跟踪和 GPS/惯性的组合功能集成于一体,它更侧重 INS 对 GPS 接收机环路的辅助,是一种 GPS 和 INS 在多相和正交相位信号上深度耦合的处理方法。由此可以提高 GPS 接收机的信号跟踪性能和对载体的高动态适应性。

　　在超紧组合中,需要具有参数配置可控的 GPS 接收机,或采用软件接收机方案,后者的射频前端和中频信号采集由硬件完成,而中频信号的处理则采用软件实现。图 10-26 示出了 GPS/INS 组合导航系统的松组合、紧组合与超紧组合的三种组合方式示意图。

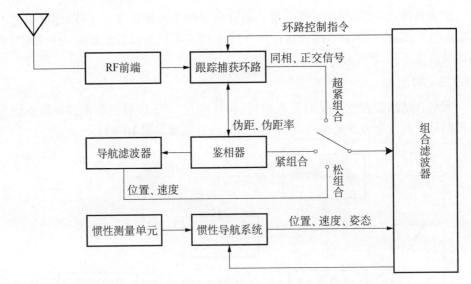

图 10 - 26　GPS/INS 组合导航系统的各种组合方式关系示意图

10.8　民用客机导航系统简介

10.8.1　简述

导航系统是导引飞机飞行、着陆的一个重要系统。它引导飞机沿规定的航线安全、按时、准确地从一个起飞地到达目的地。为此,导航系统必须在任何飞行时间、飞行条件和各种飞行环境下具有如下功能:

① 获得必要的导航信息:高度、速度、姿态、航向。

② 给出高精度的定位信息。

③ 引导飞机按预定路线飞行。

为完成导航系统上述要求的功能,导航系统组成见表 10.2 所示。

表 10.2　导航系统组成

序号	分系统功能	设备名称
1	感受飞机飞行环境条件和飞机使用数据	大气数据系统
2	感受飞机方向和姿态(利用磁性力、重力或惯性力)	罗盘/垂直陀螺 惯性基准系统 惯性导航系统
3	进场、着陆和滑行期间向飞机提供引导功能	仪表着陆系统 微波着陆系统 卫星着陆系统
4	提供各种数据信息,确定飞机位置	自动定向仪、伏尔、测距、塔康、罗兰、奥米伽、全球导航卫星系统等

（续表）

序号	分系统功能	设备名称
5	综合导航数据、计算或管理飞机的地理位置和理论飞行轨迹	性能管理系统 飞行管理系统

飞机导航系统自 20 世纪 20 年代末出现四航道信标、航空导航无线电信标以及垂直指点信标以来，历经 80 余年，在无线电导航、惯性导航及卫星导航三大导航系统方面得到了长足的发展，形成了一个导航混合体。以上各分系统结构上可以是单个设备，也可以是若干功能设备的组合。各设备可以单独使用，也可以与其他设备配合工作。通常导航系统配置有全静压和温度敏感系统、大气数据计算系统、姿态与航向系统、指点信标、仪表着陆系统、气象雷达、无线电高度表、地形指示和警告系统、交通咨询和防撞系统、伏尔、测距器、自动定向仪、全球定位系统等。其中多数系统均为两套甚至三套配置，以保证导航的高度可靠性。表 10.3 给出了有代表性的常用典型导航设备。

表 10.3　有代表性的常用典型导航设备

设备名称	型号	厂商	主要性能				
			尺寸	重量/kg	耗电/W	冷却	精度指标
自动定向仪（ADF）	ADF-700	Colins	2 MCU	2.6	26	135 kg/(h·kW)	方位精度优于 0.9°
伏尔甚高频全向信标	VOR-700	Colins	3 MCU	4.4	30	136 kg/(h·kW)	输出精度 ±2°；δ=0.1°长期稳定 0.1°
测距仪（DME）	DME-700	Colins	4 MCU	5.44	45		精度（所有方式）+0.14 km
仪表着陆系统（ILS）	ILS-700	Colins	3 MCU	4.6	30		输出精度：航向对中精度 0.002 DDM，下滑对中精度 0.003 DDM
指点信标	51Z-4	Colins	1/4 短型	1.47	44		指示灯输出三个
微波着陆系统（MLS）	MLS21	Bendix		3.58			角精度 0.017°；分辨率 0.005°
全球定位接收机（GPS）	LTN-2001	Litton	2 MCU	3.6	18		位置精度 100 m 速度精度 1 m/s
奥米伽接收机	LTN-211	Litton		11.8	62	0.13 kg/min	

（续表）

设备名称	型号	厂商	主要性能				
			尺寸	重量/kg	耗电/W	冷却	精度指标
空管雷达信标/S模式应答器	TPR-720	Colins	4 MCU	5.45			
避撞告警（TCASⅠ）	CAS66	Bendix/King		7.72			精度：方位 3°；距离9 m；高度 100 m
姿态航向（AHRS）	LTR-81	Litton	8 MCU	11.7	68		航向：2.0°；横滚：0.5°；俯仰：0.5°；地速：14.8 km/h；对准：45 s
惯性基准（IRS）	LTN-90	Litton	10 MCU	18.7	103		当前位置：3.7 km/h；俯仰/横滚：0.05°；机体角速度：0.1°/s；机体加速度：0.01 g；MTBF：5 400 h
多普勒雷达	205	中国航空无线电电子研究所	0.062 m³	30	约300		地速精度：±2%；偏流精度：±1°；MTBF：174 h
无线电高度表	LRA-700	Colins	3 MCU	4	28		精度：±30.48 cm 或2%
气象雷达	WXP-700	Colins	8 MCU	13.6			波束宽：3.4°；扫描角：±90°；俯仰角：±40°
惯性导航		飞行自动控制研究所					

一般按照座位多少和航线重要性来区分客机类型：干线客机通常 100 座以上，用于主要城市之间的主要航线，如欧洲空客 A320 和美国波音 777 等；支线客机一般是 35 到 100 座，用于局部地区短距离、小城市之间的航线，如加拿大庞巴迪公司的 CRJ-200 等；35 座以下的是公务飞机，如加拿大庞巴迪公司的 Global Express 等。下面分别列表介绍。

10.8.2 干线民用客机

表 10.4 下面列出 A320 导航设备的构成。

表 10. 4　A320 导航设备一览表

名　　称	型　　号	制造厂商
伏尔无线电导航系统	ARINC 711	
无线电罗盘	ARINC 712	
测距仪	ARINC 709	
仪表着陆系统	ARINC 710	
无线电高度表（ARINC 707）	AHV - 530	汤姆森-CSF 通信分公司
气象雷达系统	ARINC 718A	
近地警告系统	ARINC 723	
交通咨询防撞系统	ARINC 735	
全球定位系统	ARINC 743	
大气数据基准系统	ARINC 738	霍尼韦尔公司
大气数据模块	PG1152AC03	霍尼韦尔公司
激光陀螺惯性基准系统	ARINC 704	霍尼韦尔公司
大气压力测量装置	40 型	赛克斯坦特航空电子公司
空中交通管制 S 模式应答器	ARINC 718	

表 10.5 列出 B777 的导航设备的型号和制造商。

表 10. 5　B777 的航空电子设备一览表

名　　称	型　　号	制造厂商
伏尔无线电导航系统	VOR - 900	柯林斯商用航空电子分公司
测距仪	DME - 900	柯林斯商用航空电子分公司
无线电罗盘		柯林斯商用航空电子系统分公司
仪表着陆系统	ILS - 900	柯林斯商用航空电子系统分公司
容错大气数据惯性基准系统	FT - ADLRS	霍尼韦尔公司运输机系统分公司
大气数据模块		霍尼韦尔公司运输机系统分公司
容错大气数据惯性基准装置	HG2060AC	霍尼韦尔公司运输机系统分公司
备用姿态大气数据基准装置	HG2040AC	霍尼韦尔公司运输机系统分公司
气象雷达		霍尼韦尔公司
全球导航卫星探测装置（GPS）	HG221	霍尼韦尔公司
交通咨询防撞系统（TCASⅡ）		同盟信号公司商用航空电子公司

（续表）

名　　称	型　号	制造厂商
风切变警告系统		柯林斯商用航空电子分公司
空中交通管制雷达信标 S 模式应答机	TPR‑900	
无线电高度表	LRA‑900	柯林斯商用航空电子分公司

10.8.3　支线民用客机

　　表 10.6 列出加拿大庞巴迪公司 50 座支线客机 CRJ‑200 导航设备的构成。

表 10.6　CRJ‑200 导航设备一览表

名　　称	型　　号	制造厂商
飞行控制计算机	FCC‑4000	Collins
气象雷达	RTA‑844	Collins
大气数据计算机	ADC‑850A	Collins
飞行管理系统	FMS‑4200	Collins
甚高频通信	VHF‑422A	Collins
导航接收机	VIR‑432	Collins
自动定向仪	ADF‑462	Collins
测距仪	DME‑442	Collins
无线电高度计	ALT‑55	Collins
EGPWS 增强型近地告警系统		
TCAS Ⅱ 交通防撞系统	TCAS 7.0 TTR‑920	Collins
GPS 接收机	GPS‑4000A	Collins
风切变探测告警系统		
S 模式应答机	TDR‑94D	Collins

10.8.4　公务客机

　　表 10.7 列出加拿大庞巴迪公司的 19 座公务机 Global Express 导航设备的构成。

表 10.7　Global Express 导航设备一览表

名　　称	型　　号	制造厂商
集成飞行管理系统	NZ‑2000	Collins
GPS 接收机		Collins

（续表）

名　称	型　号	制造厂商
惯性参考系统	HG‑2001	Collins
大气数据计算机（MADC）	AZ‑840	Collins
气象雷达	Primus 880	
增强型S模式应答机	RCZ‑833K	Honeywell
集成无线电导航	RNZ‑851	Honeywell
VOR/ILS/MKR/ADF/DME		
无线电高度表	ALT‑4000	Honeywell
TCAS Ⅱ 交通防撞系统		Collins
EGPWS增强型近地告警系统		

10.9　基于性能的导航

10.9.1　简述

随着区域导航（Area Navigation，RNAV）技术的逐渐推广使用和航空器机载设备能力的提高以及卫星导航等先进技术的不断发展，出现了所需导航性能（Required Navigation Performance，RNP）标准。近年来，国际民航组织（ICAO）提出了"基于性能的导航（Performance Based Navigation，PBN）"的概念和标准，作为飞行运行和导航技术发展的基本指导准则。PBN涵盖了RNAV和RNP的所有内容，统一了RNAV的标准，不仅包括了RNP规定的获得特定导航精度的要求，还包括了识别飞行程序、区域导航系统功能及机载/地面导航设备能否支持所需导航性能等RNP概念中没有明确要求的内容。此项技术的实施必将使航空业在保证飞行安全、扩大系统容量、提高运行效率、实现机场和空域使用效率最大化等方面将明显提升。

基于性能的导航（PBN）技术是一项充满活力的新兴技术，国际民航组织（ICAO）在2008～2009年两次修订PBN手册和指南，许多方面还没有涉及，许多规范、标准也在不断的改进和升级之中。作为我国建设新一代航空运输系统的核心技术之一，PBN的实施是实现我国民航强国战略计划中的重要组成部分，它的应用和推广将对我国民航的飞行运行、机载设备、机场建设、导航设施布局和空域使用产生重大影响，对有效促进民航持续安全、提高飞行品质、增加空域容量、减少地面设施投入和节能减排等具有重要作用。

10.9.2　区域导航

在航空飞行中，传统导航是利用接收地面导航台信号，通过向台和背台飞行实现对航空器的引导，航路划设和终端区飞行程序受地面导航台布局与设备种类的制约，随着航空运输的持续发展，传统航路的局限性渐显严重。随着航空器机载设备能力的提高以及卫星导航等先进技术的不断发展,一种提高导航精度、缩小间隔余度以便更加充分地利用空域资源、可以不依赖于地基导航设备,使航空器在两点间沿任意期望的航路点间飞行的区域导航(RNAV)技术于上个世纪末应运而生。早期的 RNAV 系统采用与传统的地基航路和程序相似的方式,通过分析和飞行测试确定所需的区域导航系统及性能。对于陆地区域导航运行,最初的系统采用全VOR 和 DME 进行定位。对于洋区运行,则广泛采用 INS/IRS。后来国际民航组织对于区域导航的定义是:一种允许飞机在台基导航设备覆盖范围内或者在自主导航设备能力限度内或在两者配合下按希望的飞行路径运行的导航方式。可以用于区域导航的导航系统有:DME/DME、惯性导航系统(INS/IRS)、全球卫星导航系统(GNSS)。区域导航允许在行路上定义航路点组成航线,在终端区、进近程序上定义定位点组成进近程序进行导航。

RNAV 被确认为一种导航方法,即允许飞机在相关导航设施的信号覆盖范围内,或在机载自主导航设备能力限度内,或在两者配合下沿所需的航路飞行。这也正是目前陆基航行系统条件下 RNAV 航路设计的特点。虽然可依靠机载计算组件作用,在导航台的覆盖范围内设计一条比较短捷的航路,但仍按地面是否有导航台来设计航路。

陆基系统的 RNAV 航路可缩短航线距离,但飞行航路仍受到地面导航台的限制。卫星导航系统的应用,从根本上解决了由于地面建台困难而导致空域不能充分利用的问题。星基系统以其实时、高精度等特性使飞机在飞行过程中能够连续准确地定位。在空域允许情况下,依靠星基系统的多功能性,或与飞行管理系统(FMC)的配合,飞机容易实现任意两点间的直线飞行,或最大限度地选择一条便捷航路。一般来说利用卫星导航,飞行航路不再受到地面建台与否的限制,实现了真正意义上航路设计的任意性。因而卫星导航技术的应用使 RNAV 充分体现了随即导航的思想。RNAV 技术是整个 PBN 技术的核心和基础。

10.9.3　所需导航性能

在 RNAV 技术逐步发展基础上,出现了所需导航性能标准,RNP 被定义为在运行中同时要求具备机载监视和告警功能,而 RNAV 不要求具备告警功能,RNP在原先 RNAV 基础上充分利用了越来越成熟的 GNSS 技术,使得该项技术获得了更高层次的发展和更多类型的选择。基于此,国际民航组织在附件 11《空中交通服务》和《航空器运行手册》(DOC 8168)中提出了部分区域导航设计和应用的标准和建议。美国和欧洲等航空发达国家和地区已经积累了丰富的 RNAV 和 RNP 应用经验,但由于缺乏统一的标准和指导手册,各地区采用的区域导航命名规则、技术标准和运行要求并不一致,如美国 RNAV 类型分为 A 类和 B 类,欧洲 RNAV 类型分为精密区域导航(P - RNAV)和基本区域导航(B - RNAV)。

RNP 是一种使用现代化飞行计算机、GPS 和创新软件构成的飞机导航方法。它可使飞机按预定航行路径精确飞行。通过持续监控确保导航性能精度。同时

RPN 还具有如下特点：

①　缩短飞行距离，减小推力设定值，节省燃油；

②　减小噪音和降低排放；

③　提高导航精度和全天候导航能力，大大提高了飞行安全。

RNP 是在航空新航行系统开发应用下产生的新概念，也是目前提出的所有所需性能（导航，控制，监视系统报警）中唯一具有明确说明和规定的性能要求。当然，从 1994 年颁布至今一直在完善和充实。随着各种新的应用技术的成熟，其应用领域还在不断延伸，规定的项目还在增加。

RNP 类型共分 RNP1, RNP2, RPN3 及 RNP4 四类，它是根据水平面导航性能精度（即横向和纵向精度）而设定。表 10.8 列出了 RNP 的类型、定位精度及其应用方面。

表 10.8　各类 RNP 的类型、定位精度及应用

类型	定位精度(95%)/n mile	应　用
RNP1	±1.0	允许使用灵活导航
RNP2	±4.0	实现两个台点间建立航路
RNP3	±12.6	在地面缺少导航的空域
RNP4	±20.0	提高最低空运量的 ATS

以规定的 RNP1 类型的航路为例，系指以计划航迹为中心，侧向（水平）宽度为 ±1 n mile 的航路。对空域规划而言，可利用 RNP1 进行灵活航路的设计，运用在高交通密度空域环境，有利于空域容量的增加。同时，对飞机的机载设备能力而言，在相应类型航路飞行的飞机，若要保证在该类航路安全运行，必须具有先进的机载导航设备。飞行 RNP1 航路的飞机必须具有两个以上 DME、或卫星导航系统更新信息的能力。同理，RNP4 类型指以计划航迹为中心，侧向（水平）宽度为 ±4 n mile 的航路。由于 RNP4 有较松的航路宽度要求，可适应于目前陆基航行系统支持的空域环境。在实际应用中，RNP 概念涉及空域，也关系到飞机。对空域特性要求而言，当飞机相应的导航性能精度与其符合时，便可在该空域运行。要求飞机在 95% 的飞行时间内，机载导航系统精度应使飞机保持在限定的空域内飞行。另外，能在高精度要求航路运行的飞机，也可以在较低精度要求航路上运行，反之则不行。

表面看来，RNP 是对应于一定空域的机载导航系统精度要求的概念。实际上 RNP 对空域规划、航路设计、飞机装备等方面都产生着影响。在现行条件下，由于受到陆基空管设备和机载设备能力的限制，进行航路设计时都尽可能为飞机提供充裕宽度的航路，所以目前空域应用中，一条航路占据较大空域，一个高度上设计一条航路是很常见的。在新航行系统环境下，实时通信监视能力可对飞行活动的连续监控，飞机机载导航精度提高，也使飞机总系统误差减小，利用 RNP 概念可进行平行和直飞航路的设计，减小航路间隔和优化航路间隔，有效地提高空域

利用率和容量。

10.9.4　基于性能的导航

为统一认识并指导各地区实施新技术，国际民航组织（ICAO）在整合各国和地区 RNAV 和 RNP 运行实践的基础上，提出了"基于性能的导航"的概念和标准，作为飞行运行和导航技术发展的基本指导准则。PBN 将 RNAV 和 RNP 等一系列不同的导航技术应用归纳到一起，涵盖了从航路到进近着陆的所有飞行阶段。PBN 在有的文献中也写为 RNP RNAV。其目的是为了充分利用现代航空器机载设备和导航系统，提供全球一致的适航要求和运行批准标准，以此来规范区域导航的命名、技术标准，从而停止非统一技术的扩散及使用，协调、统一 RNAV 和 RNP 系统的使用以确保互通，并促进区域导航的全球运用。采用 PBN 技术，航空器导航性能特点都有明确的性能指标规定，解决了最初各种 RNAV 和 RNP 标准问题。PBN 着重说明了不同类型航空器需要不同的飞行剖面，这样才能确保飞行轨迹的持续性、可靠性和预测性，并能减小超障评估区域。

PBN 是世界民航 CNS/ATM 系统建设的重要组成部分，2009 年 ICAO 发布的 PBN 手册（Doc.9613）（第二版），定义了 PBN 的相关概念和运行规范。基于性能导航概念包含了三个基本的因素：导航规范、基础设施和导航应用。导航规范详细描述了沿着特定区域导航所需的性能要求，是民航当局适航和运行批准的基础。基础设施是用于支持每种导航规范的导航基础设施（如星基系统或陆基导航台）。导航应用是将导航规范和导航设施结合起来，在航路、终端区、进近或运行区域的实际应用，包括 RNAV/RNP 航路、标准仪表进离场程序、进近程序等。PBN 把有限的所需性能精度扩展到更为广泛的包括所需性能精度、可用性、连续性、完整性和功能的转变，还包括了对航空器机载设备的要求和对机组培训所要达到的标准的指南。PBN 的实施必将成为优化空域结构，提高空域容量的主要途径之一。PBN 的实施将在保证飞行安全、扩大系统容量、提高运行效率、实现机场和空域使用效率最大化等方面将获得明显提升。它将航空器先进的机载设备与卫星导航及其他已经较为成熟的先进导航技术结合起来，包括了从航路、终端区到起飞着陆的所有飞行阶段，提供了更加安全、更为精密的飞行方式和更加高效的空中交通管理模式。

发展 PBN 导航是为了提供更多的侧向自由度，从而有更多的能完全使用的可用空域。该导航方式允许航空器不飞经某些导航设施，它有以下三种基本应用：

① 在任何给定的起降点之间自主选择航线，以减少飞行距离、提高空间利用率；

② 飞机可在终端区范围内的各种期望的起降航径上飞行，以加速空中交通流量；

③ 在某些机场允许飞机进行 RNAV 进近（如 GPS 进近落地），而无需那些机场

的 ILS。

RNAV 设备是通过下列一种或几种的导航设备组合来进行区域导航的：VOR/DME，LORAN，GPS 或 GNSS，甚低频波束导航系统，INS 或 IRS。RNAV 能快速修改航线结构，且容易满足用户不断变化的要求。使用 RNAV 能缩短、简化航线，且如需要的话，能选出对环境影响最小的航线。预期在不久的将来，导航精确度和完整性将达到更高的水平，从而会出现间隔紧密的平行航线。RNAV 可在飞行的各阶段中使用，如正确使用的话将会带来以下好处：

① 改进了飞行员的位置意识；

② 减少了飞行员和管制员的工作量；

③ 优化后的航线/程序设计将减少对环境的影响；

④ 更短、更直接的航线将减少航油的消耗。

图 10 - 27 示出了 PBN 导航系统的原理方块图。图中包括位置估测、航迹确定、航迹控制、显示与警报以及飞行控制系统五大部分。位置估测由来自地基无线电助航设备或卫星导航接收机的无线电信号给出。加上航迹确定、航迹控制和导航数据库等功能模块，通过计算机数据处理得到系统的航迹偏差，控制指令及系统警报等输出信号，经显示器显示。

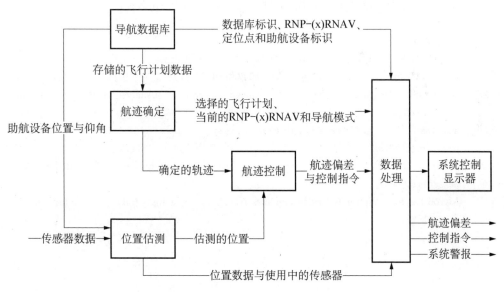

图 10 - 27　基于性能的导航系统的原理方块图

参考文献

［1］　陆元久. 陀螺及惯性导航原理［M］. 北京：科学出版社，1964.

［2］　陈哲. 捷联惯性导航系统原理［M］. 北京：宇航出版社，1986.

［3］　袁信，俞济祥，陈哲. 导航系统［M］. 北京：航空工业出版社，1993.

［4］ 刘建生. 导航系统理论与应用［M］. 西安：西北工业大学出版社，2010.

［5］ 秦永元. 惯性导航［M］. 北京：科学出版社，2006.

［6］ 孙枫. 组合导航系统［M］. 哈尔滨：哈尔滨工业大学出版社，1996.

［7］ 许国祯. 惯性导航手册［M］. 北京：宇航出版社，1995.

［8］ 蒋枫. 飞行设计手册，第 17 册：航空电子系统及仪表［M］. 北京：航空工业出版社，2001.

［9］ 张国良，曾静. 组合导航原理与技术［M］. 西安：西安交通大学出版社，2008.

［10］ 宫径亮. 航空机载惯性导航系统［M］. 北京：航空工业出版社，2010.

［11］ 吴德伟. 航空无线电导航系统［M］. 北京：电子工业出版社，2010.

［12］ 刘基余. GPS 卫星导航定位原理与方法［M］. 北京：科学出版社，2003.

［13］ 曹冲. 全球导航卫星系统（GNSS）竞争格局与发展趋势研究［J］. 全球定位系统，2006，31（3）：1 - 4.

［14］ 王立端. 星载 GNSS/INS 超紧组合技术研究［D］. 上海交通大学，2010.

［15］ 叶萍. 超紧组合导航技术研究［D］. 上海交通大学，2011.

［16］ 张炎华，吕葵，程加斌. 光纤陀螺的研究现状及发展趋势［J］. 上海交通大学学报，1998，32（8）：126 - 129.

［17］ 战兴群，张炎华，王立端. GNSS/INS 组合导航技术综述［J］. 声学与电子工程，2009.

［18］ B737 - 800 航线维护手册，第 34 章：导航［S］. 波音公司.

［19］ 赵淑荣，罗云林. A340 大气数据惯性基准系统高度混合通道分析［J］. 电气传动自动化，2002，6.

［20］ 干国强. 导航与定位：现代战争的北斗星［M］. 北京：国防工业出版社，2000.

［21］ 叶伟. 广汉机场 PBN 程序设计研究［D］. 西南交通大学，2010.

［22］ 俞晨晟. 高动态 GNSS 接收机及多模解算技术研究［D］. 浙江大学，2008.

［23］ 马存宝. 民机通信导航与雷达［M］. 西北工业大学出版社，2004.

［24］ Elliott D Kaplan. GPS 原理与应用［M］. 邱致和，王万义，译. 北京：电子工业出版社，2002.

［25］ Kenneth R，Britting Sc D. Inertial Navigation Systems Analysis ［M］. John Wiley Sons，1971.

［26］ Jean-Marie Zogg. GPS basics introduction to the system application overview ［M］. www. u - blox. com. 2002，03.

［27］ Titterton D H，Weston J L. Strapdown inertial navigation technology ［M］. London：Peter peregrines，1997.

［28］ Myron Kayton，Walter R Fried. Avionics Navigation Systems（2nd）［M］. John Wiley & Sons，1997.

11　飞机环境监视系统

11.1　飞机环境监视系统

飞机环境监视系统(Aircraft Enviroment Surveillance System，AESS)通过将空中交通咨询及防撞系统(Traffic Alert and Collision Avoidance System，TCAS)、S模式应答机(Transponder/Mode S，XPDR/Mode - S)、地形感知告警系统(Terrain Awareness Warning System，TAWS)和机载气象雷达(Weather Radar，WXR)等集成为一个系统,从而减轻设备重量、简化安装维护、降低集成过程中的生命周期成本、降低安装成本。AESS能够在飞机飞行过程中为机组人员提供综合化的交通、气象、地形等信息,增强其对空中环境的感知能力,有效提高飞行安全程度。

11.2　空中交通咨询及防撞系统

11.2.1　TCAS概述

空中交通咨询及防撞系统,美国联邦航空局(FAA)称为 TCAS,国际民航组织(ICAO)称为 ACAS (Airborne Collision Avoidance System),于 20 世纪 50 年代发展至成熟并被广泛应用,欧洲普遍采用后一种说法。它独立于地面的空中交通管制系统而工作。因此 TCAS 在空中交通管制部门由于特殊情况(如通信故障等)而未能正常提供飞行间隔服务或管制服务而出现人为工作差错时,能有效地降低航空器相撞的可能性,是对空中交通管制工作的有益补充和监督,因而受到各界尤其是航空公司的欢迎。在我国,越来越多的民航飞机装配了 TCAS 设备。

11.2.1.1　TCAS 类型

TCAS 分为四类:TCAS Ⅰ,TCAS Ⅱ,TCAS Ⅲ以及 TCAS Ⅳ:

TCAS Ⅰ可显示与地图类似的空中交通情况。当其他飞机接近时,系统可提供"交通咨询"(Traffic Advisory，TA)。采用 TA 方式时,预先录制的声音会播报"Traffic，Traffic",而表示其他飞机的符号则可改变形状和颜色[1]。

TCAS Ⅱ是更先进的 TCAS 系统,具有被称作"决断告警"(Resolution Advisory，RA)的附加功能。当采用 RA 方式时,TCAS 可发出类似"Climb，

Climb"或"Descend，Descend"之类的机动指令，或者会告诉驾驶员无需采取任何机动。具体为：飞机到最近接近点(CPA)的时间小于交通咨询产生的规定时间时，则会发布交通咨询 TA。最近接近点是指两架飞机相碰撞点，可以根据两架飞机目前的航迹和速度预测出来的。产生交通咨询(TA)后，如果两架飞机继续沿着可能有危险的航迹飞行，则在离到达最近接近点(CPA)的时间小于决断告警产生的规定时间时，系统会发布决断告警(RA)，并给出处理建议。代表其他飞机的符号会变为固定的红色方块，同时伴有诸如"Climb，Climb"之类的规避机动语音提示。系统还会在垂直速度指示器上用一颜色块显示所需的机动速度。这些机动动作幅度不大，一般不会引起乘客的注意[2]。

FAA 在 20 世纪 70 年代曾提出了"Full BCAS (Beacon Collision Avoidance System)"的概念，设计包括能够提供比 TCAS Ⅱ 天线更高精度的相控阵天线等等。基于之前的设计，MITRE 公司开始设计 TCAS Ⅲ 系统，可以提供 TCAS Ⅱ 功能以外，还能够提供水平避撞功能的 RA 告警。但是在 90 年代初，M.I.T 林肯实验室进行了一系列对该系统天线有效性能的研究后得出结论：TCAS Ⅲ 根据航向提供的飞机间距的精确度不足以提供水平避撞 RA。根据这一研究结果，FAA 最终决定取消 TCAS Ⅲ 系统计划，而选择了 TCAS Ⅳ 方案。

TCAS Ⅳ 是一种交互式的系统，主要依靠高精度的位置和方位广播来工作，目前主要是基于 ADS - B 的系统。其系统原理样机最早于 1997 年出现。

目前民航飞机主要安装的空中交通避撞系统还是以 TCAS Ⅱ 为主。

11.2.1.2　TCAS 国内外研究现状

TCAS 的历史可追溯到 1955 年，当时本迪克斯航空电子公司(目前已并入霍尼韦尔公司)的 J.S. Morrell 博士发表了"碰撞物理"一文。其中包括确定进近飞机间接近速率的计算机算法，这也是研究所有防撞系统的基础。在 20 世纪六七十年代，该公司为美国陆军和美国联邦航空管理局(FAA)研制了数架原理样机，并在 80 年代后期获得了 FAA 对 TCAS 的首次鉴定。

美国在 1993 年 12 月 31 日开始规定，30 座以上的客机必须配备 TCAS Ⅱ。10～30 座的客机必须配备 TCAS Ⅰ。通用航空营运人应与航空公司一样，提供同一水平的避撞保护。

负责向欧洲各国推荐航空管理条例的欧洲空中导航安全机构(也叫欧洲空管)已经建议采用与最新的 TCAS Ⅱ 相同的系统。在欧洲，该系统称为机载防撞系统。ACAS Ⅱ 是采用 7.0 版软件的 TCAS Ⅱ。这是 FAA 批准的最新的软件版本。欧洲空管建议 2000 年 1 月 1 日后在 30 座以上的客机或最大起飞重量超过 15 000 kg 的飞机上配备 ACAS Ⅱ。

我国在 TCAS 领域的研究相比西方发达国家比较滞后。目前国内对 TCAS 系统关键技术的研究尚属空白。而我国民航使用的客机比较先进，绝大部分已预先安装了最新版本的防撞系统。从 2002 年起为进一步加强安全，也开始对其他未安装防撞系统的客机进行强制安装,这一工作在2002年底完成。2003年起,未安装防撞系统的民航客机将不得飞行,其他小型飞机由于飞机结构、技术原因等无法安装的将被严格限制飞行时段、飞行高度和范围,并逐步退出商业运营。

在如今的民机TCAS领域,主要的研发生产标准是ARINC 735标准,即美国航空无线电通信公司制定的TCAS设备标准。为了实现TCAS系统主机与外围功能单元的高效连接,需要定义和设计相关的接口协议。而根据美国航空无线电设备标准ARINC 735A的定义,TCAS系统必须满足的DO-185A的接口和协议。

在国内TCAS产品研究方面,中国航空无线电电子研究所(615所)通过与国外企业合作,引进了相关的先进技术,已经研制我国自己的TCAS产品。此外国内如783厂,也在进行TCAS的研究工作,相信假以时日,在民机TCAS领域必定会有国产的TCAS产品。

11.2.1.3　TCAS发展趋势分析

TCAS系统在航空电子安全发展历史上谱写了明晰、成功的一笔。随着新的细节的考虑加入以及系统与飞行员、飞控系统和飞行器的逐渐交互中,TCAS的设计逐渐完美。在提供充足的反应时间和降低告警频率之间得到了很好的平衡。但是,近几年发生的几次相撞事故仍然表明安全不是一日之功,也不能视为想当然,随着人为因素的整合度的提高以及系统的信息处理和决策处理能力的提高,TCAS系统将会一直发展下去。

未来TCAS系统将有一些重要的课题需要研究。其一,在当前复杂的飞行环境下,无人机的出现,对于空中防撞的要求有了进一步的提高。尽管多年来有人控制的飞行器在防撞安全领域的经验已经很充分了,但是对于无人机却没有相应现存的经验。在回避客机等飞行器时,无人机的自动机动避撞机制还有待研究。其二,在当代的空中防撞领域中,新的可以提高对空中冲突的检测和躲避的技术层出不穷,这些技术不仅使用强化的数据链能力来提供更密集的入侵机的信息,而且结合了视景、红外以及雷达数据。飞机的视觉环境,包括闪电、雾霾、云以及背景中的杂物,这些之前基于无线电频率无法检测的信息现在渐渐地重要了起来。于是,这些复杂的TCAS信息的融合代表了新的机遇和挑战。这些新的技术同样需要进行严格的飞行测试,数学建模以及仿真。其三,新的防撞系统和整个现存系统和过程的融合也是一项重要的挑战,如TCAS系统和其他系统告警之间的协调管理,TCAS和飞行员决策发生冲突时的优先性,这些要求对于TCAS算法的细化和改进。未来主要可能在这三个方向会有较大的进展。

11.2.1.4　ADS-B技术简介

国际民航组织ICAO定义自动相关监视(ADS)技术为:"ADS是一种监视技术,由飞机将机上导航定位系统导出的数据通过数据链自动发送,这些数据至少包括飞机识别码,四维位置和所需附加数据"。ADS技术,是基于卫星定位和地/空数据链通信的航空器运行监视技术。ADS最初技术是为越洋飞行的航空器在无法进行雷达监视的情况下，希望利用卫星实施监视所提出的解决方案。在 ADS 概念下衍生了 ADS-B——"广播式自动相关监视"技术。

广播式自动相关监视（ADS-B），即航空器自动广播由机载导航设备和 GPS 定位系统生成的精确定位信息，地面设备和其他航空器通过航空数据链接收此信息，飞机以及地面系统通过高速数据链进行空对空、空对地以及地面的一体化协同监视。如下图 11-1 所示。

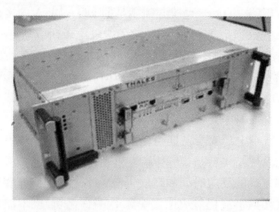

图 11-1　ADS-B 系统

ADS-B 系统分为机载部分和地面部分，机载设备通过 GNSS 卫星获得飞机实时的位置信息和三维速度信息，从大气数据系统得到飞机的气压高度信息，通过机载收发机将上述信息及其他附加信息如飞机标识、飞机类别等向空中和地面进行广播，供其他飞机和地面用户接收和显示。地面管制单位将接收到的飞机信息输入空管系统，提供给管制员进行类雷达的管制监视；空中的飞机接收到其他飞机的信息，经过处理显示在座舱交通显示器（CDTI）上。在机场内的车辆上安装该发射和接收设备，机场的场面管制席可以进行场面车辆的监视，而机场内的车辆同样可以监视周围的飞机和车辆，防止跑道的非法侵入[3]。

ADS-B 的主要信息是飞机的 4 维位置信息（经度、纬度、高度和时间）和其他可能附加信息（冲突告警信息，飞行员输入信息，航迹角，航线拐点等信息）以及飞机的识别信息和类别信息。此外，还可能包括一些别的附加信息，如航向、空速、风速、风向和飞机外界温度等。这些信息可以由以下航空电子设备得到：

① 全球卫星导航系统（GNSS）；

② 惯性导航系统（INS）；

③ 惯性参考系统（IRS）；

④ 飞行管理器（FMS）；

⑤ 其他机载传感器，如大气数据系统。

ADS-B 可以与 TCAS 系统整合，目前的 TCAS Ⅱ 获取的周围飞机位置信息是通过方向性天线和应答时间来确定，位置信息误差较大，在发生决断告警（RA）的情况下，目前 TCAS 只能提供垂直方向上避让指引，而如今我国已经开始实施 RVSM，这种垂直方向上的避让很有可能导致相互避让的两机与其他飞机之间的冲突。使用 ADS-B 系统，飞机可以通过机载上的高精度 GPS 接收器解算出飞机的精确位置，再加上速度及气压高度，通过无线电发送机广播给其他飞机及地面空管系统，同时 ADS-B 也不断地接收其他飞机的广播信息。机载的防撞系统可根据周围飞机的位置、高度、速度、航向等信息来实时计算是否有潜在冲突，发出告警和避让措施建议。一方面由于 ADS-B 系统的空中有效距离可达 200 n mile，当两架飞机以 500 n mile/h 接近时，可以给飞行员提供约 12 min 的预警时间，以做出适当的反应。根据 FAA 的研究，利用 ADS-B 增加航情意识，可以有效地减少 30% 的飞行安全事故。另一方面，在发生决断告警(RA)的情况下，由于获得的周围飞机的位置、航向等信息准确，冲突飞机之间不光可以进行垂直方向上的避让，还可以进行水平方向上的避让，也就是四维空间碰撞预警。

11.2.2 TCAS 工作原理

11.2.2.1 TCAS 工作原理

TCAS 系统主要由以下部件构成[4]，工作原理如图 11-2 所示。

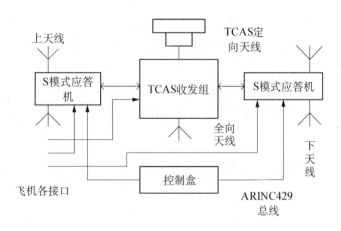

图 11-2 TCAS 工作原理

(1) TCAS 收发主机

TCAS 系统的核心部件，其主要功能是发出询问信号、接收入侵飞机的应答信号、处理本机其他系统通信的数字和离散信号、基于本机数据和接收的数据进行计算、产生交通咨询和决断告警。

(2) 天线

TCAS 装有上下两部天线，天线为四单元相控阵天线，使用四根同轴电缆与收发主机相连。用来发射收发主机的询问信号和接收入侵飞机的应答及广播信号，一并送到收发主机。

（3）控制盒

用于驾驶舱人机接口，主要有 TCAS 工作方式选择、应答机工作方式选择和应答机编码选择等功能。

（4）EFIS 系统

用于显示 TCAS 系统的目视信息。

（5）音响警告系统

用于产生 TCAS 系统的音频信息。

（6）S 模式应答机

以每秒约 1 次的速率，间歇广播飞机的识别代码信号。这些信号不需应答，每次以"全呼叫应答"格式发送。不稳定的间隔（约在 0.95～1.05 秒之间变动）发送可避免与地面站发射机（询问机）或其他飞机的 S 模式应答机的发射发生同步变化。装有 TCAS 设备的飞机在监视范围内将收听这些间歇广播信号，并对装有 S 模式应答机的飞机作询问。

11.2.2.2　TCAS 功能分析

国际民航组织对于民用航空飞行高度有着明文规定，只要按照此规定，客机都处于安全状态，基本不会发生危险（国际民航组织规定的飞行高度层表见表 11.1）。只有当客机因意外情况偏离预定轨道时，才会发生空中安全威胁，触发 TCAS 系统告警。

表 11.1　国际民航组织规定的飞行高度层表

飞行高度层		飞行高度层	
高度/m	高度/ft	高度/m	高度/ft
依次类推 ↑	依次类推 ↑	依次类推 ↑	依次类推 ↑
14 900	48 900	15 500	50 900
13 700	44 900	14 300	46 900
		13 100	43 000
12 500	41 100		
11 900	39 100	12 200	40 100
11 300	37 100	11 600	38 100
10 700	35 100	11 000	36 100
10 100	33 100	10 400	34 100
9 500	31 100	9 800	32 100
8 900	29 100	9 200	30 100
8 100	26 600	8 400	27 600
7 500	24 600	7 800	25 600
6 900	22 600	7 200	23 600

（续表）

飞行高度层		飞行高度层	
高度/m	高度/ft	高度/m	高度/ft
依次类推↑	依次类推↑	依次类推↑	依次类推↑
6 300	20 700	6 600	21 700
5 700	18 700	6 000	19 700
5 100	16 700	5 400	17 700
4 500	14 800	4 800	15 700
3 900	12 800	4 200	13 800
3 300	10 800	3 600	11 800
2 700	8 900	3 000	9 800
2 100	6 900	2 400	7 900
1 500	4 900	1 800	5 900
900	3 000	1 200	3 900
—	—	600	2 000

　　TCAS 的功能可以归纳为监视、跟踪、潜在威胁评估、交通咨询（TA）、决断告警（RA）和避撞协调，如图 11-3 所示。

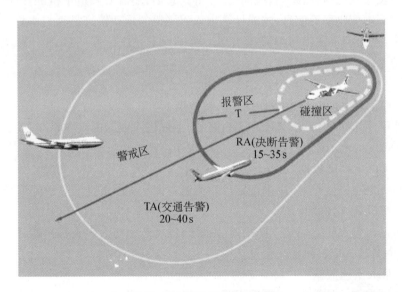

图 11-3　TCAS 功能示意图

　　TCAS 收发主机内含收发单元，通过上下两部 TCAS 天线发射询问脉冲，监视入侵飞机应答脉冲，从中取得入侵飞机的方位、距离、高度信息。TCAS 每个天线包括四个单元，以 1030 MHz 频率在选定的方位发射询问脉冲，接收是全方位同时接收,应答脉冲在四个单元上的相位差输入到收发主机内的处理器,可计算出入侵飞机方位。TCAS收发主机接收本机无线电高度表传来的高度数据,罗盘系统输入的磁航向数据,控制信号,气压高度数据,垂直基准组件来的姿态信息,空地状态离散数据,垂直速度,显示状态离散数据,两部DME系统来的抑制信号。这些数据输入到TCAS收发主机进行计算。TCAS收发主机处理的信息显示在垂直速度/TCAS LCD显示器上,并有相应的音频警告,并给FDR提供需要记录的RA指引信息,给ATC和DME提供抑制信号。

TCAS系统的S模式应答机以每秒约1次的速率,对本机附近的飞机断续发送识别代码信号。该S模式编码信号,包括本机的24位地址码等信息。当TCAS系统收到S模式编码信号后,将该机的24位地址码加入到询问列表中,然后逐个地询问列表中的飞机。然后TCAS收发主机会使用译码器对信息译码,从而得到入侵飞机高度、高度变化率等飞行参数。通过测量询问信号发出到接收到应答信号的时间间隔,计算出入侵飞机的距离。通过方向性天线的定向性,获得入侵飞机的方位信息。TCAS收发主机在综合了对入侵飞机和本机的参数后,判断出飞机相撞的可能性,最后给出TA和RA[5]。

11.2.2.3 TCAS输入与输出定义

TCAS系统向飞行员提供的是入侵机与本机位置的相对信息。在TCAS计算机获得入侵飞机的高度、距离、航向、方位等信息后,还需要知道本机的具体位置、高度、航向、高度变化率等信息,才能计算出入侵飞机的运动轨迹是否与本机的运动轨迹相冲突,进而确定发出何种警报类型。所以为了完成计算,TCAS计算机需要本机的其他系统提供许多信息。

1) 输入

(1) 航向、俯仰角、横滚角和气压高度数据

用来确定本机的位置、高度和飞行路径,上述输入数据由惯性基准系统(Inertial Reference System, IRS)提供。

(2) 无线电高度数据

提供无线电高度信号,用来设定产生交通咨询和决断咨询的灵敏度等级。

(3) 本机24位识别码

用来与入侵飞机之间建立防撞避让程序,即可产生与入侵飞机协调好的垂直机动程序,由S模式应答机提供信息。

(4) 最大空速数据

在决断咨询的计算中,用来进行两架飞机能够相撞的最大速率预测。

(5) 空地状态信号

将飞机在空中或是地面的信息传送至TCAS系统。在地面时,TCAS系统将不产生询问或应答信号;在空中时,TCAS系统将抑制自我测试。

(6) 起落架手柄信号

提供起落架手柄放下信号。当手柄在放下位时,TCAS下天线将工作在全向方式。

2)输出

输出方式分为视频输出及语音输出 2 种:

(1)视频输出

TCAS 系统处理后显示的视频信息分四类:Non-threat(无威胁、白色空心菱形),Proximate(接近、白色实心菱形),TA(Traffic advisory,交通咨询、琥珀色实心圆形),RA(Resolution advisory,决断告警、红色实心正方形),级别从低到高。具体划分等级如下:若入侵飞机高度在本机高度 304.8 m(1 000 ft)外或距离超过 11 km,则为 Non-threat;若入侵飞机高度在本机高度 1 000 ft 内或距离小于 11 km,则为 Proximate;若入侵飞机与本机 Tau(Time to CPA(最近接近点))接触时间= $3\,600\times Range/Range\ Rate$ 在 20~45 s(与本机高度有关),会有 TA 视频显示和音频警告;若 Tau 在 20~30 s(与本机高度有关),会有 RA 视频和音频警告,同时在显示器上显示相应的垂直动作。

其中 $Range$ 单位为 n mile;$Range\ Rate$ 单位为 kn。

(2)音频输出

在 TA 状态下,当有飞机接近本机时,TCAS 会发出"Traffic,Traffic"的告警语音。在 RA 状态下 TCAS 会根据本机与对方飞机的位置发出规避策略语音提示,例如"Descend","Climb"。

11.2.3 TCAS 机动策略

当发出 RA 的条件达到满足时,TCAS 的机动策略算法做出决定,选择一种合适的机动方式来避免碰撞。首先,算法确定飞行机动的垂直判断,也就是飞行器是否需要爬升或下降。然后,系统计算出 RA 的强度,即飞行器需要以多大的速度改变其高度。大部分飞机上安装的 TCAS 只提供垂直方向的避撞,并不提供水平方向的转弯机动,因为偏航角度的精确性不足以做出向左或向右适合的决定[6]。

图 11-4 显示了一个简化了的判断选择过程。通常,飞行器的飞行路线选择如下,其中一种基于爬升,另外一种基于下降,在有响应之前,假设每个路线都有 5 s 的延迟,接着以 0.25g 的垂直加速度在垂直方向加速,直到达到 1 500 ft/min 的速度目标。同时,假设入侵机按照

图 11-4 TCAS 判断选择过程

原有的垂直速率保持直线飞行。TCAS 算法在这两种方式中选择一种在到达 CPA 点时能够提供最大垂直间隔的一种。在图 11-4 的情况中,TCAS 将基于以上判断过程选择下降。

　　如果入侵机同样也装配了 TCAS,则可以通过 S 模式应答机来协调 RA 的选择,以防止两飞机选择相同的机动方式。如果双方飞机均选择了相同的方式,例如都选择了爬升的 RA,则在 S 模式应答机地址码中拥有较低数值的飞机将优先继续按照原来既定轨迹爬升,而 S 模式应答机地址码中拥有较高数值的则要以原先相反的方向改变机动方式,即发出一个下降的 RA。

　　当选定了机动的方式,接下来就要确定 RA 机动的强度了。如图 11-5 所示,假设每个可能机动强度都有 5 s 的延迟,接着同样以 0.25g 的垂直加速度在垂直方向加速到达目标速度。TCAS 选择其中垂直速率改变最小的一种方式来完成所需的最小间隔。在图中,当 RA 发出时装备了 TCAS 的飞机正以 1 000 ft/min 的速率下降,五种可能机动对应了不同的垂直速度飞机在 CPA 时刻的间隔。假设需求的最小垂直间隔是 1 000 ft,那么图中最小的机动将是不下降的机动,飞行员将收到相应的语音提示。在图中,如果入侵机高于 200 ft,那么可能就要选择“爬升”这一指令了。

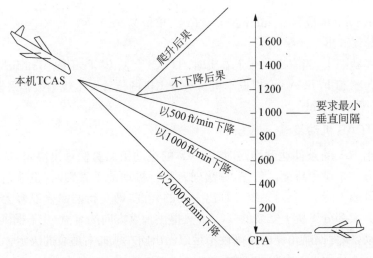

图 11-5　TCAS 机动强度

　　面临紧急的加速状况时,因为 TCAS 的 1 Hz 的更新频率和过滤延迟,其预测很有可能延后于实际的情况。而这种延后可能是对 RA 方式和它的强度的选择不符合实际情况,为了缓和该问题,TCAS 延缓发出 RA,而且具有相应的算法来监测可能的变化,并且在必要的时候改变 RA。一般可以改变 RA 的强度,如从“不要下降”变为“爬升”,从“爬升”改变为“加强爬升”等等。在某些情况下,TCAS 甚至会完全改变 RA,如从“爬升”到“下降”,同时,与装配 TCAS 的入侵机的 S 模式应答机的协调也会改变。因为潜在碰撞前的时间很有限,这种完全相反的决策是一种很大的挑战。任何飞行员和飞行器潜在的反应都可能导致之后间隔的减少。

11.3 地形感知告警系统

11.3.1 TAWS 概述

地形感知告警系统(TAWS)是 AESS 系统的一个重要组成部分,它能为回避地形发出预警,为驾驶员提供地型显示,提高飞行安全。

11.3.1.1 TAWS 发展历程

根据国际权威的航空安全组织——飞行安全基金会(FSF)统计[7],可控飞行撞地(CFIT)是航空运输的主要杀手之一。1975 年以前,世界范围内的商用喷气式飞机平均每年发生八次可控飞行撞地事故。由可控飞行撞地(CFIT)而导致死亡的人数,约占民用航空死亡人数总数的 80%。

为避免可控飞行撞地事故的发生,近地告警系统(GPWS)出现了。GPWS 由近地警告计算机、警告灯和控制板组成。它的核心是近地警告计算机,一旦发现不安全状态就通过灯光和声音通知驾驶员,直到驾驶员采取措施脱离不安全状态时信号终止。

GPWS 的出现在一定程度上减少了 CFIT 事故的发生,其存在两大设计缺陷:第一是警告时间太晚,使飞行员不能做出正确的反应从而发生 CFIT 事故;第二是当飞机在着陆形态时就不提供警告而容易发生 CFIT 事故。GPWS 没有从根本上解决 CFIT 此类问题。

为了改进 GPWS 系统的实际缺陷,出现了地形感知告警系统(TAWS)。TAWS 是这类告警系统的统称,很多公司也将其称为 EGPWS (Enhanced Ground Proximity Warning System),两者功能相同。TAWS 是 GPWS 的增强版,与原有的 GPWS 系统相比,其最大的不同点是增加了前视地形警告和地形显示的功能,给飞行员提供了更多的判决时间。

TAWS 系统在保持原有 GPWS 系统优点的同时,使用自身的全球机场位置数据库和地形轮廓数据库,并根据飞机位置、气压高度和预计的飞机轨迹等信息确定是否存在潜在的撞地危险。最为重要的是,TAWS 改变了传统 GPWS"反应式"的特点,其核心"前视功能"可帮助飞行机组更全面地了解飞机周边的地形态势,从而进一步降低 CFIT 事故的发生率。迄今为止,全世界已经安装 TAWS 设备的飞机没有发生过一起可控撞地(CFIT)事故。

11.3.1.2 TAWS 产品介绍

民机 TAWS 系统的主要研发生产标准是 ARINC 762 和 TSO - C151b 这两套协议。ARINC 762 包括了系统的输入输出、功能模块等。TSO - C151b 标准给出了 TAWS 的最小性能标准的设计授权或文件。

在 TAWS 设备的研发和生产领域,几乎由全球四大航电供应商垄断。1996 年,Honeywell 公司研制的 TAWS 系统通过了美国联邦航空管理局(FAA)的认证。目前该公司已开发了 8 大系列 30 多个品种规格的产品,其产品分为 GPS 内置/外置,按地形数据库(DB)范围分为全球/局部,按电源种类分为直流/交流,按信号接口分为模数混合/数字,按发动机种类分为涡喷/涡扇/涡桨等。TAWS 的功能通过软件升级,可实现跑道识别及咨询系统(RAAS)功能、稳定进近监测(SRM)功能。近 3 年来 Honeywell 公司为 EGPWS 增加了自动拉起(AUTO-PULL UP)功能,当出现高级别的近地警告威胁时,EGPWS 系统向自动驾驶仪输出信号自动执行危险地形规避程序,飞机自动改道。目前,该功能仍在试飞验证之中。

2007 年,ACSS 公司(已被 Honeywell 公司收购)推出的先进地形规避告警(TAWS+)系统可用于客运涡轮螺旋桨机、喷气机和军用飞机,其专利特点是具有地形告警线,它可以显示飞机继续按航迹飞行在哪里会撞地,当 GCAM 发现飞机没有足够的爬升能力使飞机不能通过采用标准回收机动以具有安全离地高度时,它发出"规避地形"告警。

11.3.1.3 TAWS 发展趋势

高度综合化是航空电子发展的必然趋势,包括硬件资源和软件资源的综合。随着综合模块化航电系统(IMA)技术的迅速发展,出现了集成 TAWS 与 TCAS 的 T^2CAS 系统;集成 TAWS、TCAS、S 模式应答机以及自动监视广播(ADS-B)的 T^3CAS 系统;集成 TAWS、TCAS、S 模式应答机以及 WXR 的 AESS 系统;集成后的系统其重量、体积、成本大为减小,而可靠性、维修性却极大提高。

11.3.2 TAWS 系统功能

11.3.2.1 GPWS 系统功能

GPWS 系统在起飞、复飞和进近着陆阶段,且无线电高度低于 2 450 ft 时起作用。根据飞行的不同阶段,GPWS 系统定义了七种报警方式。告警计算机存储了各种报警方式相对应的极限数据。其工作原理是将其他系统输送来的飞机实际状态的数据(来自无线电高度表收发机的无线电高度;来自大气数据计算机的气压高度和气压高度变化率;来自惯性导航系统的惯性垂直速度;来自下滑道偏离信号及选择的航向、跑道位置;襟翼位置,起落架位置;迎角、姿态角、俯仰角速率等信号)与存储的极限数据相比较,若实际状态超越了某一告警方式的极限,表明飞机可能有撞地危险,系统就输出相应的音响和目视控制信号,通过驾驶舱中的警告喇叭,使之发出与该方式相关的语音,并加给相应的信号灯,使相应的灯亮,有时还在发动机指示和机组报警系统的显示器上显示有关信息,以此来帮助飞行员迅速调整飞机姿态以避免 CFIT 事故的发生。

11.3.2.2 TAWS 系统功能

TAWS 的功能可总结为 GPWS 七种报警模式和前视功能。TAWS 系统能在飞机某些飞行参数异常,或有可能与山峰和建筑物等发生碰撞之前进行告警,为机组人员提供听觉告警信息和视觉显示。

从机载设备人机接口角度讲,TAWS 系统的功能主要分以下五个方面:

① 地形警戒包线计算;

② 威胁状态地形显示；

③ 前视威胁判断；

④ 地形显示及先进地形跟随控制技术；

⑤ 自身飞行数据监视。

11.3.3　TAWS 工作模式

TAWS 工作模式包括 GPWS 的七种模式和前视功能模式。

11.3.3.1　模式一：下降率过大

飞机在一定的无线电高度上，飞机的下降速率超过了允许的极限值，称为下降率过大。图 11-6 为模式一的报警曲线[8]。模式一的报警方式与襟翼、起落架的位置无关。

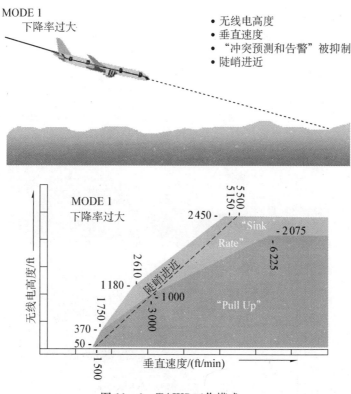

图 11-6　TAWS 工作模式一

模式一监控飞机的无线电高度与下降速率，该报警方式适用于所有的飞行阶段，报警曲线的边界线是由无线电高度和飞机的下降速率决定。

当无线电高度大于 1000 ft 时用气压高度率计算飞机的下降率；当无线电高度小于 1000 ft 时用惯性垂直速度表示。其报警的无线电高度的范围为 30～2450 ft。当高于 2450 ft 时，即使飞机的下降速率大些，在短时间内不会带来潜在撞地危险，因此无须报警。而在 30 ft 以下，由于飞机离地面太近，并且可能处于正常的着陆状态中,正常的气压变化也会显示出很大的速率变化,因此报警大都将其抑制掉。

　　根据危及飞机飞行安全的程度,可以将报警区域分成两块:一块为外报警区,另一块为内报警区;两块区域对应了不同的危险程度,外报警区危险程度较低,内报警区危险程度高,两者的报警阈值算法是不同的。

　　当飞机的实际下降速率与真实高度的交点位于外报警区时,飞机的机舱显示系统将给出警戒信息,如图中的"SINK RATE"声音警告,以提示飞行员操纵飞机进行爬升,而当飞机的实际下降速率与真实高度的交点位于内报警区时,机舱显示系统除了给出更急迫的警戒信息,如"PULL UP"声音警告,还将同时以一个模拟的红色警告灯催促飞行员采取紧急拉升操作,直至飞机离开该区域。

11.3.3.2　模式二:地形接近率过大

　　工作模式二发生的条件取决于无线电高度与地形接近速率,如果地形接近速率过快,高度过低,达到警戒范围,输出语音警告:"Terrain Terrain"和"Pull Up"。图11-7[8]为模式二的报警曲线。

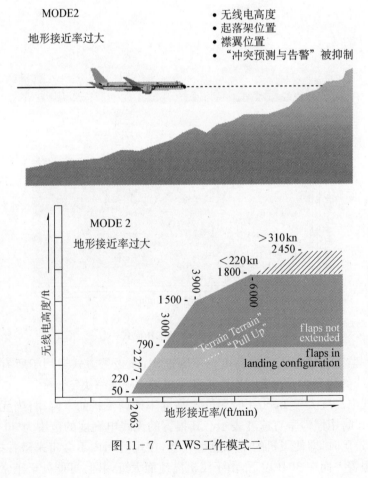

图 11-7　TAWS 工作模式二

11.3.3.3　模式三：起飞或复飞后掉高过多

模式三为起飞后过度掉高提供告警。主要是基于无线电高度、海拔（惯性基准系统的惯性高度、内部计算的惯性高度，或者气压高度），以及下降率（惯性垂直速度、内部计算的惯性下降率，或者气压高度下降率）。

当飞机下掉的高度超过了由飞机下掉开始记录点的真实高度所确定的门限值时，就触发起始警戒的报警信号。模式三告警灯亮起，并提示飞行员不要继续下降。通常，当飞机在起飞或复飞后所掉高度超过极限时总是先发出警告的报警信号"Don't Sink"，随后才有可能发出警戒的信号"Too Low Terrain"。但若飞机飞行于上升地形上空可能由于地形的上升，使得飞机飞行的真实高度低于临界警戒的门限值，这样使得飞机有可能不经过警告区而直接进入警戒区，而立刻给出警戒报警。当飞机建立了正的爬升率后，该方式的报警信号将立即解除。图 11-8 为模式三的报警曲线[8]。

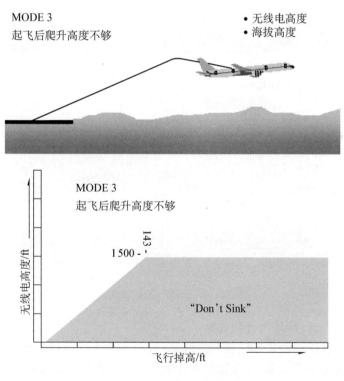

图 11-8　TAWS 工作模式三

11.3.3.4　模式四：非着陆情况下的不安全超障高度

模式 4 基于无线电高度、空速（CAS）以及飞机形态（襟翼和起落架设置）来产生两种语音告警。图 11-9 为模式四的报警曲线[8]。当飞行中监测到的空气速度过快，且无线电高度在一定范围内时，有可能在前方遇到障碍物时来不及超过，根据三种不同的情况输出语音："Too Low Terrain"、"Too Low Flaps"以及"Too Low Gear"。三种情况分别是：

　①　襟翼放下小于 25 单位，起落架收起。

　②　襟翼放下等于或大于 25 单位，起落架收起。

　③　襟翼放下小于 25 单位，起落架放下。

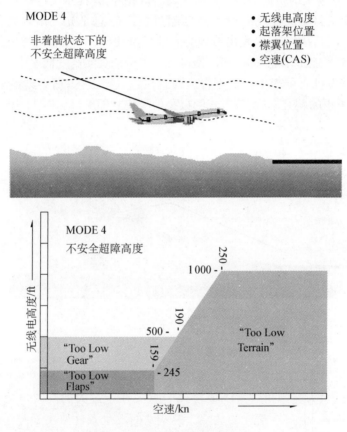

图 11-9　TAWS 工作模式四

11.3.3.5　模式五：降落飞行轨迹低于下滑道

工作模式五的用途是在向航道进近时，时刻监视飞机的进近航道，若发现飞机偏离标准下滑道下方太多，便存在潜在的触地危险，就及时提醒飞行员注意当前着陆情况。当飞机进入进近阶段，起落架已经放下并且已经下降至 1 000 ft 真实高度以内，该方式就进入准备状态。

工作模式五的发生条件取决于降落时与下滑道的偏离度和无线电高度。在降落时飞机如果低于规定的下滑范围则有可能与地面发生碰撞，若有此潜在危险，系统会输出提示语音："Glideslope"。图 11-10 为模式五的报警曲线[8]。

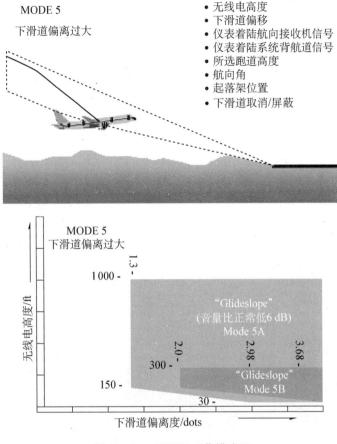

图 11 - 10　TAWS 工作模式五

11.3.3.6　模式六:侧倾角过大

工作模式六为侧倾角过大。该模式的意义在于过大的侧倾角会带来过大的垂直速率等因素,会存在潜在的危险。模式六的发生条件取决于侧倾角和无线电高度这两个参数,当飞行中侧倾角过大会有潜在危险,特别是距离地面高度不是足够高时,如存在此情况,会输出语音:"Bank Angle"。图 11 - 11 为模式六的报警曲线[8]。

11.3.3.7　模式七:反应型风切变警告

风切变即是空间任意两点之间风矢量的变化。产生风切变的主要因素包括大气运动的本身变化以及地理环境等。风切变有多种形式,其中低空风切变对航空的飞行安全构成了严重的威胁。这种风切变是指离地 600 m 高度下与起落飞行密切相关的风,具有小尺度、持续时间、出现无预兆且强度很强的特点,超过了目前民用飞机的抗拒能力,是威胁飞行安全的主要问题。

模式七主要是利用飞机某些仪表的异常指示来判定飞机遭遇了风切变。这

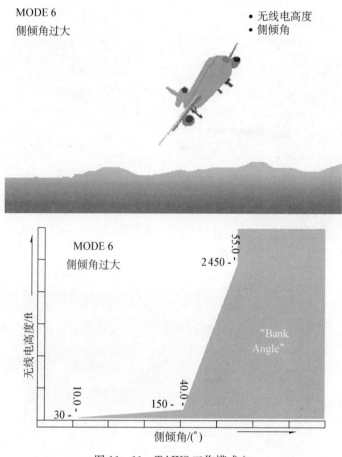

图 11-11　TAWS 工作模式六

些仪表包括空速表、高度表、升降速度表和飞机姿态指示器等。当 TAWS 系统判定飞机进入风切变区域时,将发出一声警笛声后随之三声语音"Windshear"提示。

11.3.3.8　前视功能

前视功能是 TAWS 较之于传统 GPWS 设备的最重要改进。前视功能的出现使得民机摆脱了只能对地形进行"反应式"应变的局面,使得飞行员在进入威胁地形之前即能获得相应的提示和告警,更大程度地确保了乘客和机组人员的安全。

前视功能的发生条件取决于数据库存储的前方高度信息与当前的飞行高度,如果两者的差值小于一定范围,则存在潜在的撞地危险,会语音警告"Terrain Terrain"。图 11-12 是 TAWS 前视功能示意图[8]。

假设横纵坐标分别为地形高度和飞机无线电高度,单位为 ft,通过两者差值判定不同的威胁程度,有相应的颜色显示和语音报警,当小于 2 000 ft 时,为最严重的威胁级别,飞行员需立即爬升。

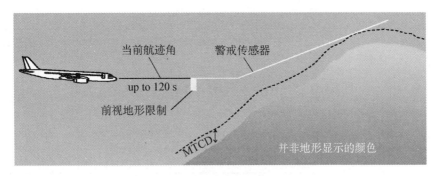

图 11-12 TAWS前视功能示意图

根据地形与飞机的高度差建立危险等级,在界面显示中每一等级有相应的颜色。图 11-13 显示的是高度差与颜色的对应示意图[8]。

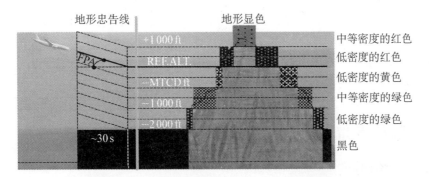

图 11-13 TAWS前视地形高度—颜色对应图

11.3.4 TAWS 告警优先级

TAWS 根据不同的警告方式发出不同的语音,归纳起来有 17 种语音。如果同时出现多种近地警告报警方式,只能有一种最优先的信号发生音响警告[9]。其优先排列顺序如表 11.2。

表 11.2 TAWS 语音告警优先级列表

优先顺序	语音警告信息	触发模式
1	WINDSHEAR	7
2	PULL UP	1
3	PULL UP	2
4	TERRAIN, TERRAIN, PULL UP OBSTACLE AHEAD, PULL UP	2
5	TERRAIN	2
6	MINIMUMS	6

（续表）

优先顺序	语音警告信息	触发模式
7	TERRAIN, TERRAIN OBSTACLE AHEAD, OBSTACLE AHEAD	2
8	TOO LOW TERRAIN	4
9	TCF TOO LOW TERRAIN	
10	ALTITUDE CALLOUTS	6
11	TOO LOW GEAR	4A 和 4B
12	TOO LOW FLAPS	4B
13	SINK RATE	1
14	DON'T SINK	3
15	GLIDE SLOPE	5
16	BANK ANGLE, BANK ANGLE	6
17	WINDSHEAR PREALERT	7

11.4　机载气象雷达

11.4.1　WXR 概述

机载气象雷达（Airborne Weather Radar，WXR）是雷达领域的一个重要分支，是飞机尤其是民航飞机必不可少的重要电子设备。从 20 世纪 50 年代中期，商用航空公司就已认识到在飞机上装备气象雷达能增加飞行的安全与经济性，因为气象雷达能给飞行员提供危险气象目标的信息。从 1955 年起，航空公司的班机上就开始装用气象雷达了。随着科学技术的发展，工艺、器件、制造、管理水平的提高，机载气象雷达制造技术有了很大的发展，涌现出了很多新的技术。

11.4.1.1　WXR 工作原理

机载气象雷达主要由四部分组成：收发机、天线、控制单元和显示单元，如图 11-14 所示。收发机也包含天线控制部分及信号数据处理，其他外部输入包括飞机的航迹、姿态、电源、通信模块等。

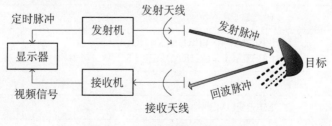

图 11-14　气象雷达工作原理图

发射信号是由收发机内的基准频率源产生的基准信号经驱动器送至功率放大器,功率放大后送至倍频器,信号经过两级倍频,由778MHz变成9333MHz的微波信号,微波脉冲信号遇上含有雨滴的降雨目标后,一部分穿过目标,一部分反射回来,反射回波被平板天线接收。

接收到的信号经传输波导送至环行器,环行器将信号送至限幅器。限幅器输出信号被送到混频器。混频器将微波信号与本振信号混频后输出中频信号,中频信号经过两级中频放大后,检波输出视频信号,对视频信号再进行数字化处理,得到的数字信号送至距离滤波器和方位滤波器。数字距离滤波器通过优化接收机的通带来提高信噪比。方位滤波器也提高回波信号的信噪比。相关的距离和方位信息经过编码后送到由CPU控制的输入/输出口。CPU利用这些信息产生串行数据并送至显示器。在显示器里,串行数据被译码后送到信息产生器和距离电路。信息产生器将数据信息转换成适合于CRT显示的形式。由X-Y地址选择的信息,被送至数/模转换器/视频放大器,然后在CRT上显示出来。表示所选距离和天线指向角的串行数据被储存在存贮器里,然后被连续地读出送至数/模转换器/视频放大器,最后在CRT上显示出来。

面板上的开关控制工作状态、距离和系统增益,开关信息通过控制字产生器送至收发机的CPU。CPU利用这些控制字来协调整个系统的工作参数。显示器不参与雷达目标信息采集处理工作,它的任务是将已经处理好的雷达数据在CRT上显示出来。CRT根据系统的设置显示气象、地形画面,也显示所有的工作状态,以及故障单元告示。

11.4.1.2 WXR发展趋势

美国的民用机载气象雷达研究目前处于世界领先水平,从20世纪70年代到90年代的二十多年里,美国NASA(国家宇航局),FAA(联邦航空局),Collins,AlliedSignal,Westhouse等科研单位和生产厂商进行了大量的研究和试验,搞清了湍流和低空风切变的本质,揭示了它们影响飞行安全的机理,提出了对抗策略,开发了多种信号处理方法,如脉冲对(PPM)法、快速傅立叶变换(FFT)法、缺口陷波法、自适应滤波法等等,终于能将机场地杂波抑制到雷达接收机的线性动态范围内,在很强的地杂波背景下,成功探测到微下击暴流、低空风切变危险区的存在,并清楚地显示给机组人员。1994年,具有前视风切变功能的机载微波多普勒气象雷达开始投入商业营运。

虽然当前国外民用机载气象雷达所采用的探测技术有多普勒技术、双极化技术、红外技术、激光技术、圆极化技术及双频技术等,但采用脉冲多普勒技术探测大气现象的民用机载气象雷达已成为当今民用机载气象探测的主要设备。脉冲多普勒体制的气象雷达不仅能够测定降雨率与降雨量、判定降水特性,而且能对湍流、低空风切变等气象现象的降水动态特性进行分析,还可以对大气折射指数进行晴空探测,其探测距离较激光雷达和红外探测器远。借助大量的信号处理软件能较好地抑制地杂波或海杂波,并消除由其产生的虚警;相控阵电扫描天线及脉冲压缩技术的应用,提高了雷达的时间及空间分辨率;固态发射机技术增加了发射机的稳定性,有利于获得优异的杂波对消性能,提高抑制杂波的能力;对数接收机及数字视频积分处理技术,扩展了雷达的探测范围,提高了探测精度;大规模集成电路及模块化结构,极大地提高了民用机载气象雷达的性能及可靠性;性能先进的计算机自动管理还降低了飞行员工作负荷,优化了雷达的使用效果。

民用机载气象雷达的发展与用户需求密切相关。据美国联邦航空局统计,低空风切变是美国自 20 世纪 60 年代中期以来造成数十架飞机失事或发生故障致使近千人遇难丧生的主要原因。每年的湍流亦造成若干机组人员及乘客遇难。因而研制性能优异的民用机载气象雷达,开始备受世界各国航空公司的重视,一些雷达公司充分利用其自身的雷达技术优势,改进原有的民用机载气象雷达,并纷纷研制出各种新型民用机载气象雷达。

气象条件一直是影响飞行安全的主要因素之一。据美国芝加哥奥黑尔机场的延误研究统计,该机场 66% 的延误是因天气造成的,而占气象条件不足 13% 的低能见度所引起大于 46% 的飞机延误。低能见度气象影响飞机飞行安全的另一种更严重的事件是使飞机飞触地面(CFIT)坠毁的恶性事故。这是航空运输业中最多的一种致命事故。这早已引起了 ICAO 的高度重视。国际上解决的办法有两个研究趋势,一是采用视景增强技术(EVS),另一种是在现有 X 波段多普勒气象雷达基础上采用特殊的波束锐化技术和脉压技术来解决这一问题。后一种也许有可能成为现代气象雷达的发展方向。

机载雷达风场反演时,假定使用同一时刻的数据,但这是不可能的;特别是对于强对流系统,其变化非常迅速,这对反演精度影响很大。只能在信号处理系统和天线伺服系统许可的范围之内提高天线扫描速度,或者改进扫描策略来提高数据的时间分辨率,但多普勒雷达是利用天线的机械转动来实现三维空间扫描,提高时间分辨率有一定的限制。另一方面,双偏振雷达可以获取粒子大小分布、形状、相态以及空间取向等信息,这对于研究云和降水的微物理结构、降水估测等均具有重要作用。因此,研制具有快速扫描和双偏振探测能力的机载雷达是今后的方向。

综上所述,未来的民用机载气象雷达将会向如下诸方面发展:

① 采用仿真技术和先进的雷达技术,不断提高雷达系统设计与工艺水平,研制出新型的气象探测设备,扩展气象探测系统的作用范围;

② 采用具有快扫和回扫性能的相控阵天线和脉冲压缩技术,以获取足够的驻留时间,提高分辨率;

③ 向数字化、小型化、微电子化、模块化、自动化、智能化及系列化方向发展;

④ 采用全固态化元器件、超大规模集成电路及模块化设计,进一步提高系统工作稳定性,结构紧凑,操作与维护简便;

⑤ 充分利用现代计算机技术的研究成果,采用高级系统支持软件和数据融合

处理技术,提高实时信号采集、数据处理、显示、监控及数据传输的性能;

⑥ 减少系统体积,降低成本,增强可靠性与可维性,研制出小型低成本民用机载气象雷达系统;

⑦ 进一步扩展机载气象雷达的用途,实现多种功能如气象与气象回避、地形测量、地图测绘、信标导航与识别、辅助导航,军民两用,既测湍流,又测风切变等,以满足众多用户的需求。

11.4.1.3 典型 WXR 设备及其技术特性

当前两大机载气象雷达生产商 Rockwell Collins 和 Honeywell 都是美国公司,A380 装载 Honeywell 的 RDR-4000,B787 装载 Collins 的 WXR-2100,它们的主要性能指标如表 11.3。这两个型号的机载气象雷达都是全自动的,它们都可以在所有量程、所有高度、所有时间,在不需要飞行员调整仰角和增益的情况下,自动去除地杂波,简化飞行员的训练要求和工作负荷,增加安全性。自动模式给飞行员的是最好的配置、最好的显示,而这在以往只有最有经验的雷达操作员经过反复操作才可能获得。

表 11.3 两款雷达的主要性能指标比较

	WXR-2100	RDR-4000
处理器收发机大小	8 MCU	3 MCU
处理器收发机重量	27 lb	15.6 lb
收发机输入电源	115 V AC±10%,400±20 Hz 单相电	115 V AC(96~134 V AC) 360 Hz~800 Hz
功耗	145 w(标称)	150 w(标称)
环境	RTCA DO-160D	DO-160E(-55℃~+70℃)
软件	RTCA DO-178B Level C	RTCA DO-178B Level C
天线重量	双 27 lb(12.25 kg) 单 24 lb(10.89 kg)	双 29.5 lb 单 16 lb
天线类型	平板天线	平板天线
接收机噪声指数	4 dB	1.9 dB
发射频率	9.33 GHz	9.375 GHz
性能指标	236 dB(580 n mile/1074.16 km)	238 dB
气象探测距离	320 n mile(592.64 km)	320 n mile
湍流探测距离	40 n mile(74.08 km)	40 n mile
风切变探测区域	5 n mile(9.26 km),±30°	5 n mile,±40°

WXR-2100 的显著特性有:

- 全自动操作:不需要飞行员输入仰角或调整增益,只要选择想观察的量程即可。

- 多扫描技术:全面扫描长短距离并不断更新存储器,从存储器中调出的图像及时补偿飞机的运动。

- 无地杂波显示：公司的第三代地杂波抑制算法可以去除 98% 的地杂波。波束到波束的比较生成反射率数据库，该数据库可以保证精确持续的地杂波抑制。
- 真 320 n mile 战略气象。
- 数据融合：多个不同仰角的气象信息存储在存储器中，无论飞机高度和量程选择如何，显示给机组的气象总是优化过的。
- 增益控制：包括传统的增益控制，也包含基于温度的增益补偿、基于地理季节的增益补偿，和基于衰减的补偿。
- 飞过保护：减少不经意间穿越雷暴顶的可能性。预测飞过保护功能还可以估计航迹上雷暴发展速度，防止飞越时遭遇雷暴顶晴空湍流。
- 完全解耦的正副驾驶操作。
- 正副驾驶显示同步更新。
- 灾害探测取代降雨探测：可以知晓雷暴中的冰雹、闪电情况。
- 天线真零位置：自动校正由于飞机转动、安装、惯性等导致天线位置不精确的误差。
- 垂直扫描潜在威胁：可以标出雷暴顶高。
- 加强的湍流检测。
- 聪明扫描：当飞机转向时只扫描转弯方向，提升刷新率。
- 垂直剖面显示。
- 飞行路径灾害分析：根据飞行阶段改变探测与分析参数。

RDR-4000 的显著特性有：

- 全自动操作：不需要飞行员输入仰角或调整增益。
- 地球曲面修正：自动修正地球曲率造成的偏差。
- 基于内部地形数据库的地杂波抑制。
- 3-D 体扫和脉冲压缩：对飞机前方 320 n mile、150 万立方海里的空域进行扫描，并对气象数据进行存储，以便事后检索。
- 垂直剖面显示：合并了气象和地形数据，展示一个更加直观的水平垂直气象动态，减少不必要的路径偏离。飞行员可以在特定的范围、角度、高度选择空间切片。
- 增强湍流探测：最小的湍流成本，减少乘客担忧、飞机维修和检查。
- 性价比高：只用 3 个 MCU 而不是 8 个，减重超过 50%，每年每架飞机节约 1 万美元燃油费。多余的空间允许安装额外的航电设备。不需要波导，省去了维护波导和开关的费用。改进的诊断系统节省了维护时间和劳力，节约 30% 的维护费用，需要更少的备件。先进的处理器和天线提升了可靠性，至少降低运行成本 30%。

两家公司的产品具有很强的竞争力，基本处于市场的垄断地位，就连另一航空电子巨头欧洲的 Thales 公司也没能进入民用机载气象雷达市场。再加上风切变适航验证所必需的标准数据库也为美国掌握,这些数据的建立经过了很多年,都是在真实数据的基础上建模重现的,别的国家想要拥有一样的数据库也不是一朝一夕之事。足见进入壁垒之大。而且机载气象雷达的国际标准有很多,其中最直接相关的有两个,分别是航空无线电通信公司(Aeronautical Radio Inc,ARINC)的 708A-3 标准,和航空无线电委员会(Radio Technical Commission for Aeronautics,RTCA)的 DO-220 标准。WXR 相关标准对航空电子设备制造商进行规范,引导新设备朝着最大可能标准化的方向前进。这两个标准对机载气象雷达的用途、组成、性能、电子电气接口、测试方法等做出了详细的规定。

11.4.2 WXR 系统功能

机载气象雷达主要探测飞机前方航道的天气状况,包括雷雨、冰雹、风暴、湍流、云雾和风切变等,具体可分为 5 大功能:气象回波显示、地形显示、湍流识别、风切变识别、地杂波抑制。

11.4.2.1 WXR 气象回波显示

雷达探测大气的基础是气象目标对雷达电磁波的散射。大气中引起雷达波散射的主要物质是大气介质、云、降水粒子等。其中大气介质的散射包括大气气体分子的散射,以及大气介质折射率分布不均匀引起的散射与反射。云、降水粒子的散射情况则随相态、几何形状不同而异。图 11-15 是几种气象目标反射特征示意图。

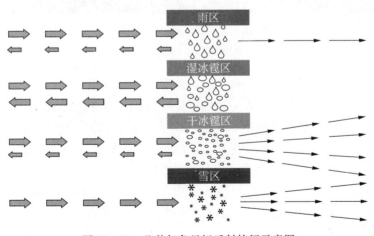

图 11-15 几种气象目标反射特征示意图

机载气象雷达一般工作在 X 波段或 C 波段。在雷达有效探测范围内,具有一定体积的降雨区包含有较大的雨滴,就能够对微波产生一定程度的反射,形成有效的气象回波。不同性质的气象目标产生的回波强度不同,降雨率越大,雷达回波就越强。机载气象雷达以不同颜色来表征目标回波的强弱。

11.4.2.2 WXR 的地形显示

一些气象雷达系统可用于地形测绘。地形测绘通过提供飞机前的地形地图扩展了飞行员的视野。在黑暗或阴天等有限能见度条件下非常有用,是视景增强系统的重要组成部分。地形图提供带有主要地形信息的图景,例如城市、山、海岸和河流。高反射表面,例如城市中的建筑或山脉,提供最密集的回波,平静的水面提供较少的回波。但是波动的水面也会提供很强的回波。有一些经验的话,这些地形特性可以很容易分辨,雷达地形显示示意图如图 11-16 所示。天线波束宽度,飞机的高度,天线的下倾角都影响可以探测和显示的地形。越大的下倾角,探测到的地形离飞机越近,探测到的地区也越小。

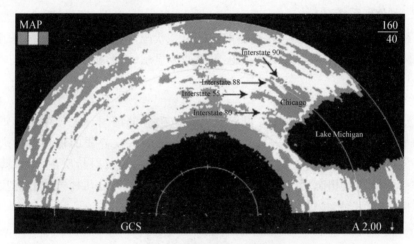

图 11-16 雷达 MAP 探测模式

11.4.2.3 WXR 的风切变探测

低空风切变是大气中两点小距离上风速和(或)风向的变化。这里的风是三维的风,空间也是三维的空间,有水平风的垂直切变、水平风的水平切变和垂直气流切变三种类型。低空一般指离地 600 m 以下,更多的为 300 m 以下的空间。

对飞机具有极大危害的风切变是靠近地面的下击暴流,它有宏下击暴流和微下击暴流之分。宏下击暴流是大的下击暴流,它的外击风的水平分量范围超过 4 km (2.5 mile),破坏性风的持续时间约 5～30 min,风速可达到每小时约 215 km/h (134 mile/h)。而微下击暴流是一种小的下击暴流,它的外击风的水平分量的范围小于或等于 4 km(2.5 mile),风速可达约 269 km/h(168 mile/h),一般持续时间小于 10 min。下击暴流除了有大小之分,还有干湿之分。所谓湿的微下击暴流的反射率大于 55 dBz,干的则小于 35 dBZ。

图 11-17 为一个典型的微下击暴流现象示意图。

当飞机进近时,微下击暴流的外流迎头(逆)风使飞机性能和空速增加。在一般情况下,飞行员将保持飞机航迹而降低空速。闯过了迎头风之后,飞机立即就闯入

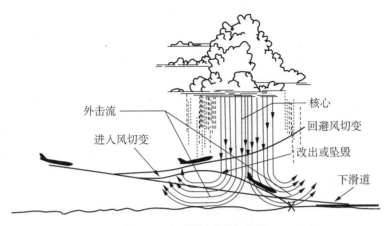

图 11-17 风切变现象演示

了下击暴流中,受到了强大的下击暴流的向下冲击,然后飞机再次闯入外流。但这时却是一个强大的尾(顺)风,降低了飞机的空速和性能。降低了空速的飞机已经十分危险,以至不能保持其在遭遇迎头(逆)风时的航迹,飞机就可能坠毁。因此,必须提前探测低空风切变,以使飞机提前避开低空风切变危险区。风切变告警图标在雷达显示屏上的体现如图 11-18。

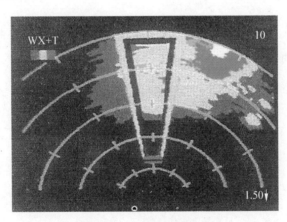

图 11-18 风切变显示

风切变的告警条件,在 ARINC 708 标准中有严格的规定:

① 从地面到 1 200 ft 之间输出声光警报;起飞时达到滚转速度前抑制警告输出,离地后打开;降落从 50 ft 到触地期间抑制警告输出;在 1 200 ft 以上禁止警告输出。

② 干(0 dBz)或湿(60 dBz)的风切变,如果在飞机前方±25 度范围内,距离飞机至少 3 378 ft 远的一公里的平均 F 因子不小于 0.13,必须告警;如果一公里的平均 F 因子不大于 0.085,必须不告警。

表 11.4 展示了风切变告警等级及相应的告警方式。

表 11.4　风切变告警等级

警告等级	表现	报警接近	何时抑制
1. 风切变咨询忠告	可视:风切变图标 可听:没有	前方 5 mile（1 mile＝1.609 km）	没有
2. 风切变注意通告	可视:风切变图标 可听:钟声或合成语音"监视器雷达显示"	3 n mile 内（但在风切变警告告警区外）	起飞时:从真空速等于 100 kn 到雷达高度等于 50 ft 降落时:低于雷达高度 50 ft 飞行中:雷达高度 1 200 ft 以上没有警告
3. 风切变告警报警	可视:风切变图标 可听:合成语音 起飞:"前方风切变，前方风切变" 降落/近进:"绕飞，风切变"。	飞机轴向 0.25 n mile 内（仅起飞滚转）； 3 n mile 以内（空中）； 1.5 n mile 以内	起飞时:从真空速等于 100 kn 到雷达高度等于 50 ft 降落时:低于雷达高度 50 ft 飞行中:雷达高度 1 200 ft 以上没有警告

图 11 - 19、图 11 - 20 对表 11.4 所包含的告警等级进行了直观描述。

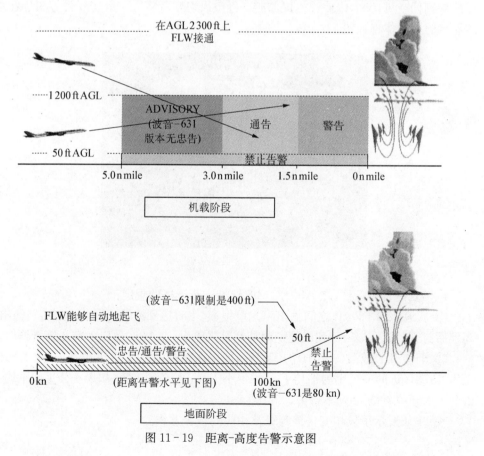

图 11 - 19　距离-高度告警示意图

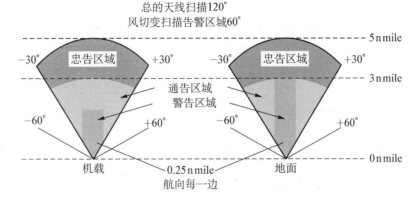

总的天线扫描120°
风切变扫描告警区域60°

图 11 - 20　距离-方位告警示意图

11.4.2.4　WXR 的湍流探测

一般非相参的脉冲气象雷达只能用来观察目标的回波位置和强度。虽然它也可以观察到相继回波脉冲之间的强度变化,但是不能得到气象雨粒相对雷达的运动信息。要测得自由大气中气象雨粒的运动信息,必须采用脉冲多普勒(相参)雷达。

湍流目标是一个雨微粒速度呈现宽方差的气象目标。湍流与雨微粒的绝对速度无关,而与气象雨微粒速度的统计方差有关。在湍流区域中,气流速度和方向的变化都非常剧烈,因而会使飞机颠簸,而且会使机体承受巨大的作用力,对飞行安全十分不利。

多普勒气象雷达是通过多普勒频率谱来判断湍流的,多普勒频谱越宽,湍流越大。当雨微粒速度偏差大于某个阈值时,则发出湍流告警提示。湍流显示如图11 - 21。

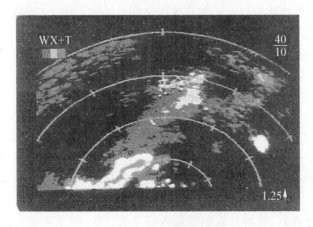

图 11 - 21　湍流显示

11.4.2.5　地杂波抑制

由于主要的低空风切变危害发生在起飞与着陆阶段,地杂波很严重,而提取的风切变信号又是一种体分布目标(含有降水的风),与面分布目标回波——地杂波混杂在一起,很难分辨出信号与杂波,如图 11-22 所示。因此机载雷达探测风切变的关键技术用一句话来说就是滤除地杂波,提取具有一定速度的雨回波信号。

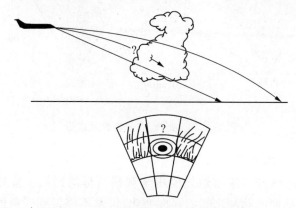

图 11-22　地杂波被误认为气象目标

11.5　S 模式应答机

11.5.1　应答机的工作模式和编码规则

11.5.1.1　工作模式

应答机最主要的功能就是帮助本机被地面雷达和入侵飞机的避撞系统及时识别,从而排除安全隐患。应答机在收到外来射频询问信号后,经过操作和处理,将本机的 ATC 编码(A/C 模式)或地址码(S 模式)以及飞行信息发送给该信源,实现地空之间的双向数据通信。

应答机的工作模式包括二次雷达发出的询问脉冲串格式,以及机载应答机应答信号的编码格式,二者是对应的。地面雷达站通过设定询问信号中脉冲对(P_1 和 P_3)的不同时间间隔来区分不同询问模式,机载应答机亦据此采取相应的应答模式。它们的主要特征如下:

1) A/C 模式

A/C 模式的主要功能包括飞机代码识别和气压高度获取,从而帮助空管员识别本机身份,确保飞机之间安全间隔。应答机在收到雷达询问信号后,向地面发回 4 个八进制数字作为本机代码,这就是 A 模式。在 C 模式下,这 4 个数字不再表示本机代码,而是飞行的气压高度。实际工作中,通常采用 A、C 模式轮流交替询问应答的方式。

本机代码由 ATC 赋给其管制空域内的飞机,同一架飞机在一次飞行过程中的代码可以改变。ATC 使用 squawk 一词表示这个代码,本文后面还将出现 squawk

一词。

在 A/C 模式下，应答机接收到询问信号后，飞行员需要将 ATC 给定的飞机代码输入应答机并发送给信源。例如，当 ATC 发出"Cessna 123AB, squawk 0363"的呼叫时，飞行员在本机应答机上输入代码 0363，通过无线电广播，该机的飞行信息和航迹将呈现在 ATC 雷达屏幕上，同时被附近其他的机载应答机和 ADS-B 二次雷达系统所接收。1030 MHz 和 1090 MHz 分别是上行询问信号和下行应答信号的无线电频率。A 模式下，应答信号表示飞机编号；C 模式下，应答信号表示飞机高度。

非选择性询问信号（A、C 模式）由 P_1、P_2、P_3 三个脉冲依次构成，采用脉冲幅度调制（PAM）方式，其基本形式如图 11-23 所示。其中 P_1、P_3 由方向性天线向扫描区域发出，P_2 由无方向性天线发出，主要起到旁瓣抑制作用。各种模式询问信号对应的脉冲时间间隔如图 11-24 所示。

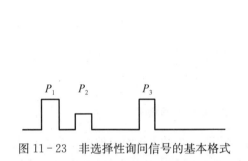

图 11-23 非选择性询问信号的基本格式

图 11-24 A/C 模式下，询问信号的脉冲间隔示意图

其中，P_1 和 P_3 的脉冲宽度均为 $0.8\pm0.01\,\mu s$，峰值功率 $250\sim500\,W$（$54\sim57\,dBm$）。在 A、C 模式下，P_1 和 P_3 的脉冲间隔分别为 $8\pm0.2\,\mu s$，$17\pm0.2\,\mu s$，$21\pm0.2\,\mu s$，$25\pm0.2\,\mu s$。

图 11-25 为 A/C 模式应答信号格式。机载 A/C 模式应答机发射的 1090 MHz 应答信号由 3 个框架脉冲 F_1，X 和 F_2，12 个信息脉冲和 1 个识别脉冲 SPI 组成。

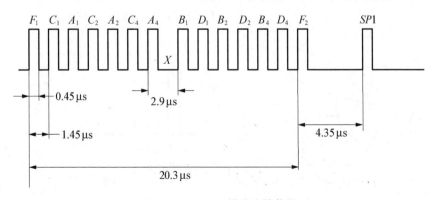

图 11-25 A/C 模式应答信号

F_1，X 和 F_2 主要起定时作用，标志着一组（12 个）信息脉冲的开始、中点和结束。在脉冲 F_2 后 $4.35\,\mu s$ 处有一个 SPI（Special Position Identifier）脉冲。当飞行员持续按下控制盒上 IDENT 按钮时，应答机将同时发射该 SPI 脉冲并持续 $18\pm2\,s$，地面显示屏上对应这架飞机的光标会加亮或加粗，以便于管制员识别。

在每个应答信号中，12 个信息脉冲分为各含 3 个脉冲的 A，B，C，D 四组，按 C_1，A_1，C_2，A_2，C_4，A_4，B_1，D_1，B_2，D_2，B_4，D_4 的顺序从左至右排列（应答信息与编码表上八进制数字的对应顺序为 $A_4\,A_2\,A_1\,B_4\,B_2\,B_1\,C_4\,C_2\,C_1\,D_4\,D_2\,D_1$，注意两者的区别），每个脉冲的下标代表其权值。各脉冲的宽度为 $0.45\,\mu s$，间隔 $1.45\,\mu s$。每个信息脉冲位若为高电平表示 1，低电平表示 0。这样，一共 12 个 0/1 代码组成了四个八进制数字，并作为应答信号发回地面。如图 11-26 所示为应答机发出代码 4722 时的脉冲串。如果工作在 A 模式，则这四个数字表示飞机代码；工作在 C 模式，则表示飞机当前的气压高度（具体编码对照表参见本章附录）。所有脉冲的峰值功率为 $250\sim500\,W$（$54\sim57\,dBm$）。

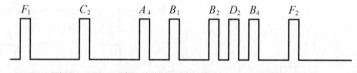

图 11-26 示例：应答机发出代码 4722 时的脉冲串

任何方向性天线都不可避免存在一定旁瓣功率。如果飞机距离地面二次雷达天线较近时被天线旁瓣功率照射到（未被主瓣照射到），则在飞行员看来，飞机收到的是主瓣功率，因而机载应答机需要产生应答信号。而在 ATC 看来，飞机此时位于天线发射的主瓣功率方向上。这种情况会给地面识别带来干扰，并有一定安全风险。

基于这个原因，本小节前面提到了无方向性天线发出 P_2 脉冲起到的旁瓣抑制作用，如图 11-27 所示。P_2 实际上起到了滤波或阈值的作用。只有当飞机被方向性天线照射到的功率高于无方向性天线一定程度（通常是 $9\,dB$ 即 8 倍）时，应答机才予以应答。这种方法称之为三脉冲旁瓣抑制法。

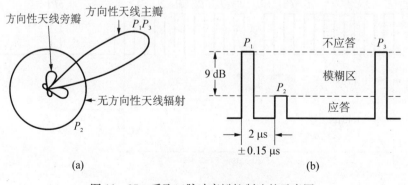

图 11-27 采取三脉冲旁瓣抑制法的示意图

此外,当交通繁忙或地面雷达站较多时,A/C 模式还存在同步串扰和非同步串扰问题,如图 11-28 所示。这也对地面雷达站的显示分辨率和处理能力提出了一定要求。

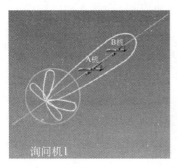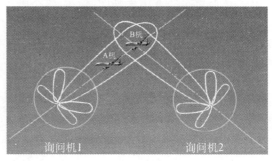

图 11-28 询问应答过程中的同步和非同步串扰示意图

A/C 模式应答机只提供飞机的身份和高度信息,故只需与机载测高设备交联,获取气压高度数据。一般的机载高度源包括大气数据计算机(ADC)、气压高度表等,具有 ARINC 429、RS 422 等数据接口。

2) S 模式

A/C 模式应答机大大提升了飞行安全性,同时也带来了串扰和系统饱和等问题。在地面雷达询问信号有效范围内的所有飞机,几乎会同步应答。此时雷达荧光屏上会出现众多目标并可能重叠,从而加重地面管制员的工作负担。特别是在交通繁忙的空域,甚至可能出现各个应答信号相互干扰或阻塞接收通道,使系统不能正常工作的情况。

因此,有人提出了让地面雷达对飞机进行选择性询问的通信方式,即点名的概念。这样既有效解决了串扰问题,还通过减少无意义的问答次数,减轻了空管员的工作负担。于是产生了 S 模式,S 是英文单词 Selective 的第一个字母。

S 模式除兼容 A/C 模式所有功能外,还可对特定地址编码的飞机进行一对一点名询问。这里的地址码具有全球唯一性,并且是 S 模式的重要工作特征。应答机在收到地面询问后,飞行员会在应答信息中写入本机地址码和其他飞行信息,然后发回信号源,从而实现地空之间点对点询问和应答,同时也没有了同步和非同步串扰的问题。

S 工作模式的技术特征主要有如下几点:

① 全球范围内一机一码,没有重复;装有多个应答机的飞机只拥有一个地址码;除了特殊情况,飞机的地址码不会改变;

② 地址码在问答过程中只起身份识别、符合信号格式标准的作用,不具有任何飞行操作、飞机性能状态方面的信息;

③ 询问和应答信号数据率为 Mbps 量级,数据通信能力强;

④ 与原有 A/C 模式兼容,可以进行全呼叫、仅 A/C 模式呼叫、仅 S 模式呼叫、

点名呼叫；

⑤ 具有双接收通道和上下两套天线，利用分集工作原理，增强了空对空监视和通信能力；

⑥ 二次监视雷达采用单脉冲"和差"技术确定飞机方位，提高了定位精度。

S 模式询问信号包括全呼叫和点名呼叫两类。全呼叫方式继承了 A/C 模式的设计思想，采取广播式询问；点名呼叫方式则实现了一对一询问。图 11-29 是两者地空通信的示意图。

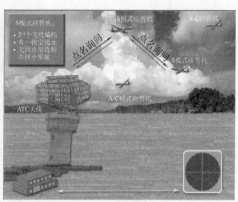

图 11-29　S 模式全呼叫和点名呼叫的询问-应答示意图

全呼叫询问包括 A 模式、C 模式、A 模式/S 模式全呼叫、C 模式/S 模式全呼叫、仅 A 模式全呼叫、仅 C 模式全呼叫六种，采用 PAM 调制方式，各自的特点如下：

① A 模式：与普通 A/C 模式雷达的 A 模式相同，当 A/C 或 S 模式应答机收到此询问时均作 A 模式回答；

② C 模式：与普通 A/C 模式雷达的 C 模式相同，当 A/C 或 S 模式应答机收到此询问时均作 C 模式回答；

③ A 模式/S 模式全呼叫：在 A 模式询问信号的 P_3 脉冲之后 $2\,\mu s$ 处增加一个 $1.6\,\mu s$ 宽的脉冲 P_4，A/C 模式应答机对此询问作 A 模式回答，S 模式应答机对此询问作 S 模式全呼叫（格式 11）回答；

④ C 模式/S 模式全呼叫：在 C 模式询问信号的 P_3 脉冲之后 $2\,\mu s$ 处增加一个 $1.6\,\mu s$ 宽的脉冲 P_4，A/C 模式应答机对此询问作 C 模式回答，S 模式应答机对此询问作 S 模式全呼叫（格式 11）回答；

⑤ 仅 A 模式全呼叫：在 A 模式询问信号的 P_3 脉冲之后 $2\,\mu s$ 处增加一个 $0.8\,\mu s$ 宽的脉冲 P_4，仅 A/C 模式应答机对此询问作 A 模式回答；

⑥ 仅 C 模式全呼叫：在 C 模式询问信号的 P_3 脉冲之后 $2\,\mu s$ 处增加一个 $0.8\,\mu s$ 宽的脉冲 P_4，仅 A/C 模式应答机对此询问作 C 模式回答。

六种格式的询问信号如图 11-30 所示，时序单位均为 μs。

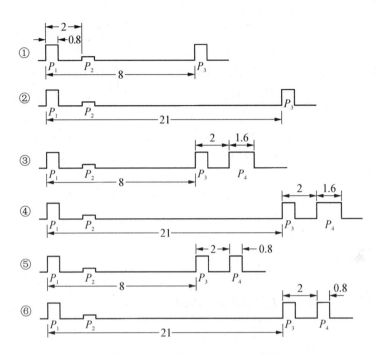

图 11-30 六种 S 模式全呼叫询问信号对比

点名呼叫需要在询问信号中也写入飞机地址码,其信号格式如图 11-31 所示,时序单位均为 μs。

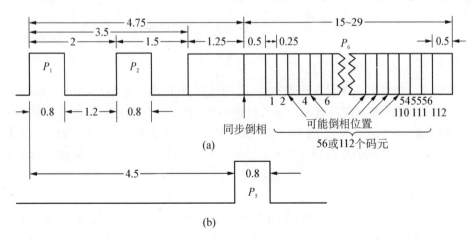

图 11-31 S 模式点名询问信号

S 模式点名询问信号由前导脉冲 P_1,P_2 和数据块 P_6(图中红线之后的部分)组成。P_1,P_2 脉宽 $0.8\,\mu s$,峰值功率 $250\sim500\,W(54\sim57\,dBm)$,间隔 $2\,\mu s$,P_6 宽度 $16.25\sim30.25\,\mu s$,与 P_2 间隔 $3.5\,\mu s$。数据块 P_6 采用差分移相键控(DPSK)调制方

式:如果某一码元为 0,则载波信号相位不发生改变;若码元为 1,则相位发生反转(或者说发生 180 度相移)。除了前面的基准间隔和末尾的保护间隔之外,数据块主体含有 56 位短报文或 112 位长报文。每位长度 0.25 μs,数据率 4 Mbps。这当中的前 5 位为数据链格式号,末 24 位用于飞机地址码及奇偶校验位,其他部分根据不同目的选择相应的上行询问信号格式。全向发射的旁瓣抑制脉冲 P_5 宽 0.8 μs,与 P_1 间隔 4.5 μs,正好覆盖在同步倒相位置上。

　　S 模式应答机收到点名询问信号后,回答对应格式的 S 模式应答信号;A/C 模式应答机收到此类询问信号后,将被抑制足够长的时间不再对任何询问作应答,以防止发生串扰。

　　S 模式应答机可以响应 A 模式/S 模式全呼叫、C 模式/S 模式全呼叫、S 模式点名询问,并根据不同需求选择相应的下行应答信号格式。图 11-32 所示为 S 模式应答信号,以格式 11 为例,其中时序单位均为 μs。S 模式应答信号由四个前同步脉冲及数据脉冲串(数据块)组成。前同步脉冲含两组 0.5 μs 宽的脉冲对。数据块采用脉冲相位调制(PPM)方式,含有 56 或 112 个数据位,每位长度 1 μs,若前半周发射脉冲表示逻辑电平 1,后半周发射表示 0,数据率 1 Mbps。

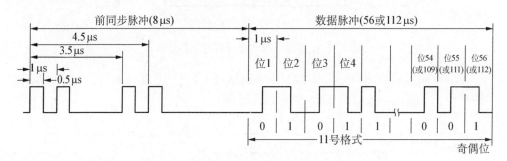

图 11-32　S 模式应答信号(格式 11)

　　S 模式应答机可以提供飞机识别码、四位坐标、气压高度等信息;或与 TCAS Ⅱ 协同工作,对周边飞机进行航迹记录和航迹预测,将相关数据送至机载和地面显示设备(通常是 GPS 接收机或 PFD),实时显示其飞行轨迹;还可用于地空双向数据链通信。S 模式应答机的配套设备主要有导航系统、航姿系统、高度源、数据链计算机等,具有多组 ARINC 429,RS 422 数据接口。

11.5.1.2　编码规则

　　飞机的识别码(A 模式编码)由四个八进制数字组成,共 12 位。当收到地面询问信号后,该编码作为应答信号从飞机发送给 ATC,并被二次监视雷达(SSR)捕获和处理。编码一共有 4096 种组合,因此又称"4096 码"。由于这些编码信息敏感度很高,通信时必须谨慎操作,防止与其他编码特别是紧急状态编码相混淆,带来不必要的麻烦。

　　飞机识别码主要包括三类:

1）常规状态编码

表示飞机在正常飞行过程中需要告知地面的一些飞行动作。部分编码及其含义可参见附录(表11.6)；

2）紧急状态编码

在飞行过程中发生影响飞行安全的严重事件时的编码。部分编码及其含义可参见附录(表11.7)；

3）ATC编码(squawk码)

前两种编码都属于特殊编码,并且具有国际通用性,驾驶员可以在未经ATC允许的情况下自行使用并发出信号。ATC编码则需要由ATC提供,在同一区域内具有唯一性,并且一次飞行过程中可以改变。仪表飞行条件下,ATC编码作为放行许可的一部分,在整个飞行过程中不会改变；目视飞行条件下,如果飞机不在ATC的管理范围内,则被统一编码为squawk VFR(北美地区为1200,欧洲地区为7000),待进入ATC管理范围后,每架飞机会再次被告知一个区域唯一的squawk码。此外,如果通信频率发生改变,比如飞机离开原有的ATC管理范围进入另一个ATC小区,其编码也将再次变为squawk VFR。

为避免编码发生歧义,每个ATC会被分配一个squawk代码段。邻近的ATC代码段没有重叠,可以各自独立地分配代码。事实上,并不是所有的ATC都使用二次雷达识别飞机,但所有的ATC都会给其管制区域内的飞机分配squawk码。比如,覆盖英国南部的伦敦飞行信息服务中心就不使用雷达图像,但它会为所有从它那里收到飞行信息的飞机分配一个squawk码0027。这样做的目的是告诉其他装有雷达的ATC小区,某一架飞机正在使用自己这里的无线电频率,以便在其他小区需要与这架飞机进行联系时为其提供方便。

在C模式工作状态下,应答机发回地面的同样是4个八进制数字,但此时已不再表示飞机的识别码而是高度码,代表了当前飞行的气压高度信息。ICAO规定的高度编码范围从$-1000\,\text{ft}$至$126\,700\,\text{ft}$($-304\,\text{m}$至$37\,000\,\text{m}$),民用航空通常使用的范围在$-1000\,\text{ft}$至$62\,700\,\text{ft}$之间($-304\,\text{m}$至$19\,111\,\text{m}$),因此只需要10个信息脉冲就能全部覆盖。目前通行的做法为：$D_4A_1A_2$为第一组,编成8个增量间隔为$8000\,\text{ft}$的格雷码组；$A_4B_1B_2B_4$为第二组,编成16个增量间隔为$500\,\text{ft}$的格雷码组,$C_1C_2C_4$为第三组,编成5个增量为$100\,\text{ft}$的码组。这样,一共有$8\times16\times5=640$组增量为$100\,\text{ft}$的高度码组,详细的编码高度对照表可参见附录(表11.8)。

所有装备了S模式应答机的运营类飞机都会被ICAO赋予一个全球唯一的24位地址码,或者叫S模式16进制码。这个码实际上是现役S模式应答机的编码,但通常从飞机的注册号衍生而来,与飞机的国籍有关,是注册许可的一部分。24位地址码的前面若干位是国籍信息,长度不固定,余下的是飞机信息,二者总长为24位,有时也写成6个16进制数字。S模式应答机发送给外界的信号是飞行信息和这个24位地址码的叠加。

　　一般情况下飞机地址码不会改变,但在更换设备、变更飞机注册国时也有例外。比如,对飞行管理系统(FMS)做正常维护时,应答机可能被从一架飞机转移到另一架飞机,此时其地址码也将发生改变。理论上,一共有 16 777 216 个 24 位地址码可用,这些地址在编排时通过互联网进行。

　　另外,具体到一架飞机,不论它在通信时使用 2 进制、8 进制还是 16 进制格式,其携带的信息是相同的。例如,16 进制码为 AC82EC 的飞机,10 进制码为11305708(这种格式极少用),8 进制码为53101354,2 进制码为 10101100 10000010 11101100,这些信息指的是同一架飞机 N905NA。

11.5.2　S模式应答机主要功能和人机交互

11.5.2.1　功能定义

　　1) 基本功能

　　(1) 兼容 A/C 模式应答机的所有功能

　　接收地面控制中心的 A/C 模式轮询信号并应答,整个过程符合有关技术标准;

　　(2) 地址报告能力,接收点名询问信号并应答

　　当机载应答机天线接收到与 S 模式特征相吻合(包括功率、宽度、个数、间隔等)的询问脉冲(全呼叫或选择性呼叫)时,S 模式应答机需能够正常识别("意识到"有地面二次雷达或附近飞机的 TCAS 系统向我发出询问,触发后续过程)、接收(包括滤波、解调、译码等)该询问信号。经过数据处理和飞行员操作,对应答信息(本机地址码、高度、位置、水平距离等)进行编码、调制,并发射给询问源;

　　(3) 主动向本机附近空域发出 S 模式广播

　　内容包括本机地址码、高度、速度、位置等,通过断续发射器(Extended Squitter)进行,广播频率 1090 MHz;

　　(4) 提供 TCAS Ⅱ 的输入条件

　　S 模式应答机的输出信息将作为机载 TCAS Ⅱ系统的输入条件,因此要求它能及时获取和处理周边飞机的应答,记录本机周边一定范围空域内其他飞机的航迹,并且进行简单的航迹预测,为 TCAS Ⅱ提供决策信息,但不影响 TCAS Ⅱ的决策过程。

　　(5) 航迹记录

　　航迹记录的内容为本机周边一定空域内,在过去一定时间范围内其他飞机的历史飞行轨迹(四维航迹),需要实时刷新;航迹预测可根据入侵飞机在 T_0 及之前若干时刻的高度、速度、位置,按照保持原有飞行状态的原则(如,此前在巡航则继续巡航,此前在转弯则继续以相同半径和角速度转弯,此前高度不变则保持高度等),采用递推思想,预测 T_1 到 T_N(N 取值自定)各时刻的飞行位置、速度和高度,得出其在未来 N 个单位时间内的飞行轨迹。航迹预测的主要目的是为 TCAS Ⅱ 提供入侵飞机进入告警区域可能性的分析,同样需要实时刷新;

　　(6) 数据链通信和报告功能

　　根据数据收发和传输能力不同,S 模式应答机的数据链通信等级分为 5 级,实

际中可根据需求进行选择。

等级 1:只能收发短报文(56 位);

等级 2:等级 1+收发长报文(112 位);

等级 3:等级 2+收加长报文($\geqslant 4 \times 112$ 位);

等级 4:等级 3+发加长报文($\geqslant 4 \times 112$ 位);

等级 5:等级 4+同时对多基站。

对于数据链的处理,S 模式应答机通常有两种接口:标准长度信息接口和扩展长度信息接口。标准长度信息(SLM)收发要求应答机按照询问的数据内容进行应答,用下述方法之一可以实现:

① 在应答机内部设计一个缓冲器,缓存空对地数据链的信息内容;

② 为应答机装备一个数据接口,在应答产生之前转移应答机识别出的询问内容,以便这些内容被机载的外部设备所使用,在应答时给出响应数据。

扩展长度信息(ELM)收发要求应答机在 4 秒周期内至少能处理一个 16 位的完整信息,并发射至少 4 条空对地 ELM 信息。应答机需要有足够的保护措施,确保在天线与每个接口的双向传输中,10^3 条信息小于 1 个错误以及 10^7 条 112 位信息少于 1 位漏检错误的误码率。

采用扩展长度信息接口的应答机,在具备接收、校验、存储和响应上行 ELM 信息的同时,还要具备组合、发射 ELM 下行信息的能力。同时应能够对离开应答机、进入其他机载设备的数据提供适当处理,使之适合于目标系统。

2) 实施细节

全重超过 5.7 t 或巡航真空速超过 250 kn 的飞机在安装 S 模式应答机时,必须考虑天线多样性的问题,必要时需安装多套天线或采取等效手段,保证在各种飞行姿态下均不出现某个方向的信号被遮蔽或无法被覆盖的情况。另外,如果一架飞机在机体不同位置安装了一台以上的 S 模式应答机及配套天线,那么在不同飞行姿态下这些互为冗余的系统要能够自动切换。

实际运行中,S 模式应答机的高度报告步长为 100 ft,但设备应达到 25 ft 步长的技术标准。并且在为 TCAS Ⅱ 提供决策信息时高度数据必须准确,否则将使航迹预测和 TCAS Ⅱ 的预警功能失效。如果高度信息来自于采用 Gillham 编码的数据源,那么送至 S 模式应答机之前要做修正,否则会出现偏差。

除了正常的询问应答,S 模式应答机还需具备一定处理监视信息的能力。同时,S 模式应答机应设有一般机载设备都具有的故障提示机制。与必要的机载数据源要有可靠连接,遵循 ARINC 718A 有关标准。

由于 S 模式应答机的输入源是人,不可避免存在操作失误,因此它应具有屏蔽非法输入和错误输入的功能。S 模式应答机还可设定为等待(STBY)(类似于电脑中的待机)、识别(IDENT)(与 ATC 建立通信链路时使用)等特殊状态。

考虑到紧急状态下飞行员的工作负担较重,这里设想将一些紧急状态编码甚至本机的 ATC 编码或地址码设置为"一键通"形式，以减轻飞行员负担，减少人为失误，但是否妥当尚无实践检验。

11.5.2.2 人机交互

1) 人机界面

S 模式应答机的人机界面可以与主飞行显示（PFD）集成在一起，作为飞行管理和控制信息的一部分；也可以建立一小块专用的应答机控制面板。但无论采取何种方式，都要考虑操作的简便性，并且确保飞行员通过某一种设备对 S 模式应答机的信息进行修改后，新信息也会反映到其他与之相关的 I/O 设备上。

这里暂时通过 A/C 模式应答机的编码输入设备和控制面板示意图给读者以直观印象，如图 11-33，S 模式应答机的相应设备与之类似。图中的档位缩写含义如表 11.5 所示。

图 11-33　A/C 模式应答机控制盒

表 11.5　档位缩写含义

SBY/STBY	standby　等待	IDENT	identification　身份识别
ALT	altitude　高度	RPTG	reporting　报告
ST	set　设定	LO SENS	low sensitivity　低（接收）灵敏度

2) 操作事项

这里暂且以 A/C 模式应答机为例进行说明，S 模式应答机也存在类似问题。试想 ATC 将一架飞机的编码从 1200 变成 6501。驾驶员在输入新的编码时，可能先转动第二个旋钮得到 1500，然后倒转第一个旋钮 1-0-7-6，得到 6500，最后旋转第四个旋钮得到 6501。这个动作在短时间内会使飞机发出被劫持的信号（7500），从而不必要地浪费空管员精力和 ATC 通信资源。

目前的数字式应答机均使用按钮而不是旋钮，以避免上述问题。同时飞行守则也要求飞行员须谨慎地改变编码，避免无意中输入紧急状态编码。但是在飞行状态下，飞行员不能为避免出现暂时性特殊编码而将应答机置于 STBY（等待）状态，因为这会使本机信息从地面雷达屏幕上消失，带来通信上的麻烦。只有当飞机在地面（滑行、起飞滑跑、着陆滑跑）时，应答机可以而且需要置于 STBY 状态。另外，如果飞行员将本机编码输错，则所有的应答机和 TCAS II、ADS-B 相关设备就不起作用了。

　　不论何种工作模式,所有应答机还有一个 IDENT(识别)键,它将激活应答信号中的一个特殊位,使地面控制中心及时掌握飞机飞行信息,并且确保和其他飞机的安全间隔。此外,IDENT 键还用来在无线电通信失效时用来判定设备故障是单向的还是双向的,即是否出现半双工的情况(可以收发但不能同时收发)。

11.5.3　S 模式应答机系统

11.5.3.1　系统组成

　　机载 S 模式应答机系统通常由应答机、控制盒、天线组成。机载天线具有全向辐射和定向辐射能力。应答机应能够接收现行体制 A/C 模式和 S 模式询问信号,并对它们进行解调、译码,基于询问类型以及 S 模式控制字段内容,编制相应格式应答信号并发射出去。图 11-34 是一种 S 模式应答机的系统组成方案。

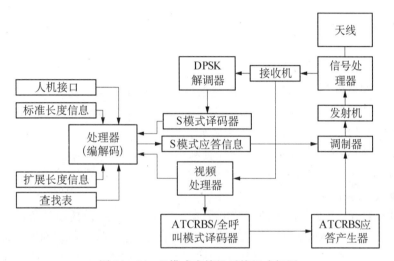

图 11-34　S 模式应答机系统组成框图

11.5.3.2　系统参数

　　1) A/C 模式应答机(与 ATCRBS 配套的机载应答机)

　　① 作用距离范围:1.85~370 km。

　　② 接收频率:1030±0.2 MHz;

　　接收带宽:±3 MHz(3 dB), ±12.5 MHz(60 dB);

　　接收最小触发电平:-73±4 dBm;

　　接收动态范围:≥50 dB。

　　③ 发射频率:1090±3 MHz;

　　发射脉冲峰值功率:250~500 W(54~57 dBm)。

　　④ 调制方式:PAM

　　⑤ 应答速率:≤1200 次/s;

　　应答延迟:3±0.5 μs。

⑥ 工作方式：广播式问答。A 模式报告飞机代码，C 模式报告飞机高度。

2）S 模式应答机（与 SSR 配套的机载应答机）

频率、定时精度比 A/C 模式应答机更高，调制方式也不同。

① 接收频率：(1030±0.01)MHz；

接收最小触发电平：(−76±4)dBm。

② 发射频率：(1090±1)MHz；

发射脉冲峰值功率：250~500 W(54~57 dBm)。

③ 调制方式：DPSK 询问，PPM 应答；

调制速率：4 Mbps 询问，1 Mbps 应答。

④ 应答延迟：128±0.5 μs；

⑤ 工作方式：广播式问答或点对点问答。

11.6　综合环境监视系统

11.6.1　AESS 深度综合系统

目前大型飞机上主要的监视系统包括气象雷达、空中交通防撞、近地告警等，以空客 A380 和波音 B787 为代表的新型客机在航空电子方面已经出现了跨越式的进步。目前的 AESS 关注的关键技术主要包括雷达风切变探测、空中交通防撞算法、前视近地告警、多种监视系统的系统综合和综合告警、综合故障诊断与健康检测管理(PHM)算法等方面，今后的航空电子技术正朝着网络与开放式结构的综合模块化方向发展[10]。

高度综合化、深度综合化是航空电子发展的必然趋势，包括硬件资源和软件资源的综合。一方面 AESS 技术正在向深度综合化方向发展，另一方面向高度综合化方向发展。网络技术的应用为模块化开放式结构的航空电子系统(IMA)发展提供了更广阔的空间。在新航行系统数据链系统广泛使用的情况下，数据链将成为一个重要的飞机环境信息来源[11]。

未来的 AESS 应是高度综合化的 IMA 结构，和其他系统共享软硬件资源。专用资源如天线接口则使用专用 I/O 单元。IAESS 将与导航系统甚至所有航电系统共用一套 IMA 结构，极大地减轻设备重量、降低成本、提高维修性和可靠性。同时未来 AESS 将集成新型的监视功能，如 ADS‐B，TIS‐B，ASAS（Airborne Separation Assistance System，机载间隔辅助系统），同时提供监视净空流、弱涡流（Wake Vortex）等功能，从而为监视功能提供可行的平台。除了资源级的综合，AESS 未来应能通过座舱系统向飞行员提供融合后的监视信息，最大限度地减小飞行员的负担[13]。

11.6.2　IAESS 系统综合设计方案

11.6.2.1　总线接口设计

A380 和波音 787 采用的都是货架数据总线 AFDX。AFDX 总线的优势包括：①基于 IMA 架构，允许航电机柜内的 LRM 进行多种功能集成；②100 Mbps 的全双工通信速率;③自始至终使用以太网协议;④为容错提供双余度。另外,AFDX 总线还可以通过在操作系统中配置表格来实现基于 IMA 架构的 LRM 和传统架构的 LRU 之间的数据交换。

航空电子全双工以太网(Avionics Full Duplex Switched Ethernet,AFDX)是基于以太网的实时应用协议,也称作 ARINC 664。AFDX 主要用于互连航空飞行器中的电子系统。AFDX 最早应用在空中客车的 A380 上,是当今航电总线类产品中的最新产品。与 ARINC 429 和 MIL - 1553 相比,AFDX 在速度、通信方式、信息类型等方面都有很大的优势,减少了各种连线的数量和重量,是未来航电总线产品的主流。

如图 11 - 35 所示,IAESS 通过 ARINC 429/离散量和 ARINC 664 AFDX 总线两套接口和其他航电系统进行交互。ARINC 429/离散量用于兼容传统航电。

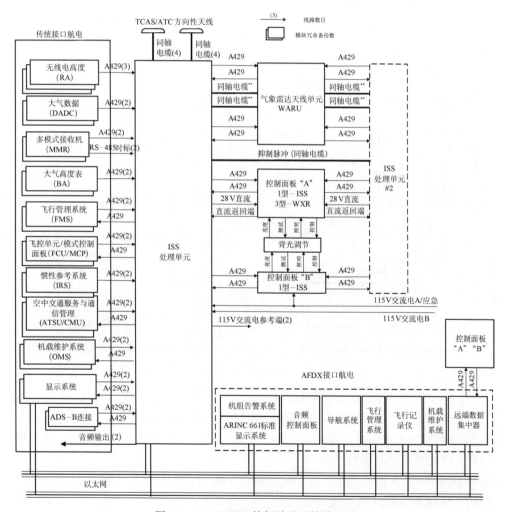

图 11 - 35　IAESS 外部关联系统接口图

11.6.2.2　IAESS 系统硬件架构设计

IAESS 功能样机的硬件包括 1 套 8MCU 的 IAESS 综合处理机、1 套 IAESS 综合控制面板、1 套 IAESS 综合显示器、1 套接口转换板和航空线缆(可与配 MST 激励器、TAWS 激励器、TCAS 激励器、WXR 激励器、其他航电子系统接口转换器和综合视景模拟器对接)。

IAESS 综合处理机包括 T3CAS 数据处理模块、WXR 信号处理模块、深度综合的数据融合模块,如图 11-36 所示。

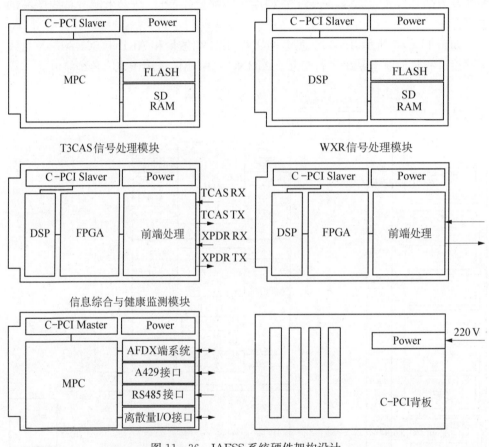

图 11-36　IAESS 系统硬件架构设计

其中,T3CAS 数据处理模块采用 Freescale MPC 8XXX 处理器,配合 VxWorks 操作系统完成 TCAS, TAWS, XPDR 的数据处理。其中包括 TCAS, TAWS 的算法,XPDR/TCAS 无线收发模块的控制。大容量 FLASH 中驻留操作系统,并存储 TAWS 功能需要的地形数据库。

XPDR/TCAS 信号处理模块根据激励器的设计(射频激励,中频激励或数据激励)进一步确定该模块的功能。

WXR 数据处理模块的处理器采用 DSP 处理器,配合信号处理电路完成 WXR

数据处理。其中包括气象、风切变识别算法和 WXR 信号处理模块数据收发控制。

信息综合与 PHM 模块采用 Freescale MPC 8XXX 处理器,配合 VxWorks 操作系统完成整个系统的 I/O 资源的调度,并对 TCAS/WXR/TAWS 处理的结果进行综合。该模块同时提供故障诊断和健康检测功能。C‐PCI 背板提供上述功能模块的插槽及供电,其他四个模块为从设备。

11.6.2.3　系统嵌入式软件架构设计

IAESS 整个嵌入式系统软件由包括数据综合与健康监测模块和用户接口模块、T3CAS 模块、WXR 信号处理模块三大部分组成,如图 11‐37 所示。

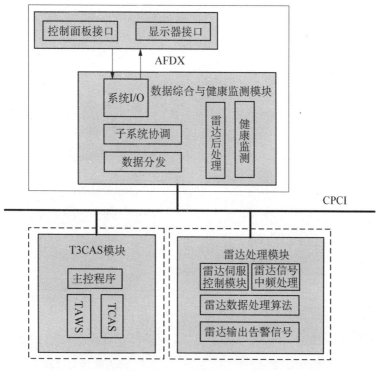

图 11‐37　IAESS 系统整体框图

第一部分,数据综合与健康监测模块。主要负责整个系统的协调、与用户的交互。另外,它还实现了雷达后处理功能和健康监测功能。用户接口模块主要包括控制面板接口与显示器接口。IAESS 通过用户接口模块实现与用户的交互,即 IAESS 采用控制面板接收用户输入,然后把数据综合与健康监测模块的数据通过显示器接口输出给用户。

第二部分,T3CAS 模块。这一模块是 TCAS 模块与 TAWS 模块的深度综合。以往 TCAS 模块与 TAWS 模块分立地设计在两块电路板上,而 T3CAS 模块把这两个模块的功能综合地集成在单独的硬件电路板上,并通过 VxWorks 的不同分区实现隔离与通信,这样硬件电路板变成软件分区,达到深度综合的目的。

第三部分,WXR 信号处理模块。用户接口模块和数据综合与健康监测模块通过 AFDX 总线交连。其他三大模块,数据综合与健康监测模块、T3CAS 模块和雷达处理模块通过 CPCI 总线交连。

11.6.2.4　数据综合与 PHM 模块软件架构设计

图 11-38 所示是数据综合与 PHM 模块的软件系统结构框图。该软件系统基于 Wind River 公司的实时多任务嵌入式操作系统 VxWorks。为了保证航空软件中各个模块运行的安全性,依据 ARINC 653 航空操作系统标准,本软件系统采用了分区保护技术,让三个功能模块工作于不同的操作系统区间,这样可以严格保证不同的功能模块的运行状态互不干扰。该系统的目的是将健康监测和雷达后处理的功能整合到一个单独的系统之中,使得该系统可以实现健康监测和雷达后处理功能。同时该系统内部的子系统协调模块通过 CPCI 总线协调各个子系统。数据分发模块通过控制面板和显示器等用户接口实现与飞行员的综合交互,通过各种驱动实现系统 I/O。

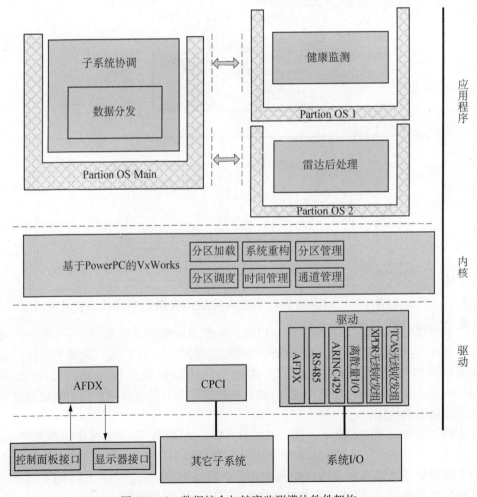

图 11-38　数据综合与健康监测模块软件架构

本软件模块总共包括从下至上三层架构：

第三层，亦即最底层，为 VxWorks 板级支持包（Board Support Package，BSP），也就是操作系统中各种对外接口的驱动。这一层的软件与硬件设备紧密关联，它向上层软件提供接口一致的抽象，把上层软件发送过来的输入输出指令转化为对硬件设备的最底层的操控，包括寄存器读写、标志位设置、缓冲区读写与清零等。

对外硬件接口驱动包括航空领域标准的 ARINC 429 总线驱动程序，AFDX 以太网驱动程序，离散量 I/O 接口驱动程序以及无线收发组驱动程序。同时还包括了工业领域标准的 RS 485 串口驱动程序，PCI 总线驱动程序。上层软件通过调用这些驱动程序接口函数完成与其他系统交互的任务。

11.6.2.5　T3CAS 信号处理器软件系统结构

T3CAS 的软件系统基于 Wind River 公司的实时多任务嵌入式操作系统 VxWorks。为了保证航空软件中各个模块运行的安全性，依据 ARINC 653 航空操作系统标准，本软件系统采用了分区保护技术，让三个功能模块工作于不同的操作系统区间，这样可以严格保证不同的功能模块的运行状态互不干扰。该软件系统旨在将 TCAS 和 TAWS 的功能整合到一个单独的系统之中，使得该系统可以实现空中交通管理和地形提示告警的综合处理[13]。

图 11-39 所示是 T3CAS 软件系统结构框图。

T3CAS 软件系统总共包括从下至上的三层架构。

第三层，亦即最底层，为 VxWorks 板级支持包，也就是操作系统中各种对外接口的驱动。这一层只提供 CPCI 的驱动，目的是用于和数据综合与健康监测模块进行通信。

第二层，是操作系统内核层，亦即 VxWorks Kernel。它包括了基本的操作系统处理机管理和内存管理功能。处理机管理，通过时间片轮转的方式，提供基于优先级的多任务调度。内存管理，通过处理机内部的内存管理单元（MMU），对运行于操作系统中的每一个进程提供虚拟内存，使得各个进程能够运行于不同的虚拟地址空间之中。依据 ARINC 653 标准，操作系统内核层还提供航空操作系统中标准的分区调度、分区保护和分区通信功能。

第一层，为应用程序层。这一层由一个主控程序模块和 TCAS 功能模块、TAWS 功能模块构成。这三个功能模块分别在三个独立的操作系统分区中运行，并由第三层的操作系统分区保护功能对其提供安全保护。同时，TCAS 功能模块和 TAWS 功能模块通过第三层的操作系统分区通信功能与主控程序模块通信，以实现功能同步。

11.6.2.6　IAESS 系统功能/性能初步设计

IAESS 设计应遵循"三化"、"五性"设计原则，即通用化、系列化、组合化和可靠性设计、测试性设计、维修性设计、安全性设计、保障性设计。

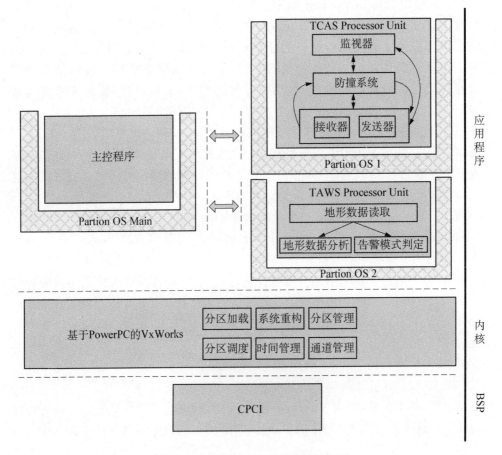

图 11 - 39   T3CAS 软件系统结构框图

IAESS 功能样机设计"三化"首先考虑通用化。IAESS 半物理功能样机设计"五性"首先考虑可靠性设计、测试性设计和维修性设计,同时兼顾安全性设计和保障性设计。IAESS 功能/性能设计并行的测试性设计工作流程见图 11 - 40。

IAESS 基于通用、专用硬件和专用软件开发的,融入了深度综合模块化航空电子(IMA)系统的体系结构和标准化、通用化设计思想,保证系统兼容性、可移植性、可扩展性,并具有可拓展性和可维护性,以降低系统寿命期费用。

在 IMA 系统标准中,欧洲 ASAAC 标准侧重于考虑系统模块化、可扩展性和可维护性,对系统可靠性考虑不细。美国 ARINC 653 标准对系统可靠性有较好的改进。

IAESS 作为航电子系统,需要通过特定的环境测试。所以鲁棒性设计日益重要。适航认证(如英国 CAA、美国 FAA)制定了这些设备必须满足的性能标准。这些标准规定了航电产品制造必须遵循的测试方法及等级。目前提供给制造商的这类航电标准有 BS 3G 100, MIL - STD - 810, DEF STAN 00 - 35 等。

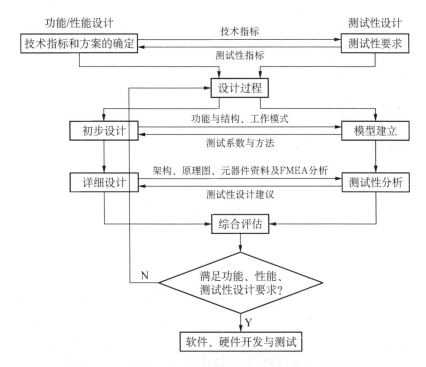

图 11-40　IAESS 功能/性能设计并行的测试性设计工作流程

电磁兼容性(EMC)是一项评估相互影响的活动。在飞机世界里,电磁兼容性可导致 AESS 出现各种各样的问题。飞机及其设备一般使用测试范围更广的特定标准,如 DEF Stan 59-41,MIL-STD-464 等。

总之,IAESS 半物理样机的可靠性设计应结合国内实际,借鉴成熟的工程实践经验,逐步按照适航标准进行可靠性设计。

深度综合的数字化先进航电系统设计,对 IAESS 地面测试和空中测试提出了更高的要求。对于地面测试,要求测试能够覆盖更多的故障,并且能快速、准确、及时地诊断系统状态;对于空中状态,由于故障修复极为困难,要求增强产品自主故障诊断、切换和故障隔离能力,以保证系统的任务可靠性。采用测试性设计技术可使产品故障率大大降低,同时提高了对产品备故障的检测率,延长了产品全寿命周期,降低了产品全寿命周期费用。

总之,在数字化航电技术快速发展的过程中,对航电产品测试性设计的需求也不断增长。与国外先进技术相比较,我国在测试性设计的基础理论和方法研究方面还有一定差距,照搬国外方法是不现实的,我们应根据国产航电产品测试性设计环境的实际情况,借鉴国外先进的测试性工程管理经验和技术,找到符合我国国情的、实用的测试性工作设计方法,应用于 IAESS 半物理功能样机和今后的性能样机开发中,对 IAESS 测试性设计国产化进行有益的探索。

11.6.3 AESS 系统在 A380 及 B787 上的应用

为满足客户未来对于飞机经济性、维修性以及对系统功能不断增长的需求,大型民用客机的航空电子系统正朝着集成化、综合化的方向发展。A380,B787,A350 均采用了飞机环境监视系统取代传统的分立子系统,而且新机型的航电系统综合程度也在不断提升。

Honeywell 的综合监视系统(IAESS)安装于 A380 上,基本配置如图 11 - 41 所示,它集成了增强型近地警告系统(Enhanced Ground Proximity Warning System,EGPWS)、T2CAS/S 模式应答机、RDR - 4000 雷达系统。欧洲空中客车公司(简称"空客")又与 Honeywell 公司签署了 A350XWB 综合监视系统合同,这套 ISS 与装载在 A380 上的 AESS 一样。新的 AESS 重量减轻了 20%,尺寸减小了 50%,以前需要装在 8 个航空电子机箱中的 4 个系统,现在只需 2 个机箱,而且 A380 和 A350XWB 的客户可以使用相同的系统。

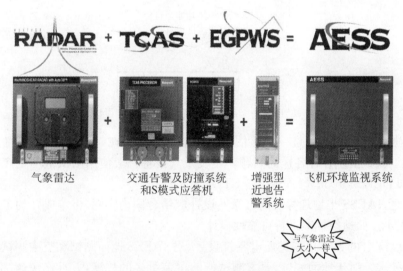

气象雷达　　　交通告警及防撞系统　　增强型　　飞机环境监视系统
　　　　　　　和S模式应答机　　　　近地告
　　　　　　　　　　　　　　　　　警系统

图 11 - 41　A380 的 AESS 组成

Rockwell Collins 的解决方案可配置综合监视系统(Configurable Integrated Surveillance System,CISS)CISS - 2100 安装于 B787 上,新一代产品安装于 A350 上,基本配置如图 11 - 42 所示。

Rockwell Collins 公司的 CISS - 2100 系统相对于以往的航电系统有如下特点:

① 将原有的 TCAS,XPDR,WXR,TAWS 处理器集成为一个 ISSPU,减轻了设备重量。

② TCAS,XPDR 为深度综合的模块,和 WXR,TAWS 共享接口资源,由交通计算机进行统一资源调度。

③ 广泛采用 AFDX(物理层为铜线或光纤)与其他系统(如导航系统、显示系统)相连,取代原有的 ARINC 429,ARINC 453 总线以及离散量接口,极大地简化

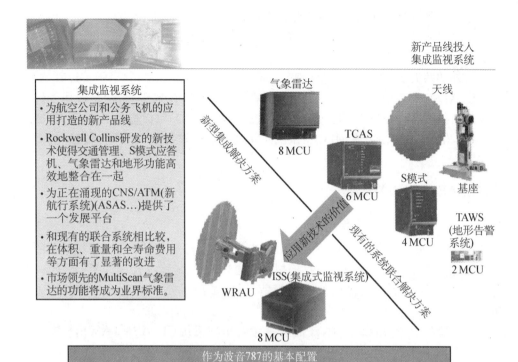

新产品线投入
集成监视系统

集成监视系统

- 为航空公司和公务飞机的应
  用打造的新产品线
- Rockwell Collins研发的新技
  术使得交通管理、S模式应答
  机、气象雷达和地形功能高
  效地整合在一起
- 为正在涌现的CNS/ATM(新
  航行系统)(ASAS…)提供了
  一个发展平台
- 和现有的联合系统相比较,
  在体积、重量和全寿命费用
  等方面有了显著的改进
- 市场领先的MultiScan气象雷
  达的功能将成为业界标准。

新型集成解决方案

应用新技术的价值

现有的系统联合解决方案

气象雷达
8 MCU

TCAS
6 MCU

S模式
4 MCU

天线

基座

TAWS
(地形告警
系统)
2 MCU

ISS(集成式监视系统)

WRAU

8 MCU

作为波音787的基本配置

图 11-42　B787 的 AESS 基本配置

了连线的复杂度,减轻了线缆重量。采用光纤取代原有的同轴电缆,完成 ISSPU 和
WARU 之间的数据通信。

④ 采用远程数据采集器对 AFDX 和传统总线进行协议转换,以兼容传统的航
电设备。如 B787 上的 CISS-2100 的控制面板为传统的 429 接口,通过远程数据采
集器连接到 AFDX 交换机,最终和 ISSPU 完成通信。

另外,系统也有如下可以进一步改进的空间:

TCAS/XPDR,WXR,TAWS 是相对独立的三个模块,拥有独立的操作系统和
计算存储资源,未来的 IAESS 可以将其综合为一个模块,共享操作系统和计算存储
资源。

Collins 公司的可配置综合监视系统 CISS-2100 安装于 B787 上,新一代产品
安装于 A350 上。CISS-2100 首次尝试将 TCAS,S 模式应答机,TAWS,气象雷达
功能集合在一个独立的设备中,其集成度相当高。这种可配置的一体化监视系统将
8 个 MCU 的多扫描气象雷达处理与图像显示、6 个 MCU 的 TCAS,4 个 MCU 的 S
模式应答机以及自动相关监视(ADS-B),TAWS 等系统集成在一个外场可更换组
件的机箱内,并为将来的新功能提供了平台。该系统体现了行业内的一种趋势,即
减少体积、重量、能耗及成本。这套系统包括 ISS 综合处理器以及使用光纤连接的
接收器/转送器,从雷达接收器那里将数据回传到 ISS 处理器上。所有的气象信息

再通过 TAWS 以及 TCAS 系统进行处理,最后显示在驾驶舱的显示屏上。Collins 公司提供 ISS 中的 TCAS、S 模式应答机、WXR 等设备,将 TAWS 转包给了其他供应商。

另外的两大航空电子系统供应商 Thales 公司和 Smith 公司(已被 GE 收购)能够提供 AESS 的若干分立系统,目前正在积极开展系统技术研究,初步形成了综合的 ISS 结构产品。ACSS 公司(由 L3 和 Thales 公司控股)可以提供 XPDR, TCAS, T2CAS, T3CAS 解决方案,其中 T3CAS 解决方案能够提供气象雷达以外的监视功能。

11.7 AESS 的相关标准

11.7.1 AESS 系统的标准

ARINC 768-1 定义了 AESS 的系统架构。该文件重点对 AESS 系统设备的基本功能、信号接口(数字量、离散量、模拟量)、电气接口、显示与控制面板、系统自检、重量与尺寸、天线、布线、接插件进行规范,同时提出了几种未来可能的扩展监视功能。

在 AESS 系统功能设计中,还需要参考各单项系统(TCAS, TAWS,S 模式应答机,WXR)功能所对应的标准(见 11.7.2～11.7.5),在系统软硬件设计时,还需要参考相应的专项标准(见 11.7.6)。

11.7.2 TCAS

ARINC 735A 标准的目的在于使各个厂家生产的 TCAS 设备能够在功能、接口上符合相同的标准,从而实现设备的相互兼容。其详细规范了 TCAS 的基本避撞功能、语音与视觉告警功能、与 S 模式应答机的接口、显示功能、控制面板功能、可编程性与可测试性;在设备兼容性上规范了系统的重量、尺寸、布线、接插件、电源、工作环境、设备冷却以及信号线(数字量、离散量、模拟量)的电气规范;同时还规范了 TCAS 天线的特性和安装规范,以及 TCAS 在飞行模拟器中的使用规范。

RTCA DO-185B 针对符合 7.1 版本避撞软件的 TCAS 设备的最低性能做了细致的规定。该规范主要包含三部分内容:第一部分规范了 TCAS 的基本功能与可选功能、TCAS 与地面站及入侵机之间的交互方式、TCAS 设备性能的详细测试流程等;第二部分以有限状态机和逻辑表的方式定义了 7.1 版本避撞软件的所有程序流程,同时定义了该软件的函数及其输入输出接口、宏和变量;第三部分包含了符合 7.1 版本软件的伪代码。

FAA TSO-C119b 是 FAA 针对 TCAS II 设备适航制定的最低性能标准,主要仍是要求设备应符合 DO-185 规范,以及软件 178B、硬件 DO-254、测试环境 DO-160 等,还有针对适航申请所需提交的设备资料。

11.7.3 S 模式应答机

ARINC 718A 对 S 模式应答机进行了规范。在系统功能上规范了 S 模式应答机基本的空中交通管制射频信号收发、编解码、译码与应答、与 TCAS 的接口、控制面板功能、机内自检功能;在设备兼容性上规范了系统的重量、尺寸、布线、接插件、电源、工作环境、设备冷却以及信号线(数字量、离散量、模拟量)、射频信号传输的电气规范;同时还规范了应答机天线的特性和安装规范。

RTCA DO-181C 规范了机载空中交通管制雷达标系统/S 模式(ATCRBS/Mode S,简称机载应答机)设备的最低运行性能标准。该文件详细规范了机载应答机基本的 S 模式数据链功能与其他可选功能、系统的监视性能和 S 数据链通信性能、应答机与其他系统的通信协议及 S 模式信息的传输协议、应答机不同工作模式下的工作环境要求、S 模式应答机的五种功能分级以及应答机设备性能的详细测试流程等。

FAA TSO-C112 是 FAA 针对空中交通管制雷达标系统/S 模式(ATCRBS/Mode S) 设备适航制定的最低性能标准。它根据不同使用要求将设备分为七类,并制定了各类设备的工作环境、软件等指标。实际上仍是要求设备应符合 DO-181C 规范,以及软件 178B、硬件 DO-254、测试环境 DO-160 等,并规定了向 FAA 适航申请所需提交的设备资料。

11.7.4 WXR

ARINC 708A 对具有前视风切变预测功能的机载气象雷达的功能和接口进行了规范。在系统功能上规范了机载气象雷达危险气象探测基本功能和性能、语音与视觉告警功能、显示与控制面板功能及自检功能;在设备兼容性上规范了系统的重量、尺寸、布线、接插件、电源、工作环境、设备冷却以及信号线(数字量、离散量、模拟量)的电气规范;同时还规范了雷达罩、天线单元、T/R 组件的特性和安装规范。

RTCA DO-220 规范了具有风切变气象预测功能气象雷达的最低运行性能标准。该文件详细规范了气象雷达基本的风切变探测、气象探测、地形探测功能,对系统在标准测试环境下的最低性能进行了详尽的规范,同时规定了气象雷达的测试流程。该标准同时规范了用于测试的一组气象数据库(含风切变)用于测试设备的工作性能。

FAA TSO-C63c 是 FAA 针对机载气象雷达和地面测绘脉冲雷达适航制定的最低性能标准。实际上仍是要求设备应符合 DO-220 规范,以及软件 178B、硬件 DO-254、测试环境 DO-160 等,并规定了向 FAA 适航申请所需提交的设备资料。

11.7.5 TAWS

FAA TSO-C151b 的目的是给出关于 TAWS 的最小性能标准的设计授权。C151b 按照功能与操作要求的不同将 TAWS 系统分为 A,B,C 三类,并分别阐述了三类设备的最小性能标准和测试条件,具体包括了 TAWS 系统的定义、功能要求(例如,A 类、B 类 TAWS 设备要求具备前视地形告警功能,C 类则没有该功能的要求)、声光告警(例如,A 类 TAWS 设备需要与其他设备交互作用,使得告警优先级次序能够被自动执行)、TAWS 使用的水平位置数据、地形和机场数据、故障指示、系统自检、告警功能的抑制与屏蔽、不同飞行阶段下的测试条件等。

ARINC 762 的主要目的在于为航空公司提供一个普遍适用,具体可行的 TWAS 单元开发和安装指南。在 ARINC 762 描述了 TAWS 单元设备所具备的使用功能、确保可互换性的必要标准、形状参数以及引脚分配、ARINC 429 网络协议下的输入输出、模拟/离散输入输出、音频输出、数据加载、自动测试设备等的接口规范。对 TAWS 的内部测试与维护,ARINC 762 规定必须至少符合 ARINC 624"机载维修系统"或 ARINC 604"内置测试设备设计和使用指南"的其中一种内部测试标准。ARINC 762 主要针对性能提出一系列要求,对于具体实现手段没有强制要求。

RTCA DO-161A 规范了机载近地告警(GPWS)设备的最低运行性能标准,主要涉及总体标准,包括:TAWS 设备的功能、控制操作、控制接口、测试效率、操作模式、告警显示、虚警、故障监视与自检;标准测试环境下的最小性能标准,包括:告警包线、模式自动选择、告警特性显示、失效控制、故障监视与自检;以及测试环境标准。

11.7.6　参考文件

下面列出与 AESS 开发和配置相关的航空规范和报告:

ARINC 性能规范 404A:航空运输设备和机架;

ARINC 报告 413A:飞机电气使用和瞬态保护指南;

ARINC 标准规范 429:Mark 33 的数字信息传输系统;

ARINC 标准规范 600:航空运输航空电子设备接口;

ARINC 报告 604:机内测试设备(BITE);

ARINC 报告 607:航空电子的设计指南;

ARINC 报告 609:飞机电源系统的设计指南;

ARINC 报告 615A:使用以太网接口的机载数据加载器;

ARINC 报告 624:机载维护系统的设计指南;

ARINC 报告 660A:CNS(通信导航监视)/ATM(空中交通管理)设计指南;

ARINC 标准规范 661:座舱显示系统与用户系统接口;

ARINC 标准规范 664:飞机数据网络;

ARINC 报告 665:可加载软件标准;

ARINC 性能规范 708A:具有前视风切变预测功能的机载气象雷达;

ARINC 性能规范 718A:Mark 3 空中交通管制应答机(ATCRBS/Mode S);

ARINC 性能规范 735A:Mark 2 空中告警和防撞系统(TCAS);

ARINC 性能规范 762:地形提示和告警系统(TAWS);

ARINC 标准规范 801:光纤接插件定义(建议);

FAA TSO-C63c:机载气象雷达和地面测绘脉冲雷达;

FAA TSO-C92c:机载近地告警设备;

　　FAA TSO‐C112:空中交通管制雷达标系统/S模式(ATCRBS/Mode S)的机载设备;

　　FAA TSO‐C117:航空运输机载风切变告警和回避指示系统;

　　FAA TSO‐C119b:空中预警和防撞系统(TACAS)的机载设备,TCAS Ⅱ;

　　FAA TSO‐C151b:地形提示和告警系统;

　　RTCA DO‐160D/ED‐14:环境条件和机载设备试验程序;

　　RTCA DO‐161A:机载近地告警设备的最低运行性能标准;

　　RTCA DO‐178B/ED‐12B:机载系统和设备认证软件的注意事项;

　　RTCA DO‐181C:机载空中交通管制雷达标系统/S模式(ATCRBS/Mode S)设备的最低运行性能标准;

　　RTCA DO‐185B:机载空中告警和防撞系统(TCAS Ⅱ)的最低运行性能标准;

　　RTCA DO‐213:机鼻雷达天线罩的最低性能标准;

　　RTCA DO‐214:音频系统性能标准和飞机音频系统和设备的最低运行性能标准;

　　RTCA DO‐220:机载具有风切变气象预测功能气象雷达的最低运行性能标准;

　　RTCA DO‐242A:广播式自动相关监视(ADS‐B)的最低运行性能;

　　RTCA DO‐254/ED‐80:机载电子硬件设计保证指南;

　　RTCA DO‐260A:广播式自动相关监视(ADS‐B)和广播式交通信息服务(TIS‐B)的最低运行性能标准;

　　RTCA DO‐263:机载冲突管理应用:检测,预防和解决;

　　RTCA DO‐272/ED‐99:用户对机场绘图信息的需求;

　　RTCA DO‐276/ED‐98:用户对地形和障碍物数据的需求;

　　RTCA DO‐282A:使用通用访问收发器(UAT)的广播式自动相关监视(ADS‐B)的最低运行性能标准;

　　RTCA DO‐286:广播式交通信息服务(TIS‐B)的系统最低运行性能标准;

　　RTCA DO‐289:飞机监视设备(ASA)的系统最低运行性能标准。

附录　应答信号编码表

表 11.6　常规状态编码表

码　字	意　　义
0000	军事拦截(美)
	C模式应答机或二次雷达失效(英)
	非离散的A模式编码(欧,将不再使用)

(续表)

码 字	意 义
0001	高速且不受 ATC 指挥的飞行状态，军用(美)
0033	正在进行伞降(英)
1000	仪表飞行条件下的飞行高度低于 18000ft 且未被赋予其他编码的情况(加)
1000	非离散的 A 模式保留码，用于未来的 S 模式雷达环境，那时飞机身份将和飞行计划而不是 A 模式编码挂钩
1200	目视飞行条件下，当未赋予其他编码时的标准 squawk 码(北美，澳大利亚)
1400	目视飞行条件下，飞行高度高于海拔 12500ft 且未被赋予其他编码时的编码(加)
2000	从非二次雷达管制区域进入二次雷达管制区域时的编码(在 ICAO 成员国用于仪表飞行条件下不受控飞行器的 squawk 码，在加拿大用于 18000ft 及以上仪表飞行条件下的不受控飞行器)
4000	目视飞行条件下，处于军事训练区域或被要求进行高度层频繁快速变更的飞行器编码
4400 - 4477	保留码，用于 SR-71，YF-12，U-2，B-57，压力飞行试验，600ft 以上的飞行操作(仅在美国)
4600	专门安排的飞行检查或特技飞行(美)
5000	执行军事行动的飞机
7000	目视飞行条件下，未被赋予其他编码的 squawk 码(ICAO)
7000	通用的 conspicuity 码，但未必是目视飞行条件(英)
7001	从低高度突然爬升的军事活动(英)
7001	用来识别目视飞行条件(法国等)
7004	特技飞行和展示活动(在一些国家)
7010	目视飞行条件下的环形飞行(英)
707X	空投活动(法)
7777	军事拦截(在任何条件下，民机驾驶员都不得放在 7777 码上)(美)
7777	检测雷达站是否正常工作的测试用应答机非离散编码(美、德、荷、比等)

表 11.7 紧急状态编码表

码字	意 义
7500	非法干扰(如：飞机遭到劫持)
7600	(由于通信设备故障等)无法取得联系
7700	通常的紧急状态

表 11.8 飞行高度层编码表

基本高度编码表(单位:ft)

$D_4 A_1 A_2$ / $A_4 B_1 B_2 B_4$	000	001	011	010	110	111	101	100
0000	−1000	14500	15000	30500	31000	46500	47000	62500
0001	−500	14000	15500	30000	31500	46000	47500	62000
0011	0	13500	16000	29500	32000	45500	48000	61500
0010	500	13000	16500	29000	32500	45000	48500	61000
0110	1000	12500	17000	28500	33000	44500	49000	60500
0111	1500	12000	17500	28000	33500	44000	49500	60000
0101	2000	11500	18000	27500	34000	43500	50000	59500
0100	2500	11000	18500	27000	34500	43000	50500	59000
1100	3000	10500	19000	26500	35000	42500	51000	58500
1101	3500	10000	19500	26000	35500	42000	51500	58000
1111	4000	9500	20000	25500	36000	41500	52000	57500
1110	4500	9000	20500	25000	36500	41000	52500	57000
1010	5000	8500	21000	24500	37000	40500	53000	56500
1011	5500	8000	21500	24000	37500	40000	53500	56000
1001	6000	7500	22000	23500	38000	39500	54000	55500
1000	6500	7000	22500	23000	38500	39000	54500	55000

附加高度编码表(单位:ft)

$C_1 C_2 C_4$	001	011	010	110	100
增量	+200	+100	0	−100	−200

一些说明

根据 ICAO 规定,在海拔 $600\sim8400\,\mathrm{m}$,$8900\sim12500\,\mathrm{m}$ 的区间内,每 300 米为一个高度层;$12500\sim14900\,\mathrm{m}$ 的区间内,每 $600\,\mathrm{m}$ 为一个高度层。相邻高度层的飞机须相向飞行。

飞行过程中,地面管制员将发布米制飞行高度层指令,航空器应当飞对应的英制飞行高度层。驾驶员应当知晓公英制转换带来的差异。驾驶舱仪表显示的米制高度与管制指令的米制高度不一定完全一致,但存在的差异不得超过 30m。

在飞行状态下,飞机在平原上空距离地面高度不得低于 400m;在高原和山区上空距离地面不得低于 600m。

参考文献

[1] RTCA/DO‐185A:Minimum Operational Performance Standards for Traffic Alert and Collision Avoidance System(TCAS Ⅱ)Airborne Equipment[S].

[2] FAA Advisory Circular 20‐131:Airworthiness Approval of Traffic Alert and Collision

Avoidance System（TCAS Ⅱ）and Mode S Transponders［S］.

［3］　方惜. S模式 ADS－B 系统［J］. 航空电子技术，1999，30(4).

［4］　Lygeros J，Lynch N A. On the formal verification of the TCAS conflict algorithm［R］. in 36 th IEEE Conf. Decision and Control，San Diego，CA，Dec. 1997，pp. 1829－1834.

［5］　FAA Advisory Circular 120－55：Air Carrier Operational Approval and Use of TCAS Ⅱ［G］.

［6］　何晓薇. 空中交通警戒与防撞系统的主要技术特点［J］. 中国民航飞行学院学报，2001，(03).

［7］　陈广永. 近地告警系统报警曲线算法模型与控制仿真研究［D］. 南京航空航天大学，2007.

［8］　Terrain Awareness and Warning System Pilot's Guide［M］. Aviation Communication and Surveillance Systems，USA.

［9］　郭辉昂. 近地警告系统出现误报警的原理简析［N/OL］. www. china－cam. cn/news/experience/2008/3/3582. htm.

［10］　Exploration of new algorithms for airborne collision detection and avoidance to meet NextGen capabilities Digital［C］. Avionics Systems Conference，2008. DASC 2008.

［11］　Design principles and algorithm development for two types of NextGen airborne conflict detection and collision avoidance［C］. Integrated Communications Navigation and Surveillance Conference（ICNS），2010，Page(s)：N7－1－N7－12.

［12］　Inflight path planning replacing pure collision avoidance，using ADS－B［J］. Aerospace and Electronic Systems Magazine，IEEE 2001，Page(s)：27－32.

［13］　General aviation aircraft avionics：Integration & system tests［J］. Aerospace and Electronic Systems Magazine，IEEE. 2009，Page(s)：19－25.

12　飞行器健康管理系统

12.1　概述

随着航空航天技术的发展,飞行器(飞机、直升机、无人机、航天器)的安全性与可靠性,以及飞行器后勤保障体系的高效性和经济性等越来越成为发展航空航天技术无法回避的问题。美国联邦航空局(FAA)和国家运输安全委员会(NTSB)的统计数据表明,全世界飞行事故中有 24% 是由飞行器子系统和部件的故障引起,26% 是由飞行失控引起,而其中很大一部分飞行失控是由硬件和系统的故障引起的。可见,飞行器各级构成系统和部附件的状态直接影响着飞行器的安全性和可靠性。此外,在飞行器后勤保障方面,随着现代装备在设计技术、制造工艺、原材料等方面的日臻成熟,传统后勤保障单纯依靠提高 MTBF(平均故障间隔时间)来提升飞行器保障效能已经很难有大的作为,而所花费的人力和财力使航空航天工业也面临着巨大的经济压力。为提高飞行器的签派可靠性、安全性,同时降低全寿命周期成本,航空航天领域提出了飞行器健康管理的概念[1]。

12.1.1　基本概念、功能及意义

12.1.1.1　基本概念

1) 健康

"健康"(Health,H)是对系统生理机能状态的一种统称,是医学领域的常用名词。"人的健康"定义为"人在身体、情感、精神、社会等方面持续应对所处环境的能力程度"。现阶段,对于飞行器的"健康"尚未形成统一的定义。参照人类健康的定义,结合飞行器的特点,飞行器的"健康"应定义为"飞行器持续应对所处环境,并完成规定任务的能力程度"。

2) 飞行器健康状态

飞行器的健康状态描述了构成系统、子系统以及部、附件执行设计功能的能力。

3) 飞行器健康管理

飞行器的健康管理(Vehicle Health Management,VHM)定义为与其健康状态直接相关的管理活动,即基于飞行器及其组成部分健康状态的诊断/预测信息,及时

发现故障,预测剩余寿命,利用资源和运行要求,对维修和后勤活动做智能、充分和适合的决策,提前采取措施将其恢复到正常状态。

　　健康管理以诊断和预测为主要手段,具有智能和自主的典型特征,必须建立在状态或者信息感知、融合和辨识的基础上,是以感知为中心的决策过程和执行过程,从而在产品设计、生产、检验、运行、维护、配置等整个全寿命周期过程中体现出管理成本效益。

　　4) 飞行器健康管理系统

　　飞行器健康管理系统(Vehicle Health Management System,VHMS)由对飞行器的智能检测、故障诊断、健康预测和维修决策等功能所构成,目的是通过准确及时地检测初始故障的出现,定位隔离故障和预测剩余有用寿命来减少检修任务和开展基于状态的维护,从而激励自主后勤保障,实现未知情况下的响应,成本节省和任务可利用性,在提高可靠性和安全性的同时提升保障效能和经济可承受性。

　　飞行器健康管理系统通过收集、处理整个系统(包括飞行器、子系统、部附件)的健康信息,进而做出以信息为依据的决策。健康管理技术是提高飞行器的安全性、签派可靠性并有效地降低成本的重要技术途径[2]。

12.1.1.2　功能

　　飞行器健康管理涉及飞行器全寿命周期内健康状态变化的一系列活动,可以将这些活动分为四个阶段:健康状态的诊断和预测阶段、故障的缓解阶段、故障的修复阶段以及验证阶段[2]。

　　1) 健康状态的诊断和预测阶段

　　诊断是通过当前状态信息及历史信息来确定部件功能状态,精确地隔离故障部位和辨识故障类型的过程;预测是指对实际材料进行状态估计,通过建模故障发展,评估部件性能偏离正常状态的退化趋势对其未来健康性能的退化进行预测,估计剩余有用寿命的过程。这个阶段可以通过人工的连续观察值信息,或者自动的使用嵌入式硬件和软件,也可以使用两者结合的方式获得飞行器的健康状态数据。

　　所以,诊断的目标是在问题刚出现或即将出现时就识别问题,而不是等到所有情况都明晰。预测则是必须具备根据过去、现在的情况以及积累的数据推断情况/状态发展的能力。

　　2) 故障的缓和阶段

　　对故障或潜在的风险进行处理,最大限度地保证平台和任务的有效性。故障缓和的实施是建立在对故障或潜在风险所造成的影响评估的基础上。对飞行器健康状态的影响决定了平台资源重组或者重构以及对任务的实际内容重新计划。例如,一个飞机的发动机发生了故障,飞行人员可以修改原来的路线,使飞机可以降落到此时离它最近的机场。

　　3) 故障的修复阶段

　　对故障或潜在风险对象进行更换或者维修,使故障部位能够全部或者部分恢复至正常状态,无任何潜在风险。修复工作可能是在任务执行过程中进行或者任务刚一结束时进行,某些不重要区域的维修活动甚至可以推迟到适当的时机进行。

4) 验证阶段

对维修结果的正确性和系统恢复正常操作进行验证,确认维修解决了故障问题,并且在一定时间内保证飞行器任务的正常执行。

修复和验证主要解决恢复平台设计构型及其程度的问题。达到修复和验证目标后,飞行器的健康状态将恢复到任务正常执行所需水平。因此,健康管理就范围而言包括了平台上的管理活动以及地面的健康管理、维修和保障活动。从目前国外的研究情况来看,健康管理的实现更加强调地面的诊断、预测和维护决策支持。

12.1.1.3 意义

飞行器健康管理系统可以使操作人员了解飞行器及其部件健康状态,预测故障,提前计划和安排后勤维修保障,保持系统正常,将安全风险最小化,提高任务完成率,对于提高飞行器的安全性,提高飞机利用率,同时大幅度降低全寿命周期成本具有至关重要的作用。飞行器健康管理系统作为自主式后勤保障的核心,有利于推动现行的事后维修加定期维修模式向以视情维修为主的模式转变,从而成为促使两级维修保障体系最终形成的关键[3]。

12.1.2 与记录、维护及地面保障系统的关系

飞行器健康管理系统的组成如图 12-1 所示。

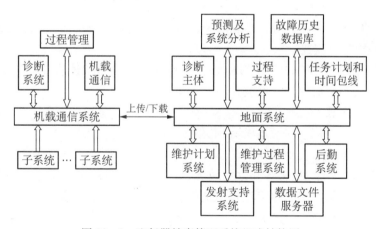

图 12-1 飞行器健康管理系统组成结构图

12.1.2.1 与记录系统的关系

记录系统是指飞行参数记录系统,是一种用于监测飞行器及其系统工作状态以及飞行器操纵情况的自动测试记录系统。机上的信号类型一般有模拟量、开关量、数字量、频率/周期量等。

通过记录系统,不仅可以监控飞行器及其各系统的故障或性能下降情况,还可以把飞行器在飞行时的故障或性能下降情况记录下来。飞行器健康管理系统根据

飞行参数信息,可以在机上实现飞行器故障的初级诊断,然后在地面进行增强故障诊断和趋势预测,指导飞行器维护系统下一步的动作。

另外,可以采用基于数据融合的综合推理方法,通过监视关键设备和元件,结合飞机系统原理和经验数据等相关信息,依靠健康管理系统对其进行故障诊断和健康趋势预测,实现故障准确定位和剩余寿命预测。

记录系统是飞行器重要的信息采集系统,为飞行器故障的诊断和预测提供有效的数据支持,利用飞行参数信息辅助维护,为视情维护提供了有效的技术手段,可以在投入相对较少的条件下,提高维护信息化和智能化水平。

12.1.2.2 与维护系统的关系

维护系统主要是指机载中央维护系统(Onboard Central Maintenance System, Onboard CMS),主要由标准模式监控器、数据传输单元和显示管理系统等部分组成。

早期的中央维护系统是用来记录分析故障数据,为维护人员提供整理过的故障报告,帮助其定位到 LRU/LRM。该系统对飞行器故障维修方面的贡献仅在于记录各子系统的故障数据,用于飞行后分析,不能实时分析和预测故障,完成飞行器健康与使用状况的监控。

后来将 HUMS 和 VHM 的功能特点与 CMS 相结合,使 CMS 的概念得到了新的发展。CMS 的概念主要有以下几个新特点:

(1) 健康监控

通过监测部件和航空电子系统的健康或者故障状况,对潜在问题进行预测。

(2) 使用状况监控

通过监测管理部件的使用状况,根据部件的剩余寿命及使用性,将使用状况方面的监控发展到寿命部件的更换管理。

(3) 监测数据

监测数据是以信息的形式表示,更有利于维护。

飞行器的维护系统用于收集、记录、分析来自飞行器各子系统及航空电子设备的健康、故障、配置信息,将各部件的故障、状态信息通过机上显示系统提供给操作者。一般采用系统规定的故障报告格式将飞行器的故障传输给飞行器健康管理系统,使飞行器健康管理系统能够尽可能准确地诊断和预测故障,提高系统的维护能力。

12.1.2.3 与地面保障系统的关系

地面保障是指综合保障(Integrated Logistic Support, ILS),也称为综合后勤保障。地面保障系统的保障性是系统以可承受的全寿命周期费用满足飞行器保持持续执行任务的能力。对地面保障系统的设计主要考虑以下几个方面。

(1) 经济可承受性

根据以往的经验发现飞行器的地面保障负担特别沉重,为了使飞行器保持良好的执行任务的能力,必须花费巨大的资金进行飞行器保障工作,保障费用在飞行器的全寿命周期费用中所占比例过高。所以必须强调经济可承受性,最大限度地降低全寿命周期费用。

（2）聚焦后勤

将适当的人员、装备、保障物资在正确的地方、正确的时间内以正确的数量提供给飞行器的能力。

（3）实现自主式保障

依托现代信息与通信技术,构建多维综合信息化保障运行网络,或联合分布式信息系统(Joint Distribution Information System，JDIS),通过飞行器健康管理系统实现更加敏捷、更加灵活的对故障进行诊断和预测,形成综合性的保障、训练和信息环境,可显著减少使用与保障费用,提高系统的完好性。

飞行器健康管理系统提高了飞行器各类故障的监控能力,实现了飞行器健康状态数据的空地远距离传输,显著减少了后勤延误时间,提高了保障工作效率,是实现飞行器自主式保障的基础,是改进综合保障系统的关键技术。

12.2 研究现状

12.2.1 演变过程

飞行器综合健康管理(Integrated Vehicle Health Management，IVHM)技术最早起源于20世纪50年代和60年代,当时航空航天领域非比寻常的环境和使用条件迫使人们研发出最初的可靠性理论、环境试验和系统试验以及质量方法。由于宇航系统越来越复杂,人们不得不在70年代创造出新的方法对系统状态进行监视,对异常属性进行预防,并促成机上关键故障响应方法的出现。随后出现了诊断故障源和故障原因的技术,并最终带来了故障预测方法的诞生。全面质量管理流行于20世纪80年代后期和90年代早期,是一种基于过程的可靠性改进方法,同时软件工程师创造了更复杂的技术来检测和测试软件设计缺陷。20世纪90年代初期,NASA研究机构内部盛行"飞行器健康监控(VHM)"一词,它是指适当地选择和使用传感器和软件来监测太空交通工具的"健康"。随后不久,"监控"一词就被替换成"管理"了,而"系统"一词代替了"飞行器"。因此,"系统健康管理"在20世纪90年代中期,成为涉及该主题的最常用的词语[1，2]。

美国国防部在同期产生了一套涉及类似主题的过程,但名字叫做"综合诊断"。综合诊断是通过考虑和综合测试性能、自动和人工测试、维修辅助手段、技术信息、人员和培训等构成诊断能力的所有要素,使装备诊断能力达到最佳的结构化设计和管理过程。其目的是以最少的费用、最有效地检测,隔离武器装备内已知的或预期发生的所有故障,以满足装备任务要求。

20世纪90年代末,美军重大项目F-35联合攻击机(JSF)项目的启动,为预测与健康管理(PHM)技术的诞生带来了契机。美国国防部(DoD)和NASA在PHM/

ISHM(综合系统健康预测)相关技术方面的演变过程如表 12.1 所示。

表 12.1　DoD 和 NASA 通向 PHM/ISHM 的技术演变过程

	DoD	NASA
1950 年代	可靠性分析 系统试验与评价 质量方法	可靠性分析 系统试验与评价
1960 年代	建模 故障分析	建模与仿真 故障分析 数据的遥测 系统工程
1970 年代	系统监控 以可靠性为中心的维修 系统工程 机内测试(BIT)	系统监控 机上故障保护 冗余管理 拜占庭计算机故障理论
1980 年代	扩展 BIT 数据总线和数字处理 发动机健康管理 全面质量管理	扩展 BIT 数据总线和数字处理
1990 年代	综合诊断 飞行数据记录	诊断 飞行器健康监控 飞行器健康管理 系统健康管理
2000 年代	预测 综合飞行器健康监控 综合飞行器健康管理	综合系统健康监控 综合系统健康工程和管理

12.2.2　技术现状

　　NASA 最近几年在其可重复使用空间飞行器(Reusable Launch Vehicle，RLV)项目中正式提出了 IVHM，它是在飞行器系统中集成和应用先进的软件、传感器、智能诊断、数字通信、系统集成等技术，来实现对飞行器系统智能的、系统级的健康评估和控制、信息和决策管理，帮助操作人员完成飞行任务、减小风险和危害的一项技术。

　　1998 年 NASA 在 X - 33 RLV 项目中提出的 VHM 技术是 IVHM 技术的雏形。该项目把对飞行器各个子系统故障具有监测和功能管理的模块集成封装于两个 LRU 单元内，成为 VHM 计算机，由 3 个子系统构成。它们分别是：通过远程健康节点(Remote Health Node，RHN)组成智能传感器网络采集飞行器结构、机械和环境等数据；监测和记录 6 条 MIL - STD - 1553 总线的通信状况；通过使用分布式光纤温度、氢气、应力传感器监测低温油箱。

VHM 系统是以 X‑33 的这种硬件组成及功能结构为基础的,该系统在随后出现的 X‑34,F/A‑18,DS‑1,K‑1,X‑37 等项目中,得到了验证和发展。这就促成了 IVHM 技术从概念到系统结构、功能、硬件组成等方面的完善和提高,如 F/A‑18 对嵌入 VHM 软件工具 Livingstone 的升级、X‑34 中对硬件的升级,和在 X‑37视情保障中的应用。

此外,与 IVHM 功能相似的系统在其他飞行器中也有成功的实验与应用,如 Lockheed Martin 公司在 JSF 项目中开发的 PHM（Prognostic and Health Management）系统和 JDIS 系统,又如 B777 的 CMC 系统和 AMOSS 系统。

许多用于 VHM 的诊断推理工具,伴随 IVHM 的发展而出现,如:JPL（Jet Propulsion Laboratory）开发的推理工具 SHINE 和诊断工具 BEAM,成功用在 X‑33 等项目中;Ames 研究中心开发的 Livingstone 诊断推理工具,成功用于 DS‑1,X‑34,X‑37 等项目中;此外还有基于模型的推理机 TEAMS 成功用在 K‑1 等项目中;基于模型的软件工具 FACT 的成功运用。

IVHM 技术发展的表现也包括对新型的传感器、先进的诊断推理算法和系统集成方法等的应用[1, 2]。

12.2.3　应用现状

近年来,由于计算机技术、人工智能技术、微电子技术等信息技术发展迅猛,再加上系统复杂化、综合化水平越来越高,武器装备的嵌入式诊断技术逐渐完成了从过去单纯的电子/航电设备 BIT 和结构/机械设备的状态监控向覆盖武器装备所有重要系统和关键部件的机载预测与健康管理（PHM）方向的演变。近年来,各国军方和工业界人士都密切关注 PHM 一类技术,以各种方式加快了 PHM 相关技术在军事和民用领域的广泛应用。

12.2.3.1　军事领域的 PHM

早在 2000 年 7 月,PHM 技术就被列入美国国防部的《军用关键技术》报告中,它是一种能显著地降低系统的使用和保障成本,提高系统安全性和可用性的综合性技术。PHM 使美国武器系统传统机内测试(BIT)和健康状态的监控能力进一步增强,实现了从武器状态监控到健康管理的转变,借助故障预测和健康管理系统识别和管理故障的发生、规划维修和决策保障,以此降低使用和维护费用。

目前,在英、美、加拿大、荷兰、新加坡、南非、以色列等国的直升机上,PHM 技术已得到广泛应用,被称为健康与使用监控系统(HUMS)。其中,美国国防部新一代 HUMS‑JAHUMS 具有全面的 PHM 能力和开放、灵活的系统结构。迄今,已有 180 多架美陆军的直升机安装了 HUMS 系统,包括 AH‑64 阿帕奇、UH‑60 黑鹰和 CH‑47 支奴干。据报道,安装了 HUMS 系统的美国陆军直升机任务完备率提高了 10%。而装备 HUMS 的飞机获得了陆军颁发的适航证和维修许可证。2007年 3 月,智能自动化公司与美国陆军签订合同,给美陆军的 RQ‑7A/B"阴影"200 战术无人机系统安装了其新开发的超级 HUMS。不仅如此,HUMS 还获准在全部

750架"阿帕奇"直升机上进行安装。史密斯航宇公司也与英国国防部达成协议,为70架"未来山猫"直升机开发一种状态与使用监测系统和机舱声音与飞行数据记录仪(HUMS/CVFDR),使两者具备组合工作能力,于2011年开始交付。这些HUMS应用系统将装到英国陆军的40架战地侦察直升机(BRH)和英国皇家海军的30架水面作战海上旋翼机(SCMR)。另外,韩国军方也将为军方的直升机项目(KHP)从史密斯航宇公司购入价值超过2000万美元的直升机HUMS系统。

HUMS用途很广,不但应用于直升机上,还用在了阵风、鹰等战斗机和C-130大力神运输机等固定翼飞机上。2006年,泰瑞达公司为美国海军P-8A多任务海上飞机开发并提供与HUMS类似的飞机健康监测系统(AHMS)。

12.2.3.2　民用领域的PHM

PHM技术也被广泛应用于民用领域。例如,PHM已被波音公司应用到民用航空领域,称作"飞机健康管理(AHM)"系统。美利坚航空公司、法国航空公司、新加坡航空公司和日本航空公司已在B777,B747-400,A320,A330和A340飞机上大量采用这项技术,使飞行安全和航班运营效率得到提高。2006年,国泰航空公司、阿联酋航空公司和新西兰航空公司也采用了这套系统。据初步估计,通过使用AHM可使航空公司节省约25%的因航班延误和取消而支付的费用。此外,AHM通过帮助航空公司识别重复出现的故障和发展趋势,以帮助实现机队长期可靠性计划。

NASA兰利研究中心与航空无线电通信公司(ARINC)公司联手,研制了与PHM类似的"飞机状态分析与管理系统(ACAMS)",其功能在NASA的B757飞机上成功地进行了飞行试验演示验证,该套系统已在美国获得专利。

而Qualtech系统公司开发的ISHM方案对航天飞机进行健康监控、诊断推理和最优查故,以求降低危及航天任务安全的系统故障。

12.3　相关标准

12.3.1　ARINC 604-1

自20世纪80年代初,由电子硬件和软件组成的数字式系统被引入到波音737,757,767,MD-90和A320飞机上。这些新的数字式系统向飞机维修人员提出了挑战,因为他们只能根据系统自身提供的指示获取信息并进行故障检测和隔离。面对这种技术挑战,诞生了首个飞行器健康管理标准:ARINC 604-1——机内测试设备设计和使用指南,也是飞机维修的一个重要标准。该标准由美国航空无线电设备公司(ARINC)及其合作伙伴共同制定,它标志着飞行器进入了健康管理的新阶段。

机内测试设备(BITE)的主要目的是帮助维修人员更好地对航空电子系统进行维修,以降低成本,提高效率。该标准还介绍了集中式故障显示系统(CFDS),该系统收集和显示故障数据,通过诊断测试的执行,帮助定位故障,并在换件后执行验证测试。

12.3.1.1　BITE 主要功能

1）故障检测

在飞行过程中，BITE 负责识别影响驻留单元正常工作的故障状态。BITE 将监测发生在驻留 LRU 中的工作异常。对于有多个 LRU 的系统，期望监测所有的 LRU。通过 LRU 内部自身的监测功能实现监测，或者通过一个主 LRU 监测外围单元实现监测 LRU 以及相关传感器和控制器的健康状态。故障监测的强弱将决定故障诊断能力的程度。

2）故障报告

BITE 应该向维修人员报告故障。LRU 在前面板上应该有一个状态显示。大多数用户想用字母/数字向维修人员表示故障信息，故障信息应该简单易懂。用红色和绿色高亮信息是受推崇的。AEEC 采用绿色表示正常，红色表示故障。

3）故障存储

通过 BITE，在飞行阶段监测到的故障信息和有用的帮助信息应该被记录在内置的非易失性存储器中。维修需要时，这些信息应该能够随时可以访问。存储器大小应足以保存过去十个航段检测到的故障数据。从存储器得到的信息越详细，越能更好地支持故障的隔离功能。

4）故障隔离

在多 LRU 系统中，LRU 中的 BITE 可以提供从系统级到部件级的故障隔离，从而帮助维修人员确定哪个 LRU 有故障。

12.3.1.2　BITE 设计原则

BITE 可以由硬件、软件或者硬件和软件组成。BITE 应该能够监测并报告发生在 LRU 里的故障。增加到航空电子设备中的电路和软件通过精确检测内部故障，同时降低虚警，从而提高单元的效用。BITE 中的电路不应当妨碍或降低正常运作。一般情况下，除非在地面，自检功能应该被抑制。BITE 不应该降低维修技师的效率。BITE 报告不应混淆。BITE 不应该声明正常的功能单元是故障的，也不应该增加所驻设备的故障率。

12.3.2　ARINC 624‑1

ARINC 624‑1——机载维护系统设计指南是 ARINC 和波音等公司在波音 B747‑400 项目实践的基础上共同制定的维护系统的升级标准，也是飞机维修的一个重要标准。ARINC 624‑1 标准使得航空电子维修实践活动通过机载维护系统（OMS）得以持续改进。该标准描述了集故障监测、故障检测、BITE、飞机状态监控系统（ACMS）和已知的飞机综合数据系统（AIDS）于一身的机载维护系统（OMS）。OMS 的组成见图 12‑2。

机载维护系统应该整合所有不同系统的 BITE 结果，并进行集中访问和显示。该标准主要围绕下列方面对 OMS 进行了设计描述：

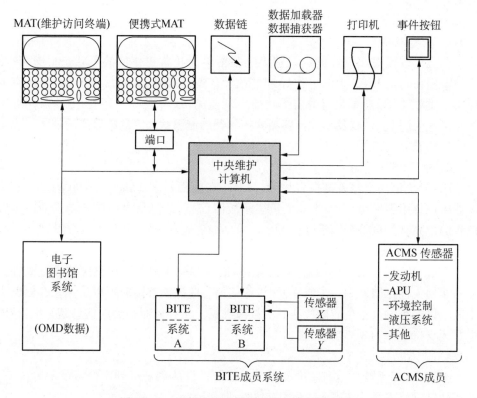

图 12-2 机载维护系统(OMS)组成结构框图

- OMS 的架构见图 12-2。从图中可以看出 OMS 以中央维护计算机(CMC)为中心,通过 CMC 与成员系统以及用户接口设备进行交互。中央维护计算机的设计应考虑包括故障数据的处理、CMC 的数据存储、可靠性、CMC 与成员系统的接口、软件加载、故障数据检索等内容。

- OMS 的功能,包括故障的自动隔离、系统完整性的判定、机载维修文档(OMD)、飞机状态监控系统(ACMS)。

- OMS 的用户接口以及和其他飞机系统的接口。用户接口设备包括维护访问终端(MAT)和打印机。MAT 是 OMS 主要的控制和显示单元。

- OMS 成员系统 BITE,负责识别成员系统的故障状态以及该成员系统与其他系统、传感器等外设接口的故障状态。

- OMS 的通信协议,遵从 ISO 7498 所定义的开放式通信系统互联参考模型(OSI)。OSI 将计算机网络体系架构划分为应用层、表示层、会话层、传输层、网络层、数据链路层和物理层。根据选用的数据总线的不同,OMS 物理层和数据链路层的协议包括 ARINC 429 协议、ARINC 629 协议、ARINC 636 协议、ARINC 646 协议等。

12.3.3 ISO CM&D 系列

国际标准化组织(ISO)先后发布了一系列的关于机器的状态监测和诊断的标准:

(1) ISO 17359:机器的状态监测和诊断——总则

该标准为机器建立状态监测程序时所要考虑的通用过程提供了指南,也包括了对过程中所需的相关标准的引用,适用于所有机器。该标准综述了执行状态监测方案时推荐的一般步骤,并提供了关键步骤需要遵循的更多细节。

(2) ISO 13372:机器的状态监测和诊断——词汇

该标准规定了机器状态监测和诊断中适用的术语和定义,旨在为状态监测与诊断的用户和制造商提供共同的词汇。

(3) ISO 13380:机器的状态监测和诊断——使用性能参数的一般指南

该标准描述了通过测量参数记录、评估、评价和诊断机器状态的一般条件和过程,这些测量参数与机器性能、状态和安全性相关,包括适用的热、电、液参数。

(4) ISO 13379:机器的状态监测和诊断——数据解释和诊断技术的一般指南

该标准为机器的数据解释和诊断提供了指南。具体如下:

① 允许状态监测和诊断系统的用户和制造商共享机器诊断领域的常见概念。

② 使用户准备必要的工艺特征,用于机器状态的进一步诊断。

③ 给出实现机器故障诊断的恰当方法。

既然是一般指南,所以并没有包括一系列具体的机器类型。然而该标准里的机器集通常包括工业机器,例如涡轮、压缩机、泵、发电机、电动机、鼓风机和风扇。

(5) ISO 13381-1:机器的状态监测和诊断——预测——第一部分:总则

该标准为预测过程的开发提供了指南,具体包括:

① 允许状态监测和诊断系统的用户和制造商共享机器故障预测领域的常见概念。

② 使用户能够确定用于精确预测的必要数据、特征和行为。

③ 概述了预测开发的恰当方法。

④ 介绍了便于未来系统开发和培训的预测概念。

(6) ISO 13374-1:机器的状态监测和诊断——数据处理、通信和表达——第一部分:总则

该标准为机器状态监测和诊断信息的数据处理,通信和表示提供指南。

(7) ISO 13374-2:机器的状态监测和诊断——数据处理、通信和表达——第二部分:数据处理

该标准详述了参考信息模型的需求以及需要遵从的开放式状态监测和诊断架构的参考处理模型。数据处理和信息流图如图 12-3。

(8) ISO 13373-1:机器的状态监测和诊断——振动状态监测——第一部分:总则

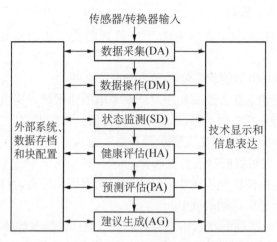

图 12-3　ISO 13374-2 标准数据处理和信息流图

该标准为机器振动的状态监测提供了测量和数据采集功能的一般指南,以提升集中用于旋转机械的测量过程和实践的一致性。

(9) ISO 13373-2:机器的状态监测和诊断——振动状态监测——第二部分:振动数据的处理、分析及表示

该标准为处理和表示振动数据并分析振动信号推荐了规程,目的是监测旋转机械的振动状态并执行适当的诊断。分析振动信号的时候,该标准实质上被分成两种基本方法:时域和频域。

(10) ISO 18436-1:机器的状态监测和诊断——人员培训和认证要求——第一部分:认证机构和过程要求

该标准定义了对操作认证系统实体人员的要求,这些人员执行机器状态监测,识别机器故障并且推荐调整的行为。对状态监测和诊断人员的认证规程是指定好的。

(11) ISO 18436-2:机器的状态监测和诊断——人员培训和认证要求——第二部分:振动状态检测和诊断

该标准指定了对执行机器状态监测和诊断的振动分析人员的一般要求,涵盖了四个类别的认证程序。

12.3.4　OSA-CBM

传统的设备维护方式有事后维护与定期维护两种,前者在故障出现后对设备进行维修,设备损坏的直接损失及停产所造成的间接损失较大,严重时甚至会产生设备报废等不可挽回的后果;而后者按照预先制定好的设备维护保养计划定期对设备进行检修,可以很好地降低重大事故发生的几率,但日常维护费用很高。

基于状态的维护,亦称视情维护(Condition-Based Maintenance,CBM)是一种新的设备维护模式,其核心思想是在有证据表明故障将要发生时才对设备进行维

护。视情维护可有效地降低设备维护费用、减少设备发生重大故障的几率、提高设备的总体可用性。CBM 的目标是准确地检测和判断运行中的设备及其所处环境的当前状态,对设备进行健康评估,利用这些信息对设备预期的可使用寿命(Remaining Useful Life, RUL)做出预测,有针对性地制定出设备维护计划。

由于缺少一个指导实现 CBM 系统的标准的结构和框架,2001 年一个由美国海军提供部分资助、由 Boeing, Caterpillar, Rockwell Automation, Rockwell Science Center 等联合组建的工业小组制定了一个 CBM 开放式系统架构(Open System Architecture for CBM, OSA-CBM)[4]。OSA-CBM 标准的管理与发布目前由机器信息管理开放系统联盟(Machine Information Management Open System Alliances, MIMOSA)组织负责,当前的最新版本是 V3.3。

OSA-CBM 的主要目标,是为分布式 CBM 软件模块制定一个开放的标准化体系结构,以使来自不同厂商的硬件与软件单元组件具有可互换性,增强系统集成能力。OSA-CBM 遵从 ISO 13374 标准并同 OSA-EAI 相兼容。与 ISO 13374 一致,OSA-CBM 把 CBM 系统分为 6 层,或 6 个功能块(图 12-4):数据获取层(Data Acquisition)、数据处理层(Data Manipulation)、状态监测层(State Detection)、健康评估层(Health Assessment)、预测评估层(Prognostics Assessment)、策略生成层(Advisory Generation)。

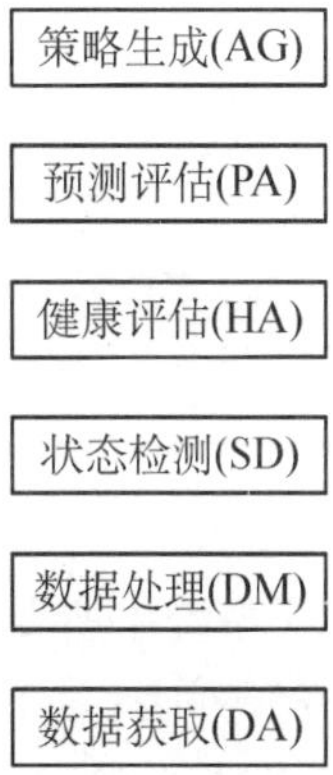

OSA-CBM 标准的 3.3 版本是使用统一建模语言(UML)定义的。OSA-CBM UML 规范定义了 OSA-CBM 系统各层的信息规范以及各层间的接口规范。各专业厂商可以

图 12-4　OSA-CBM 功能块

按照 OSA-CBM 标准,专注于自身的优势技术,将信息处理和信息传递分开,开发出这些功能层内部具有自主知识产权的产品。这样,用户可以择优选择来自不同厂商的硬件与软件产品进行系统集成,可以有效地降低成本。

12.3.5　OSA-EAI 系列

OSA-EAI,即企业应用集成开放式系统架构(Open System Architecture for Enterprise Application Integration),是 MIMOSA 制定的设备维护信息系统间进行信息交换的开放规范。它定义了信息交换平台中各方面设备在信息存储、传输、应用中的数据结构,使信息交换健康运行并具有进一步扩展的能力。定义的数据包括平台的物理配置,信息交换平台、系统以及子系统的可靠性数据、健康状态数据和维修数据。其架构示于图 12-5。

公共概念对象模型(Common Conceptual Object Model, CCOM)是 OSA-EAI 的基本概念模型,它使用统一建模语言 UML 定义了 OSA-EAI 的基类、主要属性和类之间的关联。OSA-EAI 核心部分是公共关系信息模式(Common Relation Information Schema, CRIS),它建立了一个设备维护信息关系数据模式,涵盖了

Tech - Doc 生产者 & 消费者 XML 流或 XML 文件	Tech - CDE - Services For SOAP 面向 SOAP 的 Tech - CDE 服务	Tech - XML - Web For HTTP 面向 HTTP 的 Tech - XML - Web 服务	Tech - XML - Services For SOAP 面向 SOAP 的 Tech - XML 服务
	Tech - CDE 客户端 & 服务器 XML 流或 XML 文件	Tech - XML 客户端 & 服务器 XML 流或 XML 文件	
Tech - Doc CRIS XML Document Schema	Tech - CDE Aggregate CRIS XML Transaction 客户端 & 服务器方案	Tech - XML Atomic CRIS XML Transaction 客户端 & 服务器方案	
CRIS 参考数据库			
公共关系信息模式(CRIS)			
公共概念对象模型(CCOM)			
OSA-EAI 术语词典			

图 12 - 5　MIMOSA OSA-EAI 架构

CBM 系统中所要管理的所有信息数据,主要包括:被监测系统的配置描述;指定跟踪资源列表;关于系统功能、故障方式、故障方式影响的描述;操作事件日志记录;监测系统与监测单元特征描述;传感器数据记录;描述信号处理算法与产生输出数据的资源;报警阀值和触发报警记录;推荐行为记录;工作需求完整记录[4]。

12.4　体系结构

　　VHM 是由众多异构型软硬件功能模块组成的一个复杂系统。对于 VHM 整体框架、结构优化、功能部署以及信息管理、数据流程等方面的设计,是支持诊断、预测、评估与决策等具体功能实现的基本前提。因此有关 VHM 体系结构方面的研究一直是该领域的基础性发展重点[2]。

12.4.1　JSF - PHM 的体系结构

　　JSF 飞机的预测与健康管理系统 LM - STAR 是由机载 PHM (On-board PHM)、地面 PHM (Off-board PHM),以及两者之间的信息接口组成的一体化系统,其体系结构如图 12 - 6 所示。其中机载 PHM 是一种分级的体系结构,以区域管理器为核心分为成员级、区域级、飞机级三层。地面 PHM 作为自主式后勤信息系统(Autonomic Logistics Information System, ALIS)的一部分,在机载 PHM 所提供信息和功能的基础上,负责完成对机载状态管理结论的综合、判别和决策等。机载 PHM 和地面 PHM 主要通过机载的测试维护操作接口(AMD)、地面维护辅助设备的接口(PMD)和空-地数据链(Datalink)三类接口进行信息交互[5]。

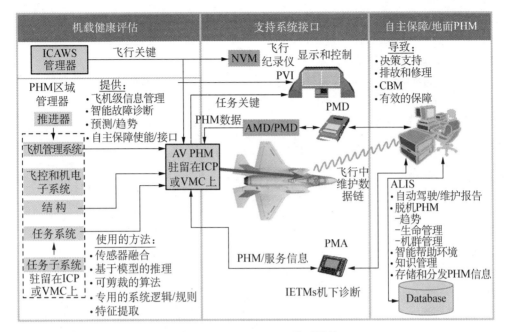

图 12-6　LM-STAR 体系结构

　　该 PHM 体系结构具有以下特点：（a）专用传感器用量极少，这不但减轻了重量、降低了成本，而且提高了飞机系统的可靠性；（b）针对不同的功能区域（如推力系统、飞机结构、飞机管理系统等）设计专门的区域管理器，每个区域管理器具有不同的计算功能和软件算法，用于对特定子系统进行连续监测；（c）通过在区域级和飞机级的数据融合，可以消除由于单个传感器故障引发虚警的现象；（d）机载 PHM 负责提供机上告警和空-地数据传输管理，其他决策支持功能主要在地面 PHM 和 ALIS 中实现。

12.4.2　IVHM 的体系结构

　　NASA 和波音公司等定义了一种飞行器综合健康管理（Integrated Vehicle Health Management，IVHM）框架，将飞行器主要的 11 个机载管理功能分配到不同的 IVHM 功能模块中，实现完整的飞行器管理，不仅增强了飞行器的安全性和任务的成功率，而且使飞行器操作更有效率[6]。IVHM 由地面和机载两部分组成，其体系结构如图 12-7 所示。

　　机载 IVHM 的功能包括诊断、故障报告、故障恢复管理、可能的维修和决策支持等，主要由结构系统、推进系统和航电系统等相对独立的几个子系统组成。每个系统按各自特点具有相对独立的健康管理系统，在子系统级别上健康管理的概念与传统的 FDIR 差别不大。各个子系统健康管理遵循传统 FDIR 的从传感器信号到最终决策的过程。这些独立的子系统健康管理的综合共同构成了飞行器综合健康管理系统。此外，机载 IVHM 的子系统、附件还包括液压、电气系统、动力系统、燃油

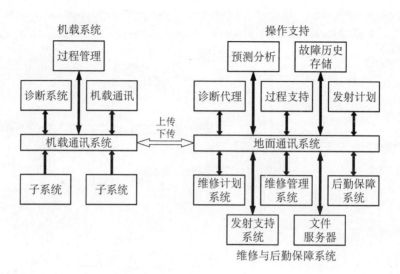

图 12 - 7 IVHM 体系结构

和润滑系统等。IVHM 对这些子系统的管理过程不是简单的相加,而是对其进行管理、协调,对子系统功能的进一步挖掘和升级,根据各个子系统之间的相互关系和联系,对各个子系统的健康管理信息进行融合管理,获得由单一子系统不能获得的飞行器整体健康信息,实现有关飞行器整体的综合健康管理。

地面 IVHM 主要包括操作系统和维护系统。地面操作系统对下载到地面的飞行器飞行数据进行进一步的实时诊断,根据故障历史信息做出预测,指导和帮助飞行员完成指定任务,并将故障维护信息发送给后勤保障系统。地面操作系统也进行数据的事后诊断,并将诊断数据保存在数据库服务器中。地面维护系统确定需要进行的维护工作,优化和组织人员,维护资源配置,记录维护数据,测试和验证维修结果。

12.4.3 CMS 的体系结构

中央维护系统 CMS 由机载维护系统(Onboard Maintenance System, OMS)、地面站 CGS (CMS Ground Station)、便携式维护访问终端 PMAT (Portable Maintenance Access Terminal)三部分组成[2,6]。CMS 的体系结构如图 12 - 8 所示。

OMS 位于模块化综合航空电子系统 IMA 中,采用模块化开放式系统结构,按功能模块可划分为状态监控单元(CMU)、故障检测单元(FDU)、控制显示单元(CDU)和数据传输单元(DTU)等部分。其中,CMU 通过采样飞机部件、机载设备的故障信息、功能和性能参数,实时监控飞机各部件的工作状况;FDU 基于系统故障模型和信息融合技术,对实时采集的工作状况数据、所记录的历史数据进行实时处理,准确定位故障,隔离故障子系统或部件,提供综合的故障诊断能力;CDU 负责提供机上健康信息的显示,提供告警、注意、提示和建议等信息。

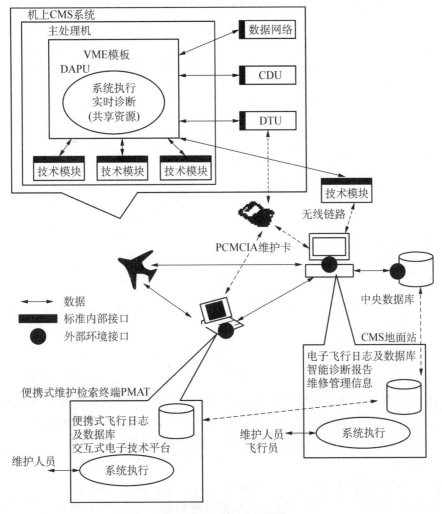

图 12-8　CMS 体系结构

便携式维护检索终端(PMAT)是飞机维修人员配备的便携式维修助手。飞机着陆后,维修人员可将该次飞行的飞机健康信息下载到 PMAT 中进行检查。PMAT 中的软件具有对健康信息的辅助分析处理能力,为外场维修提供指南,并支持故障信息浏览、地面测试等功能。

CMS 地面站(CGS)是飞机地面管理中心的一部分,负责对飞机健康信息进行综合管理。包括故障诊断与分析、根据诊断信息制定下一步的维修方案和维修计划。另外,还可根据维修中反馈的信息修改诊断结果和补充维修要求,以保证飞机维修的质量。

12.4.4　Livingstone 的体系结构

命名为 Livingstone 的 PHM 系统是一种基于模型的健康管理系统,由 NASA

的埃姆斯研究中心(Ames Research Center,ARC)开发。最初作为深空间一号
(DS-1)远程智能体试验的一部分而开发、验证,后来 ARC 与约翰逊航天中心
(Johnson Space Center,JSC)和肯尼迪航天中心(Kennedy Space Center,KSC)协
作,将该系统应用于 X-34,X-37 等可重复发射运载器上[1, 2]。Livingstone 体系
结构如图 12-9 所示。

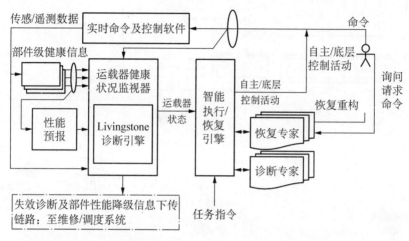

图 12-9　Livingstone 体系结构

Livingstone 系统通过监听硬件接收到的命令,跟踪系统的状态。当控制指令
逐条执行时,系统通过传感器接收经过实时控制软件监测器提炼出来的观测值,然
后将接收到的指令与观测到的数据,依据部件描述模型,确定系统当前状态,并向执
行引擎报告。执行引擎进一步结合专家指令做出控制动作。

Livingstone 系统最主要的特征就是利用定性模型和传统人工智能推理技术,
综合各个部件/子系统的健康信息,实现系统级的健康管理及重构控制。其次,
Livingstone 诊断算法的实质是基于模型的故障诊断,它将每个部件用一个有限状
态机(Finite State Machine,FSM)建模,将整个航天器建模为一个并发异步状态机。
借助并发状态机模型,Livingstone 能够有效地跟踪由于控制指令或部件失效引起
的状态改变。再者,通过定性的抽象模型提取部件状态或者模式,并在此基础上抽
象出系统行为,因而推理机的鲁棒性很强。

12.4.5　VHM 体系结构的设计考虑

由现有的理论模型和典型工程应用实例,可以分析出 VHM 系统体系结构应具
备的共性特征包括:

(1) 分层次的系统体系结构

由多个子系统及其交联关系组成的层次结构是复杂系统的主要标志之一。对
于飞机这样的复杂系统的 PHM 体系结构,分层的设计方法可以显著降低系统的分
析和开发复杂度[5~7]。

（2）分布式、跨平台的系统特点

PHM 系统物理上一般由机载 PHM 系统、地面 PHM 系统以及其与维修保障系统和任务调度系统的接口组成,飞机系统本身就是分布式系统,需要分布式计算技术支持。同时作为自主保障支撑技术的地面 PHM 系统,必然也存在多个对象系统之间的分布协作关系。因此分布式和跨平台是飞机 PHM 的一个基本特征。

（3）开放性、模块化和标准化的设计实现方法

PHM 系统的实现需要集成大量的、来自不同供应商的软件/硬件组（部）件,这就要求 PHM 体系结构是一个开放的系统。模块化设计是系统开放的基础,利用标准的、开放的接口规范综合各个功能部件,形成模块化系统。

（4）实时性的性能约束

PHM 要求实时监测系统状态,并根据健康退化信息执行控制策略,对关键部件进行剩余可用寿命（Remain Useful Life，RUL）评估,通过通信链路实时传送给地面保障系统。因此,系统实时性是 VHM 系统体系结构的一个重要特性。

（5）前瞻性、整体性设计要求

从工程设计看,要求将 VHM 系统作为飞行器系统设计的一个有机组成部分,从系统设计之初就作为系统的一项设计特性给予考虑,而不是事后设计成一个附加系统。同时要求定义好 VHM 与其他功能系统的交联关系。从全局或更宏观的角度看,VHM 将系统本身和维修保障统筹考虑,淡化以往系统主体与保障系统之间的界限,使信息在系统与保障系统之间流通更流畅,尽量利用规范的保障模式,提高系统使用及维护经济性。

12.5 关键技术

12.5.1 设计流程

VHMS 包括数据采集、数据预处理、数据传输、特征提取、数据融合、状态监测、故障诊断、故障预测、保障决策、健康管理等环节[2],其设计流程如图 12 - 10 所示。

12.5.1.1 平衡研究

平衡研究是为诊断和预测得到最平衡的解决方案,其主要包括：

- 支持系统工程过程的需要。
- 评估所有可选方案（需求、功能、配置等）。
- 综合和平衡各种因素。
- 建议"最好"解决方案。

12.5.1.2 视情维修测试

首先,需要制定一个视情维修测试计划来定义视情维修所需要的仪表仪器、测试流程、操作规范等。其次,按照计划在测试环境或实物环境中进行测试。

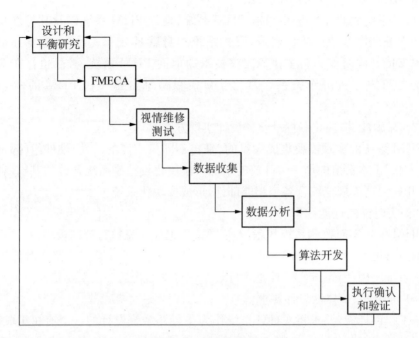

图 12 - 10　VHMS 设计架构

12.5.1.3　执行确认和验证

执行确认和验证的目的是确保满足设计要求。

- 确认是为了回答问题："我建立了正确的系统吗？"
- 验证是为了回答问题："我正确地建立了系统吗？"

12.5.2　FMECA

12.5.2.1　FMECA 定义

故障模式、影响及危害性分析（Failure Mode Effects and Criticality Analysis，FMECA）[2]是分析系统中每一产品所有可能产生的故障模式及其对系统造成的所有可能影响，并按每一个故障模式的严重程度及其发生概率予以分类的一种归纳分析方法。

12.5.2.2　FMECA 方法

FMECA 方法如表 12.2 所示。

12.5.2.3　FMECA 步骤

1) 系统定义

① 明确分析范围，包括产品层次、约定层次——规定的 FMECA 的产品层次、初始约定层次——系统最顶层、最低约定层次——系统最底层等。

② 产品功能与任务分析，包括任务剖面、任务阶段、工作方式、功能描述等。

表 12.2　FMECA 方法

	论证与方案阶段	工程研制阶段	生产阶段	使用阶段
方法	功能 FMECA	硬件 FMECA 软件 FMECA	过程 FMECA	统计 FMECA
目的	分析研究系统功能设计的缺陷与薄弱环节,为系统功能设计的改进和方案的权衡提供依据	分析研究系统硬件、软件设计的缺陷与薄弱环节,为系统的硬件、软件设计改进和保障性分析提供依据	分析研究所设计的生产工艺过程的缺陷和薄弱环节及其对产品的影响,为生产工艺的设计改进提供依据	分析研究产品使用过程中实际发生的故障、原因及其影响,为提供产品使用可靠性和进行产品的改进、改型或新产品的研制提供依据

③ 明确产品的故障判据,包括故障判据、分析方法等。

2) 故障模式影响分析

(1) 故障模式分析

故障是产品或产品的一部分不能或将不能完成预定功能的事件或状态。故障模式是故障的表现形式,如起落架撑杆断裂、作动筒间隙不当、收放不到位等。一个产品可能具有多种功能,比如起落架:支撑、滑跑、收放等。相应的具有多种故障模式,比如支撑:降落时折起;滑跑:震动;收放:收不起、放不下等。

(2) 故障原因分析

故障原因包括直接原因和间接原因,前者是指导致产品功能故障的产品自身的物理、化学或生物变化过程等;后者是指由于其他产品的故障、环境因素和人为因素等引起的外部原因。比如起落架上位锁打不开,直接原因为锁体间隙不当、弹簧老化等,间接原因为锁支架刚度差等。

(3) 故障影响分析

故障影响包括局部影响,高一层次影响,最终影响。其中,局部影响是指某产品的故障模式对该产品自身和与该产品所在约定层次相同的其他产品的使用、功能或状态的影响;高一层次影响是指某产品的故障模式对该产品所在约定层次的高一层次产品的使用、功能或状态的影响;最终影响是指系统中某产品的故障模式对初始约定层次产品的使用、功能或状态的影响。

(4) 故障检测方法分析

故障检测一般分为事前检测与事后检测两类。对于潜在故障模式,应尽可能设计事前检测方法。故障检测方法一般包括目视检查、离机检测、原位测试等手段,采用的硬件包括传感装置、音响报警装置、显示报警装置等。

(5) 补偿措施分析

补偿措施包括设计补偿措施和操作人员补偿措施。设计补偿措施是指产品发生故障时,能继续安全工作的冗余设备;安全或保险装置(如监控及报警装置);可替换的工作方式(如备用或辅助设备);可以消除或减轻故障影响的设计或工艺改进(如概率设计、计算机模拟仿真分析和工艺改进等)。操作人员补偿措施是指特殊的使用和维护规程,尽量避免或预防故障的发生;一旦出现某故障后,操作人员应采取的最恰当的补救措施。

3) 危害性分析

(1) 严酷度

严酷度是产品故障造成的最坏后果的严重程度。

(2) 故障概率等级

故障概率等级是一种定性分析方法,其分为 A 级——经常发生($>20\%$);B 级——有时发生($10\%\sim20\%$);C 级——偶然发生($1\%\sim10\%$);D 级——很少发生($0.1\%\sim1\%$);E 级——极少发生($<0.1\%$)等五级。

(3) 故障模式频数比

故障模式频数比 α 是产品的某一故障模式占其全部故障模式的百分比率。如果考虑某产品所有可能的故障模式,则其故障模式频数比之和将为 1。

(4) 故障影响概率

故障影响概率 β 是指假定某故障模式已发生时,导致确定的严酷度等级的最终影响的条件概率。某一故障模式可能产生多种最终影响,分析人员不但要分析出这些最终影响还应进一步指明该故障模式引起的每一种故障影响的百分比,此百分比即为 β。这多种最终影响的 β 值之和应为 1。

(5) 故障模式危害度

故障模式危害度评价单一故障模式危害性,其表示如下:

$C_m(j) = \alpha\beta\lambda_p t$, $j = Ⅰ,Ⅱ,Ⅲ,Ⅳ$;λ_p 为故障率;t 为工作时间。

(6) 产品危害度

产品危害度评价产品的危害性,其表示如下:

$$C_r(j) = \sum C_{m_i}(j),\ i = 1,2,\cdots,n(该产品的故障模式总数);\ j = Ⅰ,Ⅱ,Ⅲ,Ⅳ。$$

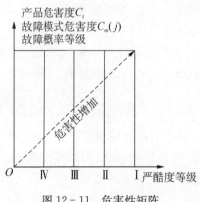

图 12 - 11　危害性矩阵

12.5.2.4　FMECA 输出

① 单点故障模式清单。

② Ⅰ、Ⅱ类故障模式清单。

③ 可靠性关键件、重要件。

④ 不可检测故障模式清单。

⑤ 危害性矩阵图。

危害性矩阵图示例如图 12 - 11 所示。

⑥ FMEA 表格

FMEA 表格示例如图 12 - 12 所示。

初始约定层次产品 　　　　任　务 　　审核 　　　第　页　共　页
约定层次产品 　　　　分析人员 　　批准 　　　填表日期

代码	产品或功能标志	功能	故障模式	故障原因	任务阶段与工作方式	故障影响			严酷度类别	故障检测方法	补偿措施	备注
						局部影响	高一层次影响	最终影响				
1	2	3	4⟩	5⟩	6⟩	7	8	9	10⟩	11⟩	12⟩	13
对每一产品的每一故障模式采用一种编码体系进行标识	记录被分析产品或功能的名称与标志	简要描述产品所具有的主要功能	根据故障模式分析的结果简要描述每一产品的所有故障模式	根据故障原因分析结果简要描述每一故障模式的所有故障原因	简要说明发生故障的任务阶段与产品的工作方式	根据故障影响分析的结果,简要描述每一个故障模式的局部、高一层次和最终影响并分别填入第7~9栏			根据最终影响分析的结果按每个故障模式分配严酷度类别	简要描述故障检测方法	简要描述补偿措施	本栏主要对其他注释和补充说明

图 12 - 12　FMEA 表格示意图

⑦ CA 表格

CA 表格示例如图 12 - 13 所示。

初始约定层次产品 　　　　任　务 　　审核 　　　第　页　共　页
约定层次产品 　　　　分析人员 　　批准 　　　填表日期

| 代码 | 产品或功能标志 | 功能 | 故障模式 | 故障原因 | 任务阶段与工作方式 | 严酷度类别 | 故障概率等级或故障数据源 | 故障率 λ_p | 故障模式频数比 α | 故障影响概率 β | 工作时间 t | 故障模式危害度 $C_m(j)$ | 产品危害度 $C_r(j)$ | 备注 |
| 1 | 2 | 3 | 4 | 5 | 6 | 7 | 8⟩ | 9 | 10⟩ | 11 | 12 | 13⟩ | 14 | 15 |

图 12 - 13　CA 表格示意图

12.5.3　传感器布局与 BIT 设计

12.5.3.1　传感器布局[2]

1) 传感器定义

传感器是能感受规定的被测量(包括物理量、化学量、生物量等)并按照一定的规律转换成可用信号的器件或装置,通常由敏感元件、转换元件和信号调节转换电路等部件组成,如图 12 - 14 所示。敏感元件是直接感受被测非电量,并按一定规律转换成与被测量有确定关系的其他量的元件;转换元件是将敏感元件感受到的非电量直接转换成电量的器件;信号调节与转换电路则是把传感元件输出的电信号转换为便于显示、记录、处理和控制的有用电信号的电路,常用的电路有电桥、放大器、变阻器、振荡器等；辅助电路通常包括电源等。

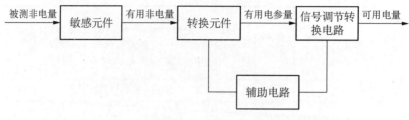

图 12-14　传感器组成

2）VHMS 传感器分类

（1）热传感器

被测物理量包括温度（范围、周期、梯度、缓变率）、热通量、热消耗等。

（2）电传感器

被测物理量包括电压、电流、电阻、感应、电容、介电常数、电荷、极化、电场、频率、功率、噪音水平、阻抗等。

（3）机械传感器

被测物理量包括长度、区域、数量、速率或加速度、质量、流量、力、转矩、应力、张力、密度、硬度、强度、方向、压力、声学密度或声功率、声谱分布等。

（4）湿度传感器

被测物理量包括相对湿度、绝对湿度。

（5）生物传感器

被测物理量包括 pH 值、生物分子浓度、微生物等。

（6）化学传感器

被测物理量包括化学形态、浓度、浓度梯度、反应、分子重量等。

（7）光学传感器

被测物理量包括强度、相位、波长、偏振、反射率、透光率、折射率、距离、震动、振幅、频率等。

（8）磁传感器

被测物理量包括磁场、通量密度、磁矩、渗透性、方向、距离、位置、流量等。

3）VHMS 传感器布局体系结构

要对一个复杂系统对象进行 PHM，首先要确定可以直接表征其故障/健康状态的参数指标，或可间接推理判断系统故障/健康状态所需要的参数信息，这时就要用到大量的传感器。这些传感器往往安装在设备的敏感部位，而由于设备结构特点的限制，传感器的安装和布局方式可能会对设备的工作状态产生影响，同时传感器的安装和布局效果要求能提供准确可靠的信息。VHMS 传感器布局体系结构如图 12-15所示，其主要包括五个功能模块：需求分析，系统建模，优值计算，优化和性能评估。

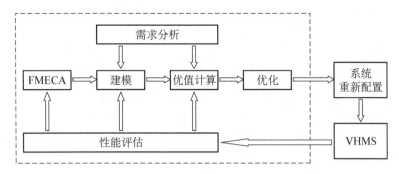

图 12-15 VHMS 传感器布局体系结构图

（1）需求分析

为了取得最优的传感器布局,四个主要的需求必须达到:可检测性、可识别性、可靠性和关联资源。但必须指出传感器具有不确定性,且会影响到传感器的侦错能力。传感器的侦错能力受限于许多因素,比如信噪比、侦出时间/失效时间比、故障检测敏感性、征兆时间/失效时间比等。

（2）系统建模

根据 FMECA 和对传感器的需求分析,建立初步的传感器布局模型,包括传感器的数量、类型和位置等。

（3）优值计算

优值计算的目的是在最小化传感器数量的同时,最大化故障检测能力。

（4）优化

根据优值计算的结果,优化传感器布局。

（5）性能评估

性能评估的目的是为了推算出故障检测出错率。每一个故障都包含一个假阳性比率和一个假阴性比率。进而,可计算出系统的平均假阳性比率和假阴性比率。

12.5.3.2 BIT 设计[2]

1）BIT 定义

BIT 为系统和设备内部提供的检测、隔离故障的自动测试能力,是指系统设备依靠其内部专设的一些自检测电路和自检测软件来完成系统设备自身器件的工作参数的检测和故障自诊断,然后执行故障隔离的一种综合能力。

2）BIT 分类

根据系统特点和使用要求,BIT 可分为如下类型:

（1）周期 BIT

这种 BIT 用于监控系统关键功能特性,在系统运行中检测和隔离故障。

（2）启动 BIT

这种 BIT 用于检查系统工作前的准备状态,检测系统是否正常,能否投入正常运行,给出通过或不通过指示。

（3）维修 BIT

这种 BIT 用于系统飞行后的维修检测，检查飞行中故障情况，进一步隔离故障，或用于维修后的检验等。

3）BIT 设计功能要求

一般情况下，BIT 应完成下列几项功能。

（1）关键性能监测

实时监控系统中关键的功能和性能特性参数，并随时报告给操作者。其过程如图 12-16 所示。

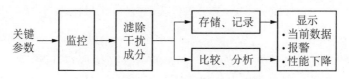

图 12-16　关键性能监测过程示意图

（2）故障检测

检查系统或被测单元功能是否正常，检测到故障时给出相应的指示或报警。系统运行（飞行）过程中的故障如图 12-17（a）所示。测试的所有方法和设备应尽量简单，但应特别注意防止虚警设计。系统运行（飞行）前、后的故障检测过程如图 12-17（b）所示。此时虚警问题不像飞行中那么严重，但要求的检测能力一般高于飞行中的 BIT。有时需要加入测试激励信号，还可能需要测试多个信号进行综合分析才能判定故障。

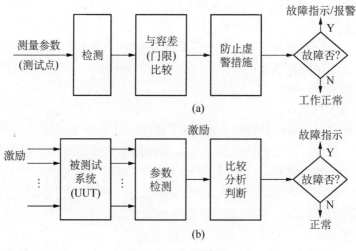

图 12-17　故障检测

（3）故障隔离

在检测或监测到故障后才启动故障隔离程序。用 BIT 进行故障隔离比性能监测和故障检测更为复杂,一般需要测量被测对象内部更多的参数,通过分析判断才能把故障隔离到存在故障的组成单元。如果各组成单元都设有检测故障的 BIT,则某个 BIT 检测到故障的同时就已把故障定位到该单元上了,可省去故障隔离程序,并可减少隔离判断错误,但这种方式增加了 BIT 资源配置。其过程如图 12 - 18 所示。

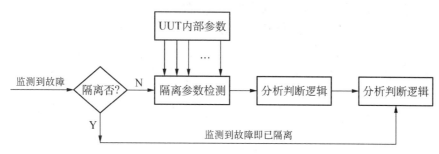

图 12 - 18　故障隔离过程

12.5.4　信号处理与状态监测

12.5.4.1　信号处理

信号处理是指各机载成员系统在飞行器飞行过程中获取来自传感器与控制系统的输入数据,经去干扰、分析、综合、变换和运算等处理,得到反映飞行器当前状态信息的过程。信号处理分模拟信号处理和数字信号处理。

对于机载信号处理,通常是先把模拟信号变成数字信号,然后利用高效的数字信号处理器或计算机对其进行数字信号处理。

一般地讲,数字信号处理涉及三个步骤:

(1) 模数转换(A/D 转换)

把模拟信号变成数字信号,是一个对自变量和幅值同时进行离散化的过程,基本的理论依据是采样定理。

(2) 数字信号处理(DSP)

包括变换域分析(如频域变换)、数字滤波、识别、合成等。当前,在信号处理中常用的数学算法包括傅里叶变换、Z 变换、拉普拉斯变换、小波变换、希尔伯特变换、沃尔什变换、数论变换等。

(3) 数模转换(D/A 转换)

把经过处理的数字信号还原为模拟信号。通常,这一步并不是必须的。

12.5.4.2　状态监测

飞行器状态监测数据是进行故障诊断和预测的基础。对飞行器进行故障诊断和预测,必须了解飞行器监测数据的特点,根据其特点和需要,提取和总结出用于故障诊断和预测的知识、提出相应的故障诊断和预测方法。

飞行器状态监测数据主要分类方法有以下几种[2]:

① 按监测数据性质,可分为温度、电压、电流、压力、流量、震动等;

② 按监测数据所处系统,可分为航电、机电、结构、推进系统等;

③ 按监测数据变化频率,可分为缓变数据和突变数据;

④ 按监测数据变化规律,可分为在给定范围内变化和按某种趋势变化等。

飞行器状态监测通常包括数据采集系统,数据记录系统和数据传输系统三部分。数据采集系统根据状态监测数据的性质和特点,实时采集各个成员系统的飞行状态数据。数据记录系统用来保存采集到的状态监测数据,这些数据是进行故障诊断和预测的基础。最后,数据传输系统基于机载数据总线,把数据采集系统,数据记录系统和故障诊断与健康维护系统联系起来,构成新一代飞机实时状态监控、故障诊断和维护支持系统。

12.5.5　故障诊断技术

故障诊断技术是健康管理系统的核心技术。目前,常用的故障诊断技术主要有以下几类[2]:

12.5.5.1　基于规则的故障诊断

基于规则的诊断(RBR)即产生式方式。早期的故障诊断专家系统都是基于规则的,这些规则是从专家的经验中总结出来,用来描述故障和征兆的关系。基于规则的故障诊断过程描述如下:

(1) 建立知识集

建立知识集主要通过两个途径:一是利用领域专家的经验知识;二是利用系统运行过程中的异常数据。通过这两个过程,建立一个故障知识数据库。

(2) 对故障知识数据库进行关联规则的预挖掘

考虑到当故障知识数据库相当庞大时,进行关联规则的挖掘需要耗费相当长的时间,这对于故障诊断的及时性非常不利,因此把关联规则挖掘过程中可以离线进行的部分提取出来进行预挖掘。

在关联规则挖掘时,首先要利用关联规则挖掘技术充分发现子系统中的一些关联耦合关系;其次,由于子系统中一个故障出现以后,往往会连锁式的引起系统中的多个故障的产生。因此在故障诊断过程中不仅需要各个子系统自身的故障判断规则,而且还需要相关故障的信息传递及相互影响的规则。

(3) 接收在线异常数据并进行规则生成

首先,在生产过程中出现异常数据时,故障诊断系统对异常数据进行接收,之后系统根据异常数据进行规则生成,并且表示出规则的置信度,并按置信度对规则进行排序;其次,按置信度从高到低将规则向决策系统提交。

(4) 决策系统根据规则进行决策

决策系统根据提交的规则进行决策输出,并且对输出的决策进行性能评价,进行决策实施。

(5) 决策实施

依据决策执行操作,若实施结果没有完全消除故障,重新提交规则,否则结束。

在诊断过程中如果出现规则已空的情况,则应该对故障进行降维处理,逐步排除故障。

基于规则的故障诊断有以下优点:一是利用关联规则挖掘技术可以有效地发现故障信息中变量间的关联关系,准确地发现故障源,从而快速排除故障;二是对于涉及多个变量、规模较大的故障,使用一般的方法可能无法解决,但使用故障降维的方法则可以有效地进行诊断;三是当系统运行过程中发现某个故障时,可以利用挖掘出的关联关系对即将发生的衍生故障进行预警,能有效地控制故障范围,防止故障恶化;四是基于规则的故障诊断系统具备自学习的能力,在系统运行过程中,随着在线故障数据不断加入到故障知识数据集中,系统的故障诊断能力会不断增强。

12.5.5.2　基于模型的故障诊断

基于模型的诊断(MBR)主要用于飞行器系统在故障诊断方面难以获取历史经验的场合,通过对飞行器不同子系统和部件等建立数学模型,对其求解进行故障诊断。

基于模型的故障诊断一般需要预先在系统的模型上进行测试和验证,以最少的耗费来获取直观有效的数据信息。应用于故障诊断的系统模型,由一定领域的专家给出,经过大量的数据验证,通常比较真实可靠。基于模型的故障诊断技术能深入对象系统本质,实现实时的故障诊断。对象系统的故障特征通常与模型参数相近或是紧密关联,随着对设备故障演化机理理解的逐步深入,模型可以被逐渐修正,以提高其诊断准确度。但是,在实际工程应用中,要求对象系统的数学模型具有较高的精度与复杂的动态特性,建立精确的数学模型往往是个难于解决的问题,因此基于模型的故障诊断的实际应用范围和效果常常受到限制。基于模型的故障诊断的典型代表有基于故障树的诊断和基于神经网络的诊断。

1) 基于故障树的诊断

故障树分析是一种演绎性的失效分析法,该方法集中在一个具体的不希望事件上,并提供一种确定引起该事件原因的方法。换句话说,故障树分析是一种自上而下的系统评价程序,在该程序中,针对某一特定的不希望事件,形成定性模型,然后进行评价。分析人员从一个不希望的顶层危险事件开始,在下一个可能产生该事件的较低层次上,系统性的确定系统功能块的所有可信单个故障以及失效组合。分析向下展开,相继通过更细化(即较低一层)的设计层次,直到揭示出初级事件(Primary Event)或直到满足该顶层危险事件要求为止。初级事件被定义为由于这样或那样的原因而不能做进一步展开的事件(即,不必为表明待分析的系统符合相应的安全性要求而将该事件分解为更细化的层次)。初级事件可能是待分析系统内部的或外部的,并且可能是由于硬件失效/差错或软件差错所引起。

基于故障树的诊断优点是诊断速度快,知识易动态修复,并能保持一致性,诊断技术与领域无关,只要相应的故障树给定就可以实现诊断。缺点是诊断结果严重依赖故障树信息的完整性,不能诊断不可预知的故障。

2) 基于神经网络的诊断

由于故障诊断的实质可以看作是建立从征兆到故障源的映射过程,因此神经网络可以用于故障诊断。

在进行故障诊断时,首先要分析用神经网络方法求解问题的性质,然后根据故障诊断特点,构造网络模型和确定学习算法,最后通过网络仿真分析,确定网络是否适合,是否需要修改。具体描述如下:

(1) 确定信息表达方式

将故障诊断问题及其相应的领域知识转化为网络所能表达并能处理的形式,即将故障诊断问题提炼成适合网络求解所能接收的某种数据形式。

(2) 网络模型选择

主要包括确定激活函数、连接方式、各神经元的相互作用等。另外,还可在典型神经网络模型的基础上,结合具体诊断问题特点,对原网络模型进行变型、扩充,如采用多种神经网络模型的组合等,也可以将神经网络与其他理论融合构造相对复杂的神经网络诊断模型。

(3) 网络参数选择

确定输入、输出神经元的数目、多层网的层数和隐含层神经元的数目,还有一些递归神经元等问题。

(4) 学习训练算法选择

确定网络学习训练时的学习规则及改进学习规则。在训练时,还要结合具体的算法,考虑初始化问题。

(5) 系统仿真性能的对比实验

将应用神经网络解决的故障诊断问题与采用其他不同方法的分析效果进行比较、评估。

基于神经网络的诊断优点是高度非线性、高度容错和联想记忆等。主要不足是不能揭示出系统内部的一些潜在关系,无法对诊断过程给予明确解释;网络训练时间较长,且不能对未在训练样本中出现的故障进行诊断,甚至可能得出错误诊断结论。

12.5.5.3　基于案例的故障诊断

基于案例的诊断(CBR)是由目标案例的提示而得到历史记忆中的源案例,并由源案例来指导目标案例求解的一种策略。在 CBR 中,知识单元是案例,合理的案例表达方式是 CBR 的基础和关键。通常,一个 CBR 系统把过去处理过的问题,描述成由问题属性特征集和解决方案及相关辅助信息组成的案例,存储在系统的案例库中。一般来说,CBR 可以归纳为以下 4 个步骤:

① 案例检索:与给定问题的特征相比较,将最符合的案例从案例库中检索出来。

② 案例重用:将最符合的案例的解决方案作为新问题的解决方案。

③ 案例修改:分析检索出的案例与问题间的差异部分,运用领域知识对案例的解决方案加以修正,形成新的案例。

④ 案例学习:根据一定的策略,把新案例加到案例库中。

该方法的优点是将案例作为重要的诊断依据,提高了诊断工作的效率,更符合人们的思维习惯;不足的是 CBR 系统的建设需以内容丰富、涵盖面广的案例作为基础,这一需求无论是对于飞行器故障诊断系统,还是一般的机械设备故障诊断系统都较难达到,从而限制了该技术的应用。

其他一些故障诊断技术还包括:基于信号处理的诊断,是诊断领域应用较早的技术之一;基于 Petri 网的诊断,优点是能动态地描述故障现象的产生和传播过程,便于通过对系统行为的变化进行故障诊断,缺点是故障诊断完全依赖于 Petri 网模型的建立,问题求解过程中容易产生冲突现象;多传感器信息融合的诊断,在一定程度上能够获得精确的状态估计,增加诊断置信度,充分利用传感器资源;还有基于智能 Agent 的分布式诊断等。

目前每种诊断技术都有其自身的缺点和不足,单一的诊断技术很难完成飞行器故障诊断的最终目标,必须利用多种技术的整合才能获得满意的结果。

12.5.6 预测技术

预测是检测和监控故障部件的先兆指示,并沿着故障到失效的时间线不断进行精确的剩余使用寿命预计。当系统、子系统或部件可能出现小缺陷或早期故障,或逐渐降级到不能以最佳性能完成其功能的某一点时,选取相关检测方式,设计预测系统来检测这些小缺陷、早期故障或降级,并随着其严重性的增长,对其实施监控[1, 2]。

飞行器预测技术主要有这样几类:基于数据的预测,只与历史数据有关,无需了解系统应用的情况,分为时间序列预测和因果预测;基于模型预测,利用建立飞行器被观测对象的动态响应模型,针对当前系统的响应输出,进行参数辨识,对照正常状态下的参数统计特性,进行故障模式确认和预测;先进行历史数据预测,再结合飞行器系统模型进行预测。

应用最为广泛的是基于飞参数据的预测,主要分为时间序列预测和因果预测两种。此外,还有针对电子产品的基于故障物理(POF)的预测方法。

12.5.6.1 基于经验的预测

当缺少子系统或部件的物理模型,并且没有足够的传感器来评估状态时,采用基于经验的预测模型。一般情况下,从传统系统收集失效数据或者检测数据,采用布尔分布或其他统计分布来拟合这些数据。采用基于经验的预测时,其关键是拥有一个自动化维修数据库。

12.5.6.2 渐进式预测

渐进式预测方法依靠测量部件当前的近似状态(即特征)及其变化率,来获得性能降级或故障部件信息,它可以在经历条件失效的系统或子系统上实施。该方法对于预测系统的降级效果比较好,但需要获得充分的传感器信息,以评估系统或子系统的当前状况和测量中的不确定水平,同时识别性能相关故障的参数条件。

12.5.6.3　基于特征扩展的智能预测

已知故障/失效的"降级路径"随时间不断扩展,采用神经网络等 AI 技术对所测量/提取的这些"路径"的特征进行训练,神经网络将根据失效曲线与相关的特征量级自动调节加权和门限值。训练后的神经网络结构可以用于预计在相似工作条件下的不同实验的同样特征的进展情况。

12.5.6.4　基于异常现象信息的故障预测

通过被观测对象在非正常工作状态下所表现出来的或可侦测到的异常现象(振动、噪声、污染、温度、电磁场等)进行故障诊断,并基于趋势分析进行故障预测。大多数机械产品由于存在明显的退化过程,多采用这种预测方式。

基于异常现象信息进行故障预测的一个主要问题是异常信息往往被正常工作噪声所掩盖。例如,采用振动或噪声分析手段对直升机齿轮箱进行故障诊断与预测时,状态异常(轮齿磨损)引起的振动载荷变化可能只有 $1/4\,\mathrm{g}$,而正常工作振动载荷可能达到 $1000\,\mathrm{g}$,信噪比为 $1:4000$。另一个问题是异常现象是宏观的系统级的,而故障原因却是部件级、材料级的,一种现象常存在多种可能的原因,导致故障定位困难。

基于异常现象信息进行故障预测的任务是:基于历史统计数据、故障注入获得的数据等各类已知信息,针对当前产品异常现象特征,进行故障损伤程度的判断及故障预测(图 12-19)。概率分析方法、人工神经网络、专家系统、模糊集、被观测对象物理模型等都可以用于建立异常现象与故障损伤关系模型。

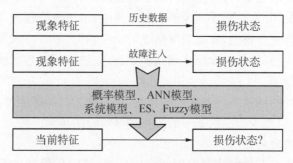

图 12-19　基于异常现象信息的故障预测

1) 概率趋势分析模型

此类方法通过异常现象对应的关键参数集,依据历史数据建立各参数变化与故障损伤的概率模型(退化概率轨迹),与当前多参数概率状态空间进行比较,进行当前健康状态判断与趋势分析。通过当前参数概率空间与已知损伤状态概率空间的干涉来进行定量的损伤判定,基于既往历史信息来进行趋势分析与故障预测。

概率趋势分析模型已用于涡轮压缩机气道等的故障预测,主要监控效率、压缩比、排气温度、燃油流量等四个参数。图 12 - 20 为双参数状态空间下,压缩机健康状态演化图,2%及 4%的点代表了已知的相应损伤的概率空间,椭圆为概率分布等高线。

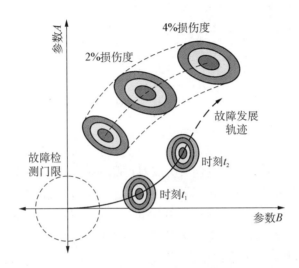

图 12 - 20 概率趋势分析模型

2) 神经网络(ANN)趋势分析模型

此类方法利用 ANN 的非线性转化特征及其智能学习机制,来建立监测到的故障现象与产品故障损伤状态之间的联系。利用已知的"异常特征-故障损伤"退化轨迹,或通过故障注入(Seeded Fault)建立与特征分析结果关联的退化轨迹,对 ANN 模型进行"训练/学习";然后利用"训练/学习"后的 ANN 依据当前产品特征对产品的故障损伤状态进行判断。由于 ANN 具有自适应特征,因此可以利用非显式特征信息来进行"训练/学习"与故障损伤状态判断。

3) 基于系统模型进行趋势分析

此类方法利用建立被观测对象动态响应模型(包括退化过程中的动态响应),针对当前系统的响应输出,进行参数辨识,对照正常状态下的参数统计特性,进行故障模式确认、故障诊断和故障预测(图 12 - 21)。这种方法提供了一种不同于概率趋势分析、ANN 的途径,具有更高的置信度和故障早期预报能力。

例如,针对机电式作动器(EMA)进行故障预测时,基于 MATLAB 建立 EMA 动态仿真模型,采用干摩擦系数(FDC)、局部齿轮硬度(LGS)、扭矩常数(TC)、电机温度(MT)作为关键参数进行故障预测。FDC 变化对作动筒响应的影响如图 12 - 21所示。

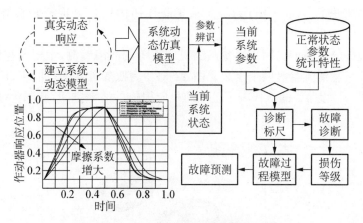

图 12-21　基于系统模型的趋势分析模型

12.5.6.5　基于失效物理的预测

产品的全寿命周期信息包括制造、存储、处理以及运行和非运行条件。全寿命周期负载可能会单独或以不同的组合方式对产品造成性能或物理降级,从而缩短其使用寿命。产品降级的程度和速度取决于产品承受负载(使用率、频率和严重程度)的幅度和时长。通过研究全寿命周期使用和环境负载对电子结构和组件的影响评估,引入寿命损耗监控方法,将实地测量的负载与基于物理应力和失效物理模型结合起来,可估算出剩余产品寿命。

基于失效物理的预测可在系统的实际应用条件下评估和预测其可靠性。它将传感器数据和模型相结合,而该模型能够实时识别产品与预期正常运行条件(即系统的"健康状态")相比的偏离或降级,并可预测产品未来的可靠性状态。基于故障物理的预测第一步要进行故障模式、机理及影响分析(FMMEA),确定所有潜在故障模式中的潜在故障机理和模型。然后,对重要故障模式和故障机理进行优先级划分,以选择健康管理系统的监控参数和传感器位置。最后,根据收集到的运行和环境数据估算产品的健康状态,计算损坏量,获得剩余寿命数据。

使用基于物理失效的方法进行可靠性评估的挑战之一是,该模型在对系统失效时间进行定量分析时,存在可用性和精确性问题。同时,在单应力失效条件下,不能使用多重应力失效模型;在多应力条件下,不能使用单应力模型。如果没有失效模型可用,监测参数的选择只能基于过去的现场失效数据或者通过加速试验得来的经验模型。

12.5.6.6　基于使用环境信息的故障预测

由于电子产品尚无合适的可监测的耗损参数和性能退化参数、故障发生进程极短(毫秒级)等原因,电子产品的寿命预测一直是一个难点。由美国马里兰大学CALCE ESPC 提出的电子产品"寿命消耗监控(LCM)"方法论是目前主要发展方向。LCM 方法论(图 12-22)采信的是环境信息,基于电子产品的失效物理模型,通过环境应力和工作应力监测,进行累计损伤计算,进而推断产品的剩余寿命。

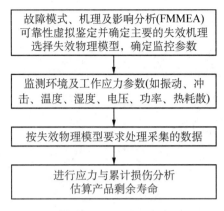

图 12 - 22　LCM 方法

　　LCM 方法论的基础是对产品对象失效模式、失效机理的透彻了解，并建立量化的失效物理模型。电子产品（特别是电子元器件）的失效物理研究已有 40 年的历史，积累了丰富的模型，典型的模型包括焊点疲劳、电迁移、热载流子退化、时间相关介电质击穿（TDDB）、锡须、导电细丝形成（CFF）等。

　　LCM 方法论已用于航天飞机火箭助推器电子组件、航天飞机远距离操作系统（SRMS）电子组件、JSF 飞机电源开关模块和 DC/DC 转换器、航空电源等的寿命预测，取得了良好的效果。LCM 方法论事实上也适用于机械产品，目前已尝试在美军轮式地面车辆、直升机齿轮箱中的正齿轮和蜗杆等机械产品中应用。

12.5.6.7　数据融合及综合诊断与预测

　　综合利用来自多种信息源的、多参数、多传感器信息，以及历史与经验信息，以减小故障诊断与预测的差错，提高置信度，是数据融合的根本任务。

　　故障诊断与预测中的数据融合可以在三个层次进行：（a）传感器层融合，没有信息丢失，但传输与计算量大；（b）特征层融合，特征提取时有信息丢失；（c）推理层融合。典型的数据融合过程包括在特征层融合时采信传感器层的关键原始数据，推理层融合时采信相似产品可靠性统计数据或专家经验知识。

　　数据融合时要考虑的主要问题是各种来源的信息的可信程度/精确度是不一样的，不恰当的数据融合也会导致故障诊断与预测的置信度降低。常用的数据融合方法有权重/表决、贝叶斯推理、Dempster-Shafer、卡尔曼滤波、神经网络、专家系统、模糊逻辑等方法。

　　当前大量的应用案例都采用了数据融合的综合诊断与预测方法。例如，采用卡尔曼滤波方法对机械传动的振动数据进行融合、采用自动推理对齿轮箱的振动数据与油液污染数据进行融合、采用权重方法和贝叶斯推理方法对监控直升机传动系的多加速度传感器数据进行融合等。图 12 - 23 用 ANN 融合齿轮箱领域专家知识与振动监测数据、试验台数据的方法，应用于齿轮箱健康监控，提高了对初期故障的预测置信度。

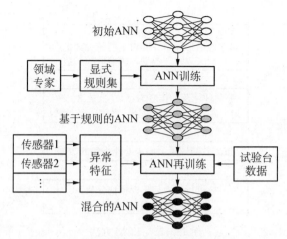

图 12 - 23   齿轮箱数据融合

需要强调的是,对于采用 LCM 方法的电子产品故障预测,更需要采用数据融合的方式提高预测的置信度。

12.5.7   健康管理与维修决策

飞行器的健康管理就是通过在飞行器系统中集成和应用先进的软件、传感器、状态监测与故障诊断等技术,实现对飞行器系统及关键部件的健康评估、余寿分析和趋势预测,帮助操作人员完成飞行任务和维修决策的制订,降低全寿命周期风险和使用成本[2,3,5]。健康评估与维修决策作为对飞行器健康管理中高级功能的重要支撑,属于决策层的信息融合技术。

12.5.7.1   健康评估技术

健康评估,即是在异常检测、故障诊断、乃至余寿预测等的基础上,依据系统或子系统特定的健康表征集、健康标尺以及健康耦合机理,同时考虑现存异常、故障的严重度、紧迫度等,对当前的健康状态进行综合性量化评估[2,3]。广义的健康评估还包括故障排序、趋势分析等内容。健康评估结果是触发实时告警、制订任务计划和维修计划的重要参考依据。

对于飞行器等状态及结构因素复杂的系统,基于系统分层分解思想的层次化评估是最自然、实用的综合评估方法。其中,多属性合成方法是反映属性间结构关系特征以及逻辑关系特征的基本运算手段。按照构成要素的合成法则,传统合成模型一般可分为:加法模型、乘法模型、函数模型、最大隶属原则模型、加权和模型。加法模型、乘法模型和函数模型比较适合于系统结构简单、构成因素较少而层次较少、易于掌握系统状态变化规律的评估对象。最大隶属原则模型是一种悲观保守方法,适合于危害后果极为严重且构成因素较少的系统状态的评估。最常用的加权和模型考虑了组成元素的相对重要程度,使得评估过程具有很强的合理性。其主要缺陷是组成因素权重赋值的主观性,并假定属性是相互独立的、从而忽略了组成因素间的关联性。

此外,常用的健康评估技术还包括基于模糊测度和模糊积分的综合评估方法、基于最大熵原理的评价指标赋权方法、基于概率统计的综合评估方法、基于粗糙集的合成评价方法等不确定性综合评估方法,以及神经网络、专家系统等智能推理技术。

12.5.7.2 维修决策技术

维修决策支持系统是自主后勤保障系统中的一部分,它以飞行器的安全可靠性为基础,通过权衡可靠性和经济性的关系,给维修人员和部件供应商提供维修信息,帮助相关人员完成飞行器的后勤保障工作。维修方式有事后修复性维修、定期预防维修和视情维修。对于飞行器的不同设备以及同一设备的不同部件,可能采取几种维修方式并存的模式进行维修。维修决策,特别是对于视情维修的决策支持,是飞行器健康管理中的一个关键性技术难点[2,3,5]。

飞行器维修决策包括两个层次的内容:(a)确定部件级的维修策略;(b)确定系统级的维修策略。部件级维修策略包括根据部件的失效特点(突发失效,如航电 LRM;劣化失效,如机械 LRC)、重要度确定维修方式、检测模式、检修时机、维修费用、维修程度等。部件级视情维修的基础是部件的劣化过程描述模型,主要包括两大类技术。第一类是利用数理统计理论,直接建立部件状态和寿命的统计分布,根据监测数据估计失效模型中的未知参数,然后根据费用等目标做出优化。比较典型的有时间延迟模型、比例危险模型、冲击模型,以及 Levy 过程模型等。第二类一般将部件状态空间离散化,基于随机过程理论,应用马尔可夫或半马尔可夫决策过程模型进行维修策略的优化求解。系统级维修决策则在部件级维修决策的基础上,综合考虑飞行器的健康状况、可用资源配置、任务要求等,根据系统级的经济相关性、结构相关性、随机相关性、维修方法、优化目标等,建立多约束规划模型,据此统筹规划操作与维修活动,以达到飞行器维修整体优化的目的。飞行器维修决策多约束模型如图 12-24 所示。

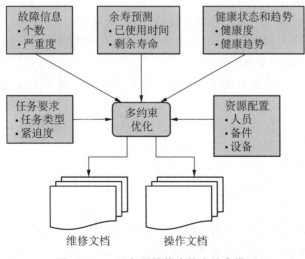

图 12-24 飞行器维修决策多约束模型

12.5.8　VHMS 仿真验证技术

12.5.8.1　仿真验证的必要性

VHMS仿真验证是在地面全面检验和验证飞行控制系统设计正确性和鲁棒性的关键环节,通过建立仿真系统代替真实设备,完成机载和地面试验的相应功能,大大降低了试验成本和试验风险。

然而仿真系统毕竟不同于真实设备,肯定会存在误差。这就要求对仿真系统结果进行可信度分析,确保仿真系统的可行性和正确性,最终得到的仿真结果才能正确应用于真实设备中,达到仿真验证的目的。

12.5.8.2　VHMS 仿真验证架构设计

由于与VHMS相关的实时诊断模型、规则、算法不能通过试飞的方式进行验证,因为在飞机的飞行过程中注入故障参数将可能危及飞机的安全或导致飞行事故。同时,对于VHMS及其相关模型或系统仿真设计的关键通用技术及其工程化实现方法,为达到预期的研制目的和效果,作好技术验证工作,必须同步进行相关技术验证与仿真平台的建立和开发,包括维护系统模拟系统和典型成员系统状态与故障模型的仿真系统等,而这些模拟软件和仿真系统也是关键技术研究过程中必不可少的辅助开发和测试平台[2,3,6,7]。

VHMS仿真验证系统由仿真验证目标机系统和成员仿真系统组成,仿真验证目标机系统由维护系统仿真验证样机和界面显示设备组成。

维护系统仿真验证样机包括了基于IMA结构的维护系统验证处理机和运行其上的维护系统应用验证软件,主要完成飞行器健康管理、维护系统故障模型、故障诊断算法与系统维护等研制内容的仿真运行和功能验证。

界面显示设备采用通用航空显示器,主要完成与维护系统相关的数据界面显示和人机交互技术的仿真和验证。

成员仿真系统由飞行数据仿真系统、故障仿真系统和用户接口组成。该仿真系统可完成典型故障模型的注入和飞机状态趋势数据的发生,包括典型发动机系统、飞控系统、液压系统和航电系统。

整个技术验证和仿真采用半物理的方法进行。应用成员仿真系统产生与维护系统接口的典型成员系统接口信号。仿真验证软件环境的故障仿真系统可以仿真飞行过程任意阶段的任意故障或故障模式,通过验证维护系统是否能输出正确的故障和健康状态报告来验证VHMS的功能。

成员系统仿真验证软件的各功能模块包括:

① 用户接口:成员系统仿真验证软件的人机接口,启动或停止各种故障数据的发送。

② 故障仿真:提供故障模型所需要的各种BIT数据。

③ 飞行数据仿真:提供飞机飞行状态的各种参数,如空速、高度、飞行阶段等。

④ 信号发生器:实际产生故障仿真和飞行数据仿真所要求的网络数据,该数据

包含的故障模型中 LRU 设备的 BIT 信息可以为维护系统验证软件所使用。

12.6 VHMS 案例

12.6.1 建立基于模型的飞行器健康管理系统

机载嵌入式软件的设计十分复杂,因此难免存在潜在的缺陷,而这些缺陷很可能不会被测试和检验出,它们只有在非常规的操作或者系统发生故障时才可能被发现。

2008 年 10 月 7 日澳洲航空一架 A330 飞机发回的报告中提到:当飞机巡航在 37 000 ft 高度时,自动驾驶仪突然断开连接,同时飞机上许多子系统出现了故障迹象;随后机头突然向下倾斜,在机组人员重新调整飞机高度和倾角后不久,飞机第二次不受操控的向下倾斜,最终机组人员在发出了求救信号后降落在利尔蒙斯。

到目前为止已确定的两个导致飞机下倾的重要的安全因素:(a)自动驾驶仪失效之前,一个大气数据惯量参考单元(ADIRU)向其他飞机系统提供了错误的数据,而其余两个 ADIRU 还在继续正常工作;(b)这些错误的数据并没有被飞行控制计算机过滤,导致计算机随后错误地发出了下倾的指令。

以上事故是由机载嵌入式软件存在的缺陷所致。总体上我们需要构建一个软件健康管理系统(SHM)来发现这些软件故障,隔离并且预测其发展趋势,最终得到一个解决方案来缓解故障对系统造成的负面影响。细节上需要考虑如何使用基于模型的方式来设计和实施并验证该系统。

12.6.1.1 软件健康管理系统技术

系统故障和软件故障应使用不同的检测和缓解技术,对于软件的健康管理,最重要的 HM/FDIR 概念和技术分为实时的故障检测、诊断、防护和缓和技术。

① 故障检测难度在于判定软件表现是否正常,因此需要对所有可预见场景下的组件和子系统的正常行为使用建模技术。

② 诊断隔离时同样很难精确区分软件中的故障源,比较理想的方法是依据模型定位到发生故障的单个组件,并且分析其发生故障的原因。

③ 故障防护技术主要被用来防止故障传播至高临界值的组件,同时也保障 SHM 系统的正常工作。

④ 故障缓和与恢复技术的设计应当被放在系统级别上,比如软件开发过程中针对一些预计会出现的故障和失效安排一些已被证实为适当的缓解方法,系统设计时可以利用现有的结论,然而研究可重用的架构方法仍然是一个挑战。

12.6.1.2 软件健康管理系统的实施计划

整个系统应当采用基于组件的设计方式,这些组件选自 SHM 中最重要的组件或者组件容器。

1) 组件

一个组件就是一个单元(可能包含多个对象)[8]。组件是参数化的,每个组件都有自己的状态。它们都消耗特定的资源,组件通过触发器触发事件,而这些事件的引起可能是收到了控制指令或者其他方式触发。组件除了发布自己的事件或还能够订阅其他组件的事件,并且每个组件都拥有输出接口和供其他组件访问所需的接口,图12-25描述了一个组件的各组成部分。

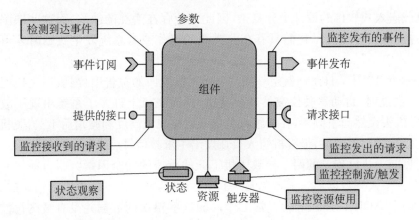

图 12-25　组件结构图

2) 组件间的交互

消息的发布和订阅是由事件驱动的,采取异步通信(发布后不需要等待响应)。当请求其他组件数据或负责提供数据时则要采用同步通信,事件的触发可能是周期性的也可能是随机的。组件可以通过异步/事件驱动和同步/请求驱动的方式进行交互。

图12-26描述了组件间的交互方式,Sampler组件的触发器周期性的触发,如果在触发时有事件被激活,它将在发布接口上发布这个事件(异步/事件驱动方式),GPS组件订阅Sampler组件的事件,当订阅的事件与它自身相关时该组件被触发(显然这个触发不是周期性的),该组件也会在发布接口上发布事件,Display组件除了可以订阅收取GPS组件的事件外,同时也可以通过一个到GPS组件的请求接口请求到GPS的事件(后者属于同步/请求驱动方式)。

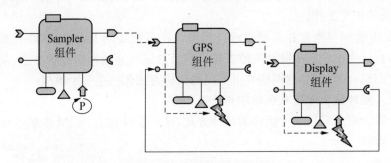

图 12-26　组件交互示例图

3) 软件健康管理系统实施技术

整个系统实施平台我们依据 ARINC 653 协议模拟一个 Linux 环境下的仿真实时操作系统,组件框架选用轻量级的框架比如开源的 CCM 如 MICO。

实施中我们使用的标准技术分为:组件级别的监控、检测、缓解。

组件级别监控对象包括:组件接口、组件状态、时序调度(WCET)、资源使用。

① 组件接口(同步调用/异步调用):对组件接口的监控使用 CCM"拦截"完成。

② 组件状态:通过状态请求函数可以请求到组件的当前状态。

③ 时序安排和调度:通过监控线程以达到目的。

④ 资源使用:使用 API 调用查看资源的使用情况。

检测对象包括参数调用、频率、组件状态、定时性能检测和资源的使用量。

缓解:提供对已检测到的异常和状况所需采取的行动,可以是时间或者事件驱动的。通常包含:重启、初始化、注入值、注入调用、释放资源、修改状态等行为,或者以上都有。

实际上组件的触发器触发事件是由管理器操控的,设计过程中也要对管理器进行建模。管理器是组件的一部分,但必须受到保护使其不受功能组件的故障影响,它通过一个有限状态机在不同的状态之间切换,在每个阶段完成相应处理,组件状态轨迹通过事件检测和时间推移改变,管理器通过分析这些状态的改变作出相应的缓和措施。图 12 - 27 是一个描述管理器工作流程的行为模型。

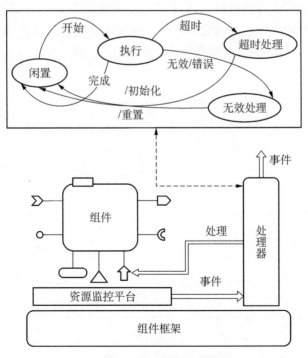

图 12 - 27　管理器行为模型图

设计过程中所有组件均遵循主机代管，以实现故障遏制。同一个管理器可能同时管理多个组件的诊断。

MURI 在其工程中使用两个组件作为飞行器模型验证了功能组件级别的健康管理，实施验证的过程中用到了上述技术，最终得出的结论如下：

① 组件级别的健康管理可以通过基于模型的组件框架实现。

② 组件框架必须紧密的集成并基于一个健壮的 RTOS 平台（比如 ARINC 653）。

③ 传统的组件框架和 RTOS 的集成是可行的但是有一些问题需要解决。

④ 由高级别的模型建立组件级别的健康管理是可行的，并且这项行为能大大减少编码所需时间（模型可以为组件生成配置所需的代码）。

12.6.2 基于模型的飞机发动机性能估计

由于飞机燃气涡轮发动机性能在运转状态中是不可测量的，当我们需要判断发动机性能时需要借助一些方法进行尽可能精确的评估，在评估中可能涉及的技术领域为：检测、诊断、预测、和控制[9]。

精确评估飞机燃气涡轮发动机性能参数意义在于：监测机载引擎性能趋势和事件检测。并且为诊断应用解析冗余。综合不可测的引擎参数以便计算余寿和控制应用。

评估的难点在于每部发动机都具有一个独特的性能水平，这是由不同的退化程度和制造工艺决定的。同时评估结果有时也缺乏准确性（比如使用传感器检测会更可靠）。性能退化和欠定性评估会导致估计和现实中的引擎性能出现误差，所以我们的目的就在于找到一种方法以尽量减小评估的欠定性。图 12 - 28 描述传统使用评估方法产生的偏差。

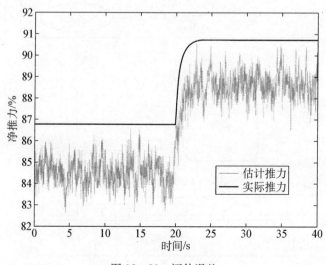

图 12 - 28　评估误差

以目前的技术状况评估需要基于平均速率的引擎,当前的方法就是基于模型的自适应评估。机载自适应模型嵌入在引擎控制计算机内,用一个追踪滤波器自动调整机载模型以配合物理引擎性能,这个追踪滤波器是一个典型的卡尔曼滤波器。

线性发动机模型如图 12 - 29 所示。我们给发动机模型定义了 7 种参数,并定义了 3 种方程通过这 7 种参数确定发动机的状态。这 7 种参数分别是:

X_k:状态参数(轴速度);

Y_k:测量参数(轴速度,温度,气压);

Z_k:辅助输出(推力,失速余量);

U_k:控制输入(燃料流量,可变定子叶片,可变泄漏处理);

H_k:引擎健康参数(组件功效,流通能力);

W_k:过程噪声(零平均值,通常分布);

V_k:传感器噪声(零平均值,通常分布)。

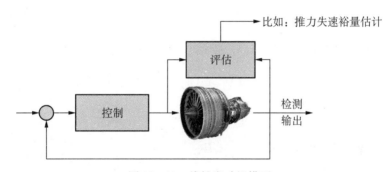

图 12 - 29 线性发动机模型

3 种方程分别为:

状态方程:$X_{k+1} = AX_k + BU_k + LH_k + W_k$;

输出方程:$Y_k = CX_k + DU_k + MH_k + V_k$;

辅助方程:$Z_k = FX_k + GU_k + NH_k$。

发动机性能恶化是逐渐发生的,因此健康参数 H_k 建模时通常不需要考虑动力学即 $H_{k+1} = H_k$。一旦 H 是增广状态向量的一部分,健康参数 H_k 就可以通过系统可观察长度的卡尔曼滤波进行估计。保证可观测性的一个必要条件是:用尽可能多的传感器健康参数完成评估。传统的方法是只估计健康参数的一个子集,假设其他参数保持恒定。

将三种方程展开得出

$$\begin{bmatrix} X_{k+1} \\ H_{k+1} \end{bmatrix} = \underbrace{\begin{bmatrix} A & L \\ 0 & 1 \end{bmatrix}}_{A_{XH}} \underbrace{\begin{bmatrix} X_k \\ H_k \end{bmatrix}}_{X_{XH,\,k}} + \underbrace{\begin{bmatrix} B \\ 0 \end{bmatrix}}_{B_{XH}} U_k + \underbrace{\begin{bmatrix} W_k \\ W_{H,\,k} \end{bmatrix}}_{W_{XH,\,k}}$$

$$= A_{XH} X_{XH,\,k} + B_{XH} U_k + W_{XH,\,k}$$

$$Y_k = \underbrace{\begin{bmatrix} C & M \end{bmatrix}}_{C_{XH}} \underbrace{\begin{bmatrix} X_k \\ H_k \end{bmatrix}}_{X_{XH,\,k}} + DU_k + V_k$$

$$= C_{XH}X_{XH,\,k} + DU_k + V_k$$

$$Z_k = \underbrace{\begin{bmatrix} F & N \end{bmatrix}}_{F_{XH}} \underbrace{\begin{bmatrix} X_k \\ H_k \end{bmatrix}}_{X_{XH,\,k}} + GU_k$$

$$= F_{XH}X_{XH,\,k} + GU_k$$

12.6.2.1　建立降维状态空间方程

建立降维状态空间方程是为了定义一个降阶调谐器向量 q，这是所有健康参数的一个线性组合，它也适合卡尔曼滤波评估的规格。V^* 是变换矩阵，H 是引擎状态参数。

$$q = V^*H$$

根据降维状态空间方程可以对 3 种方程再次变形：

$$\begin{bmatrix} X_{k+1} \\ q_{k+1} \end{bmatrix} = \underbrace{\begin{bmatrix} A & L V^{*\dagger} \\ 0 & 1 \end{bmatrix}}_{A_{Xq}} \underbrace{\begin{bmatrix} X_k \\ q_k \end{bmatrix}}_{X_{Xq,\,k}} + \underbrace{\begin{bmatrix} B \\ 0 \end{bmatrix}}_{B_{Xq}} U_k + \underbrace{\begin{bmatrix} W_k \\ W_{q,\,k} \end{bmatrix}}_{W_{Xq,\,k}}$$

$$= A_{Xq}X_{Xq,\,k} + B_{Xq}U_k + W_{Xq,\,k}$$

$$Y_k = \underbrace{\begin{bmatrix} C & M V^{*\dagger} \end{bmatrix}}_{C_{Xq}} \underbrace{\begin{bmatrix} X_k \\ q_k \end{bmatrix}}_{X_{Xq,\,k}} + DU_k + V_k$$

$$= C_{Xq}X_{Xq,\,k} + DU_k + V_k$$

$$Z_k = \underbrace{\begin{bmatrix} F & N V^{*\dagger} \end{bmatrix}}_{F_{Xq}} \underbrace{\begin{bmatrix} X_k \\ q_k \end{bmatrix}}_{X_{Xq,\,k}} + GU_k$$

$$= F_{Xq}X_{Xq,\,k} + GU_k$$

最终使用以下公式估计误差平方之和 $SSEE$，本公式用偏差与方差值的组合形式：

$$SSEE(\hat{Z}_{\text{fleet}}) = \text{tr}\{G_Z P_h G_Z^T + [F/NV^{*\dagger}]P_{Xq,\,k}[F/NV^{*\dagger}]^T\}$$

由上式知可以用通过选取 V^* 和传感器的方式尽量降低需要关注的参数的 $SSEE$。最优搜选传感器组和变换矩阵的方法可以总结为三步：

① 考虑尽可能全面的传感器组合。

② 对每个候选传感器提供一个基于 matlab 的优化迭代以选出最佳 V^*。

③ 选取传感器/调谐器组合以降低 SSEE。

卡尔曼滤波器的设计有两个适用的方法,一个是从健康参数的子集来选择调谐器,这个方法是最常规的,选择时要查找能够找到的最好的子集。另一个是选择系统调谐器。

使用这种增强的方法能够很大的提高评估的准确性,图 12 - 30 可以看出传统评估方法和增强评估方法的精确度对比,精确度明显提高了很多。

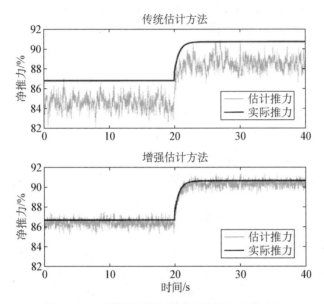

图 12 - 30　增强评估和传统评估的精确度对比

经过上述验证最终可以得到结论:传感器和模型调谐参数的选择对机载卡尔曼滤波评估的精度有重大影响,最优传感器和模型调谐器向量组合将根据评估的目标进行调整,根据验证结果可知本方法可以增强卡尔曼滤波评估的精确度。

参考文献

[1] 郭阳明,蔡小斌,张宝珍,等. 故障预测与健康状态管理技术综述[J]. 计算机测量与控制, 2008,9:1213 - 1216.

[2] Vachtsevanos G, Lewis F L, Roemer M, et al. Intelligent fault diagnosis and prognosis for engineering systems [M]. New Jersey: John Wiley & Sons, 2006,5.

[3] Hess A. The joint strike fighter (JSF) PHM concept: Potential impact on aging aircraft problems [C]. Proceedings of IEEE Aerospace Conference, 2002,6:3021 - 3026.

[4] MIMOSA. Open system architecture for condition based maintenance [EB/OL]. http:// www. mimosa. org.

[5] Hess A, Calvello G, Dabney T. PHM, a key enabler for the JSF autonomic logistics support concept [C]. Proceedings of IEEE Aerospace Conference, 2004,6:3543 - 3550.

[6] Paris D E, Trevino L C, Watson M D, et al. A framework for integration of IVHM technologies for intelligent integration for vehicle management[C]. Proceedings of IEEE Aerospace Conference, 2005,3434:52-61.

[7] Atlas L, Bloor G, Brotherton T, et al. An evolvable Eri-reasoner IVHM system[C]. Proceedings of IEEE Aerospace Conference, 2001,6:3023-3037.

[8] 黄罡,张路,周明辉,等. 构件化软件设计与实现[M]. 北京:清华大学出版社,2008,11.

[9] Dievart M, Charbonnaud P, Desforges X. An embedded distributed tool for transportation systems health assessment[EB/OL]. http://www.erts2010.org/Site/0ANDGY78/Fichier/PAPIERS%20ERTS%202010%202/ERTS2010_0100_final.pdf.

13 新航行系统

13.1 新航行系统概述

20 世纪 80 年代起,世界航空运输业进入快速发展期。在传统的陆基空中交通管理(简称"空管")系统中,飞机飞行与管制指挥所需的导航、通信与监视能力都是由地面上部署的无线电台站等基础设施提供,飞机的飞行航路必须沿着这些陆基设施设定。对于飞机而言,飞行航路、航线选择的灵活性较差,飞机处于被动的、受管制的地位;此外,陆基设施的布设受地形影响较大,覆盖范围有限,信号质量难以保证,在大洋、沙漠、高山、极地等地区,使用陆基导航与监视设施成本较高,且难以维护。随着航空运输量的持续增长,传统陆基空管系统逐渐暴露出运行安全、容量和效率不足的问题,难以适应航空运输业的发展需求,难以保障未来空中交通的安全、有序和高效的运行。为了应对传统空管系统面临的挑战,国际民航组织(International Civil Aviation Organization, ICAO)开始积极研究和规划基于卫星、数据链、计算机、网络和自动化等新技术的未来的空中航行系统(Future Air Navigation System, FANS)。

1983 年,ICAO 成立未来的空中航行系统委员会,又称为未来的空中航行系统第一阶段委员会(FANS-I)。FANS-I 委员会通过全面分析和评估传统陆基空管系统,提出了基于卫星导航的新航行系统概念,制定了未来的空中航行系统发展建议,并建议在全球范围内逐步实施传统陆基空管系统向未来的空中航行系统的过渡。为了监督和落实新航行系统的全球过渡计划的执行,ICAO 于 1989 年 7 月成立了第二阶段委员会(FANS-II)。FANS-II 委员会通过进行通信、导航、监视和空中交通管理等技术的实验和演示,以确保技术之间的整体性和兼容性,保障新航行系统逐步有序发展。

1993 年 9 月,国际民航组织将 FANS 更名为 ICAO CNS/ATM (Communication, Navigation, Surveillance, Air Traffic Management),我国简称"新航行系统"。此后,ICAO 一直致力于协调和推动 CNS/ATM 计划在全球范围内的发展,并于 2003 年提出了全球空中交通管理运行概念(Global ATM Operational Concept),描述了未来空中交通管理系统应具备的运行能力,并指出其核心是通过相关部门协同提供的设施和无缝隙的服务,在全球范围建立一体化的空管运行模式。

新航行系统(CNS/ATM)由航空通信(C)、导航(N)、监视(S)和空中交通管理

（ATM）四部分组成，其中，通信、导航和监视系统是基础设施，空中交通管理包括空中交通服务、空中交通流量管理和空域管理。不同于传统陆基空管系统只简单强调CNS功能的实现，新航行系统更加强调CNS／ATM性能的提升，主要表现在：（a）利用数据链技术，实现可靠的空-地、地-地数据交换，进一步实现空-空数据交换；（b）利用卫星技术，从陆基通信、导航、监视系统向星基通信、导航、监视系统过渡；（c）提高系统计算机处理能力和网络化水平。其中，星基系统是保证空中交通形成空地一体化、全球连续无缝隙通信、导航、监视的重要手段；数据链、计算机和网络是空中交通管理高度自动化、智能化的前提，也是提高空管运行效率、减轻管制员和飞行员工作负荷的有效手段。新航行系统与传统陆基空管系统的具体区别见表13.1。

表 13.1　新航行系统与传统空管系统比较

	传统空管系统	新航行系统	新航行系统特征
通信	VHF 话音 HF 话音	所需通信性能（RCP） VHF 话音／数据 SATCOM 话音／数据 SSR S 模式数据链 ATN HF 话音／数据	以数据通信、网络化为主
导航	NDB VOR／DME ILS INS／IRS 气压高度	所需导航性能（RNP） GNSS DGNSS INS／IRS MLS 气压高度	以全球卫星导航系统（GNSS）为核心
监视	PSR SSR A／C 模式 话音位置报告	所需监视性能（RMP） 自动相关监视（ADS） SSR A／C 模式 SSR S 模式	以广播式自动相关监视（ADS - B）技术为主
空中交通管理	空中交通管制（ATC） 飞行情报系统（FIS）	所需 ATM 性能（RATMP） 空域管理（ASM） 空中交通服务（ATS） 空中交通流量管理（ATFM）	一体化、协同化
航空电子系统	话音电台 陆基导航机载设备 A／C 模式应答机	卫星通信／数据链机载设备 多模式接收机（MMR） S 模式应答机 集成监视系统（ISS）	综合化模块化、网络化、智能化

（1）航空通信方面

新航行系统中将逐渐减少话音通信，取而代之的是数据链通信，包括高频数据链通信（High Frequency，HF）、甚高频数据链通信（Very High Frequency，VHF）、卫星通信（SATCOM）、S模式二次监视雷达（Secondary Surveillance Radar，SSR）

数据链通信以及航空移动卫星业务(Aeronautical Mobile-Satellite Service，AMSS)等，允许机载系统与地面设施直接通信，飞行员与管制员的通信将采用数据链传输。航空通信将向航空电信网(Aeronautical Telecommunication Network，ATN)过渡，为空管用户提供进行空-地、地-地数据交换所需的通信能力，实现全球化的航空通信。与话音通信相比，数据链通信在通信带宽利用率、数据互操作性、提升管制工作效率等方面具有明显优势。

（2）航空导航方面

航空导航系统将引入全球导航卫星系统(Global Navigation Satellite System，GNSS)，提供全球范围内航路导航、终端区导航、非精密进近和精密进近引导的能力。GNSS 将提供高完好性、高精度、全天候的导航服务，飞机在世界上任何地方、任何类型的空域，均可通过机载电子设备接收卫星导航信号，获取导航服务信息。与传统陆基导航设施相比，卫星导航在增强导航精度、服务范围、提高飞行灵活性和效率等方面具有显著效果。

（3）航空监视方面

航空监视系统引入增强的二次监视雷达(SSR)，即 S 模式 SSR，为终端区和其他高密度空域的航班飞行提供监视服务，引入基于卫星导航的自动相关监视技术，使监视服务扩展到无雷达覆盖区域。利用广播式自动相关监视(Automatic Dependent Surveillance-Broadcast，ADS - B)技术和空中交通咨询与防撞系统(Traffic Alert and Collision Avoidance System，TCAS)，使得飞机可以收到相邻飞机的位置报告，从而具备空空态势监视能力。与传统的雷达监视相比，新的监视技术在监视范围、监视精度、建设成本、机载态势感知等方面具有明显优势。

（4）空中交通管理方面

新航行系统中 ATM 的内涵包括空中交通服务(Air Traffic Service，ATS)、空中交通流量管理(Air Traffic Flow Management，ATFM)、空域管理(Airspace Management，ASM)以及飞行运行等。上述 CNS 的先进技术将服务于 ATM，同时利用自动化技术可实现全球一体化、协同化的空中交通管理，增强各地区各部门系统的一致性和互操作性。CNS 系统性能的提升效果将最终反映在空中交通管理中，包括缩小飞行安全间隔、增强空域使用灵活性、提高空域容量和飞行效率、降低管制工作负荷等。

（5）航空电子系统方面

传统以陆基导航系统为核心的空管系统中，所有飞机执行相同的飞行规则，运行标准以性能最低的航电系统为基础，航电系统较为简单，主要包括陆基导航和话音通信设备，监视功能则由 PSR、SSR A/C 模式、话音通信报告位置完成。

新航行系统环境中，为了实现"自由飞行"的最终目标，许多空管功能必须从"地面"转移至"空中"，以提高飞机的空地协同能力和飞行员的态势感知能力。通信方面，话音通信已不能满足日益繁忙的空-地通信需求，新航行系统中，高频/甚高频话音通信被逐步淘汰，取而代之的是数字式的通信方式，包括高频数据链、多种模式的甚高频数据链和卫星数据链等数字技术被广泛采用。导航和监视方面，传统航电设备已无法满足综合模块化、网络化的要求，新航行系统中将更多采用综合式的技术和设备，如基于多模式导航接收机和飞行管理系统的综合了陆基导航、卫星导航的综合导航系统，及以自动相关监视为基础结合其他监视手段的集成监视系统等。

13.2　国外新航行系统发展

ICAO 提出的新航行系统发展框架，注重于通信、导航、监视的技术革新以及全球一体化的空管运行概念。新航行系统技术在各国的具体实施过程中，每个国家或地区结合各自的发展实际和特点，对新航行系统技术的运用各有侧重，对新航行系统技术框架下空管运行方式和运行理念的发展也各具特色。美国的"下一代航空运输系统计划"（Next Generation Air Transportation System，NextGen）和欧洲的"单一欧洲天空空管研究计划"（Single European Sky ATM Research，SESAR），就是在新航行系统和全球一体化空管的发展框架之下提出的两个典型的未来空管系统发展计划。

13.2.1　美国下一代航空运输系统（NextGen）

近年来，美国每年因航班延误而导致的人员和货物不能所需到达时间目的地所造成的损失高达 300 亿美元。据预测，2025 年美国航空运输量将是 2005 年的 2 倍左右，大约近 30 个机场的年航班起降将超过 50 万架次；传统以陆基为主的空管系统即使建设规模翻倍，仍无法满足美国未来航空运输发展的需求。为此，美国于 2005 年提出"下一代航空运输系统（NextGen）"计划，旨在建立更为灵活、智能的空管系统，提升空管系统的容量和安全水平，同时保持美国在全球航空界的领导地位。

NextGen 计划的具体目标是：

（1）通过提高空域态势监视和协同化运行能力，提高空管系统抗气象影响的能力；

（2）协调全球的设备和运营，实现全球范围内安全有效的无缝隙服务；

（3）建立全面的、积极的安全管理措施，确保航空安全和国防安全；

（4）建立环境友好型系统，保障航空业的可持续发展。

NextGen 中提出的新的空管运行理念主要包括三个方面：

（1）基于航迹的运行与基于性能的服务

包括协同空中交通管理、基于航迹的运行和基于航迹的间隔管理、空中交通服务、动态资源管理、气象辅助决策和数字化场面管理；

（2）以网络为中心的基础设施服务

作为桥梁和纽带，对上支持基于性能的服务和运行，对下支持态势信息分享服务；

（3）态势信息分享服务

包括航空气象信息、定位导航授时、监视、飞行计划处理与飞行数据管理、流量与航迹冲突分析、空域飞行态势感知等。

NextGen 在 CNS/ATM 技术方面更强调通信、导航、监视等各项新技术的综合应用，以及对新的运行理念的支持。表 13.2 总结了美国空管系统的技术现状和 NextGen 的技术发展目标。

表 13.2 NextGen 技术发展目标

技术能力	现状	目　　标
流量战略和航迹影响分析	话音通信，决策支持能力有限	基于数据通信的飞行监控、多用户的协同决策、态势的不确定性分析、风险管理
航空信息服务	话音通信、纸质文件	全球覆盖的数字通信、空地实时数据交换、空域综合态势信息
定位、导航和授时（PNT）	航路依赖陆基导航设施	航路全面使用 GPS、推广 RNAV/RNP、降低恶劣气象条件下进近间隔
航空监视	以监视雷达为主	雷达、基于数据链的协同监视系统、多源融合监视
飞行计划服务	没有互操作性	所有操作人员参与飞行计划制定与执行的全过程
气象信息服务	气象信息来源多、用户获取难	以网络为中心、统一信息来源、用户按需定制

NextGen 在运行方面的特征主要体现在以下四方面：

（1）空管、机场和空域的协同运行

所有空域用户都能有效的参与决策，均衡空域用户使用需求与空域整体运行能力，并实现空域容量管理、应急流量管理和航迹管理。

（2）基于航迹的空域及运行

在高密度的复杂空域，将把基于航迹的运行作为基本运行机制之一。全飞行阶段的交通管理都以飞机的四维航迹（Four Dimentions Trajecfory，4DT）为基础，降低航迹的不确定性，提高空域和机场的利用率与安全性。

（3）场面与塔台运行

大型机场的场面运行与管制服务运行融为一体。管制服务机构通过塔台设备实时地了解进离场飞机的位置及其意图，预测穿越跑道的飞机，更加安全、有效地使用跑道。

（4）角色与职责的改变

与传统空管系统相比，新一代空管系统的组织结构、服务提供方式和管理流程都将发生变化，机场、空域用户与空管部门的结合更为紧密，实现高度的信息共享和协同决策，同时部分间隔保持的职责将转移给空域用户。

13.2.2 欧洲单一天空空管研究计划（SESAR）

欧洲范围内国家众多，地域狭小，各国分割独立的空管系统难以保障欧洲空域内空中交通的安全、顺畅飞行,更难以适应欧盟一体化后的航空运输业持续发展的要求。2004 年,欧洲提出"单一欧洲天空空管研究计划"(SESAR)。SESAR 是欧洲空管现代化进程中的里程碑计划,旨在实现对欧洲高空空域的统一协调和指挥,解决欧洲各国空管系统分割独立的现状,构筑高效、统一的欧洲空中交通管理体系,以最大限度地提高欧洲空域使用的灵活性和空域运行的效率。

SESAR 的主要任务是研发和推广以卫星为基础的一体化的通信、导航、监视新技术,并建立欧洲统一的空中交通管理系统。SESAR 的关键技术包括:(a)基于欧洲现有基础设施,为用户提供无缝雷达数据的雷达联网技术;(b)可实现欧洲范围内实时航空信息共享的通用数据交换网络技术;(c)连续、实时、高精度、高效和高安全性的 Galileo 卫星导航技术;(d)以先进地空、空空数据链为通信手段,先进导航系统及其他机载设备信息为数据源,实现飞机相互感知的广播式自动相关监视技术。SESAR 中的通信、导航和监视技术发展目标见表 13.3。

表 13.3　SESAR 技术发展目标

技术	中短期发展目标 (2020 年之前)	长期发展目标 (2020 年之后)
通信	提高话音和数据交换能力、支持 SWIM 和协同决策功能。包括基于 IP 的地-地通信网络、用于海洋和偏远地区的 SATCOM 话音、模式 2/ATN 空-地数据链、新的机场数据链	数据链成为主要的通信方式,话音作为备份,支持多数据链、管理端到端的服务质量、补充模式 2/ATN,支持新的数据链服务需求
导航	精确的定位、授时服务,支持所有飞行阶段的高性能、高效的四维航迹运行。 包括:由星基系统完成飞机定位、卫星星座(Galileo, GPS L1/L5 和潜在的其他星座)、增强系统包括机载增强系统、星基增强系统,陆基导航设施作为备份系统	多星座接收机、地基增强系统满足机场高精度引导、ILS/MLS 作为备份
监视	航路监视中,协同监视作为主要方式,独立非协同的监视作为补充; 机场监视中,使用多源综合监视手段,包括:一次雷达、二次雷达、ADS-B、MLAT,以及场面监视雷达等; 海洋或边远地区使用星基 ADS-C	一次雷达将被更廉价的独立非协同监视所取代,1090ES 系统支持 ADS-B-In/Out,提高或补充额外的高性能数据链

SESAR 在运行方面的特征主要体现在:

(1) 广域信息管理(System Wide Information Management,SWIM)

运行概念需要从点到点的信息交换转换为信息共享,特别是在协同决策过程中。将 ATM 网作为包括飞机在内的一系列产生和消耗信息的节点,建立网络运行模式。

(2) 共享航迹

从独立产生和使用的部分航迹向包括地面部分在内,涵盖计划和执行阶段的共享航迹转变。所有参与者分享共同的航迹信息和管制信息,可以获得航迹、监视数据、航行情报、气象等数据,特别是实时的航迹数据。

(3) 网络管理

在本地、地区间进行分层的交互协调和决策,网络管理的作用是确保未来的 ATM 网络能够进行持续计划,并确保稳定性和效率,特别是在遭遇不可预测的改变时,网络管理采用协同决策以及分层管理的方式。

(4) 机载间隔保证系统(Airborne Separation Assurance System,ASAS)

将更多的 ATM 功能引入空中,驾驶员承担部分间隔任务,降低管制员在每个航班上的工作负荷,提高空域容量。

综上,美国 NextGen 计划与欧洲 SESAR 的目的均是完成向新航行系统过渡,最终实现全球协同一体化的新一代空管系统,因此两者在需求、目标、基础设施要求和性能方面基本一致,如表 13.4 所示。但由于欧美空管发展进程不同,空域运行特征各具特点,因此各有侧重:美国主要改变现行的运行模式以适应其所面临的高密度运行空域;欧洲空管系统分割、独立,因此灵活使用空域成为其未来空管发展中的关键。此外,空管新技术发展(如卫星导航的应用)还涉及各国国防安全问题,因此 NextGen 与 SESAR 计划在具体实施过程中在使用的卫星导航手段、运行模式和发展阶段方面均有所不同。

表 13.4　NextGen 与 SESAR 比较

		NextGen	SESAR
相同点	需求	运输量的持续增长、系统安全性	
	目标	全球一体化、协同化与网络化运行、军民航协调	
	基础设施	星基通信、导航、监视系统	
	性能	提高系统安全性和空域利用率	
不同点	卫星导航	GPS	Galileo
	运行模式	基于性能的服务、基于航迹的运行	灵活使用空域
	发展阶段	试验评估阶段	系统定义阶段

13.2.3　新航行系统航电发展

在新航行系统中,通信导航监视技术的实现离不开航空电子系统的支持。随着新航行系统的发展,与通信导航监视功能相关的航电系统越来越重要。另一方面,航空电子技术的发展使得机载系统的功能不断增多、性能大幅上升,通信导航监视航电系统越来越能够实现复杂多样的通信导航监视功能,从而支持通信导航监视新技术的实施。从 20 世纪 30 年代航电系统出现以来,大致经历了四个重要发展阶段,如表 13.5 所示。

表 13.5　航空电子系统发展

航电系统　发展阶段	第一代 1930~1945 年	第二代 1945~1983 年	第三代 1983 年~	下一代
通信系统	无线电话音	HF 话音、VHF 话音、飞机寻址与报告系统（ACARS）	VHF 话音/数据链、HF 话音/数据链、AMSS、二次监视雷达"S"模式数据链、ATN	综合模块化、网络化、智能化
导航系统	NDB、VOR	DME + VOR、TACAN、罗兰- C、ILS、MLS、INS	RNP、GNSS、INS/IRS、陆基导航、组合导航、增强系统	
监视系统	话音位置报告	PSR、SSR、BCAS	SSR A/C 模式雷达、SSR S 模式雷达、ADS - C、ADS - B、MLAT、WxRadar、EGPWS	

在标准化问题上，美国航空无线电公司制订了一系列文件，包括总体功能、推荐结构、设计思想以及各部件的规范和先行标准。引申其有关的重要概念，反映了本世纪初机载电子设备面向 CNS/ATM 系统发展的概貌。1995 年，ARINC 660 CNS/ATM Avionics 标准发布，对新航行系统航电的总体架构和功能进行了详细的说明，标志着新航行系统航电有了标准的指导文件。从此，新航行系统航空电子系统进入了全新的发展阶段。2001 年，ARINC 660A 的新版本发布，针对新航行系统的关键概念和技术更明确地提出了航电系统和相关设备的具体要求。至此，形成了新航行系统航电的概念：新航行系统航空电子系统是指飞机平台中与 CNS/ATM 直接相关的功能子系统，主要包括机载通信系统、机载导航系统、机载监视系统等。

2005 年，美国和欧洲专门结合相关标准发布了各自的新航行系统航电发展路线图（NextGen Avionics Roadmap，Version 2.0，2011；Study Report on Avionics Systems，Version 2.2，2007），均从近期、中期、远期三个阶段给出了航电系统的发展规划，给出了明确的航电系统能力要求。路线图对航电系统的要求与新航行系统的运行理念和关键技术基本一致。以 NextGen Avionics 为代表的下一代航空电子系统体现了综合模块化、网络化和智能化的发展趋势：

综合模块化方面，未来航空电子系统将采用孔径综合或射频综合技术，综合机载传感器和融合多元传感器信息，实现多元多尺度威胁物和飞行态势精确监视，提升机载系统的协同决策能力，为实现综合避撞和自主飞行等功能提供支撑，从而支持空管系统精细化运行。

网络化方面，未来空管机载系统除了要考虑采用何种机载通信网络，如何更好地将各种传统的机载设备互联外，还要考虑设备级网络如何与大尺度空天地一体化网络的互联。为了适合大尺度空天地一体化网络，航空信息化建设将不断提速，空天地一体的信息化不断加强。这种不断提高的信息化程度使得飞机可以通过机内外网络和移动 IP 技术，集成卫星通信数据链、多种模式甚高频数据链等，构建航空

IPv6 移动信息网络,将飞机与飞机,飞机与地面紧紧相连,飞机就像航空信息系统网络中的一个终端一样,进而实现机载子网与空管网络互联,提供航空移动通信服务,支持空管系统全球化发展趋势,迎接自由飞行时代的到来。

智能化方面,未来航空电子系统将能够智能实时综合处理气象、地形、交通态势、飞行情报、飞机姿态、位置、状态等信息。通过通信导航监视功能、综合飞行信息系统和灵活的人机交互,飞机上可以显示出周边的气象云图、移动航图、航路下视地形、航路周边飞机、终端着陆详细机场信息等,从而形成三维空中态势可视情景,增强飞行员对周边环境态势的感知,实现复杂环境自主避险和密集飞行航路优化,提高飞行员对飞机的正确快速决策能力、管理能力和操纵能力。

13.3 新航行系统航空电子系统

依据 ARINC 660A 标准,新航行系统航空电子系统按照通信、导航、监视进行了顶层功能组成划分,形成了机载通信系统、机载导航系统和机载监视系统,如图 13 - 1 所示。该顶层功能划分中,通信、导航、监视功能建立在接收各种传感器,如:大气传感器和惯导传感器的传感信息,导航通信信息以及飞行员控制信息的基础上实现的,并且通信、导航、监视功能相互间也存着紧密的联系,突出表现在不同功能间的数据交互上,最终通信、导航、监视功能的输出结果将通过驾驶舱显示系统显示。

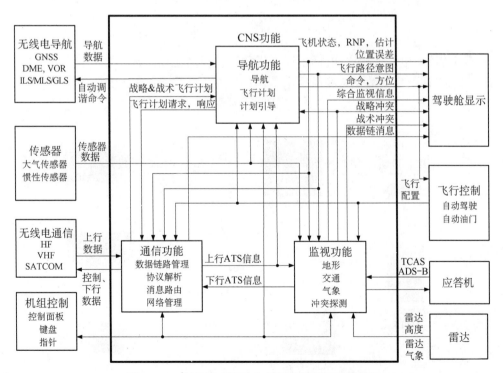

图 13 - 1 新航行系统航空电子系统顶层功能结构

13.3.1 机载通信系统

ARINC 660A 中机载通信系统的描述如图 13-2 所示。

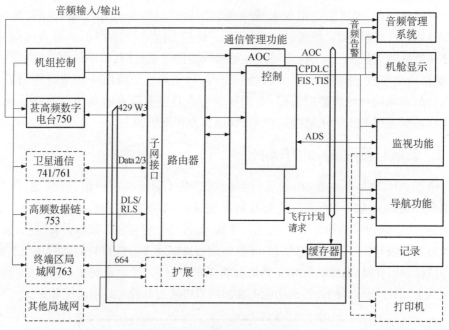

图 13-2 机载通信系统组成

与传统航电设备相比,航行系统中机载通信设备主要扩展了数据通信、卫星通信、二次雷达 S 模式数据链和航空电信网的机载通信设备,需要在原有设备的基础上进行改造或者升级,如图 13-3、图 13-4 所示。

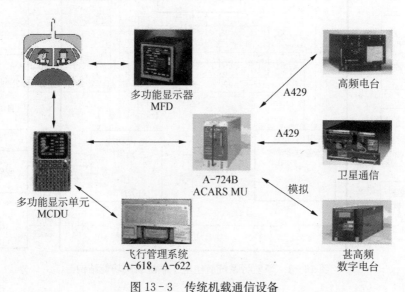

图 13-3 传统机载通信设备

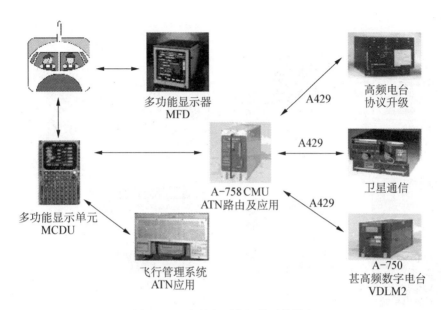

图 13-4 新航行系统机载通信设备

1）数据链通信机载系统

国内航空业界所使用的甚高频空地数据通信系统 ACARS 数据链，具有很大的局限性。首先，ACARS 数据链采用停止等待协议，此协议将传输的数据字符限制为220 个，使得其系统容量严重受限。其次，由于 ACARS 报文是明文发送，易被窃听，这成为 ACARS 系统固有的安全隐患。ACARS 系统存在的潜在安全漏洞、物理信道容量约束以及多址方法性能较差等问题，会因未来空中交通运输量的增长而加剧。

甚高频数据链模式 2（VDL-2）使用频道 118 MHz～136.975 MHz，采用差分8 进制相移键控（Differential Eight Phase Shift Keying，D8PSK）调制机制和 P-CSMA 信道访问算法。数据传输速率可达 31 500 bit/s，采用 Reed-Solomon 前向纠错（Forward Error Correction，FEC）技术，最多可以纠正任意 255 比特数据块中的3 个错误比特。除了 FEC，VDL-2 链路层还采用长度为 16 bit 的循环冗余码进行校验，这使得 VDL-2 整体的错误未检测率接近 10^{-9}。

由于其对现有 ACARS 网络的兼容性和对未来 ATN 网络无缝隙的结合，VDL-2 成为当前国际航空系统数据链通信的重要选择。

VDL-2 通信系统包括两个子系统，即地面系统和机载系统。如图 13-5 所示：

机载系统设备包括甚高频数字电台（VHF Data Radio，VDR）、通信管理单元（Communication Management Unit，CMU）、机载应用系统（Aircraft Application System，AAS）。

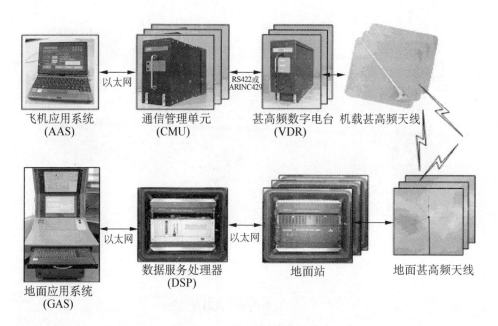

图 13 - 5　VDL - 2 系统结构

VDR 包括以下五个模块：
- D8PSK 调制 / 解调模块
- 媒介访问控制（Media Access Controller，MAC）
- 上行 / 下行转换器（Up / Down Converter，UDC）
- 功率放大器（A Power Amplifier，APA）
- VDL 电源（VDL Power Supply，VDLPS）

CMU 主要包括：数据链路服务（DLS）、传输队列管理、甚高频管理实体（VME）、AOA 处理流程、CMU 和 VDR 的初始化以及 VDR 接口。

VDR 和 CMU 之间的接口应采用 ARINC 429 以便遵守 ARINC 750 和 758 标准。CMU 和 AAS 之间采用以太网连接，而 CMU 内部 VME 和 DLS 之间采用以太环网接口。

地面系统包括设备有：地面站（Ground Station，GS）包括地面 VDR 和地面 CMU、数据服务处理器（Data Service Processor，DSP）、地面应用系统（Ground Application System，GAS）。

2）卫星通信机载系统

卫星通信（Satellite Communication，SATCOM）技术是实现 CNS / ATM 的基础，它的主要运行形式是航空移动卫星服务（AMSS）。当前使用的最为广泛的是国际海事通信卫星（Inmarsat）系统和铱星（Iridium）系统。

Inmarsat 系统主要由空间卫星、机载地球站和地面地球站三部分组成,如图 13-6所示。

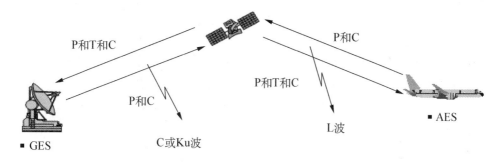

图 13-6　Inmarsat 系统的组成

其中机载地球站包括航空电子设备分系统和天线分系统。航空电子设备分系统主要增加了卫星数据处理组件(Satellite Data Unit,SDU)等硬件设备和相关服务软件,其工作过程与甚高频 ACARS 类似。天线分系统中的要点是天线的增益方式,分为低增益(Aero-L)、高增益(Aero-H)、改进高增益(Aero-H+)、中增益(Aero-I)四种。Aero-L (0 dB)是较早的增益方式,为单信道通信,适用于通信量小的用户,现已基本不再使用;Aero-H (12 dB)采用多信道通信,可以同时实现语音、传真、数据通信,适用于远程与跨洋飞行,但机载设备非常昂贵(约 60 万美金),而且对系统的资源占用很大,通信费用也很贵;Aero-H+是对 Aero-H 的改进,对卫星资源的占用小,费用更低;Aero-I是国际上最新推出的天线增益方式,通过与 Inmarsat-3 卫星的点波束扫描方式的配合,可以将通信的范围集中到主要的飞行区域,使得用较低的增益即可达到良好的通信效果,并提高了卫星的资源利用,可大幅降低机载设备成本(约 10 多万美金)和使用费用,它适用于中短程的运行区域。

地面地球站(Ground Earth Station,GES)由天线、C(或 Ku)频段收发信机、L频段收发信机(导频)、信道单元及网络管理设备组成,提供空间卫星和地面固定话音和数据网络之间的接口。每个卫星的主星与备星的覆盖区内至少需设置两个GES,并通过网络协调站管理卫星功率和通信信道等卫星网络资源在各 GES 间的分配。

铱星系统是拥有 66 颗低轨道卫星的全球移动卫星通信网络,它完全覆盖包括极地地区的整个地球,在其他通信形式都无效的远途区域中提供语音和数据功能。铱星系统包括三个组成部分:卫星星座、用户单元(手持机、车载终端、机载终端、船载终端和可搬移式终端等)、地面网络(系统控制段 SCS、信关站 Gateway)。通过采用星上处理和交换技术、多波束天线、星际链路等新技术,机载终端可获得话音、数据业务。

3）ATN 机载系统

航空电信网（ATN）是由 ICAO 提出的专门为航空而设计的面向未来的全球性网络。根据 ICAO 的要求，将来各个成员国的 ATN 要实现互联。而 ICAO 有众多的成员国，每个国家都有自己的网络，每个网络都是根据自己国家的需要而设计的，不同国家之间的网络有着不同的特性。ATN 的主要目的就是将这些不同特点的网络，包括空地网络和地地网络连接起来组成一个统一的互联网络，并在这个互联网络上提供统一的应用和服务。

ATN 融地面数据通信和地空数据通信为一体，能够实现飞机通过卫星、甚高频和 S 模式二次雷达的地空数据链路，与地面空中交通管制中心和航空公司航务管理中心计算机通信，能够在地面各空中交通管理计算机之间，以及地面各空中交通管理计算机系统与航空公司、民航当局、航空通信公司计算机系统之间进行高速的数据交换。

ATN 的通信关系如图 13-7 所示，整个 ATN 是由机上电子设备子网络、地面子网络和地空子网络 3 种形式的数据通信子网络相互连接组成的互联网络。

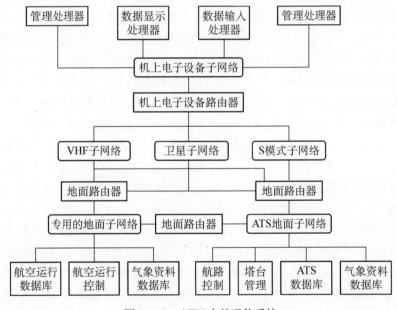

图 13-7　ATN 中的通信系统

飞机内部通信子网络将飞机上的各种应用处理器连接而构成机上电子设备子网络。应用处理器包括显示处理器、数据输入处理器和飞行管理计算机等，它们与飞机数据通信处理器相连接。

地面子网络提供各种地面数据处理设备中各个处理器所需的连接，通常对本地的各处理器是采用局域网形式。地面子网络还提供用于与机上应用处理器通信的地面应用处理器与地面数据通信处理器相互连接的能力。

地空子网络提供地面子网络的终端用户与机上电子设备子网络终端用户之间的互联,负责执行地面子网络和机上子网络之间的信息交换功能。地空子网络本身又包括3种类型的子网络,即S模式二次雷达数据子网络、甚高频数据子网络及卫星数据子网络。

4) 通信管理单元

随着新航行系统技术发展,数据链技术得到越来越广泛的应用。数据链是空中交通管理高度自动化的前提,也是保证空中交通安全有序的同时减轻驾驶员和管制员工作负担的有效手段。通信管理可实现数据链通信的网络管理、数据路由、消息处理等功能,实现和飞机其他系统的接口,支持飞机上的各种数据链应用,是数据链处理的核心,在民用飞机航电系统及通信系统的设计和实现中变得越来越重要。

CMU的系统架构包括一组用于空地通信的协议和接口套件。数据链的设施通过各种数据链的媒体和协议,提供全球范围内多种数据链服务。VHF和ACARS是最初的频率选择协议,但将会过渡到更先进的协议、更大的覆盖范围、更高速的服务。通信管理单元的设计和实现应遵循ARINC 758-2标准。不同公司的通信管理功能的实现可采用不同的方式,主要包括接口处理、消息处理、数据链协议栈处理、数据库、与飞机其他系统的平台功能处理等,其原理框图如图13-8所示。

数据链消息处理:按照处理规则和特殊的消息功能实现ACARS和ATN消息的处理,包括平台接口自动配置模块、消息编/解码模块、数据链协议处理模块(基于ACARS和ATN的消息处理和网络管理规划)、专用的应用消息功能模块;

数据链平台综合:实现和飞机其他系统的接口,并支持实现特殊的平台功能,包括平台接口自动配置模块、消息编/解码模块、基于特种平台需求的规则和指令处理模块、指定的平台功能模块;

配置数据库:为通信管理的运行提供各种必要的数据配置,包括平台配置数据库模块、消息参数数据库模块、航空公司可更改信息(Airline Modifiable Information,AMI)数据库模块。

通信管理功能中的ACARS协议和ATN协议分别完成两种在不同地空网络中的通信组网功能,为上层应用(如AOC、AAC、CPDLC、ATS等)提供服务。ACARS为代表的数据链正在被多子网融合的ATN所替代,这就要求机载的MU应当能够升级到CMU,来支持使用VDL-2、卫星通信、以太局域网以及高频通信(RLS)的ATN服务。考虑过渡时期,使用双协议架构会更加合理,典型的应用在B787上有所体现。

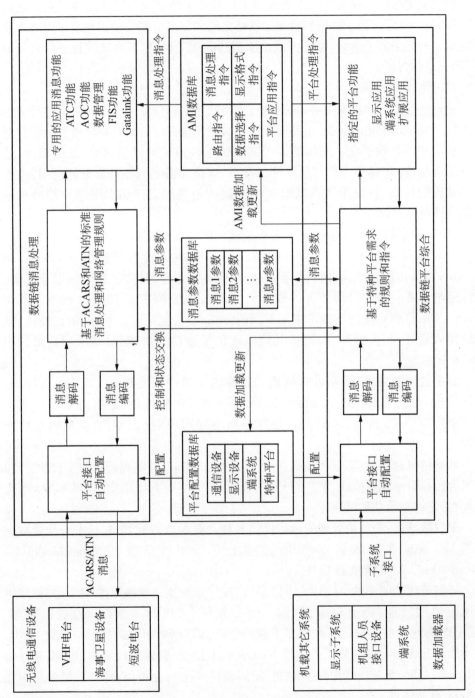

图 13 - 8　通信管理单元原理框图

13.3.2 机载导航系统

ARINC 660A 中机载导航系统如图 13-9 所示。

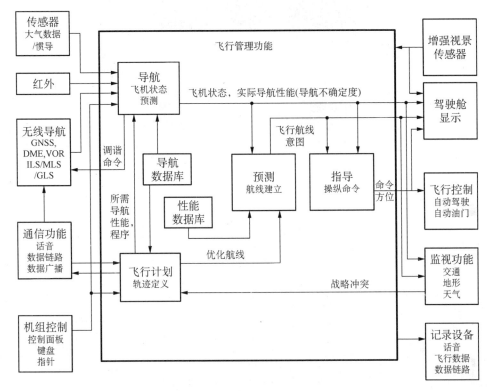

图 13-9 机载导航系统组成

机载导航系统的配置根据需求和技术有所不同:单一传感器为基准的系统;简易多传感器航空电子设备;复杂多传感器航空电子设备。新航行系统航电多采用最后一种,如图 13-10 所示。

现代飞机通常装备多种传感器,将机载传感器与外部导航辅助设备及系统结合使用,能够发挥出导航系统的最佳性能。因此,现代综合导航系统集中了多种传感器,从而具备高精度特征,并催生了新型导航和着陆方法的出现。新航行系统中,机载导航设备在保留传统陆基导航设备(如 VOR、DME、ILS 等接收机)的基础上,将重点发展 MMR 及 FMS。

1) 多模式接收机

MMR 是一个包含 GPS、ILS、MLS 和区域增强系统(Local Area Augmentation System,LAAS)功能的综合机载接收机,机场上无论设立的是 LAAS 台、MLS 台或 ILS 台,MMR 均可以与之相配合,为飞机提供精密进近引导。MMR 体现了导航接收机未来的主流发展方向。MMR 的原理如图 13-11 所示。

下滑道信号接收机接收 ILS 下滑信号。航向道信号接收机接收 ILS 航向信号,

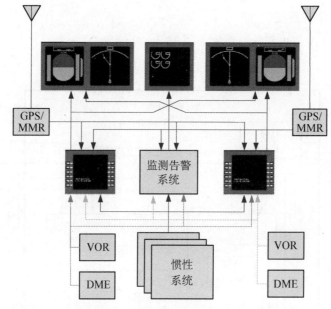

图 13-10　复杂多传感器航空电子设备

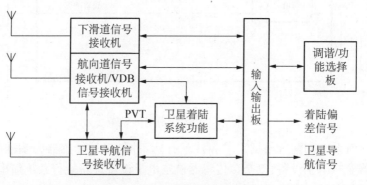

图 13-11　MMR 的原理框图

也可用作 VHF 数据广播的完好性/差分校正信号接收机。卫星导航信号接收机接收 GNSS 信号。卫星着陆功能模块处理导航信息和地面站差分校正信号,并输出 ILS 型偏差指示/控制信号。

　　航路导航时,MMR 的 GNSS 接收机能够接收在当前位置可视卫星的 L1 1 575. 42 MHz广播星历信号。根据 24 颗 GPS 卫星的空间位置分布,GNSS 接收机从接收到的卫星中优选取最好的 4 颗卫星 C/A 码解算定位飞机航路导航数据,并以 ARINC 429 数据总线信号格式输出,供给飞机其他系统使用,例如 FMC。进近和着陆阶段,MMR 中的 GLS 模块功能使用 ILS 的 LOC 天线接收地面差分校准信号和完好性信息。在具体的终端飞行区,ILS 信号和 GLS 信号地面站的发射频率不同,MMR 不同的设定工作方式协调不同的信号频率,以保证 MMR 中 ILS 和

GLS 功能的独立性。

2）飞行管理系统

FMS 是大型飞机数字化电子系统的核心，它通过组织、协调和综合机上多个电子和机电子系统的功能与作用，生成飞行计划，并在整个飞行进程中全程保证该飞行计划的实施，实现飞行任务的自动控制。它集导航、控制、显示、性能优化与管理功能为一体，实现飞机在整个飞行过程中的自动管理与控制。

典型的飞行管理系统能够根据飞机、发动机性能、起飞着陆机场、航路设施能力、航路气象条件等，生成具体的全剖面飞行计划，并且能通过主飞行显示系统显示和指示有关飞行信息。通过无线电通信与导航系统获得通信、空中交通和无线电导航数据；通过飞行操纵系统控制飞机的姿态；通过自动油门系统调节发动机功率；通过中央数据采集系统收集、记录和综合处理数据；通过空地数据链系统收发航行数据。

对于导航来说，FMS 可以将从传感器和导航辅助设备获得的导航数据进行综合和处理，并在显示系统上指示相关的飞行信息。而且 FMS 在 PBN 的实现中扮演着极其重要的角色，甚至可以推断：随着新航行系统的发展，FMS 的作用将日趋重要。FMS 的导航功能包括水平导航（Lateral Navigation，LNAV）和垂直导航（Vertical Navigation，VNAV）。LNAV 使飞机飞行始终沿预定航线到达目的地机场。VNAV 使飞机沿预定的垂直轨迹剖面飞行。顶层的 FMS 功能如图 13 - 12 所示。

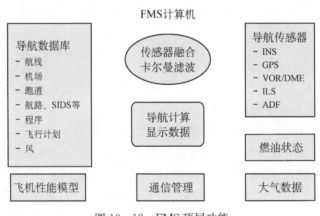

图 13 - 12　FMS 顶层功能

13.3.3　机载监视系统

ARINC 660A 中机载监视系统如图 13 - 13 所示。

机载监视系统是指为了完成空管监视的功能而安装在飞机上的仪表、系统、装置等。机载监视系统是飞机航电系统的重要组成部分，保证对飞行器在空域内的飞行活动进行全面监视。新航行系统中，将在保留传统 SSR 机载设备（A/C 模式和 S 模式应答机）的基础上重点发展 ADS - B 机载系统和集成监视系统（ISS）。

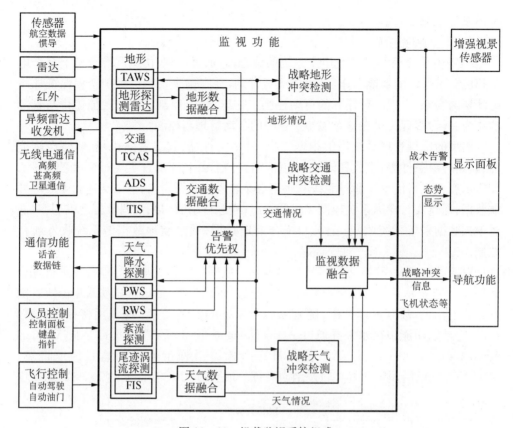

图 13-13　机载监视系统组成

13.3.3.1　ADS-B 机载系统

ADS-B 是航空器或者在飞行区运行的车辆定期发送其状态向量和其他信息的一种功能,机载的电子设备完全自动广播飞机的呼号、位置、高度、速度和其他一些参数,通常每 500 ms 广播一次位置信息。

ADS-B 监视系统的机载电子设备一般包括三部分:GPS 接收机;ADS-B 收发机和天线;驾驶舱交通信息显示器(Cockpit Display of Traffic Information,CDTI)。机载设备轻巧灵便,无论在轻型飞机、普通客机、重型飞机上都可安装,ADS-B 机载设备中的下行设备(ADS-B OUT)的工作方式类似 SSR 应答机,但它同时可以用于广播周边临时障碍物、飞行器等物体的位置。由于 ADS-B 的发射采用广播方式,发射的信息还可以通过机载 CDTI 来接收,CDTI 及其附属设备构成 ADS-B 的上行设备(ADS-B IN)。飞行员可以通过 CDTI 在机舱内看到交通状况,由于上行设备独立于地面站,即使在地面站无法起到监视作用的区域,CDTI 仍能够保持正常监视。基本原理如图 13-14 所示。

1) 机载 ADS-B 收发信机

机载 ADS-B 收发信机将对机载飞行管理系统(FMS)、导航、气压高度计、飞行

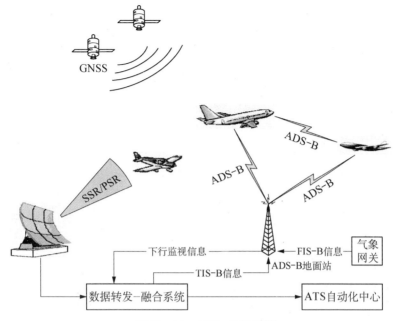

图 13-14　ADS-B示意图

员输入等信息源得到的信息进行编码,生成报文,具有 ADS-B IN/OUT 功能,支持 ADS-B 的超长电文(Extended Squitter, ES);获取由其他飞机、地面站、网关发送给本机的报文,进行解码,将信息传送给相应的机载设备。

ADS-B 基本功能都是基于数据链通信技术,共有三种数据链路可供 ADS-B 用户选择使用:S 模式的基于异频雷达收发机的 1090ES 数据链、通用访问收发机(UAT)和模式 4 甚高频数据链(VDL-4)。当前大型客机中广泛使用的是 1090ES 数据链。

2) 驾驶舱交通信息显示器(CDTI)

基于 ADS-B 的机载 CDTI 采用的是综合模块化航空电子系统技术,机载 CDTI 系统软硬件完全可以采用嵌入式计算机、操作系统、液晶显示器等通用货架产品来构造。主要由输入/输出接口模块、数据处理模块、机载监视管理模块和显示模块组成。

基于 ADS-B 的机载 CDTI 可为飞行员提供精确、实时、连续的态势感知能力,包括集成化的交通信息、气象信息以及其他提高机间交通势态感知灵敏度的信息,同时也提供了先进的 ATM 服务。CDTI 子系统要求能够实时接收、处理和显示 40 架以上载机的信息,图新界面更新周期不低于 4 s,最大显示范围 100 nm 以上。

13.3.3.2　集成监视系统

集成监视系统(ISS)是目前机载监视系统的综合,主要提供 ACAS、ATCRBS/S 模式收发机、气象雷达、TAWS 等功能,未来还将兼容 ADS-B 等相继出现的新功能。该系统具有功能多,个数少,占地面积小和能耗低等优点,体现了机载监视系统未来发展的方向。

1）系统组成

典型的 ISS 系统主要由 ISS 处理器单元 ISSPU、气象雷达天线单元 WRAU、ISS 控制面板、ACAS/ATC 天线等组成，如图 13 - 15 所示。

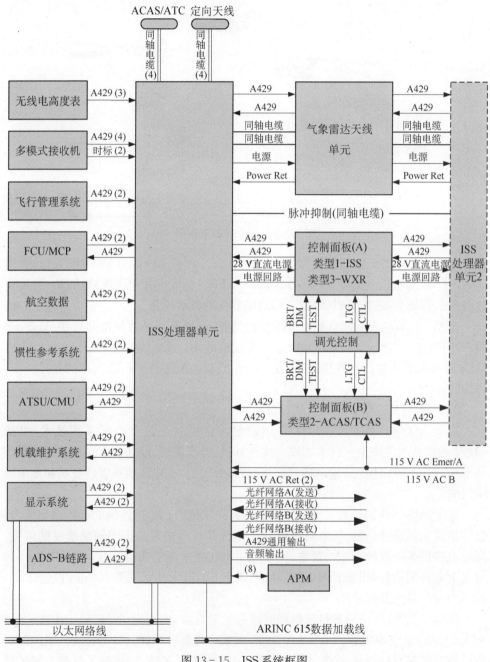

图 13 - 15　ISS 系统框图

（1）ISS 处理器单元

ISS 处理器单元包括提供信号处理、电源供电、ACAS/ATC 射频处理和通信处理的所有模块。

（2）气象雷达天线单元

气象雷达天线单元（WRAU）包括气象雷达天线、控制机制和最少包括 X 波段的元件。该单元将被安装在不加压的天线罩区域，因此设计时应特别谨慎行事。由于 WRAU 的换装需要打开天线罩，因此航空公司特别看重 WRAU 的可靠性。

天线控制参数包括扫描角度和扫描速率、扫描高度和稳定性。其中，扫描角度和速率由厂商自己决定，垂直扫描自由度应能满足飞机进行 $\pm30°$ 的旋转角和 $\pm20°$ 的俯仰角机动要求。天线稳定系统应保证发射轴向在预期方向的 $\pm0.25°$ 的范围之内，这由外部惯导平台或者其他能够提供 $\pm0.25°$ 高度精确度信号的高度传感器系统来保证。

从飞机开始移动到稳定性数据到达 ISS 背部传感器的传播延时不应超过 72 ms，为防不测发生，应由两套 ARINC 429 总线同时直接连接惯导系统。

（3）ISS 控制面板

对监视功能的控制可以通过多种方法实现。控制功能可以集合于驾驶舱显示系统，或者通过一个或多个专门的控制平台。以下有三种不同类型的控制面板，根据 ISS 配置的不同进行选择：

类型 1：控制所有监视功能。这种类型用于具有气象雷达、TAWS 和 TCAS/收发机功能配置的 ISS。

类型 2：控制 TCAS/收发机功能。这种类型用于具有 TCAS 和收发机功能配置的 ISS。

类型 3：控制气象雷达功能。这种类型用于具备雷达功能配置的 ISS。

标准控制面板的典型控制包括：系统选择开关；收发机待机/工作转换开关；收发机代码选择器；收发机"Ident"脉冲开关；收发机高度报告开关；多功能自我测试开关；TAWS 多功能控制；雷达模式；雷达增益；雷达升高/倾斜；垂直侧倾控制；TCAS 功能模式（只有 TA 或 TA/RA）；航班号。

（4）ACAS/ATC 天线

每一个 ISS 需要两个 ACAS/ATC 收发天线，一个位于机身顶部，一个位于底部。这些天线向 ISS 处理单元提供接受信号角度信息，也能满足 ATCRBS/Mode S 收发机对全向辐射的要求。

对 TCAS 子系统而言，连接收发机和任何一个天线的同轴电缆的损耗都将影响接收灵敏度和发射输出功率。因此每个同轴电缆（包括连接端电缆）在 1 030/1 090 MHz 时的损耗都应小于 3 dB。

连接 ACAS/ATC 单元与定向天线的同轴电缆和连接器的不同相位的延时在

1 090 MHz时不应超过一个波长(大约 8 in)。

设备设计者应注意该系统同 DME 天线的物理隔离,这有利于保护接收高能射频脉冲的输入电路,且将每个天线的相互干扰降至最低。20 dB 的隔离将提供足够的保护,这相当于 2.5 个波长或 30 in。

2) 系统功能

集成监视系统的功能包括:

(1) 交通状况监视功能

包括 TCAS / ACAS 功能和收发机功能,提供由标准 ARINC 735A 定义的基本的交通监视功能,具体包括:向其他飞机的收发机发送交通监视询问信号;对潜在的碰撞危险进行告警;和其他装有 TCAS 设备的飞机协调避撞方式。提供由标准 ARINC 718A 定义的基本功能,具体包括:对 ATC 的询问进行应答,包括 ATCRBS 和 S 模式;对 TCAS 询问进行应答;发送基本和增强数据参数。

此外,ISS 收发机应该具有支持 ADS - B 交通监视功能的数据参数发送能力。

(2) 气象监测功能

ISS 的气象监视功能提供由标准 ARINC 798A 和 TSO - C 117 定义的基本功能,具体包括:降雨量探测;对流运动探测;基本扰动探测;预测风切变探测;反向风切变探测。

(3) 地形监视功能

ISS 的地形监视功能向机组人员提供充足的地形资料信息和潜在的危险地形信息。包括 TAWS 功能及地形监视扩展功能。ISS 的 TAWS 模块包括支持增强型地形显示和告警的基本地形数据,具体包括:基本 GPWS 功能:模式 1 到模式 5;高度信息;极端态势告警,例如过多的倾斜角;根据地形数据库显示地形信息;基于地形数据库的前瞻性地形告警。

ISS 的地形监视功能应能支持未来相关应用的扩展功能,包括但不限于:飞行计划撞地探测功能;航空数据库功能;增强型地形意识;侧向碰撞预测;障碍物碰撞预测。

(3) ISS 扩展功能

在 ISS 设计时,应在计算机处理器、存储、输入输出端口等保留有足够的扩展空间,支持未来的扩展应用。其主要包括以下几个方面:ISS 显示扩展功能(3D 显示);跑道告警功能;机场地图显示功能。

3) 系统配置

根据包含功能的不同,ISS 可以分为 A、B、C、D 四种配置。每种配置具有不同的监视功能组合。配置 A 主要包括以下监视功能:ACAS、ATCRBS / Mode - S、WXR / RWS、TAWS / RWS。配置 B 主要包括以下监视功能:ACAS 和 ATCRBS / Mode - S。配置 C 主要包括以下监视功能:ACAS 和 TAWS / RWS。配置 D 主要包括以下监视功能:ACAS、ATCRBS / Mode - S 和 TAWS / RWS。

13.3.4　电子飞行包

电子飞行包系统(Electronic Flight Bag System，EFB)是一种驾驶员飞行助理工具,旨在提供额外的驾驶舱显示媒介,营造"无纸化驾驶舱"。EFB 系统可以彻底避免因纸制材料更新不及时所造成的航班延误,提高飞机签派可靠性和降低维护成本。其还具备强大的计算能力,无论在何种天气状况下或在什么样的跑道上,都可以迅速计算出飞机理想的巡航速度和商载重量,节省燃油成本。EFB 最新功能还有动态显示终端图,基于实时天气信息的航路选择功能。还可与视频监视系统配合,为机组人员提供驾驶舱与客舱全视角监视,提高了驾驶舱和飞机的安全性。在新航行系统中,EFB 是一类重要的机载设备,目前在 B787 及 A380 等机型上均有安装。按功能和运行应用方式,EFB 可分为 1,2,3 三个等级。

EFB 不仅仅只有显示终端设备,整个系统由机载电子飞行包、机场(航路)无线/有线数据通信网络、地面内容管理与发布系统、航空公司内容管理系统组成。EFB 的数据更新、内容管理等功能的完成依赖于无线/有线数据通信网络、内容管理与发布系统等的支持,其功能组成图 13 - 16 所示。

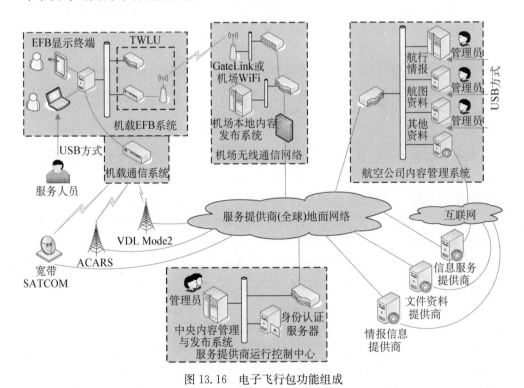

图 13.16　电子飞行包功能组成

1) 机载电子飞行包

在飞机上使用安装或未安装于飞机上的机载电子飞行包系统,根据电子飞行包的级别不同,主要包含 EFB 终端显示设备、机载数据管理与维护系统、机载数据通信接口管理系统。对于 1 级 EFB 系统,其 EFB 终端显示设备可同时具备一定的数据管理与维护以及数据通信功能。作为飞行人员使用各种资料,进行资料检索、查阅、数据录入、数据传输的工作平台,航空公司用户可根据自身的实际需要在该平台上进行应用扩充,如支持多种数据通信手段,增加客舱视频监视系统等。

飞机停靠在地面时,机载电子飞行包与地面通信系统的连接主要采用 GateLink 无线通信网络或 WiFi 无线通信网络。

2) 地面内容管理系统(CMS)

直接负责机载应用资料的管理与发布,与飞机间的双向数据通信(数据上传与下载),主要分为中央内容管理系统,以及机场(区域)/航路内容管理系统两个部分。中央内容管理系统实时处理航空公司或内容服务提供商提交的数据传输要求,直接负责各类情报、气象、通告等资料的更新、分类管理与版本管理,飞机身份识别与位置监视,飞机数据更新管理,数据流量管理等,并将相关资料发布根据飞机的飞行计划或飞行实况转发至机场内容管理系统;机场内容管理系统通过机场无线/有线数据通信网络直接与飞机进行数据交互,同时对飞机数据传输与加载状况进行记录与统计,向服务提供商内容管理系统报告;机场内容管理系统同时具有通信管理功能,即该系统需要管理部署在机场或相关区域的无线/有线通信设施,根据飞机使用通信设备的不同情况采用不同的通信手段实现与飞机间的数据交互。

根据航空公司用户的实际需要,如航空公司的基地机场,航空公司也可自行建立无线或有线通信网络,完全使用航空公司内部内容管理与发布系统,实现相同的功能,但此时提供服务的区域限于某个或某些机场(区域)。

3) 数据通信网络

数据通信网络是电子飞行包运行重要的支持系统,除依靠人工以 USB 方式实现电子资料的转移(从机载 EFB 拷贝数据,以及向 EFB 拷贝数据)外,电子飞行包的数据更新与传输主要通过数据通信网络完成。

支持 EFB 系统运行的数据通信网络包括无线网络与有线网络,无线网络主要包括机场区域使用的 GateLink (IEEE 802.11b)系统,WiFi 系统(停机坪区域),以及商用的 GSM、GPRS 等无线通信网络,以及红外、蓝牙等通信方式;同时也包括目前民航使用的 ACARS 无线通信系统,VDL Mode 2 通信系统,宽带卫星通信系统等。

机场停机坪区域,为适应 EFB 系统短时间内(一般情况下少于 15 分钟)大数据量的传输要求,无线数据通信网络主要使用数据传输率较高的 GateLink(IEEE 802.11b)系统或 WiFi 系统实现机载 EFB 系统与地面内容管理系统的数据交互。对于部分应用,如 PDC 信息交互(PDC 应用),接收 ATIS 信息(D-ATIS 应用),传输飞机飞行动态信息等对数据传输带宽要求较低,可使用 ACARS 或 VDL Mode 2 通信。

对于 1 级 EFB 系统,仅可由机组人员带离飞机后,使用机场内的 GSM、GPRS 或红外、蓝牙等通信方式,或通过人工使用 USB 移动存储设备与地面系统实现数据的交互。

对于 2 级 EFB 系统,机组可在停机位使用 GateLink 或 WiFi 与地面系统进行大量的数据交互,也可将 EFB 应用终端带离飞机,使用机场内的 GSM、GPRS 或红外、蓝牙等通信方式,或通过人工使用 USB 移动存储设备与地面系统实现数据的交互。

3 级 EFB 系统不可拆卸,机组可在停机位使用 GateLink 或 WiFi 与地面系统进行大量的数据交互。

机场有线数据通信网络指机组可以使用 1 级或 2 级 EFB 终端设备接入机场或航空公司的有线网络,实现与地面内容管理系统的数据交互。

航路上,以及在跑道上滑行时飞机与地面传输的数据交互主要通过 VDL Mode 2 地空数据链,宽带卫星数据链以及 ACARS 数据链实现。

4)航空公司资料管理系统

该系统与服务提供商资料管理系统实施连接,直接处理需要向飞机转发的各类信息。该系统需要对各类资料的版本、有效期、可加载的机队情况、资料间的依赖关系等进行管理,并将这些信息提交至服务提供商资料管理系统。

发展地空数据链是一种必然趋势,EFB 也会进一步发展与之连接。1 级 EFB 只能和商用气象数据链连接,获取气象信息,而 2、3 级则可和航空数据链连接。如与 ADS - B 连接后,可提供滑行参照,成为滑行状态感知显示器;在空中则能实现空空监视,成为驾驶舱交通信息显示器。

13.4 我国新航行系统的发展

继国际民航组织新航行系统概念提出之后,1994 年 8 月,中国民用航空局决定在我国启动新航行系统这项跨世纪的民航现代化工程。为指导我国民航新航行系统的实施工作,制定并公布《中国民航新航行系统实施政策》,确立了我国民航发展以卫星导航和数据链通信为基础的新航行系统的指导方针。在《中国民航新航行系统实施政策》的框架下,根据我国民航空管系统设施的情况,确定了一系列的技术发展方向:(a)在通信方面,确立了发展平面和地空数据通信网络(包括卫星数据通信、甚高频和高频数据链通信)的技术政策,推动基于地空数据链通信的飞机通信寻址报告系统(ACARS),并积极进行航空电信网(ATN)的技术研究和设备开发工作;(b)在导航方面,确立了发展全球卫星导航系统(GNSS)的技术政策,包括逐步发展空中和地面的增强系统满足航路导航和进近着陆的导航需求,设计更灵活的航路系统和区域导航环境;(c)在监视方面,确立了在境内偏远航路和洋区航路上应用自动相关监视(ADS)的技术政策;(d)在机载电子设备方面,确立了适当加速机队装备数据链通信和卫星导航机载设备,并加强适航审定和飞行标准相关标准、规章的制定与实施;(e)在空中交通管理方面,确立自动化和系统集成的研究方向,制定空中交通服务的新程序。

　　在中国民航新航行系统实施过渡计划和技术政策的指导下,经过十余年的努力,中国民航在新航行系统的实施工作上取得了长足的进展。为加强我国在民航新航行系统领域的科技创新能力和成果产业化能力,2003年中国民用航空总局建立了专门从事新航行系统技术研究的民航数据通信及新航行系统科研基地。围绕民航新航行系统中数据通信、卫星导航、自动相关监视、管制自动化等关键技术的攻关,中国民航汇聚了以北京航空航天大学、民航总局第二研究所、民航数据通信有限责任公司等为代表的产学研用紧密结合的科研队伍,开展了大量的技术研究、系统研制、试验验证与应用推广工作,取得了一批重要的科研成果,在民航空管的实际运行中获得了重大应用,推动了民航空管的技术进步。

　　中国民航在新航行系统的技术研究与系统建设方面取得的主要成果包括:

　　1) 通信领域

　　建成了世界第三的甚高频地空数据链通信网,并于多年前投入实际使用。该网络由110余个远端站(Remote Ground Station,RGS)、10余种业务网关和网络管理与数据处理中心组成,构建成中国民航多业务网管集群(Gate Way Cluster,GWC)系统,基本实现了全国主要机场、国际航路和国内繁忙航路的甚高频数据通信覆盖,满足了航空公司及空中交通管理部门的各项对空数据通信业务应用需求。针对新航行系统地/地、空/地一体化的专用数据通信网络——航空电信网(ATN),建立了航空电信网ATN/IPS协议体系和航空电信网络移动性管理,加快了我国民航空地数据通信系统升级改造,提高了我国航空电信网网络运行效率。

　　2) 导航领域

　　研制了GPS地基区域完好性监测系统(Ground-based Regional Integrity Monitoring System,GRIMS),实现了我国民航空域内飞机自主定位误差超限及时告警;建立了综合航空导航性能预测平台和PBN飞行程序设计系统,在西部高原机场和成都拉萨航路飞行验证中得到成功应用;研制了基于GNSS的航空飞行校验平台,完成了平台在中国民航飞行校验中心的校验飞机上的安装,用于对民航通信、导航和监视地面设备的飞行校验。

　　3) 监视领域

　　开展了自动相关监视技术研究,突破了广播式自动相关监视(ADS-B)数据完好性评估技术,在国际上首次提出了将GRIMS完好性监测信息用于航空可信监视的系统方法,获得了国际民航组织的认可;突破了ADS-B机载系统关键技术和地面系统关键技术,开发了用于空管部门的自动相关监视工作站系统,研制了空地协同的的空域监视设备和移动式空域监视平台,在西部高原航路、极地航路等部分航路上使用自动相关监视系统提供监视服务。

　　4) 空管运行领域

　　综合上述通信、导航与监视领域的技术成果,在中国民航空管运行中进行应用推广,有效提高了我国空管安全飞行保障能力和空域使用效率,取得的典型应用包括：

① 为全国实施飞行高度层缩小垂直间隔（RVSM）奠定了技术基础，提供了有效的安全保障手段，将 8 400 m 至 12 500 m 的高空空域飞行高度层间隔由 600 m 缩小至 300 m，比传统空域增加了 85％的空域容量，形成的"中国米制 RVSM 飞行高度层方案"被国际民航组织采纳为米制高度层配备标准，是我国首个被国际民航组织采纳的标准。

② 在我国西部高原地区取得应用，解决了传统陆基导航技术难以满足复杂地形和气象条件下飞行的难题，有效保障了航路管制间隔缩小条件下和恶劣环境下的飞行安全，保障了西部地区由程序管制向类雷达管制的过渡，保证了飞行安全。

③ 针对民航跨区域、多机场、高密度航班的协同指挥与调控的核心问题，通过自主创新，突破多业务高效共享、全网络广域调控、多机场关联调配、多跑道准确调度等关系技术，研制成功了中国民航首套飞行运行监控系统，实现了我国民航飞行运行的"统一计划、统一态势、统一调配"，有效提高了民航飞行运行的效率和应急保障能力。

④ 开展了地空数据链通信在航务管理、管制、气象、情报方面的应用，研制了数字自动终端信息服务、预放行许可等空管业务服务系统，建立了空地协同的民航多业务支持平台，满足航空公司和空管部门的多业务协同运行需求。

为了适应中国民航安全可持续发展的远景目标，满足航空运输需求的不断增长，保证航空安全和运行效率的全面提高，中国民航于 2007 年开始规划"中国民航新一代空中交通管理系统（Next Generation Air Traffic Management，NGATM）"，以尽快完成从现有系统向新航行系统的平稳过渡，并最终实现与国际其他新一代空管系统的全面接轨，通过全面建设高适应性的、大容量的、系统结构化的具有中国特色的民航空管技术和设备体系，在 2025 年前后，实现我国空管技术和设施装备的全面跨越式发展，为实施民航强国战略提供重要技术支撑。

参考文献

［1］ 张军. 现代空中交通管理［M］. 北京：北京航空航天大学出版社，2005.

［2］ Michael S Nolan. Fundamentals of Air Traffic Control，5th ed. ［M］. Delmar Pub，2010.

［3］ Joint Planning and Development Office. Concept of Operations for the Next Generation Air Transportation System. Version 2. 0［R］. 13 June 2007.

［4］ Eurocontrol. SESAR consortium D1 Air Transport Framework：The Current Situation. Version 3. 0［R］. July 2006.

［5］ Federal Aviation Administration. Next generation air transportation system integrated plan ［R］. Dec 2004.

［6］ Federal Aviation Administration. NextGen Implementation Plan［R］. March 2011.

［7］ 李小燕. 美国新一代航空运输系统的最新进展［N］. 中国民航报，2007，38(10).

［8］ European Commission，Single European Sky［R］. November 2000.

［9］ 吕小平.空中交通管理文集[C].北京:航空工业出版社,2009.

［10］ EUROCONTROL. European convergence and implementation plan [R].

［11］ Joint Planning and Development Office. NextGen Avionics Roadmap. Version 1.2[R]. 21 Sep 2010.

［12］ EUROCONTROL. Study Report on Avionics Systems for 2011－2020,Version 2.2[R]. 13 Feb 2007.

［13］ 张军,张彦仲.空管航空电子技术新进展[G].2011高技术发展报告,Mar 2011.55－62.

［14］ 周其焕.机载电子设备面向 CNS／ATM 系统的进展[J].中国民航大学学报,2001,19(3): 6—10.

［15］ 程学军.新航行系统及其在航空电子系统中的应用[J].电讯技术,2009,49(5):101－107.

［16］ Ian Moir, Allan Seabridge.民用航空电子系统[M].范秋丽等,译,北京:航空工业出版社,2009.

［17］ 霍曼.飞速发展的航空电子[M].北京:航空工业出版社,2007.

［18］ 熊华钢,王中华.先进航空电子综合技术[M].北京:国防工业出版社,2009.

［19］ ARINC REPORT 651－1:Design Guidance for Integrated Modular Avionics (IMA) [S]. Mar 1999.

［20］ ARINC REPORT 660A:CNS／ATM avionics, functional allocation and recommended architectures[S]. Jan 2001.

［21］ ARINC Characteristic 750－3:VHF Data Radio (VDR) [S]. Nov, 2000.

［22］ ARINC Characteristic 741P2－6:Aviation Satellite Communication System, Part 2, System Design [S]. Apr, 1998.

［23］ ARINC Characteristic 758－1:Communications management unit(CMU) [S]. Feb, 1998.

［24］ ARINC Characteristic 702A－1:Advanced Flight Management Computer System [S]. Feb, 2000.

［25］ ARINC Characteristic 743:Airborne Global Positioning System [S]. Mar, 1990.

［26］ ARINC Characteristic 743A－4:GNSS Sensor [S]. Dec, 2001.

［27］ ARINC Characteristic 755－2:Multi-Mode Receiver (MMR)－Digital [S]. Jan, 2001.

［28］ ARINC Characteristic 718A:Mark 4 Air Traffic Control Transponder (ATCRBS／MODE S) [S]. Feb, 2002.

［29］ RTCA DO 242A:Minimum Aviation System Performance Standards For Automatic Dependent Surveillance Broadcast (ADS－B) [S]. Jan, 2002.

［30］ ARINC 828:Electronic Flight Bag (EFB) Standard Interface [S].

14 大型客机航空电子适航性技术与管理

14.1 概述

14.1.1 适航性定义

什么叫适航(Airworthiness)？这是一个不但从事民用航空的局内人,而且相当一部分不从事这类工作的局外人都感兴趣的问题。英国牛津字典对适航的解释是"fit to fly",意思是"适于飞行"。初看,这一解释似乎过于简单,难以概括受到许多工程技术问题和人为因素影响的适航内涵。但在经过一番考虑后,将会感到这个解释很中肯。因为,航空器是否"适于飞行",是适航管理部门是否对其颁发适航证的基础,而适航管理部门只有在对直接影响飞行安全的航空器设计、制造与维修等方面进行审查,并得出满意的结论之后,才能认为航空器"适于飞行"而对其颁发适航证。所以,"适于飞行"这一解释精辟地概括了适航性工作的内容[1]。

航空器的适航性,既不是凭适航管理部门一纸证书就能永远定案,也不是航空器设计与制造部门经过一番工作便可一劳永逸地建立。即使是取得了适航证已投入正常使用的航空器,一旦不具备应有的适航水平时,便可能丧失已取得的适航证。所以,航空器的适航性不是一成不变的,适航管理也是一种动态管理。

适航性是按公众批准的最低安全要求继续飞行的航空器固有品质,公众要求设计人员严格按照适航性要求设计飞机,保证飞机符合最低安全要求,并向局方(指中国民航局及其地方管理局)表明其符合性。公众还要求局方确认设计人的设计确实符合最低安全要求。适航审定的宗旨是:维护公众利益,保证航空安全,促进航空工业的发展。但是飞机的安全性是设计制造出来的,不是审查出来的,审查是公众派来的"第三只眼",通过运用适航标准进行审查。

适航标准是一类特殊的技术性标准,它是为了保证实现民用航空器的适航性而制定的最低安全标准。适航标准与其他标准不同,是国家法规的一部分,必须严格执行。同时适航标准又是通过长期工作经验的积累,吸取了历次飞行事故的教训,不断修订而成的。如1996年7月17日,美国一架具有25年机龄的B747-100系列飞机(TWA800航班),由于一条电线绝缘皮出现破损,其火花放电引爆了油罐内的气体,酿成飞机爆炸和坠毁事件,并致使 230 人丧生。一系列燃油箱的航空事故,一连串血的教训,引起了民众的高度警惕,为了保证安全问题,经过必要的验证、论证及公开征求公众意见,引发了对燃油箱的适航条例的修订。适航标准是用生命和鲜血换来的,是没有知识产权限制的民机产业宝贵知识,是我国民机产业走向世界的重要知识源泉之一,是民用航空产业可持续发展的基石。

　　在 20 世纪 60 年代制定适航规章时,确定了民用航空活动的安全水平应等同于人的自然意外死亡率,比如喝水呛死、走路摔死、洗澡淹死等自然意外死亡率——百万飞行小时发生低于一次的机毁人亡事故。这是一个公众、乘客、飞机设计制造人、运营商都能接受的安全水平,但以公众的态度为主。假设一架飞机有 100 个主要系统或 100 种主要造成机毁人亡的故障状态,每个系统或每个状态造成机毁人亡的概率为 10^{-9}/fh,由于设计制造原因引起的机毁人亡概率为 10^{-7}。再给运营维修一个犯错误的安全余度,从而保证百万飞行小时的安全水平。安全水平是无止境的,可以把安全水平确定为千万飞行小时,但设计的飞机就会非常昂贵,从而造成公众无法乘坐飞机。如果安全水平确定的过低,比如说十万飞行小时。这样公众也无法接受。适航标准要求的是最低安全水平,国际民用航空实践(设计、制造、生产、运营、维修)表现的安全水平高于适航标准要求的最低安全水平要求。

14.1.2　适航性工作发展历程

　　适航是航空器能在预期的环境中安全飞行(包括起飞和着陆)的固有品质,这种品质可以通过合适的维修而保持。

　　适航来源于公众利益的需求,以及航空工业发展的需求。适航随着航空工业的进步而发展,航空工业是适航发展的基石,适航为航空工业的发展保驾护航。从 Sea-Worthiness 到 Air-Worthiness,公众要求政府对空中飞行活动进行管理,以保证公众利益。从对航线、飞行员的管理,到对航空器的管理,要求航空器的设计制造和维修达到一定的安全水平。随着航空工业的发展,FAA(美国联邦航空局)、EASA(欧洲航空安全局)应运而生,不断的改造调整其组织机构和布局,形成了当今比较丰富、比较强大的适航当局。

14.1.2.1　FAA、EASA 适航审定的发展

　　FAA 具有 80 多年的发展历史,是当今世界经验最丰富、最强大的适航当局。随着设计技术的进步、对运营故障和事故的研究,FAA 的适航性要求在不断修订。随着工业的发展,FAA 不断地改造调整其组织机构和布局。

　　随着欧盟国家一体化步伐的迈进,以及欧洲民用航空竞争的需要,2002 年欧盟决定成立具有法律权限的欧洲航空安全局(EASA)。对空客公司(AIRBUS)的产品,其生产制造全部由 EASA 审查颁证和管理。对其他产品,设计由 EASA 审查批准,制造由所在国适航当局审查批准。

14.1.2.2　CAAC 适航审定的发展

　　我国从 20 世纪 70 年代末,民航局成立了工程司,开始着手适航审定管理,从

1985年到1992年我国参照FAR逐步制定CCAR 25部、23部、35部、33部、27部、29部、21部等。2003年在六个地区管理局建立适航审定处。

随着航空产业的逐步发展,适航认证成为民机产业供应商必须开展的认证项目,越来越多的民机研制单位将与国内外适航当局开展密切合作,适航认证服务必将促进民用航空产业链的建设和上海民机集聚效应的形成。

适航取证对于国内整个民机产业仍是一个新的课题,中国商飞公司目前并不完全具备足够的适航取证的能力。但是,随着ARJ21项目和大型客机项目的发展,适航取证已经被中国商飞列入重点发展的核心能力,这必将给其带来飞速的发展。

14.1.3　适航性管理组织体系和法规体系

一个国家对民用航空产品和零部件的适航管理架构从根本上说由其航空制造业的产业特点决定,与这个特点相适应来制定相应的适航法规体系和适航当局的组织体系。反过来,为了满足国家适航法规的要求和有效地与适航当局配合,某一个航空制造企业的适航部门的组织体系又由其国家的适航法规体系和适航当局的组织体系决定。

14.1.3.1　美国适航性管理组织体系和法规体系

美国航空制造业的产业结构是典型的金字塔结构,其塔尖是以波音公司为代表的、拥有雄厚技术实力和巨大市场份额的航空制造业巨擘,而基座是数量众多、充满活力、各具技术特点、产品和服务多样化、经济总额巨大的小型航空制造企业。这些小型航空制造企业并不依附于大的航空制造企业,而是独立的提供从飞机、发动机、螺旋桨到各种机载航电设备、零部件和飞机加改装方案的各种航空产品和服务。美国政府通过包括《小企业法》在内的一系列反垄断法律来保护这种自由竞争,不断强化这种金字塔结构。

与美国这种航空制造业的产业特点相适应,FAA建立了美国联邦航空规章(Federal Aviation Regulation,FAR)和咨询通告(Advisory Circular,AC)、技术标准规定(Technical Standard Order,TSO)的二级适航法规体系。美国联邦航空规章作为国家层面的航空立法,赋予适航标准法律地位,其适航的技术标准涵盖飞机、旋翼机、航空发动机、螺旋桨、机载航电设备各个方面。咨询通告是FAA的法律文件,作为对规章的解释,大量引用FAA可接受的工业界的各种标准,起到衔接作为国家法律的适航标准和作为航空工程技术成果的工业标准规范的作用。技术标准规定是FAA的法律文件,作为机载航电设备的适航标准,大量引用FAA采纳的工业协会规范,起到将工业协会规范纳入适航法规体系的作用。

美国的适航法规体系除了上述的技术上覆盖面全的特点外,在管理思路上也充分体现了美国航空制造业的金字塔形的产业结构。根据美国联邦航空规章第183部的规定,美国联邦航空局允许通过委任个人或者机构承担一定的适航审定任务的方式来支持对美国庞大的航空制造业的适航管理。一方面通过逐步调整委任管理政策从个人到机构的委任授权,要求在有条件的大型航空制造企业建立机构委任来强化适航管理;另一方面在政策上继续支持大量的对个人的委任,特别是对不隶属于一个航空制造企业的、自由顾问性的个人的委任,来降低小型航空制造企业的适航管理门槛,保证了 FAA 通过其本身有限的资源来支持金字塔基上数量众多的小型航空制造企业的发展。

同样,FAA 的适航审定部门的组织体系设置也与美国这种航空制造业的产业特点相适应,一方面为了众多适航标准的制定、执行和解释的标准化,设立按航空产品类别划分的专业审定中心;另一方面为了开展对数量众多航空制造企业的适航管理,在美国全国范围内设置了众多专职的适航审定办公室和机构。美国联邦航空局的适航审定部门的组织体系也在不断地完善,当前的机构设置如图 14-1 所示。

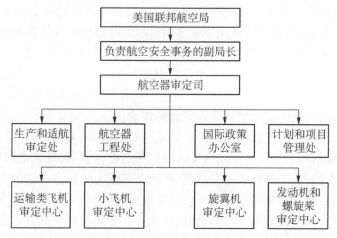

图 14-1　美国联邦航空局的适航审定部门的组织体系

14.1.3.2　欧洲适航性管理组织体系和法规体系

空客公司与波音公司以及欧盟与美国在民用航空界的竞争需求成就了联合航空局(Joint Aviation Authorities, JAA)的诞生。伴随着欧洲的一体化进程诞生了欧洲航空安全局(European Aviation Safety Agency, EASA)。与 JAA 作为欧洲各国适航当局的协会不同,EASA 是在欧盟框架下依据欧盟议会规章的相关规定,集中行使各成员国部分民航管理主权的政府组织。与美国航空制造业相比,欧洲航空制造业同样基础雄厚、技术先进、在一些技术领域颇具特色,同样能够提供类别齐全的航空产品。随着欧洲航空制造业的发展,欧洲航空安全局(EASA)是拥有与美国联邦航空局(FAA)同等话语权的重要适航当局。

欧洲航空制造业的产业结构同样具备金字塔结构的特点,其塔尖是以空客公司为代表的、在欧洲跨国合作、拥有雄厚技术实力和巨大市场份额的航空制造业巨擘,而基座是数量众多、充满活力、各具技术特点、产品和服务多样化、经济总额巨大的小型航空制造企业。与美国略有不同,这些小型航空制造企业往往作为大的航空制造企业的供应商来提供各种机载航电设备、零部件和飞机加改装方案。这些企业具备专业化的特点,在各自的领域具有独到的技术优势。

与欧洲这种航空制造业的产业特点相适应,EASA 建立了涵盖飞机、旋翼机、航空发动机、螺旋桨、机载航电设备各个方面的审定规范(Certification Specification,CS)和管理类的 21 部。与美国 FAA 独立颁布咨询通告不同,欧洲将类似咨询通告类型的法律文件作为规章的一部分列在规章中,称为可接受的符合性方法(Acceptable Means of Compliance,AMC)和指导材料(Guidance Material,GM),作为对规章的解释,大量引用 EASA 可接受的工业界的各种标准,同样起到衔接作为国家法律的适航标准和作为航空工程技术成果的工业标准规范的作用。欧洲的适航法规体系如图 14-2 所示。

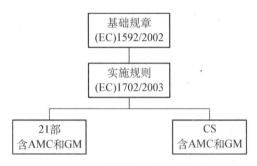

图 14-2　欧洲的适航标准体系

与 FAA 类似,EASA 同样颁发欧洲技术标准规定(European Technical Standard Order,ETSO),作为机载航电设备的适航标准,大量引用 EASA 采纳的工业协会规范,同样起到将工业协会规范纳入适航法规体系的作用。

欧洲的适航法规体系除了上述的技术上覆盖面全的特点外,在管理思路上也充分体现了欧洲航空制造业的特点。由于欧洲的众多航空制造企业作为主要航空制造企业的供应商提供产品和技术,EASA 的适航管理特别关注企业的能力,并且制定了颇具特色的机构批准的适航管理方式,通过机构评审和批准的方式来确认企业的能力。

同样,EASA 的适航审定部门的组织体系设置也与欧洲这种航空制造业的产业特点相适应,一方面按航空产品类别设立审定部门;另一方面为了有效地和一致地对跨国合作的大型航空制造企业和分散在欧洲各个成员国的众多小型航空制造企业进行适航管理,在 EASA 内与审定部门平行地设置了专门负责标准化、培训和机构批准的管理部门。欧洲航空安全局的适航审定部门当前的组织体系如图 14-3 所示。

14.1.3.3　中国适航性管理组织体系和法规体系

自 20 世纪 70 年代开始,中国就着手开始参照美国联邦航空局的适航管理模式对民用飞机进行适航管理。但是应该承认,中国的适航管理模式与中国航空制造业的产业特点并不完全匹配。一方面,中国航空制造业长期以军机型号为拉动,一直

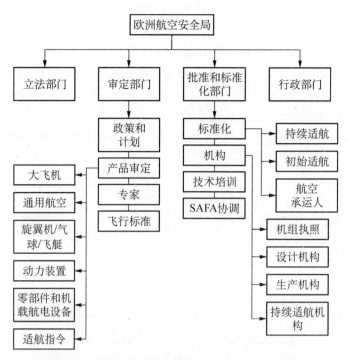

图 14-3 欧洲航空安全局的适航审定部门的组织体系

没有形成完善的民机产业,航空制造业的从业人员缺乏对适航理念和对适航标准的深入了解;另一方面,相较欧美适航当局,中国适航当局欠缺国内的航空产品审定实践,参照国际适航标准建立的适航标准没有在国内航空工业水平上得到充分验证。但是,繁荣的航空运输业保障了中国适航当局具有大量的适航管理经验,而国内航空制造业大力发展民机产业也促进了中国适航当局组织机构和审定能力的不断完善和提高,在小飞机审定和机械类机载航电设备审定领域,中国适航当局基本具备与欧美适航当局同等的审定体系和审定能力。在此基础上,以国内航空制造业研发支线客机和大型客机为契机,中国适航当局的组织体系和审定能力还将进一步加强,逐步成为国际上有影响力的重要适航当局。

中国的适航理念、适航标准和相关程序都充分借鉴了 FAA 的模式。例如,在适航法规体系上,中国民航同样建立了中国民用航空规章和咨询通告、技术标准规定的二级适航法规体系。

但是,中国适航当局的组织体系具备自身的特点。中国民航当局的组织体系是包括作为总部的中国民用航空局和作为地方派出机构的民航地区管理局的二级管理体系。中国民用航空局管辖的适航审定系统的组成同样是包括作为立法决策层的民航局航空器适航审定司和作为行政执法层的地区民航局适航审定处的二级管理体系。

20 世纪 70 年代末,民航局成立工程司,开始着手开展适航审定管理。以 1985

年与美国联邦航空局 FAA 合作开展对 MD-82 飞机在中国的转包生产的监督检查为契机,以及 1985 年 FAA 给 Y12 II 型飞机颁发型号合格证,中国民航适航审定系统逐步建立健全与国际接轨的适航法规体系和组织机构。中国适航审定系统的组织机构如图 14-4 所示。

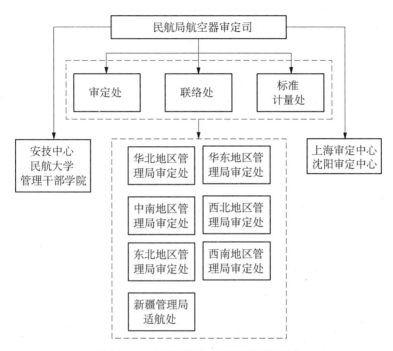

图 14-4　中国适航审定系统的组织机构

14.2　航空电子适航性管理

随着民用航空运输在世界交通运输方面发挥越来越大的作用,世界上民用航空工业在各国的国民经济中的地位越来越重要。随着民用航空工业的不断发展、壮大和成熟,民用航空机载航电设备也在快速发展。

14.2.1　世界大型机载航空电子设备厂商的适航性特点

民用航空机载航电设备是民用航空产品。各国对民用航空产品都实行适航管理。欧洲大型机载航电设备厂商在民用机载航电设备适航方面的特点是:他们经过多年的民用机载航电设备研制取得了丰富的适航经验,完全掌握了民用机载航电设备的适航性要求和完全拥有满足适航性要求的能力[2]。

14.2.1.1　完全掌握了民用机载航电设备的适航性要求

民用机载航电设备的适航性要求分为两类,即没有明确适航性要求的机载航电设备和系统的适航性要求在相应适航条例中(即 23～29 部中);有明确适航性要求的机载航电设备的适航性要求是"技术标准规定(TSO)"。

　　一般认为集成的民用机载航电设备系统的适航性要求是不明确的,其适航难度比较大(机载航电设备系统的适航性要求是在其飞机的适航性要求中。机载航电设备厂商不研制飞机的所有部分,难于掌握相应机载航电设备系统的适航性要求)。但是国外大型机载航电设备厂商依据其民用机载航电设备研制经验完全掌握了相应机载航电设备要求。

　　对于有明确适航性要求的机载航电设备(即有 TSO 要求的设备),国外大型民用机载航电设备厂商基本完全掌握了其适航能力。那是他们进行系统集成的基础能力。

　　美国在颁布 TSO 要求的同时,给出了满足相应 TSO 要求的设备制造商目录。

14.2.1.2　完全拥有满足适航性要求的能力

　　国外大型机载航电设备厂商引领着民用机载航电设备的发展方向。他们的适航技术就是以后民用机载航电设备适航性要求的基础。对于适航当局提出的合理的适航技术要求,他们凭借其强大的技术力量和试验手段,完全可以满足适航性要求。因此他们完全拥有满足适航性要求的能力。

14.2.2　机载航空电子设备及系统适航性工作思路

　　机载航电设备的适航性工作一般可以分为 4 个阶段,分别为第一阶段——民用机载航电设备适航性准备阶段;第二阶段——民用机载航电设备适航性申请阶段;第三阶段——民用机载航电设备适航性审查阶段;第四阶段——民用机载航电设备取证之后的工作阶段。

14.2.2.1　第一阶段——民用机载航电设备适航性准备阶段

　　民用机载航电设备适航性准备阶段主要包括如下四个方面的工作。

　　1) 选择计划研制的民用机载航电设备的适航性批准方式

　　计划开发民用机载航电设备,首先应研究清楚开发的民用机载航电设备是单个的产品,还是集成的机载航电设备系统,或者是其他类型的民用机载航电设备产品(既非集成的机载航电设备系统,也非单个民用机载航电设备)。还要研究研制的是否是用于在役飞机的更换件。

　　适航当局的适航管理程序覆盖这四类民用机载产品的适航性审定工作。但是由于这四类民用机载航电产品的特性不同,因此其适航性工作的方式不同。

　　(1) 集成的民用机载航电设备系统——随 STC(或 TC)批准

　　这是民用机载航电设备适航性工作的主要发展方向。集成的民用机载航电设备系统的适航批准一般是随相应的飞机 STC(补充型号合格证)或 TC(型号合格证)进行适航批准。

　　由于集成系统功能较多,对飞机安全性影响较大,因此对于全新设计的民用飞机一般不采用全新设计的集成民用机载航电设备系统,而首先采用有一定适航性经验的系统。当全新设计的集成的民用机载航电设备有一定适航性经验之后,一般才被全新设计的民用飞机选用。

这样集成的民用机载航电设备系统的主要适航批准方法一般是随相应的飞机STC(补充型号合格证)进行适航批准,实际上也是"随机批准"的一种类型。

在我国此种适航批准程序是AP‐21‐14《补充型号合格审定程序》或AP‐21‐03《型号合格审定程序》。

(2) 有单独适航性要求的民用机载航电设备——单独批准的TSOA

这是通常所说的民用机载航电设备适航性工作的主要内容,也是集成的民用机载航电设备系统的基础。有单独适航性要求的民用机载航电设备的适航性要求是"技术标准规定(TSO)",其适航批准方式是"技术标准规定批准书(TSOA)",这称为"单独批准"。

另外对于有单独适航性要求的民用机载航电设备,也可以采取随机批准的适航批准方式。由于随机适航批准的机载航电设备的使用范围受到较多限制,因此一般不推荐此种适航方式。

在我国此种适航批准方式的程序是AP‐21‐06《民用航空材料、零部件和机载设备的合格审定程序》。

(3) 没有单独适航性要求的民用机载航电设备和系统——随机批准

民用飞机机载航电设备中有大量设备属于此类设备。从民用飞机上安装的机载航电设备的数量上讲,此类机载航电设备占民用飞机机载航电设备的大多数。没有单独适航性要求的民用机载航电设备和系统(指既非集成的机载航电设备系统,也非单个民用机载航电设备)的适航批准方式是随飞机的TC(型号合格证)一起批准,即"随机批准"。当然也可以随STC(补充型号合格证)一起批准。但是通常此种批准方式一般指随飞机的TC(型号合格证)一起批准。

在我国此种适航批准方式的程序是AP‐21‐03《型号合格审定程序》中的"随机适航"的内容。如果以随STC一起批准,请参见AP‐21‐14《补充型号合格审定程序》。

(4) 维修或改装过程中想不使用原始零部件(含设备)制造商的零部件——PMA方式

在民用飞机的维修领域,这是个重要的问题。对于维修或改装过程中想不使用原始零部件(含设备)制造商的零部件的情况,采用PMA(零部件制造人)的适航批准方式。

在我国此种适航批准程序是AP‐21‐06《民用航空材料、零部件和机载设备的合格审定程序》中PMA的适航批准程序。

2) 寻找计划研制的民用机载航电设备的适航性要求

不同民用机载航电设备类型的适航性要求不同。TSO产品的适航性要求是相应的TSO文件及其引用的技术文件。其他类型民用机载航电设备的适航性要求是相应的飞机和相应的适航条例(如23部、25部等)。这些适航性要求只有在开发新的机载航电设备时,根据相应飞机的具体要求和适航当局确定的适航条例中的适航性要求,确定相应研制设备的具体适航性要求。

3) 进行计划研制的民用机载航电设备的适航性可行性分析

民用飞机机载航电设备适航性可行性分析是非常重要的工作,很大程度上关系到研制的民用机载航电设备的成败。主要从以下几个方面开展工作。

(1) 明确研制的民用机载航电设备的适航性要求

TSO 产品的适航性要求主要是 TSO 文件及其引用的技术文件。我国的 CTSO与美国 FAA 的 TSO 技术上没有差别,可以直接用美国 FAA 的 TSO。

其他产品的适航性要求在相应民用飞机的技术要求和适航条例(如 23,25部)中。

① 对于没有 TSO 要求的机载航电设备的随机取证情况。一般产品的开发要求和适航性要求由飞机研制单位提出,飞机研制单位进行适航检查。适航当局也可能进行适航审查。此种适航审查的适航难度一般较小,但是不排除适航当局提出较难的适航性要求的可能性。

② 对于集成的民用机载航电设备系统,其适航性要求由安装的民用飞机的要求和适用的适航条例确定(如其中包括 TSO 产品,则也应包括相应的 TSO 要求),最后需要适航当局批准。

③ 对于 PMA 产品的适航性要求一般是相应飞机的技术要求和适航当局确定的适航性要求。其适航性要求的风险一般大于随机批准的产品,小于集成的民用机载航电设备系统。

在此阶段,TSO 产品的适航性要求风险最小(基本为 0),随机取证产品的适航性要求风险大于它,PMA 产品的适航性要求的风险更大一点,集成的民用机载航电设备系统的适航性要求风险最大。如果计划研制民用机载产品,这些风险是不可避免的。努力研究飞机的技术要求和努力研究适航当局的适航性要求,可以降低这些风险,但是很难完全避免这些风险。

(2) 研究确定的适航性要求

① 适航性要求的研究范围:

● 对于 TSO 产品,研究相应 TSO 文件及其引用的技术文件的中的适航性要求。

● 对于非 TSO 产品,研究在第(1)步中确定的适航性要求。

② 通过对研制民用机载航电设备产品的适航性要求的研究确定:

a. 研制单位能否在民用机载产品的研制过程(含与其他人合作)中解决所有适航问题。对于现在不能完全确定可以解决的适航问题,以后研制过程中解决的可能性有多大,企业能否承受研制失败所产生的损失。如果企业认为适航技术风险太大或不能承受其经济代价和损失,就应停止项目的研制工作。

b. 适航性技术要求的风险包括:

● 适航性要求本身的专业技术风险(企业自己确定);

- 环境试验要求风险(试验要求本身和试验设施);
- 机载软件风险;
- 复杂机载航电系统的安全性风险;
- 产品试验(含试飞)风险(试验设施和试验本身)等。

如果经研究认为,计划研制的民用机载航电设备是可行的,则进入申请阶段。

14.2.2.2 第二阶段——民用机载航电设备适航性申请阶段

1)组建民用机载航电设备研制单位的适航性工作机构

民用机载航电设备研制单位有必要组建一套民用机载航电设备的适航性工作机构。根据不同的情况,可以组建不同的适航性工作机构。根据以前的经验,建议建立下列适航性工作机构:

① 以企业总经理为主任的"民用机载航电设备适航委员会"。它解决民用机载航电设备研制工作中重大适航问题。特别是对于各种资源的调动问题。

② 建立以产品型号总师为首的适航技术系统。产品型号总设计师负责产品的适航审查的技术工作。

③ 建立专门的"适航室",作为企业专门的适航机构。在企业内部专业管理适航事务,对外专门负责与适航当局的联络等事宜。多年的适航经验证明,专门的适航室是必需的,特别是企业第一次进行适航审查工作时。

2)开展适航性培训工作

第一次进行民用机载航电设备研制工作的单位,适航性培训工作应分层次进行。

(1)对于企业高层领导进行适航基础知识培训

① (对于重大的机载航电设备产品和系统)请民航总局适航司领导进行适航性培训(企业尽可能多的人员参加)。

② 请适航专业机构对高层领导进行适航性培训(如中航工业 301 所适航室等)。

(2)对于企业适航室进行较广泛的适航性培训

培训内容包括:

① 一般适航知识;

② CCAR 21 部;

③ CCAR 37 部、TSO;

④ AP 21 - 06;

⑤ AP 21 - 03、04、14 等。

此类培训可以请适航专业机构进行培训(如中航工业 301 所适航室等)。

(3)对于企业技术人员进行适航技术性较强的培训

培训内容包括:

① 一般适航知识；

② DO－160；

③ DO－178；

④ DO－254。

此类培训可以请适航专业机构和有相应能力、经验的单位的人员进行培训（如中航工业 301 所适航室、民航适航审查专家、有相应适航经验单位的人员）。

3）开展适航性咨询工作

企业开展适航性工作时，特别是第一次进行适航性工作时，多开展一些适航性咨询工作，对企业的适航性工作是非常有益的。咨询对象包括：

① 航空工业系统的适航专家。如中航工业 301 所适航室人员。

② 民航系统适航人员。

③ 航空工业系统机载航电设备适航取证单位。如：

单位	适航取证产品
航宇公司	航空座椅
161 厂	大气数据计算机（机载软件）
3327 厂	飞行数据记录仪

④ 非航空工业系统适航取证单位。参见民航总局 AC21－10《已获批准的民用航空产品目录》。此类单位一般适航性咨询的意义最小，除非有特别意义，一般不必进行此类咨询。

4）按与适航当局协商的结果，准备适航申请资料

准备的申请资料根据不同的适航批准方式有很大不同。具体应当准备的申请资料参见相应审定程序。

适航申请资料上报适航当局后，可能会与适航当局有多次接触。适航当局批复正式接受了适航申请后，则适航性工作转入下一阶段。

14.2.2.3　第三阶段——民用机载航电设备的适航审定阶段

① 与适航当局的适航审查组协商制订计划研制的民用机载航电设备的适航审定计划。

② 执行审定计划。期间按审查组的要求准备适航资料，进行适航试验，接受适航审查。特别注意应满足的环境试验要求（DO－160）、软件要求（DO－178）、试飞要求（试验飞机）、复杂设备的安全性要求（DO－254）及设备的特别适航性要求等。这段期间的适航性工作巨大，是民用机载航电设备适航性工作的主体活动。特别应当指出的是，不同类型的民用机载航电设备的适航性工作量差别很大。

③ 适航审查合格后，适航当局颁发相应适航证件。

④ 颁发适航批准证件后，安装到飞机上时还要满足相应适航性要求。TSO 产

品需要装机批准(AP21‐03，AP21‐14，AP21‐15)；非 TSO 产品类型的产品，直接安装到所批准的型号的飞机上，如果这些产品要安装到其他型号民机上，则需要再次进行适航审查。不过此时的适航审查就比较简单了。集成的机载航电设备系统的适航性工作，很大程度上就是利用此种适航便利特点。

14.2.2.4 第四阶段——民用机载航电设备取证之后的工作阶段

① TSOA 产品和 PMA 产品适航批准后，会根据不同的适航管理要求进行证后管理。

② 当适航当局发现不适航的情况后，可能会采取暂停或吊销的方式处理 TSOA 和 PMA 证件。

③ 对于集成机载航电系统和随机取证的民用机载航电设备，适航取证后，适航当局一般不直接管理设备研制单位，而是通过飞机制造商管理这些研制单位。

14.3 航空电子适航性技术

全面准确理解适航性条款要求是开展适航性工作的技术基础，对于确定适航符合性验证方法、制定符合性验证计划以及开展适航性过程审定和阶段评审具有重要的意义，尤其是具有技术难度和验证难度的条款，必须进行深入研究。从适航性工作实际需求出发，全面开展专业条款技术分析与研究的总体工作思路如图 14‐5 所示。

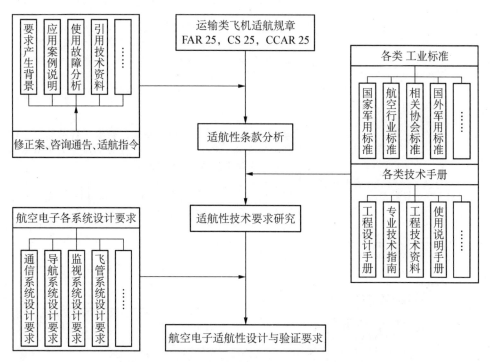

图 14‐5 适航性条款技术分析与研究工作思路

针对航电适航性要求中各条款内容,开展条款相关性分析。结合美国 FAA、欧洲 EASA 颁布的相关修正案、咨询通告、政策说明和适航指令等资料,梳理其产生的背景、案例说明和使用故障等信息。结合引用的工程技术资料,开展其专业条款内涵分析和技术要点研究,形成专业条款技术诠释,解决条款"为什么"和"是什么"的问题。在专业条款内涵分析和技术要点研究的基础上,结合国军标、航标、国外协会标准以及美军用标准规范等各类工业标准、设计手册、技术指南、工程资料以及使用说明等各类技术资料,空客和巴西航空工业等型号工程案例,开展航电适航性设计与验证方面的技术要求研究,形成适用条款的符合性验证方法指南,解决"干什么"和"怎么干"的问题。

大型客机航空电子系统十分复杂,涉及众多子系统,因此不能笼统的将与航空电子系统相关的条款进行简单的罗列,而是首先要对航空电子系统按照 ATA 章节进行划分[4],梳理出每个子系统或专题涉及哪些条款,再对每个条款的技术要求和符合性方法进行分析研究。可以采用的 ATA 分类方法如表14.1所示。

表 14.1　航电系统相关 ATA 章节划分

ATA 章节号	系统名称	系统描述
22	自动飞行系统	为飞机提供飞行自动控制的那些单元和组件。包括控制方向、航向、姿态、高度和速度的那些单元和组件
23	通信系统	在飞机内部之间、飞机之间或机与地面站之间提供通信手段的那些装置和组件。包括语音通信、数据通信、载波通信用的组件、扬声器、所有的发射/接收设备以及有关的天线等
31	指示/记录系统	所有仪表、仪表板和控制器的分布图。给出各独立系统中状态的视觉或听觉警告的那些系统的程序总括。记录、存储或计算来自各独立系统的数据的各种装置。包括把各指示仪表综合成为与任何具体系统无关的中央显示系统和仪表的那些系统/装置
34	导航系统	为飞机提供导航信息的那些装置和组件系统。包括 VOR(甚高频全向信标仪)、全压、静压、仪表着陆系统、飞行指引仪、罗盘、指示器等
39	高能辐射场(HIRF)/闪电防护(间接效应)	自定义
40	闪电防护(直接效应)	自定义
42	综合模块化航空电子系统(IMA)	自定义

（续表）

ATA 章节号	系统名称	系统描述
44	客舱系统	用来为乘客提供娱乐,以及为飞机内部和飞机客舱与地面站之间提供通信的那些装置和组件。包括语音、信息、音乐和图像等的传送。不包括属于 23 章或 46 章的卫星通信、HF,VHF,UHF 以及所有发射/接收设备和天线等
45	中央维护系统(CMS)	与飞机多个系统相互联系和作用的那些单元、组件和相关系统。包括使用中央计算机综合的和/或标准的故障隔离程序来找出单个系统或组件失灵的检查和故障隔离程序
46	信息系统	提供相应手段,在纸质、缩微胶卷或缩微胶片等传统介质上存储、更新和检索数字信息的那些单元和组件。包括专门用于信息存储和检索功能的单元,例如电子图书馆集中存储器和控制器。不包括为其他用途安装的和与其他系统共享的装置或组件,例如驾驶舱打印机或通用的显示器

以 ATA 22 自动飞行系统为例,其相关的适航条款如表 14.2 所示。

表 14.2　自动飞行系统(ATA 22)适航条款

序号	CCAR 25 分部	条款编号	条款名称(条目名称)
1	A 分部　总则	1(b)	适用范围
2		161(a)	配平
3		161(b)	配平
4	B 分部　飞行	161(c)	配平
5		161(d)	配平
6		161(e)	配平
7	D 分部　设计与构造	672(a)	增稳系统及自动和带动力的操纵系统
8		1301(a)	功能和安装
9		1301(b)	功能和安装
10		1309(a)	设备、系统及安装
11	F 分部　设备	1309(b)	设备、系统及安装
12		1309(c)	设备、系统及安装
13		1316(a)	系统闪电防护
14		1316(b)	系统闪电防护

（续表）

序号	CCAR 25 分部	条款编号	条款名称（条目名称）
15		1316(c)	系统闪电防护
16		1317	高强辐射场（HIRF）防护
17		1321(a)	布局和可见度
18		1322	警告灯、戒备灯和提示灯
19		1329(a)	飞行导引系统
20		1329(b)	飞行导引系统
21		1329(c)	飞行导引系统
22		1329(d)	飞行导引系统
23		1329(e)	飞行导引系统
24		1329(f)	飞行导引系统
25		1329(g)	飞行导引系统
26	F 分部　设备	1329(h)	飞行导引系统
27		1329(i)	飞行导引系统
28		1329(j)	飞行导引系统
29		1329(k)	飞行导引系统
30		1329(l)	飞行导引系统
31		1329(m)	飞行导引系统
32		1329(n)	飞行导引系统
33		1333(a)	仪表系统
34		1333(b)	仪表系统
35		1431(a)	电子设备
36		1431(b)	电子设备
37		1431(c)	电子设备
38		1431(d)	电子设备
39		1555(a)	操纵器件标记
40	G 分部　使用限制和资料	1581(a)	总则
41		1585(a)	使用程序
42		1585(b)	使用程序

（续表）

序号	CCAR 25 分部	条款编号	条款名称（条目名称）
43		1701	定义
44		1703	功能和安装：EWIS
45		1705	系统和功能：EWIS
46		1707	系统分离：EWIS
47		1709	系统安全：EWIS
48		1711	部件识别：EWIS
49	H 分部　电气线路	1713	防火：EWIS
50	互联系统（EWIS）	1715	电气接地和防静电保护：EWIS
51		1717	电路保护装置：EWIS
52		1719	可达性规定：EWIS
53		1721	EWIS 的保护
54		1723	可燃液体防火：EWIS
55		1727	可燃液体切断措施：EWIS
56		1729	持续适航文件：EWIS

在梳理出航电子系统适用的适航条款后，对其中的每项条款进行适航性技术分析，包括条款要求的解读、条款背景的分析、相关技术标准和咨询通告的分析和适航性设计与符合性验证方法研究等方面，对适航性条款进行全面的分析解读。下面以第 25.1329 条"飞行导引系统"为例，阐述如何将 CCAR 25 部中关于机载航电设备和系统的条款要求转化为适航性设计要求和验证要求，从而指导相应航电设备和系统的适航性设计与验证工作。

14.3.1　适航性条款要求

第 25.1329 条"飞行导引系统"[3]：

（a）必须给每个驾驶员提供具有快速切断自动驾驶仪和自动推力功能的操纵器件。自动驾驶仪快速切断操纵器件必须装在两个操纵盘（或其等效装置）上。自动推力快速切断操纵器件必须装在推力操纵杆上。当驾驶员在操作操纵盘（或其等效装置）和推力操纵杆时，必须易于接近快速断开操纵器件。

（b）对驾驶员人工断开自动驾驶仪或自动推力功能的系统，其失效影响必须按照第 25.1309 条的要求进行评估。

（c）飞行导引系统、模式、或传感器的衔接或转换导致的飞机航迹瞬变，都不得大于本条（n）(1)中规定的微小瞬变。

（d）在正常条件下，飞行导引系统的任何自动控制功能的切断导致的飞机航迹瞬变,都不得大于微小瞬变。

(e) 在罕见的正常和不正常条件下,飞行导引系统的任何自动控制功能的切断导致的瞬变都不得大于本条(n)(2)中规定的重大瞬变。

(f) 如有必要,为了防止不适当使用或混淆,每一个指令基准控制器件的功能和运动方向,如航向选择或垂直速度,必须清楚地标示在每一控制器件上或其附近。

(g) 在适于使用飞行导引系统的任何飞行条件下,飞行导引系统不会对飞机产生危险的载荷,也不会产生危险的飞行航迹偏离。这一要求适用于无故障运行和故障情况,前提是假设驾驶员在一段合理的时间内开始采取纠正措施。

(h) 当使用飞行导引系统时,必须提供措施以避免超出正常飞行包线速度范围可接受的裕度。如果飞机飞行速度偏移超出这个范围,必须提供措施防止飞行导引系统导引或控制导致不安全的速度。

(i) 飞行导引系统的功能、操纵、指示和警告必须被设计成使飞行机组对于飞行导引系统的工作和特性产生的错误和混淆最小。必须提供措施指示当前的工作模式,包括任何预位模式、转换和复原。选择器电门的位置不能作为一种可接受的指示方式。控制和指示必须合理和统一地进行分类组合和排列。在任何预期的照明条件下,指示都必须能够被每个驾驶员看见。

(j) 自动驾驶仪断开后,必须及时地给每一驾驶员提供与驾驶舱其他警告截然不同的警告(视觉和听觉的)。

(k) 自动推力功能断开后,必须给每一驾驶员提供戒备。

(l) 当飞行机组操纵飞行控制器件用力过度时自动驾驶仪不会产生潜在的危险。

(m) 自动推力工作期间,飞行机组移动推力杆时不需要过度用力,当飞行机组操纵推力杆用力过度时自动推力不会产生潜在的危险。

(n) 对于本条,瞬变指对控制或飞行航迹的一种干扰,这种干扰对飞行机组输入的响应或环境条件不一致。

① 微小瞬变不会严重减小安全裕度,且飞行机组的行为能力还很好。微小瞬变会导致轻微增加飞行机组的工作负担或对旅客和客舱机组带来某些身体的不适。

② 严重瞬变会引起安全裕度严重减小,飞行机组工作负担增加、飞行机组不适、或旅客和客舱机组身体伤害,可能还包括非致命的受伤。为了保持或恢复到正常飞行包线内,严重瞬变不要求:

(i) 特殊的驾驶技巧,机敏或体力;

(ii) 超过第 25.143(c)条要求的驾驶员力量;

(iii) 会对有保护或无保护的乘员产生进一步危害的飞机的加速度或姿态。

14.3.2　适航性条款背景

随着工业技术的显著发展和航空系统设计水平的提高,航空设备的集成度、自动化程度和复杂度越来越高,从而使得飞机子系统之间的功能和接口的分配也随之发生变化。现在,飞行导引系统(FGS)已经发展成了具有多种工作模态的数字多功能系统,并且可以自动地转换运行模态。采用电传飞行控制系统,需要对飞行导引系统(FGS)的各个组成部分之间的接口问题予以考虑。当今的飞行导引系统(FGS)能够提供更好的性能,增加安全性并且减轻驾驶员工作负担。但是如果设计不当,FGS可能会产生子系统间的混淆,并且不能立即通告给机组人员。因此需要结合新一代的飞行导引系统(FGS)的使用经验和相关材料,对本条款要求和符合性验证要求以及对FGS的设计予以分析,并借鉴国内外型号对本条款的符合性验证,给出本条款要求和符合性验证要求的诠释和FGS设计要点。

在本章中,FGS包括所有为了能完成FGS的功能所必要的设备,包括传感器、计算机、电源、伺服马达/作动器和相关布线,包括了任何必要的指示器和控制器,便于驾驶员管理和监视系统运行。系统基本由以下部分组成:

① 飞行导引和控制(例如自动驾驶仪、FD下视或平视显示器);

② 自动油门/自动推力系统。对于螺旋桨驱动飞机,"自动推力"一般包括推力控制系统;

③ 与控制增稳和配平系统的接口;

④ 告警、状态和模式显示,以及与飞行导引和控制功能相关的情况信息。

大部分的大型现代运输类飞机安装了飞行导引系统,因此需要考虑飞行导引系统的安全性要求。然而FAR 25部原有的25.1335条"飞行指引系统"(见FAR 25部修正案Amdt.25-46,1978年12月1日颁布)和25.1329条"自动驾驶仪系统"(见FAR 25部修正案Amdt.25-41,1977年9月1日颁布)的内容没有全面的包含现代飞行导引系统的所有功能,因此需要对适航条款和对应的咨询通告(AC)进行修改,新的条款和AC应该适用于当前采用了新的功能综合和新技术的飞行导引系统。

因此,在FAR 25部修正案Amdt.25-119中取消了原有的25.1335条"飞行指引系统",并对原有的25.1329条"自动驾驶仪系统"进行了修改,修改后的25.1329条为"飞行导引系统"。并于2006年7月17日颁布了AC 25.1329-1B"飞行导引系统",并取消了于1968年7月8日颁布的AC 25.1329-1A。

在制定25.1329条"飞行导引系统"以及AC 25.1329-1B"飞行导引系统"(2006年7月17日颁布)时,FAA的航空规章制定咨询委员会(ARAC)参考了以下国家运输安全委员会(NTSB)安全性建议报告:

① NTSB安全性建议A-92-035。修改AC 25.1329-1A,并增加了对某种自动驾驶故障的指南,这种故障会导致高度变化并且机组人员感受不到高度变化率,从而导致直到飞机发生大的高度偏离,机组人员才察觉到高度变化。

② NTSB安全性建议A-98-098。要求所有运输类飞机研制方,对于所有新的和现有的运输类飞机,如果安装了自动驾驶仪,应该增加一个逻辑,能向驾驶舱提供听觉警告,以当飞机滚转角和/或俯仰角超出自动驾驶的最大滚转角和/或俯仰角指令限制值时提醒驾驶员。

　　③ NTSB 安全性建议 A-98-041。要求 MD-11 自动驾驶系统做改动,可以使自动驾驶工作时,飞行操纵装置(驾驶盘等)如有人工输入的话不会产生扰动。

　　④ NTSB 安全性建议 A-98-042。审查所有的运输类飞机的自动驾驶系统的设计,确定其中部分自动驾驶系统在自动驾驶工作时,飞行操纵装置(驾驶盘等)如有人工输入的话会产生扰动,要求对这些自动驾驶系统做改动。

　　⑤ NTSB 安全性建议 A-98-043。要求所有新研制的运输类飞机自动驾驶系统,能设计成在自动驾驶工作时,飞行操纵装置(驾驶盘等)如有人工输入的话不会产生扰动。

　　在制定 25.1329 条"飞行导引系统"以及 AC 25.1329-1B"飞行导引系统"(2006 年 7 月 17 日颁布)时,还参考了以下航空事故和航空事件报告,如果使用修订后的 25.1329 条"飞行导引系统"以及 2006 年 7 月 17 日颁布的 AC25.1329-1B"飞行导引系统",应该可以避免以下航空事故(用 A 表示)和航空事件(用 I 表示)的发生或者可以减轻事情后果。

　　(A) 1985 年 2 月 19 日,中国航空公司 B747SP,美国旧金山。

　　(I) 1991 年 2 月 11 日,Interflug 航空公司 A310,俄罗斯莫斯科。

　　(I) 1991 年 12 月 12 日,Evergreen 国际航空公司 B747-100,加拿大安大略湖。

　　(A) 1992 年 1 月 20 日,德国汉莎航空公司(Lufthansa) A320,法国斯特拉斯堡。

　　(A) 1994 年 3 月 26 日,中国航空公司 A300-600,东京名古屋。

　　(A) 1994 年 10 月 31 日,美国 Eagle 航空公司 ATR-72,美国 Roselawn。

　　(I) 1996 年 6 月 13 日,美国航空公司 MD-11,东京名古屋。

　　(A) 1997 年 1 月 9 日,Comair Embracer 航空公司 EMB-120T,美国。

　　(A) 1997 年 6 月 8 日,日本航空公司 MD-11,东京名古屋。

　　(A) 1999 年 9 月 14 日,Olympic 航空公司 Dassault Mystere-Falcon 900,罗马尼亚布加勒斯特。

　　(I) 1999 年 10 月 9 日,Amway 航空公司 Dassault Mystere-Falcon 900,美国。

　　修订后的 25.1329 条"飞行导引系统"和 AC25.1329-1B 主要对以下安全性问题予以了考虑和要求:

　　① 机组人员对飞行导引系统(FGS)的状态和运行的关注不充分;

　　② 自动驾驶危险的断开瞬变,包括驾驶员对接通的自动驾驶进行人工操控的情况;

　　③ 飞行导引系统模态混乱,导致机组错误,例如飞行高度偏离;

　　④ 飞行导引系统(FGS)运行期间,对于不正常或危险的姿态没有给予足够的察觉;

　　⑤ 对于高度没有给予足够的察觉;

　　⑥ 结冰条件下的运行(例如自动驾驶权限限制)。

14.3.3　适航性条款诠释

14.3.3.1　适航性条款技术分析

　　通过将原有的 FAR 25.1329"自动驾驶仪"、原有的 FAR 25.1335"飞行指引仪"

以及 CS 25.1329 与修订后的 25.1329 条"飞行导引系统"子条款逐条进行对比,分析修订前后子条款的对应关系,原有的 FAR 25.1329"自动驾驶仪系统"以及 CS 25.1329 与修订后的 25.1329 条"飞行导引系统"的对应关系如图 14‒6 所示。

原有条款	新修订条款
(a) 每个自动驾驶仪系统必须经过批准,并且设计成驾驶员能迅速确实地断开,以防其干扰驾驶员操纵飞机。	**(a) 必须给每个驾驶员提供具有快速切断自动驾驶仪和自动推力功能的操纵器件。** 自动驾驶仪快速切断操纵器件必须装在两个操纵盘(或其等效装置)上。自动推力快速切断操纵器件必须装在推力操纵杆上。当驾驶员在操作操纵盘(或其等效装置)和推力操纵杆时,必须易于接近快速断开操纵器件。
(b) 除非有自动同步装置,否则每个系统必须有设施,向驾驶员及时指示作动装置与受其驱动的操纵系统是否协调。	(a) 中自动推力要求是新增加的 (b) 对驾驶员人工断开自动驾驶仪或自动推力功能的系统,其失效影响必须按照第 25.1309 条的要求进行评估。
(c) 系统的每个手动操纵器件必须是每个驾驶员易于接近的。	(b) 为新增加的要求
(d) 快速断开(应急)操纵器件必须装在两个驾驶盘上远离油门杆的一侧。	(c)—(e)都是新增加的对瞬变的要求。某种程度上这些要求与原 25.1329(b)意图一致。 (c) 飞行导引系统、模式、或传感器的衔接或转换导致的飞机航迹瞬变,都不得大于本条(n)(1)中规定的微小瞬变。
(e) 姿态操纵器件必须按照 25.777(b)和 25.779(a)对驾驶舱操纵器件所规定的运动平面和运动直感来操作。运动方向必须清楚地标在每个操纵器件上或其近旁。	(d) 在正常条件下,飞行导引系统的任何自动控制功能的切断导致的飞机航迹瞬变,都不得大于微小瞬变。 (e) 在罕见的正常和不正常条件下,飞行导引系统的任何自动控制功能的切断导致的瞬变都不得大于本条(n)(2)中规定的重大瞬变。
(f) 自动驾驶仪系统的设计和调整必须做到,<u>在驾驶员可以调整的范围内</u>,在适于使用自动驾驶仪的飞行条件下,不论正常工作或失灵(假设在合理的时间内开始进行纠正),均不会对飞机引起危险的载荷或使飞行航迹产生危险的偏离。	(f)<u>如有必要,为了防止不适当使用或混淆</u>,每一个指令基准控制器件的功能和运动方向,如航向选择或垂直速度,必须清楚地标示在每一控制器件上或其附近。
(g) 如果自动驾驶仪综合来自辅助控制器的信号或向其他设备提供信号,则必须有确实的连锁和连接顺序以免系统不正常动作。同时还要求有保护措施,防止由于故障而使交联部件相互产生有害的作用。	(g) 在适于使用飞行导引系统的任何飞行条件下,飞行导引系统不会对飞机产生危险的载荷(与 25.302 一致),也不会产生危险的飞行航迹偏离。这一要求适用于无故障运行和故障情况,前提是假设驾驶员在一段合理的时间内开始采取纠正措施。

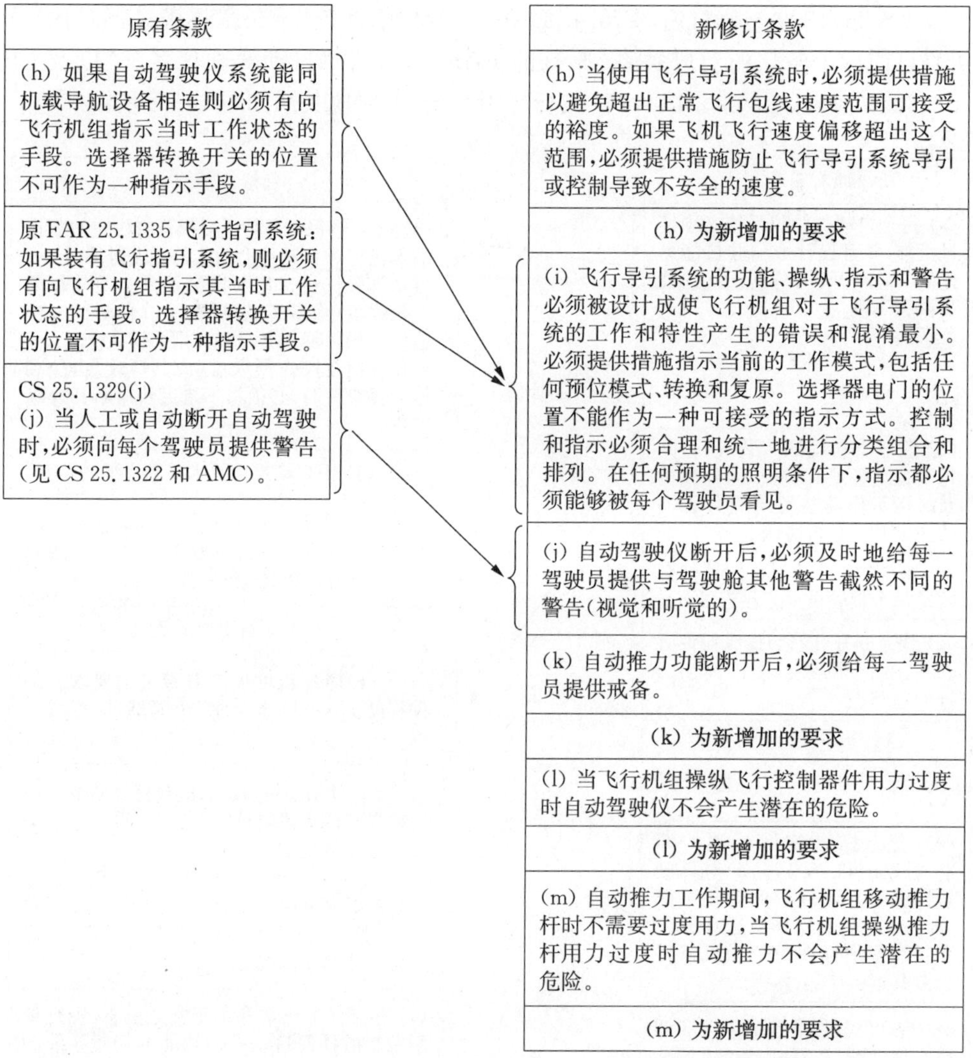

原有条款	新修订条款
(h) 如果自动驾驶仪系统能同机载导航设备相连则必须有向飞行机组指示当时工作状态的手段。选择器转换开关的位置不可作为一种指示手段。	(h) 当使用飞行导引系统时,必须提供措施以避免超出正常飞行包线速度范围可接受的裕度。如果飞机飞行速度偏移超出这个范围,必须提供措施防止飞行导引系统导引或控制导致不安全的速度。
	(h) 为新增加的要求
原FAR 25.1335飞行指引系统:如果装有飞行指引系统,则必须有向飞行机组指示其当时工作状态的手段。选择器转换开关的位置不可作为一种指示手段。	(i) 飞行导引系统的功能、操纵、指示和警告必须被设计成使飞行机组对于飞行导引系统的工作和特性产生的错误和混淆最小。必须提供措施指示当前的工作模式,包括任何预位模式、转换和复原。选择器电门的位置不能作为一种可接受的指示方式。控制和指示必须合理和统一地进行分类组合和排列。在任何预期的照明条件下,指示都必须能够被每个驾驶员看见。
CS 25.1329(j) (j) 当人工或自动断开自动驾驶时,必须向每个驾驶员提供警告(见 CS 25.1322 和 AMC)。	(j) 自动驾驶仪断开后,必须及时地给每一驾驶员提供与驾驶舱其他警告截然不同的警告(视觉和听觉的)。
	(k) 自动推力功能断开后,必须给每一驾驶员提供戒备。
	(k) 为新增加的要求
	(l) 当飞行机组操纵飞行控制器件用力过度时自动驾驶仪不会产生潜在的危险。
	(l) 为新增加的要求
	(m) 自动推力工作期间,飞行机组移动推力杆时不需要过度用力,当飞行机组操纵推力杆用力过度时自动推力不会产生潜在的危险。
	(m) 为新增加的要求

图 14 - 6 25.1329 条款修订前后的子条款对应关系比较

原有的 FAR 25 部 25.1335 条"飞行指引系统"仅适用于飞行指引仪,原有的 25.1329 条"自动驾驶仪系统"仅适用于自动驾驶仪。25 部 E 分部——动力装置有部分条款与自动推力系统相关,但是这些条款并未涉及自动推力的飞行导引方面内容。原来的 FAR25 部中没有直接关于自动推力控制的条款。现代大型运输飞机上安装的飞行导引系统的自动飞行控制、自动推力控制和飞行导引功能应该协调地运行,以保证飞机的安全飞行并保证飞行机组的察觉。

因此,FAA 制定了新的 25.1329 条"飞行导引系统",包含了对自动驾驶仪、自动推力和飞行指引仪的要求。

修订后的 25.1329 条"飞行导引系统"不仅包括原有的 FAR 25.1329 条的自动

驾驶仪系统,还包括了对人工操纵的飞行导引部分(如飞行指引仪)和自动推力控制(例如自动油门调节)部分。这些不同的功能都综合到相同设备,并且对于接通、断开以及飞行机组对系统状态的转换的察觉等,在每个功能上的应用的基本原理都相似。FAA 对原有条款的修改,是为了提高飞行机组对系统运行和飞机状态变化的察觉。通常情况下,在飞行导引系统(FGS)运行期间,飞行机组并没有对姿态、空速、配平的变化予以足够的察觉,可能会导致对飞行安全产生不利影响。新修订的25.1329 条"飞行导引系统"和对应的 AC 25.13291－B 将通过改善系统的指示、通告和速度保护,来提高安全水平。

修订后的 25.1329 条"飞行导引系统"中每个子条款修订理由如下:

(1) 25.1329(a)款

本子条款结合了原 25.1329 的(a),(c),(d)对快速断开控制器件的要求。其中第一句"必须给每个驾驶员提供具有快速切断自动驾驶仪和自动推力功能的操纵器件"适用于原 25.1329(a)中的自动驾驶仪,也同样适用于自动推力系统。第二句规定自动驾驶仪快速切断操纵器件必须装在两个操纵盘(或其等效装置)上,这与原 25.1329 的(c),(d)意图一致。第三句"自动推力快速切断操纵器件必须装在推力操纵杆上"和第四句"当驾驶员在操作操纵盘(或其等效装置)和推力操纵杆时,必须易于接近快速断开操纵器件"将原 25.1329 对自动驾驶关于快速断开控制的可接近要求和位置要求,同样应用到自动推力系统。

将对自动控制系统的快速断开要求结合到一个子条款是合乎逻辑的。在一个高工作负荷的状态下,有时驾驶员可能会需要断开自动推力系统,如果驾驶员将手从主操纵装置(如驾驶盘)和油门杆移开,将会妨碍工作的执行。

(2) 25.1329(b)款

这是一条新的要求,要求对断开自动驾驶或自动推力功能失效的这类系统故障的影响予以考虑并处理。

考虑到不同型号飞机的特点和系统安装的差异性,因此不宜对这类系统故障的概率提出固定的要求,而按照 25.1309 条的要求进行系统安全性评估是最好的选择。本子条款要求开展该分析工作。

(3) 25.1329(c)款

25.1329(c),(d)和(e)都是新的要求,它们对飞行导引系统(FGS)的接通、切换、正常和不正常的断开时产生的瞬变提出了要求。而原 25.1329(b)对自动同步装置的要求与对自动驾驶系统的接通、断开和模态切换时的瞬变限制要求是相关的。

瞬变会对继续安全飞行和飞行机组进行安全的干预操作产生不利影响。正常(无故障)条件下的特性应该是良好的,而罕见正常条件下和不正常(故障)条件下的特性应该是安全的。

(4) 25.1329(d)款

同 25.1329(c)中的内容。

(5) 25.1329(e)款

同 25.1329(c)中的内容。

(6) 25.1329(f)款

这条子条款采用了原 25.1329(e)中对姿态控制器的要求,并将其扩展到所有的指令基准控制器件的设计。目的是为了使申请方对飞机运动的直感和标示采用同样的标准,在 FAR 25.777 和 FAR 25.779 对其他飞行控制器件的要求中也包含了这一要求。

日益增加的不同的飞行导引系统,会导致非直觉的设计,这将会增加飞行机组错误。如果飞机的运动直感和标示不一致,则空速、垂直速度、飞行航迹角、航向角、高度等的指令基准控制器件容易导致机组人员的操纵错误。

(7) 25.1329(g)款

这条子条款与原 25.1329(f)相同。

(8) 25.1329(h)款

这条新增加的子条款是对速度保护的要求。

在飞行导引系统(FGS)运行期间,飞行机组对空速的注意可能还不够以能够及时发现非预期的速度变化,这将会影响到安全。同样,在某些条件下,自动驾驶和/或自动推力的当前模态不会被设计为可以防止速度偏移到正常范围外。本子条款的目的是使 FGS 在所有的运行模态下能提供速度保护功能,使得空速能安全地保持在一个可接受的正常飞行包线速度范围的裕量内。可以通过提高飞行机组的察觉,可能的话也可以通过自动飞行控制或推力控制系统的模态复原去避免不期望的偏移。

(9) 25.1329(i)款

这条子条款是将原有的 25.1329(h)对模态指示的要求扩宽了,增加了一个"将机组错误和混淆降至最低"的安全性目标的要求。为了从每个驾驶员位置都能可见并且飞行机组能察觉工作中的模态和模态转换,还要求"控制和指示必须合理和统一地进行分类组合和排列"。同样还包含了原有的 25.1335 条款内容。

研究表明飞行机组对模态、模态转换和模态复原缺少充分的察觉是一个关键的不安全因素。在 AC 25.1329-1B 中要求,对飞行导引系统正工作/预位模态和飞行导引系统的模态转换,飞行机组应该提高察觉,不然飞行机组可能不会预料到这些模态转换。本子条款是 AC 25.1329-1B 中这些要求的对应的条款要求。

(10) 25.1329(j)款

本子条款是采用了 CS 25.1329(j)中的对自动驾驶仪断开提供视觉和听觉的警告要求,而原有的 FAR 25.1329 没有相关要求。

CS 25.1329(j)条款要求是有效的,因为不管任何原因而发生的自动驾驶断开,飞行机组采取干预进行人工操纵飞机是必需的。同样地,要求"提供与驾驶舱其他警告截然不同的警告(视觉和听觉的)"是为了机组能清楚地察觉,使飞行机组必须进行人工操纵飞机。

(11) 25.1329(k)款

本子条款是新增加的子条款,要求对自动推力功能断开提供指示。

飞行机组需要察觉自动推力系统已经断开,从而他们不会继续希望由自动推力系统提供期望的速度。通常,自动推力断开不需要飞行机组立即采取移动推力杆。因此,条款中要求的是"戒备"(Caution)而不是"警告"(Warning)。

(12) 25.1329(l)款

本子条款是新增加的子条款,要求飞行机组对自动驾驶的操控必须是安全的。

如第 2 章 2.1 节中所述,在飞行机组操控自动驾驶时,已经发生了一些事故和事件,在这些事故和事件中有些导致人员严重受伤,有些导致设备受损。但是,在任何情况下都禁止飞行机组操控自动驾驶是不可取的,因为在特定的不正常条件下(例如故障),操控有可能是飞行机组最后的方法去重新获得对飞机的人工操纵。

(13) 25.1329(m)款

本子条款是新增加的子条款,要求自动推力工作期间,飞行机组能够使推力变化而不需要过度用力去操控自动推力系统,或者不会产生潜在的危险。

在有些情况下,需要飞行机组能立即改变推力,而不断开自动推力系统。有些时候当断开自动推力系统的正常操纵失效,而操控自动推力系统是进行人工控制推力的唯一可取的办法。

(14) 25.1335 条

删掉本条款。将该要求包含到新 25.1329(i)中。

14.3.3.2　适航性设计与符合性验证

在最新修订的 AC 25.1329 - 1B 中,提供了对于25.1329条款以及适用于 FGS 的其他 25 部条款(如 25.1301 和 25.1309)可接受的符合性方法。展示的符合性方法可能包括分析、实验室试验、飞行试验和模拟器试验的组合。申请人需要在审定项目的早期就通过制定审定计划(CP)来配合局方,审定计划中就将使用的符合性方法与局方达成一致。

表 14.3 列出了 25.1329 条款要求与在 AC 25.1329 - 1B 中与之对应的符合性方法的对应关系[5]。

表 14.3　25.1329 条款要求与对应的 AC 章节

25.1329 条款段落	对应 AC 25.1329 - 1B 章节
25.1329(a) 必须给每个驾驶员提供具有快速切断自动驾驶仪和自动推力功能的操纵器件。自动驾驶仪快速切断操纵器件必须装在两个操纵盘(或其等效装置)上。自动推力快速切断操纵器件必须装在推力操纵杆上。当驾驶员在操作操纵盘(或其等效装置)和推力操纵杆时,必须易于接近快速断开操纵器件。	第 3 章　FGS 连接、断开、指示和操控 　第 27 段　自动驾驶的连接、断开、指示 　第 29 段　自动推力的连接、断开、指示

（续表）

25.1329 条款段落	对应 AC 25.1329-1B 章节
25.1329（b） 对驾驶员人工断开自动驾驶仪或自动推力功能的系统，其失效影响必须按照第 25.1309 条的要求进行评估。	第 3 章　FGS 连接、断开、指示和操控 　第 27 段　自动驾驶的连接、断开、指示 　第 29 段　自动推力的连接、断开、指示 　第 30 段　FGS 的操控 第 8 章　安全性分析 　第 89 段　FGS 断开失效
25.1329（c） 飞行导引系统、模式、或传感器的衔接或转换导致的飞机航迹瞬变，都不得大于本条（n）（1）中规定的微小瞬变。	第 3 章　FGS 连接、断开、指示和操控 第 8 章　安全性分析
25.1329（d） 在正常条件下，飞行导引系统的任何自动控制功能的切断导致的飞机航迹瞬变，都不得大于微小瞬变。	第 3 章　FGS 连接、断开、指示和操控 第 4 章　操纵、指示和警告 　第 45 段　FGS 告警、警告、戒备、提示和状况 第 8 章　安全性分析
25.1329（e） 在罕见的正常和不正常条件下，飞行导引系统的任何自动控制功能的切断导致的瞬变都不得大于本条（n）（2）中规定的重大瞬变。	第 3 章　FGS 连接、断开、指示和操控 第 4 章　操纵、指示和警告 　第 45 段　FGS 告警、警告、戒备、提示和状况 第 8 章　安全性分析
25.1329（f） 如有必要，为了防止不适当使用或混淆，每一个指令基准控制器件的功能和运动方向，如航向选择或垂直速度，必须清楚地标示在每一控制器件上或其附近。	第 4 章　操纵、指示和警告 　第 43 段　FGS 操纵器件
25.1329（g） 在适于使用飞行导引系统的任何飞行条件下，飞行导引系统不会对飞机产生危险的载荷，也不会产生危险的飞行航迹偏离。这一要求适用于无故障运行和故障情况，前提是假设驾驶员在一段合理的时间内开始采取纠正措施。	第 4 章　操纵、指示和警告 　第 45 段　FGS 告警、警告、戒备、提示和状况 第 5 章　功能的性能 第 8 章　安全性分析 第 9 章　使用飞行试验和模拟器进行符合性展示
25.1329（h） 当使用飞行导引系统时，必须提供措施以避免超出正常飞行包线速度范围可接受的裕度。如果飞机飞行速度偏移超出这个范围，必须提供措施防止飞行导引系统导引或控制导致不安全的速度。	第 5 章　功能的性能 　第 57 段　速度保护

（续表）

25.1329 条款段落	对应 AC 25.1329 - 1B 章节
25.1329 (i) 飞行导引系统的功能、操纵、指示和警告必须被设计成使飞行机组对于飞行导引系统的工作和特性产生的错误和混淆最小。必须提供措施指示当前的工作模式,包括任何预位模式、转换和复原。选择器电门的位置不能作为一种可接受的指示方式。控制和指示必须合理和统一地进行分类组合和排列。在任何预期的照明条件下,指示都必须能够被每个驾驶员看见。	第 4 章　操纵、指示和警告
25.1329 (j) 自动驾驶仪断开后,必须及时地给每一驾驶员提供与驾驶舱其他警告截然不同的警告(视觉和听觉的)。	第 3 章　FGS 连接、断开、指示和操控 　第 27 段　自动驾驶的连接、断开、指示 第 8 章　安全性分析
25.1329 (k) 自动推力功能断开后,必须给每一驾驶员提供戒备。	第 3 章　FGS 连接、断开、指示和操控 　第 29 段　自动推力的连接、断开、指示 第 8 章　安全性分析
25.1329 (l) 当飞行机组操纵飞行控制器件用力过度时自动驾驶仪不会产生潜在的危险。	第 3 章　FGS 连接、断开、指示和操控 　第 30 段　FGS 的操控 第 4 章　操纵、指示和警告 　第 45 段　FGS 告警、警告、戒备、提示和状况 第 8 章　安全性分析
25.1329 (m) 自动推力工作期间,飞行机组移动推力杆时不需要过度用力,当飞行机组操纵推力杆用力过度时自动推力不会产生潜在的危险。	第 3 章　FGS 连接、断开、指示和操控 　第 30 段　FGS 的操控 第 8 章　安全性分析

　　基于上述分析,可给出第 25.1329 条"飞行导引系统"在 ATA 22"自动飞行系统"中适用的符合性方法,10 种符合性方法如表 14.4 所示,ATA 22 中第 25.1329 条适用的符合性方法列在表 14.5 中。

表 14.4　符合性方法表

符合性方法(MOC)编号	含　义
MOC 0	符合性声明
MOC 1	说明性文件
MOC 2	分析
MOC 3	安全性评估
MOC 4	试验室试验

（续表）

符合性方法（MOC）编号	含　义
MOC 5	飞机地面试验
MOC 6	飞行试验
MOC 7	航空器检查
MOC 8	模拟器
MOC 9	设备合格性

表 14.5　ATA 22 中第 25.1329 条适用的符合性方法

条款编号	符合性方法（MOC）编号
25.1329(a)	0，1 和 6
25.1329(b)	3
25.1329(c)	0，1 和 6
25.1329(d)	0，1 和 6
25.1329(e)	0，1，6 和 8
25.1329(f)	0，1 和 6
25.1329(g)	0，1，3，6 和 8
25.1329(h)	0，1，2，6 和 8
25.1329(i)	0，1 和 6
25.1329(j)	0，1 和 6
25.1329(k)	0，1 和 6
25.1329(l)	0，1 和 6
25.1329(m)	0，1 和 6
25.1329(n)	1

参考文献

[1]　朱凤驭. 民用飞机适航管理[M]. 北京:国防工业出版社,1991.

[2]　刘友丹. 国内机载设备适航策略研究[R]. 北京:中国航空综合技术研究所, 2010.

[3]　CCAR‑25‑R4:中国民用航空规章第 25 部运输类飞机适航标准[S].

[4]　ATA Specification 2200：Information Standards for Aviation Maintenance [S].

[5]　AC 25.1329‑1B：Approval of Flight Guidance Systems [S].

附录A 四种大型客机航空电子系统简介

A.1 A320

A320是空客公司研制的民用运输机,于1988年投入商业运营。该机开创了商用飞机电传飞行操纵系统的先河,这极大地推动了驾驶舱先进技术水平的发展。目前,A320系列飞机仍然保持着在单通道飞机中的技术领先地位,其系列机型包括A318、A319、A320和A321等。自投入运营以来,A320飞机在航电设备上经历了一系列的升级改进,驾驶舱采用了先进的显示系统、导航、通信、自动驾驶系统,以及电子计算机设备。该机的系统可靠性程度大大提高,同时采用了通用性设计,使得空客飞机转型后驾驶员的培训成本、飞机使用成本和维修成本大大降低。

A.1.1 驾驶舱布局

A320是首架在驾驶舱主仪表板上安装了6台6.25 in×6.25 in CRT显示器的民用飞机,与原先的5.25 in×5.25 in显示器相比,增大了显示面积。目前在改进的A320系列飞机上已采用了液晶显示器,使显示性能进一步得到改善。A320电子仪表显示系统包括2台主飞行显示器(PFD),2台导航显示器(ND)和2台系统显示器(SD)。PFD与ND采用并排配置,正、副驾驶前方仪表板上各有一组PFD和ND。两台SD采用"一上一下"形式位于驾驶舱仪表板中央。这种布局使所有的显示器具有极好的可视性。A320也是第一架率先采用侧向驾驶杆的民用飞机。A320驾驶舱布局如图A-1所示。

图A-1 A320驾驶舱

A.1.2　显示控制系统

A.1.2.1　电子飞行仪表系统

空客系列飞机电子仪表系统由电子飞行仪表系统(EFIS)和电子中央监控系统(ECAM)组成。A320 EFIS 包括 4 台显示单元,即 2 台 PFD 和 2 台 ND,如图 A-2所示。A320 的全都 6 台显示单元都通过 3 个字符发生器来驱动,比原先 A310 采用的 5 个字符发生器减少了 2 个,但增加了更加复杂的功能,它们被称为显示管理计算机(DMC)。由大气数据与惯性参考系统(ADIRS)提供的数据及飞行管理和引导系统(FMG)提供的导航数据,会被直接送到这 3 个 DMC 中,为 EFIS 显示提供所需信息。图 A-3 示出了 A320 电子仪表系统结构图。3 个 DMC 完全相同,DMC1 为

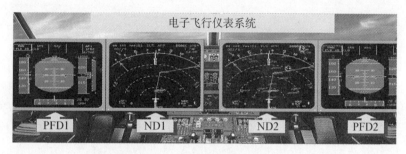

图 A-2　A320 EFIS 布局

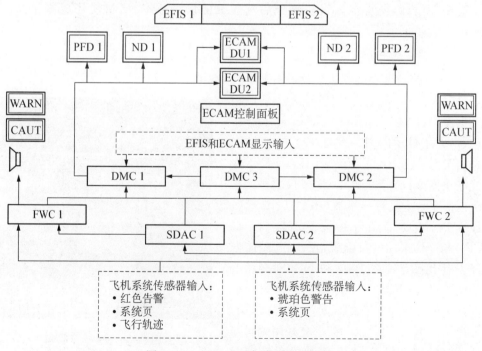

图 A-3　A320 电子仪表系统结构图

PFD1 和 ND1 提供信息,DMC2 为 PFD2 和 ND2 提供信息,DMC3 作为备份。如果有 1 台显示单元故障,例如,若 PFD1 故障,则 DMC 将重构输出信号,使在 ND1 上显示出一个 PFD/ND 组合显示图,即显示出包括罗盘在内的所有主要飞行数据。每个 DMC 中都有不同的通道分别用于 EFIS 和 ECAM 数据处理。此外,EFIS/ECAM 系统结构中还包含两个飞行告警计算机(FWC)和两个系统数据采集集中器(SDAC)。FWC 用于形成 ECAM 的警告信息、音响报警和程序信息。SDAC 用于采集警告/告警系统数据和系统状态数据。

　　每个驾驶员前方都有一个 EFIS 控制面板,用于选择 EFIS 屏幕上的显示内容。EFIS 控制面板分成两个部分:一部分控制 PFD,另一部分控制 ND。图 A - 4 示出了 A320 EFIS 控制面板。

图 A - 4　A320 EFIS 控制面板

　　PFD 用于显示维持飞机安全性和控制飞机飞行能力的信息。如图 A - 5 所示,A320 PFD 将空速和高度分别显示于"姿态"球两侧。数字读数以一个窗口形式显示在"姿态"球中心地平线上。这种设计可使飞行员无需浏览整个显示屏就可快速获取关键的飞行参数。PFD 顶部为自动驾驶仪工作模式显示牌,PFD 底部显示了航向和偏航指引提示信息。

　　ND(见图 A - 6)上可显示 5 种方式导航信息:ROSE ILS(刻度盘

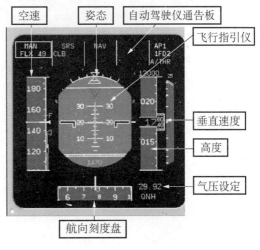

图 A - 5　A320 PFD

ILS);ROSE VOR(刻度盘 VOR);ROSE NAV(刻度盘导航);ARC(弧线);PLAN (计划)。除 PLAN(计划)方式外,在所有方式中 ND 均可显示气象雷达图像。

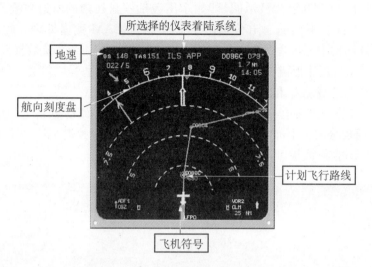

图 A - 6　A320 ND

A.1.2.2　电子中央监控系统

A320 飞机上配置了 ECAM。ECAM 用于监控飞机各个系统的任何非正常情况,如果探测到非正常情况,ECAM 将向飞行员发出提示并提供电子检查单以处理非正常情况。ECAM 包括发动机/警告显示(E/WD)和 SD。如图 A - 7 所示,E/WD 位于 ECAM 上方,其中上半部显示主要的发动机参数,以及燃油量和增升装置的位置指示,下半部显示备忘录信息,或存在故障时显示警告/警戒信息。SD 位于

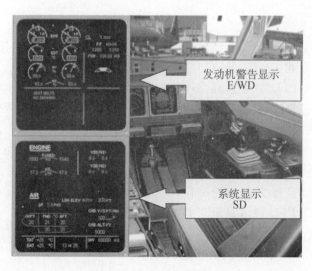

图 A - 7　A320 ECAM 布局图

ECAM 下方,显示系统信息或者故障位置;飞机在空中时大多数情况下显示的是巡航页,还可人工或自动调出显示液压系统、状态页,用于检查飞机状态。正常情况下,正驾驶控制飞机的飞行轨迹,副驾驶执行 ECAM 程序。ECAM 屏幕上主要使用白色、蓝色、绿色、琥珀色和红色标识符,用于区分和判断非正常参数。绿色表示正常情况;琥珀色表示需要机组注意的非正常情况,但无需马上处理;红色表示参数存在严重超限并需要机组马上采取行动。

　　ECAM 显示通过 DMC 提供发动机、电气系统、APU、液压系统、空气调节和起落架信息。其中,DMC1 为发动机/警告显示(E/WD)提供信息,DMC2 为系统显示(SD)提供信息,DMC3 作为备份。大部分系统传感器为两个系统数据采集集中器(SDAC)提供数据,SDAC 采集系统数据并进行处理,然后将系统页面数据传送到 3 个 DMC 中。FWC 从飞行系统传感器和 SDAC 中收集数据,并将数据发送到 DMC 和提示灯或扬声器中,以显示告警信息或发出声音和语音警告,如图 A-8 所示。

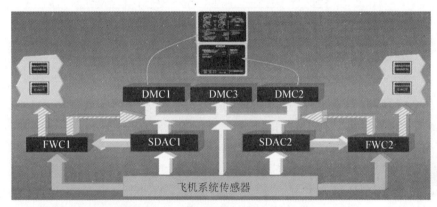

图 A-8　A320 ECAM 工作原理图

中央操纵台上的 ECAM 控制面板在 ECAM 显示器下方,如图 A-9 所示。

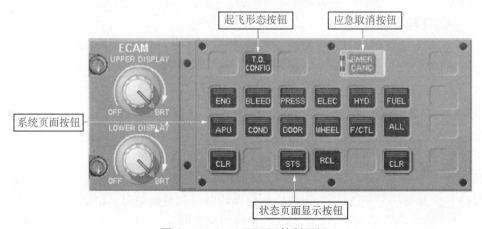

图 A-9　A320 ECAM 控制面板

ECAM 屏幕下方的中央操纵台上还有一个用于在非正常情况下恢复 EFIS 和 ECAM 显示数据的转换控制面板，如图 A‑10 所示。当两个 ECAM 显示组件（发动机/警告显示及系统显示）失效的情况下，选择器可将发动机/警告显示转换至任一导航显示器上。

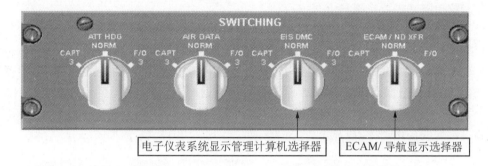

电子仪表系统显示管理计算机选择器　　　ECAM/ 导航显示选择器

图 A‑10　EFIS 和 ECAM 显示转换控制面板

A.1.3　航空电子系统综合

A320 航空电子系统的高度综合得益于数字技术和数据传输技术的高速发展。A320 采用了第一种为民用飞机所规定和使用的标准数据总线 ARINC 429，从而满足了复杂的飞行管理引导系统综合和系统通信方面的需要。ARINC 429 总线采用了单信号源多接收器模式，一个信号源可以与接收设备中多至 20 个接收终端连接，信息传输速率可达 100 kb/s。至此，ARINC 429 总线比早期的单信号源单接收器的数据传输技术有了很大的改进，极大地改善了飞机系统间的相互通信，实现了飞机功能系统相互间及飞机功能系统与航空电子系统及显示器之间的综合。

A.1.4　飞行管理系统

A320 飞机采用了飞行管理引导系统（FMGS），它综合了自动驾驶系统和飞行管理系统（AFS/FMS）。FMGS 执行导航功能及水平和垂直飞行计划功能，并能计算出性能参数，引导飞机沿预定航线飞行。FMGS 包括 2 台飞行管理引导计算机（FMGC）和 2 台飞行增稳计算机（FAC）。FMGC 可提供对于导航引导、性能优化和信息显示的飞行管理，以及按自动驾驶仪指令、飞行指引仪显示和推力指令的飞行引导。FAC 可提供方向舵指令、飞行包线和速度计算。FMGS 的相关数据可显示在 2 台 PFD 和 2 台 ND 显示器上。PFD 上显示的是 FMGS 引导目标和系统接通状态，ND 上显示的是飞行计划、飞机位置和飞行路径和导航信息（无线电导航设备和风力）。图 A‑11 示出了 A320 FMGS 系统的交联图。

A320 的飞行管理计算机包含了性能数据库和导航数据库。导航数据库存放了

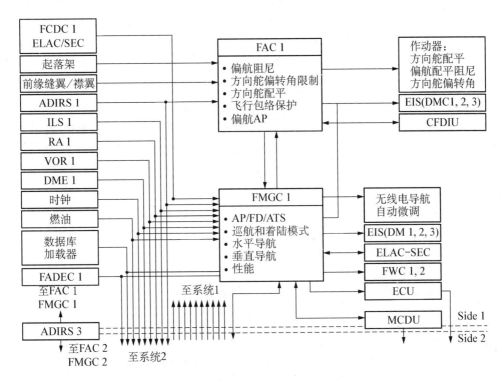

图 A-11　A320 飞行管理引导系统(FMGS)交联图

FCDC—飞行控制数字计算机；ELAC—升降舵及副翼计算机；ADIRS—大气数据惯性基准系统；ILS—仪表着陆系统；RA—雷达高度表；VOR—甚高频全向无线电信标；DME—测距仪；FADEC—全权限数字式发动机控制；FAC—飞行增稳计算机；FMGC—飞行管理引导计算机；EIS—电子仪表系统；DMC—显示管理计算机；CFDIU—中央故障显示接口单元；FWC—飞行告警计算机；ECU—发动机控制单元；MCDU—多功能控制和显示单元；SEC—扰流板/升降舵计算机

整个区域内飞机从起飞到驾驶员选择精确进近和自动着陆整个过程中的导航信息，如导航设备、机场、预定航线、飞行条件变化时的航线、航线中的气象情况、终端区域程序等信息，从而有助于驾驶员选择最佳的飞行计划，并使其通过自动驾驶仪或飞行指引仪完成自动驾驶。此外，性能数据库包含了飞机空气动力模型及发动机数据模型。

　　A320 的 FMS 主要功能除了导航引导、自动驾驶和性能管理以外，还包括咨询报警。咨询报警功能可使驾驶员通过显示控制系统获得很多诸如与飞行剖面、性能和系统故障有关的咨询信息，同时还可以为驾驶员提供自动报警，如风切变告警、近地告警和交通咨询及防撞系统(TCAS)告警等。

A.1.5　飞行控制系统

　　空客公司首先在 A320 飞机上引入了电传操纵系统(FBW)。FBW 系统采用了7 个飞行控制计算机，其中 2 个升降舵副翼计算机(ELAC)，3 个扰流板/升降舵计算机(SEC)和 2 个 FAC。这种飞行控制计算机配置体现了空客飞机电传操纵系统的经典组合。ELAC 控制副翼和升降舵作动器,SEC 控制所有的扰流板(地面扰流板、减速板、负载减轻和侧滚增强)及对升降舵作动器的辅助控制。FAC 提供常规的偏航阻尼功能,它与偏航阻尼器作动器连接。由于 A320 ELAC 由 Thomson-CSDF 公司生产,使用 68 010 微处理器,SAE 由 SFENA 和宇航公司联合生产,使用基于 80186 微处理器的硬件,所以这 5 种计算机系统结构的不同导致系统采用了 4 个软件包(ELAC 控制通道、ELAC 监视通道、SEC 控制通道和 SEC 监视通道)。由于系统的所有 ELAC 和 SEC 是同时工作的,都可对单个作动器进行控制,所以系统具有足够的冗余度,即使一个计算机出现故障,系统仍可达到规定的性能和安全级别。甚至在一个计算机工作时,飞机仍能安全飞行。A320 属于第一代电传飞行控制飞机,其作动器具有三种基本工作模式:全电传模式、电直接链模式和机械恢复模式。全电传模式为正常工作模式,主要完成全部电传计算和保护。电直接链模式提供基本计算,以及在主电传模式不能应用时只提供直接电信号传输能力。机械恢复模式是在电传或电直接链模式故障时,提供飞机飞行的基本机械操纵,但只局限于少数飞行操纵面的操纵,这种模式在新近的电传飞控系统中已被逐步取消。

A320 飞行控制系统(见图 A-12)设计利用了结合控制律的电传操纵系统的潜在能力,扩展了增稳和飞行包线限制范围。飞机控制律信息来自于 3 个 ADIRU、专用加速度计和速率陀螺仪等传感器。此外,A320 使用了侧杆控制器来输入俯仰和侧滚,与使用常规的俯仰和侧滚驾驶盘相比,满足了现代驾驶舱仪表板大视觉空间的要求。此外,由于在方向舵上单独设计有一个供横向控制用的机械备份,方向舵的诱导侧滚特性可提供充分的侧滚机动性,避免了用机械力驱动侧滚操纵面,所以这也符合侧杆的设计。

A.1.6　通信导航监视系统

A320 的通信导航无线电系统采用的是 Honeywell 公司的高可靠性 Quantum™ Line 设备,该设备综合了自动飞控系统和其他进近及着陆过程中使用的航空电子设备,增强了驾驶舱的工作效率,减少了维修和使用成本。

A.1.6.1　通信系统

A320 飞机的通信系统包括机外通信和机内通信,由甚高频(VHF)和高频(HF)发射接收机、无线电管理面板(RMP)和声频综合系统(声频控制面板和声频管理单元)所组成。VHF/HF 发射接收机由 3 个 RMP 所控制。声频管理单元提供飞行和服务通话功能,支持近地告警系统(GPWS)和 TCAS 语音告警。

A320 飞机的通信系统是高度综合的系统,它包括了经 VHF、HF 和 SATCOM 的语音通信和通过飞机通信、寻址与报告系统(ACARS)等数据链传输的数据通信。ACARS 系统是一种为航空公司通信服务而设计的专用 VHF 通信系统。ACARS

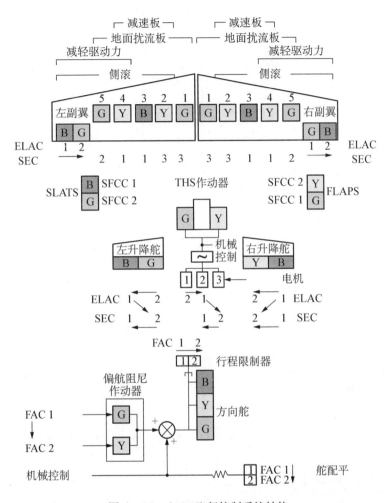

图 A－12 A320 飞行控制系统结构

通过 VHF 频段,可使飞机和地面直接进行数据交换,即飞机可向地面发送包括操作、维护、性能和客舱数据等信息(甚至可以是空中交通管制航线和飞行计划有关数据),地面可(自动或根据机组操作指令)向飞机发送机组所需的信息。ACARS 由专用管理单元、控制单元、打印机、VHF 设备和 FMS 所组成。

早期的 ACARS 是通过国际海事卫星(Inmarsat)星座(现在卫星通信称为SATCOM)和高频数据链来完成覆盖区域内的通信和空中交通管制(ATC)服务。自 1998 年后,ACARS 单元被空中交通服务单元(ATSU)所取代,A320 系列飞机上也装备了 ATSU。ATSU 利用航空电信网(ATN),可提供与安全性相关的 ATC 功能,实现大部分 ATC 服务和现在还使用语音的其他通信服务。图 A－13 示出了A320 数据链结构。

图 A-13 A320 数据链结构

A320 无线电管理面板(RMP)系统(如图 A-14 所示)提供了对所有无线电通信系统的控制以及对控制无线电导航系统的两台 FMGC 的备份。

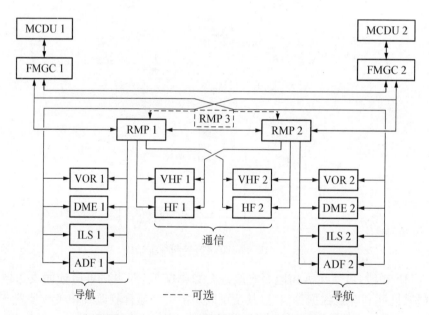

图 A-14 A320 无线电管理面板(RMP)结构

MCDU—多用途控制和显示单元;FMGC—飞行管理引导计算机;RMP—无线电管理面板;VHF—甚高频;HF—高频;DME—测距仪;VOR—甚高频全向无线电信标;ILS—仪表着陆系统;ADF—自动定向仪

通信系统和导航系统功能的实现需要在飞机上布设大量的天线,A320 飞机的天线布局如图 A-15 所示。

A.1.6.2 导航系统

A320 导航系统包含两套 FMS、三套大气数据与惯性参考系统(ADIRS)和作为

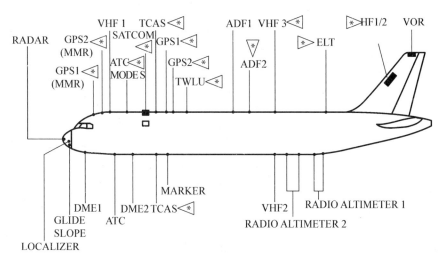

图 A - 15 A320 天线布局图

Radio Altimeter—无线电高度表；Glide slope—下滑信标；SATCOM—卫星通信；Localizer—航向信标；
Marker—指点信标；MMR—多模式接收机；ELT—应急定位发射机；TWLU—终端无线局域网

备用导航装置的多用途显示控制单元(MCDU)。A320 的 ADIRS 由 Honeywell 公司提供，其结构如图 A-16 所示。A320 飞机可允许有一套惯性导航系统故障和一套 FMS 失效，从而使得飞机能在一个导航系统失效的情况下，仍可被派遣出去。A320 ADIRS 的大气数据系统可向驾驶员提供空速和高度显示，并将数据传输到 AFS 和 FMS 等系统中。此外，A320 飞机还装有气象雷达系统、无线电高度表、ATC 应答机、GPWS 和 TCAS 系统。A320 飞机采用的是 Honeywell RDR-4000 气象雷达系统，大大提高了飞行安全和航路有效性。

导航信息被送至飞行管理计算机用于计算飞行管理信息，送至自动驾驶系统用于操纵飞机，以及送至电子飞行仪表系统用于飞行信息显示。

A.1.6.3 近地告警系统

近地告警系统(GPWS)是飞机导航系统的一个子系统。飞机上安装 GPWS 系统可避免可控飞行撞地事故的发生，增加飞机安全性。近地告警系统的任务是在飞机起飞或复飞和进近着陆阶段，且无线电高度在 30～2 450 ft 时起作用。如果飞机接近地面时有撞地危险时，近地告警系统会向飞行员发出目视和音响两种报警信号，以提醒飞行员采取有效措施。

A320 飞机的近地告警系统结构如图 A-17 所示。它安装的是 Mark Ⅲ 数字式 GPWS，引入了计算机的强大处理能力，使 GPWS 系统对特定地形和险峻地形的警戒功能大大提高。近地告警系统的组成主要包括：近地告警计算机(GPWC)、GPWS/GS 转换指示按钮灯、故障/超控按钮灯、扬声器和着陆襟翼位置开关。GPWS 接收数字信号和离散信号，这些信号分别是来自于 RA 收发机的无线电高度；来自于数字式大气数据惯性参考单元(ADIRU)的气压高度、气压高度变化率及

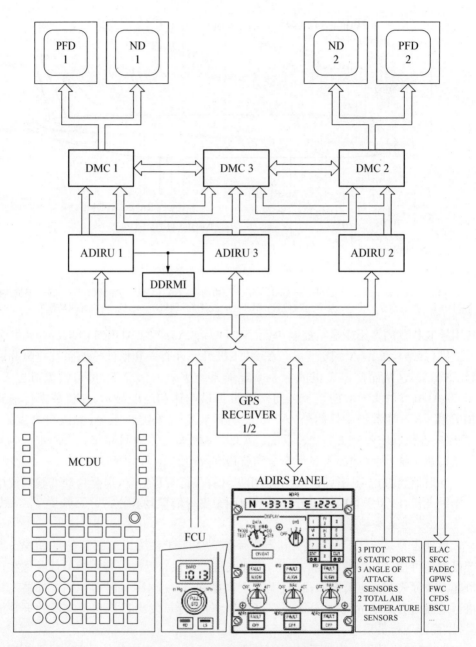

图 A-16 A320 ADIRS 系统结构图

计算空速;来自于 ILS 接收机的下滑道偏离和选择的跑道航向;以及来自 ADIRU 的磁航向。并且,GPWS 将这些信号送到其相应的组件中,从而对飞机各种参数进行监视。最后,通过语音和视觉信号,以 5 种告警模式发出报警:

模式 1:过大下降速率

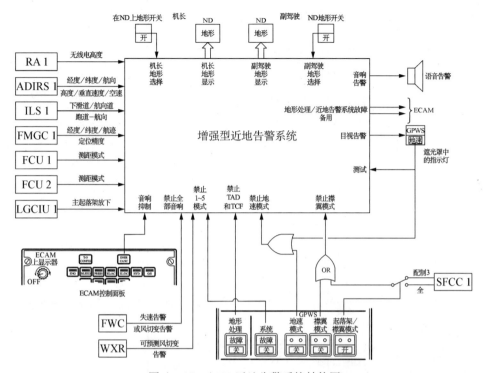

图 A-17　A320 近地告警系统结构图

模式 2:过大接近地形速率

模式 3:起飞后掉高过大

模式 4:基于飞机构型改变的不安全离地高度

模式 5:低于下滑道过多

　　除了基本 GPWS 功能以外,GPWS 还有增强模式(EGPWS)。它基于全球地形数据库,能提供地形感知显示(TAD),预测地形冲突和在导航显示器上显示地形;提供离地净空高度(TCF),提高着陆过程中低地形告警。

A.1.6.4　空中交通咨询及防撞系统

　　空中交通咨询及防撞系统(TCAS)能探测到安装有应答机的飞机,显示潜在的和预计的相撞目标,并提供垂直方向上的交通咨询(TA)和分析咨询(RA),以避免发生交通冲突。TCAS 一般在功能上独立于地基空中交通管制(ATC)系统。A320 TCAS 系统包括:一个单通道 TCAS 计算机,两根 TCAS 天线,两个 S 模式 ATC 应答机,一个 ATC/TCAS 控制面板,交通分析咨询显示器和声响告警器,TCAS 结构图如图 A-18 所示。TA 显示器显示相对于 TCAS 飞机的交通状况,有助于驾驶员目视截获有威胁的飞机,RA 信息显示在垂直速度指示器(VSI)上,以保持与威胁飞机有安全的间距。除了通过显示器显示交通和分析咨询以外,TCAS 计算机还能生成合成的语音告警。

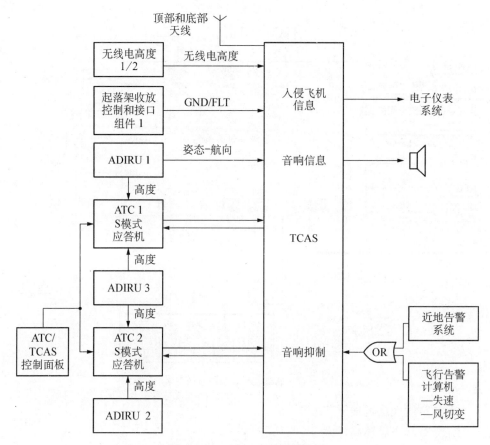

图 A-18　A320 TCAS 结构图

　　TCAS 以每秒一次的广播信号向 S 模式应答机发送带应答机离散地址的询问信号。根据应答信号，TCAS 能够获得被询问飞机的距离和高度。图 A-19 示出了 TCAS 相互间的询问与应答通信工作原理。TCAS 有两种工作模式：TA/RA 模式和仅 TA 模式。TA/RA 模式可显示所有的入侵飞机。仅 TA 模式是指设备执行监视功能，只提供 TA，不提供 RA，它分为人工和自动操作两种。人工操作是指驾驶员可以在低高度、最后进近阶段或是飞机性能降级（发动机故障等）情况下，为防止自己分散注意力，在 ATC/TCAS 仪表板上选择 TA 模式。自动操作可以帮助驾驶员根据飞机的当前高度自动选择灵敏度等级。

A.1.7　中央维护系统

　　1988 年，A320 飞机的中央故障显示系统（CFDS）首创了中央维护系统（CMS）的工业标准——ARINC 604《机内测试设备设计和使用指南》。这种中央维护系统收集来自各 LRU 的状态数据，进行故障合并和根源分析，以帮助维修人员排除故障。A320 CFDS 结构如图 A-20 所示。各系统计算机都拥有机内自检设备，它们可将

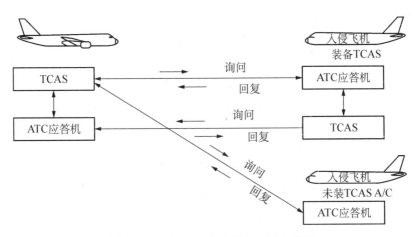

图 A-19　A320 TCAS 间的询问和应答

测试结果发送到中央故障显示接口单元(CFDIU),CFDIU 将信息显示在 MCDU 上,并可将信息发送到机载打印机上。此外,CFDIU 还可以与 ACARS 管理单元连接,向地面站和机上打印机发送故障信息,从而可在飞机着陆前完成故障分析和部件诊断。此外,飞机在降落后可向地面站发送飞行后报告,通过地面专用的软件工具(飞机维修分析,AIRMAN)还能对飞机计划外的维修进行识别和管理。

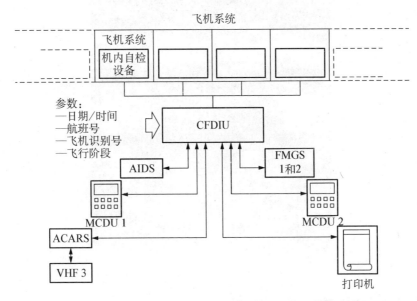

图 A-20　A320 中央故障显示系统(CFDS)结构

CFDS 功能的优势在于能识别故障部件、显示/打印故障数据、向地面设备实时报告数据、提高排故率、缩短检修周期及易于使用第一时间发现的故障信息。

A.2　B737NG

为了与空客 320 竞争,波音公司在 1993 年开始启动新一代 737(737NG)系列飞机的研制项目。1997 年 737NG 首飞。B737NG 系列机型包括 600、700、800 和 900 型系列。其中 700 型为标准型,800 型为 700 型的加长型,600 型为 700 型的缩短型。与 A320 相比,B737NG 的研发晚了近一代的时间,所以它采用了很多新开发的航空技术。B737NG 在改进过程中,一方面强调了与老一代 737 的通用性,另一方面又强调了新技术的使用。B737NG 驾驶舱技术移植了 B777 上的成功经验,如采用了 B777 上的大面积显示屏,安装了平视显示器及飞行管理软件,极大地提高了飞行安全和机组人员工作效率。

A.2.1　驾驶舱布局

737NG 融合了 B757 - 200 和 B777 飞机的驾驶舱设计。在 737NG 驾驶舱(见图 A - 21)中,共安装了 6 个显示单元,分别位于正驾驶外侧和内侧,副驾驶外侧和内侧,以及仪表板中央的上部和下部。这些平板显示单元的优点在于重量更轻、可用性更高、能耗更少。对这些显示单元的控制杆则位于方式控制面板(MCP)的任一侧。

图 A - 21　B737NG 驾驶舱

A.2.2　显示控制系统

A.2.2.1　电子飞行仪表系统

波音系列飞机电子仪表由 EFIS 和发动机指示与机组告警系统(EICAS)组成。B737NG 电子飞行仪表系统(EFIS)同样也包括主飞行仪表显示(PFD)和导航显示

(ND)，它们分别位于正副驾驶前方显示面板的外侧和内侧。仪表板中央为 EICAS，其功能相当于空客公司的 ECAM。EICAS 以图形格式向机组人员显示复杂信息和向机组人员警告非正常或危险情况，可提高机组人员的态势感知能力。上部 EICAS 显示发动机主要参数和燃油数据，下部 EICAS 显示发动机次参数及特定条件下的系统数据。B737NG EFIS 如图 A-22 所示。

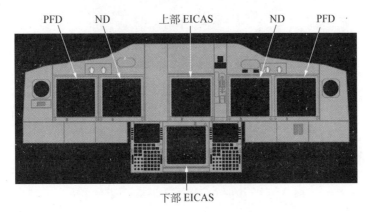

图 A-22　B737NG EFIS 布局图

　　飞机上的任何两组 EFIS 仪表都是由其自身的信号发生器所驱动的。第三个应急发生器作为备份设备，一旦某个专用的单元发生故障，该应急发生器便接替工作。这些信号发生器都是使用罗克韦尔柯林斯公司的高级结构微处理器（AAMP），并且融入了最新的 VLSI 和 CMOS 技术。

　　B737NG PFD（见图 A-23）提供动态的飞行轨迹控制信息显示。显示的内容包括：空速、高度、垂直速度、姿态、操纵信息、飞行方式信号牌、无线电高度、仪表着陆系统显示、进近最低高度、航向/航迹指示、TCAS 指示和 GPWS 信号牌。飞行指引仪可显示自动驾驶飞行指引系统的俯仰和侧滚指令。

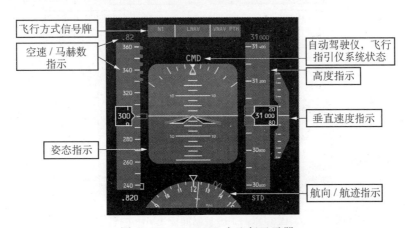

图 A-23　B737NG 主飞行显示器

B737NG 的导航显示器(ND)位于 PFD 旁边,显示了空速、航向、飞行计划和实际飞行路线,以及横向位置导航指令提示信息等,并可选择叠加气象数据。如图 A-24 所示。

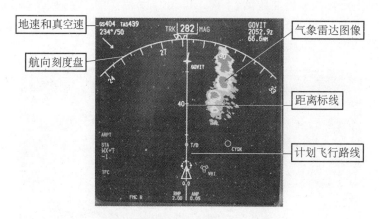

图 A-24　B737 NG 带气象雷达的导航显示器

正副驾驶两侧各有一个 EFIS 控制面板,可控制显示信息。B737NG 的飞行仪表显示和导航显示的控制面板如图 A-25 和 A-26 所示。

这些显示单元通过采用色彩明亮且稳定的 CRT 技术提供了八种色彩的显示。在 CRT 传统的红、绿、蓝三色基础之上,又增加了绛红色、黄色、绿色、青色和白色字符显示。当用对比增强过滤器时,CRT 所提供的高分辨率和色彩明亮的显示图像在驾驶舱中任何亮度情况下,都是可以看得清楚。此外,B737NG 的显示控制面板有一个额外的提示信息接收器,这是因为高度在故障页面上显示为空白,除非显示控制面板的开关转到正常显示为止。这是与 B737-3/4/500 飞机上用于转换符号生成器的 EFI 开关有所不同。

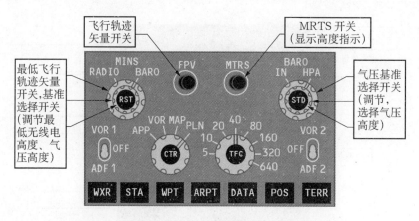

图 A-25　B737NG EFIS 控制面板 1——飞行仪表显示

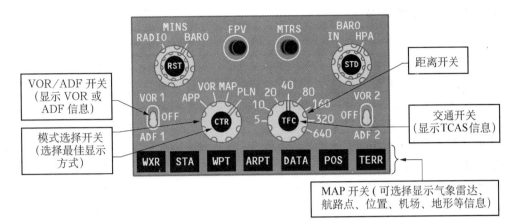

图 A-26　B737NG EFIS 控制面板 2——导航显示

A.2.2.2　发动机指示与机组告警系统

　　B737，757 和 767 飞机原先使用的 EFIS-700 电子飞行仪表系统包括为两名飞行员各提供一个 5×6 in(127×152 mm)电子姿态指引仪(EADI)和一个 7×6 in(178×152 mm)电子水平情况指引仪(EHSI)。EADI 和 EHSI 位于仪表板中央的上下部。系统提供与早期姿态指引仪(ADI)和水平情况指引仪(HIS)相关的所有功能。EADI 主要显示航姿信息，同时也显示倾斜和转动操纵命令。地速、自动驾驶仪和自动油门等次级数据也可显示其中。为了保持显示画面整齐有序，在某一飞行阶段不需要的信息就会迅速的切换掉。例如，在巡航期间，仪表着陆系统和无线电高度信号就会缺省，而仅在最后进近阶段才会显示。在任何时间 EHSI 显示选定的飞行数据和导航地图中飞机的水平位置。此外，EHSI 还显示飞机航迹、飞行变量信息和预计飞行路径。这样就可以手动或自动快速和精确地修正飞行路径。风速、方向、垂直偏差等信息也会显示在 EHSI 上。此外，气象雷达信号也可以迭加到导航画面上。

　　之后，新一代的波音飞机将原来安装 EHSI 和 EADI 的地方布设了发动机指示与机组告警系统(EICAS)，并与 EFIS 系统一起并入到飞机信息管理系统(AIMS)中，形成了一种基于模块化航空电子体系结构的综合智能显示单元。6 台智能显示单元包含了所有管理、处理和发生显示格式的电子设备，显示数据通过 ARINC 629数据总线传输到 AIMS 中，如 B777 飞机。

A.2.3　航空电子系统

　　B737NG 飞机在综合航空电子、飞行控制和飞机系统上也广泛使用了 ARINC 429 数据总线。ARINC 429 数据通过点到点的连接方式将分布在飞机上的各 LRU 连接起来。B737NG 在驾驶舱显示控制系统、飞行管理系统及通信导航监视系统方面都广泛吸收了 B777 上的成功经验。

A.2.4　飞行管理系统

新一代 B737 采用了全综合的飞行管理系统(FMS),其核心设备主要包括自动驾驶仪飞行引导系统、飞行控制计算机、飞行管理计算机、控制显示单元(FMC/CDU)、自动油门、惯性基准系统(IRS)。飞行管理系统的用途也主要是用于协助机组人员执行飞行计划、制导、导航和性能管理等功能。B737NG 共备有 2 台飞行管理计算机(FMC),它接收来自飞控计算机、大气数据计算机、时钟、燃油量指示系统、VOR/DME/ILS 接收机、IRS、模式控制面板、FMC 数据库和 FMC/CDU(机组人员输入)的信息。飞行管理计算机输出的信息被送到综合显示系统(PFD 和 ND)、自动驾驶仪飞行引导系统、模式控制面板和自动油门伺服器等系统上。FMS 与机组人员的主要接口是 FMC/CDU 和自动驾驶仪模式控制面板(MCP)。

B737NG 装有 2 个 FMC/CDU。每个 FMC/CDU 都与每台 FMC 相连。每台 FMC 由 5 个处理器所组成,综合了来自大气数据传感器、机组人员输入、无线电导航系统、IRS 和内部导航数据库中的数据。这些信息会被提供给自动驾驶仪系统,用于操纵飞机的侧滚和俯仰,以及提供给自动油门伺服器。导航和位置信息将输至导航显示器。每台 FMC 都能独立接收信息输入,并且 2 台计算机系统能不间断地对输入/处理结果进行比较,以保证 2 台 FMC 的信息一致性。

GE 公司为 B737NG 的 FMS 软件进行了升级,FMS 10.8 版软件扩大了 B737NG 导航数据库的存储容量,提供了符合所需导航性能(RNP)标准的精确导航,并为综合空地操作(空中交通管制)提供了飞机 4D 航迹的显示功能。

A.2.5　飞行控制系统

B737NG 主要包括主飞行控制系统和次飞行控制系统两部分。B737NG 飞行控制系统并未采用电传飞控操纵,其主飞行控制系统仍然采用常规的机械信号液压作动器,驾驶员指令通过推/拉操纵杆或钢索与滑轮控制链路传递到作动器上,从而完成对主飞行控制面(2 个副翼、2 个升降舵和 1 个方向舵)的控制。波音公司为主飞行控制系统配置了冗余的液压系统,当液压系统故障时方向舵可由备用液压系统进行操控。副翼和升降舵根据需要可由驾驶员手动操控。次飞行控制系统提高了飞机的升力和处理性能,它控制 12 个前缘装置,4 个后缘襟翼,12 个扰流板和 1 个减速板。

A.2.6　通信导航监视系统

B737NG 的通信导航监视系统在原有 B737 基础上有了很大的进步,如采用了 VHF 数字雷达、HF 语音和数据无线电、先进的 3D 气象雷达、新一代的 TCAS 以及 ACARS 数据链通信管理组件等,使飞机的空地通信能力和飞行安全性有了显著的提高。其中,Honeywell 公司为 B737 - 800 改装了 Quantun™ Line 通信导航系统。

A.2.6.1　通信系统

B737NG 通信系统包括机内通信和机外通信。机内通信系统主要有驾驶舱语音记录仪系统、机组人员告警系统、内话系统和旅客娱乐系统。机外无线电通信系统主要包括了经 VHF、HF、SATCOM 和飞机通信、寻址与报告系统(ACARS)的空地通信。HF 通信系统提供了飞机与飞机或与地面之间的长距离话音通信功能,工作频率范围在 $2\sim29.999\,\mathrm{MHz}$。VHF 通信系统提供了飞机与飞机或与地面之间的近距通信。ACARS 提供了飞机与航空公司地面基站之间传输信息和报告的功能。

图 A-27 示出了 B737NG 天线布局图。

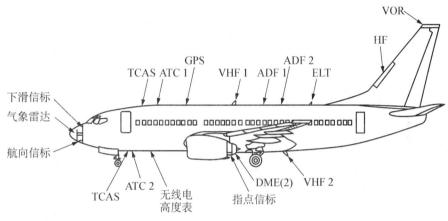

图 A-27　B737NG 天线布局

A.2.6.2　导航系统

B737NG 的导航系统包括了静压及全压系统、综合备用飞行显示器、马赫空速告警系统、大气数据惯性基准系统、无线电距离磁指示器、备用磁罗盘、仪表着陆系统(ILS)、指点信标、无线电高度表、气象雷达、TCAS、EGPWS、全向定位信标(VOR)、ATC、测距仪(DME)、定向仪(ADF)、GPS 和 FMCS。其中,静压及全压系统用于测量大气全压和静压,用于计算空速及气压高度等飞行参数。综合备用飞行显示器向机组人员提供备用的高度、姿态及指示空速显示。ILS 和 GPS 已经被包含在多模式接收机(MMR)中。

A.2.6.3　近地告警系统

B737NG 采用了增强型近地告警系统(EGPWS),它是在传统的近地告警系统(GPWS)基础上发展而来的新一代近地告警系统。它在原有 5 种告警模式下,又增加了 2 种新的功能模式:离地净空高度(TCF)和地形感知(TA)。TCF 根据机场数据库,比较飞机位置和机场位置,对飞机过早下降发出警告。TA 将根据全球地形数据库,随时比较飞机位置与地形数据库中的数据,显示飞机周围的地形,及时提醒机组注意地形。

B737NG EGPWS 包括了 1 台增强型近地告警计算机(EGPWC)、1 个近地告警组件(GPWM)、2 个 WXR/TERR 继电器和正、副驾驶的 G/S 告警抑制电门。EGPWS 从 GPWM, RA, ADIRS, SMYD, MMR, FMCS, DFCS, MCP, WXR 和

DEU 上获得各种数据,计算并确定触发各类告警,如图 A-28 所示。目视告警将通过 CDS 的显示组件、GPWM 及 G/S 警告抑制电门显示出来,声响警告通过 REU 在喇叭上发出。EGPWS 同时向 TCAS 计算机、气象雷达发送抑制信号,以确保高优先级的警告。

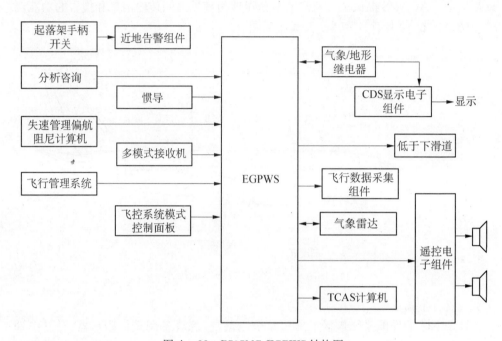

图 A-28　B737NG EGPWS 结构图

A.2.6.4　空中交通咨询及防撞系统

B737NG 采用了空中交通咨询及防撞系统(TCAS)来检测及显示接近的有碰撞危险的飞机,并指示机组改变飞行路线以相互避让。目前 TCAS 只对在垂直空域有碰撞危险的飞机给出接近的提示。TCAS 按接近危险程度不同,将入侵飞机分为 4 个等级,并提供 TA 或 RA 信息。TCAS 系统包括 1 台 TCAS 计算机、2 根 TCAS 天线、1 个 ATC/TCAS 控制面板。其中 2 个 TCAS 天线分别位于机身顶部和腹部。其结构如图 A-29 所示。

A.2.7　中央维护系统

目前,飞机健康管理(AHM)的概念已被越来越多的民用飞机所采纳。AHM 已被应用到 B747-400,B777,新一代 B737 飞机,以及 B787 上。AHM 能自动实时收集 CMC 或 ACMS 中的飞机数据和故障信息,还能收集波音电子飞行包中的电子日志数据。这些数据将通过 ACARS 下传到地面维护站。地面维护人员可通过应用软件服务商提供的工具来完成 AHM 信息的访问。AHM 使航空公司在飞机着陆前就可组织飞机排故工作。

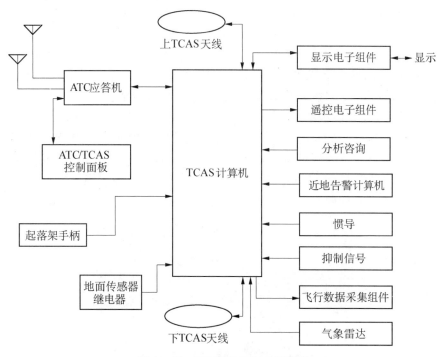

图 A‑29　B737NG TCAS 结构图

　　B737NG ACMS 能实时监控发动机状态和飞机性能,并将收集到的各种原始数据经机载 ACARS 发送到地面接收站,最后传送到航空公司终端,或通过机载显示、打印设备以及数据盘供机组人员使用。B737NG ACMS 核心组件是数字飞行数据采集组件或飞行数据管理组件,其内部有两个中央处理组件 CPU:CPU1 为飞行数据记录仪提供数据;CPU2 为 ACMS 提供数据,以供机组人员监控发动机状态和飞机使用性能。ACMS 的外围设备包括 ACARS、多功能显示组件、打印机和机载装填器等设备。B737NG ACMS 采用 GE 公司的发动机性能趋势监控系统实施对发动机的监控。

A.3　A380

　　A380 是空客公司研发的巨型客机,也是全球载客量最大的客机,可承载 800 多名乘客,是首架拥有四条乘客通道的客机,典型座位布置为上层"2+4+2"形式,下层为"3+4+3"形式,有"空中巨无霸"之称。首架 A380 客机于 2005 年 4 月试飞成功。A380 采用了大量的新技术,它是世界上第一个采用航空电子全双工交换式以太网(AFDX)为飞机主干数据传输网络的飞机。A380 融入了新的驾驶舱设计,如采用 8 个相同的交互式显示屏、通过无线跟踪球进行光标控制来发出指令等。还采用了新的机上信息系统(OIS),为飞行机组提供非航空电子设备的相关信息和应用的查询。此外,A380 在视频监控及通信、导航技术上都有了很大的进步。

A.3.1　驾驶舱布局

A380 的驾驶舱位居机头的中部,比现有的民航客机略大 10％,与位于机身顶部的驾驶舱相比,它可为飞行员提供更好的全方位视野。与现有的空客飞机相同,A380 包含有主飞行显示器和导航显示器的电子飞行仪表系统(EFIS),分别位于正、副驾驶前方,由发动机警告显示器和系统显示器组成的电子中央监控系统(ECAM)则置于主仪表板的中央,如图 A-30 所示。A380 驾驶舱内所有信息的基本分布、各系统和仪表的布局与其他空客飞机基本相同,保持了空中客车系列飞机的一致性,只是在主仪表板布局与配置上重新进行了规划,采用了 8 个相同的交互式显示屏。A380 继续采用率先在 A320 飞机上采用的电传操纵和"暗驾驶舱"系统,即使驾驶舱所有的照明灯都熄灭了,飞行员也不必采取其他应急措施。

图 A-30　A380 驾驶舱

A.3.2　显示控制系统

A.3.2.1　电子飞行仪表系统

与 A320 相同,A380 电子仪表显示系统也是由电子飞行仪表系统(EFIS)和电子中央监控系统(ECAM)组成,共包括 8 台显示单元,即 2 台主飞行显示器(PFD)、2 台导航显示器(ND)、1 台发动机/警告显示器(E/WD)、1 台系统显示器(SD)和 2 台多功能显示器(MFD)。这 8 台显示器都采用了 6×8 in 的 LCD 显示器,所有显示器相同并可互换。如图 A-31 所示。

A380 EFIS 系统也包括 PFD 和 ND。其中两台 PFD 提供短时更新的信息,分为上下两部分,上部显示姿态、空速/马赫、高度/垂直速度、航向、AFS 状态、ILS 偏差/指点标和无线电高度,下部显示备忘录和警戒信息(参照 ECAM)及前缘缝翼/襟翼/配平机构位置。图 A-32 示出了 A380 PFD 上的一种俯仰配平显示画面。

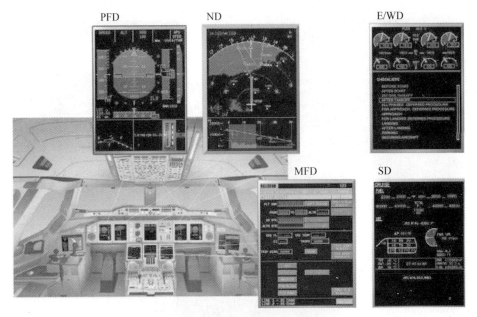

图 A-31 A380 电子仪表显示系统

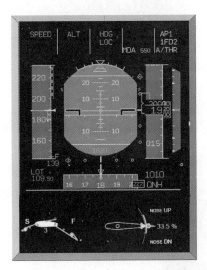

图 A-32 A380 主飞行显示器（俯仰配平显示）

A380 ND 也分为上下两部分，可显示气象信息、TCAS 信息和 TAWS 信息等，如图 A-33 所示。ND 的下半部分是垂直显示器（VD），显示飞机在爬升、巡航和终端进近时的飞行轨迹，还可以显示 A380 相对于计划的航迹以及地形剖面的实际航迹。在 VD 上，最低安全高度或最低下降高度也可以图形的形式显示出来。VD 还能显示气象雷达的垂直剖面。在 VD 下部，"提示"布局设置了对飞行阶段或空速而言很关键的一些数据，如前缘缝翼/襟翼、减速板的选择，并以图形的方式显示。

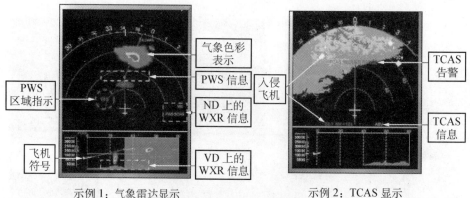

气象色彩表示

PWS 信息

ND 上的 WXR 信息

PWS 区域指示

飞机符号

VD 上的 WXR 信息

示例 1：气象雷达显示

TCAS 告警

入侵飞机

TCAS 信息

示例 2：TCAS 显示

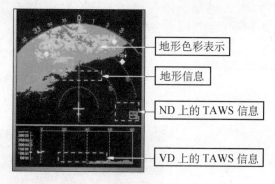

地形色彩表示

地形信息

ND 上的 TAWS 信息

VD 上的 TAWS 信息

示例 3：TAWS 显示

图 A-33　A380 导航显示器

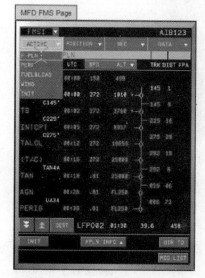

图 A-34　A380 多功能显示器

A380 上配置了 2 台多功能显示器（MFD），正、副驾驶员一侧各有 1 台 MFD，可通过键盘光标控制单元（KCCU）来控制。MFD 用于显示来自 FMS，ATC，监视和飞控系统（备份）中的数据。如图 A-34 所示。

A380 还配置了双平视显示系统（HUD），它们安装在驾驶舱中央仪表板的上方。HUD 增强了驾驶员的态势感知能力，为其提供了更安全和更灵活的驾驶。显示画面如图 A-35 所示。

A.3.2.2　电子中央监控系统

为了以最佳的方式呈现信息，A380 保留了以往空客电传飞机将信息显示在电子中央飞机监视器（ECAM）上的做法。A380 ECAM 由发动机/警告显示器（E/WD）、系统显示器（SD）和主飞行显示器（PFD）构成，如图 A-36 所示。

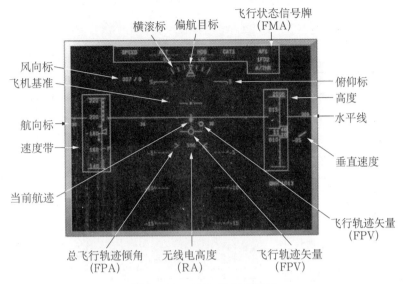

图 A-35 A380 平视显示器

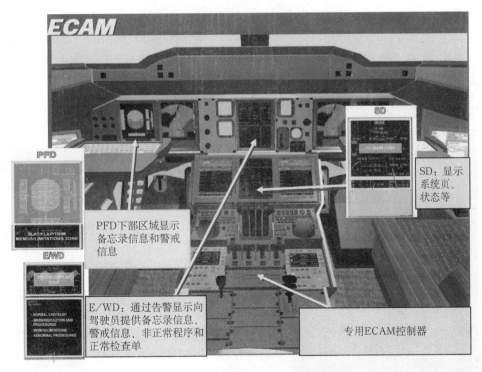

图 A-36 A380 电子中央飞机监视器

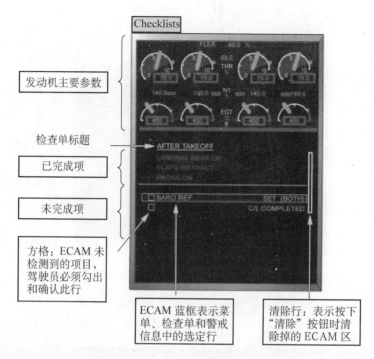

图 A-37　A380 发动机参数/告警显示器

A380 发动机参数/告警显示器分为上下两部分，如图 A-37 所示。上半部分为发动机主要参数显示区。下半部分为告警显示区，在正常飞行情况下，显示的内容为飞行机组人员所需的检查菜单和项目；在非正常飞行情况下，显示的内容为相关故障程序、延迟程序、未检验出的异常程序及机组人员所需的相关菜单、因故障引起的全部限制、通报说明、状态说明及紧接着的 ECAM 告警。

A380 SD 分为三部分，如图 A-38 所示。上部分为 SD 主显示区，在正常飞行情况下，显示了系统页或更多的信息页，在非正常飞行情况下，显示了相关系统页面故障及飞行机组人员在 E/WD 上清除了程序后的状态页面。中部为参数数据区，主要显示温度、时间和飞机重量等数据。下部显示了 ATC 邮箱。

针对各台显示单元，A380 驾驶舱内配置了多个控制面板，如图 A-39 所示。

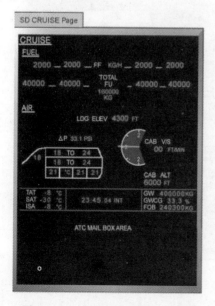

图 A-38　A380 SD 巡航显示界面

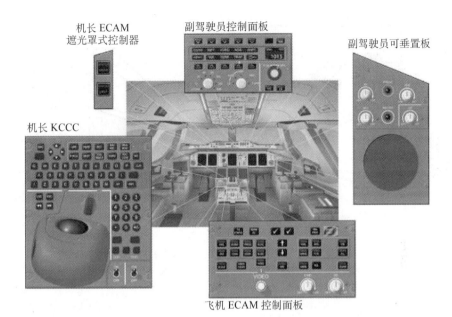

机长 ECAM
遮光罩式控制器

副驾驶员控制面板

副驾驶员可垂置板

机长 KCCC

飞机 ECAM 控制面板

图 A-39　A380 控制器

A.3.3　航空电子系统

A380 飞机航空电子系统由泰勒斯公司研制,是基于 ARINC 653 标准的、开放式的综合模块化航空电子系统(IMA)。尽管 A380 仍沿用了 A429 总线和 CAN 总线,但它采用了 100 Mb/s 的 AFDX 作为传输中枢(见图 A-40)。并且 A380 采用了 18 个 IMA 模块(4 个用于起落架,4 个用于客舱功能,4 个用于大气数据管理,2 个用于电气系统),使航空电子系统达到高度的综合。以 ARINC 653 为基础的操作系统,将大量飞机的功能处理都放到模块化的输入/输出(I/O)和处理硬件中,并且采用了大量标准化的处理单元、通用软件工具、标准和语言,减少了系统的支持成本。

A.3.4　飞行管理系统

A380 上安装了两套飞行管理系统(FMS),由 Honeywell 公司研制,正、副驾驶各有一套 FMS。每套 FMS 都包括了飞行管理计算机(FMC)和控制显示单元。这些控制显示单元由多功能显示器(MFD)、导航显示器(ND)、主飞行显示器(PFD)、EFIS 控制面板,以及键盘和光标控制单元(KCCU)组成。A380 FMS 可提供导航、飞行计划、性能计算与优化和制导功能。

与 A320 有所不同的是,A380 的 FMC 是单独的,未包括自动驾驶仪,其自动驾驶仪功能已并入到了飞控系统中。A380 共有 3 个 FMC:FMC-A,FMC-B 和 FMC-C。FMC-A 向 FMS1 提供数据,FMC-B 向 FMS2 提供数据,而 FMC-C 作为备用计算机。两台 FMC(A,B)可独立完成数据的计算、交换、比较和同步。两

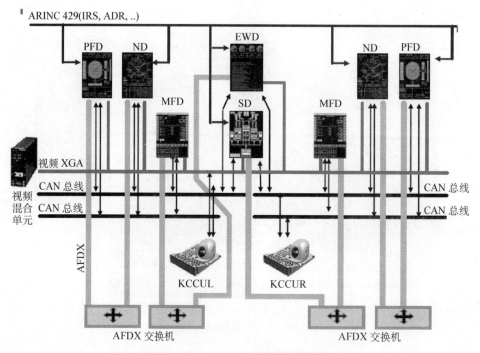

图 A - 40　A380 显示控制系统结构

台 FMC 可根据自动驾驶仪或 FMS 的选择开关决定哪台为主 FMC,哪台为次 FMC。备用计算机不能执行计算功能,但可根据主 FMC 进行定期更新。A380 飞行管理系统互连结构及体系结构如图 A - 41 和图 A - 42 所示。

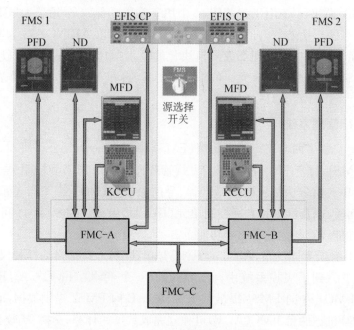

图 A - 41　A380 飞行管理系统结构

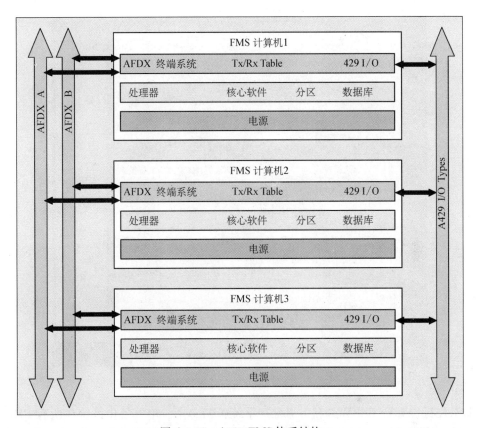

图 A - 42 A380 FMS 体系结构

A380 应用了新一代的飞行管理引导系统,其通信协议和网络技术规范采用了电子行业通用规范;软件、硬件和部件方面也都尽可能采用了电子行业的成熟技术,保证了系统的高度开放性和可重用性。

A.3.5 飞行控制系统

A380 飞行控制系统是目前最先进的飞行系统,它吸取了空客在第一代电传飞行控制应用上的成功经验并发展了该技术。A380 将自动驾驶仪功能并入到飞行控制系统中(但不包括飞行管理计算机),而在 A320 系列上自动驾驶仪和飞行控制系统是两个独立的系统,这提高了 A380 系统的综合化程度。A380 飞行控制分为主飞行控制和襟翼/缝翼控制两大类。如图 A - 43 所示,主飞行控制系统包括 3 个主飞控计算机(PRIM)、3 个副飞控计算机(SEC)、2 个飞控数据采集器(FCDC)、驾驶舱控制、飞行控制面板和伺服控制及电气备份系统。每个 PRIM 能提供正常、直接链或备选控制律下完全的飞机控制,以及飞行引导和飞行包络功能。3 个 PRIM 中有 1 个为主 PRIM,它执行计算功能并将指令发送给其他计算机,以及执行自动故障监视。若所有 PRIM 都发生故障,则由 SEC 完成计算和执行功能。SEC 仅能提供直接连接控制律下的完全飞机控制。FCDC 用于集中各种飞行数据,并发送至

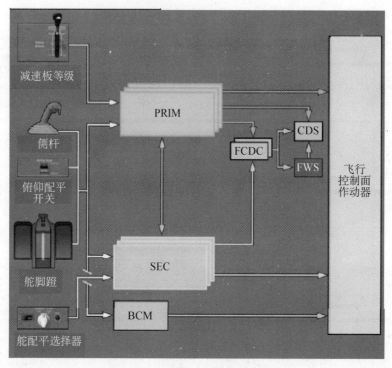

图 A - 43　　A380 飞行控制系统结构

CDS、飞行告警系统(FWS)和中央维护系统(CMS)中。电气备份系统在所有 PRIM 和 SEC 故障情况下控制飞机。襟翼/缝翼控制系统包括 2 个襟翼/缝翼控制计算机 (SFCC)。

　　A380 包括 3 种类型的伺服控制:正常伺服控制、电静液作动器(EHA)和电备 份液压作动器(EBHA)。正常伺服控制包括作动器、连接飞机液压电源的液压块及 接收飞行控制计算机指令和控制作动器杆移动方向的伺服阀。通常无液压时,正常 伺服控制不工作。EHA 与飞机液压动力完全隔开,在无液压时 EHA 工作,但需要 电源。EBHA 有两种工作模式(如图 A - 44 所示):正常模式和备用模式。正常模 式为液压模式,作动器接收相关黄或绿液压系统的动力,伺服阀按电传计算机指令 调节输入作动器的供压。备用模式为 EHA 模式,接受来自飞机交流电气系统的电 功率,电传计算机将指令输入 EHA 控制组件。由于采用多余度电传飞控计算资源 和作动器液压动力与电功率结构的组合,故 A380 飞机没有配置机械恢复模式。

A.3.6　通信导航监视系统

　　随着航空电子技术和无线电技术的不断发展,民用飞机航空通信和导航设备都 有了很大的改进。A380 飞机的通信导航监视系统在 A320 的基础上有了较大的进 步,如采用了新的 FANS/数据链结构和综合的飞机环境监视系统(AESS),以及新 的通信导航控制面板和终端,改善了人机接口功能。

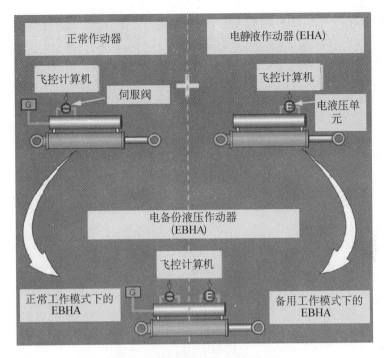

图 A - 44　A380 EBHA 工作模式

A.3.6.1　通信系统

与 A320 一样，A380 飞机的通信系统也包括机外通信和机内通信两部分。机外通信由无线电通信（VHF 和 HF）、卫星通信（SATCOM）和选择呼叫组成。机内通信主要是指舱内的语音通信。A380 采用了 FANS/A，它具有自动相关监视（ADS）和空管员驾驶员数据链通信（CPDLC）功能，并具有全球空中交通服务商提供的功能支持，如具备起飞许可（DCL）、障碍许可限度（OCL）和自动终端信息系统（ATIS）功能。图 A - 45 示出了 A380 FANS/数据链系统结构。A380 继承了 A320 数据链通信的优点，并且应用了 IMA 架构、AFDX 总线和网络服务器机上信息系统（NSS - OIS）先进技术，使飞机数据通信功能变得更为强大。

A380 通信系统也采用了 3 套 VHF 数据无线电系统，2 套 HF 数据无线电系统（如图 A - 46 所示）。3 套 VHF 中，只有 VHF3 用于数据链通信。飞机通过 VHF 频段可直接与地面进行数据交换。SATCOM 系统包括 1 个数据通道和 6 个语音通道。这些数据无线电系统由 3 个无线电管理面板（RMP）控制，2 个 RMP 位于控制台面板上，1 个 RMP 位于舱顶控制面板上。通过 RMP，驾驶员可以选择通信方式；调整无线电频率；拨入 SATCOM 电话号码；选择语音或数据模式通信；监视和选择数据通信参数和选择备用无线电导航等。

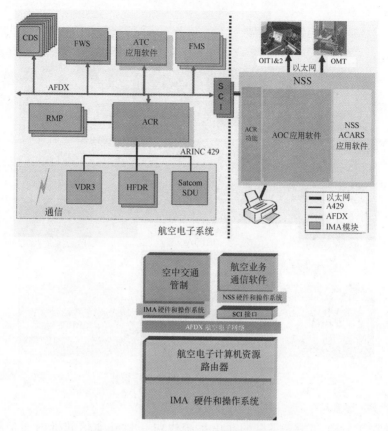

图 A-45　A380 FANS/数据链系统结构

CDS—控制显示系统；FWS—飞行告警系统；ATC—空中交通管制；FMS—飞行管理系统；RMP—无线电管理面板；ACR—飞机通信路由器；SCI—安全通信接口；VDR—甚高频数据无线电系统；HFDR—高频数据无线电系统；SDU—卫星数据单元；NSS—网络服务器系统；ACARS—通信寻址与报告系统；OMT—机上维护终端；OIT—机上信息终端

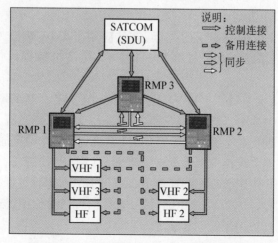

图 A-46　A380 数据无线电通信系统结构图

A.3.6.2　导航系统

A380 导航系统包括 ADIRS、多模式接收机(MMR)、无线电导航辅助设备、无线电高度表、备用导航系统(综合备用仪表系统 ISIS),以及其他辅助驾驶员飞行的系统,如监视系统和机上机场导航系统(OANS)。

ADIRS 是飞机导航的中心,它为各飞机系统(包括飞控系统和飞管系统)提供大气数据和惯性参考参数。A380 ADIRS 由 Honeywell 公司和 Northrop Gruman 公司共同提供,其中 Honeywell 为该系统提供了 DEOS 操作系统,Northrop Gruman 提供了光纤陀螺和基于硅加速计的微机电系统(MEMS)。A380 ADIRS 的平均非预期拆卸时间为 22 500 h,其数据吞吐量比空客早期的机型要提高 10 倍。

MMR 系统提供了仪表着陆系统功能、FMS 着陆系统功能、GPS 功能、混合航向信标/垂直导航功能及可选的 GPS 着陆系统功能。MMR 天线包括了 2 根 MMR 接收机、2 根有源 GPS 天线、1 根航向信标天线、1 根下滑道跟踪天线和 1 根下滑道捕获天线。

ISIS 系统是在 ADIRS、FMS 和 CDS 故障时提供备用飞行和导航显示。图 A-47 示出了 A380 ISIS 在仪表板上的位置。ISIS 包括了备用飞行显示器(SFD)和备用导航显示器(SND)。SFD 用于显示俯仰和侧滚姿态、侧滑、ILS、计算空速、横向加速指示、高度、空速及马赫数,SND 用于显示备用的导航辅助设备信息和 GPS 定位信息,并能人工输入地理航路点。

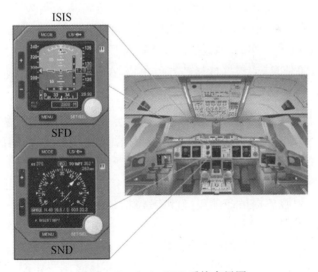

图 A-47　A380 ISIS 系统布局图

OANS 通过显示移动的机场导航地图,为驾驶员提供感知飞机在机场地面位置的能力。OANS 的数据主要来自于机场数据库的飞机数据、FMS 和 ADIRS 中的飞机数据及驾驶员输入的数据。

A.3.6.3　飞机环境监视系统

A380 飞机将 TCAS、地形感知告警系统(TAWS)、气象雷达(WXR)和 S 模式应答机综合到了一个机箱内,构成了飞机环境监视系统(AESS),实现了数据一级的综合。AESS 由 Honeywell 公司提供,其冗余设计提高了飞机的派遣率,降低了不定期的维修率。

在 A380 AESS 系统中,TCAS 能通过应答机探测和显示周围的飞机,并计算出潜在的碰撞威胁和形成相关报告。TCAS 可在 ND 上显示飞机周围空域内的交通流。在自动模式下,该系统可自动调整显示飞行轨迹上的入侵飞机。在人工模式下,驾驶员可在 2700～7000 ft"上"(ABV)或"下"(BLW)两个显示开关之间进行选择。

TAWS 提供了 5 种模式的近地告警系统功能。基于全球地形数据库,TAWS 系统还能提供地形/障碍告警及显示功能,以及离地净空高度(TCF)功能。

此外,A380 AESS 系统还能提供一种"智能告警"功能,例如,它能在诸如 TCAS 的下降指令与 TAWS 的拉起指令之间进行裁决,从而为驾驶员提供最佳的告警指示。

气象雷达(WXR)具有预测风切变和紊流探测功能。它可以连续扫描飞机附近的整个空域,并将 3D 气象信息存储在数据库中。A380 上的新一代 WXR 系统能增加和存储 3D 气象数据,而目前的大部分气象雷达设计并不能存储或添加数据。在自动模式下,导航显示器(ND)和垂直显示器(VD)上可显示气象信息,并同时显示有 FMS 飞行计划和 ADIRS 垂直飞行轨迹信息,可使驾驶员不仅能看到当前巡航高度,还能看到其他高度。在人工模式下,WXR 可根据驾驶员输入的倾斜角或仰角,在 ND 上显示气象信息,或根据选择的方位角值,在 VD 上显示气象信息。

A.3.7　机上维护系统

A380 机上维护系统(OMS)是一个综合的系统,提供对飞机的服务,支持在线、定期和不定期维护,以及飞机配置和重构监控。OMS 位于网络服务器系统(NSS)内,它通过安全的通信接口接收航空电子系统中的数据和客舱系统的数据。这些维护数据可通过各种 NSS 和 OIS 人机接口进行访问,并可在飞行中传送到地面飞行中心和服务提供商那里。OMS 包括 3 个子系统(图 A-48):

(1) 中央维护系统(CMS)

在飞行中,CMS 可集中飞机系统机内自检设备(BITE)中的数据,故障数据会被记录在 CMS 数据库中。CMS 对故障进行分类并建立用户定制的故障报告或参考报告。这些报告可供机组人员参考,并发送到地面飞行中心。在地面上,维修人员可参考和下载 CMS 使用报告。CMS 可直接访问所有用于定期或不定期维护的 BITE 数据,还可访问适用的电子维护文件。

(2) 飞机状态监控系统(ACMS)

ACMS 提供有关飞机系统和发动机的性能和趋势信息。ACMS 数据可在飞行

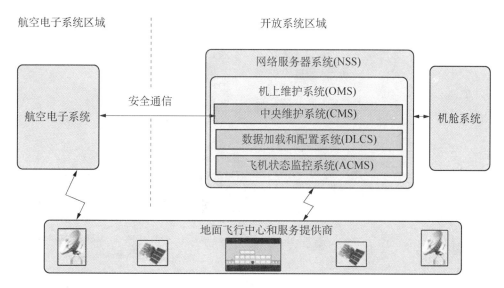

图 A‑48　A380 机上维护系统结构

中被传送到地面,用于实时监控,也可在飞行结束后被下载,用于飞机维护。该系统将支持定期维护和预防性维护,通过监控系统参数可提高放飞的可靠性。

(3) 数据加载和配置系统(DLCS)

DLCS 可管理航空电子系统的数据库和软件的加载,以及 CMS 和 ACMS 报告的下载。DLCS 还能提供航空电子系统设备软硬件的配置及配置历史记录。

OMS 的输出接口包括有机上维护终端(OMT)、便携式多用途访问终端(PMAT)、机上信息终端(OIT)、飞行附带面板(FAP)和两台打印机。其中,机上信息终端(OIT)不仅可供机组人员使用(电子日志),还可供维护人员用于访问 OMS。

A.3.8　机上信息系统

空客公司自 1997 年起就率先开展了“少纸化驾驶舱(Less Paper Cockpit)”项目的研发,引入了电子飞行包(EFB)概念。最初的 EFB 在 A330/A340 上是作为一种机上信息终端,由机载设备、地面信息服务和应用软件部分组成。如图 A‑49 所示。

EFB 在 A380 上称之为机上信息系统(OIS),在驾驶舱内的布局如图 A‑50 所示。OIS 在实时网络服务器(NSS)中,它将驾驶舱操作、客舱操作、客舱/乘客服务(飞行娱乐)和维护融合在一起,使飞机成为了空中交通网络和航空公司网络上的一个节点。OIS 由 3 个部分所组成:NSS 航空电子系统区、飞行操作区及通信和客舱服务区。NSS 航空电子系统区包含了航空业务通信(AOC)功能、客舱乘务组操作手册(CCOM)、电子日志和维修手册等。通信和客舱服务可为乘客提供电子邮件、互联网、在线 TV、电子商务和信用卡交易等服务以及客舱维护功能。飞行操作区为飞行机组人员提供了飞行操作手册,以及起飞、飞行中和着陆等性能计算、重量和平

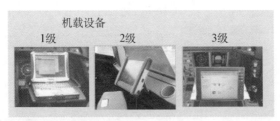

机载设备
1级　2级　3级

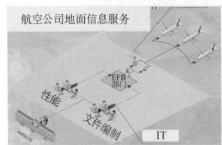

航空公司地面信息服务

应用软件

飞行操作工具　航图

图 A - 49　EFB 构成

图 A - 50　A380 机上信息系统在驾驶舱中的布局

衡管理计算,并存储有导航航图和地图。A380 OIS 维护功能还支持排故和环境监控,以及生成飞机技术故障报告和下载数据。A380 机上信息系统架构如图 A - 51 所示。

A.4　B787

随着空客在民用飞机市场份额的不断增加,波音公司在 20 世纪 90 年代后期就决定研发新的替代机型,提出了波音 7E7(波音 787 的前身)。7E7 中的"E"字主要代表效率、经济性、超凡的舒适性和便利性、环保性以及电子化系统。2005 年 1 月,

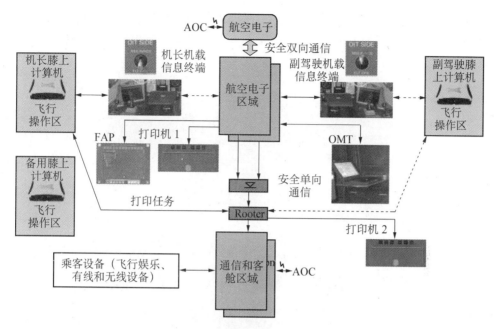

图 A－51　A380 机上信息系统架构

AOC—航空业务通信；OMT—机载维护终端；FAP—乘务员面板

波音公司将 7E7 飞机确定为 B787。自此，该飞机被称为波音 787 梦想飞机。B787 设计旨在增强安全性、提高操作性能和效率、使飞行环境更舒适和安全、降低更新成本，以及采用了通用的波音生产线。B787 代表了目前最先进的大型飞机之一，它在航空电子方面采用了大量的新技术，如采用了大屏幕平板显示、综合模块化通用核心处理系统、基于以太网的公共数据网络、先进的中央维护和飞机状况监控系统、综合告警系统和先进的无线网络技术等。

A.4.1　驾驶舱布局

B787 驾驶舱布局如图 A－52 所示，它采用了 5 个大型 12×9 in 的显示器。此外，B787 驾驶舱的一个重要特点是配备 2 个平视显示仪（HUD）和 2 个电子飞行包，从而使显示面积大大增加。波音公司在其他型号的飞机上也提供了 HUD 和电子飞行包，但在 787 上提供的是标准的配置。

A.4.2　显示控制系统

B787 驾驶舱设计考虑到了与 B777 的兼容性，以便易于对驾驶员开

图 A－52　B787 驾驶舱

展培训。与 B777 驾驶舱相比,B787 的显示面积几乎是 B777 的两倍,而显示处理用的 LRU 却比后者减少了 10 个(注:B777 为 22 个 LRU,B787 为 12 个 LRU)。对比图如图 A-53 所示。

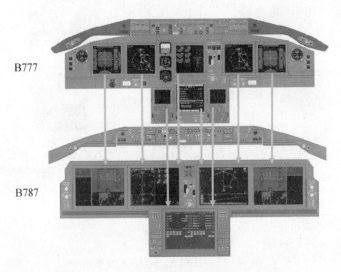

图 A-53 B787 与 B777 的显示控制系统比较

A.4.2.1 电子仪表系统

B787 驾驶舱电子仪表系统包括中央仪表板上的 4 个大型显示器、仪表板正下方的 1 个飞行管理计算机显示器、两侧的 2 个电子飞行包,以及中央仪表板正上方的 2 个 HUD。如图 A-54 所示。

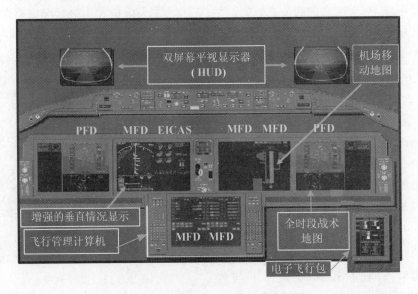

图 A-54 B787 电子仪表系统布局图

B787 主飞行显示器(PFD)位于仪表板左右两侧的外侧,显示画面如图 A-55 所示。它提供了综合进近导航功能,可使 GPS、航向信标、甚高频全向指向标(VOR)和全向信标(NDB)的进近操作采用与仪表着陆系统(ILS)和 GLS 精确进近同样的程序,也缩短了模拟器的训练时间。此外,主飞行显示器还能显示实际的和所需导航性能(RNP),支持 RNP 0.1 n mile 操作,可实现飞机在恶劣气候及机场设施简陋条件下的进近着陆。

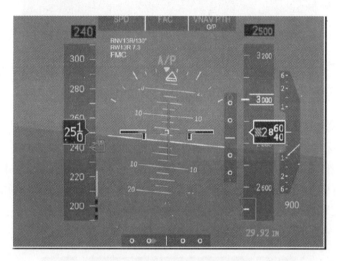

图 A-55　B787 主飞行显示器

此外,B787 的多功能显示器(MFD)共有 5 个,可提供导航和电子检查单等信息的显示。导航显示可提供全画面地图显示,刻度标范围从 0.5 到 1280 n mile。MFD 提供的航迹、周围环境及飞行关键信息,增强了机组人员的态势感知能力。其显示画面如图 A-56 所示。

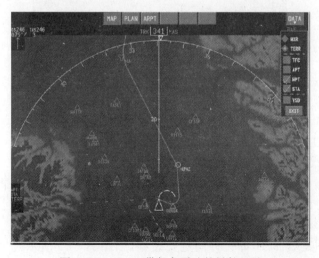

图 A-56　B787 带气象雷达的导航显示

　　B787 的垂直情况显示可提供一种图形式的垂直轨迹视图,显示垂直导航剖面,并能预测地形和航路点限制下的垂直轨迹,增强了飞行机组人员的态势感知能力。显示画面如图 A-57 所示。

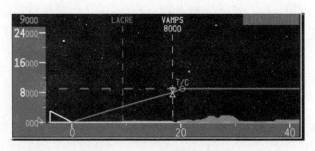

图 A-57　B787 垂直情况显示

　　B787 的两个 HUD 由 Collins 公司生产,同时该公司还提供显示器控制面板、多功能键盘、光标控制设备,应用软件程序以及 CCS 的图形生成模块。HUD 安装在驾驶舱中央仪表板的上方,是驾驶员和飞机之间交换信息的主要窗口,能够让驾驶员在读取飞行数据的同时观察窗外的情况,增强了驾驶员的态势感知能力。HUD提供了更稳定和精确的进近引导及低能见度起飞和滑行下更安全和更灵活的驾驶,同时也增强了机组人员的协同性。显示画面如图 A-58 所示。

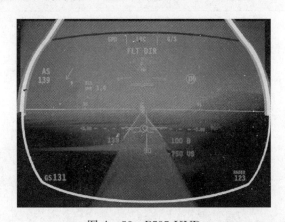

图 A-58　B787 HUD

　　B787 采用了两个电子飞行包(EFB),正、副驾驶位各有一个 EFB。EFB 采用LCD 显示,通过触摸屏、屏幕按键、鼠标和键盘访问 EFB。它提供了:(a)视频监视,包括对机外情况和客舱监视;(b)实时的飞行性能计算;(c)电子导航航图,包括终端区航图、进近图、地面滑行数据以及航路导航数据库等;(d)电子文件、手册、图表和资料,便于随时调用查阅;(e)电子飞行日志;(f)电子检查单,包括起飞着陆用检查单、应急检查单;(g)航空公司或第三方软件应用平台。

　　B787 采用三级 EFB,即一种固定安装型(如图 A-59 所示)。它与机上的其

他航空电子设备,例如,飞行管理系统、通信系统和驾驶舱打印机等连接。B787
EFB增强了驾驶舱的信息显示,提高了飞行操作信息的更新效率,缩短了维修排
故时间。

图A-59 B787 EFB

B787飞行管理计算机位于中央仪表板正下方,其特点是便于使用;大幅度减少
了键盘数量,但功能性大大提高;降低了输入错误和缩短了数据输入的时间;增强了
工作效率;缩短了培训时间。其显示画面如图A-60所示。

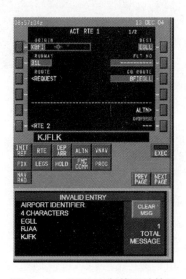

图A-60 B787飞行管理计算机

A.4.3 航空电子系统

B787是波音公司继B757/B767系列以后所建立的驾驶舱综合性最强、显示系
统规模最大、系统结构最开放的商用飞机,其驾驶舱的布局反映了机身生产商在航
电系统研发和生产方面的发展趋势。B787航空电子系统综合化程度在B777的基
础上有了很大的提高,它采用了A664总线作为飞机航空电子数据传输"中枢",实

现了航空电子和飞机功能的高度综合。其中,B787 的综合监视系统(ISS)综合了 WXR、增强近地告警系统(EGPWS)、空中交通咨询及防撞系统(TCAS)和空中交通管制(ATC),如图 A-61 所示。

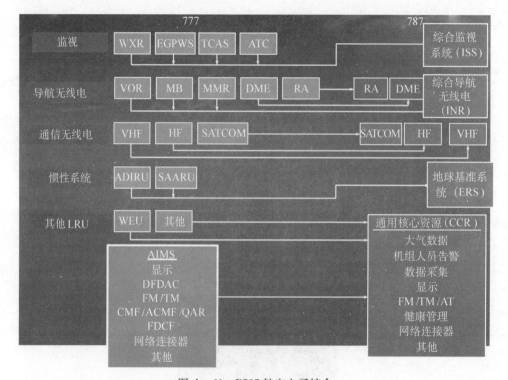

图 A-61　B787 航空电子综合

AIMS—飞机信息管理系统;DFDAC—数字飞行数据采集计算机;FM—飞行管理;TM—推力管理;CMF—通信管理功能;ACMF—飞机状态检测功能;QAR—快速存取记录器;FDCF—飞行数据采集功能;SAARU—备用姿态与大气数据单元;WEU—电子告警单元

A.4.3.1　公共核心系统

B787 采用了公共核心系统(CCS)作为飞机的神经中枢。CCS 由三个主要单元组成:用于执行应用软件功能的处理程序;在处理器、I/O 以及具体功能设备之间提供可靠通信的网络;提供通道的远程数据集中器。CCS 可以管理 80 种航空电子功能块。对于专用的功能(比如图形生成功能),可以通过专用模块与 CCS 进行交互。CCS 的远程数据集中器(RDC)分布在飞机的各个部位,数量接近 20 台,它替代了传统的专用信号线路,并且有利于器件分离,使子系统、传感器和效应器的布线和重量减至最少,易于系统更新,提高了系统的可靠性。RDC 作为 B787 各功能的数字网关,决定了模拟信号、离散信号、ARINC 429 以及 CAN 总线数据与 CDN 的连通和断开。模拟信号和离散信号来自于远程传感器和效应器。如同 ARINC 429 一样,RDC 拥有数字网关的功能,这样使系统综合者有更多的灵活性来配置航空电子系统。B787 的 CCS 架构如图 A-62 所示。

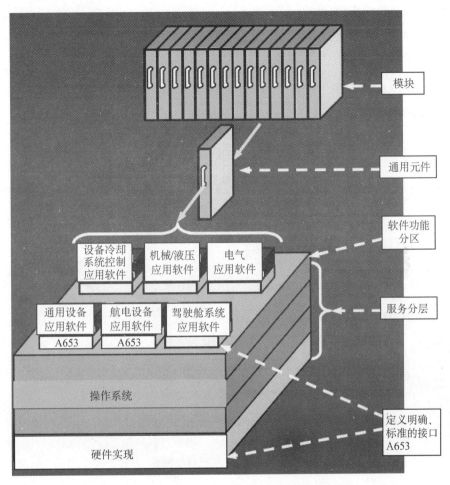

图 A - 62　B787 CCS 架构

　　B787 的每一个机柜可容纳 4 个通用处理模块、网络开关和 2 个光纤转换模块。CCS 公共计算资源是基于一种"开放式系统"架构，采用了通用性模块，软件体系结构采用的是软件分层和面向功能分区的机理，应用层通过标准接口（如 ARINC 653）访问操作层，实现应用软件与硬件的隔离。

A.4.3.2　飞机核心网络

　　B787 的核心网络包括了独立数据网络（IDN）、开放式数据网络（ODN）和公共数据网络（CDN），如图 A - 63 所示。其中，IDN 由网络接口模块所管理，包括无线维护电脑、控制器服务器模块（网络管理器等）、机组人员信息系统/维护系统、客舱服务系统、驾驶舱打印机、电子飞行包和连接 CDN、IDN 及 ODN 的路由器保护装置。ODN 由以太网网关模块所管理，包括与机组人员无线局域网相连的无线维护电脑、与终端无线局域网相连的机场接入点、飞行娱乐系统、航空公司文件服务器模块和分离 ODN 网络用户的路由器。CDN 由 Collins 公司提供，是 CCS 的一个关键部分，它包括了公共核心系统部分,与航空电子系统相连。CDN 是一种使用 ARINC 664 标准的 AFDX 网络。CDN 利用光纤或铜线连接到处理器、远距数据集中器以及其他指定的 LRU 上。为了支持 CCS 的分布式结构,网关置于公共计算资源(CCR)内部。

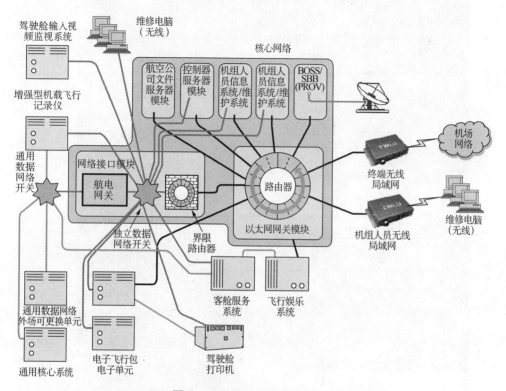

图 A-63　B787 飞机核心网络

A.4.4　飞行管理系统

B777 飞机信息管理系统(AIMS)是波音公司将模块化航空电子技术和共享资源结构概念最先应用于民用飞机的例子之一。B777 AIMS 也是最先把飞行管理功能与其他飞行显示、导航显示、EICAS 显示、推力管理、机上维护、通信管理、飞行数据采集和数据转换网关等功能都综合于一个系统中,它使用了一系列通用输入输出模块,通过 ARINC 629 飞行控制数据总线、ARINC 629 系统数据总线和光纤分布式数据接口(FDDI)构成的航空电子设备局域网来完成这些功能与其他系统的交联。B787 在 B777 系统的基础上,将 AIMS 功能和其他航空电子应用软件功能都综合到了一个通用核心计算资源(CCR)中。CCR 除了飞行管理功能以外,还综合了大气数据、机组人员告警、数据采集、显示、推力管理、健康管理和网络连接等功能,并通过 A664 系统数据总线将这些功能体与其他系统交联。

A.4.5　飞行控制系统

波音公司继电传飞控系统引入 B777 之后,B787 也沿用了这种数字化的电传飞控系统。Honeywell 公司为 B787 提供了电传飞控电子包,其中包括主电传飞控计算机、制动控制电子设备以及支持电传计算的传感器。另外,它还提供了模式控制面板,供自动驾驶仪受影响时使用。Moog 公司为主 FCS 提供作动装置、扰流板和水平稳定器控制系统。B787 飞控系统可提供飞机全部主飞行控制面以及扰流板和水平安定面的控制,电子综合水平安定面配平作动器(HSTA)降低了系统的复杂程度及系统的重量。与 A380 飞机一样,B787 也将自动驾驶仪综合到了飞控系统中。

B777 上采用的是 C＊U(发音为"C star u")控制律,通过俯仰控制律来实现机动指令和速度稳定性,而 B787 FCS 采用的是 P-Beta(P 是指侧滚速率的空气动力学术语)控制律。与 B777 不同的是,B787 控制了速度的稳定性。这就意味着当配平的飞机速度改变时,俯仰就会改变,从而会使系统重新设置速度。B787 的侧滚控制和偏航控制都是通过直接电子信号来控制作动面。

由于也采用了多余度电传飞控设计,B787 也没有提供机械恢复模式。

A.4.6 通信导航监视系统

B787 通信导航监视系统在 B777 的基础上有了很大的发展,基于 CCS 的航空电子系统架构,使得更多的通信导航监视功能被综合到一起,并且得益于波音的开放式标准计算平台,使得更多的功能被集中到 1 个计算机系统中,从而使通信、导航、监视各功能的综合化程度大大提升。

A.4.6.1 通信系统

B787 通信包由 Collins 公司提供,它包括 VHF 2100 VDL-2 数据链(可升级至 VDL-3),以及 HFS-900C HF 电台和 SAT-2100 卫星通信系统,提供 3 个语音信道和国际海事卫星(INMARSAT)数据服务。SAT-2100 卫星通信系统支持 Aero H、Aero H$^+$ 或者 Aero I 等 3 个航空业务信息系统,其功能模块以及大功率放大器均集成在单个 8-MCU 机箱内,可替代以往的三箱式 SAT-906。Collins 公司提供的 HST 2100 高速终端作为 SAT 2100 综合系统的一个独立 LRU,支持两个 Swift 64 数据通信通道。使用 SAT 2100 和 HST 2100 可以同时提供 3 个语音通道和 2 个数据通道。

机组无线局域网(LAN)装置可以与航空公司航站区的无线 LAN 基础设施结合使用,在飞机处于物理隔离的情况下,它也能无线上传飞行计划信息、客舱存储信息以及乘客信息。当前能以这种方式工作的只有 ACARS,但成本太高。而 B787 的这套系统采用了 FCC 认证的 IEEE 802.11 标准,其有效通信距离已延长到 300～400 ft。

A.4.6.2 导航系统

B787 导航设备包括惯性参考系统(IRS)、大气数据系统、2 台 DME 无线电、2 台雷达高度表、应急定位发射机以及 2 台综合导航接收机(INR)。每台 INR 包括 ILS、指点信标、VOR、GPS 以及 GPS 着陆系统。INR 可使飞机实现 Cat IIIb ILS 和 Cat I GLS 进近着陆方式。IRS 包括 2 个微 IRS 单元,它们被集中到更小的机箱中,但基本功能保持不变。此外,B787 还具有 2 个姿态航向参考系统(AHRS),这并非是完全的惯性导航装置,只是当惯性参考单元(IRU)出现双重故障时提供高度和航向,尽管这种可能性极其小。

B787 导航系统可显示实际导航性能和所需导航性能要求,并且显示的导航性能要求清晰和直观,可支持 RNP 0.1 n mile 的飞行要求,能在恶劣气候和设施简陋的机场降落。

A.4.6.3 综合监视系统

Collins 公司为 B787 提供了可重构的综合监视系统 CISS 2100,它由 TCAS、TAWS、气象雷达和 S 模式应答机组成。Honeywell 公司提供 TAWS,而 Collins 公司提供 PMR - 2100 多路扫描气象雷达和应答机。CISS 处理器可通过光纤收集雷达数据,并与 TAWS 以及 TCAS 数据进行综合处理,最后显示在驾驶舱显示器上。驾驶员可以单独选择雷达或 TCAS 数据。

A.4.7 机组信息系统/维护系统

B787 维护系统部分结构源自 B777,率先应用了新标准 ARINC - 624《机上维护系统设计指南》中的维修概念,如机上维护系统、通信协议、机上维护文档和飞机状态监控功能等。B787 采用的机上维护系统(OMS)称为机组信息系统(CIS),它是建立在无线通信和互联网技术之上,可实现机上应用和地面应用的无缝连接。并且使用互联网技术,通过安全的互联网分布式服务器,使飞行中的飞机可以访问地面维修信息和加载软件更新资料,并可下传数据到飞机运营商的维修和后勤网络中。CIS 包括了维护系统、电子飞行包(EFB)、软件分布式系统、机组信息服务、驾驶舱打印机及无线局域网支持设备。其中,EFB 在 B777 上作为可选设备,而在 B787 上作为标配设备。

此外,Honeywell 公司还为波音飞机开发了机组信息/维护系统(CIS/MS),MS 部分包括机载健康管理系统,即中央维护计算(CMC)功能以及飞机状况监视功能。CMC 可综合所有从各系统收集到的维护信息,对故障进行隔离,并可向技术维护人员提供排故方向。CIS 是一种应用网络,它包括 EFB 以及机组人员无线局域网,并作为一个服务器被安装在飞机上,可保证飞机内网的网络安全。同时,CIS 配备了可以接入硬件和软件的无线 LAN 接口,当飞机接近航站区时,它可以提供无线下载信息(类似于以前的门通 Gatelink 系统)。一般,一个机载服务器可容纳五个文件服务器模块,这些模块可以主管多种应用程序:其中一个模块主管飞机的健康管理数据加载系统;另一个模块用于数据链服务;第三个模块主管波音公司的商用航空服务(CAS)软件,例如飞行娱乐系统或其他市场数据;最后两个模块可做备用。

参考文献

[1] 空客 A320 系列之电子飞行仪表系统概况[G].

［2］　A318/A319/A320/A321 flight deck and systems briefing for pilots ［G］. AIRBUS, 2007.

［3］　Electronic Flight Bag（EFB）［C］. A320 Family － A330/A340 Operational Liaison Meeting, 2008.

［4］　B737 - 600/700/800/900 Aircraft maintenance manual ［M］.

［5］　B737 - 800 AMM ［M］.

［6］　B737 - 800 Operating Manual ［M］.

［7］　A380 - 800 Flight Deck and Systems Briefing for Pilots ［G］. AIRBUS, 2006.

［8］　A380 Cockpit Design & Technology ［G］. TALES, 2005.

［9］　A380 FANS and data link ［C］. ATN conference, 2005.

［10］　A380 Integrated Modular Avionics, Jean-Bernard ITIER ［G］. AIRBUS.

［11］　Honeywell Avionics & Electronic Systems Airbus A380 ［G］. Honeywell, 2004.

［12］　A380 FANS and Data link ［C］. Yolanda AGUILAR, Marc LAFFONT ATN Conference 2005, London, 20 - 21 September.

［13］　Boeing 787 Dreamliner Flight Deck Safety, Comfort, Efficiency ［G］. Mike Carriker, Boeing, 2006.

［14］　787 Systems and Performance ［R］. Tim Nelson, Boeing, 2005.

［15］　787 Flight Deck Displays ［R］. Alan R. Jacobsen, Boeing.

［16］　787 e-Enabling General Familiarization ［G］. Boeing, 2010.

［17］　B787: integration's next step ［J］. Avionics magazine, 2005(6):20 - 28.

［18］　Digital avionics handbook, 2nd ed ［M］. Cary R. Spitzer, 2007.

［19］　Aircraft systems mechanical, electrical and subsystems integration ［M］. Third Edition, Ian Moir, Allan Seabridge, 2008.

附录 B 缩略词

缩写	全　文	中　文
1090ES	1090MHz Extended Squitter	1090MHz 扩展电文
AAC	Aeronautical Administrative Communication	航空行政管理通信
AAIB	Air Accidents Investigation Branch	飞行事故调查处
AAS	Aircraft Application System	机载应用系统
AC	Account	预算值
AC	Advisory Circular	咨询通告
ACAMS	Aircraft Condition Analysis and Management System	飞机状态分析与管理系统
ACARS	Aircraft Communication Addressing and Report System	飞机通信寻址与报告系统
ACAS	Airborne Collision Avoidance System	空中防撞系统
ACE	Actuator Control Electronics	作动器控制电子
ACMF	Aircraft Condition Monitoring Function	飞机状态监控功能
ACMS	Aircraft Condition Monitoring System	飞机状态监控系统
ACMS	Software Verification Plan	软件验证计划
ACR	Avionics Communication Router	航空电子通信路由器
ADC	Air Data Computer	大气数据计算机
ADC	Analog to Digital Converter	模数变换器
ADF	Automatic Direction Finder	自动定向仪（无线电罗盘）
ADI	Attitude Director Indicator	姿态指引仪（指引地平仪）

（续表）

缩写	全 文	中 文
ADIRS	Air Data Inertial Reference System	大气数据与惯性参考系统
ADIRV	Air Data Inertial Reference Unit	大气数据惯性参考单元
ADS	Automatic Dependence Surveillance	自动相关监视
ADS－B	Automatic Dependent Surveillance-Broadcast	广播式自动相关监视
AEEC	Airline Electronic Engineering Commission	（美国）航空公司电子委员会
AESS	Aircraft Environment Surveillance System	飞机环境监视系统
AFCS	Automatic Flight Control System	自动飞行控制系统
AFDS	Autopilot Flight Director System	自动驾驶仪飞行指引系统
AFDX	Avionics Full Duplex Switched Ethernet	航空电子全双工交换式以太网
AFS	Automatic Flight System	自动飞行系统
AFTN	Aeronautical Fixed Telecommunication Network	航空固定电信网
AHM	Aircraft Health Management	飞机健康管理
AHMS	Aircraft Health Monitor System	飞机健康监视系统
AHRS	Attitude Heading Reference System	姿态航向参考系统
AIDS	Aircraft Integrated Data System	飞机综合数据系统
AIMS	Aircraft Information Management System	飞机信息管理系统
AIRCOM	Air Communication	航空通信
AIS	Audio Integrated System	音频综合系统
AL	Autonomic Logistics	自主式后勤
ALIS	Autonomic Logistics Information System	自主式后勤信息系统
AM	Amplitude Modulation	幅度调制
AMC	Acceptable Means of Compliance	可接受的符合性方法
AMD	Aircraft Maintenance Device	飞机维护设备
AMI	Airline Modifiable Information	航空公司可更改信息

缩写	全　　文	中　文
AMLCD	Active Matrix Liquid Crystal Display	有源阵列液晶显示器
AMSS	Aeronautical Mobile Satellite Services	航空移动卫星服务
ANN	Artificial Neural Network	人工神经网络
ANP	Actual Navigation Performance	实际导航性能
AOA	ACARS Over AVLC	按 AVLC 协议传送的 ACARS 消息
AOC	Airline Operation Centre	航班运行中心
AOC	Airline Operational Communication	航空业务通信
AP	Airworthiness Program	适航管理程序
AP	Autopilot	自动驾驶仪
APC	Aeronautical Passenger Communication	航空旅客通信
API	Application Program Interface	应用程序接口
APU	Accelerate Process Unit	加速处理器
ARAC	Aviation Rulemaking Advisory Committee	航空规章制定咨询委员会
ARC	Ames Research Center	埃姆斯研究中心
ARINC	Aeronautical Radio Incorporation	（美国）航空无线电公司
ASAAC	Allied Standard Avionics Architecture Council	联合标准航电系统构架协会（欧洲）
ASAS	Airborne Separation Assistance System	机载间隔辅助系统
ASAS	Airborne Separation Assurance System	机载间隔保证系统
ASM	Airspace Management	空域管理
ATA	Air Transport Association of America	美国航空运输协会
ATC	Air Traffic Control	空中交通管制
ATFM	Air Traffic Flow Management	空中交通流量管理
ATIS	Automatic Terminal Information Service	自动终端信息服务
ATM	Air Traffic Management	空中交通管理
ATN	Aeronautical Telecommunication Network	航空电信网
ATS	Air Traffic Service	空中交通服务

（续表）

缩写	全 文	中 文
ATSU	Air Traffic Service Unit	空中交通服务单元
AVLC	Aeronautical VHF Link Control	航空 VHF 链路控制
BAG	Bandwidth Allocation Gap	带宽分配间隔
BCAS	Beacon Collision Avoidance System	信标防撞系统
BCM	Back-up Control Module	备份控制模块
B-GAN	Broadband Global Area Network	宽带全球区域网络
BIT	Built-in Test	机内测试
BITE	Built-in Test Equipment	机内测试设备
BM	Behavioral Models	行为模型
BPS	Back-up Power Supply	备份电源
BSP	Board Support Package	板级支持包
CA	Criticality Analysis	危害性分析
CAAC	Civil Aviation Administration of China	中国民用航空局
CAN	Controller Area Network	控制器局域网
CAS	Commercial Aviation Services	商用航空服务
CAS	Control Augmentation System	控制增稳系统
CBM	Condition-Based Maintenance	视情维修
CBR	Case Based Reasoning	基于案例推理
CCA	Common Cause Analysis	共因分析
CCAR	China Civil Aviation Regulations	中国民用航空规章
CCM	CORBA Component Model	CORBA 构件模型
CCOM	Cabin Crew Operating Manual	客舱乘务组操作手册
CCOM	Common Conceptual Object Model	公共概念对象模型
CCR	Common Computing Resource	公共计算资源
CCS	Common Core System	公共核心系统
CDA	Continuous Descent Approach	连续进近
CDN	Common Data Network	公共数据网络
CDS	Common Display System	共用显示系统
CDS	Control and Display System	控制和显示系统

（续表）

缩写	全　文	中　文
CDTI	Cockpit Display of Traffic Information	驾驶舱交通信息显示器
CDU	Control Display Unit	控制显示单元
CFDIU	Centralized Fault Display Interface Unit	中央故障显示接口单元
CFDS	Centralized Fault Display System	中央故障显示系统
CFIT	Controlled Flight Into Terrain	可控飞行触地
CFM	Common Functional Modular	公用功能模块
CGS	CMS Ground Station	中央维护系统地面站
CI	Cost Index	成本指数
CIE	Commission Internationale de L'Eclairage	国际照明委员会
CIS	Crew Information System	机组信息系统
CMC	Central Maintenance Computer	中央维护计算机
CMF	Communication Management Function	通信管理功能
CMS	Central Maintenance System	中央维护系统
CMU	Communication Management Unit	通信管理单元
CMU	Condition Monitor Unit	状态监控单元
CNI	Communication Network Interface	通信网络接口
CO	Calculation Overhead	计算开销
COB-ID	Communication Object Identifier	通信对象标识
COTS	Commercial Off-The Shelf	商用货架产品
CPA	Closest Point of Approach	轨迹最接近点
CPA	Collision Prediction and Alerting	冲突预测与告警
CPCI	Compact PCI	紧凑式 PCI 总线
CPDLC	Controller Pilot Data Link Communications	空管员-驾驶员数据链通信
CPU	Central Processing Unit	中央处理单元
CRIS	Common Relation Information Schema	公共关系信息模式
CRT	Cathode Ray Tube	阴极射线管

（续表）

缩写	全 文	中 文
CS	Certification Specification	审定规范
CSCI	Computer Software Configuration Item	计算机软件配置项
CSMA	Carrier Sensed Multiple Access	载波侦听多重访问
CSMA/CA	Carrier Sense Multiple Access with Collision Avoidance	载波监听多路访问/冲突避免协议
CSMA/CD	Carrier Sense Multiple Access with Collision Detection	载波监听多路访问/冲突检测协议
CTSO	Chinese Technical Standard Order	中国技术标准规定（民航）
CTSOA	Chinese Technical Standard Order Authorization	中国技术标准规定项目批准书
CVDIR	Cabin Voice and Flight Data Recorder	机舱音频与飞行数据记录仪
D8PSK	Differential Eight Phase Shift Keying	差分八进制相移键控
DAC	Digital to Analog Converter	数模变换器
DAPU	Data Accelerate Process Unit	数据加速处理单元
DAS	Distributed Aperture System	分布式孔径系统
D-ATIS	Digital Automatic Terminal Information Service	数字自动终端信息服务
DCL	Departure Clearance Delivery	起飞许可
DCMS	Display Control Management System	显示控制管理系统
DCT	Discrete Cosine Transform	离散余弦变换
DD	Dependency Diagram	关联图分析
DEU	Display Electronic Unit	显示电子单元
DFCS	Digital Flight Control System	数字式飞行控制系统
DFDAC	Digital Flight Data Acquisition Computer	数字式飞行数据采集计算机
DH	Decision Height	决断高度
DITS	Digital Information Transfer System	数字信息传输系统
DLCS	Data Loading and Configuration System	数据加载和配置系统

缩写	全　文	中　文
DMC	Display Management Computer	显示管理计算机
DMD	Digital Micro-mirrow Display	数字微镜显示器
DME	Distance Measuring Equipment	测距仪
DNS	Doppler Navigation System	多普勒导航系统
DoD	United States Department of Defense	美国国防部
DP	Differential Pressure	压差测量
DR	Dead Reckoning	航位推算
DSB	Double Sideband	双边带
DSP	Digital Signal Processing	数字信号处理
DSP	Digital Signal Processor	数字信号处理器
DTU	Data Transmission Unit	数据传输单元
EADI	Electronic Attitude Director Indicator	电子姿态指引仪
EADL	Enhanced Airborne Data Loader	增强型机载数据加载器
EASA	European Aviation Safety Authority	欧洲航空安全局
EBHA	Electrical Backup Hydraulic Actuator	电气备用液压作动筒
ECAM	Electronic Centralized Aircraft Monitoring	飞机电子中央监控系统
ECP	ECAM Control Panel	飞机电子中央监控控制面板
ECU	Electronic Control Unit	电子控制单元
EFB	Electronic Flight Bag	电子飞行包
EFIS	Electronic Flight Instrument System	电子飞行仪表系统
EGPWS	Enhanced Ground Proximity Warning System	增强型近地告警系统
EHA	Electro Hydrostatic Actuator	电静液作动器
EHSI	Electronic Horizontal Situation Indicator	电子水平状况指引仪
EICAS	Engine Indication and Crew Alerting System	发动机指示与机组告警系统
EIS	Electronic Instrument System	电子仪表系统
ELAC	Elevator /Aileron Computer	升降舵/副翼计算机

（续表）

缩写	全　　文	中　文
ELM	Extended Length Message	扩展长度信息
ELT	Emergency Locator Transmitter	应急定位发射器
EMC	Electromagnetic Compatibility	电磁兼容性
EMCU	Electrical Motor Control Unit	电马达控制器
EMI	Electro-Magnetic Interferences	电磁干扰
EPU	Estimated Position Uncertainty	估算的定位不确定度
ERS	Earth Reference System	地理坐标系统
ES	End System	终端系统
ETA	Estimated Time of Arrival	预计到达时间
ETOPS	Extended Twin-engine Operations	双发延程
ETSO	European Technical Standard Order	欧洲技术标准规定
EVS	Enhanced Vision System	视景增强技术
E/WD	Engine/Warning Display	发动机参数/告警显示
FAA	Federal Aviation Administration	（美国）联邦航空局
FAC	Flight Augmentation Computer	飞行增稳计算机
FADEC	Full-Authority Digital Engine Control	全权限数字式发动机控制
FANS	Future Air Navigation System	未来空中航行系统
FAP	Flight Attendant Panel	乘务员面板
FAR	Federal Aviation Regulations	（美国）联邦航空条例
FBW	Fly-by-wire	电传操纵
FC	Fiber Channel	光纤通道
FCC	Federal Communications Commission	（美国）联邦通信委员会
FCC	Flight Control Computer	飞行控制计算机
FCDC	Flight Control Data Concentrator	飞行控制数据采集器
FCPC	Flight Control Primary Computer	主飞行控制计算机
FCSC	Flight Control Secondary Computer	辅飞行控制计算机
FCU	Flight Control Unit	飞行控制单元
FD	Flight Data	飞行数据

缩写	全　　文	中　文
FD	Functional Description	功能描述
FDCF	Flight Deck Communications Function	驾驶舱通信功能
FDDI	Fiber Distribute Data Interface	光纤分布式数据接口
FDIR	Fault Detection, Isolation and Recovery	故障检测、隔离和修复
FDU	Fault Detect Unit	故障检测单元
FFT	Fast Fourier Transform	快速傅立叶变换
FGS	Flight Guidance System	飞行导引系统
FHA	Functional Hazard Assessment	功能危险性评估
FIFO	First Input First Output	先进先出
FL	Flight Level	飞行高度层
FM	Fault Management	故障管理
FM	Flight Management	飞行管理
FMC	Flight Management Computer	飞行管理计算机
FMCS	Flight Management Computer System	飞行管理计算机系统
FMEA	Failure Mode Effects Analysis	故障模式影响分析
FMECA	Failure Mode Effects and Criticality Analysis	故障模式、影响及危害性分析
FMES	Failure Modes and Effects Summary	故障模式和影响汇总
FMF	Flight Management Function	飞行管理功能
FMG	Flight Management and Guidance	飞行管理引导
FMGS	Flight Management Guidance System	飞行管理导引系统
FMGC	Flight Management and Guidance Computer	飞行管理引导计算机
FMMEA	Fault Mode and Mechanism and Effects Analysis	故障模式、机理及影响分析
FMS	Flight Management System	飞行管理系统
FOG	Fiber Optic Gyroscope	光纤陀螺
FOQA	Flight Operation Quality Assurance	飞行操作质量保证
FOV	Field Of View	视场
FPA	Flight Path Angle	飞行航迹角

（续表）

缩写	全　　文	中　文
FRC	Federal Radio Commission	（美国）联邦无线电委员会
FSK	Frequency Shift Keying	频移键控
FSM	Finite State Machine	有限状态机
FTA	Fault Tree Analysis	故障树分析
FU	Functional Unit	功能单元
FWC	Flight Warning Computer	飞行告警计算机
FWS	Flight Warning System	飞行告警系统
GBAS	Ground-Based Augmentation System	地基增强系统
GES	Ground Earth Station	卫星地面站
GLONASS	Global Navigation Satellite System (Russia)	全球导航卫星系统（俄）
GLS	GNSS Landing System	GNSS 着陆系统
GM	Guidance Material	指导材料
GNSS	Global Navigation Satellite System	全球导航卫星系统
GPM	General Processor Modular	通用处理模块
GPS	Global Positioning System	全球定位系统（美国）
GPWM	Ground Proximity Warning Module	近地告警模块
GPWS	Ground Proximity Warning System	近地告警系统
GRAS	Ground-Based Regional Augmentation System	地基局域增强系统
GWL	Wireless GroundLink	无线地面链接
HDTV	High Definition Television	高清晰度电视
HF	High Frequency	高频
HFDL	High Frequency Data Link	高频数据链
HFDR	High Frequency Data Radio	高频数据无线电通信
HFDU	High Frequency Data Unit	高频数据单元
HIRF	High Intensity Radiated Field	高强度辐射场
HIRF	High Intensity Radio Frequency	高强度射频
HLR	High Level Requirement	高层需求
HM	Health Management	健康管理

（续表）

缩写	全　文	中　文
HSD	Horizontal Situation Display	水平状况显示器
HSI	Horizontal Situation Indicator	水平姿态指引仪
HSTA	Horizontal Stabilizer Trim Actuator	水平安定面配平作动器
HUD	Head-Up Display	平视显示器
HUMS	Health and Usage Monitoring System	健康和使用监控系统
IAESS	Integrated Aircraft Enviroment Surveillance System	综合环境监视系统
IAS	Indicated Airspeed	指示空速
ICAO	International Civil Aviation Organization	国际民航组织
ICP	Integration Core Processor	综合核心处理机
IDCT	Inverse Discrete Cosine Transform	离散余弦逆变换
IDN	Isolated Data Network	独立数据网络
ILS	Instrument Landing System	仪表着陆系统
ILS	Integrated Logistic Support	综合后勤保障
IMA	Integrated Modular Avionics	综合模块化航空电子系统
IMA	Interactive Maintenance Application	交互式维护应用
IMC	Instrument Meteorological Conditions	仪表飞行气象条件
INR	Integrated Navigation Radio	综合导航无线电系统
INS	Inertial Navigation System	惯性导航系统
INS	Integrated Navigation System	综合导航系统
IP	Internet Protocol	因特网协议（互联网协议）
IP	Intellectual Property	知识产权
IRS	Inertial Reference System	惯性参考系统
IRST	Infra-Red Search and Track	红外搜索与跟踪系统
IRU	Inertial Reference Unit	惯性参考单元
ISFD	Integrated Standby Flight Display	综合备用飞行显示器
ISHM	Integrated System Health Management	综合系统健康管理
ISS	Integrated Surveillance System	综合监视系统

（续表）

缩写	全 文	中 文
IT	Information technology	信息技术
IVHM	Integrated Vehicle Health Management	综合飞行器健康管理
JAA	Joint Aviation Authorities	联合航空局
JDIS	Joint Distribution Information System	联合分布式信息系统
JPL	Jet Propulsion Laboratory	喷气推进实验室
JSC	Johnson Space Center	约翰逊航天中心
JSF	Joint Strike Fighter	联合攻击机
KCCU	Keyboard and Cursor Control Unit	键盘和光标控制单元
KHP	Korea Helicopter Project	韩国直升机项目
KSC	Kennedy Space Center	肯尼迪航天中心
LAAS	Local Area Augmentation System	局域增强系统
LAN	Local Area Network	局域网
LCD	Liquid Crystal Display	液晶显示器
LCM	Life Consumption Monitor	寿命消耗监控
LCOS	Liquid Crystal on Silicon	硅基液晶
LED	Light-Emitting Diode	发光二极管
LEO	Low Earth Orbit	低地球轨道, 近地轨道
LG	Laser Gyroscope	激光陀螺
LGCIU	Landing Gear Control and Interface Unit	起落架控制接口单元
LI	Loose Integration	松耦合
LLC	Logic Link Control	逻辑链路控制
LLR	Low Level Requirement	低层需求
LNAV	Lateral Navigation	水平导航
LOC	Localizer	定向机（无线电信标）
LRC	Line Replaced Component	外场可更换组件
LRC	Long-Range Cruise	远程巡航
LRM	Line Replaced Module	外场可更换模块
LRU	Line Replaceable Unit	外场可更换单元

（续表）

缩写	全　文	中　文
MA	Markov Analysis	马尔可夫分析
MAC	Media Access Controller	媒介访问控制
MAC	Multiply and Accumulate	乘法累加
MAT	Maintenance Access Terminal	维护访问终端
MBR	Model-Based Reasoning	基于模型推理
MCDU	Multipurpose Control & Display Unit	多功能控制和显示单元
MCP	Mode Control Panel	模式控制面板
MCU	Modular Component Unit	模块化组件单元
MDA	Model Driven Architecture	基于模型驱动架构
MDD	Model Driven Development	模型驱动设计
MEA	Minimum En-route Altitude	最低航路高度
MEDL	Message Descriptor List	消息描述符列表
MEL	Minimum Equipment List	最少设备清单
MEO	Medium Earth Orbit	中地球轨道
MFD	Multi-Function Display	多功能显示器
MIMOSA	Machine Information Management Open System Alliances	机器信息管理开放系统联盟
MLAT	Multilateration	多点定位
MLS	Microwave Landing System	微波着陆系统
MMEL	Master Minimum Equipment List	主要最少设备清单
MMR	Multi-mode receiver	多模式接收机
MOC	Means of Compliance	符合性方法
MRO	Maintenance Repair and Operations	维护、维修和运行
MS	Maintenance System	维护系统
MSA	Minimum Safety Altitude	最低安全高度
MSK	Minimum Shift Keying	最小频移键控
MSU	Modular Support Unit	模块支撑单元
MTBF	Mean Time between Failures	平均无故障时间

（续表）

缩写	全　文	中文
MU	Management Unit	管理单元
NASA	National Aeronautics and Space Administration（USA）	国家航空和航天局（美国）
ND	Navigation Display	导航显示器
NDB	Non-directional radio Beacon	无方向信标
NextGen	Next Generation Air Transportation System	下一代航空运输系统计划
NG	Next Generation	下一代
NIU	Network Interface Unit	网络接口单元
NMT	Network Management Teminal	网络管理终端
NSS	Network Server System	网络服务器系统
NTSB	National Transportation Safety Board	国家运输安全委员会
NVM	Non-Volatile Memory	非易失性存储器
OANS	Onboard Airport Navigation System	机上机场导航系统
OCL	Obstacle Clearance Limit	障碍许可限度
ODN	Open Data Network	开放式数据网络
OIS	Onboard Information System	机载信息系统
OIT	Onboard Information Terminal	机载信息终端
OLED	Organic Light Emitting Diode	有机发光二极管
OMD	Onboard Maintenance Documentation	机载维护文档
OMS	Onboard Maintenance System	机载维护系统
OMT	Onboard Maintenance Terminal	机载维护终端
OSA-CBM	Open System Architecture for CBM	CBM 开放式系统架构
OSA-EAI	Open System Architecture for Enterprise Application Integration	企业应用集成开放式系统架构
OSI	Open System Interconnect	开放式系统互联
OW	Observation Window	观察窗口
PBN	Performance Based Navigation	基于性能的导航
PCI	Peripheral Component Interconnect（personal computer bus）	外围组件互连（个人计算机总线）

（续表）

缩写	全　文	中　文
PCMCIA	Personal Computer Memory Card International Association	个人电脑内存卡国际协会
PCS	Pilot Command Sensor	驾驶员指令传感器
PDC	Pre-Departure Clearance	离场前的放行许可
PDO	Process Data Object	进程数据对象
PEP	Peak Envelope Power	峰值包络功率
PFC	Primary Flight Computer	主飞行计算机
PFD	Primary Flight Display	主飞行显示器
PFG	Perspective Flight Guidance	透视飞行引导
PHM	Prognostics and Health Management	故障预测和健康管理
PIA	Precision Instrument Approach	精确仪表进场
PINS	Platform Inertial Navigation System	平台式惯性导航系统
PMA	Parts Manufacturer Approval	零部件制造人批准书
PMAT	Portable Maintenance Access Terminal	便携式维护访问终端
PMAT	Portable Multipurpose Access Terminal	便携多用途访问终端
PMD	Portable Maintenance Device	便携维护设备
PMS	Performance Management System	性能管理系统
POA	Plain Old ACARS	简易老式 ACARS
POF	Physics of Failures	物理失效模式
PPP	Pulse Pair Method	脉冲对法
PRIM	PRIMary Flight Control and Guidance Computers	主飞行控制与导引计算机
PSAC	Plan for Software Aspects of Certification	软件合格审订计划
PSK	Phase Shift Keying	相移键控
PSR	Primary Surveillance Radar	一次监视雷达
PSSA	Preliminary System Safety Analysis	初步系统安全性分析
PSSA	Preliminary System Safety Assessment	初步系统安全性评估
PSU	Power Support Unit	供电电源单元
PWS	Predictive WindShear	预测风切变

（续表）

缩写	全　　文	中　文
QAR	Quick Access Recorder	快速存取记录器
QCS	Quiet Climb System	静谧爬升系统
RA	Radio Altimeter	无线电高度表
RA	Resolution Advisory	决断咨询
RAAS	Runway Awareness and Advisory System	跑道识别及咨询系统
RATMP	Required Air Traffic Management Performance	所需空中交通管理性能
RBR	Rule-Based Reasoning	基于规则推理
RCP	Required Communication Performance	所需通信性能
RDC	Remote Data Concentrator	远程数据收集器
REU	Remote Electronic Unit	远程电子控制器
RF	Radio Frequency	射频
RFU	Radio Frequency Unit	射频单元
RHN	Remote Health Node	远程健康节点
RLV	Reusable Launch Vehicle	可重复发射的飞行器
RMP	Radio Management Panel	无线电管理面板
RNAV	Area Navigation	区域导航
RNP	Required Navigation Performance	所需导航性能
RNS	Radio Navigation System	无线电导航系统
ROC	Rate of Climb	爬升率
RPC	Remote Procedure Calls	远程过程调用
RSP	Required Surveillance Performance	所需监视性能
RTA	Required Time of Arrival	所需到达时间
RTCA	Radio Technical Commission for Aeronautics	航空无线电技术委员会
RTOS	Real-time operating system	实时操作系统
RU	Route Unit	路由单元
RUL	Remaining Useful Life	剩余可使用寿命
RUP	Rational Unified Process	统一软件过程
RVR	Runway Visual Range	跑道视距

（续表）

缩写	全　文	中　文
SA	Situation Awareness	态势感知
SAARU	Standby Attitude Air Data Unit	备用姿态大气数据单元
SAE	Society of Automotive Engineers	汽车工程师协会（美国）
SAP	Service Access Point	服务访问点
SAR	Synthetic Aperture Radar	合成孔径雷达
SARP	Standards and Recommended Practices	标准和推荐的操作规程
SAS	Stability Augmentation System	增稳系统
SATCOM	Satellite Communication	卫星通信
SBAS	Satellite-Based Augmentation System	星基增强系统
SCI	Secure Communication Interface	安全通信接口
SCMP	Software Configure Management Plan	软件配置管理计划
SCS	Software Coding Specification	软件编码规范
SD	Structural Description	结构描述
SD	System Display	系统显示器
SDAC	System Data Acquisition Concentrator	系统数据采集集中器
SDO	Service Data Object	服务数据对象
SDP	Software Development Plan	软件开发计划
SDS	Software Design Specification	软件设计规格规范
SDU	Satellite Data Unit	卫星数据单元
SEC	SEcondary Computer	副（飞控）计算机
SEC	SECondary Flight Control Computers	备份飞行控制计算机
SEC	Spoiler Elevator Computer	扰流板/升降舵计算机
SEE	Software Engineering Environment	软件工程环境
SELCAL	Selective Calling	选择呼叫
SESAR	Single European Sky ATM Research	单一欧洲天空空管研究计划

（续表）

缩写	全　文	中　文
SFCC	Slat/ Flap Control Computer	缝/襟翼控制计算机
SFD	Standby Flight Display	备用飞行显示器
SHM	Software Health Management	软件健康管理
SID	Standard Instrument Departure	标准仪表离场
SIMD	Single Instruction Multiple Data	单指令多数据流
SINS	Strap-down Inertial Navigation System	捷联式惯导系统
SMYD	Stall Management Yaw Dampers	失速管理偏航阻尼器
SND	Standby Navigation Display	备用导航显示器
SQAP	Software Quality Assurance Plan	软件质量保证计划
SRM	Smart Runway Management	智能跑道管理
SRS	Software Requirement Specification	软件需求规范
SSA	System Safety Analysis	系统安全性分析
SSR	Secondary Surveillance Radar	二次监视雷达
STAR	Standard Terminal Arrival Route	标准进场航路
STC	Supplemental Type Certificate	补充型号合格证
SVP	Software Verification Plan	软件验证计划
SWIM	System Wide Information Management	全系统信息管理
TA	Tailored Arrival	定制到达
TA	Traffic Advisory	交通咨询
TACAN	Tactical air Navigation	塔康,战术空中导航系统
TAD	Terrain Awareness Display	地形感知显示器
TAWS	Terrain Awareness and Warning System	地形感知告警系统
TC	Type Certificate	型号合格证
TCAS	Traffic Alert and Collision Avoidance System	空中交通咨询及防撞系统
TCF	Terrain Clearance Floor	离地净空高度
TD	Topological Dependencies	拓扑依赖
TDMA	Time-Division Multiple Access	时分多址

（续表）

缩写	全　　文	中　文
THS	Tail-plane Horizontal Stabilizer	尾翼水平安定面
TI	Tight Integration	紧耦合
TOD	Top of Descent	下降顶点
TSO	Technical Standard Order	技术标准规定
TSOA	Technical Standard Order Authorization	技术标准规定批准书
TTE	Time Triggered Ethernet	时间触发以太网
TTP	Time Triggered Protocol	时间触发协议
TWLU	Terminal Wireless LAN Unit	终端无线局域网单元
UAT	Universal Access Transceiver	通用访问收发机
UDC	Up/Down Converter	上行/下行转换器
UDP	User Datagram Protocol	用户数据报协议
UTC	Ultra-Tight Coupling	超紧耦合
UUT	Unit Under Test	被测试单元
V&V	Validation and Verification	确认与验证
VD	Vertical Display	垂直显示器
VDL-2	VHF Digital Link MODE 2	甚高频数据链模式 2
VDL-4	VHF Digital Link MODE 4	甚高频数据链模式 4
VDLPS	VDL Power Supply	VDL 电源
VDR	VHF Data Radio	甚高频数字电台
VFR	Visual Flight Rules	目视飞行规则
VHF	Very High Frequency	甚高频
VHM	Vehicle Health Monitoring	飞行器健康监控
VHMS	Vehicle Health Management System	飞行器健康管理系统
VIS	VISibility	能见度
VL	Virtual Link	虚拟链路
VLIW	Very long instruction word	超长指令字
VMC	Visual Meteorological Conditions	目视气象条件
VME	Virtual Machine Environment	虚拟机环境
VNAV	Vertical Navigation	垂直导航

（续表）

缩写	全　文	中　文
VOR	Very High Frequency Omni directional Range	甚高频全向信标机（伏尔）
VORTAC	VOR with TACAN	伏尔/塔康组合台
VSD	Vertical Situation Display	垂直状况显示器
VSI	Vertical Speed Indicator	垂直速度指示器
WAAS	Wide Area Augmentation System	广域增强系统
WD	Warning Display	告警显示
WEU	Warning Electronic Unit	电子告警单元
WXR	Weather Radar	气象雷达